KB210818

소방전기시설론

백 동 현 · 김 시 국 공저

동일
출판사

머 리 말

급격한 경제성장과 더불어 인구의 증가는 건축물의 대형화, 초고층화 및 산업 시설의 대규모화를 요구하고, 가스·유류 등 위험물의 사용량이 증대되면서 사회곳곳에는 예측하기 어려운 위험이 도사리고 있다. 빈번한 화재발생에 따른 대형 화재사고의 요인은 안락한 생활을 누리고자하는 우리들이 화재 위험으로부터 그만큼 많이 노출되어 있음을 의미하는 것으로 소방시설에 대한 중요성과 필요성이 절실한 때이다.

소방설비는 국민의 생명과 재산을 화재로부터 안전하게 보호하기 위한 필수적 설비로서 이에 대한 전문기술자가 설계·시공해야 함은 물론 화재발생시 타시설물과의 연계성을 충분히 고려하여 관리하고, 관리비 투자에도 인색하지 않아야 소기의 목적을 달성할 수 있다.

그러나 법에서 정하고 있기 때문에 그나마 시설하고, 가시적 생산성이 있는 설비가 아니기 때문에 투자 우선순위가 뒷전이다 보니 관리가 허술하여 화재발생시 설비가 제대로 동작되지 못함에도 시설 자체만 탓하고 있는 것이 우리의 현실이다.

따라서 소방에 대한 전문교육의 중요성과 체계적인 교육을 위해 1987년 대학에 소방학과가 개설된 이래 지금은 20여개의 4년제 대학과 60여개의 전문대학에서 소방전문인력을 양성하고 있다.

소방전기시설에 대해 좀 더 익히고자 하는 산업현장 기술자들의 욕구에 부응하고 교육과정 운영의 효율성을 높이기 위하여 1996년 이 책을 발간하였으나 화재안전기준의 개정에 따른 수정 및 기술발전으로 내용의 보완을 위해 수정하게 되었다.

이 책은 소방전기설비의 설계, 시공에 필요한 설치기준을 비롯 구조 및 원리를 상세히 설명하고, 관련 회로 및 최신의 내용들과 함께 설비의 배선 및 기기의 중요시험 내용 등을 수록하여 학생들의 교재로는 말할 것도 없이 산업현장에서도 참고할 수 있도록 엮었다. 또한 연습문제를 두어 기술사, 소방시설관리사, 소방설비기사 및 산업기사시험 등을 준비하는 독자에게도 도움이 되도록 하였다.

일진월보하는 소방분야의 기술발전에 일조한다는 심정으로 나름대로 많은 노력을 기울였으나 탈고하고 보니 많은 아쉬움이 남는다.

모쪼록 소방전기시설에 대한 전문기술을 익히고자 하는 독자들에게 많은 도움이 되었으면 하는 마음 간절하다.

앞으로 선·후배 제현의 지도 편달과 아낌없는 충고를 기대하며, 뜻하지 않은 오류가 있다면 수정 보완할 것을 약속드린다.

끝으로 바쁘신 중에도 물심양면으로 도와주신 (주)하이맥스의 강원선 사장님께 마음속 깊은 감사를 드리며, 열악한 시장성에도 불구하고 깊은 이해로서 출간에 선뜻 응해주시고 출판에 심혈을 기울여 주신 동일출판사 정창희 사장님과 임직원 여러분께 감사드린다.

저자 씀

차 례

2편 피난유도설비

3편 소화활동설비

4편 소화설비의 부대전기설비

부 록

제 **1** 편

화재경보설비

화재경보설비는 화재가 발생한 경우 이를 자동 또는 수동조작에 의하여 경보를 울릴 수 있도록 되어 있는 설비이다. 이는 자동화재탐지설비 및 시각경보장치, 화재속보설비, 누전경보기, 비상경보설비, 비상방송설비, 단독경보형 감지기, 가스누설경보기, 통합감시시설(종합방재센터) 등으로 분류한다.

1. 화재경보설비의 일반사항

(1) 확실한 동작과 취급, 보수, 점검 및 부속 부품의 교체가 용이하고 내구성이 있어야 하며 현저한 잡음이나 전파장해가 발생하지 않아야 한다.

(2) 먼지나 습기 또는 곤충에 의하여 기능에 영향을 받지 않아야 한다.

(3) 부식에 의하여 기계적 기능, 전기적 기능에 영향을 줄 우려가 있는 부분은 도장, 도금 등으로 유효하게 내식, 방청 가공을 해야 한다.

(4) 불연성, 난연성의 재질로 만들어져야 한다.

(5) 기기 내의 배선은 충분한 전류용량을 가지고 있어야 하며 무극성을 제외하고 오접속을 방지할 조치가 있어야 한다.

(6) 부품의 부착은 기능에 이상을 일으키지 않도록 접촉 불량을 방지하기 위한 조치가 필요하다.

(7) 충전부는 충분히 보호되어 사람이 접촉되지 않도록 하며 정격전압이 60 V를 넘는 기구의 금속제 외함은 접지단자를 설치한다.

(8) 예비전원에는 퓨즈를 설치한다.

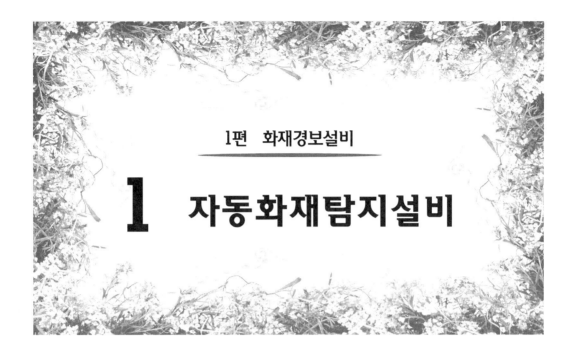

1 자동화재탐지설비

자동화재탐지설비는 화재발생시 발생하는 열 또는 연기 및 불꽃이나 CO 등을 검출하여 소방대상물의 관계자에게 벨 또는 음향장치로 경보하기위한 설비이다. 이는 화재를 초기에 진압할 수 있게 하고 소방대상물의 거주자나 출입자의 피난을 신속하게 하기 위함이다.

1-1 구 성

자동화재탐지설비의 구성은 **그림 1-1**과 같이 수신기, 감지기, 벨 또는 음향장치가 있다. 또한 이들을 상호 연결하는 배선과 전원이 있다. **그림 1-2**는 전원과 배선을 제외한 구성품을 세분화 한 것이다.

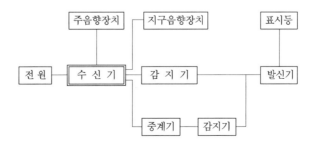

그림 1-1 자동화재탐지설비의 구성

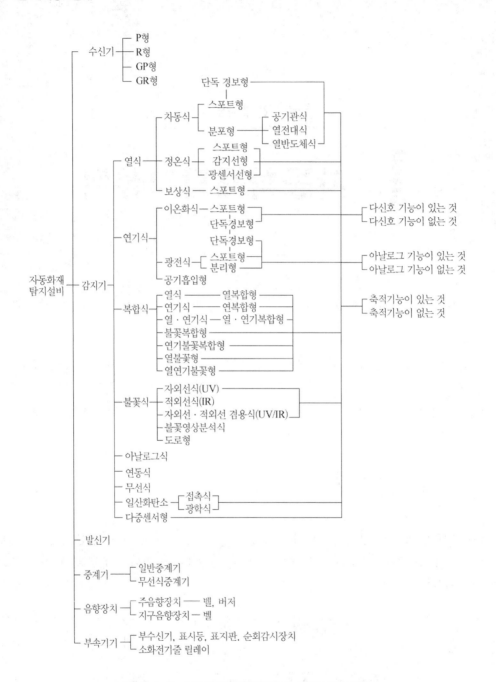

그림 1-2 자동화재탐지설비의 구성 세분화도

또한 이들의 구성을 부속기기와 같이 접속하여 나타낸 것이 **그림 1-3**이며, 신호흐름도는 **그림 1-4**와 같이 표시할 수 있다.

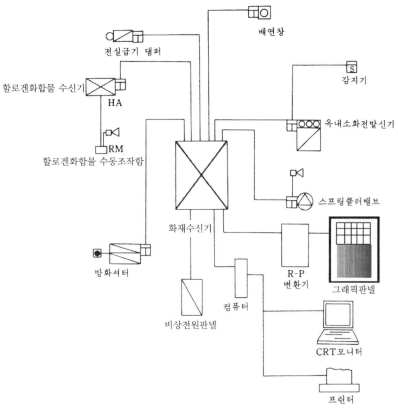

그림 1-3 부속기기와의 접속도

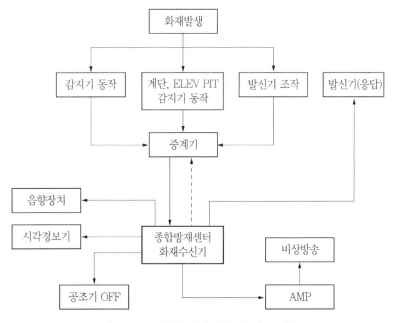

그림 1-4 자동화재탐지설비 신호흐름도

1-2 자동화재탐지설비의 설치대상

(1) 근린생활시설(목욕장은 제외한다), 의료시설(정신의료기관 또는 요양병원은 제외한다), 숙박시설, 위락시설, 장례시설 및 복합건축물로서 연면적 600 ㎡ 이상인 것

(2) 공동주택, 근린생활시설 중 목욕장, 문화 및 집회시설, 종교시설, 판매시설, 운수시설, 운동시설, 업무시설, 공장, 창고시설, 위험물 저장 및 처리 시설, 항공기 및 자동차 관련 시설, 교정 및 군사시설 중 국방·군사시설, 방송통신시설, 발전시설, 관광 휴게시설, 지하가(터널은 제외한다)로서 연면적 1,000 ㎡ 이상인 것

(3) 교육연구시설(교육시설 내에 있는 기숙사 및 합숙소를 포함한다), 수련시설(수련시설 내에 있는 기숙사 및 합숙소를 포함하며, 숙박시설이 있는 수련시설은 제외한다), 동물 및 식물 관련 시설(기둥과 지붕만으로 구성되어 외부와 기류가 통하는 장소는 제외한다), 분뇨 및 쓰레기 처리시설, 교정 및 군사시설(국방·군사시설은 제외한다) 또는 묘지 관련 시설로서 연면적 2,000 ㎡ 이상인 것

(4) 지하구

(5) 지하가 중 터널로서 길이가 1,000 m 이상인 것

(6) 노유자 생활시설

(7) (6)에 해당하지 않는 노유자시설로서 연면적 400 ㎡ 이상인 노유자시설 및 숙박시설이 있는 수련시설로서 수용인원 100명 이상인 것

(8) (2)에 해당하지 않는 공장 및 창고시설로서 **표 1-1**에서 정하는 수량의 500배 이상의 특수가연물을 저장·취급하는 것

(9) 의료시설 중 정신의료기관 또는 요양병원으로서 다음의 어느 하나에 해당하는 시설

① 요양병원(정신병원과 의료재활시설은 제외한다)

② 정신의료기관 또는 의료재활시설로 사용되는 바닥면적의 합계가 300㎡ 이상인 시설

③ 정신의료기관 또는 의료재활시설로 사용되는 바닥면적의 합계가 300㎡ 미만이고, 창살(철재·플라스틱 또는 목재 등으로 사람의 탈출 등을 막기 위하여 설치한 것을 말하며, 화재 시 자동으로 열리는 구조로 되어 있는 창살은 제외한다)이 설치된 시설

(10) 판매시설 중 전통시장

(11) 자동화재탐지설비의 기능(감지·수신·경보기능을 말한다)과 성능을 가진 스프링클러 설비 또는 물분무등소화설비를 화재안전기준에 적합하게 설치한 경우에는 그 설비의 유효범위에서 설치가 면제된다.

표 1-1 특수가연물

국 명		수 량
면 화 류		200 kg 이상
나무껍질 및 대팻밥		400 kg 이상
넝마 및 종이부스러기		1,000 kg 이상
사류(絲類)		1,000 kg 이상
볏짚류		1,000 kg 이상
가연성고체류		3,000 kg 이상
석탄·목탄류		10,000 kg 이상
가연성액체류		2 m³ 이상
목제가공품 및 나무부스러기		10 m³ 이상
합성수지류	발포시킨 것	20 m³ 이상
	그 밖의 것	3,000 kg 이상

1-3 경계구역

경계구역이란 소방대상물중 화재신호를 발신하고 그 신호를 수신 및 유효하게 제어할 수 있는 구역을 말한다. 이는 화재가 발생하였을 때 그 발생장소를 쉽게 확인할 수 있도록 구분한 일정범위 내의 면적으로 경계구역 설정시 다음을 유의한다.

1 경계구역설정시 유의점

(1) 경계구역의 경계선

일반적으로 복도, 통로, 방화벽 등으로 하며 설정한 경계구역마다 경계구역의 경계선 및 번호를 부여한다. 이때 경계구역의 번호는 아래층에서 위층으로, 수신기로부터 가까운 장소에서 먼 장소의 순으로 부여하는 것이 좋다.

(2) 경계구역의 면적

감지기의 설치가 면제되어 있는 장소까지도 포함해서 경계구역의 면적을 산출한다. 따라서 세면장, 화장실 등은 실제의 경우 경계할 필요는 없으나 경계구역의 면적을 산출할 때에는 포함시킨다.

그러나 **그림 1-5** (a)의 ②와 같이 개방된 계단부분 및 별개의 경계구역을 설정하는 계단,

경사가 진 통로, 엘리베이터 샤프트, 파이프 샤프트 등에 대한 면적은 제외 한다. 또한 **그림 1-5** (b)와 같이 바깥계단 부분은 바닥면적에 산입하지 않으므로 경계구역의 면적에 포함시킬 필요는 없다.

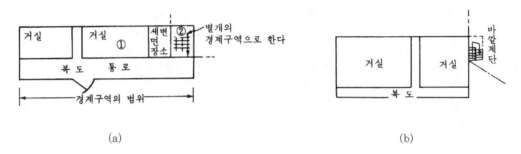

(a)　　　　　　　　　　　　　　　(b)

그림 1-5 경계구역의 면적 고려사항

2 경계구역의 설정

(1) 하나의 경계구역이 2개 이상의 건축물에 미치지 아니하여야 한다.

(2) 하나의 경계구역이 2개 이상의 층에 미치지 아니하도록 한다. 단, 500 m^2 이하의 범위 안에서는 2개의 층을 하나의 경계구역으로 할 수 있다.

(3) 하나의 경계구역의 면적은 600 m^2 이하로 하고 한 변의 길이는 50 m 이하로 한다. 다만, 당해 소방대상물의 주된 출입구에서 그 내부 전체가 보이는 것에 있어서는 한 변의 길이가 50 m 범위 내에서 1,000 m^2 이하로 할 수 있다.

① 경계구역의 면적

　　그림 1-6은 면적에 따른 경계구역을 나타낸다.

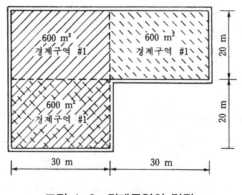

그림 1-6 경계구역의 면적

② 1변의 길이가 50 m가 넘는 경우

　그림 1-7과 같은 경우에는 2개 이상의 경계구역으로 하여야 하므로 (a)는 2 경계구역, (b)는 4 경계구역, (c)는 5 경계구역이 된다.

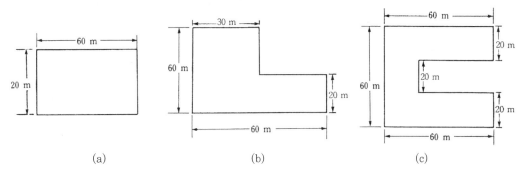

그림 1-7　1변의 길이가 50 m가 넘는 경우

③ 원형 및 타원형의 1변 길이 정의

　원형 및 타원형 건축물의 경우에는 화살표를 한쪽 변의 길이로 하며 다음에 그 예를 보인다.

〔예〕그림 1-8 (a)와 같이 원형의 안쪽 또는 바깥쪽에 방이 있는 경우 둥근 모양의 통로의 바깥쪽 반둘레를 한쪽 변의 길이로 한다.

　그림 1-8 (b)와 같이 벽같은 것에 의해 구획된 부분이 없는 경우에는 (가)가 한 변이 된다.

　그림 1-8 (c)와 같이 벽같은 것에 의해 구획된 부분이 없는 타원형인 경우에는 (가)가 한변이 되며 다각형으로 되어 있는 경우에는 가장 긴 대각선을 한쪽 변으로 한다.

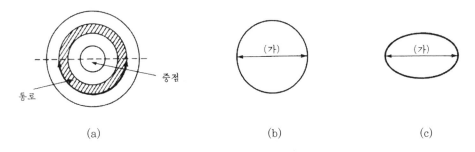

그림 1-8　원형 및 타원형의 경우

④ 하나의 경계구역을 1,000 m²로 할 수 있는 경우

학교의 강당, 옥내 경기장, 체육관, 집회장, 관람장, 극장 등의 객석부분등 소방대상물의 주된 출입구에서 그 내부를 들여다 볼 수 있는 경우이나 사무실, 창고, 공장 객석부분 등에서 물건을 쌓았거나 큰 기계, 로크 샤프트 등이 설치되어 있어 내부를 볼 수 없는 경우에는 하나의 경계구역으로 할 수 없다.

(4) 지하구의 경우 하나의 경계구역의 길이는 700 m 이하로 한다.

(5) 계단(직통계단외의 것에 있어서는 떨어져 있는 상하계단의 상호간의 수평거리가 5 m 이하로서 서로 간에 구획되지 아니한 것에 한한다.) · 경사로 · 엘리베이터 권상기실 · 린넨슈트 · 파이프덕트 기타 이와 유사한 부분에 대하여는 별도로 경계구역을 설정하되, 하나의 경계구역은 높이 45 m 이하(계단 및 경사로에 한한다)로 하고, 지하층의 계단 및 경사로(지하층의 층수가 1일 경우는 제외한다)는 별도로 하나의 경계구역으로 하여야 한다.

① 옥상층의 옥탑 또는 그 외의 것으로서 층으로 간주되지 않는 경우

건축법 시행령에서는 「승강기탑, 계단탑, 장식탑, 망루, 옥탑 기타 이와 유사한 건축물의 옥상부분으로서 그 수평 투영면적의 합계가 당해 건축물의 건축면적의 8분의 1 이하인 것과 지하층은 그 건축물의 층수에 산입하지 않는다」고 되어 있으므로 옥탑의 각 층에서 건축면적의 8분의 1 이하이면 옥탑 등 각각 600 m² 이하마다 하나의 경계구역으로 할 수 있다.

그림 1-9와 같이 A_1, A_2부분의 건축면적은 1,000 m²에 비해 수평 투영면적 100 m²이 8분의 1 이하이므로 이를 층수로 산입하지 않는다. 따라서 A_1, A_2부분의 면적은 하나의 경계구역으로 할 수가 있으며 또한 6층의 면적(400 m²)을 합하여 하나의 경계구역으로 할 수 있다. 그러나 동작상황을 재빠르게 확인할 필요가 있기 때문에 옥탑과 6층과는 별개의 경계구역으로 하는 것이 바람직하다.

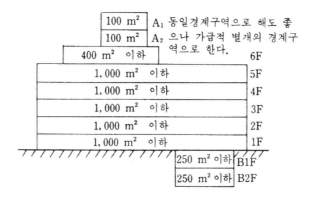

그림 1-9 옥상층, 옥탑 등의 경계구역

② 외벽으로부터 수평거리 50 m 이하인 경우

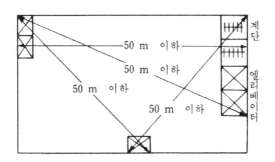

그림 1-10 수평거리에 의한 경계구역

그림 1-10과 같이 옥상의 옥탑, 장식탑, 망루 등으로서 그 건축물의 외벽으로부터의 수평거리가 50 m 이하이면 동일한 경계구역으로 한다.

③ 계단, 경사로, 엘리베이터 권상기실, 린넨슈트, 파이프덕트 등의 경우
이러한 구역은 연기감지기를 설치하여야 하는 곳으로 평면적인 경계구역과는 달리 입면적인 경계구역이 되므로 거실, 복도 등의 경계구역과 별개 구역으로 하되 다음과 같이 한다.

그림 1-10에서와 같이 수평거리 50 m 이하인 범위 내에 별개의 계단, 경사로 등이 설치되어 있는 경우에는 동일 경계구역으로 한다. 또한 **그림** 1-11과 같이 별개의 덕트 등이 있는 경우에는 덕트 등에 설치한 감지기를 설치한 층을 기점으로 하여 각기 그 수평거리 50 m 이내를 가지고 하나의 경계구역으로 할 수 있다. 그러나 덕트 등의 감지기 설치층이 지하층인 것은 지상층과는 별개의 구역으로 한다.

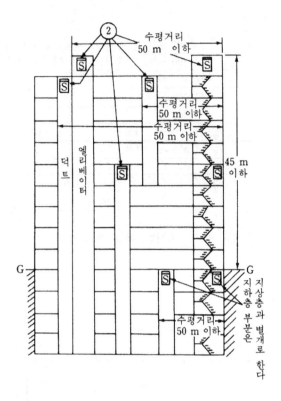

그림 1-11 엘리베이터 권상기실, 파이프덕트 등의 경우

④ 고층 건물일 경우

층수가 많은 건축물의 경우에는 **그림 1-12**와 같이 45 m 이하마다 별개의 경계구역
으로 한다. 그리고 지하층이 2층 이상인 것에 있어서는 지하층과 별개의 경계구역으
로 하되 지하층이 1층인 경우에는 지상층과 합하여 1개의 경계구역으로 할 수 있다.

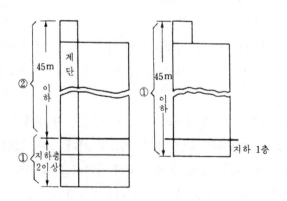

그림 1-12 고층 건축물인 경우

(6) 외기에 면하여 상시 개방된 부분이 있는 차고·주차장·창고 등에 있어서는 외기에 면
하는 각 부분으로부터 5 m 미만의 범위안에 있는 부분은 경계구역의 면적에 산입하지
아니한다. 즉, **그림 1-13**과 같이 A의 면적은 경계구역에 포함시키지 아니한다.

(7) 스프링클러설비 또는 물분무 등 소화설비 또는 제연설비의 화재감지장치로서 화재감지
기를 설치한 경우의 경계구역은 당해 소화설비의 방사구역 또는 제연설비와 동일하게
설정할 수 있다.

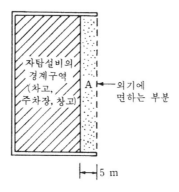

그림 1-13 외기에 면하는 경우

1-4 각 기기의 종류

1-4-1 수신기

수신기는 자동화재탐지설비 중 인간의 두뇌와 같은 역할을 하는 것으로 감지기나 발신기
에서 발하여지는 화재신호 또는 탐지부에서 발하여지는 가스누설신호를 직접 수신하거나
중계기를 통하여 수신한다. 소방대상물의 관계자에게 경보해 주거나 소방관서에 통보해 주
는 장치이며 다음과 같은 종류가 있다.

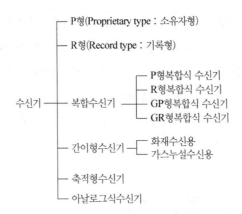

수신기는 소방대상물 내의 설치 필요에 따라 소화전 펌프 기동장치나 부수신기, 비상경보설비, 방화댐퍼, 제연설비 등의 제어기능을 겸하고 있는 것도 있다. 정상상태일 때는 상용전원으로 작동되다가 정전시에는 예비전원으로 자동 절환 될 수 있는 기능을 갖추고 있다.

예비전원은 일반적으로 납축전지나 Ni-Cd 전지를 사용하고 있으며 그 용량은 감시상태를 60분간 지속한 후 유효하게 10분(고층건물은 30분) 이상 작동시킬 수 있는 용량이어야 한다.

1 설치기준

(1) 수위실 등 상시 사람이 근무하는 장소에 설치할 것. 다만, 사람이 상시 근무하는 장소가 없는 경우에는 관계인이 쉽게 접근할 수 있고 관리가 용이한 장소에 설치할 수 있다.

(2) 수신기가 설치된 장소에는 경계구역 일람도를 비치할 것. 다만, 모든 수신기와 연결되어 각 수신기의 상황을 감시하고 제어할 수 있는 수신기(이하 "주수신기"라 한다)를 설치하는 경우에는 주수신기를 제외한 기타 수신기는 그러하지 아니하다.

(3) 수신기의 음향기구는 그 음량 및 음색이 다른 기기의 소음 등과 명확히 구별될 수 있는 것으로 할 것

(4) 수신기는 감지기·중계기 또는 발신기가 작동하는 경계구역을 표시할 수 있는 것으로 할 것

(5) 화재·가스 전기 등에 대한 종합방재반을 설치한 경우에는 당해 조작반에 수신기의 작동과 연동하여 감지기·중계기 또는 발신기가 작동하는 경계구역을 표시할 수 있는 것으로 할 것

(6) 하나의 경계구역은 하나의 표시등 또는 하나의 문자로 표시되도록 할 것

(7) 수신기의 조작 스위치는 바닥으로부터의 높이가 0.8 m 이상 1.5 m 이하인 장소에 설치할 것

(8) 하나의 특정소방대상물에 2 이상의 수신기를 설치하는 경우에는 수신기를 상호간 연동하여 화재발생 상황을 각 수신기마다 확인할 수 있도록 할 것

2 기종의 선정과 성능

(1) 수신기의 선정

① 해당 특정소방대상물의 경계구역을 각각 표시할 수 있는 회선수 이상의 수신기를 설치할 것

② 4층 이상의 특정소방대상물에는 발신기와 전화통화가 가능한 수신기를 설치할 것

③ 해당 특정소방대상물에 가스누설탐지설비가 설치된 경우에는 가스누설탐지설비로부터 가스누설신호를 수신하여 가스누설경보를 할 수 있는 수신기를 설치할 것(가스누설탐지설비의 수신부를 별도로 설치한 경우에는 제외한다)

(2) 축적형수신기를 설치해야 하는 장소

자동화재탐지설비의 수신기는 특정소방대상물 또는 그 부분이 지하층·무창층 등으로서 환기가 잘되지 아니하거나 실내면적이 40 m² 미만인 장소, 감지기의 부착면과 실내바닥과의 거리가 2.3 m 이하인 장소로서 일시적으로 발생한 열·연기 또는 먼지 등으로 인하여 감지기가 화재신호를 발신할 우려가 있는 때(축적형감지기가 설치된 장소에는 감지기회로의 감시전류를 단속적으로 차단시켜 화재를 판단하는 방식외의 것을 말한다.) 다만, 감지기의 부착높이에 따른 단서(NFSC 203 제7조 제1항)의 규정에 따라 감지기를 설치한 경우에는 그러하지 아니하다.

(3) 화재표시와 표시등의 표시

① 화재표시

수신기는 화재신호를 수신하는 경우 적색의 화재표시등에 의하여 화재의 발생을 자동적으로 표시함과 동시에, 지구표시장치에 의하여 화재가 발생한 당해 경계구역을 자동적으로 표시하고 주음향장치 및 지구음향장치가 울리도록 되어야 한다. 주음향장치는 스위치에 의하여 주음향장치의 울림이 정지된 상태에서도 새로운 경계구역의 화재신호를 수신하는 경우에는 자동적으로 주음향장치의 울림정지 기능을 해제하고 주음향장치가 울려야 한다. 다만, 다음 각 호에 정하는 것은 설치하지 아니할 수 있다.

㉠ P형 및 P형복합식의 수신기로서 접속되는 회선수가 1인 것은 화재표시등 및 지구표시장치

㉡ 제1항의 화재표시는 수동으로 복귀시키지 아니하는 한 그 화재의 표시를 계속 유지하는 것이어야 한다. 다만, 축적형, 다신호식 및 아날로그식인 수신기의 예비표시신호(화재표시를 할 때 까지의 사이에 보조적으로 표시되는 지구표시등 및 주음향장치 등을 말한다)는 그러하지 아니하다.

㉢ 표시장치로서 기록장치를 설치한 것은 작동한 감지기, 중계기 및 P형발신기 등을 포함한 경계구역을 자동적으로 쉽게 식별할 수 있는 것이어야 한다.

㉣ GP형, GP형복합식, GR형 및 GR복합식의 수신기는 가스누설신호를 수신하는 경우 황색의 가스누설등 및 주음향장치에 의하여 가스누설의 발생을 자동적으로 표시하여야 하며, 지구표시장치에 의하여 가스누설이 발생한 당해 경계구역을 자동적으로 표시하여야 한다.

㉤ GP형, GP형복합식, GR형 및 GR복합식의 수신기의 지구표시장치는 화재가 발생한 경계구역과 가스누설이 발생한 경계구역을 명확히 구분하여 식별할 수 있도록 표시하여야 한다.

② 표시등의 표시

화재의 발생을 표시하는 표시등(이하 "화재등"이라 한다)은 등이 켜질때 적색으로 표시되어야 하며, 화재가 발생한 경계구역의 위치를 표시하는 표시등(이하 "지구등"이라 한다)과 기타의 표시등은 다음과 같아야 한다.

㉠ 지구등은 적색으로 표시되어야 한다. 이 경우 화재등이 설치된 수신기의 지구등은 적색외의 색으로도 표시할 수 있다.

㉡ 기타의 표시등은 적색외의 색으로 표시되어야 한다. 다만, 화재등 및 지구등과 쉽게 구별할 수 있도록 부착된 기타의 표시등은 적색으로도 표시할 수 있다.

③ 주위의 밝기가 300 lx인 장소에서 측정하여 앞면으로 부터 3 m 떨어진 곳에서 켜진 등이 확실히 식별되어야 한다.

(4) 수신기에 내장하는 음향장치

① 사용전압의 80 %인 전압에서 소리를 내어야 한다.

② 사용전압에서의 음압은 무향실내에서 정위치에 부착된 음향장치의 중심으로부터 1 m 떨어진 지점에서 주음향장치용의 것은 90 dB 이상이어야 한다. 다만, 전화용부저 및 고장표시장치용 등의 음압은 60 dB 이상이어야 한다.

③ 사용전압으로 8시간 연속하여 울리게 하는 시험 또는 정격전압에서 3분20초동안 울리고 6분40초동안 정지하는 작동을 반복하여 통산한 울림시간이 20시간이 되도록 시험하는 경우 그 구조 또는 기능에 이상이 생기지 아니하여야 한다.

(5) 수신기의 제어기능

① 제어기능은 각 설비의 전용으로 하여야 한다. 다만, 다른 설비의 사고등에 의한 영향을 받지 아니하도록 되어있는 경우에는 그러하지 아니하다.

② 옥내·외소화전설비, 물분무소화설비 및 포소화설비의 제어기능은 다음에 적합하여야 한다.

    ㉠ 각 펌프의 작동여부를 확인할 수 있는 표시등 및 음향경보기능이 있어야 한다.

    ㉡ 각 펌프를 자동 및 수동으로 작동시키거나 작동을 중단시킬 수 있어야 한다.

    ㉢ 수조 또는 물올림탱크가 저수위로 될 때 표시등 및 음향으로 경보되어야 한다.

③ 스프링클러설비의 제어기능은 다음에 적합하여야 한다.

    ㉠ 각 유수검지장치, 일제개방밸브 및 펌프의 작동여부를 확인할 수 있는 표시기능이 있어야 한다.

    ㉡ 수원 또는 물올림탱크의 저수위 감시 표시기능이 있어야 한다.

    ㉢ 일제개방밸브를 개방시킬 수 있는 스위치를 설치하여야 한다.

    ㉣ 각 펌프를 수동으로 작동 또는 중단시킬 수 있는 스위치를 설치하여야 한다.

    ㉤ 일제개방밸브를 사용하는 설비의 화재감지를 화재감지기에 의하는 경우에는 경계회로 별로 화재표시를 할 수 있어야 한다.

④ 이산화탄소소화설비, 할로겐화합물 및 불활성기체소화설비 및 분말소화설비의 제어기능은 다음에 적합하여야 한다.

    ㉠ 수동기동장치 또는 감지기에서의 신호를 수신하여 음향경보장치를 작동, 소화약제의 방출 또는 지연 등의 제어기능을 가져야 한다. 다만, 약제방출 지연시간은 경보음을 발한후 30초 이내로 하며, 지연시간을 조정할 수 있는 장치는 조정된 시간의 표시가 쉽게 판별될 수 있어야 한다.

    ㉡ 각 방호구역마다 음향경보장치의 조작 및 감지기의 작동을 명시하는 표시등과 이와 연동하여 작동하는 벨, 부저 등의 경보장치를 부착하여야 한다. 이 경우 음향장치의 조작 및 감지기의 작동을 명시하는 표시등을 겸용할 수 있다.

    ㉢ 수동식 기동장치에 있어서는 그 방출용 스위치와 작동을 명시하는 표시등을 설치하여야 한다.

    ㉣ 소화약제의 방출을 명시하는 표시등을 설치하여야 한다.

㉤ 자동식기동장치에 있어서는 자동, 수동의 전환을 명시하는 표시등을 설치하여야 한다.

㉧ 기동식의 벽, 배연경계벽, 댐퍼 및 배출기의 작동은 감지기와 연동되어야 하며, 수동으로 기동이 가능하여야 한다.

㉪ 기타 이 조에서 정하지 아니한 사항은 법 제9조제1항의 규정에 따라 소방정창이 정하여 고시하는 화재안전기준의 각 소화설비별 제어반의 기준을 준용한다.

(6) 수신기의 최대부하

수신기는 다음 각 호의 어느 하나에 규정하는 최대부하에 계속하여 견딜 수 있는 용량이 상이어야 한다. 이 경우 지구음향장치의 소비전류를 P형, P형복합식, GP형 및 GP형복합식의 수신기에 있어서는 접속가능한 회선수(R형, R형복합식, GR형 및 GR형복합식의 수신기에 있어서는 접속가능한 중계기의 회선수)에 2를 곱하여 얻은 수의 지구음향장치가 울리는데 소비되는 전류로 한다. 이 경우 직상층발화방식인 수신기로서 경종 또는 중계기의 회선수가 20을 넘는 경우에는 20을 부하로하는 전류를 소비전류로 한다.

① P형 및 P형복합식의 수신기중 접속되는 회선수가 5미만인 것은 전회선, 5이상인 것은 5회선이 작동하는 경우의 부하 또는 상시부하중 어느 쪽이든 큰 것

② R형 및 R형복합식의 수신기는 접속한 5개의 중계기가 작동하는 경우의 부하 또는 상시부하중 큰 것

③ GP형 및 GP형복합식의 수신기는 제1호의 부하 및 가스누설경보기의 형식승인기준 제12조의 부하를 합한 것

④ GR형 및 GR형복합식의 수신기는 제2호의 부하 및 가스누설경보기의 형식승인기준 제12조의 부하를 합한 것

(7) 수신기 기능

① P형, P형복합식, GP형 및 GP형복합식

P형, P형복합식, GP형 및 GP형복합식의 수신기 기능은 다음 각 호에 적합하여야 하며, GP형 및 GP형복합식수신기의 가스누설경보기에 관한 기능부분은 가스누설경보기의 형식승인기준 제6조의 규정을 준용하고, 복합식수신기의 제어기능에 관한 부분은 제11조에 적합하여야 한다.

㉠ 화재표시 작동시험을 할 수 있는 장치가 있어야 하며, 접속가능 중계기가 있는 경우 수신기에서 중계기까지의 단락을 검출할 수 있는 장치가 있어야 한다. 이 경우 이들 장치의 조작 중에 다른 회선으로부터 화재신호를 수신하는 경우 화재 표시가 될 수 있어야 한다.

ⓛ 주전원이 정지한 경우에는 자동적으로 예비전원으로 전환되고, 주전원이 정상상태로 복귀한 경우에는 자동적으로 예비전원으로부터 주전원으로 전환되는 장치를 가져야 한다.

ⓒ 「중계기의 형식승인 및 제품검사의 기술기준」 제3조제14호가목, 제15호가목, 제17호가목의 규정에 의한 신호를 수신하는 경우 자동적으로 음향신호 또는 표시등에 의하여 지시되는 고장신호 표시장치가 있어야 한다.

② R형, R형복합식, GR형 및 GR형복합식

R형, R형복합식, GR형 및 GR형복합식의 수신기 기능은 다음 각호에 적합하여야 하며, GR형 및 GR형복합식수신기의 가스누설경보기에 관한 기능부분은 가스누설경보기의 형식승인기준 제6조의 규정을 준용하고, 복합식수신기의 제어기능에 관한 부분은 제11조에 적합하여야 한다.

㉠ 화재표시 작동시험을 할 수 있는 장치와 수신기에서부터 각 중계기까지의 단락을 검출할 수 있는 장치가 있어야 하며, 이들 장치의 조작 중에 다른 회선으로부터 화재신호를 수신하는 경우 화재표시가 될 수 있어야 한다.

ⓛ 주전원이 정지한 경우에는 자동적으로 예비전원으로 전환되고, 주전원이 정상상태로 복귀한 경우에는 자동적으로 예비전원으로 부터 주전원으로 전환되는 장치를 가져야 한다.

ⓒ 「중계기의 형식승인 및 제품검사의 기술기준」 제3조14호가목, 제15호가목, 제17호가목의 규정에 의한 신호를 수신하는 경우 자동적으로 음신호 또는 표시등에 의하여 지시되는 고장신호 표시장치가 있어야 한다.

③ 무선식 감지기·무선식 중계기·무선식 발신기와 접속되는 수신기의 기능

㉠ 화재발생을 경보하고 있는 수신기 및 작동상태를 지속되고 있는 무선식 감지기·무선식 중계기를 화재감시 정상상태로 전환시킬 수 있는 수동 복귀스위치를 설치하여야 한다.

ⓛ 수신기는 다음 각 호의 어느 하나에 해당되는 신호 발신개시로부터 200초 이내에 표시등 및 음향으로 경보되어야 한다.

㉮ 「감지기의 형식승인 및 제품검사의 기술기준」 제5조의4제2항제4호

㉯ 「발신기의 형식승인 및 제품검사의 기술기준」 제4조의3제3항제2호

㉰ 「중계기의 형식승인 및 제품검사의 기술기준」 제3조의2제3항제2호

ⓒ 제17조제6호가목 및 나목에 의한 통신점검 개시로부터 다음 각 호의 어느 하나에 해당되는 경우에 의해 발신된 확인신호를 수신하는 소요시간은 200초 이내이어야 하며, 수신 소요시간을 초과할 경우 표시등 및 음향으로 경보하여야 한다.

㉮ 감지기의 형식승인 및 제품검사의 기술기준」제5조의4제2항제2호

㉯ 발신기의 형식승인 및 제품검사의 기술기준」제4조의3제2항

㉰ 중계기의 형식승인 및 제품검사의 기술기준」제3조의2제1항제3호·제2항제3호

㉑ 제17조제6호가목 및 나목에 의한 통신점검시험 중에도 다른 회선의 감지기, 발신기, 중계기로부터 화재신호를 수신하는 경우 화재표시가 되어야 한다.

(8) 시험장치

수신기의 기능시험장치는 다음 각호에 적합하여야 한다.

① 수신기의 앞면에서 쉽게 시험을 할 수 있어야 한다.

② 외부배선(지구음향장치용의 배선, 확인장치용의 배선 및 전화장치용의 배선을 제외한다)의 도통시험 및 회로저항등의 측정은 지시전기계기에 의하는등 적합한 방법에 의하여 회로마다 할 수 있어야 하며, 도통상태를 확인할 수 있는 장치가 있어야 한다.
2의2. 무선식 수신기는 중계기(감지기와 배선으로 연결되는 무선식 중계기만 해당된다)의 배선회로 마다 도통상태를 확인 할 수 있는 장치를 설치하여야 한다.

③ 제2호 또는 제2의2호의 장치를 조작 중에 다른 회선으로부터 화재신호를 수신하는 경우 화재표시가 될 수 있어야 한다.

④ 화재등 및 주음향장치의 시험을 제외하고는 회선의 단락 및 단선사고중에도 다른 회선의 시험을 할 수 있어야 한다.

⑤ 정류기의 직류측에 자동복귀형스위치를 설치하고 그 스위치의 조작에 의하여 전류가 흐르도록 부하를 가하는 경우 그 단자전압을 측정할 수 있는 장치를 설치하거나 예비전원의 저전압(제조사 설계 값) 상태를 자동적으로 확인할 수 있는 장치를 설치하여야 한다.

⑥ 무선식 감지기·무선식 중계기·무선식 발신기와 접속되는 수신기는 다음 각 목에 적합한 통신점검시험을 할 수 있는 장치를 설치하여야 한다.

㉠ 수동으로 무선식 감지기, 무선식 발신기, 무선식 중계기로 통신점검 신호를 발신하는 장치가 있어야 한다.

㉡ 자동적으로 무선식 감지기, 무선식 발신기, 무선식 중계기에 168시간 이내 주기마다 통신점검 신호를 발신할 수 있는 장치가 있어야 한다.

㉢ ㉠목 및 ㉡목의 장치를 시험하는 중에도 다른 회선으로부터 화재신호를 수신하는 경우 화재표시가 되어야 한다.

(9) 기록장치

수신기의 기록장치는 다음 각 호에 적합하여야 한다.

① 기록장치는 999개 이상의 데이터를 저장할 수 있어야 하며, 용량이 초과할 경우 가장 오래된 데이터부터 자동으로 삭제한다.

② 수신기는 임의로 데이터의 수정이나 삭제를 방지할 수 있는 기능이 있어야 한다.

③ 저장된 데이터는 수신기에서 확인할 수 있어야 하며, 복사 및 출력도 가능하여야 한다.

④ 수신기의 기록장치에 저장하여야 하는 데이터는 다음 각 목과 같다. 이 경우 데이터의 발생시각을 표시하여야 한다.

ㄱ 주전원과 예비전원의 on/off 상태

ㄴ 경계구역의 감지기, 중계기 및 발신기 등의 화재신호와 소화설비, 소화활동설비, 소화용수설비의 작동신호

ㄷ 수신기와 외부배선(지구음향장치용의 배선, 확인장치용의 배선 및 전화장치용의 배선을 제외한다)과의 단선 상태

ㄹ 수신기에서 제어하는 설비로의 출력신호와 수신기에 설비의 작동 확인표시가 있는 경우 확인신호

ㅁ 수신기의 주경종스위치, 지구경종스위치, 복구스위치 등 기준 제11조(수신기의 제어기능)을 조작하기 위한 스위치의 정지 상태

ㅂ 가스누설신호(단, 가스누설신호표시가 있는 경우에 한함)

ㅅ 제15조의2제2항에 해당하는 신호(무선식 감지기·무선식 중계기·무선식 발신기와 접속되는 경우에 한함)

ㅇ 제15조의2제3항에 의한 확인신호를 수신하지 못한 내역(무선식 감지기·무선식 중계기·무선식 발신기와 접속되는 경우에 한함)

3 구성과 접속

(1) 수신기의 구성

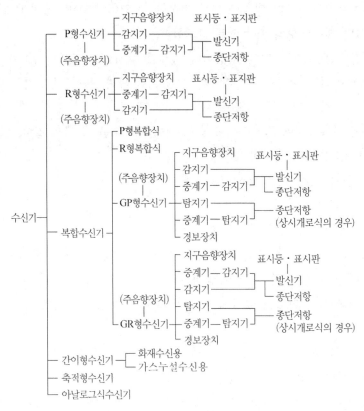

(2) 수신기의 접속

그림 1-14 (a)는 일반적인 수신기의 각 단자별 외부결선도이며 **그림** 1-14 (b)는 P형 수신기 회로도의 일례이다.

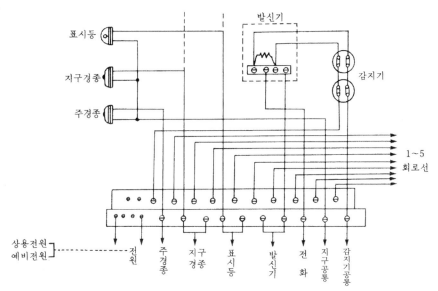

(a) 수신기 외부 결선도의 일례

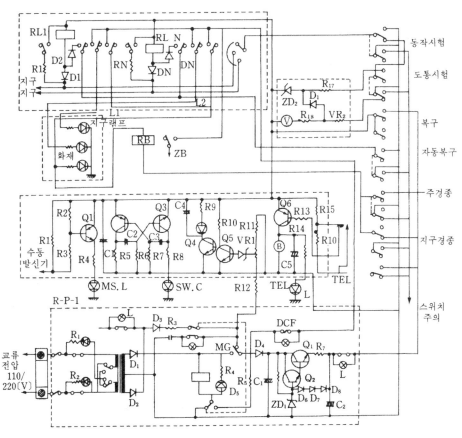

(b) 수신기 내부 회로도의 일례

그림 1-14 P형 수신기 외부 결선도와 내부 회로도 예

4 구조 및 기능

4.1 P형, R형 수신기

1) 일반사항

(1) 작동이 확실하고, 취급·점검이 쉬워야 하며, 현저한 잡음이나 장해전파를 발하지 아니하여야 한다. 또한 먼지, 습기, 곤충 등에 의하여 기능에 영향을 받지 아니하여야 한다.

(2) 보수 및 부속품의 교체가 쉬워야 한다. 다만, 방수형 및 방폭형은 그러하지 아니하다.

(3) 부식에 의하여 기계적 기능에 영향을 초래할 우려가 있는 부분은 칠, 도금 등으로 유효하게 내식가공을 하거나 방청가공을 하여야 하며 전기적 기능에 영향이 있는 단자, 나사 및 와셔 등은 동합금이나 이와 동등이상의 내식성능이 있는 재질을 사용하여야 한다.

(4) 외함은 불연성 또는 난연성 재질로 만들어져야 하며 다음과 같아야 한다.

① 외함에 강판을 사용하는 경우에는 다음에 기재된 두께이상의 강판을 사용하여야 한다. 다만, 합성수지를 사용하는 경우에는 강판의 2.5배 이상의 두께이어야 한다.

㉠ 1회선용은 1 mm 이상

㉡ 1회선을 초과하는 것은 1.2 mm 이상

㉢ 직접 벽면에 접하며 벽속에 매립되는 외함의 부분은 1.6 mm 이상

② 외함(화재표시창, 지구창, 지도판, 전화기, 조작부 수납용 뚜껑, 스위치의 손잡이, 발광다이오드, 지시전기계기, 각종 표시명판 등은 제외한다)에 합성수지를 사용하는 경우에는 80±2 °C의 온도에서 열로 인한 변형이 생기지 아니하여야 하며 UL 94규정에 의한 V-2이상의 난연성능이 있는 재료이어야 한다.

(5) 기기내의 배선은 충분한 전류용량을 갖는 것으로 하여야 하며 배선의 접속이 정확하고 확실하여야 한다.

(6) 극성이 있는 경우에는 오접속을 방지하기 위하여 필요한 조치를 하여야 한다.

(7) 부품의 부착은 기능에 이상을 일으키지 아니하고 쉽게 풀리지 아니하도록 하여야 한다.

(8) 전선 이외의 전류가 흐르는 부분과 가동축부분의 접촉력이 충분하지 아니한 곳에는 접촉부의 접촉불량을 방지하기 위한 적당한 조치를 하여야 한다.

(9) 외부에서 쉽게 사람이 접촉할 우려가 있는 충전부는 충분히 보호되어야 한다.

(10) 정격전압이 60 V를 넘는 기구의 금속제외함에는 접지단자를 설치하여야 한다.

(11) 예비전원회로에는 단락사고 등으로부터 보호하기 위한 퓨즈 등 과전류 보호장치를 설치하여야 한다.

(12) 내부의 부품 등에서 발생되는 열에 의하여 구조 및 기능에 이상이 생길 우려가 있는 것은 방열판 또는 방열공 등에 의하여 보호조치를 하여야 한다. 다만, 방수형 또는 방폭형의 것은 방열공을 설치하지 아니할 수 있다.

(13) 방폭형 수신기의 방폭구조는 산업안전보건법령에 의하여 정하는 규격에 적합하여야 한다.

(14) 수신기(접속되는 회선수가 1회선인 것은 제외한다)는 발신기가 작동하는 경우 그 표시를 할 수 있어야 한다.

(15) 수신기(1회선용은 제외한다)는 2회선이 동시에 작동하여도 화재표시가 되어야 하며 감지기의 감지 또는 발신기의 발신개시로부터 P형, P형 복합식, GP형 또는 GP형복합식, R형, R형 복합식, GR형 또는 GR형 복합식의 수신기의 수신완료까지의 소요시간은 5초(축적형의 경우에는 60초)이내이어야 한다.

(16) 화재신호를 수신하는 경우 P형, P형 복합식, GP형, GP형 복합식, R형, R형 복합식, GR형 또는 GR형 복합식의 수신기에 있어서는 2이상의 지구표시장치에 의하여 각각 화재를 표시할 수 있어야 한다.

(17) 수신기는 발신기와 화재신호 전달에 지장이 없다면 선택적으로 설치할 수 있다.

(18) 내부에 주전원의 양극을 동시에 개폐할 수 있는 전원 스위치를 설치할 수 있다.

(19) 전원입력 및 외부부하에 직접 전원을 송출하도록 구성된 회로에는 퓨즈 또는 브레이커 등을 설치하여야 한다.

(20) 수신기는 내부에 예비전원을 설치하여야 한다. 다만 방화상 유효한 조치를 강구한 것은 그러하지 아니하다.

(21) 전면에는 예비전원의 상태를 감시할 수 있는 감시장치가 있어야 한다.

(22) 전면에는 주전원을 감시하는 장치를 설치하여야 한다.

(23) 복귀 스위치의 작동 또는 음향장치의 울림을 정지시키는 스위치를 설치하는 경우에는 그 목적에만 사용되는 것이어야 한다.

(24) 자동적으로 정위치에 복귀하지 아니하는 스위치를 설치하는 경우에는 음신호장치 또는 점멸하는 주의등을 설치하여야 한다.

(25) 수신기의 외부배선 연결용 단자에 있어서 공통 신호선용 단자는 7개 회로마다 1개 이상 설치하여야 한다.

(26) 제어기능 수동조작 스위치는 부주의로 인한 작동을 방지할 수 있는 구조이어야 한다.

(27) 무선식 수신기 중 전파를 직접 발신하는 수신기는 다음 각 목에 적합하여야 한다.
　　① 전파에 의한 감지기·발신기·중계기·수신기간의 화재신호 또는 화재정보신호는 「신

고하지 아니하고 개설할 수 있는 무선국용 무선설비의 기술기준」 제7조(특정소출력무선국용 무선설비)제3항의 「도난, 화재경보장치 등의 안전시스템용 주파수」를 적용하여야 한다.

② 「전파법」 제58조의2(방송통신기자재등의 적합성평가)에 적합하여야 한다.

(28) 예비전원은 다음 각 목에 적합하게 설치하여야 한다.

① 인출선은 적당한 색깔에 의하여 쉽게 구분할 수 있어야 한다.

② 수신기의 예비전원은 원통밀폐형 니켈카드뮴축전지 또는 무보수밀폐형 연축전지로서 그 용량은 감시상태를 60분간 계속한 후 다음에서 규정하는 부하에 견딜수 있는 크기 이상이어야 한다. 이 경우 지구음향장치의 작동을 위한 예비전원의 소비전류는 P형, P형복합식, GP형 및 GP형복합식의 수신기에 있어서는 접속가능한 회선수(R형, R형복합식, GR형 및 GR형복합식의 수신기에 있어서는 접속가능한 중계기의 회선수)에 2를 곱하여 얻은 수의 지구음향장치가 올리는데 소비되는 전류로 하고 직상층발화식인 수신기로서 경종 또는 중계기의 회선수가 20을 넘는 경우에는 20을 부하로 하는 전류를 소비전류로 한다.

 ㉠ P형 및 P형복합식의 수신기용은 2회선이 작동하는데의 소비전류(감시상태의 소비전류보다 적은 경우에는 감시상태의 소비전류)로 10분이상 계속하여 흘릴 수 있는 용량

 ㉡ R형 및 R형복합식의 수신기용은 2개의 중계기가 작동하는 때의 소비전류(감시상태의 소비전류보다 적은 경우에는 감시상태로 소비전류)로 10분간 계속하여 흘릴수 있는 용량

 ㉢ GP형 및 GP형복합식의 수신기용은 ㉠의 용량과 가스누설경보기의 관련 용량을 합한 용량, 다만, 가스누설경보기의 부분에 예비전원이 필요없는 구조인 것은 ㉠ 의 용량

 ㉣ GR형 및 GR형복합식의 수신기용은 2)의 용량과 가스누설경보기의 관련 용량을 합한 용량, 다만, 가스누설경보기의 부분에 예비전원이 필요없는 구조인 것은 2)의 용량

③ 자동충전장치 및 전기적기구에 의한 자동과충전방지장치를 설치하여야 한다. 다만, 과충전 상태가 되어도 성능 또는 구조에 이상이 생기지 아니하는 축전지를 설치하는 경우에는 자동과충전방지장치를 설치하지 아니할 수 있다.

④ 전기적기구에 의한 자동과방전방지장치를 설치하여야 한다. 다만, 과방전의 우려가 없는 경우 또는 과방전의 상태가 되어도 성능이나 구조에 이상이 생기지 아니

하는 축전지를 설치하는 경우에는 그러하지 아니하다.

⑤ 예비전원을 병렬로 접속하는 경우는 역충전 방지등의 조치를 강구하여야 한다.

2) P형 수신기

감지기 또는 발신기로부터 발하여지는 신호를 직접 또는 중계기를 통하여 공통신호로서 수신하여 화재의 발생을 당해 소방대상물의 관계자에게 경보하여 주는 것을 말한다.

이들의 주된 기능과 원리는 유사하며 회로수나 지구표시등의 표시방법이 소방대상물의 크기나 사용자의 요구에 따라 다를 수 있다. P형 수신기는 전면에는 표시장치, 스위치류, 계측기 등이 있으며 기타 전화잭이나 취급설명서가 부착되어 있다.

(1) 구성

① 표시장치

수신기에 따라 설치위치가 다를 수 있으나 기능은 동일하며 지구경보등이나 예비전원등은 생략된 경우도 있다.

㉠ 화재표시등(화재등) : 수신부가 화재신호를 수신하는 경우 화재의 발생을 자동적으로 표시하여 주는 표시등을 말한다. 수신기의 전면 상단에 설치된 것으로 화재신호를 수신하면 화재발생을 표시하는 적색등이며 경계구역의 구별없이 지구등과 함께 점등된다.

㉡ 화재지구표시등(화재지구등) : 수신부가 화재신호를 수신하는 경우 화재가 발생한 경계구역의 위치를 자동적으로 표시하여 주는 표시등을 말한다. 신호가 발생된 각 경계구역을 나타내는 표시장치로서 감시하고자 하는 경계구역의 회로수만큼 필요하다. 하나의 경계구역을 하나의 표시창에 나타내는 창구식과 건물의 단면도와 전면도를 실제 모양으로 축소하여 나타낸 다음 각 경계구역별로 LED등을 설치한 후 실제의 발화위치가 점등되도록 표시하는 지도판식이 있다.

㉢ 주전원등 : 내부회로에 공급되고 있는 전원이 상용전원임을 나타내는 표시장치로 항시 점등상태를 유지한다.

㉣ 예비전원등 : 내부회로에 공급되고 있는 전원이 예비전원일 때 점등된다.

㉤ 예비전원 감시등(축전지 감시등) : 예비전원의 접속상태가 충전상태를 나타내는 표시장치이다. 이 표시등이 점등되어 있으면 예비전원의 충전이 완료되지 아니하였거나 예비전원을 연결하는 전선의 일부분이 단선된 상태 또는 예비전원의 불량으로 충전이 되지않고 있음을 나타낸다.

ⓗ 발신기등 : 수신기에 수신된 화재신호가 발신기의 조작에 의한 신호인지 감지기의 작동에 의한 신호인지의 여부를 식별해 주는 표시장치이다. 이 표시등이 점등되면 화재등과 지구등에 표시된 화재표시가 발신기의 조작에 의한 신호임을 나타낸다.

ⓢ 스위치 주의등 : 수신기의 전면에 있는 스위치의 정상위치 여부를 나타내는 표시장치이다. 다음에 설명하는 스위치류 중 회로선택 스위치를 제외한 재조작을 필요로 하는 스위치가 정상위치에 있지 아니할 때 점등되며 점등과 소등을 반복하는 표시등인 점멸등으로 되어 있다.

ⓞ 지구경보등 : 지구경종의 작동상태를 나타내는 표시장치로써 지구경종이 명동되고 있으면 점등된다.

② 스위치류

스위치는 시험시 사용되는 시험 스위치, 기능의 일시 정지를 위한 기능정지 스위치와 조작후에는 자동적으로 복귀되는 스위치 및 재조작을 할 경우에만 복귀하는 스위치가 있다.

㉠ 비상경보 스위치 : 지구경종을 모두 동시에 명동시킬 때 사용하는 스위치로서 이 스위치를 조작하면 직상층 명동구조로 된 경우에도 전층이 동시에 명동된다.

㉡ 예비전원 시험스위치 : 예비전원의 양부를 시험할 때 사용하는 스위치로서 조작한 후에 자동으로 복귀되는 스위치이다.

㉢ 주경종 스위치 : 주경종의 명동을 제어하기 위한 스위치로서 이 스위치를 시험위치로 하면 주 경종의 명동이 정지된다.

㉣ 지구경종 스위치 : 지구경종의 명동을 제어하기 위한 스위치로서 시험위치로 조작하면 지구경종의 명동이 정지된다.

㉤ 도통시험 스위치 : 감지기에 접속된 회로의 도통상태(단선여부)를 시험하기 위한 스위치이다. 이 스위치를 시험위치로 조작한 상태에서 회로선택 스위치를 돌려가면서 각 회로를 시험하였을 때 전압계의 지시침이 0 V를 지시하면 감지기 선로의 단선상태를 의미하고, 낮은 전압을 나타내면 종단저항의 저항값이 과대한 것을 의미한다.

㉥ 작동시험 스위치 : 수신기의 작동가능여부를 시험하기 위한 스위치이다. 이 스위치를 시험위치로 조작한 상태에서 회로선택스위치를 돌려가면서 시험을 실시하였을 경우에 화재등과 함께 해당 지구등이 점등되고 또한 그 점등상태가 복구 스위치를 조작할 때까지 지속적으로 유지되면 정상임을 의미한다.

ⓧ 자동복구 스위치 : 작동시험 스위치와 함께 이 스위치를 조작하여 시험위치로 한
상태에서 회로선택스위치를 회전시키면서 시험하였을 때 해당 지구등과 화재등
이 점등되어야 한다. 점등상태는 회로선택스위치가 당해 회로를 지시할 때에만
점등되어야 하고 다른 회로로 옮겼을 때에는 자동으로 복구되어야 정상이다. 그
리고 이 스위치만을 시험위치로 조작해 두면 감지기나 발신기의 작동 지속상태
에 따라 화재표시의 작동 지속상태가 나타나므로 당해 회로의 현재의 작동상태
여부를 알 수 있다.

ⓞ 복구 스위치 : 화재표시상태를 복구시킬 때 사용하는 스위치이다. 시험위치로 조
작하면 화재등과 지구등이 소등되며 조작후에 자동으로 복귀되는 스위치이다.

ⓩ 회로선택스위치(로터리 스위치) : 스위치의 주위에 회로번호가 기재되어 있으며
작동시험이나 회로도통시험을 실시할 때 필요한 회로를 선택하기 위하여 사용한
다.

③ 계측기

수신기 내부의 주회로 전압을 나타내는 전원표시등이 정상상태에서는 밝게 표시된
다. 도통시험 스위치와 회로선택스위치의 조작에 의하여 선로의 단선 유무를 시험할
경우, 예비전원 시험스위치의 조작에 의한 예비전원 양부시험을 할 경우 전원 표시
등의 밝기로 이상유무를 알 수 있다.

④ 기타

수신기 전면에는 앞에서 설명한 표시장치 및 스위치외에 취급설명서가 부착되어 있
다. 회로수 즉 지구표시등이 많으면 발신기와 통화를 할 수 있는 전화잭이 있고 회로
수가 적으면 전화잭이 없다.

(2) 종류

① P형 수신기

㉠ **그림 1-15**는 회로수가 많은 경우의 수신기 각부 명칭과 외관을 나타낸 것이다.
(a)는 20회로용 수신기이고 (b)는 25회로와 60회로용의 창구식 수신기 외관이
다.

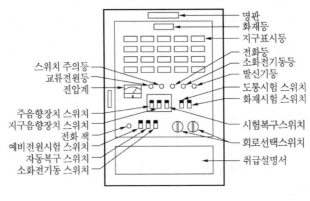

스위치 주의등
교류전원등
전압계
주음향장치 스위치
지구음향장치 스위치
전화 잭
예비전원시험 스위치
자동복구 스위치
소화전기동 스위치

명판
화재등
지구표시등
전화등
소화전기동등
발신기등
도통시험 스위치
화재시험 스위치
시험복구스위치
회로선택스위치
취급설명서

(a) 각부 명칭(20회로)

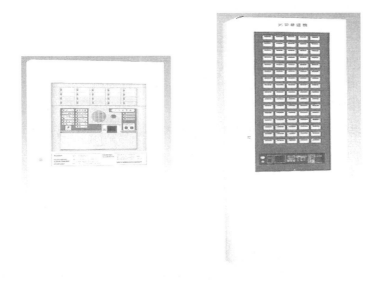

(b) 외관

그림 1-15 각부 명칭과 외관

　그림 1-16은 P형 수신기의 구성도를 나타낸 것이며 그림 1-17은 접속단자의
접속도를 나타낸 것이다.

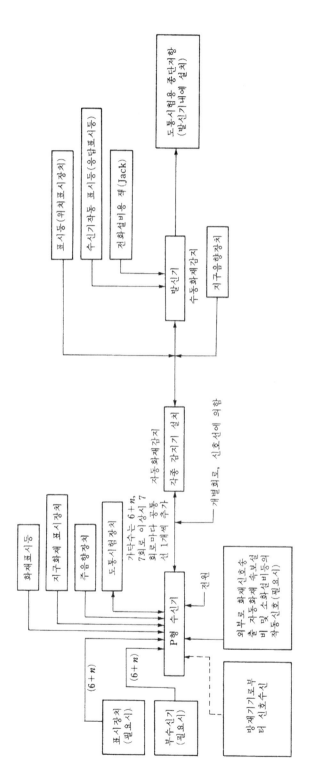

그림 1-16 P형 수신기의 구성도

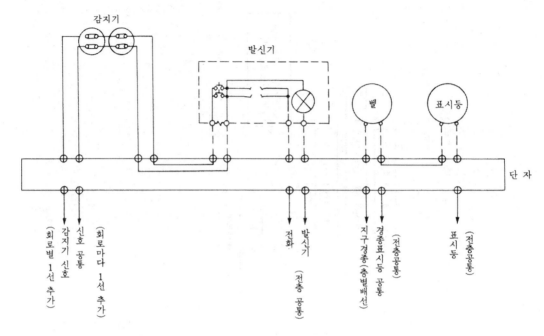

감지기
발신기
벨
표시등
단 자

(회로별 1선 추가)
감지기 신호
신호 공통
(회로마다 1선 추가)
전화 (전층 공통)
발신기
지구경종(층별배선)
경종표시등 공통
(전층공통)
표시등
(전층공통)

그림 1-17 수신기의 접속도

㉮ 회로 연동 : 각 기기와 수신기 사이의 회로 소요수는 각 제품 또는 생산회사마다 조금씩 차이는 있다. 회로수가 적어 발신기와 통화할 필요가 없다면 전화 잭이 필요하지 않아 ⓔⓕ의 전화선은 없어도 되나 대략 다음과 같다.

　a. 수신기와 부수신기 사이(7선 또는 8선 + 회선수)

　　ⓐ 지구 표시선 (회선수만큼 필요)

　　ⓑ 공통선

　　ⓒ 주음향장치선

　　ⓓ 주음향장치 공통선

　　ⓔ 전화 호출선

　　ⓕ 전화선

　　ⓖ ＋선

　　ⓗ －선

　b. 수신기와 지구음향장치 사이

　　ⓐ 일제 명동방식(2선)

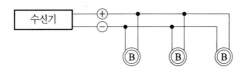

ⓑ 직상 발화방식(작동구역수 + 1선)

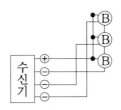

c. 수신기와 감지기 사이

ⓐ 스포트형(차동식, 보상식, 정온식)감지기(2선)

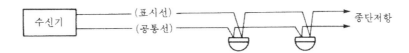

ⓑ 차동식 분포형 감지기(2선)

ⓒ 연기 감지기

▸ 이온화식(2선)

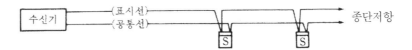

▸ 광전식(2선)

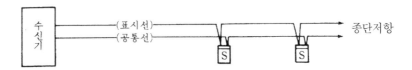

ⓓ 수신기와 발신기 사이(4선)

　▸ 전화선이 있는 경우

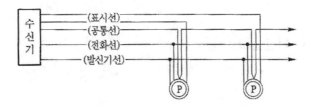

　▸ 전화선이 없는 경우

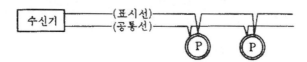

ⓔ 수신기와 표시등 선(2선)

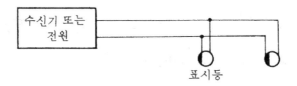

ⓕ 수신기와 소화전 기동 릴레이 극 사이(2선)

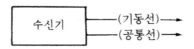

그림 1-18 각 기기와 수신기 사이의 회로 소요수

ⓖ 공통선 : 공통선은 7개 경계구역당 1개 이상으로 하고 결선은 그림 1-19와 같이 한다.

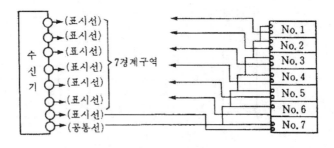

그림 1-19 공통선

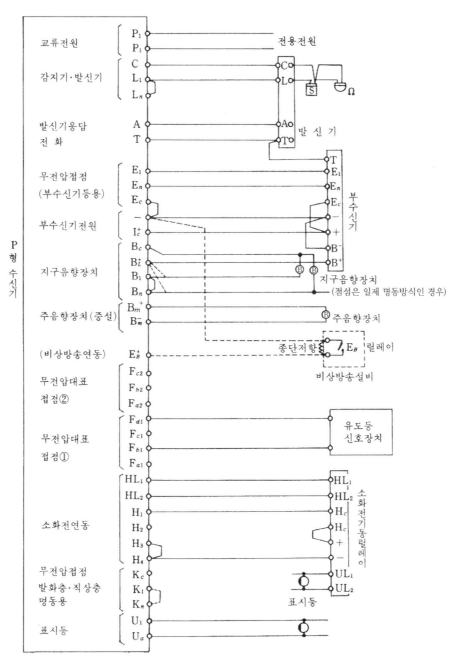

그림 1-20 수신기 종합접속도의 일례

그림 1-20은 5~40회선의 축적기능을 가진 P형 수신기에 대한 종
합접속도의 일례이다.

d. P형 방재 설비 계통도

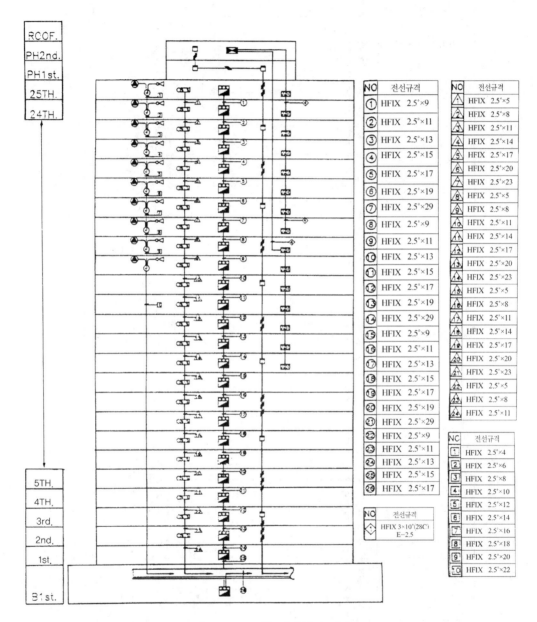

그림 1-21 P형 방재설비 계통도

ⓛ 접속가능한 회로수가 5회로 이하인 경우

회로수가 1회선인 경우에는 예비전원이나 지구표시등, 지구음향장치가 필요없으며 화재표시만 유지하면 된다. 그러나 복수회선인 경우에는 예비전원이 설치되어야 하며 지구표시등, 지구음향장치를 설치하여야 한다. **그림 1-22**는 회로수가 5회로 이하인 경우의 각부 명칭을 나타낸 것이며 소규모의 소방대상물에 사용할 수 있다.

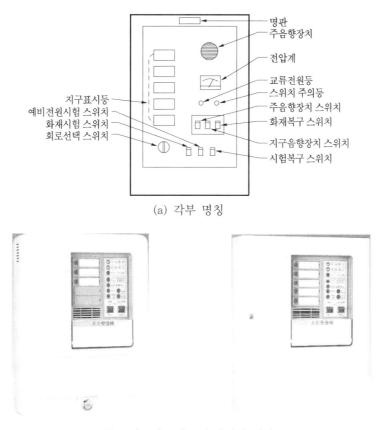

(a) 각부 명칭

(b) 3회로와 5회로 수신기의 외관

그림 1-22 5회로 P형 수신기의 각부 명칭과 외관

그림 1-23은 접속가능한 회로수가 5회로 이하인 P형 수신기의 구성도이다. 여기에는 전화잭이 없는 발신기를 사용해도 된다.

㉮ 회로의 일례 : **그림 1-24**는 1회선 전용의 P형 수신기 내부회로이다. **그림 1-25**는 예비전원을 포함한 1회선 전용의 P형 수신기 내부회로도이다. **그림 1-26**은 축적형 P형 수신기로서 2~5회선의 회로선을 가진 내부회로도이다.

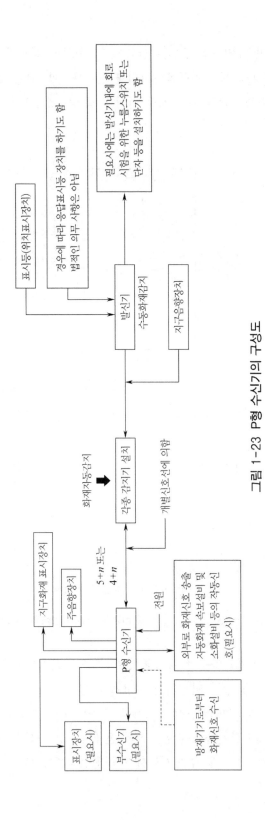

표시등(위치표시장치)

경우에 따라 응답표시등 장치를 하기도 함
별적인 의무 사항은 아님

필요시에는 발신기내에 화재
시험을 위한 누름스위치 또는
단자 등을 설치하기도 함

발신기
수동화재감지

지구음향장치

표시등
(필요시)

지구화재 표시장치

주음향장치

자동 감지기 설치
화재자동감지
개별신호선에 의함

P형 수신기

5+n 또는
4+n

전원

외부로 화재신호 송출
(자동화재 속보설비 및
소화설비 등의 작동신
호(필요시))

방재기기로부터
화재신호 수신

부수신기
(필요시)

그림 1-23 P형 수신기의 구성도

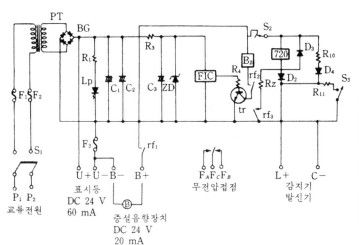

기호	명 칭
S_1	전원 스위치
S_2	화재복구 스위치
S_3	화재시험 스위치
Lp	교류전원등(LED)
PT	전원변압기
$\dfrac{RF}{4}$	화재계전기
BG	주회로정류기
Bz	버저

그림 1-24 1회선 P형 수신기 회로도

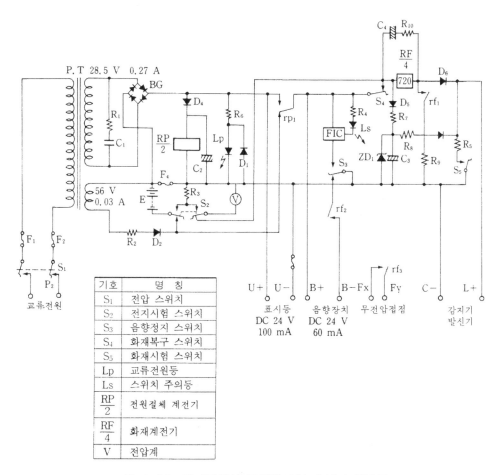

기호	명 칭
S_1	전압 스위치
S_2	전지시험 스위치
S_3	음향정지 스위치
S_4	화재복구 스위치
S_5	화재시험 스위치
Lp	교류전원등
Ls	스위치 주의등
$\dfrac{RP}{2}$	전원절체 계전기
$\dfrac{RF}{4}$	화재계전기
V	전압계

그림 1-25 예비전원이 포함된 P형 수신기 회로도

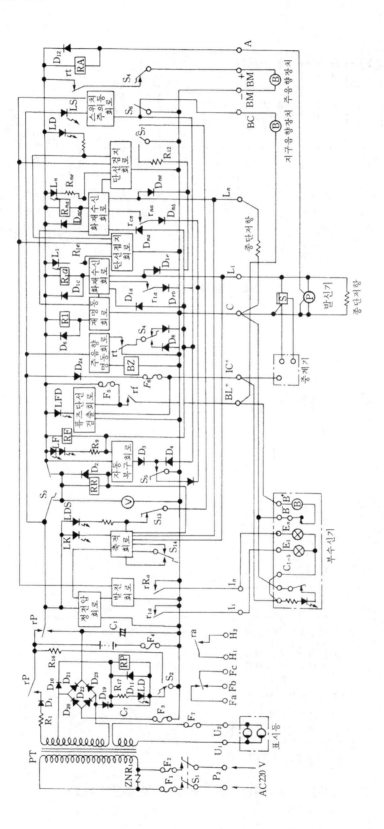

그림 1-26 P형 수신기 회로도(축적형)

기호	명 칭	기호	명 칭
PT	변압기	F_1	1차 전원 퓨즈
E	Ni-Cd 축전지	F_2	1차 전원 퓨즈
BZ	주음향장치	F_3	2차 전원 퓨즈
LP	교류전원등	F_4	축전지 퓨즈
LS	스위치 주의등	F_5	지구음향장치 퓨즈
LFD	퓨즈 단선등	F_6	부수신기 퓨즈
LD	단선표시등	F_7	표시등 퓨즈
LF	화재표시등	RP	전원 절환 릴레이
Ln	지구표시등	RR	화재복구 릴레이
LDS	축적표시등	RF	화재 릴레이
LK	축적확인등	RT	순차 릴레이
S_1	교류전원 스위치	Rna	지구 릴레이
S_2	전원시험 스위치	RA	발신기 릴레이
S_3	화재복구 스위치	V	전압계
S_4	주음향장치 스위치	D	다이오드
S_5	시험복구 스위치	C	콘덴서
S_6	지구음향장치 스위치	R	저 항
S_7	화재시험 스위치		
S_{13}	축적절환 스위치		
S_{14}	축적시간 스위치		

ⓒ P형 수신기 사용시의 전선수량과 전압강하 : 다음 **그림 1-27**과 같은 건축물에 자동화재탐지설비의 수신기를 설치할 경우 전선수량과 전선의 단면적을 구해보자.

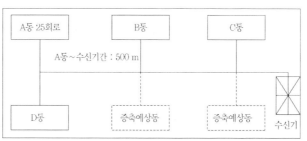

그림 1-27 전선수량 계산을 위한 도면

㉮ P형 수신기 사용시 최소 전선수량 계산

기 본		신호선 추가전선 가닥계산, 25회로 기준	

$$\begin{bmatrix} 발\ 신\ 기\ 선 : 1가닥 \\ 벨(경종)선 : 1가닥 \\ 표\ 시\ 등\ 선 : 1가닥 \\ 벨 \cdot 표시등\ 공통선 : 1가닥 \\ 전\ \ 화\ \ 선 : 1가닥 \end{bmatrix} + \begin{bmatrix} 1회로 \sim 7회로 : 공통선\ 1,\ 신호선\ 7 \\ 8회로 \sim 14회로 : 공통선\ 1,\ 신호선\ 7 \\ 15회로 \sim 21회로 : 공통선\ 1,\ 신호선\ 7 \\ 22회로 \sim 25회로 : 공통선\ 1,\ 신호선\ 4 \end{bmatrix} = \begin{matrix} 기본선\ 5가닥 \\ 공통선\ 4가닥 \\ 신호선\ 25가닥 \end{matrix}$$

㉯ A동 - 수신기간의 최소 전선수 : 34가닥

㉰ 전압강하

$$전압강하공식 \;\; e = \frac{35.6 \cdot L \cdot I}{1000A}$$

여기서, e : 전압강하 V

$\quad\quad A$: 전선의 단면적 mm^2

$\quad\quad L$: 전선길이 m

$\quad\quad I$: 소요전류 A

전압강하가 사용전압 24 V에서 허용오차 20 %인 4.8 V 이상 강하 즉, 19.2 V 미만이 되어서는 설비의 정상동작을 보장받지 못한다.

㉱ 벨·표시등 공통선의 소요전류와 전선단면적 계산

$$\begin{bmatrix} 벨 \;\; : 0.05\,A \\ 표시등 : 0.04\,A \end{bmatrix}$$

$\therefore$ 약 $0.1\,A \times 25$ 회로 $= 2.5\,A$

$$\therefore A = \frac{35.6 \times 500 \times 2.5}{1000 \times 4.8} = 9.27 \quad mm^2 = 14 \;\; mm^2$$

㉲ 수신기의 기능 : 회로수에 따라 수신기는 **표 1-2**와 같은 차이점이 있다.

표 1-2 회로수에 따른 P형 수신기

항목　　　　회로한계	회로제한 없는 경우	회로제한 있는 경우
신호전송방식	1 : 1 접점신호	1 : 1 접점신호
화재표시등 설치	필　　요	불　필　요
발신기 응답표시	있　　음	없　　음
전화통화장치	있　　음	없　　음
일반적 화재표시방식	창　구　식 지　도　식	창　구　식

3) R형 수신기

감지기 또는 발신기로부터 발하여진 신호를 중계기를 통하여 각 회선마다 고유의 신호로서 수신하고 화재신호를 수신했을 때 기록하는 부호를 보면 알 수 있도록 되어 있으며 이를 소방대상물의 관계자에게 통보하는 기기이다. 고유의 신호는 주로 시분할 방식의 다중통신 방식을 이용하고 있기 때문에 한쌍의 전송로로 각 경계구역마다 고유의 신호로 된 여러 경계구역의 신호를 제공할 수 있어서 P형 수신기에 비하여 회선수를 줄일 수 있을 뿐만 아니라 건물의 증축, 개축 등 경계구역이 증가되는 경우에도 중계기의 증설내지는 회로수의 증대등에 대응하여 간편하게 회로를 추가시킬 수 있는 장점이 있다.

그림 1-28 R형 수신기의 외형

따라서 선로가 많이 소요되고 회로의 추가가 필요한 현대의 건축물에서는 P형 수신기보다 R형 수신기를 많이 사용하고 있다. 그러나 첨단 전자화되는 부품들을 많이 사용하게 되어 구조나 원리가 복잡하여 전문기술자가 아니면 수리, 보수가 어렵다는 것과 제품가격이 고가라는 단점도 있다. **그림 1-28**은 R형 수신기의 외형을 나타낸 것이며 현재 국내에서 생산되는 제품은 회사별로 특징이 있으나 대체적으로 다음의 기능을 가지고 있다.

(1) 기능

① 화재표시작동시험을 할 수 있는 장치와 종단저항에 이르는 외부배선의 단선 및 수신기로부터 각 중계기에 이르는 단락사고를 검출할 수 있는 장치를 가지고 있다. 또한 이러한 장치의 조작중에 다른 회선에서 화재신호를 받을 경우에 화재표시가 되는 기능이 있어야 한다.

② 주전원이 정지된 경우에 자동적으로 예비전원으로 절환되고, 주전원이 복구한 경우에는 자동적으로 예비전원에서 주전원으로 절환되는 장치가 있어야 한다.

③ 예비전원의 양부 시험이 가능한 장치가 있어야 한다.

(2) 구성과 접속

그림 1-29는 R형 수신기의 구성도를 나타낸 것이며 **그림** 1-30은 기기 접속도를 나타낸 것이다.

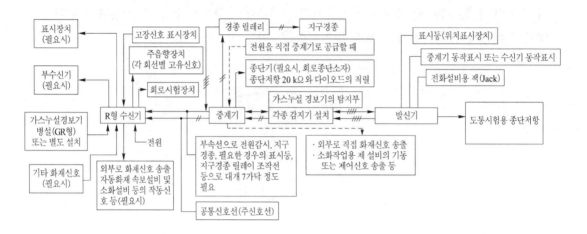

그림 1-29 R형 수신기의 구성도

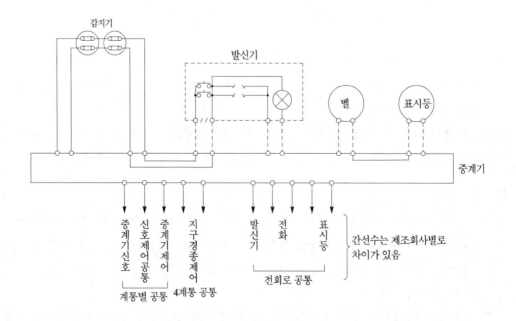

그림 1-30 R형 기기 접속도

(3) 간선계통도의 예

그림 1-31은 자동화재탐지설비와 연계시의 소요전선 수이다.

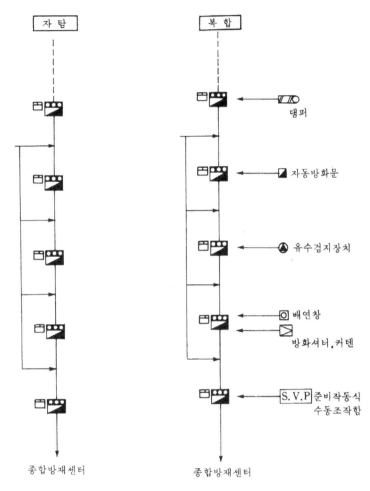

그림 1-31 간선계통의 예

소요전선수 :

중계기전원선 : 2본 HFIX 1.5 mm²	중계기 전원선 : 2본 HFIX 1.5 mm²
주신호선 : 2본 HFIX 2.5 mm²	주 신호선 : 2본 HFIX 2.5 mm²
BELL 제어선 : 2본 HFIX 2.5 mm²	RELEASE제어선 : 2본 HFIX 2.5 mm²
표시등선 : 2본 HFIX 2.5 mm²	소화전기동표시등선: 2본 HFIX 2.5 mm²
전화선 : 1본 HFIX 2.5 mm²	표시등선 : 2본 HFIX 2.5 mm²
발신기 확인선 : 1본 HFIX 2.5 mm²	전화선 : 1본 HFIX 2.5 mm²
	발신기확인선 : 1본 HFIX 2.5 mm²
10본	12본

그림 1-32는 R형 방재설비계통도의 일례이다.

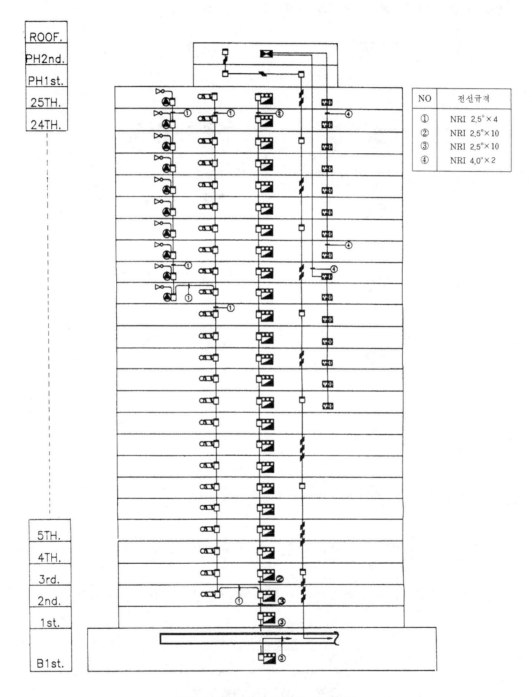

그림 1-32 R형 방재설비 계통도

(4) R형 수신기 사용시의 전선수량

그림 1-27과 같은 건축물에 R형 수신기를 사용할 경우의 최소 전선수량은 다음과 같으며 소화전기동표시등선은 소화전설비가 설치되는 경우에 해당한다. P형 수신기와 비교해 본다면 그 차이점을 쉽게 파악할 수 있을 것이다.

```
┌ 중계기 전원선      : 2가닥 ┐
│ 주신호선           : 2가닥 │   A동 - 수신기간 최소전선수는 10가닥이나
│ 소화전기동표시등선 : 2가닥 │        제조회사에 따라 차이가 있다.
│ 표시등선           : 2가닥 │
│ 전화선             : 1가닥 │
└ 발신기확인선       : 1가닥 ┘
```

(5) P형 수신기와 R형 수신기의 비교

앞 절에서 설명한 P형 수신기와 R형 수신기를 비교하면 **표 1-3**과 같다.

표 1-3 P형 수신기와 R형 수신기의 비교

항 목	P형 수신기	R형 수신기	비 교
신호전달방식	개별신호방식	다중전송신호방식	
회 로 방 식	반도체 및 릴레이	컴퓨터 처리	
중 계 기	불 필 요	필 요	
신호의 종류	전화선 공통	회선별 보유	펄스 계수방식인 경우 공통의 것도 있음
표 시 방 식	창 구 식 지 도 식	디지털식 모니터식	
도 통 시 험	감지기 말단까지	감지기 말단까지	
설 치 공 간	많 이 필 요	적 게 필 요	

(6) R형 수신기의 신호전송

R형 수신기의 신호전송은 하나의 전송선로 또는 하나의 반송파에 2개 이상의 정보를 실어 동시에 신호를 전송하는 통신방식인 다중전송방식(Multiplex Communication)을 사용한다. **그림 1-33**은 다중전송방식과 기존방식과의 비교도이며 다음의 방법이 있다.

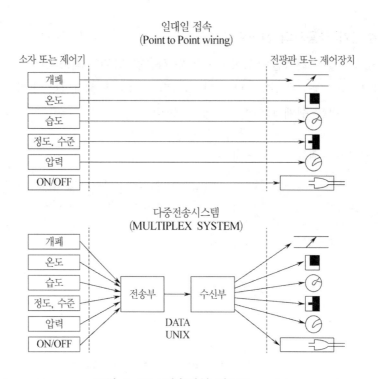

그림 1-33 전송방식 비교도

① 시분할 다중방식

이 방식은 펄스를 사용하여 많은 전송로를 얻는 방법으로 각각의 펄스는 **그림 1-34** (a)와 같이 다중신호를 변조시켜 사용하게 되며 디지털 신호를 전송하는데 적합한 방식으로 데이터를 순서대로 일렬로 연속해서 송출하게 된다. 이 때 다중신호는 펄스 모양이기 때문에 끊기게 되지만 시간적으로는 매우 짧아 실용상 지장은 없다. 일렬로 정렬된 신호를 송·수신에 편리한 형태로 변조하는 방법에 따라 다음과 같이 분류할 수 있으며 **그림 1-34** (b)에 이들을 보인다.

이들은 각 종류별로 특징이 있으나 전송거리를 길게 하면서 잡음(Noise)을 최소화하고 경제성을 고려한다는 측면에서 PCM 변조를 이용한 Current loop 방식을 빌딩 컨트롤 시스템에서는 많이 채택하고 있다. PCM이란 음성신호나 영상신호 등의 아날로그 신호를 디지털 신호로 변화시켜 전송처리하는 방식으로 펄스의 진폭, 폭, 위치 등을 변화시키지 않고 신호파의 진폭에 따라 펄스의 결합 유·무 등으로 부호화된 신호를 전송하는 것이다. 이 방식은 파형의 찌그러짐이 적고 잡음이 없는 것이 특색이나 장치가 복잡한 결점이 있다.

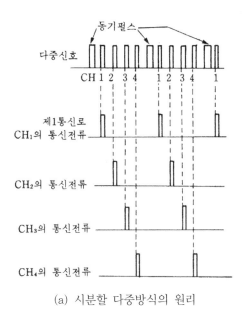

(a) 시분할 다중방식의 원리

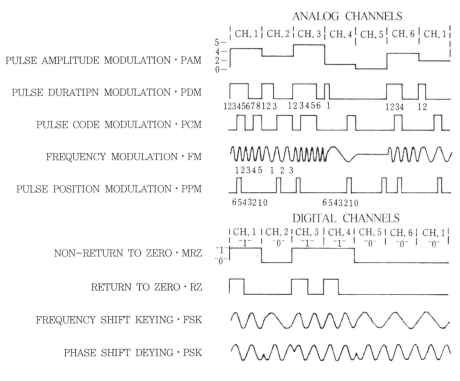

(b) 시분할 다중방식의 종류

그림 1-34 시분할 다중방식의 원리와 종류

또한 이를 이용한 Current loop 방식이란 전송로에 20 mA의 전류를 흐르게 해 놓고 그것을 ON, OFF하여 송·수신하는 것으로 선로가 평형되어, 유기되는 잡음은 상쇄되게 되고 불평형(unbalance)이 되어 유기되는 잡음이 발생될지라도 직류 20 mA의 Threshold 값을 넘지 않는 한 신호에 영향을 주지 않는다. S/N 비가 다른방식에 비하여 현저하게 높은 강점이 있으며 전자기유도에 의한 잡음이 1 mA를 넘지 않는다면 이에 대한 영향도 무시할 수 있다. 또한 신호의 송·수신중에 신호의 파형이 고르지 않게 되거나 부품이 열화되어 송·수신이 잘못되는 경우도 생각하여 하나의 단위정보마다 패리티(parity)라는 bit 신호를 첨가하여 송신한다. 수신하는 쪽에서는 수신한 데이터의 첨가된 패리티가 적합한지를 판단하여 적정하면 확정 데이터로 하고 부적정하면 패스시킴으로써 오신호를 제거할 수 있다.

② 주파수분할 다중방식(Freguency Division Multiplexing)

진폭변조할 경우 입력신호와 반송파 및 출력신호의 관계는 **그림 1-35**와 같다.

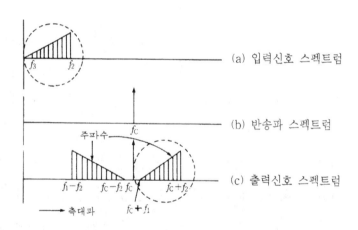

그림 1-35 진폭변조에 의한 주파수의 변화

그림 1-35 (c)의 출력신호 스펙트럼에서 $f_1 \sim f_2$ 의 주파수 폭을 가진 신호를 f_c 라는 주파수의 반송파로 진폭변조하면 f_c를 중심으로 한 높은 주파수와 낮은 주파수가 좌우대칭으로 2개의 출력신호를 발생한다. 이 출력신호를 측대파(側帶波 : Side Band Signal)라 하며 정보전달에는 어느 한쪽의 측대파만으로도 충분하므로 불필요한 한쪽의 측대파를 제거한 단측대파(單側帶波 : Single Side Band)를 잘 조합함으로써 주파수축상에 연속하여 출력신호를 배열할 수 있다. 그러므로 원래 변조신호의 주파수 스펙트럼의 형태를 변화시키지 않고 그 주파수만을 일정한 값만큼 변위시켜

전송하는 것이 주파수분할 다중방식이다. 이 방식은 여러 개의 음성통화를 각기 주파수가 다른 반송파를 사용하여 변조하면 각각 다른 주파수의 신호로 변환할 수 있으므로 이것을 하나의 전송로에 송신하여도 수신측에서는 각기 필요로 하는 주파수 대역만을 선별하고, 이를 복조하면 신호전송시 혼란은 발생되지 않는다. 이는 전화회선을 다중화하기 위해 개발된 것으로서 교류전송에서 고속 데이터 전송을 가능하게 하고 있으며 다중화기술의 주류를 이루고 있다.

4.2 복합수신기

(1) P형복합수신기

P형복합식수신기란 감지기 또는 발신기로부터 발하여지는 신호를 직접 또는 중계기를 통하여 공통신호로서 수신하여 화재의 발생을 당해 소방대상물의 관계자에게 경보하여 주고 자동 또는 수동으로 옥내·외소화전설비, 스프링클러설비, 물분무소화설비, 포소화설비, 이산화탄소소화설비, 할로겐화물소화설비, 분말소화설비, 배연설비 등의 가압송수장치 또는 기동장치 등을 제어하는(이하 "제어기능"이라 한다) 것을 말한다.

(2) R형복합식수신기

R형복합식수신기란 감지기 또는 발신기로부터 발하여지는 신호를 직접 또는 중계기를 통하여 고유신호로서 수신하여 화재의 발생을 당해 소방대상물의 관계자에게 경보하여 주고 제어기능을 수행하는 것을 말한다.

(3) GP형복합식수신기

GP형복합식수신기란 P형복합식수신기와 가스누설경보기의 수신부 기능을 겸한 것을 말한다.

(4) GR형복합식수신기

GR형복합식수신기란 R형복합식수신기와 가스누설경보기의 수신부 기능을 겸한 것을 말한다.

4.3 간이형수신기

간이형수신기란「화재예방, 소방시설 설치·유지 및 안전관리에 관한 법률 시행령」제37조에서 규정하고 있는 수신기 및 가스누설경보기의 기능을 각각 또는 함께 가지고 있는 제품으로 수신기 및 가스누설경보기의 형식승인기준에서 규정한 수신기 또는 가스누설경보기의 구조 및 기능을 단순화시켜 "수신부·감지부", "수신부·탐지부", "수신부·감지부·탐지부" 등으로 각각 구성되거나 여기에 중계부가 함께 구성되어 화재발생 또는 가연성가스가 누설되는 것을 자동적으로 탐지하여 관계자 등에게 경보하여 주는 기능 또는 도난경보, 원격제어기능 등이 복합적으로 구성된 제품을 말한다.

1) 일반구조

(1) 작동이 확실하여야 하며 취급 및 점검이 쉽고 내구성이 있어야 한다.
(2) 먼지, 습기 등에 의하여 기능에 영향이 없어야 한다.
(3) 부식에 의하여 기계적기능에 영향을 줄 수 있는 부분은 칠, 도금 등으로 내식가공을 하거나 방청가공을 하여야 한다.
(4) 간이형수신기에 사용하는 배선은 충분한 전류용량을 갖는 것으로 하여야 하며, 배선의 접속이 확실하여야 한다.
(5) 극성이 있는 경우에는 오접속을 방지하기 위한 필요한 조치를 하여야 한다.
(6) 부품의 부착은 기능에 이상을 일으키지 아니하고 쉽게 풀리지 아니하여야 한다.
(7) 스위치를 개폐하는 경우 화재 또는 가스누설시와 동일한 경보를 발하지 아니하여야 한다.
(8) 정격전압이 60 V를 넘는 기기의 금속제 외함에는 접지단자를 설치하여야 한다.
(9) 예비전원을 설치할 수 있다.
(10) 예비전원을 설치하는 경우 단락사고 등으로부터 보호하기 위한 퓨즈 또는 브레이커 등을 설치하여야 하며, 정전시 예비전원으로 공급되고 있다는 것을 표시할 수 있는 장치를 설치하여야 한다.
(11) 외부에서 사람이 쉽게 접촉할 우려가 있는 충전부는 보호되어야 한다.
(12) 내부의 부품 등에서 발생되는 열에 의하여 기능에 이상이 생길 우려가 있는 것은 방열판 또는 방열공 등에 의하여 보호조치를 하여야 한다. 다만, 방폭형 및 방수형으로 제작하는 경우에는 방열공을 설치하지 아니할 수 있다.
(13) 방폭형수신기의 방폭구조는 산업안전보건법령에 의하여 정하는 규격에 적합하여야 한다.
(14) 무선식 간이형수신기 중 전파를 직접 발신하는 간이형수신기는 다음 각 목에 적합하여야 한다.
　① 전파에 의한 감지부·중계부·수신부 간의 화재신호 또는 화재정보신호는「신고하지 아니하고 개설할 수 있는 무선국용 무선설비의 기술기준」제7조(특정소출력무선국용 무선설비)제3항의 도난, 화재경보장치 등의 안전시스템용 주파수」를 적용하여야 한다.

② 「전파법」 제58조의2(방송통신기자재등의 적합성평가)에 적합하여야 한다.

(15) 예비전원을 설치하는 경우 다음 각 목에 적합하게 설치하여야 한다.

① 간이형수신기의 주전원으로 사용하지 아니하여야 한다.

② 간이형수신기의 예비전원은 알칼리계 2차 축전지, 리튬계 2차 축전지이거나 이와 동등이상의 밀폐형 축전지이어야 한다.

③ 인출선은 적당한 색깔 등에 의하여 쉽게 구분할 수 있어야 한다.

④ 자동충전장치 및 전기적기구에 의한 자동과충전방지장치를 설치하여야 한다. 다만, 과충전상태가 되어도 성능이나 구조에 이상이 생기지 아니하는 축전지를 설치하는 경우에는 자동과충전방지장치를 설치하지 아니할 수 있다.

⑤ 전기적기구에 의한 자동과방전방지장치를 설치하여야 한다. 다만, 과방전의 우려가 없는 경우 또는 과방전의 상태가 되어도 성능이나 구조에 이상이 생기지 아니하는 축전지를 설치하는 경우에는 그러하지 아니하다.

⑥ 예비전원의 용량은 경보기를 감시상태에서 60분간 지속시킨 후 경보기의 2회선이 작동하는 때(중계부가 설치된 것은 2개의 중계부가 작동하는 때)의 최대소비전류로 10분 이상 계속하여 흘릴 수 있는 용량이어야 한다.

⑦ 예비전원을 병렬로 접속하는 경우는 역충전 방지 등의 조치를 강구하여야 한다.

2) 종류

구성과 기능에 따라 다음의 종류가 있다.

(1) 화재수신용

화재수신용이란 수신부 및 감지부로 구성된 것 또는 여기에 중계부 등이 함께 구성된 것으로서 도난경보, 원격제어 기능 등이 복합적으로 구성된 간이형수신기를 말한다.

(2) 가스누설수신용

가스누설수신용이란 수신부 및 탐지부로 구성된 것 또는 여기에 중계부 등이 함께 구성된 것으로서 도난경보, 원격제어 기능 등이 복합적으로 구성된 제품을 말한다.

(3) 화재수신용 및 가스누설수신용

화재수신용 및 가스누설수신용이란 수신부·감지부 및 탐지부로 구성된 것 또는 여기에 중계부 등이 함께 구성된 것으로서 도난경보, 원격제어 기능 등이 복합적으로 구성된 제품을 말한다.

(4) 무선식

무선식이란 전파에 의해 신호를 송·수신하는 방식의 것을 말한다.

3) 주요 부분

간이형수신기를 구성하는 주요 부분들은 다음의 것이 있다.

(1) 수신부

수신부란 감지부에서 발하는 화재신호나 탐지부에서 발하는 가스누설신호를 직접 또는 중계부를 통하여 수신하고 이를 관계자나 이용자에게 음향경보 또는 음성경보를 발하여 주는 부분을 말한다.

(2) 감지부

감지부란 「감지기의 형식승인 및 제품검사의 기술기준」에 의한 감지기를 말한다.

(3) 탐지부

탐지부란 「가스누설경보기의 형식승인 및 제품검사의 기술기준」 제2조제2호에 의한 가스누설경보기중 단독형가스누설경보기를 탐지부로 사용하는 것을 말한다.

(4) 중계부

중계부란 감지기에서 발하는 화재신호나 탐지부에서 발하는 가스누설신호를 받아 그 신호를 수신부로 중계하여 주는 것을 말한다.

(5) 부속장치

부속장치란 화재경보기능 및 가스누설경보기능 외에 부수적 기능을 가지는 부분으로서 간이형수신기에 추가적으로 설치하거나 분리된 상태로 연결하여 사용하는 도난경보, 인터폰, 전화기 및 기타 각종 가전제품 등의 원격제어, 지구경보부 또는 가스를 환기시키기 위한 환풍기 등의 장치를 말한다.

4) 표시와 경보

간이형수신기의 전면에서 동작을 알 수 있게 하는 다음의 것이 있다.

(1) 화재표시등(화재등)

화재표시등(화재등)이란 수신부가 화재신호를 수신하는 경우 화재의 발생을 자동적으로 표시하여 주는 표시등을 말한다.

(2) 화재지구표시등(화재지구등)

화재지구표시등(화재지구등)이란 수신부가 화재신호를 수신하는 경우 화재가 발생한 경계구역의 위치를 자동적으로 표시하여 주는 표시등을 말한다.

(3) 가스누설표시등(누설등)

가스누설표시등(누설등)이란 수신부가 가스누설신호를 수신하는 경우 가스누설의 발생을 자동적으로 표시하여 주는 표시등을 말한다.

(4) 가스누설지구표시등(누설지구등)

가스누설지구표시등(누설지구등)이란 수신부가 가스누설신호를 수신하는 경우 가스누설이 발생한 경계구역의 위치를 자동적으로 표시하여 주는 표시등을 말한다.

(5) 복귀스위치

복귀스위치란 화재발생 및 가스누설을 경보하고 있는 수신부 및 작동상태가 지속되고 있는 감지기를 화재발생 및 가스누설을 감시하는 정상 상태로 전환시키기 위하여 수신부에 설치되는 스위치를 말한다.

(6) 지구경보부

지구경보부란 수신부에 추가로 연결하여 사용하는 음향장치로서 화재발생 또는 가스누설 발생시 수신부에서 발하는 경보신호를 받아 음향경보 또는 음성경보를 발하여 주는 것을 말한다.

4.4 축적형 수신기

종래 P형 수신기, R형 수신기는 화재신호를 수신하고난 후 5초이내에 화재표시를 하도록 되어 있었으나 비화재보의 발생이 설비의 신뢰도를 저하시키므로 이를 보완하기 위한 수신기이다. 즉, **그림 1-36**과 같이 감지기로부터 화재신호를 받고난 후에도 곧 수신을 하는 것이 아니라 5초를 초과하여 60초 이내에 감지기로부터 재차 화재신호를 받고 있는 것을 확인한 다음에 수신을 시작한다. 그러면 축적시간동안 지구표시장치의 점등 및 주음향장치를 명동시킬 수 있다. 화재신호 축적시간은 5초 이상 60초 이내이어야 하고, 공칭 축적시간은 10초 이상 60초 이내에서 10초 간격으로 한다.

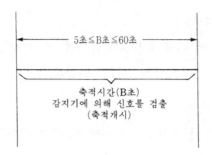

그림 1-36 축적형 수신기의 축적시간

그림 1-37은 축적형 수신기의 축적시간 흐름도이다. 축적시간의 결정폭은 비화재보의 감소율 및 화재인식에 필요한 시간 등이 고려되기 때문에 일과성(一過性)비화재보의 제거에 대한 효과를 기대할 수 있다. 따라서 자동화재탐지설비의 신뢰도가 제고될 것이나 발신기로부터 화재신호를 수신할 경우에는 축적기능을 자동적으로 해제하는 기능이 있어야 한다. 그리고 접속하는 감지기나 중계기의 축적형 유·무에 따라 축적시간이 고려되어야 하므로 설비 설치시에는 이를 반드시 고려하여야 한다.

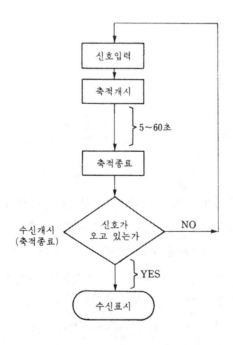

그림 1-37 축적시간의 흐름도

4.5 다신호식수신기

다신호식수신기는 화재신호를 한번 수신하면 주음향장치 및 지구표시장치를 작동시켜 수신기가 설치되어 있는 장소의 근무자에게 알리고 두번째 화재신호를 수신하는 시점을 화재발생이라고 판단하여 소방대상물 전역에 통보하도록 한 것이다. 즉, **그림 1-38과** 같이 감지기에 의해 제 1신호가 수신되면 지구음향장치는 명동되지 않고 수신기 설치장소에서 근무하는 관계자에게 주음향장치 또는 부음향장치의 명동 및 지구표시장치에 의한 경계구역을 각각 자동적으로 표시한다. 이는 화재발생시 초기에 대응케 하므로 비화재보에 의한 소방대상물 내에 있는 근무자들에게 혼란을 일으키지 않도록 하기위한 것이다. 제 2신호가 수신되면 화재등·지구음향장치를 자동으로 작동시켜 경계구역 전역에 전파하도록 한다. 이 수신기는 발신기로부터 화재신호를 수신할 경우에는 그 기능이 자동적으로 해제되는 기능을 가지고 있어야 한다.

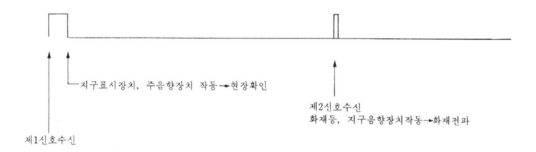

그림 1-38 2신호식 수신기

4.6 아날로그식수신기

이 수신기는 감지기로부터 화재신호를 수신하되 표시온도 또는 농도 등의 설정이 가능한 감도설정장치가 있는 것으로 화재신호등의 주의표시를 할 정도에 도달한 것을 수신하면 주의등 및 주음향장치로 이상의 발생을 알린다. 화재가 발생한 경계구역은 지구표시장치에 의해 자동적으로 알게 하며, 화재신호 또는 화재표시를 할 정도에 도달한 정보신호를 수신한 경우에는 화재등 및 주음향장치에 의해 자동적으로 표시토록 한다. 이 때 지구음향장치는 자동적으로 울리도록 한 것으로 아날로그식인 수신기는 아날로그식감지기로부터 출력된 신호를 수신한 경우 예비표시 및 화재표시를 표시함과 동시에 입력신호량을 표시할 수 있어야 하며 또한 작동레벨을 설정할 수 있는 조정장치가 있어야 한다.

5 수신기 Network

(1) Star형

중앙의 제어노드에 두개 station간 점 대 점의 전용선으로 연결된 것과 같은 것으로 중앙의 장치 고장시 system이 부동작하므로 중앙의 Hub나 교환기는 고성능의 것이 요구된다. 통신회선의 제어를 스위치가 담당하므로 Station의 부하가 적으나 고도의 신뢰성을 갖는 중앙노드가 필요하다.

그림 1-39 (a)는 Star형 Network의 모형이며 (b)는 각 지역별(동별)로 중계반 또는 위성수신기를 설치하지 않고 중계기와 R형 수신기간을 신호전송선로로 직접 연결한 방재시스템의 간선계통이다.

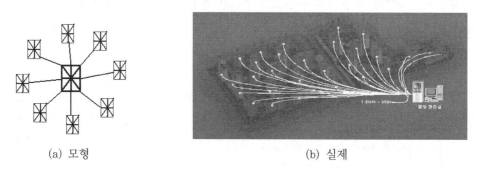

        (a) 모형   (b) 실제

그림 1-39 Star형 Network의 모형과 실제

(2) Tree형

루트를 중심으로 계층적 형태로 구성된 것이다. Star형에 비하여 회선 절약이 가능하며 일정 구역내에서 분산시스템으로 처리가능하다. 그러나 상위 네트워크의 문제가 하위 네트워크로 전달되어 최악의 경우 네트워크의 불능을 초래할 수도 있다.

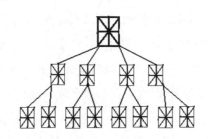

그림 1-40 Tree형 Network의 모형

1편 / 1장 자동화재탐지설비 **71**

(3) Ring형

말 그대로 케이블로 고리(loop)를 형성하고 이 고리에는 네트워크장비들을 설치한다. 버스 구조와 달리 신호의 반송이 없어 터미네이터 장치가 필요 없다. loop안에서 장애가 일어나면 데이터가 왔던 경로로 돌아가면서 장애를 쉽게 극복 할 수 있다.

모든 장비에 똑같은 접속기회를 제공하는 장점이 있지만 버스방식보다 많은 양의 케이블을 사용하므로 설치비용이 비싸다.

그림 1-41 (a)는 Ring형 Network의 모형이며 (b)는 각 지역별로 중계반 또는 위성수신기를 설치하여 Ring형 Network를 구성한 대단위 아파트 단지의 방재시스템 간선 계통이다.

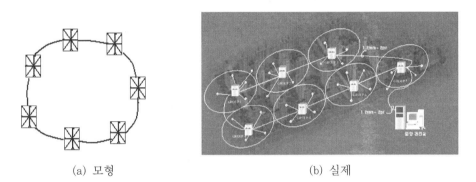

(a) 모형   (b) 실제

그림 1-41   Star형 Network의 모형과 실제

(4) Mesh형

각각의 네트워크 장비는 두개이상의 선로를 보유하면서 같은 네트워크에 속해 있는 다른 네트워크 장비에 연결되는 토폴리지이다.

장애에 가장 강하고 가장 안전하고 목적지까지 여러개의 경로가 존재하기 때문에 한 곳에 장애가 발생해도 다른 경로를 통해 데이터를 전송 할 수 있을 뿐만 아니라 목적지까지 여러 개의 경로중 가장 빠른 경로를 이용할 수 있어 가용성과 효율성이 좋다. 그러나 여러 토폴리지 가운데 설치비용이 가장 비싸며 규모가 큰 네트워크라면 항상 관리해야 할 엄청난 양의 네트워크 회선과 장비의 상태 때문에 네트워크 관리가 힘든 단점이 있다.

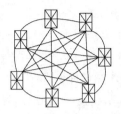

그림 1-42 Mesh형 Network의 모형

(5) Bus형

다수의 station이 물리적 연결점인 tap을 통해 매체에 연결하고 한 station에서 송신한 data는 bus상의 모든 station에 전달한다. 한 순간에 한 station 만이 data를 송신할 수 있다. 신뢰도가 우수하며 구성, 확장이 유연하고 넓은 전송대역폭이기 때문에 광범위한 기기의 처리가 가능하다. 그러나 tapping문제로 광섬유 매체를 사용하는 것이 단점이다.

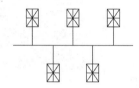

그림 1-43 Bus형 Network의 모형

(6) Hub형

Bus형과 Ring형을 혼합시킨 변형방식의 네트워크로 Hub는 교환기능 없고, 재전송하는 중계 기능만 보유한다.

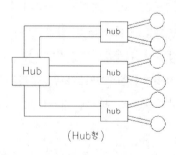

(Hub형)

그림 1-44 Hub형 Network의 모형

6 시험

수신기의 시험은 특별히 규정된 경우를 제외하고는 실온이 5 ℃이상 35 ℃ 이하이고, 상대습도가 45 % 이상 85 % 이하의 상태에서 실시한다.

(1) 주위온도시험

수신기는 주위온도가 −10±2 ℃에서 50±2 ℃까지의 범위에서 기능에 이상이 생기지 아니하여야 한다.

(2) 무선식 감지기·무선식 중계기·무선식 발신기와 접속되는 수신기의 수신성능시험

10개의 화재신호 또는 화재정보신호를 동시에 발신하게 하는 경우 5초 이내에 제12조제1항에 따라 최초의 화재표시가 되어야 하며, 100초 이내에 모든 화재표시가 되어야 한다. 다만, 최대 접속가능 회선수가 3개 이상 10개 이하인 경우에는 최대접속가능 회선수로 시험한다.

(3) 방수시험

방수형 수신기는 이를 사용상태로 부착하고 맑은 물에 34.5 kPa의 압력으로 3개의 분무헤드를 이용하여 전면 상방에 (45 ± 2)° 각도의 방향에서 시료를 향하여 일률적으로 24시간 이상 물을 분사하는 경우에 내부에 물이 고이지 않아야 하며, 기능 및 절연저항시험에 이상이 생기지 아니하여야 한다.

(4) 절연저항시험

① 수신기의 절연된 충전부와 외함간의 절연저항은 직류 500 V의 절연저항계로 측정한 값이 5 MΩ(교류입력측과 외함간에는 20 MΩ)이상이어야 한다. 다만, P형, P형복합식, GP형 및 GP형복합식의 수신기로서 접속되는 회선수가 10이상인 것 또는 R형, R형복합식, GR형 및 GR형복합식의 수신기로서 접속되는 중계기가 10이상인 것은 교류입력측과 외함간을 제외하고 1회선당 50 MΩ이상이어야 한다.

② 절연된 선로간의 절연저항은 직류 500 V의 절연저항계로 측정한 값이 20 MΩ이상이어야 한다.

(5) 절연내력시험

제19조의 규정에 의한 시험부위의 절연내력은 60 Hz의 정현파에 가까운 실효전압 500 V(정격전압이 60 V를 초과하고 150 V이하인 것은 1000 V, 정격전압이 150 V를 초과하는 것은 그 정격전압에 2를 곱하여 1천을 더한 값)의 교류전압을 가하는 시험에서 1분간 견디는 것이어야 한다.

(6) 충격전압시험

수신기는 전류를 통한 상태에서 다음 각호의 시험을 15초간 실시하는 경우 잘못 작동하거나 기능에 이상이 생기지 아니하여야 한다.

① 내부저항 50 Ω인 전원에서 500 V의 전압을 펄스폭 1 μs, 반복주기 100 Hz로 가하는 시험.

② 내부저항 50 Ω인 전원에서 500 V의 전압을 펄스폭 0.1 μs, 반복주기 100 Hz로 가하는 시험.

1-4-2 감지기

감지기란 화재시 발생하는 열 또는 연소생성물을 자동적으로 감지하여 화재의 발생을 감지기 그 자체에 부착된 음향장치로 경보를 발하거나 선로를 통하여 수신기에 신호를 전송하는 장치로서 유선에 의한 것을 말하며 감지기를 부착할 때 전용기판을 필요로 하는 것은 그 기판을 포함한다. 감지기는 검출원리에 따라 열식과 연기식으로 대별되며 기능상으로는 차동식, 정온식, 보상식 등으로 분류하고 있다. 또한 열효과의 이용방법에 따라 스포트형, 분포형으로 분류하고 연기의 감응원리에 따라 이온화식과 광전식으로 분류한다. 이들 감지기의 감도는 연기식, 열식 모두 각 기기의 시험기준에 따라 정해지는 바 감도가 빠른 것부터 특종, 1종, 2종, 3종 등으로 분류하고 감도는 현장에서 조정할 수 있는 것이 아니고 생산시 고정되는 것이다.

1 감지기의 분류

(1) 형식에 따른 분류

① 방수성 유무에 따라

- 방수형 : 그 구조가 방수구조로 되어 있는 감지기를 말한다.
- 비방수형

② 내식성 유무에 따라

- 내산형 : 산에 잘 침식되지 않고 견딜 수 있는 구조를 가진 감지기를 말한다.
- 내알칼리형 : 물에 녹는 염기(鹽基)에 견딜 수 있는 구조를 가진 감지기를 말한다.
- 보통형

③ 재용성 유무에 따라

┌ 재용형 : 작동후 다시 사용할 수 있는 성능을 가진 감지기를 말한다.
└ 비재용형

④ 연기축적에 의한 작동유무에 따라

┌ 축적형 : 일정농도 이상의 연기가 일정시간(공칭 축적시간)연속하는 것을 전기적으로 검출함으로써 작동하는 감지기(다만, 단순히 작동시간만을 지연시키는 것은 제외한다)를 말한다.

└ 비축적형

⑤ 방폭구조 유무에 따라

┌ 방폭형 : 폭발성 가스가 용기내부에서 폭발하였을 때 용기가 그 압력에 견디거나 또는 외부의 폭발성 가스에 인화될 우려가 없도록 만들어진 형태의 감지기를 말한다.

└ 비방폭형

⑥ 화재신호의 발신방법에 따라

┌ 단신호식
├ 다신호식 : 1개의 감지기내에 서로 다른 종별 또는 감도등의 기능을 갖춘 것으로서 일정시간 간격을 두고 각각 다른 2개 이상의 화재신호를 발하는 감지기를 말한다.
└ 아날로그식 : 주위의 온도 또는 연기의 양의 변화에 따라 각각 다른 전류값 또는 전압값 등의 출력을 발하는 감지기를 말한다.

⑦ 음향장치의 내장유무에 따라

┌ 단독경보형 : 감지기에 음향장치가 내장되어 일체로 되어 있는 것을 말한다.
└ 분리형

⑧ 감지기의 감도에 따라

┌ 특종
├ 1종
├ 2종
└ 3종

(2) 검출원리와 이용방법에 따른 분류

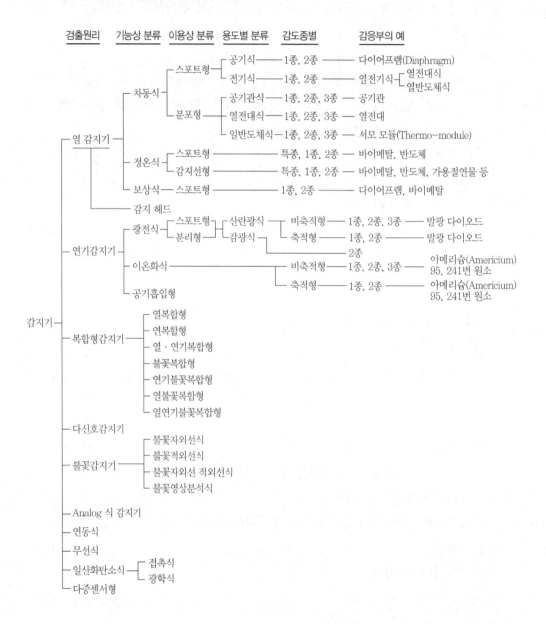

감지기를 검출원리, 기능상 및 이용용도별과 감도종별로 분류하면 다음과 같다.

2 감지기의 설치기준

감지기는 다음의 기준에 따라 설치하여야 한다. 다만, 교차회로방식에 사용되는 감지기, 급속한 연소확대가 우려되는 장소에 사용되는 감지기 및 축적기능이 있는 수신기에 연결하여 사용하는 감지기는 축적기능이 없는 것으로 설치하여야 한다.

(1) 위치 및 바닥면적

① 감지기(차동식 분포형의 것을 제외)는 실내의 공기유입구로부터 1.5 m 이상 떨어진 위치에 설치한다.

② 감지기는 천장 또는 반자의 옥내에 면하는 부분에 설치하여야 한다.

③ 보상식스포트형 감지기는 정온점이 감지기 주위의 평상시 최고온도보다 20 ℃ 이상 높은 것으로 설치하여야 한다.

④ 정온식감지기는 주방·보일러실 등으로서 다량의 화기를 단속적으로 취급하는 장소에 설치하되, 공칭작동온도가 최고온도보다 20 ℃ 이상 높은 것으로 설치하여야 한다.

⑤ 차동식 스포트형·보상식 스포트형 및 정온식 스포트형 감지기는 그 부착 높이 및 특정소방대상물에 따라 **표 1-4**에 의한 바닥면적마다 1개 이상을 설치하여야 한다.

표 1-4 감지기 설치면적

(단위 : m^2)

부착높이 및 소방대상물의 구분		차동식 스포트형		보상식 스포트형		정온식 스포트형		
		1종	2종	1종	2종	특종	1종	2종
4 m 미만	주요 구조부를 내화구조로 한소방대상물 또는 그 부분	90	70	90	70	70	60	20
	기타 구조의 소방대상물 또는 그 부분	50	40	50	40	40	30	15
4 m 이상 8 m 미만	주요 구조물 내화구조로 한 소방대상물 또는 그 부분	45	35	45	35	35	30	
	기타 구조의 소방대상물 또는 그 부분	30	25	30	25	25	15	

⑥ 스포트형 감지기는 45° 이상 경사되지 아니하도록 부착할 것

(2) 부착높이에 따른 감지기

자동화재탐지설비의 감지기는 부착높이에 따라 **표 1-5**에 의한 감지기를 설치하여야 한다. 다만, 지하층·무창층 등으로서 환기가 잘되지 아니하거나 실내면적이 40 ㎡ 미만인

장소, 감지기의 부착면과 실내바닥과의 거리가 2.3 m 이하인 곳으로서 일시적으로 발생한 열·연기 또는 먼지 등으로 인하여 화재신호를 발신할 우려가 있는 장소(1-4-1의 (2)축적형 수신기를 설치해야하는 장소에 따른 수신기를 설치한 장소를 제외한다)에는 다음의 감지기중 적응성 있는 감지기를 설치하여야 한다.

① 불꽃감지기   ② 정온식감지선형감지기   ③ 분포형감지기
④ 복합형감지기   ⑤ 광전식분리형감지기   ⑥ 아날로그방식의 감지기
⑦ 다신호방식의 감지기   ⑧ 축적방식의 감지기

표 1-5 부착높이에 따른 감지기의 종류

부착높이	감지기의 종류
4 m 미만	차동식(스포트형, 분포형), 보상식스포트형, 정온식(스포트형, 감지선형), 이온화식 또는 광전식(스포트형, 분리형, 공기흡입형), 열복합형, 연기복합형, 열연기복합형, 불꽃감지기
4 m 이상 8 m 미만	차동식(스포트형, 분포형), 보상식스포트형, 정온식(스포트형, 감지선형) 특종 또는 1종, 이온화식 1종 또는 2종, 광전식(스포트형, 분리형, 공기흡입형) 1종 또는 2종 열복합형, 연기복합형, 열연기복합형, 불꽃감지기
8 m 이상 15 m 미만	차동식 분포형, 이온화식 1종 또는 2종, 광전식(스포트형, 분리형, 공기흡입형) 1종 또는 2종 연기복합형, 불꽃감지기
15 m 이상 20 m 미만	이온화식 1종, 광전식(스포트형, 분리형, 공기흡입형) 1종, 연기복합형, 불꽃감지기
20 m 이상	불꽃감지기, 광전식(분리형, 공기흡입형)중 아날로그방식

비고) 1) 감지기별 부착높이 등에 대하여 별도로 형식승인 받은 경우에는 그 성능 인정범위 내에서 사용할 수 있다.
　　 2) 부착높이 20 m이상에 설치되는 광전식 중 아날로그방식의 감지기는 공칭감지농도 하한값이 감광율 5 %/m 미만인 것으로 한다.

(3) 장소에 따른 감지기의 설치

다음 각호의 장소에는 각각 광전식분리형감지기 또는 불꽃감지기를 설치하거나 광전식 공기흡입형감지기를 설치할 수 있다.

① 화학공장·격납고·제련소 등 : 광전식분리형감지기 또는 불꽃감지기. 이 경우 각 감지기의 공칭감시거리 및 공칭시야각 등 감지기의 성능을 고려하여야 한다.

② 전산실 또는 반도체 공장 등 : 광전식공기흡입형감지기. 이 경우 설치장소·감지면적 및 공기흡입관의 이격거리 등은 형식승인 내용에 따르며 형식승인 사항이 아닌

것은 제조사의 시방에 따라 설치하여야 한다.

(4) 지하구 또는 터널

① 불꽃감지기, 정온식감지선형감지기, 분포형감지기, 복합형감지기, 광전식분리형감지기, 아날로그방식의 감지기, 다신호방식의 감지기, 축적방식의 감지기등의 감지기로서 먼지 · 습기 등의 영향을 받지 아니하고 발화지점을 확인할 수 있는 감지기를 설치하여야 한다.

② (2) 부착높이에 따른 감지기의 설치의 단서 규정에도 불구하고 일시적으로 발생한 열 · 연기 또는 먼지 등으로 인하여 화재신호를 발신할 우려가 있는 장소에는 별표 1 및 별표 2에 따라 그 장소에 적응성 있는 감지기를 설치할 수 있으며, 연기감지기를 설치할 수 없는 장소에는 별표 1을 적용하여 설치할 수 있다.

③ 구조 및 동작원리

1) 열감지기

열감지기는 화재시에 발생하는 열을 감지할 수 있게 한 것으로 차동식, 정온식, 보상식 등 3가지가 있으며 이들의 기능은 다음과 같다.

(1) 차동식 열감지기(Rate of Rise Type Detector)

차동식 열감지기는 실내의 온도상승율 즉 상승속도가 일정한 값을 초과했을 때 동작하도록 된 것이다. 여기서 온도상승율이란 어떤 단위시간에 온도가 몇도의 비율로 상승하는가 하는 것을 제시하는 것으로 매분 몇도가 상승하였다고 표현한다. 이들은 시간에 대하여 온도가 직선적으로 상승하는 경우 일정한 상승속도를 초과하면 동작하고 정하여진 속도 이하에서는 동작하지 않게 된다. 따라서 온도의 상승이 직선적이 아니고 급격히 비약적으로 상승했을 때 동작하는 것으로 현재의 실온보다 몇도가 높은 온도차가 어느 정해진 시간내에 발생되면 동작케 되므로 차동식이라 하는 것이다.

① 차동식 스포트형 감지기

차동식 스포트형 감지기는 주위 온도가 일정한 온도상승율 이상으로 되었을 경우에 작동하는 것으로서 일국소의 열효과에 의해서 작동하는 것을 말한다. 신호를 송신할 수 있는 접점을 무엇으로 동작시키느냐에 따라 공기팽창식과 열기전력(熱起電力)식, 반도체식이 있으며 감도에 따라서 1종 및 2종으로 구분하고 있다.

㉠ 종류 및 구조

㉮ 공기 팽창을 이용한 것

그림 1-45는 차동식 스포트형 감지기의 구조이다. (a)는 외관을 (b)는 구조를 보인 것이다. (c)에서 ①은 접접부이며 (d)는 이를 확대한 모습이다. ②는 동작 표시등을 비롯한 회로부이다. ③은 열을 유효하게 받을 수 있는 감열실을 이루고 있는 본체의 뒷면이다. (e)는 베이스를 제거한 감지기 뒷부분으로 회로부와 단자대가 있다. (f)의 ④는 화재시 발생되는 열에 의해 Diaphragm이 동작하여 전기신호를 만들게 되는 접점과 이를 중계기 또는 수신기로 전달해주는 회로부이며 ⑤는 신축성이 있는 금속판인 Diaphragm이다. ⑥은 감열실 내의 온도가 완만하게 상승할 때 공기의 압력을 조절해 주는 leak구멍이다. (g)는 전자회로기판 ④의 측면을 나타낸 것으로 Diaphragm과 닿을 접점이 있다. ④의 회로기판은 습도가 높은 장소나 비가 많이 내리는 여름에 이슬형태의 수분에 의한 영향을 받을 수 있다. 따라서 감지기 설치장소에서 비화재보가 발생되면 이 회로기판에 창문이나 욕실의 틈새를 밀봉하는데 사용하는 실리콘고무를 도포하여 습기로부터 차단하면 이에 의한 비화재보를 방지할 수 있다. (h)는 화재감지기가 화재로 동작하였을 때를 나타낸 것이다.

(a) 외관

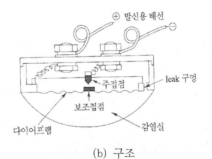

(b) 구조

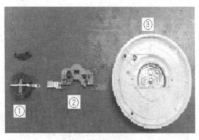

(c) 구성품

(d) 접점부

(e) 뒷면 회로부

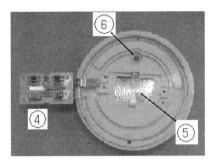
(f) 회로부와 다이아프램

(g) 회로부와 접점

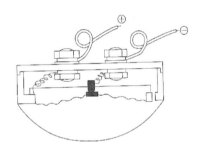
(h) 화재발생의 경우

그림 1-45 외관과 구조

각 구성부품의 재질과 용도는 다음과 같다.

a. 감열실 : 재질은 0.8 mm정도의 황동판에 도금한 것으로 약 45~75 cc 정도의 용적이다.

b. Diaphragm : 재질은 0.03~0.04 mm 정도의 황동판 또는 인청동판이며 직경은 35~45 mm 정도로 열처리된 세선으로 되어 있다.

c. leak구멍 : 유리섬유나 유리모세관으로 되어 있으며 감열실내의 공기압력을 조절하여 비화재보를 방지한다.

d. 접점 : 고정접점과 가동접점으로 분리되어 있으며 금 69 %, 은 25 %, 백금 6 %인 PGS 합금으로 되어 있다.

㉯ 열기전력을 이용한 것 : 반도체의 P형과 N형이 결합되어 열기전력을 발생하는 반도체 열전대, 가동선륜형 계전기인 고감도 릴레이, 알루미늄판으로 열을 유효하게 받을 수 있도록 한 Chamber로 구성된 감지기로 **그림 1-46** (a)는 이의 구조이다.

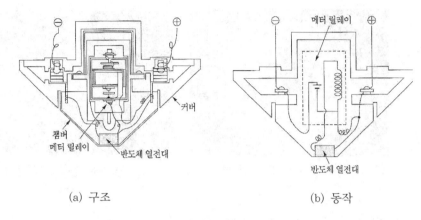

(a) 구조   (b) 동작

그림 1-46 열기전력을 이용한 것

그림 1-46에서 이들의 동작을 살펴보자. 화재가 발생한 경우 급격한 온도 상승으로 Chamber가 열을 받게 되면 감열실내에 냉접점과 온접점으로 구성되어 고정된 반도체 열전대에 전달되어 열기전력이 발생하게 되며 이 열기전력이 일정값에 도달하면 고감도 relay인 Meter relay가 접점을 닫아 발신회로를 만들어 수신기에 화재 신호를 보내게 된다. 그러나 난방등으로 인하여 실내의 온도가 완만하게 상승할 경우에는 반도체 열전대에서 냉접점의 역열기전력(逆熱起電力)에 따라 온접점측의 열기전력이 서로 상쇄되어 relay를 작동시키지 못하기 때문에 접점을 닫지 않도록 되어 있다.

㉑ 반도체를 이용한 것

a. 서미스터이용 : 그림 1-47은 반도체를 이용한 감지기의 외관을 보인 것이며 반도체등 천이산화금속산화물을 소결하여 만든 서미스터를 이용한 것이다. 서미스터는 온도변화에 고민감성을 보이므로 온도에 따른 저항 변화율이 가장 커서 미소온도변화를 측정하는 데 유용하다. 특성에 따라 온도상승과 함께 저항값이 감소하는 이른바 부(負)의 온도계수를 갖는 NTC(Negative Temperature Coefficient) 서미스터, 양의 온도계수를 갖는 PTC(Positive Temperature Coefficient) 서미스터, 어느 온도에서 저항값이 급격히 감소하는 CTR(Critical Temperature Coefficient)의 3종류가 있으며 이들 각 서미스터의 온도·저항 특성은 그림 1-48 (a)와 같고 (b)는 기호이다.

일반적으로 서미스터라 하면 NTC 서미스터를 말하는 것이며 회로구성시 호환성이 가장 큰 문제이므로 소자상호 또는 호환용 저항을 부가하여 온도특성을 균일화시키는데 유의해야 한다.

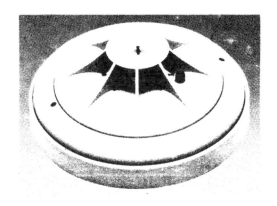

그림 1-47 반도체식 외관

그림 1-49 (a)는 차동식 스포트형 반도체식 감지기의 구성도이며 (b)는 이의 회로도로서 서미스터 Th_1 은 감지기 외부에, 서미스터 Th_2 는 감지기 내부에 부착되어 있어 감지기의 주위 온도변화에 대하여 Th_1 은 빨리 감지하고 Th_2 는 늦게 감지하여 온도가 두 서미스터에 전달되는 시간차를 주도록 하고 있다.

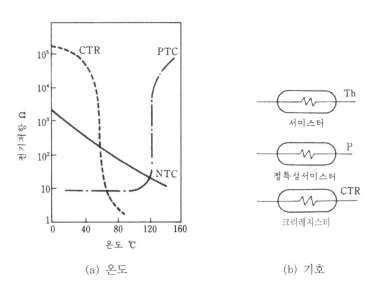

(a) 온도   (b) 기호

그림 1-48 서미스터의 온도-저항 특성과 기호

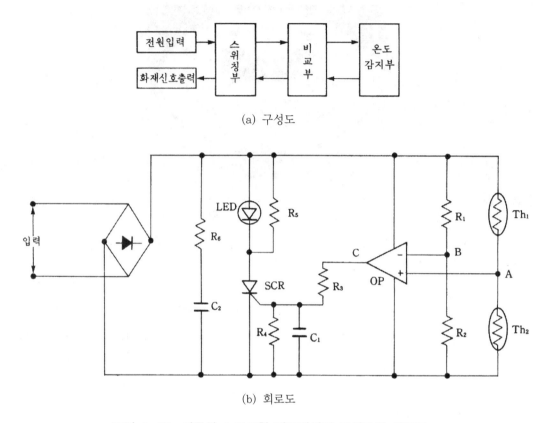

(a) 구성도

(b) 회로도

그림 1-49 차동식 스포트형 반도체식의 구성도와 회로도

B점의 전압은 저항 R_1, R_2의 분압비에 의하여 $\frac{1}{2}V_{cc}$보다 적정값만큼 높게 설정하여 감지기의 감도값을 설정한다. 평상시에는 A점 전압이 $\frac{1}{2}V_{cc}$가 되고 B점 전압은 $\frac{1}{2}V_{cc}$보다 적정값만큼 높으므로 비교기 OP의 C점 출력은 0 V 상태가 되기 때문에 SCR은 동작되지 않는다. 그러나 화재가 발생하면 감지기 외부에 나와있는 서미스터 Th_1이 내부에 있는 Th_2보다 온도를 더욱 빠르게 감지하여 A점의 전압이 증가하여 B점의 전압보다 커지므로 C점의 출력은 V_{cc}로 됨으로 SCR을 트리거시켜 SCR이 동작되게 되고 이에 의해 LED가 점등되며 화재신호를 출력하게 된다.

b. 감열 사이리스터를 이용한 것 : 감열 사이리스터는 온도 센서와 사이리스터의 기능을 가지고 있어 온도를 전기적으로 제어하기 편리한 소자로서 형상 기억합금 온도 센서와 같이 어떤 특정의 온도를 경계로 하여 상태가

크게 변화한다. **그림 1-50**은 그 구조를 나타낸 것으로 PN 접합의 경계에 Ar$^+$주입층을 만들어 게이트−애노드간의 저항값 변화에 따라 Turn On 온도를 다르게 할 수 있다. 검출온도 영역은 Ar$^+$ 농도에 의해 결정되고 회로중의 게이트 저항에 따라 Turn On 온도를 연속적으로 변화시킬 수 있다.

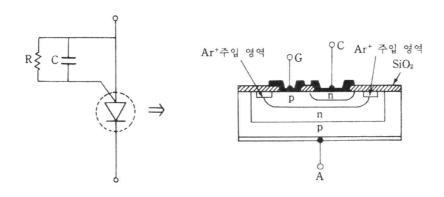

그림 1-50   감열 사이리스터의 구조

따라서 감열 사이리스터의 스위칭 온도가 게이트−애노드 사이에 접속된 저항 R에 의해 변화하므로 목표로 하는 스위칭 온도를 얻을 수 있도록 R을 선정하여 화재경보회로에 응용한 것이 **그림 1-51**이다.

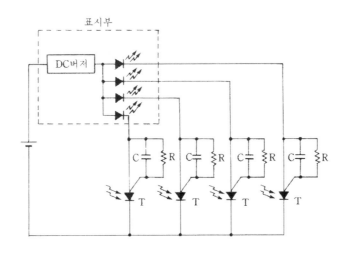

그림 1-51   응용회로 예

지금 화재가 발생하여 이 감지기가 설치되어 있는 장소의 온도가 설정
온도보다 높게 상승하면 이에 대응한 감열 사이리스터 T가 Turn On하고
표시부의 LED가 화재장소를 표시함과 동시에 버저에서 경보를 발한다.
반대로 설치장소의 온도가 설정온도보다 낮게 되면 자동복귀한다.
ⓛ 동작기능 : 차동식스포트형 감지기의 감도시험에는 작동시험과 부작동시험이 있
으며 감지기의 감도에 따라 K, V, N, T, M, k, v, n, t 및 m의 값을 **표 1-6**과
같이 정하는 경우 다음 각 호의 시험에 적합하여야 한다.

표 1-6   차동식 스포트형 감지기의 감도시험값

종별	작동시험					부작동시험				
	계단상승			직선상승		계단상승			직선상승	
	K	V	N	T	M	k	v	n	t	m
1종	20	70	30	10	4.5	10	50	1	2	15
2종	30	85		15		15	60		3	

㉮ 작동시험
  a. 실온보다 K ℃ 높은 온도이고 풍속이 V cm/s인 수직기류에 투입하는
     경우 N초 이내에 작동하여야 한다.
  b. 실온에서부터 T ℃/min의 직선적인 비율로 상승하는 수평기류에 투입하
     는 경우 M분 이내로 작동하여야 한다.
㉯ 부작동시험
  a. 실온보다 k ℃ 높은 온도이고 풍속이 v cm/s인 수직기류에 투입하는 경우
     n분 이내에 작동하지 아니하여야 한다.
  b. 실온에서부터 t ℃/min 의 직선적인 비율로 상승하는 수평기류에 투입하
     는 경우 m분 이내에 작동하지 아니하여야 한다.
② 차동식 분포형 감지기
  차동식 분포형 감지기는 주위온도가 일정한 온도상승율 이상으로 되었을 때 작동하
  는 것으로서 광범위한 열효과의 누적에 의해 작동하는 것을 말한다. 감열부의 종류
  에 따라 공기관식(Pneumatic Tube Detector), 열전대식, 열반도체식이 있으며 감
  도에 따라서 1종, 2종, 3종으로 분류하고 있다.

ㄱ 종류 및 구조

㉮ 공기관식 : **그림 1-52** (a)는 공기관식 감지기의 검출부 내부 실제이며 (b)는 각
부의 명칭이다. 그 구성은 외경 2.0 mm, 내경 1.4 mm의 중공동관(中空銅管)
의 수열부인 공기관과 신축성의 금속판인 Diaphragm, 압력조절구멍인 leak
구멍, 접점기구를 갖춘 검출부로 되어 있으며 이들의 동작은 다음과 같다.

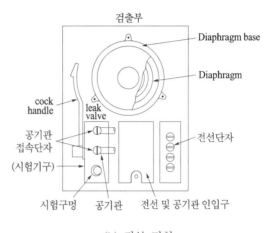

(a) 검출부 내부 구조의 실제   (b) 각부 명칭

그림 1-52 공기관식 감지기의 검출부 실제와 명칭

평상시 즉 화재가 발생하지 않았거나 난방과 스토브 등의 사용으로 인한 완
만한 온도상승시에는 공기관의 공기가 서서히 팽창되어 검출부내에 설치되어
있는 leak 구멍을 통하여 외부로 유출되기 때문에 Diaphragm을 밀어올리지
못한다. 따라서 정하여진 범위 내의 공기 팽창에 대해서는 **그림 1-53**의 조정
나사를 조절하여 접점이 붙지 않도록 함으로써 화재신호를 발신하지 못한다.

그러나 화재가 발생하면 설치한 공기관이 가열되고 이에 따라 공기관 내의
공기가 급격히 팽창되어 팽창된 공기가 Diaphragm을 밀어올려 접점을 서로
닿게하여 수신기에 화재신호를 발신하게 된다.

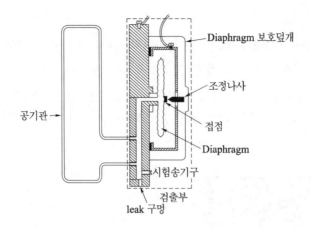

그림 1-53 공기관식 감지기 검출부의 측면

따라서 공기관의 양부(良否)판정과 설치는 매우 중요함으로 검출부 내에는 공기관의 양부를 시험할 수 있는 시험기구를 설치하고 있다. 공기관은 천장면에 새들과 스크류로 취부하여 그 지역의 열을 고르게 받도록 하되 다음과 같이 설치하여야 한다.

a. 공기관의 노출부분은 감지구역마다 20 m이상이 되도록 하여야 한다.

b. 공기관과 감지구역의 각 변과의 수평거리는 1.5 m 이하가 되도록 하고, 공기관 상호간의 거리는 6 m(주요 구조부를 내화구조로 한 소방대상물 또는 그 부분에 있어서는 9 m) 이하가 되도록 한다.

c. 공기관은 도중에서 분기하지 아니하도록 한다.

d. 하나의 검출부분에 접속하는 공기관의 길이는 100 m 이하로 하여야 한다.

e. 검출부는 5° 이상 경사되지 아니하도록 부착 한다.

f. 검출부는 바닥으로부터 0.8 m 이상 1.5 m 이하의 위치에 설치하여야 한다.

그림 1-54는 내화구조일 경우의 설치 예를 보인 것이다

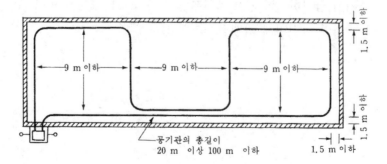

그림 1-54 내화구조인 경우의 설치

㉯ 열전대식 : 열전대식은 각기 종류가 다른 금속을 접합한 후 그 접합점의 열용
량에 차이가 있게 하면 이들 열용량의 차(差)에 의해서 열기전력을 발생하는
열전대부와 발생한 열기전력을 Meter relay를 통해서 수신기에 신호를 발신
한다. **그림 1-55** (a)는 열전대식 감지기의 구조이며 (b)는 열전대의 구조를
나타낸 것이다.

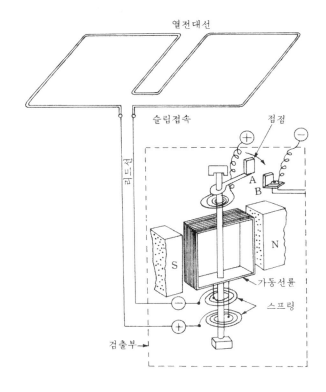

(a) 열전대식 감지기 구조

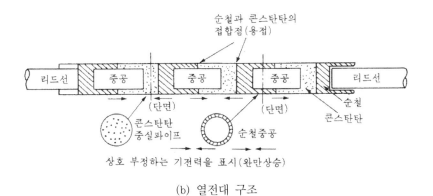

(b) 열전대 구조

그림 1-55 열전대식 감지기의 구조와 열전대 구조

　화재가 발생되면 발생한 열에 따라 열전대부의 급격한 온도상승이 일어나게 되고 서로다른(異種) 금속판 상호간의 제에벡효과에 따른 열기전력이 큰 것은 +방향으로 흐르나 열기전력이 적은 것은 온도상승에 따르지 않고 -방향으로 흐른다. 따라서 +, -의 양방향에 흐르는 열기전력의 전위차(差)에 의하여 Meter relay에 전류가 흐르게 되어 수신기에 정보를 발신하게 된다. 그러나 난방등으로 인한 완만한 온도상승의 경우에는 양 접합부 사이의 온도상승에 대한 차이가 적어 역방향의 열기전력과 순방향의 열기전력이 서로 상쇄되어 검출부를 작동시키지 않게 되어 신호를 보낼 수 없게 된다. 감도상의 기능은 공기관식과 동일하다.

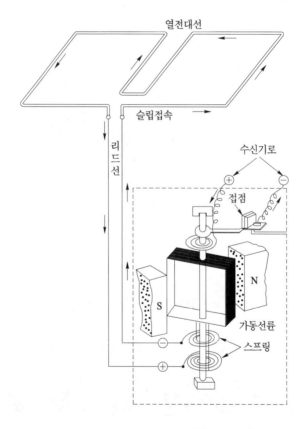

그림 1-56 열전대식 감지기의 relay 동작

그림 1-57은 열전대식 감지기의 설치 구성도이며 다음과 같이 설치한다.

a. 열전대부는 감지구역(感知區域)의 바닥면적 18 m²(주요구조부가 내화구조(耐火構造)로 된 소방대상물에 있어서는 22 m²마다 1개) 이상으로 한다. 다만, 바닥면적이 72 m²(주요구조부(主要構造部)가 내화구조로된 소방대상물에 있어서는 88 m²) 이하인 소방대상물에 있어서는 4개 이상으로 하여야 한다.

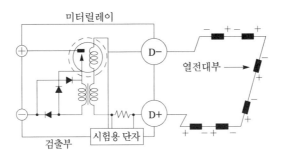

그림 1-57 열전대식 감지기의 구성도

b. 하나의 검출부에 접속하는 열전대부는 20개 이하로 하여야 한다. 다만, 각각의 열전대부에 대한 작동여부를 검출부에서 표시할 수 있는 것(주소형)은 형식승인 받은 성능인정범위 내의 수량으로 설치할 수 있다.

ⓒ 열반도체식 : **그림 1-58** (a)는 감열부의 구조를 나타낸 것으로 열전반도체 소자는 Bi-Sb-Te계 화합물로서 열기전력을 발생하고 단자와 열전반도체 소자를 접속하는 동, 니켈선은 열전반도체 소자와 역방향의 열기전력을 발생시키며 수열 캡은 감열부에 열을 유효하게 받게 하기 위한 것이다.

이의 동작은 감지부가 열전류를 받게 되어 수열 캡의 온도가 상승하면 이것에 밀착한 반도체 소자(半導體素子)에 제에백 효과에 의한 열기전력이 발생한다. 반면 동니켈선에는 반도체와 역방향(逆方向)의 열기전력이 발생하여 반도체 소자에서 발생하는 열기전력은 억제된다. 이 작용은 급격한 온도상승에 대하여는 감지기의 출력전압을 크게 하고 완만한 온도상승에는 극히 작아지고 있다. 따라서 감열부의 출력전압이 일정값을 넘을 때만 Meter relay가 작동할 수 있으므로 **그림 1-58** (b)와 같이 검출부(Meter relay)를 부가하여 회로구성을 하고 있다.

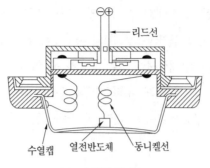

(a) 감열부의 구조

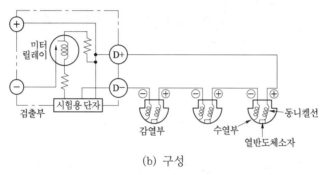

(b) 구성

그림 1-58 열반도체식의 구조와 구성

이러한 경우 화재의 발생에 의해 온도가 급격하게 상승할 경우에는 반도체 소자에 발생되는 큰 온도차에 따라서 열기전력이 발생하고 이에 의해 Meter relay를 작동시켜 수신기에 신호를 발신하게 된다.

동일 실내에 여러개의 감열부를 설치한 경우에는 각각의 수열효과(受熱效果)의 누적으로 작동하며 난방 등에 의한 완만한 온도상승의 경우에는 열기전력이 적으므로 열반도체 소자와 접속된 동니켈선으로 열기전력을 상쇄시켜 발신되지 않게 되어 있다.

이들의 설치는 다음과 같이 한다.

a. 감지부는 그 부착높이 및 소방대상물에 따라 **표 1-7**에 의한 바닥면적마다 1개 이상으로 할 것. 다만, 바닥면적이 **표 1-7**에 의한 면적의 2배 이하인 경우에는 2개(부착높이가 8 m 미만이고, 바닥면적이 **표 1-7**에 의한 면적 이하인 경우에는 1개) 이상으로 하여야 한다.

b. 하나의 검출기에 접속하는 감지부는 2개 이상 15개 이하가 되도록 하여야 한다. 다만, 각각의 감지부에 대한 작동여부를 검출기에서 표시할 수 있는 것(주소형)은 형식승인 받은 성능인정범위 내의 수량으로 설치할 수 있다.

표 1-7 열반도체식 감지기의 설치면적

(단위 : m^2)

부착높이 및 소방대상물의 구분		감지기의 종류	
		1종	2종
8 m 미만	주요구조부가 내화구조로 된 소방대상물 또는 그 부분	65	36
	기타 구조의 소방대상물 또는 그 부분	40	23
8 m 이상 15 m 미만	주요구조부가 내화구조로 된 소방대상물 또는 그 부분	50	36
	기타 구조의 소방대상물 또는 그 부분	30	23

ⓛ 동작기능 및 시험

㉮ 동작기능 : 공기관식의 감도는 그 종별에 따라서 공기관자체의 온도상승율 t_1 및 t_2의 값이 **표 1-8**과 같이 정하여진 경우 다음의 각 시험에 합격하는 기능을 갖는 것이어야 한다.

a. 작동시험 : 검출부에서 가장 멀리 떨어진 공기관의 부분 20 m가 t_1 ℃/min 의 비율로 직선적으로 상승하였을 때 1분이내에 작동하여야 한다.

b. 부작동시험 : 공기관 전체가 t_2 ℃/min의 비율로 직선적으로 상승했을 때 작동하지 않아야 한다.

표 1-8 공기관의 감도별 온도상승율

종 별	t_1	t_2
1종	7.5	1
2종	15	2
3종	30	4

그러나 감도기준 설정이 가열시험으로는 어렵기 때문에 온도시험에 의하지 않고 이론시험으로 대신하고 있다. 이 시험으로는 등가용량시험, 접점간격시험, 1eak 저항시험이 있으며 3정수 시험이라고도 한다.

이들 시험에 대해 간단히 설명한다.

ⓐ 등가용량시험 : **그림 1-59**와 같이 0.5 cc용 공기펌프(주사기 대용)로 접점이 닫히지 않을 정도의 공기(실제 약 0.1 cc 정도) v cc를 주입하였을 때 수주가 h mm 높아질 경우 시험품의 등가용량 C_0는

$$C_0 = 10,200\frac{v}{h} - C_m \; 10^{-6} \; \text{cc}/\mu\text{bar}$$

C_m은 마노미터 자체의 등가용량이며 이들의 측정은 A를 닫고 공기 펌프로 v' cc의 공기를 주입하였을 경우 수주의 높이를 h' mm라 하면

$$C_m = 10,200\frac{v'}{h'} \; 10^{-6} \; \text{cc}/\mu\text{bar}$$

으로 Diphragm의 기능을 측정하는 것이다.

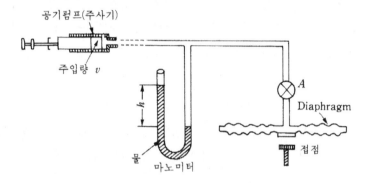

그림 1-59 등가용량시험

ⓑ 접점간격시험 : 이 시험은 등가용량시험과 같이 공기 펌프로 시험하나 공기 펌프의 용량을 적절히 조정하여 Diaphragm의 접점이 닫히면 계전기(relay)를 동작시켜 램프가 점등되도록 한 후 수주의 높이 h의 눈금 범위를 접점간격에 대한 설계값의 2배의 값을 읽도록 한다. 이는 접점간의 간격을 측정하여 비화재보의 방지를 위한 것이다.

ⓒ leak저항시험 : 이 시험은 leak 저항성 측정시험으로 **그림 1-60**과 같이 한 후 시료인 leak저항 R_x와 표준저항 R_s가 다음의 관계인지 확인한다.

$$R_x = R_s\frac{H_2}{H_1 - H_2}$$

이때 수주의 높이 H_1과 h는 코크 A를 조정하여 일정한 값으로 한다. C는 5 l의 빈병을 사용하며 r은 적당한 길이의 강파이프로 $r \doteqdot \dfrac{R_s}{50}$인 것을 사용한다.

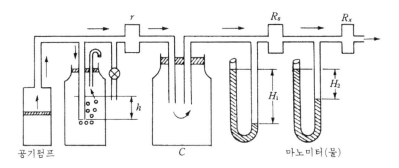

그림 1-60 leak저항시험

이는 C, r 및 H_2의 변동을 적게 하기 위한 것으로 표준저항 R_s는 별도의 검사된 것을 사용한다.

㉯ 시험 : 분포형 감지기는 감지기 설치 지역의 온도를 상승시켜 작동시험을 하기가 곤란하며 스포트형 감지기와 같이 부분적인 가열로 시험하는 것은 적당하지 않다. 따라서 화재시와 동일한 상황을 만들어 시험하게 되며 공기관식의 경우에는 화재가 발생되면 관내 공기가 팽창하여 검출부의 접점을 접촉시켜 동작하는 것이기 때문에 공기 펌프로 관내에 공기를 주입시켜 공기관의 찌그러짐이나 구멍발생여부, 검출부의 정상작동여부 및 지속여부 등을 확인한다.

a. 화재작동시험 : 검출부의 핸들 레버를 세운다음 테스트 펌프에 접속되는 튜브를 **그림 1-61**과 같이 시험구멍 T에 접속한 후 공기관의 길이에 따라 산정된 공기량 즉, 화재에 의해 공기관내의 공기가 팽창하는 것과 동일한 정도의 공기를 공기관에 주입한다. 검출부에 명시되어있는 작동시간과 공기주입후의 작동시간을 비교하여 적정성을 검토한다. 공기관 길이에 따른 감지기의 작동시간과 작동계속시간은 **표 1-9**와 같다.

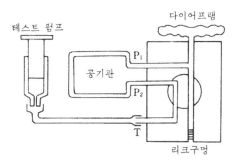

그림 1-61 펌프시험

표 1-9   차동식분포형감지기의 작동시간 예

공기관길이 m	송 기 량 cc			작동시간(s)	계속시간(s)
	1 종	2 종	3 종		
20~40	0.5	1.0	2.0	0~4	2~30
40~60	0.6	1.2	2.4	1~6	4~42
60~80	0.8	1.5	3.0	1~11	6~56
80~100	0.9	1.8	3.6	2~15	8~73

b. 작동계속시간시험 : 수신기의 복구 스위치를 자동복구위치로 놓은 다음 화
   재작동시험으로 감지기가 작동하면 지구음향장치가 명동하고 나서부터
   정지할 때까지의 시간을 측정하여 알 수 있는 것으로 **그림 1-62**는 이 때
   의 구조도와 회로도이다.

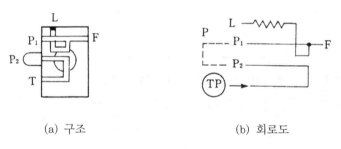

(a) 구조   (b) 회로도

그림 1-62   작동계속시간시험

공기관식의 검출부에는 leak구멍이 설치되어 있어서 공기관내의 공기를
서서히 누설시킴으로 작동계속 시간이 너무 짧지 않은지 확인하면 된다.

c. 유통시험 : 이 시험은 **그림 1-63**과 같이 공기관 접속구 P_1에 마노미터를
   접속한후 테스트펌프 TP로 공기관에 공기를 주입하여 공기관의 공기가
   누설되지 않는가, 공기관이 찌그러지거나 막히지 않았는지를 알 수 있는
   시험이다.

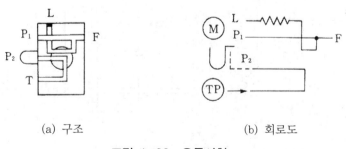

(a) 구조   (b) 회로도

그림 1-63   유통시험

시험요령은 테스트 펌프로 공기를 공기관에 주입하여 약 100 mm 정도
수위를 상승시킨 후 공기의 주입을 멈추고 수위가 정지하는지의 여부를
확인한다. 수위가 떨어진다면 공기관 어딘가에서 누설이 되고 있는 것이
다. 다음에 수위가 정지하고 나서 레버핸들을 조작하여 송기구를 열고 공
기를 뺀다. 이 경우 수위가 1/2정도 저하하는 시간을 측정한다. 측정시간
으로부터 공기관유통곡선인 **그림 1-64**를 이용하여 공기관 길이를 산출한
다. 이것이 100 m 이하이면 합격이다. 공기관내에 막힌 곳이 있다거나 찌
그러진 부분이 있으면 강하시간이 길어져 공기관 길이가 긴 것 같이 나타
남을 곧 알게 된다.

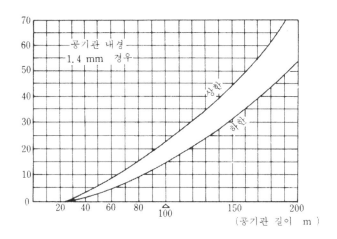

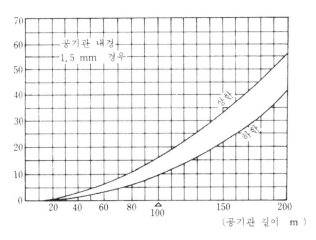

그림 1-64 공기관 유통곡선

d. Diaphragm시험 : **그림 1-65**와 같이 레버핸들을 앞으로 당겨 P_1으로부터 마노미터를 접속한 펌프로 Diaphragm에 공기를 주입하여 접점이 폐쇄된 상태에서 접점수고값을 확인하여 검출기에 표시된 값의 범위내인지 여부에 따라 판정한다. 수고값이 너무 높으면 둔감해져 실보의 원인이 되고 너무 낮으면 과민해져 비화재보의 원인이 된다.

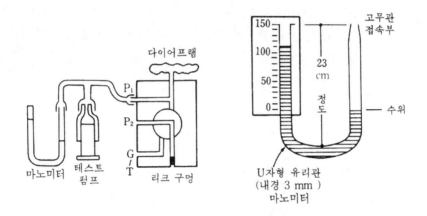

그림 1-65 Diaphragm시험

e. leak시험 : leak 구멍은 합성수지제의 흡습성이 적은 면을 사용하여 서서히 공기의 출입이 가능하도록 되어 있다. 이 leak 구멍의 저항이 적으면 내부 공기압이 과누설되어 둔감해지므로 실보의 원인이 되고 저항이 너무 크면 온도변화에 과민해져 비화재보의 원인이 된다. **그림 1-66**은 이 시험의 방법으로 P_2 구멍으로부터 leak 구멍으로 공기를 주입하여 리크구멍의 저항이 적정한지를 시험한다.

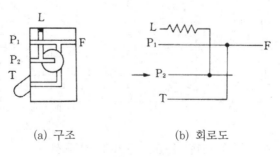

(a) 구조   (b) 회로도

그림 1-66 leak시험

여기서 F는 Diaphragm이고 P는 공기관, P_1, P_2는 공기관 접속구, T는 시험구멍, TP는 시험 펌프, Ⓜ은 마노미터, L은 leak 저항이다.

(2) 정온식 열감지기

정온식 열감지기는 감지기의 주위온도가 일정한 온도이상이 되면 즉, 공칭 작동온도에 도달하면 동작하도록 된 감지기이다. 온도의 상승은 차동식 열감지기와 달리 온도상승율에 의하지 않기 때문에 실내온도가 높거나 낮을 때 정해진 일정온도에 도달하는 시간이 더 소요된다는 단점이 있다. 이에는 스포트형과 감지선형의 2가지가 있다.

① 종류 및 구조

㉠ 정온식스포트형 감지기(Fixed Temperature Spot Type Detector)

일국소의 주위온도가 일정한 온도 이상이 되었을 경우에 동작하는 것이며 외관이 전선으로 되어 있지 않은 것을 말한다.

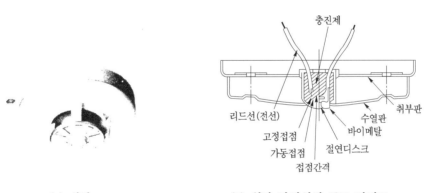

(a) 외관   (b) 원판 반전식의 구조 단면도

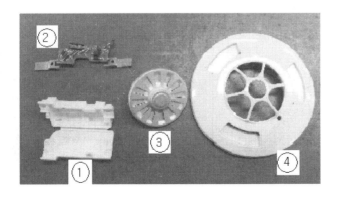

(c) 구성부품

(d) 감지부와 회로부

그림 1-67 정온식 스포트형 감기기의 외관과 구성

그림 1-67 (a)는 정온식스포트형 감지기의 외관이며 (b)는 원판반전식의 단면 도이다. (c)는 정온식스포트형 감지기의 구성품을 보인 것으로 ①은 전자회로부의 부품을 감싸는 덮개이며 ②는 전자회로부와 단자대이다. ③은 화재시 열을 잘 받도록 하는 원판으로 바이메탈과 접속되어 있다. ④는 모든 구성품을 아우르는 덮개이다. (d)는 수열부와 화재신호를 전기적신호로 변환하여 중계기 또는 수신기로 전송하는 회로부와 단자대이다.

그림 1-68의 (a)는 방수형의 외관과 구조이며, (b)는 방폭형의 외관이다. 정온식 스포트형 감지기에는 다음의 종류가 있다.

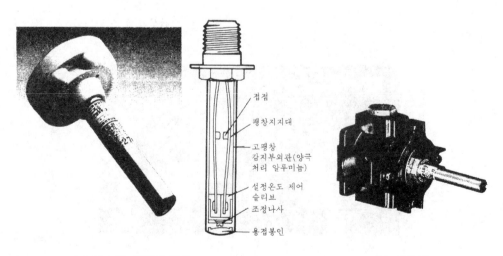

접점

팽창지지대

고팽창
감지부외관(양극
처리 알루미늄)

설정온도 제어
슬리브

조정나사

용접봉인

(a) 방수형 외관과 구조   (b) 방폭형

그림 1-68 방수형과 방폭형의 외관

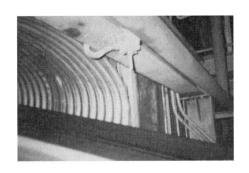

그림 1-69 방폭형감지기의 설치

㉮ 바이메탈을 이용한 것

바이메탈을 이용한 정온식 스포트형 감지기는 열팽창계수가 다른 두 종류의
금속 A, B를 **그림 1-70** (b)와 같이 용착 또는 납땜한 것이 바이메탈(Bimetal)
을 이용한 것이다. 금속의 열팽창계수는 **그림 1-70** (a)와 같이 금속의 종류에
따라 큰 차이가 있다. **표 1-10**은 바이메탈의 종류와 사용온도이다.

표 1-10 바이메탈의 종류와 사용온도

바이메탈의 구성	사용온도
황동과 니켈	100 ℃
황동과 인바르	150 ℃
모넬메탈과 니켈강	250 ℃

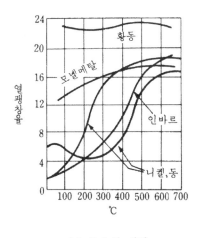

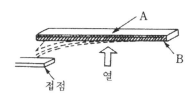

(a) 금속의 팽창　　　　　(b) 바이메탈의 동작

그림 1-70 금속의 팽창계수와 바이메탈의 동작

　　그림 1-70은 금속의 팽창계수과 바이메탈의 동작을 나타낸 것이다. (b)에서 금속 A는 금속 B보다 열팽창계수가 큰 것으로 열을 직·간접으로 이 바이메탈에 가하면 열팽창계수가 적은 금속인 B쪽으로 완곡된다. 그러나 온도가 강하하여 원래의 온도로 돌아가면 늘어남도 복귀하여 완곡이 없어진다. 따라서 바이메탈의 끝부분에 접점을 부착하면 전원을 개폐시킬 수 있는 스위치 역할이 가능하게 되는 것을 이용한 것이다.

　　바이메탈은 **그림 1-71**과 같이 직선변형과 만곡변형이 있다. (a)는 평판상의 간단한 구조로 온도상승에 따른 직선적인 변위량에 의해 접점을 접촉시키는 방법이고 (b)는 바이메탈의 만곡변형이다. (a)의 방법은 접점 압력이 낮아 접촉이 불확실해질 수 있는 단점이 있으나 (b)의 방법은 바이메탈의 재료배합 정도에 따라 여러가지 형태의 것을 만들 수 있는 장점이 있어 많이 이용되고 있다.

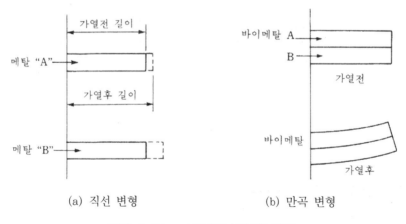

(a) 직선 변형　　　　　　(b) 만곡 변형

그림 1-71　바이메탈 변형의 종류

　　그림 1-72 (a)는 바이메탈의 직선 변형을, (b)는 바이메탈의 만곡변형을 응용한 감지기의 예이다. 바이메탈로 사용하는 재료로서는 고팽창 금속에는 황동을, 저팽창 금속으로는 철+니켈이 사용되고 접점에는 PGS 합금이 사용되고 있다.

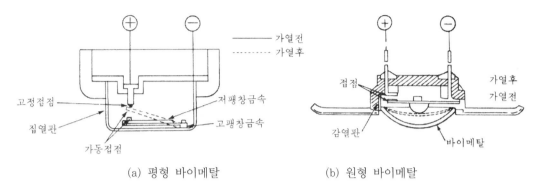

(a) 평형 바이메탈　　　　　　(b) 원형 바이메탈

그림 1-72 바이메탈 변형에 따른 응용

그림 1-73은 이들의 동작으로 감지기가 일정온도를 받게 되면 바이메탈이 반전하여 접점을 폐쇄함으로써 수신기에 신호를 발신하게 된다.

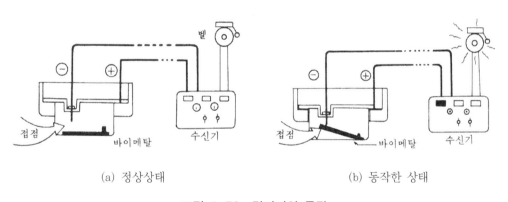

(a) 정상상태　　　　　　　　(b) 동작한 상태

그림 1-73 감지기의 동작

그림 1-74 (a)는 열을 감지하기 위해 원판바이메탈을 내장한 서모스탯을 사용한 감지기이며, (b)는 서모스탯 구조이다.

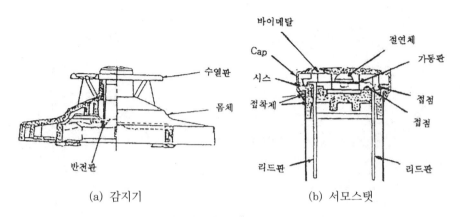

(a) 감지기 (b) 서모스탯

그림 1-74 정온식스포트형감지기와 서모스탯

감열소자의 수열효과를 높힐 수 있게 하기 위한 목적으로 부착시킨 감열판에 의해서 받는 열을 서모스탯의 덮개(CAP)를 통해서 내부의 바이메탈에 효율적으로 전달하기 위함이다.

바이메탈이 일정온도로 정해져 있는 동작온도에 도달하면 바이메탈은 만곡되어 이 변의에 의해서 절연판을 밑으로 누르고, 가동판을 움직여서 접점을 On시킨다.

a. 감지기 동작회로

ⓐ 회로의 동작(Base부)

그림 1-75는 정온식스포트형감지기 베이스부의 전체 회로도를 나타낸 것이다.

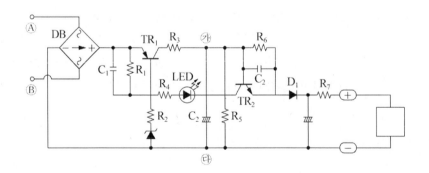

그림 1-75 베이스부의 전체 회로

그림 1-75에서 다이오드브리지 DB는 전원 Ⓐ-Ⓑ 어느 쪽의 방향에도 부착시킬 수 있도록 하기 위한 것이고, TR_1에서 R_1, R_2로 구성하는 부분은 ㉮ 전압과 ㉰ 전압을 감지하기 위한 스위치 회로이다.

스위치 전압은 저항 R_1의 양단 전위가 TR_1의 V_{BE}와 동일하게 되는 전압이기 때문에

$$(V_{SW} - V_{ZD} - V_F \times 2) \times \frac{R_1}{R_1 + R_2} = V_{BE}$$

$$V_{SW} = V_{BE} \times \frac{R_1}{R_1 + R_2} + V_{ZD} + V_F \times 2$$

$$= 0.6 \times \frac{120K + 330K}{120K} + (15.3 \sim 17.1) + 0.2 \times 2$$

$$= 17.95 \sim 19.75 \text{ V}$$

㉮ 전압 〉V_{SW} 〉 ㉰ 전압이기 때문에 확실히 Switching을 행할 수가 있다. C_1은 소음에 의한 오동작을 방지하기 위한 콘덴서이며 트랜지스터 TR_2는 TR_1과도 SCR과 결합되어 구성해 있다.

Head가 동작하면, $R_3 \rightarrow TR_2 \rightarrow D_1 \rightarrow R_7 \rightarrow$Head의 경로로 TR_2의 Base전류가 흐르면, $TR_1 \rightarrow R_4 \rightarrow LED \rightarrow TR_2 \rightarrow D_1 \rightarrow R_7 \rightarrow$Head의 경로에서 TR의 Base전류가 흐르기 때문에 Ⓐ-Ⓑ사이에 전압이 17.5V가 되어도 ETR_1는 OFF 하지 않는다.

Head에 흐르는 전류를 구하는 것은 Head에 사용하는 부품이 무엇이냐에 따라 다음과 같다.

a) Head가 접점식인 경우

R_3에 흐르는 전류를 IR_3, R_4에 흐르는 전류를 IR_4, R_7에 흐르는 전류를 IR_7 라고 하면

$$17.5 = V_F \times 2 + R_3 \cdot IR_3 + V_{BE} + V_F + R_7 \cdot IR_7$$
$$17.5 = V_F \times 2 + V_{BE} + R_4 \cdot IR_4 + V_{FLED} + V_F + R_7 \cdot IR_7$$
$$IR_3 + IR_4 = IR_7$$

이 방정식을 풀면 IR_3 = 33 mA, IR_4 = 14 mA

합계 47 mA가 흐른다.

R_3, R_4, R_7에서 소비되는 전력은 각각 R_3〈 1 W, R_4〈100 mW, R_7〈1 W가 되도록 한다.

b) Head가 SCR 방식인 경우

R$_3$에 흐르는 전류를 I$_{R3}$, R$_4$에 흐르는 전류를 I$_{R4}$, R$_7$에 흐르는 전류를 I$_{R7}$라고 하면

$$17.5 = V_F \times 2 + R_3 \cdot I_{R3} + V_{BE} + V_F + R_3 \cdot I_{R7} + V_F \times 2 + V_{FSCR}$$
$$17.5 = V_F \times 2 + V_{BE} + R_4 \cdot I_{R4} + V_{FLED} + V_F + R_7 \cdot I_{R7} + V_F \times 2 + V_{FSCR}$$

R$_3$, R$_4$, R$_7$에서 소비되는 전력은 각각 R$_3$〈100 mW, R$_4$〈1 W, R$_7$〈1 W가 되도록 한다.

확인등 LED에 흐르는 전류를 I$_{R3}$라 하면 최대 14 mA다. 따라서 LED의 허용전류가 60 mA이기 때문에 문제가 없다.

Head에 광전식 연감지기가 부착된 경우 Head의 소비 전류를 100 μA으로 하면, C$_4$의 전압강하 V$_D$는

$$V_D = \frac{I\,T}{C} = \frac{100 \times 10^{-6} \times 250 \times 10^{-3}}{10 \times 10^{-6}} = 2.5 \text{ V}$$

그러므로 전압강하는 18.8 – 2.5 = 16.3 V 까지 떨어지지만 연기감지기는 15 V 이상은 정상적으로 동작할 수 있는 것으로 볼 수 있기 때문에 문제는 없다.

그림 1-76의 C$_4$는 ④-⑧사이의 전압이 중계기 출력전압보다 저하 했을 때 Head에 전류를 계속 공급하기 위한 콘덴서전압이다. C$_4$는 ④-⑧간과 최대 전압시 (㉮전압 = 20.4 V) 일 때 20.4 – V$_F$ × 2 – V$_{BE}$ – V$_F$ = 18.8 V에 충전되어 있고, ④-⑧간 전압에 의하면 Head의 전류 공급은 C$_4$에서 행하여진다.

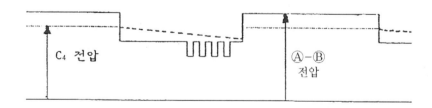

그림 1-76 C₄의 전압파형

그림 1-75의 C$_2$는 TR$_1$, TR$_2$의 SCR이 ON하여 ④-⑧간 전압으로 되었을 때에 TR$_1$가 OFF하지 않도록 트랜지스터 TR$_2$에 베이스

전류를 공급하기 위한 전압 유지용 콘덴서이다. R_5는 이를 방전시키기 위한 방전용 저항이고, R_6은 TR_2의 베이스 및 저항, C_3은 노이즈 흡수용 콘덴서이다.

다음은 회로의 소비전류를 알아본다. R_1, R_2에 흐르는 전류

$$I = \frac{24 - 2 \times V_F - V_{BE} - V_{ZD}}{R_2} + \frac{V_{BE}}{R_1}$$

R_5에 흐르는 전류는 다음 식과 같다.

$$I = \frac{24 - 2 \times V_F}{R_5}$$

그림 1-75에서 Ⓐ-Ⓑ단자는 중계기의 Ⓐ, Ⓑ에 접속되고, 그 전압파형은 **그림** 1-77과 같다.

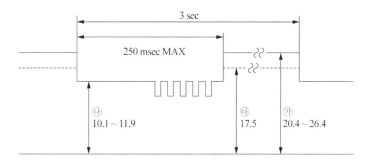

그림 1-77 **중계기 전송 전압파형**

평상시는 **그림** 1-77에서 실선으로 표시한 것과 같이 Ⓐ-Ⓑ전압이 변화한다. ㉮의 전압은 중계기의 전원전압 변동에 의해서 20.4~26.4 V가 되며 전압은 동일회선에 부착된 Address부의 감지기를 동작시키기 위한 다중 전송체이고 중계기의 출력전압은 10.1~11.9 V이다.

또, 감지기가 동작해서 Ⓐ-Ⓑ간에 전류가 25 mA 이상 흐르면 중계기의 전압절환회로에 의해서 ㉮전압이 ㉰전압(17.5 V)이 된다. 단, ㉯전압 및 다중전송신호는 변화하지 않기 때문에 동회선에 부착된 다중전송을 이용한 그 외의 Address부 감지기는 동작을 계속할 수가 있다. 감지기가 동작해서 회선전압이 17.5 V가 되면 **그림**

1-69의 트랜지스터는 VR_1이 off 되어 Head에 전류가 공급되지 않기 때문에 2개 이상의 감지기는 동작하지 않는다.

결국, 동일 회선에 복수개의 감지기를 계속 부착시키고 있어서도 최초의 감지기가 경보하면 그 밖의 감지기는 경보할 수 없게 되는 것이다.

c) 중계기의 화재 UNIT에 접속시키는 경우

그림 1-78은 중계기의 Interface회로이다. 복구 릴레이 접점을 개제한 회선출력의 L단자에는 다음과 같은 3개의 전압 공급라인이 접속되어 있으며 각각 전송 CPU 처리회로부에서 출력된다.

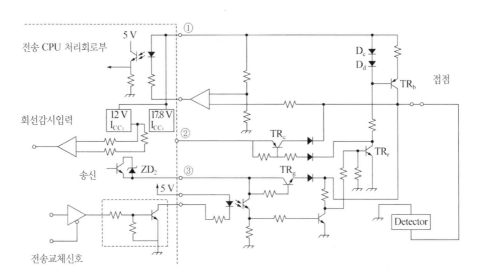

그림 1-78 Interface회로

(a) 24 V에서 저항 R_b, 트랜지스터를 통한 라인

(b) Ⓐ-Ⓑ사이가 17.8 V에 조정되는 레귤레이터 1에서 트랜지스터 다이오드를 통한 라인

(c) 전송신호의 트랜지스터 TR_g, 다이오드를 통한 라인

여기에서 ① 라인은 통상 감시시의 회로전압 24 V를 공급하는 것이고 트랜지스터 TR_b에 의한 정전류회로(다이오드 D_c, D_d, 저항 R_b, R_m으로 구성)를 통해서 감지기에 전류를 공급하고 있다.

이 정전류회로의 정전류값은 25 mA에 설정되어 있고 감지기가 발보해서 1회로 동작 설명에서 말한 경보전류 40~47 mA가 흐르면 부족분은 ② 라인에서 공급된다. 이 때 컴퍼레이터 IC의 입력이 Low Level로 되어서 감지기의 경보가 감지되게 된다. 여기에서 25 mA의 출력값에 비해 40~47 mA이기 때문에 충분한 여유가 있다.

b. 감지기 접속수량

본 감지기는 1회선에 대해서 Head가 열 감지기의 경우 최대 50개, 연기감지기의 경우 최대 32개까지 접속할 수 있다. 소비전류가 많은 연기감지기로 계산하면 베이스의 소비전류가 41 μA이기 때문에 Head의 소비전류는 150μA가 된다. 따라서 총 전류는 191 μA가 흐르며 감지기를 32개 접속한다면 전류는 6.1 mA 흐른다. 여기에 대해서 중계기의 출력값은 25 mA이기 때문에 충분한 여유가 있다.

c. 정격용량의 산출

본 감지기는 정격용량 24 V, 50 mA이다. 이를 기준으로 설명하면

a) AN형 베이스의 경우

이 베이스로 가장 소비 전류가 큰 것은 BACK UP 발보시이고, 더욱 중계기의 화재 UNIT 출력인 Ⓐ-Ⓑ 사이의 전압이 17.8 V일 때이다.

이 때 흐르는 전류는

$$I = \frac{17.8\text{V} - 0.3\text{V} \times 2(\text{다이오드}) - 1(SCR)}{410\Omega(R_{44})} = 39.5 \text{ mA}$$

b) POINT Address의 경우

이 BASE로 가장 소비전류가 큰 것은 접점방식의 감지기가 부착되고 BACK UP 경보시에 중계기의 화재 UNIT 출력인 Ⓐ-Ⓑ간의 전압이 17.8 V일 때이다.

이 때 흐르는 전류는

$$I = \frac{17.8\text{V} - 0.3\text{V} \times 3(\text{다이오드})}{410\Omega(R_{44})} = 41.2 \text{ mA}$$

c) 일반 베이스의 경우

이 베이스로 가장 소비전류가 큰 것은 접점 방식의 감지기가 부착되고, 더욱 Ⓐ - Ⓑ전압이 17.8 V일 때이다.

㉴ 금속의 팽창계수를 이용한 것 : **그림 1-79** (a)는 금속의 팽창계수를 이용한 감지기의 구조이다. 이 감지기는 팽창계수가 큰 금속으로 된 외통(外筒)과 이

안에 접점이 있는 팽창계수가 적은 금속을 고정하여 놓은 것으로 화재 발생시 이를 감지하면 신호를 전송할 수 있게 한 것이다.

(a)에서 몸체(body)는 열팽창계수($23 \times 10^{-6}/^{\circ}C$)가 우수한 소재인 알루미늄에 열팽창계수($1 \times 10^{-6}/^{\circ}C$)가 Zero에 가까운 Inver를 조립하여 정해진 온도 범위내에서 감지기가 동작할 수 있도록 한다. 이 때 동작점에 맞게 조정하는 것은 감지기 접점조절 나사를 이용하여 Inver의 접점 간격을 벌려 감도를 조정한다.

방폭형 구조일 경우에는 탭 가공부위가 정밀하여야 하며, 다이캐스팅(알루미늄 주물박스)과의 조립을 원활하게 하여야 한다.

감지기 접점 구조부는 Inver, Inver 지지대, 황동(은 도금)의 접점 등으로 구성된다. 감지기 제작시 Inver 지지대간의 Spot Welding이 어긋나게 되면, 접점(은접점)의 산과 산이 틀어지게 된다. 산과 산이 틀어지면 감지기 접점조절 시험을 할 때 불량이 발생하므로 Inver 지지대의 Spot Welding에 주의하여야 한다. 배선압착단자는 동(주석 도금)을, Inver fix ring으로는 스프링강을 주로 사용하고 있다.

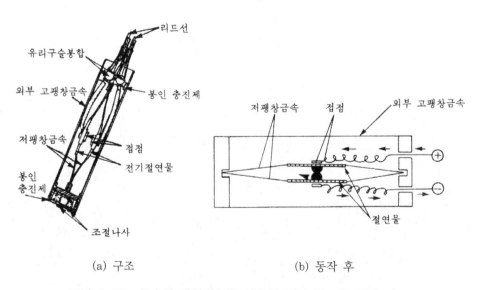

(a) 구조   (b) 동작 후

그림 1-79 금속의 팽창계수를 이용한 것의 구조와 동작

그림 1-79 (b)는 접점이 폐쇄되며 수신기에 신호를 보내게 되는 동작상태를 보인 것이다. 화재시 또는 어떤 열이 감지기에 가해지면 알루미늄이 열에 의해 팽창되어 접점이 붙는다. 그것은 내부에 설치된 저팽창 금속은 거의 고

정되어 있으나 외통의 고팽창금속은 많이 팽창하게 됨으로 내부의 양측이 잡아당기게 되고 접점이 폐쇄되어 수신기에 신호를 보내게 된다. 이는 열에 의한 기계적 특성을 이용한 접점방식으로 몸체(body)를 일반형 또는 방폭형으로 만들 수 있다. **그림 1-80은** 감지기의 온도상승곡선을 보인 것이다.

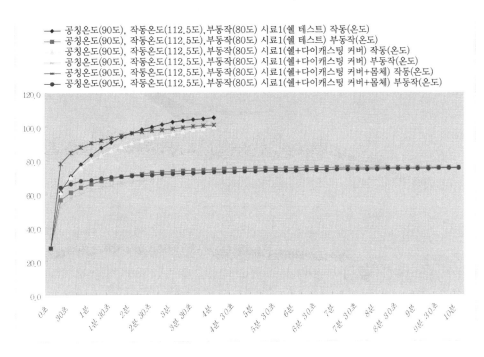

그림 1-80 감지기의 온도상승곡선

ⓒ 반도체를 이용한 것

차동식 스포트형의 반도체를 이용한 것에서와 같이 NTC를 이용하는 방법과 CTR을 이용하는 방법이 있다.

그림 1-81 (a)는 정온식 스포트형 반도체식 감지기의 외관이다. (b)는 간단한 회로도로서 서미스터가 1개라는 것 외에 차동식 스포트형 반도체식의 회로와 동일하다.

서미스터 Th는 감지기 외부에 노출되어 있으며 감지기 주위의 온도 변화에 대하여 서미스터 Th가 감지하되 공칭작동온도 이상이 되면 동작한다.

B점의 전압은 저항 R_1, R_2의 분압비에 의하여 $\frac{1}{2}V_{cc}$보다 적정값만큼 높게 설정하여 감지기의 감도값을 설정한다.

(a) 외관

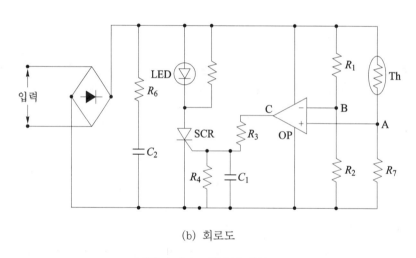

(b) 회로도

그림 1-81 외관과 회로도

평상시에는 A점 전압이 $\frac{1}{2}V_{cc}$ 정도가 되고 B점 전압은 $\frac{1}{2}V_{cc}$ 보다 적정값만큼 높다. 설령 적은 온도가 감지되더라도 A점 전압이 B점의 전압보다 높지 않게 될 때에는 비교기 OP의 C점 출력은 0 V 상태가 되기 때문에 SCR은 Turn On할 수 없다.

그러나 화재가 발생하여 서미스터 Th가 열을 감지하면 A점의 전압이 증가하여 B점의 전압보다 커지므로 C점의 출력은 V_{cc} 가 된다. 이 값이 SCR을 트리거시켜 SCR이 동작하고 이와 동시에 LED가 점등되며 화재신호를 출력하게 된다. **그림 1-82는** 감열반도체소자를 이용한 것이다.

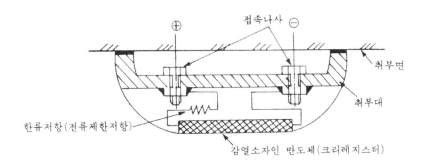

그림 1-82 감열반도체소자를 이용한 것

감열반도체소자는 칼슘, 스트론튬, 바륨, 란탄 등의 산화물, Si, P 브롬 등
의 산화물 및 바나듐의 산화물을 약환원성 상태에서 소결한 다음 급격히 냉각
시켜 만든다. 이 때 63 ℃에서 10^4 Ω정도의 저항이 10 ℃정도가 상승하면
50 Ω정도로 급격히 감소되는 특성을 갖게 된다. 감열반도체소자로는 크리레
지스터(CTR : Critical Temperature Resistor)를 사용하고 있으며 급변온도
서미스터라고도 한다.

감열반도체소자가 열을 받으면 저항값이 적어지고 정상상태일 때 곧 실온
일 경우에는 저항값이 크게 되는 반도체의 부(負)의 온도특성을 이용하여 접
점역할을 하게 한 것이다. 감지기외에 온도조절기, 온도경보장치, 온도 스위
치, 전동기 과열보호회로에 응용되고 있다.

㉣ 가용절연물을 이용한 것

정온식 감지선형 감지기 중 감열부가 점재(點在)되어 있는 것을 분리하여 **그
림 1-83** (a)와 같이 스포트형으로 한 것이다.

즉, 스프링상의 접점과 외통 사이에 가용절연물로 절연시켜 일국소의 주위온
도가 일정온도 이상으로 되면 **그림 1-83** (b)와 같이 감열부의 가용절연물이
녹아 2본의 전선이 접촉되어 신호를 발신한다. 이것은 한번 작동하면 재사용
할 수 없는 비재용형이다.

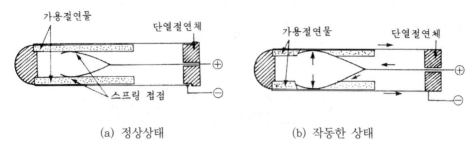

(a) 정상상태   (b) 작동한 상태

그림 1-83 가용절연물을 이용한 감지기의 작동 전·후

ⓒ 정온식감지선형감지기 : 정온식감지선형감지기는 일국소 또는 감지선 주위온도
가 일정한 온도 이상이 되었을 경우에 가용절연물이 녹아 2가닥의 전선이 서로
접촉하면 작동하여 화재신호를 수신기에 발신한다. 감지기의 외관이 전선과 같
이 생긴 것을 말하며 전선 전체가 감열부인 것과, 전선에 부분적으로 감열부가
점재해 있는 것이 있다. 감도에 따라서 특종, 1종, 2종으로 구별된다.

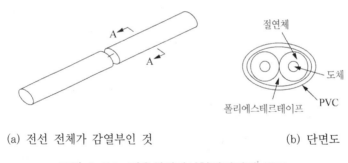

(a) 전선 전체가 감열부인 것   (b) 단면도

그림 1-84 정온식감지선형감지기의 구조

전선 전체가 감열부분인 것의 구조는 **그림 1-84** (a)와 같다. 이 감지기는 2본
의 피아노선에 일정한 온도 이상이 되면 융해되는 물질을 전기적으로 절연시켜
꼬아나간 것으로 전선 전체가 감열부이다.

정온식감지선형감지기에 사용하는 도체는 아연이 부착되고 탄소와 망간을 포
함한 아연도 경강선재를 사용한다. 이 도체에 각각 0.2~0.3 mm 두께로 열가소
성수지인 절연체로 감싸게 된다. 이 때 감지대상물의 반응온도에 따라 녹아 동작
할 수 있도록 주성분인 에틸렌 비닐아세테이트(EVA) 중합체의 함량을 조절하여
야 한다.

절연피복 된 각각의 두 도체를 두께 0.015 mm의 폴리에스테르 테이프로 감싸게 되는데 이 폴리에스테르 테이프는 10~20 mm의 폭으로 트윈스한 형태로 연합시키면서 1/5 이상이 중첩되도록 한다.

그리고 이 위에 0.5~1.0 mm의 폴리염화비닐(PVC: Polyvinyl Chloride)로 재킷처리 한다.

그림 1-85는 감열부가 점재해 있는 것으로서 단심인 실드선에 일정한 간격으로 접점을 만든다. 그리고 이곳에서 심선으로 되어 있는 도체에 U자형의 금속성 스프링을 관통시켜 이 용수철이 외부의 짧은 금속관에 접촉하지 않도록 가용절연물로 눌러 심선과 실드선 사이에 절연을 유지하도록 되어 있다. 그러나 이 절연물이 **그림 1-86** (a)와 같이 정상적으로 되어 있다가 화재가 발생되어 열을 받으면 (b)와 같이 접촉되므로 신호를 발신하게 된다. 그림의 단면을 보면 쉽게 이해가 될 것이다.

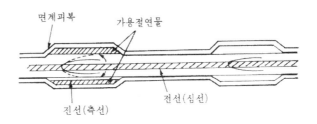

그림 1-85   점재형 정온식감지선형감지기의 구조

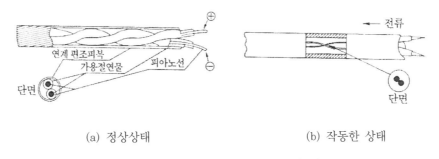

(a) 정상상태   (b) 작동한 상태

그림 1-86   정온식감지선형감지기의 작동

그림 1-87 (a)는 정온식감지선형감지기를 동작시켰을 때의 동작온도 그래프이며 (b)는 날자별 시간이나 온도 등 동작상황을 기록한 것이다.

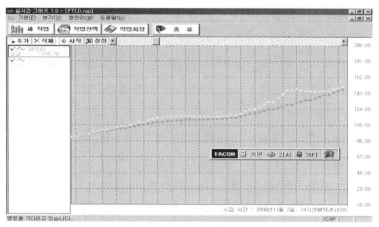

(a) 동작온도 그래프

(b) 동작상황

그림 1-87 동작온도 그래프와 상황

정온식감지선형감지기는 다음의 기준에 따라 설치한다.

㉮ 보조선이나 고정금구를 사용하여 감지선이 늘어지지 않도록 설치할 것

㉯ 단자부와 마감 고정금구와의 설치간격은 10 cm 이내로 설치할 것

㉰ 감지선형 감지기의 굴곡반경은 5 cm 이상으로 할 것

㉱ 감지기와 감지구역의 각부분과의 수평거리가 내화구조의 경우 1종 4.5 m 이하, 2종 3 m 이하로 할 것. 기타 구조의 경우 1종 3 m이하, 2종 1 m 이하로 할 것

　㉤ 케이블트레이에 감지기를 설치하는 경우에는 케이블트레이 받침대에 마감금
　구를 사용하여 설치할 것

　㉥ 지하구나 창고의 천장 등에 지지물이 적당하지 않는 장소에서는 보조선을 설
　치하고 그 보조선에 설치할 것

　㉦ 분전반 내부에 설치하는 경우 접착제를 이용하여 돌기를 바닥에 고정시키고
　그 곳에 감지기를 설치할 것

　㉧ 그 밖의 설치방법은 형식승인 내용에 따르며 형식승인 사항이 아닌 것은 제조
　사의 시방(示方)에 따라 설치할 것

　ⓒ 광센서 선형감지기

　　광센서 선형감지기는 광센서 중계기에서 발생되는 레이져펄스가 광센서 선형감
　지기에 입사되면 광섬유내의 글라스(Glass) 격자들인 S_iO_2로 인해 빛의 산란 흡
　수등이 발생한다. 이와 같이 빛의 산란광중 Raman산란광을 이용하면 광센서중
　계기에서는 온도에 따른 특성의 변화가 발생되어 정확한 온도를 측정할 수 있다.

　　그림 1-88은 광센서 선형감지시스템의 구성이다.

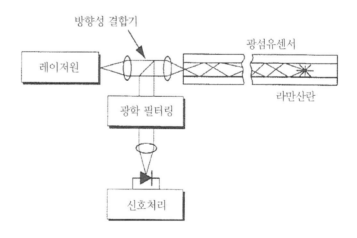

그림 1-88　광센서 선형감지시스템

　　그림 1-89 (a)는 광센서선형감지기 구조이다. 광센서 선형감지기는 광센서코
어에 피복(Cladding)과 아크릴코팅을 한다음 1.8 mm정도의 스테인레스강관에
넣어놓은 것으로 스테인레스 튜브관에 한가닥의 광섬유를 내장시켜 놓은 것이라
생각하면 된다. 분진, 방폭, 극저온, 다습지역에서 내구성이 강하며 SO_2, NO_2,

CO등 화학물질에도 부식되지 않는 것으로 알려져 있다. 이를 사용 할 때 신호전
송방식은 Polling Address/ RS-485방식으로 수신기, 중계기에서 모두 사용할
수 있다. 또한 레이져펄스가 입사된 후 산란광이 되돌아오는 시간을 계산하여 반
사된 위치를 알 수 있다.

광센서 선형감지기를 현장에 설치할 때에는 메신저와이어에 고정금구로 고정
시켜 설치하며 (b)는 설치상세도이다.

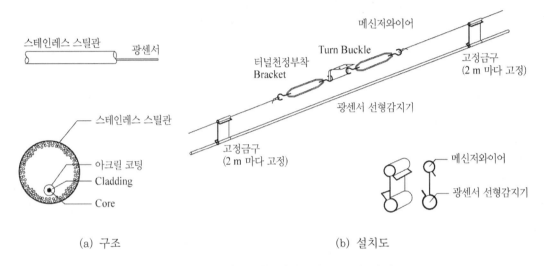

(a) 구조 　　　　　　　　　　　　　　　 (b) 설치도

그림 1-89 광센서 선형감지기의 구조와 설치도

② 동작기능 및 시험

정온식감지기(아날로그식 제외)의 공칭작동온도는 60 ℃에서 150 ℃까지의 범위로
하되, 60 ℃에서 80 ℃인 것은 5 ℃ 간격으로, 80 ℃ 이상인 것은 10 ℃ 간격으로
하여야 하며 다음 각 호의 시험에 적합하여야 한다.

㉠ 작동시험

공칭작동온도의 125 %가 되는 온도이고 풍속이 1 m/s인 수직기류에 투입하는
경우 그 종별에 따라 표 1-11에 정하는 시간 이내에 작동하여야 한다.

표 1-11 동작시간

종별	실 온	
	섭씨 0°	섭씨 0° 이외
특종	40초 이하	실온 θ_r(도)일 때의 작동시간 t(초)는 다음 식에 의하여 산출한다.
1종	40초 초과 120초 이하	$$t = \dfrac{t_o \log_{10}(1 + \dfrac{\theta - \theta_r}{\delta})}{\log_{10}(1 + \dfrac{\theta}{\delta})}$$
2종	120초 초과 300초 이하	

(주) t_o : 실온이 섭씨 0°인 경우의 작동시간 (초)

θ : 공칭 작동온도(도)

δ : 공칭 작동온도와 작동시험온도와의 차

ⓛ 부작동시험

공칭작동온도 보다 10 ℃ 낮은 온도이고 풍속이 1 m/s인 수직기류에 투입하는 경우 10분 이내에 작동하지 아니하여야 한다.

ⓒ 아날로그식 정온식감지기는 공칭감지온도범위(설계치)의 각 온도에서 다음 각 호의 시험에 적합하여야 한다.

㉮ 2 ℃/min 이하로 일정하게 직선적으로 상승하는 풍속 1 m/s의 수평기류를 공칭감지온도의 최저온도에서 최고온도까지 가하는 경우 온도에 대응하는 화재정보신호를 발신하여야 한다.

㉯ 공칭감지온도범위의 임의의 온도에서 제1항제1호의 규정에 의한 특종의 작동시험에 적합하여야 한다.

(3) 보상식 열감지기

차동식 열감지기가 동작온도 상승속도나 일정온도가 되면 반드시 동작할 수 있는 정온특성으로 그 기능을 보상할 수 있게 한 감지기이다. 따라서 어느 한 기능이 만족되면 작동신호를 발신한다. 그러므로 분진 또는 먼지 등이 불씨에 의해 화염없이 연기만 내다가 착화되는 경우나, 자연발화시 주위의 온도가 아주 완만하게 상승하게 되는 경우에 차동식 열감지기로는 감지하기가 곤란하다. 그러나 어느 시간이 지나 주위 온도가 정해진 일정온도에 도달한다면 정온식 열감지기는 동작이 가능하므로 이러한 화재유형에 유용하다.

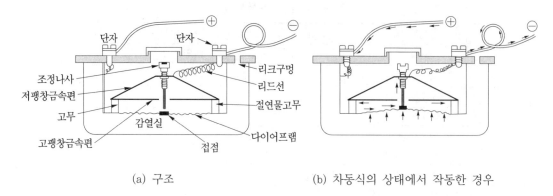

(a) 구조   (b) 차동식의 상태에서 작동한 경우

그림 1-90 보상식스포트형감지기의 구조와 동작

보상식스포트형감지기의 주위온도가 완만하게 상승한 경우에는 **그림 1-90** (a)의 leak 구멍으로 기류가 유출되어 작동하지 않는다. 그러나 일정온도에 도달하면 정온식 열감지기의 원리에 따라 저팽창금속과 고팽창금속 사이에 팽창율이 큰 금속편이 활처럼 구부러져 접점을 닿게 하여 신호를 발신하게 된다. 감지기의 주위온도가 급격하게 상승한 경우에는 (b)와 같이 차동식스포트형감지기의 원리에 따라 Diaphragm을 밀어 올려 접점을 닿아 신호를 수신기에 보내게 된다.

① 동작기능

보상식스포트형감지기의 정온점은 60 ℃에서 150 ℃까지의 범위로 하되, 60 ℃에서 80 ℃까지의 것은 5 ℃ 간격으로, 80 ℃를 넘는 것은 10 ℃ 간격으로 한다. 또한 보상식스포트형감지기의 감도는 그 종별로 표 1-12의 K, V, N, T, M, S, k, v, n, t 및 m의 값에 따라 다음 각 호의 시험에 적합하여야 한다.

표 1-12 보상식 감지기의 시험값

종별	작 동 시 험						부 작 동 시 험				
	계단상승		직선상승			정온점	계단상승			직선상승	
	K	V	N	T	M	S	k	v	n	t	m
1종	20	70	30	10	4.5	60 이상 150 이하	10	50	1	2	10
2종	30	85		15			15	60		3	

㉠ 작동시험

㉮ 실온보다 K ℃ 높은 온도이고 풍속이 V ㎝/s인 수직기류에 투입하는 경우 N 초 이내에 작동하여야 한다.

㉯ 실온에서부터 T ℃/min의 직선적인 비율로 상승하는 수평기류에서 투입하는 경우 M분 이내에 작동하여야 한다.

㉰ 실온에서부터 1 ℃/min의 직선적인 비율로 상승하는 수평기류를 가하는 경우 S보다 10 ℃의 낮은 온도에서부터 S보다 10 ℃ 높은 온도까지의 온도범위에서 작동하여야 한다.

㉡ 부작동시험

㉮ 실온보다 k ℃ 높은 온도이고 풍속이 v ㎝/s인 수직기류에 투입하는 경우 n분 이내에 작동하지 아니하여아 한다.

㉯ 실온에서부터 t ℃/min의 직선적인 비율로 상승하는 수평기류를 가하는 경우 정온점보다 10 ℃ 낮은 온도에 도달하지 아니하는 범위내에서는 m분 이내에 작동하지 아니하여야 한다.

2) 연기 감지기

화재에 의한 인명사망의 주 원인은 열에 의한 것이 아니고 연기에 의해 질식사이다. 이는 건축물의 내장재나 가구 등이 플라스틱 계통의 재료를 많이 사용하고 있기 때문이다.

연기란 기체속에서 완전 연소되지 않는 가연물인 고체 및 액체 미립자가 공기중에 떠돌 아다니고 있는 상태의 것을 말한다. 미립자의 크기는 **그림 1-91**과 같이 연소물에 따라 다르나 대략 $0.1 \sim 10\ \mu$ (1/1,000 mm)이다. 연기는 온도가 높으면서 유독하여 흡입하면 인체에 매우 큰 영향을 주게 되며 연소재료의 독성에 따라 성분도 달라진다. 또한 미립자의 밀도, 가스 등의 함유정도에 따라 순한 연기, 유독성 연기, 맹독성 연기 등으로 구분하며 연소물질에 따라 빛깔도 다르다. 즉 수분이나 습기를 가진 물질이 고온의 가연물질과 접촉한 다든가 인(燐)이 탈때에는 백색의 연기를, 건초 또는 쌓여있는 짚이 연소할 때에는 회색연기를, TNT, 다이너마이트나 셀룰로이드 초화선(硝化線) 등이 연소할 때에는 황색 또는 홍 갈색의 빛깔을 띄게 되나 대부분의 연기는 검은 색깔이다. 이는 모든 물질이 완전연소되기 어렵기 때문이며 고무, 석탄, 석유 등이 연소할 때는 더욱 진한 검은색이 된다.

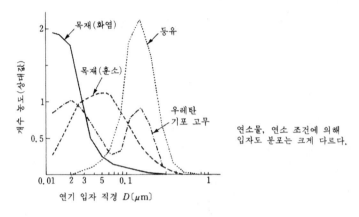

연소물, 연소 조건에 의해
입자도 분포는 크게 다르다.

그림 1-91 연기 입자도

연기는 다음과 같은 특성이 있다.

(1) 광선을 흡수한다. 즉 연기량이 적을 경우에는 피난을 위한 유도등이나 표시등이 잘 보이지만 천장으로부터 바닥의 1m 위까지 연기량이 많아지면 사방이 보이지 않기 때문에 피난을 방해하는 것이다.

(2) 유독가스를 많이 함유하고 있다. 이는 화재발생시 각종 가연물들이 훈소되는 것이기 때문으로 발생되는 유독가스도 복잡하나 CO, CO_2, CL(염소), HCN(시안화수소), HF (불소), HS(황화수소), NO(일산화질소), NH_3등이다. 근래의 건재물들은 고분자 유기물이 사용되고 있어 연기의 농도와 유독성이 강하게 나타나며 연소되는 재연료에 따라 차이는 있지만 모든 화재 시 발생되는 것이 CO이다.

(3) 화재 확대연소와 산소결핍의 원인이다.

화재시 연기는 화재를 확대하는 주요 원인임으로 덕트나 케이블의 주요 관통부에는 충진제를 채워 연기의 유동을 막고 내화성과 기밀을 구비한 방화댐퍼를 설치하는 것이다. 또한 연소시에는 공기중의 산소가 소비됨으로 연기중의 산소는 적어져 산소가 15 %이하면 생명의 위험이 있게되며 유독가스나 자극성가스가 있으면 위험은 더 증대된다.

(4) 유동, 확산이 빠르다.

연기의 유동속도는 주위의 환경과 대단히 큰 상관관계를 갖게 되나 보통 수평방향으로는 0.5~1 m/sec, 수직방향으로는 2~3 m/sec의 속도로 이동한다. 실내에서는 벽이나 천장을 따라 이동하고 수직, 수평 관통부가 있으면 이를 따라 순식간에 전파된다. 또한 수평방향으로의 이동보다는 수직방향으로의 이동이 빨리 진행되고 하층부보다 상층부가 빨리 채워지게 된다. 이러한 현상은 발생연량, 유동경로, 유속 혹은 연기농도등은 화재실의 연소발연현황, 유동경로의 형상, 길이, 개구조건, 건물 내외의 온도차등과 외기의 풍향, 풍속등을 포함한 압력조건등에 의해 결정된다고 할 수 있다.

가연성 물질에서 발생하는 연기농도를 표현하는 데에는 절대농도와 상대농도가 있다.

(1) 절대농도

절대농도에는 개수농도와 중량농도로 표시할 수 있다. 개수농도는 단위 체적중에 포함되는 입자의 수를 말하며 개/㎤로 표현한다. 이 방법은 단순히 입자의 수량만으로 농도를 평가하며 그 형상이나 크기, 색상등과는 관계없다. 중량농도는 단위 체적중 입자의 중량을 g/㎤로 나타낸다. 입자를 여과지 등으로 채취하여 그 중량을 측정하며 입경이나 색상에는 관계없다.

(2) 상대농도

빛의 산란이나 감쇠 또는 전리전류의 감소등에 의하여 나타낸다. 산란광농도는 빛이 입자에 부딛쳐서 산란하는 성질을 이용한 것이며 산란광의 강도는 입자의 수나 지름에 의해 지배된다.

감쇠를 이용하는 것인 감광계수에 의한 농도가 있는데 Lambert-Beer의 법칙을 이용한 다음의 식이 있다.

$$I = I_0^{-Csl}$$

$$C_s = \frac{1}{l} 1n \frac{I_0}{I}$$

여기서 C_s : 감광계수

      l : 연기층의 두께

      I : 연기가 있을 때의 빛의 세기 lux

      I_0 : 연기가 없을 때의 빛의 세기 lux

감광계수는 연기의 농도에 따른 투과량으로부터 계산한 농도로 시야상태를 문제로하는 소방분야에서 피난과 직결되는 것이다. 감광계수와 가시거리는 감광계수는 표 1-3과 같다.

표 1-13 감광계수와 가시거리

감광계수	가시거리 m	농도 상황
0.1	20~30	연기감지기가 동작할 정도
0.3	5	건물 내부 환경에 익숙한 사람이 피난에 불편할 정도
0.5	3	어둠침침함을 느낄 정도
1.0	12	앞이 거의 보이지 않을 정도
10	0.2~0.5	화재 최성기 때의 연기농도로 유도등이 보이지 않을정도
30		출화실에서 연기가 분출될 때의 농도

이와 같이 연기는 화재지역을 탈출하고자 하는데 우리의 시야를 심각하게 가리고 있으며 이와 같은 가시도의 감소는 연기의 성질과 형태, 조명 수준에 따라 영향을 받는다. 이 때의 광선차단성과 광학밀도는 다음과 같다.

$$S = 100 \ \frac{I_0 - I}{I_0}$$

$$D = 10\log\frac{I}{I_0}$$

S : 광선차단성　　　D : 광학밀도
I : 연기가 있을 때의 빛의 세기 lux
I_0 : 연기가 없을 때의 빛의 세기 lux

이러한 특성을 가진 연기를 감지하는 기능을 가진 것이 본 장에서 설명할 연기감지기로서 원리상 이온화식과 광전식이 있다.
연기감지기의 특징은 다음과 같다.
① 화재의 조기발견으로 다수인의 초기 피난유도에 좋다.
② 연기의 색에 따라 감도의 영향을 받지 않는다.
③ 마모가 없으며 다시 사용하여도 감도를 재조정할 필요가 없다.
④ 감지기 1개당 경계할 수 있는 면적이 넓고 8 m 이상의 높은 천장에 설치할 수 있다.

(1) 설치장소와 기준

① 설치장소와 예
㉠ 설치장소는 다음과 같다. 그러나 교차회로방식에 따른 감지기가 설치된 장소 또는 (2) 부착높이에 따른 감지기의 설치 단서 규정에 따른 감지기가 설치된 장소에는 그러하지 아니하다.
㉮ 계단, 경사로 및 에스컬레이터 경사로(15 m 미만의 것을 제외한다)

    ㉯ 복도(30 m 미만의 것을 제외한다)

    ㉰ 엘리베이터 권상기실·린넨슈트·파이프피트 및 덕트 기타 이와 유사한 장소

    ㉱ 천장 또는 반자의 높이가 15 m 이상 20 m 미만의 장소

  ⓛ 방화구획과 연기감지기 설치장소 예 : **그림 1-92**는 계단등의 구획시이며 **그림 1-93**은 에스컬레이터 등의 설치장소이다. **그림 1-94**는 서로 다른 용도 등에서의 연기감지기 설치 예이다.

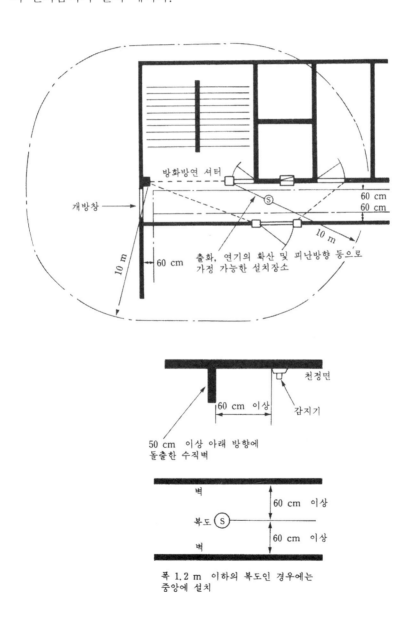

그림 1-92 계단등의 구획

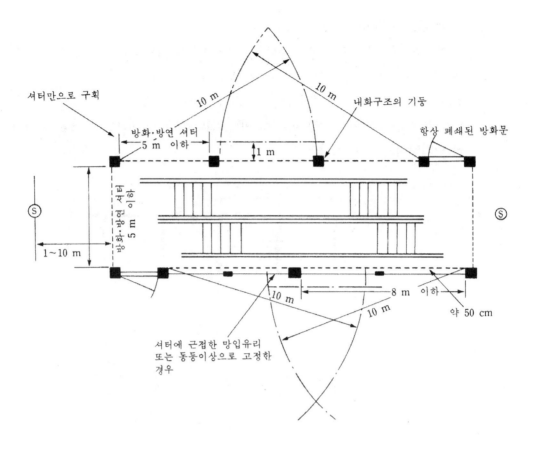

그림 1-93 에스컬레이터 등의 설치장소

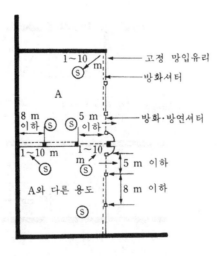

그림 1-94 서로 다른 용도

② 감지기 설치 제외장소

　㉠ 천장 또는 반자의 높이가 20 m 이상인 장소. (2) 부착높이에 따른 감지기의 설치 단서 규정에서 정한 감지기로서 부착높이에 따라 적응성이 있는 장소는 제외한다.

　㉡ 헛간 등 외부와 기류가 통하는 장소로서 감지기에 의하여 화재발생을 유효하게 감지할 수 없는 장소

　㉢ 부식성 가스가 체류하고 있는 장소

　㉣ 고온도 및 저온도로서 감지기의 기능이 정지되기 쉽거나 감지기의 유지관리가 어려운 장소

　㉤ 목욕실·욕조나 샤워시설이 있는 화장실 기타 이와 유사한 장소

　㉥ 파이프덕트 등 그 밖의 이와 비슷한 것으로서 2개층 이하마다 방화구획된 것이나 수평단면적이 5 m² 이하인 것

　㉦ 먼지·가루 또는 수증기가 다량으로 체류하는 장소 또는 주방 등 평시에 연기가 발생하는 장소(연기감지기에 한한다)

　㉧ 프레스공장, 주조공장등 화재발생의 위험이 적은 장소로서 감지기의 유지관리가 어려운 장소

③ 연기감지기 설치기준

연기감지기는 다음의 기준에 의하여 설치한다.

　㉠ 감지기의 부착높이에 따라 **표 1-14**에 의한 바닥면적마다 1개 이상으로 할 것

표 1-14　부착높이에 따른 감지기 면적

(단위 : m²)

부착 높이	감지기의 종류	
	1종 및 2종	3종
4[m] 미만	150	50
4[m] 이상 20[m] 미만	75	

　㉡ 감지기는 복도 및 통로에 있어서는 보행거리 30 m(3종에 있어서는 20 m)마다, 계단 및 경사로에 있어서는 수직거리 15 m(3종에 있어서는 10 m)마다 1개 이상으로 할 것

　㉢ 천장 또는 반자가 낮은 실내 또는 좁은 실내에 있어서는 출입구의 가까운 부분에 설치할 것

　㉣ 천장 또는 반자 부근에 배기구가 있는 경우에는 그 부근에 설치할 것

ⓜ 감지기는 벽 또는 보로부터 0.6 m 이상 떨어진 곳에 설치할 것

(2) 종류 및 구조

연기감지기는 연기의 축적방식에 따라 축적형과 비축적형으로 구분한다.

① 종류

㉠ 축적형 : 축적형 감지기는 축적회로를 내장하여 담배연기등과 같은 상태에서는 작동하지 않고 일정농도이상의 연기가 계속 감지되었을 때에 경보하도록 함으로서 일과성 비화재보를 근본적으로 제거할 수 있게 한 것이다.

그림 1-95은 축적시의 동작을 파형으로 나타낸 것이다. (a)는 담배를 피울 때 발생하는 연기등에서 시간 t_1과 t_2사이의 일정시간 동안 지속적인 감지를 한 후 감지기가 동작하도록 한 것이다. 그렇지만 (b)와 같이 화재로 인해 정해진 시간이 더 많아져 있으면 감지기는 동작하게 된다.

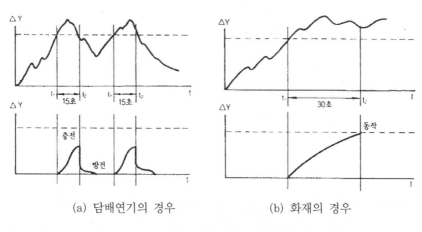

(a) 담배연기의 경우   (b) 화재의 경우

그림 1-95 축적시 그래프

그림 1-96은 축적형감지기의 동작과 축적시간을 나타낸 것이다. 축적시간이란 일정농도 이상의 연기를 감지한 후 화재신호를 발할 때까지의 시간을 말하는 것으로 5초를 넘고 60초이내로 되어 있다. 이때 10초 이상 60초 이내에서 10초 간격으로 표시하는 것을 공칭 축적시간이라 한다. 공칭축적시간은 10초, 20초, 30초, 40초, 50초, 60초의 6가지가 있으며 감지기에 표시하도록 하고 있다.

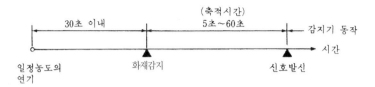

그림 1-96 축적형감지기의 동작과 축적시간

그림 1-97 (a)는 축적형 감지기의 외관이다. 축적형 감지기는 일정농도 이상의 연기를 감지하였다하더라도 일정시간 감시를 계속한 후 즉 연기의 지속을 일정한 시간동안 재확인한 후 화재신호를 발신하는 것이다. 이때 재확인하는 수단으로 화재의 발신을 단순히 지연시키는 것이 아니고 그림 1-97 (b)와 같이 감지기의 회로내에 지연회로 또는 축적회로를 부가하여 일정농도 이상의 연기가 감지기내에 유입되더라도 일정시간이 지나야 화재신호를 발신하게 됨으로 비화재보를 막을 수 있다.

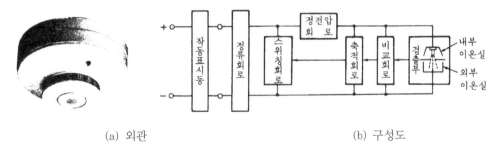

(a) 외관   (b) 구성도

그림 1-97 축적형 이온화식 감지기

ⓛ 비축적형

비축적형 감지기는 일정농도 이상의 연기가 감지기에 유입되면 이를 감지하는 즉시 화재신호를 발신하는 감지기로 그림 1-98은 비축적형 감지기의 동작을 나타낸다.

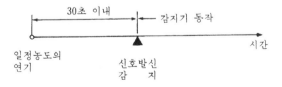

그림 1-98 비축적형감지기의 동작

그림 1-99는 비축적형 감지기의 입력신호에 대한 동작신호를 나타낸 것이다.

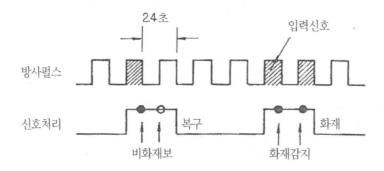

그림 1-99 비축적형감지기의 입력신호에 대한 동작신호

② 구조에 따른 분류

㉠ 이온화식 감지기

이온화식 감지기라 함은 주위의 공기가 일정한 농도의 연기를 포함하게 되는 경우에 작동하는 것으로서 일국소의 연기에 의하여 이온전류가 변화하여 작동한다.

이온화식감지기는 연기의 미립자 크기가 0.01~3 μ인 검은색의 연기를 발생하는 플라스틱이나 인화성 유류의 사용 또는 취급장소, 발화된 화재가 급속히 확산될 가능성이 높은 장소, 눈에 보이지 않는 연소물 감지에 효과적이다. 이 감지기는 화재신호 감지후 신호를 발신하는 시간에 따라 축적형과 비축적형으로 분류한다.

㉮ 비축적형 : **그림** 1-100은 비축적형 이온화식 감지기의 외관과 구조이다.

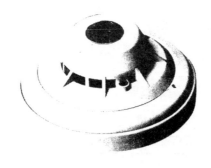

(a) 외관

(b) 베이스와 감지기 뒷면

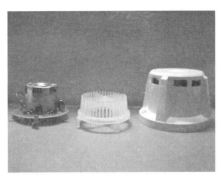

(c) 구성품

(d) 전자회로부와 이온실

(e) 전자회로부

(f) 내부이온실

(g) 내부이온실과 외부이온실

그림 1-100 비축적형 이온화식 감지기의 외관과 구조

감지기는 공기가 자유롭게 유통할 수 있는 외부 이온실과 외기로부터 독립된 밀폐된 내부 이온실이 있으며 각 이온실에는 미량의 방사선원으로 봉입되어 있다. 그러므로 각 이온실의 공기분자는 방사되는 α선에 의해 이온전류가 흐르게 된다.

즉, 이온화식 연기감지기에 연기가 들어가면 연기에 포함된 미립자에 의해
이온화된 공기분자가 흡착하여 외부 이온실에 항시 흐르고 있던 미약한 이온
전류가 감소하게 된다. 그러면 이온실의 내부저항이 증가되어 감지기 양단전
압이 상승하여 중계기 또는 수신기에 신호를 전송할 수 있도록 한 것이다.

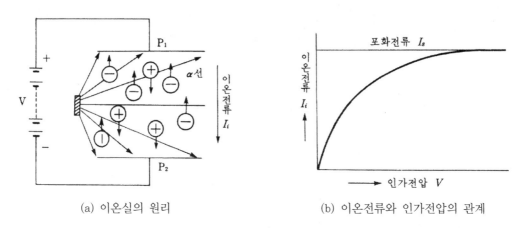

(a) 이온실의 원리   (b) 이온전류와 인가전압의 관계

그림 1-101 이온실의 원리 및 이온전류와 인가전압의 관계

그림 1-101은 이온실의 원리를 보인 것으로 전극 P_1과 P_2 사이에 방사선
원을 두고 α선을 조사하면 전극간의 이온은 + 이온과 − 이온으로 전리현상
이 발생한다. 따라서 양극간은 약간의 전도성을 갖게되고 +, − 이온은 각각
상대전극으로 이동하여 이온전류 I_i가 발생된다. 이때 양극 P_1, P_2에 인가된
전압 V를 서서히 증가시키면 이온전류 I_i가 증가하나 어느 정도에 이르면 이
온전류 I_i는 인가전압 V에 관계없이 일정값 I_s에 도달하여 이온실이 포화하
게 된다.

이와 같은 현상은 이온들의 전압이 낮은 동안에는 상대전극에 도달할 수 없
어 이온들 사이에서 서로 재결합하여 원분자 상태로 되돌아가게 되어 이온전
류가 포화되지 않는다. 그러나 **그림 1-101** (b)와 같이 인가전압이 높아질 수
록 재결합의 기회가 적어져 발생된 이온이 거의 상대 전극에 도달하여 포화상
태가 발생하게 되는 것이다. 이에 따라 외부 이온실에 연기가 들어가면 이온
은 연기 중에 포함된 미립자에 흡착되므로 이동속도는 늦어지고 α선도 연기
의 미립자에 흡수되어 이온화작용이 방해를 받게 된다. 그 결과 저항값의 증
가와 같아지기 때문에 이온전류가 감소하게 된다. 따라서 외부 이온실의 내

부저항이 내부 이온실에 비해 높아져 Ohm's Law에 따라 그만큼 전압이 상승하게 되고, 이 상승전압이 규정값에 도달할 때 감지소자가 감지하면 부가된 회로에 신호를 전송하게 된다.

이 전송신호를 수신기에 보내기 위해 **그림 1-102**와 같이 회로를 구성한다. 전송신호는 아주 적은 양이기 때문에 신호증폭회로에서 증폭하여 Switching 회로를 동작시키므로 수신기에 신호를 보내게 된다.

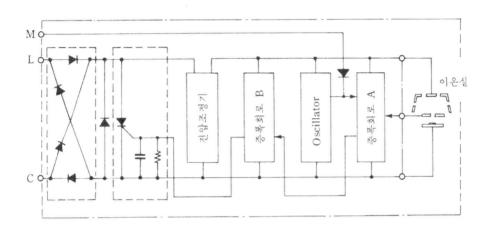

그림 1-102 이온화식 감지기 작동회로도

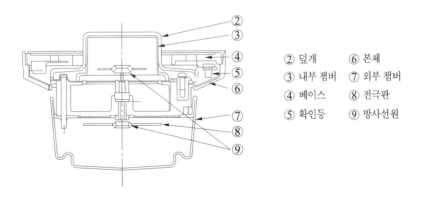

② 덮개	⑥ 본체
③ 내부 챔버	⑦ 외부 챔버
④ 베이스	⑧ 전극판
⑤ 확인등	⑨ 방사선원

그림 1-103 이온화식 감지기의 구성

이온화식 감지기의 회로소자는 대부분 반도체이다. 따라서 기판(PCB)에 구성하고 감지기 내부에 밀폐하여 장착함으로 전기적인 절연물은 매우 성능이 우수한 것을 사용하여야 한다. **그림 1-103**은 구성이며 이들 각 부분에 대해 설명한다.

a. 외부 이온실 : 외부 이온실은 외부 공기의 유통이 쉬운 구조이어야 하나 벌레, 먼지 등 이물질(異物質)은 들어가지 않도록 해야 한다. 그 방법으로 철망을 씌우거나 이중구조로 하고 있다.

b. 내부 이온실 : 내부 이온실은 대부분 밀폐된 형태이므로 외부 이온실과 같이 벌레, 먼지 등이 침입할 염려가 없다. 그러나 이온전류가 외부 이온실과 같이 흐르기 때문에 절연등의 열화방지가 필요하다.

c. 방사선원 : 방사선원은 밀봉된 것으로 A_m 95, 241 등의 원소가 사용된다. 선량은 100μ curie 이하의 것을 사용하면 되나 실제 사용시에는 $1.5{\sim}5\mu$ curie 정도의 선량이 되도록 하고 있다. 이 때 원소는 원자력관계법의 저촉을 받지 않는다.

d. 신호증폭회로 : 외부 이온실에 유입된 연기에 의하여 이온전류가 변화되면 두 전극간에 전위가 불평형된다. 이 때 발생된 미소한 이온전류의 차이를 전자장치로 검출한다. 그러나 이 값이 스위칭회로를 동작시키기에는 너무 적으므로 스위칭 회로가 동작할 수 있도록 신호전원을 증폭하기 위한 회로이다. 이에 사용되는 소자는 주로 FET나 TR 등을 사용한다.

FET(Field Effect Transistor)는 전계효과 트랜지스터라고도 하며 전계에 의해 채널에 흐르는 전류를 제어하는 전압제어형의 반도체소자이다. 보통 트랜지스터가 소수 캐리어와 다수 캐리어의 상호작용에 의해 전류가 제어되는 바이폴러형인 반면 다수 캐리어만의 역할로 전류가 전계에 의해 제어되는 유니폴러형이 있다. FET는 입력 임피던스가 매우 높을 뿐만 아니라 잡음지수가 적은 특성이 있다.

신호증폭회로는 일반적으로 다음과 같은 조건이 필요하다.
- 증폭도가 높아야 한다.
- 일그러짐, 잡음이 적어야 한다.
- 주파수 특성이 좋아야 한다.
- 효율이 좋아야 한다.

ⓒ 스위칭 회로 : 신호증폭회로에서 증폭한 신호를 받아 폐회로를 구성하여 수신기에 화재신호를 발신하는 역할을 하며 TRAIC, TR, SCR 등이

이용되고 있다.

다음은 스위칭용 트랜지스터에 대해 간단히 기술한다.

이상적인 스위칭용 트랜지스터로는 상승시간(rise time) t_r, 하강 시간(fall time) t_f, 축적 시간(storage time) t_{stg}, 컬렉터간 포화전압 $V_{CE(sat)}$가 "0"인 것이다. 그러나 실제로는 t_r, t_f, t_{stg}, $V_{CE(sat)}$는 유한한 값을 가지고 있으므로 트랜지스터로 스위칭 회로를 구성할 경우에는 반도체 소자의 성능에 크게 의존한다. 스위칭 트랜지스터로 필요한 기본 특성은 다음과 같다.

- 스위칭 특성이 좋을 것(스위칭 시간이 짧다)
- 컬렉터-이미터 사이의 포화 전압이 작을 것
- 직류 전류증폭률 h_{FE}가 높고 h_{FE}와 컬렉터 전류 I_C의 직선성이 우수할 것
- 누설전류가 작을 것
- 충분한 내압을 가질 것
- 안전동작영역(ASO, Area of Safe Operating)이 넓고 파괴 내량이 충분할 것
- 특성의 차이가 작을 것(push-pull, parallel 동작)

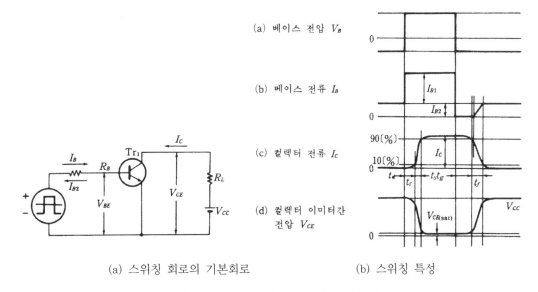

(a) 스위칭 회로의 기본회로 (b) 스위칭 특성

그림 1-103 트랜지스터의 스위칭 특성

그림 1-103은 이미터 접지의 기본 스위칭 회로이다. 베이스에 음 (-)전압이 가해지고 있는 스위치 "OFF" 상태에 의해 베이스에 양(+) 의 전압(펄스)이 인가되면 스위칭 트랜지스터 Tr_1은 "ON" 상태로 된 다. 출력전류파형인 컬렉터 전류 및 출력전압파형인 컬렉터-이미터간 전압은 입력 펄스보다 약간 지연되어 동시에 변화한다.

이 지연파형에서 지연시간, 상승시간, 축적시간, 하강시간의 4종류 가 스위칭 시간으로 정의되고 있다.

▶ 지연시간(delay time) : 입력 펄스가 가해졌을 때 출력전류파형이 최대 진폭의 10 % 상승될 때까지의 시간을 말하며 "OFF" 상태에서 트랜지스터의 베이스-이미터 접합이 역바이어스(제로 바이어스를 포함)되어 있는 것을 순바이어스로 할 때까지의 시간을 나타낸다. 즉, 입력 펄스가 가해진 시각으로부터의 지연으로 이 t_d는 아래 식과 같다.

$$t_d = \frac{2 C_{Te} \sqrt{V_{BE}}}{I_{B1}}$$

여기서 C_{Te} : 이미터 접합 용량

I_{B1} : 베이스 드라이브 순방향 전류

V_{BE} : "OFF" 상태에 대한 베이스-이미터 사이의 역전압

▶ 상승시간 (rise time) : 출력전류파형이 최대 진폭의 10 %에서 90 %에 도달할 때까지 필요한 시간이며 동작(차단) 영역 끝에서부터 포화 영역 끝까지의 전이시간을 말하는 것으로 t_r은 다음 식으로 표 시된다.

$$t_r = h_{FE} \left(\frac{1}{\omega_T} + 2 R_L C_{TC} \ln \frac{h_{FE} I_{B1} - 0.1 I_C}{h_{FE} I_{B1} - 0.9 I_C} \right)$$

여기서, h_{FE} : 전류 증폭률

ω_T : $2\pi f_T$ (f_T : transition 주파수)

R_L : 부하 저항

C_{TC} : 컬렉터 접합 용량

I_C : 컬렉터 전류

t_r은 컬렉터 전류를 흘리기 위해 베이스 영역 안으로 캐리어 경사의 정도(구배)를 만드는 전하(電荷), 컬렉터 용량의 전압을 변화시키는 전하 및 재결합에 필요한 전하를 공급하는 시간이다.

▶ 축적시간(storage time) : 입력 펄스가 없어질 때 출력전류파형이 최대 진폭의 90 %로 감소할 때까지의 시간을 말하며 다음 식으로 표시된다.

$$t_{stg} = \left(\frac{0.6}{\omega_T} + \frac{\tau_x}{2} \right) \ \ln \frac{I_{B1} - I_{B2}}{I_C / h_{FE} - I_{B2}}$$

여기서, τ_x : 소수 캐리어의 라이프 타임

I_{B2} : 베이스 역전류

스위치 "ON"의 포화상태에서는 베이스-컬렉터 영역내에 과잉 캐리어가 존재하고 있으며 입력이 없을 때 재결합에 의해 캐리어의 상태가 활성영역까지 돌입하는데에 필요한 시간이다. 또, 베이스 및 컬렉터 영역 내의 라이프 타임에 의존하며 이 라이프 타임을 짧게 하기 위해 금(Au) 등을 확산시켜 재결합을 쉽게 한 스위칭 트랜지스터도 있다.

▶ 하강시간(fall time) : 출력전류파형이 최대 진폭의 90 %에서부터 10 %로 감소할 때까지의 시간, 즉 포화영역에서 동작영역으로 천이하는 데 걸리는 시간이다. 하강시간 t_f는 다음 식으로 표시된다.

$$t_f = h_{FE} \left(\frac{1}{\omega_T} + 1.7 R_L C_{TC} \right) \times \ln \frac{I_C - h_{FE} I_{B2}}{0.1 I_C - h_{FE} I_{B2}}$$

스위치 "ON"의 포화 상태로부터 "OFF"상태로 되돌아갈 때, 캐리어가 컬렉터로부터 나올 때 컬렉터 용량에 충전되어 있는 전하도 동시에 흘러나와 최대 진폭의 10 %까지 감소하는 시간을 말하는 것으로 **그림 1-104**에 나타낸 바와 같이 10 % 이하의 위치에서 테일 현상을 일으키는 데 주의해야 한다. **그림 1-105**에는 스위칭 시간의 컬렉터 전류 의존성과 스위칭 시간이 온도가 상승하면 길게 되는 것을 나타내고 있다. 회로 설계시 이를 충분히 고려하여야 한다.

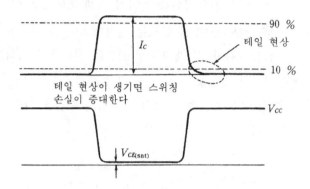

그림 1-104 스위치 OFF시에 대한 테일 현상

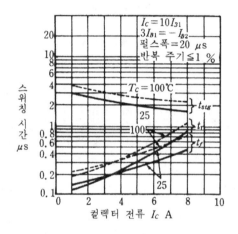

그림 1-105 스위칭 시간의 컬렉터 전류 및 온도 의존성

   e. 확인표시등 : 감지기의 동작상태를 LED로 확인하는 작동 표시램프이다.
㉯ 축적형 : **그림 1-106** (a)는 축적형 감지기의 외관이다. 비축적형 감지기는 일정농도 이상의 연기가 감지기에 유입되면 이를 감지한 후 화재신호를 즉시 발신한다. 그러나 축적형 감지기는 일정농도 이상의 연기를 감지하였다하더라도 일정시간 감시를 계속한 후 즉, 연기의 지속을 일정한 시간동안 재확인한 후 화재신호를 발신하는 것이다. 이 때 재확인하는 수단으로 화재의 발신을 단순히 지연시키는 것이 아니고 **그림 1-106** (b)와 같이 감지기의 회로내에 지연회로 또는 축적회로를 부가하여 일정농도 이상의 연기가 감지기내에 유입되더라도 일정시간이 지나야 화재신호를 발신하게 됨으로 비화재보를 막을 수 있다.

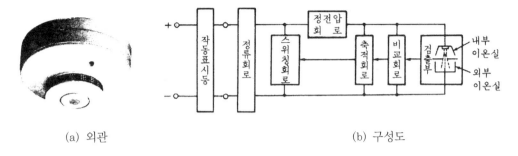

(a) 외관   (b) 구성도

그림 1-106 축적형 이온화식 감지기

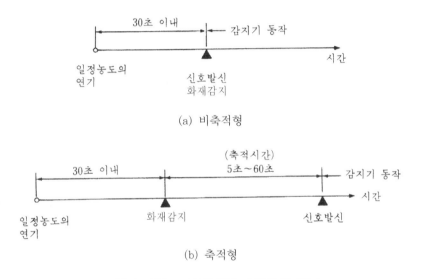

(a) 비축적형

(b) 축적형

그림 1-107 비축적형과 축적형의 비교

그림 1-107 (a)는 비축적형 감지기의 동작을 나타내며 (b)는 축적형 감지기의 동작을 나타낸 것이다. 여기서 일정농도 이상의 연기를 감지한 후 화재신호를 발할 때까지의 시간을 축적시간이라 하고 5초를 넘고 60초이내로 되어 있으며 10초 이상 60초 이내에서 10초 간격으로 표시하는 것을 공칭 축적시간이라 한다. 공칭 축적시간은 10초, 20초, 30초, 40초, 50초, 60초의 6가지가 있으며 감지기에 표시하도록 하고 있다.

ⓛ 동작기능 : **그림 1-108**은 외부 이온실과 내부 이온실의 전류특성곡선이다. 곡선 A는 외부 이온실에 연기가 들어가지 않은 상태의 곡선이며, 곡선 C는 내부 이온실과 외부 이온실의 전류변화를 나타낸 것이다.

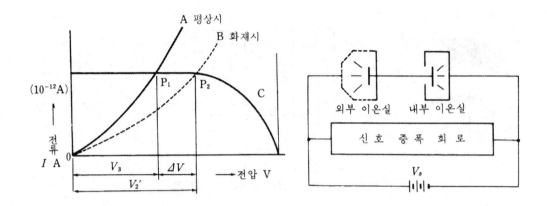

그림 1-108 외부 이온실과 내부 이온실의 전류특성

　지금 외부 이온실에 연기가 들어가면 연기의 미립자에 의해 전류가 감소하게
되므로 외부 이온실의 전압전류 특성곡선 A는 점선으로 표시한 곡선 B로 이동하
게 된다. 이 경우 내부 이온실에는 연기가 들어가지 못하는 구조이므로 특성은
변함이 없다. 따라서 곡선 A와 C의 교차점인 P_1으로부터 곡선 B의 교차점인 P_2
로 변화한 양 즉, $\varDelta V$만큼 외부이온실의 전압은 상승하며 규정값을 초과하면 감
지기가 동작한다. 이와같은 특성의 동작을 측정하기 위해서 시험할 경우 가연물
로 여과지등을 사용하고 여과지가 착화하지 않을 정도로 서서히 연기를 발생케
한 다음 이를 일정한 풍속으로 시험기내를 순환시키면서 그 속에 감지기를 넣어
감도 측정값에 따라 행한다.

(3) 이온화식연기감지기의 회로동작 일례
　다음은 이온화식연기감지기의 회로동작에 대한 일례를 알아본다. **그림 1-109**는 이온화
식연기감지기의 블럭도이다.

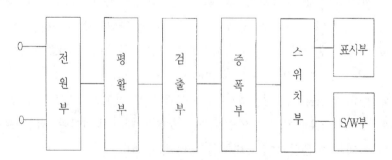

그림 1-109 이온화식연기감지기의 블록도

㉠ 정전압 회로부

그림 1-110은 연기 검출부의 안정화를 위해 정전압 회로를 사용한 정전압 회로부이다. 저항 R_2로 트랜지스터 Q_1의 베이스에 바이어스 전류를 공급하고 제너 다이오드 ZD_2로 기준 전압을 설정한다.

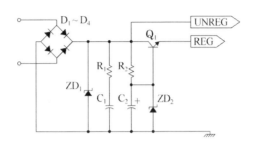

그림 1-110 정전압 회로부

㉡ 검출부

보통의 대기 중에서 챔버와 홀더 사이 즉, 두 극 간에는 전압을 가하여도 전류가 흐르지 않는다. 그러나 두 전극 사이에 Am^{241}의 방사선을 조사시키면 공기는 방사선의 에너지에 의해 +, − 이온으로 전리되어 미소한 전류가 흐르게 된다. 이 전류값은 전극간의 거리, 전압, 방사선의 종류, 밀도, 에너지 등의 함수가 된다. 이 조건들을 일정하게 하면 일정한 전류가 흐르게 되므로 적정한 중간위치에 게이트판을 설치하여 일정한 게이트 전압 V_1을 얻을 수 있다.

이 전극간에 연기 또는 연소 생성물이 침입하면 +, − 이온은 연기 입자에 흡착되어 대단히 무거운 이온으로 바뀌며, 그 결과 전계 중에서의 이동도가 낮아지고 반대 부호의 이온과 중화된다. 즉, 재결합되는 비율이 증가하여 이온 전류는 급격히 감소하여 Gate전압 V_1, V_2도 연기입자의 흡입경로에 따라 이온 전류의 변화에 따른 전압 불균형이 발생한다.

게이트 전압 V_1이 설정값보다 낮아지면 IC (PIN_{10})의 입력단자에 검출되어 IC 출력단자 (PIN_{10})에 연기 검출신호를 출력한다. R_4와 C_3은 IC 내부 발진 주기용이며 R_3은 연기 검출농도의 동작점 조정용이다.

IC(PIN_{14})와 (PIN_{16})의 액티브 가이드 단자는 입력단자(PIN_{10}) 부근의 미소한 누설 전류를 억제하는 기능을 갖도록 입력전압과 같은 수준의 전압을 유지하는 피드백 회로이다.

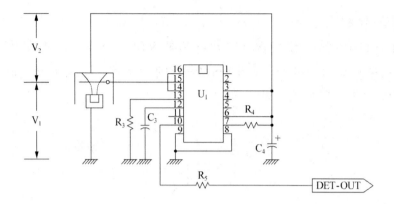

그림 1-111 검출부

ⓒ 스위칭 회로부

연기 검출부에서 출력한 신호전류 (IC PIN$_{10}$)는 저항 R$_5$를 거쳐 PUT Q$_2$ 양극(에노우드)에 가해지게 된다. 게이트에는 분압된 정전압이 걸려있으므로 에노우드에 가해지는 전압이 게이트에 걸려있는 기준전압보다 높아지게 되면 PUT Q$_2$가 도통된다. 이 전압은 저항 R$_7$과 R$_8$로 분압된 후 SCR Q$_3$의 게이트에 가해지므로 SCR Q$_3$가 도통되므로 동작표시등인 LED L$_1$이 점등하게 된다.

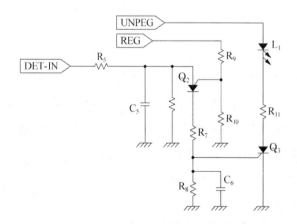

그림 1-112 스위칭 회로부

회로에 사용된 PUT는 IC기술의 발달에 따라 이를 이용한 SUS, SBS, CUJT 등과 함께 종래 트리거 소자의 개선으로 새로운 기능을 부가시킨 것이다.

ⓐ PUT

PUT(Programable Uni-junction Transistor)는 종래의 UJT와 비교하여 외부
저항에 의해 베이스간 전압, PUT저항, 최저전류등을 용도에 맞춰서 프로그래밍
할 수 있는 싸이리스터·트리거소자이다.

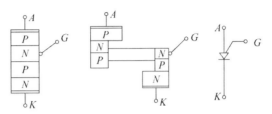

그림 1-113 PUT의 구조와 기호

PUT의 경우 저항에 의해서만 다이오드가 순바이어스 될 때의 전압을 제어한
다. 다이오드가 도통하면 PNPN소자 고유의 재생현상이 발생되어 PUT를 On시
킨다. 이에 따라 **그림 1-113**에서 PUT의 구조와 기호의 양극, 음극간에는 부성
저항특성이 나타나고 UJT의 저항 r_{B1}의 변조와 같다.

따라서 UJT의 특성식에 비유하여 식을 표시하면 다음과 같다.

$$\eta V_B = V_B \frac{r_{B2}}{r_{B1} + r_{B2}} , \qquad \eta = \frac{r_{B2}}{r_{B1} + r_{B2}}$$

발진하기 위한 저항 R의 최대값, 최소값은

$$R_{\max} \leq \frac{V_B - V_P}{I_P}$$

$$R_{\min} \geq \frac{V_B - V_V}{I_V}$$

이다. 또 주기 T는

$$T = RC \log \frac{V_B - V_V}{V_B - V_P}$$

만일 $V_V \fallingdotseq 0$, $V_P = \eta V_B$ 라고 하면 상기 식의 주기 T는

$$T = RC \log \frac{r_{B1} + r_{B2}}{r_{B2}}$$

이 된다. 따라서 발진주파수는 R, C의 시정수 조절만이 아니라 r_{B1}, r_{B2} 값의 조절에 따라서도 가감할 수 있다.

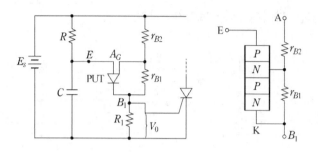

그림 1-114 PUT 기본회로

다음 **그림 1-115**에 있어 R를 500 KΩ에서 5 MΩ 사이로 변화한다고 하면

  (a) C=1,000 pF

  (b) C=10 μF 일 때의 발진주파수범위는 얼마인가?

(a) R = 500 KΩ에 대해

$$T = RC \log \frac{r_{B1} + r_{B2}}{r_{B2}} = 5 \times 10^5 \times 1,000 \times 10^{-12} \times \log \frac{43}{16} = 50 \text{ ms}$$

$$f = \frac{1}{5 \times 10^{-4}} = 2,000 \text{ Hz}$$

R = 5 MΩ에 대해

$$T = 5 \times 10^6 \times 1,000 \times 10^{-12} \log \frac{43}{16} = 5 \text{ ms}$$

$$f = \frac{1}{5 \times 10^{-3}} = 200 \text{ Hz}$$

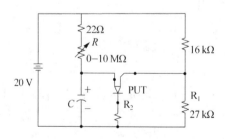

그림 1-115 PUT 동작회로

(b) R = 500 KΩ에 대해

$$T = 5 \times 10^5 \times 10 \times 10^{-6} = 5 \text{ sec}$$
$$f = \frac{1}{5} = 0.2 \text{ Hz}$$

R = 5 MΩ에 대해
$$T = 5 \times 10^6 \times 10 \times 10^{-6} = 50 \text{ sec}$$
$$f = \frac{1}{50} = 0.02 \text{ Hz}$$

UJT에서는 다이오드가 순바이어스되면은 r_{B1}이 변조되어 저저항이 되고 이 때문에 에미터 E와 B_1 간에 부성저항특성이 발생한다.

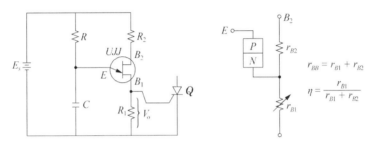

그림 1-116 UJT의 기본회로

ⓑ SUS

SCR이 음극 gate인 반면, SUS(Silicon Unilateral Switch)는 양극게이트이고, 게이트와 음극 간에 삽입된 저전압애벌런처·다이오드를 가진 소형의 1방향성의 3단자트리거소자이다. UJT가 η에 의한 피이크포인트전압에 의해 동작하지만, SUS는 내부의 애벌런처전압으로 결정되는 일정전압으로 스위칭된다.

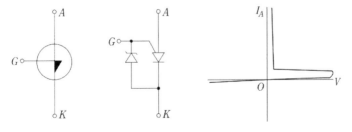

그림 1-117 SUS의 심벌과 특성곡선

SUS는 부성저항소자로 발진회로, 바이브레이터 및 펄스정형회로에 사용된다. **그림** 1-118은 정형회로에 응용한 예로, 완만하게 상승하는 입력전압이 콘덴서에 서서히 충전되고, 충전전압이 SUS의 점호전압에 도달하면 콘덴서는 SUS와 부하저항을 통하여 급격히 방전한다. 그 결과 상승시간이 짧은 대전류 펄스출력이 얻어진다.

부하를 SUS와 직렬로 접속하면 정(+)의 출력펄스를 얻고 그림 (b)와 같이 콘덴서와 병렬로 접속하면 부(-)의 출력펄스를 얻는다.

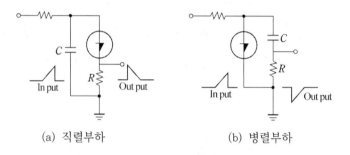

(a) 직렬부하   (b) 병렬부하

그림 1-118 SUS의 정합회로

ⓒ SBS

SBS(Silicon Bilateral Switch)는 두 개의 같은 SUS를 역병렬로 접속한 것과 같다. 이것은 인가전압에 대해 양방의 극성으로 스위칭하여 동작하기 때문에 편리하다. 이 동작은 직류전원 대신 교류전원에 사용할 수 있으며 **그림** 1-119는 등가회로와 특성곡선이다.

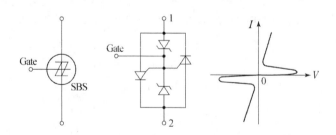

그림 1-119 등가회로와 특성곡선

SBS는 쌍방향특성을 가지므로 교류부하에 대한 싸이리스터의 위상제어에 가장 적합하며 **그림** 1-120은 이 일례이다.

　　그림 1-120에서 1.5 MΩ의 가변저항에 의해 RC를 조정하고 Q의 점호각을 제어한다. 콘덴서 상단의 전압이 SBS의 V_s를 넘으면 0.1 μF의 콘덴서에서 Q의 게이트에 전류가 흐르고 Q가 점호한다. 역전압이 가해지고 소자의 전압보다 높아지면 SBS가 점호하여 자기보호가 된다. 단 Q의 게이트는 다이오드로 보호할 필요가 있다.

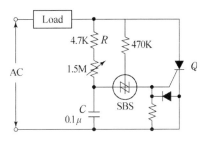

그림 1-120　SBS를 사용한 SCR

　　SBS의 게이트에 접속된 470 kΩ의 저항은, 가변저항이 얼마로 셋트되더라도, 부의 정현파가 될 때는 언제든지 소자가 점호하여 회로의 히스테리시스(Hysteresis)를 없애기 위한 것이다. 이 회로에서 점호위상은 정의 반싸이클 모두에 걸쳐 조정가능하고 히스테리시스가 없다는 것이 특징이다.

　　TRIAC에 대한 위상제어회로를 **그림 1-121** (a)에 표시한다. 이 회로는 히스테리시스가 일어나는 결점이 있으므로 **그림 1-121** (b)와 같이하면 히스테리시스를 제거할 수 있다. SBS의 게이트에 D_1, D_2 및 100 kΩ의 저항을 부가한 것이 특징이다.

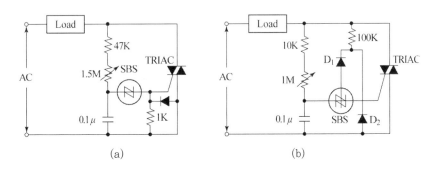

그림 1-121　등가회로

R과 C회로의 저항값이 많은 범위에서는 C의 충전전압이 적은 반주기간에 SBS를 점호시키는 값이 되지 않는다. 그래서 콘덴서 전압을 어느 일정값에 리셋하기 위해, SBS의 게이트를 이용하여 정(+)의 반주기의 끝 시점에서 즉, 콘덴서 전압이 게이트 전압보다 낮아진 시점에서, SBS를 온 시키고 콘덴서 전압을 접지전위까지 낮춘다. 부(−)의 반주기간에 게이트는 Clamp 다이오드 D₂와 다이오드 D₁의 전압강하를 이용하여 SBS가 턴·온 되는 것을 방지한다. 저항값이 적어지면 콘덴서 전압이 상승하고 위상이 앞서며, 부의 반싸이클내에 SBS는 점호하게 된다. 이후는 정, 부 양반싸이클에 대칭적으로 점호가 발생하고 전 동작범위에 걸쳐 히스테리시스가 없는 동작이 이루어진다.

ⓒ 이온화식감지기의 공칭축적시간의 구분, 화재정보신호 및 감도시험

　㉮ 이온화식감지기(축적형에 한한다)의 축적시간은 5초 이상 60초 이하로 하고 공칭축적시간은 10초 이상 60초의 범위에서 10초 간격으로 한다.

　㉯ 이온화식 감지기의 감도(아날로그식은 제외)는 그 종별 및 공칭 축적시간에 의하여 **표 1-14**의 K, V, T 및 t의 값에 따라 다음 각 호의 시험에 적합하여야 한다.

표 1-14　이온화식 감지기의 감도측정값

종　별	K	V	T	t
1종	0.19	20 이상 40 이하	30	5
2종	0.24			
3종	0.28			

(주) K는 공칭작동 전리전류변화율로서 평행판 전극(전극간의 간격이 2 cm이고 한 쪽의 전극이 직경 5 cm의 원형의 금속판에 3.034×10^5 Bq(8.2 μ Ci)의 A_m 241을 부착한 것을 말함) 사이에 20 V의 직류전압을 가하는 경우 연기에 의한 전리전류의 변화율을 말한다.

a. 작동시험 : 전리전류의 변화율 1.35K인 농도의 연기를 포함하는 풍속이 매초 V cm/s의 기류에 투입하는 경우 비축적형은 T초 이내에서 작동하고, 축적형은 T초 이내에서 감지한 후 공칭축적시간 ±5초 범위에서 화재신호를 발신하여야 한다.

b. 부작동시험 : 전리전류의 변화율 0.65 K인 농도의 연기를 포함하는 풍속이 매초 V cm/s의 기류에 투입하는 경우 t분 이내에는 작동하지 아니하여야 한다.

㉐ 아날로그식의 공칭감지농도 범위는 1 m에 해당하는 환산감광율로 하며 다음 각 호의 시험에 적합하여야 한다.

    a. 풍속을 20 ㎝/s 이상 40 ㎝/s 이하로 하여 공칭감지농도의 최저농도값에 해당하는 전리전류변화율에서 최고농도값에 해당하는 전리전류변화율까지 매분 0.12의 일정한 간격으로 직선상승하는 연기기류에 투입하였을 때 연기농도에 대응하는 화재정보신호를 발신하여야 한다.

    b. 공칭감지농도범위의 임의의 농도에서 제2항제1호의 규정에 준한 시험을 실시하는 경우 30초 이내에 작동하여야 한다.

② 광전식 감지기

광전식 감지기(Photo-electronic Smoke Detector)란 외부의 빛에 영향을 받지 않는 암실형태의 챔버속에 광원과 수광소자를 설치해 놓은 것이다. 감지기 주위의 공기가 일정한 농도의 연기를 포함하게 되는 경우에 작동하는 것으로서 일국소의 연기에 의해 광전소자에 접하는 광량의 변화로 작동하는 것을 말한다. 이에는 스포트형과 분리형이 있으며 스포트형에는 발광소자에 의한 빛이 수광소자에 직접 가해지느냐의 유무에 따라 산란광식과 감광식으로 분류된다. 연기의 축적유무에 따라 비축적형과 축적형으로 구분한다.

㉠ 스포트형 감지기

    ㉮ 구조 및 원리 : **그림 1-122**는 광전식 스포트형 감지기의 외관과 구조이다. 일반적으로 산란광식이 사용되고 있다.

(a) 외관

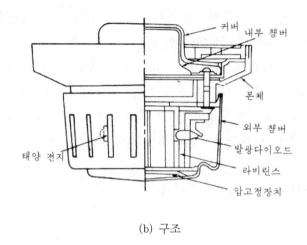

(b) 구조

그림 1-122 광전식 감지기의 외관과 구조

그림 1-123은 산란광식과 감광식의 내부구조이다. 산란광식은 감지기 내부에 연기가 유입되면 연기에 포함되어 있는 미립자가 발광부로부터 방사되는 빛에 의해 산란 반사되어 수광부에 전달되는 것을 이용한 것이다. 산란 반사에 의한 산란광이 수광소자에 미치게 되면 수광부의 출력전압이 높아지게 되고 이 전압이 일정값에 도달하면 수광부를 동작시켜 스위칭회로에 신호를 발신하도록 한 것이다.

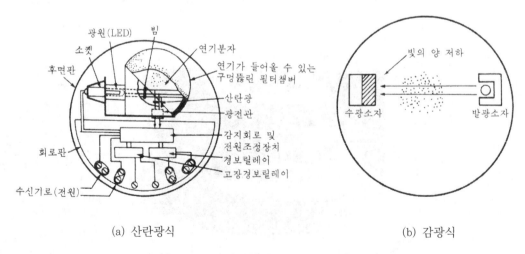

(a) 산란광식   (b) 감광식

그림 1-123 산란광식과 감광식의 내부구조

따라서 구조는 감지기 내부에 연기가 들어가지 않는 경우 산란 반사가 일어나지 않도록 한다든지, 발광부의 빛이 될 수 있는대로 수광부분으로 들어가지 못하

도록 해야 한다. 즉, **그림 1-123** (a)와 같이 투광면과 발광면은 어떤 각도를 가지고 위치하도록 하여 발광부로부터 빛을 간접적으로 수광수자에 조사되도록 한다.

감광식은 **그림 1-123** (b)와 같이 발광부에서 발생되는 빛이 수광부에 직접 조사되는 구조이다. 감지기 내부에 연기가 유입되면 연기에 포함되어 있는 미립자에 의해 빛의 투과도가 불량해져 수광부로 전달되는 빛의 양이 감소하게 되어 수광부의 출력전압이 감소하게 된다. 이 때의 감소량이 어떤 기준값 이하가 되면 이를 감지하여 스위칭회로에 신호를 발신하도록 한 것이다.

그림 1-124는 산란광식감지기의 구성품이다. (a)는 덮개를 제거한 내부모습이다. (b)는 중계기 또는 수신기 회로선과 접속되는 단자대가 있는 감지기 베이스부분과 감지기 뒷면이다. (c)는 구성품으로 베이스부, 라비린스를 포함한 발광부 및 동작표등이고 (d)는 연기만 들어가고 벌레등은 들어갈 수 없게 하는 방충망과 빛의 유입을 차단하는 라비린스이다. (e)는 라비린스와 동작표시등을 보인 것이며 (f)는 감지기가 동작하였을 때 이 신호를 만들고 증폭하여 중계기 또는 수신기에 전달하는 회로부이다.

(a) 구조

(b) 베이스와 본체 뒷면

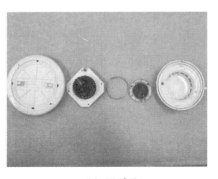

(c) 구성품

(d) 방충망과 라비린스

(e) 라비린스와 동작표시등

(f) 회로부

그림 1-124 산란광식감지기의 구성품

그림 1-125는 감지영역을 나타낸 것으로 감지기 내부면으로부터 1.5 mm이상 띄워 놓는다.

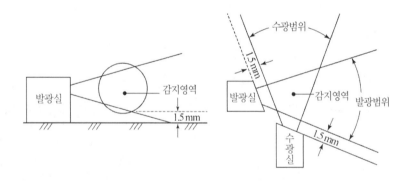

그림 1-125 감지영역

그림 1-126은 감지영역내에서 비화재보 요인을 카운터하기 위한 것이다. 발광 펄스신호를 3초간 발생하게한 후 이 신호가 3회이상 입력되면 신호를 발신하고 그렇지 않으면 자동 복구되도록 하면 비화재보를 많이 감소시킬 수 있다.

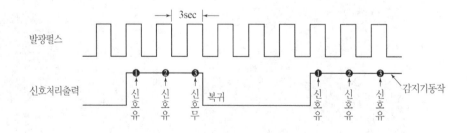

그림 1-126 발광펄스와 신호처리

  그림 1-127은 산란광식 연기감지기 회로의 일례로서 암실 내에 발광 다이오드
(GaAs)와 포토트랜지스터를 일정거리를 두고 설치한다. 화재가 발생하여 연기
감지기에 연기가 유입되면 발광 다이오드의 광로중에 있던 빛이 산란한다. 이 산
란광을 포토트랜지스터 PT로 수광하고 OP Amp로 증폭한 후 콘덴서 C_1을 통하
여 PUT_1을 트리거하며 L-CL 단자 사이는 저임피던스로 된다. 그러면 **그림
1-128**의 수신기와의 접속회로에서와 같이 구성된 감지기 양단간의 임피던스가
저임피던스로 되어 사이리스터 Th의 게이트에 직류전원 E에 의한 게이트 전류
가 흐르고 사이리스터 Th는 Turn On 한다. 이와 동시에 지구표시등 L이 점등되
며 발신기가 동작하는 경우에도 동일한 상황이 된다.

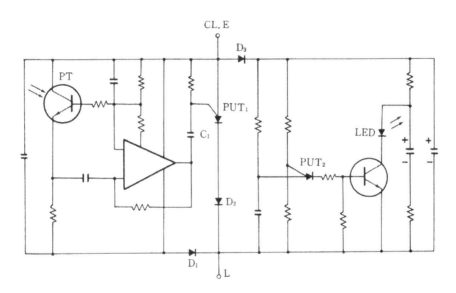

그림 1-127 산란광식 연기감지기 회로도 예

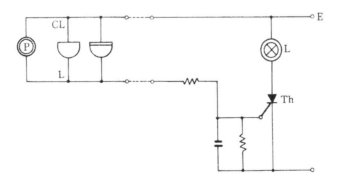

그림 1-128 수신기와의 접속회로

　산란광식이나 감광식의 감지기는 **그림 1-129**와 같은 라비린스(Labyrinth)에
의해 자연광이나 조명광 등의 외광이 감지기 내부로 조사될 수는 없으나 연기는
자유로이 유출입할 수 있도록 되어 있다.

(a) V자형　　　　　　　　　　　　　　(b) T자형

그림 1-129　Labyrinth의 구조

　라비린스(Labyrinth)는 직경 55～70 mm, 높이 12～16 mm 정도의 크기이
며, 둘레에 V자 모양이나 T자 모양의 형상을 하고 있다. V자나 T자형 모양 때문
에 외부에서 빛이 감지기 내부로 들어가지 못하며 연기만 유출입이 가능하다. 물
론 먼지나 가스의 입자가 유출입하는 것은 막을 수 없으므로 이러한 경우에도 감
지기는 동작하여 비화재보를 발생하게 된다. 따라서 먼지나 가스의 입자가 감지
기에 유출입하지 않는 환경을 만들어야 한다. 즉, 감지기가 먼지나 가스를 감지
하는 것은 당연한 것이므로 이를 탓하지 말고 이들 먼지나 가스를 창문을 통해 배
출하던가, 감지기 쪽으로 가지 않게 하는 것이다. 이와 같이 비화재보의 원인을
제거하는 일은 감지기의 신뢰성뿐만아니라 경보설비의 신뢰성과도 직결됨으로
매우 중요한 것임을 명심하여야 한다.

　그림 1-130은 광전식 감지기의 일반적 동작회로로서 각 부분에 대해 설명한다.

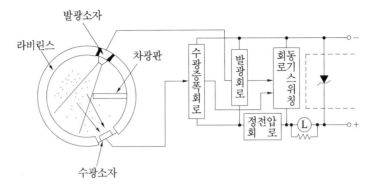

그림 1-130 감지기 동작 구성도

a. 발광부 : 예전에는 필라멘트 전구를 사용하였으나 전력 및 수명상의 문제가 제기되고 전기재료의 개발에 따라 최근에는 주로 발광 다이오드를 사용하고 있으며 주기적으로 발광하도록 되어 있다. 광원의 주기는 3~5 sec에 1회씩 80~100 μs의 폭을 가진 펄스 전압을 발생시킨다. 현재 많이 사용되고 있는 것은 미생물의 유도침입을 방지하기 위해 가시광이 아닌 적외선 영역의 950 nm(0.95 Micron)의 발광파장을 가진 LED를 사용하고 있다.

　　그림 1-131은 전원 Vc에 의해 발광다이오드가 점등하는 기본적인 구동회로이다.

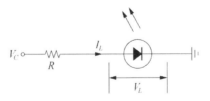

그림 1-131 발광다이오드 구동회로

　　기본 동작회로에서 R은 전류제한저항, V_C는 발광다이오드의 순방향 전압, I_L은 순방향 전류이며 I_L은 $\dfrac{(V_c - V_L)}{R}$ 이다. 따라서 V_C는 I_L의 값에 따라 변화하고 다이오드의 밝기는 I_L의 값에 따르게 되며 $V_C - I_L$의 특성은 발광다이오드의 발광색 즉, 소자를 구성하는 화합물의 재료에 따라서 다르게 된다.

그림 1-132는 발광다이오드의 휘도를 정전류원을 이용하여 트렌지스터의 컬렉터전류 I_C를 항상 일정하게 유지하기 위한 회로이다.

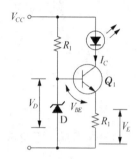

그림 1-132 전류 유지회로

그림 1-133 (a)는 발광다이오드를 이미터에 삽입한 회로이다. 전원회로 전압 V_C의 변화에 대해 발광다이오드의 점등개시전압에 명확한 Threshold 값을 갖게 할 수 있다.

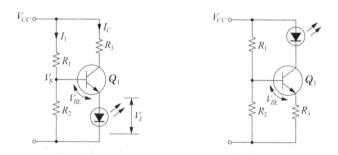

(a) 이미터에 접속한 회로   (b) 컬렉터에 접속한 회로

그림 1-133 발광다이오드의 접속회로

그림 1-133 (b)는 발광다이오드를 컬렉터에 삽입한 회로로써 전원전압 V_C의 값은 저항 R_1, R_2의 비를 적당히 선택하면 자유롭게 설정이 가능하다. 그러나 전원회로 전압 V_C가 강하해도 트렌지스터 베이스-이미터간 전압이 남아 명확한 Threshold값을 갖게 하는 것이 곤란하다.

b. 수광부 : 연기에 의해 산란 반사되는 발광부의 빛을 받아 수광증폭회로에 전기적 신호를 보낸다. 수광소자로는 반도체인 CdS를 사용하였으나 최근에는 신뢰성을 향상시키기 위해 발광부에서 주기적으로 발생되는 펄스 신

호와 수광부에서 발생되는 펄스 신호를 동기시키는 방법을 사용하고 있다. 이때 파장감도 및 수광소자의 응답성을 고려하여 태양전지(Photo cell)나 파장감도 8,500 Å의 Si 수광 다이오드를 사용한다.

다음은 수광용으로 사용되는 광 다이오드와 트랜지스터에 대해 간략히 알아본다.

ⓐ 광 다이오드 : 광 다이오드는 Si, Ge, GaAs, InGaAs 등을 사용하여 N형 기판상에 P형층을 형성시킨 PN접합부에 발생하는 광기전력효과를 이용한 소자이다.

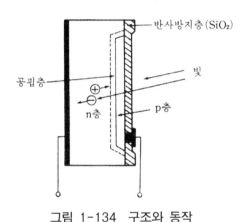

그림 1-134 **구조와 동작**

그림 1-134는 광 다이오드의 단면구조를 나타낸 것이다. 입사광의 에너지가 반도체의 에너지 간격보다 클 때 그 빛에 의해 전자, 정공이 생성되며, 반도체의 공핍층 전계에 의해 정공은 P형으로, 전자는 N형으로 이동하여 분리되고, P형은 +에, N형은 −에 대전한다. 이 양단을 결선하고 빛을 조사하면 그 시간동안 P형으로부터 결선부분을 거쳐 N형으로 전류가 흐른다. 따라서 전원없이 전류가 흐르는 결과가 된다. 수광파장영역은 재료, 형상, PN 접합의 위치에 따라 달라지나 주로 접합의 구조로 결정된다. 입사광에 대한 광전류 출력의 직선성이 양호하므로 아날로그로 동작시키는데 적합할 뿐만아니라 응답속도가 빠르고 신뢰성이 높다. 또한 수명이 길고 S/N 특성이 좋아 암전류가 작다.

ⓑ 광 트랜지스터 : 광트랜지스터는 **그림 1-135** (a)와 같이 N형 기판상에 P형의 베이스 영역을 형성하거나 (b)와 같이 N형의 이미터 영역을 형성한 구조로 되어 있다.

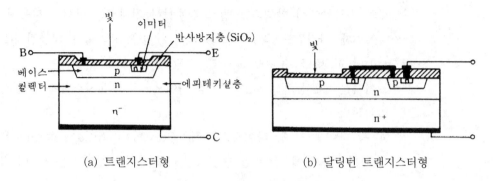

(a) 트랜지스터형   (b) 달링턴 트랜지스터형

그림 1-135 광 트랜지스터의 구조

베이스 표면에 빛이 입사하면 반대로 바이어스된 베이스, 컬렉터 사이에 광전류가 흐르고 이 전류는 트랜지스터에 의해 증폭되어 외부 접속선으로 흐른다. 일반적으로 사용되고 있는 것은 트랜지스터형이며 달링턴 트랜지스터형에서는 전류를 다음 단계의 트랜지스터에 의해 증폭시키기 때문에 외부의 접속선에 흐르는 광전류는 첫 단계인 베이스-컬렉터 사이를 흐르는 광전류가 그 다음 단계의 트랜지스터 전류 증폭율의 곱으로 되어 큰 출력을 얻을 수 있다. 광 트랜지스터는 광 다이오드에 비해 출력되는 광전류가 크고 신호가 동일 칩내에서 증폭되고 있기 때문에 전기적으로 잡음도 적고 큰 S/N을 얻을 수 있다. 그 밖에 신뢰성이 높으며 수명이 길고 소형으로 할수 있을 뿐만 아니라 기계적으로 강하고 염가이며 암전류가 작다는 특징이 있다. 그러나 광 다이오드보다 입사광에 대한 광전류의 직선성이 나빠 고감도인 것일 수록 응답속도가 늦고 포화전압이 높은 결점이 있다. 발광 다이오드의 조합에 따라 용도가 가장 많으며, 광 스위치(photo coupler), 마크 판독기(photo 아이솔레이터), 단거리 광통신기에 응용되고 있다.

c. 차광판 : 발광소자에서 발하여진 빛이 수광소자에 직접 전달되는 것을 방지하기 위하여 설치하는 것으로 합성수지제 등을 사용한다.

d. 수광증폭회로 : 수광 다이오드에서 발생된 미약한 출력전압을 증폭시켜 스위칭회로를 동작시킬 수 있는 크기로 한다.

e. 발광회로 : 광원을 약 3~5초마다 간헐적으로 점등시키는 펄스 전압을 발생한다.

f. 정전압회로 : 발광회로와 수광증폭회로가 외부 전압변동의 영향을 받지 않도록 일정한 전압을 공급하기 위한 회로이다.

g. 동기 스위칭회로 : 감지기에 연기가 들어가 수광 증폭회로의 출력신호가 증폭되어 경보 레벨에 도달하면 발광회로가 발신하고 있을 때만 스위칭 회로는 ON 상태가 되도록 하는 회로이다.

h. 보호회로 : 전원전압이 규정값보다 높더라도 규정값 이상은 상승되지 않도록 하며 보통 정전압 다이오드라 불리는 제너다이오드를 사용한다.

㉯ 공칭축적시간의 구분, 공칭감시거리, 화재정보신호 및 감도시험

광전식감지기의 (축적형에 한한다)의 축적시간 및 공칭축적시간에 대하여는 제18조 제1항의 규정을 준용한다. 또한 광전식스포트형감지기(아날로그식은 제외)의 감도는 그 종별 및 공칭축적시간에 의하여 **표 1-15**의 K, V, T 및 t의 값에 따라 다음 각호의 시험에 적합한 성능이 있어야 한다.

표 1-15 광전식감지기의 감도

종별	K	V	T	t
1종	5	20 이상 40 이하	30	5
2종	10			
3종	15			

(주) K는 공칭 작동온도로서 감광율로 나타낸다. 이 경우 감광율은 광원을 색온도 2,800도인 백열전구로 하고 수광부는 시감도에 비슷한 것으로 한다.

a. 작동시험 : 1 m당 감광율 1.5 K인 농도의 연기를 포함하는 풍속이 매초 V cm/s의 기류에 투입하는 경우 비축적형은 T초 이내에서 작동하고, 축적형은 T초 이내에서 감지한 후 공칭 축적시간 ±5초 이내에서 화재신호를 발신하여야 한다.

b. 부작동시험 : 1 m당 감광율 0.5 K인 농도의 연기를 포함하는 풍속 매초 V cm/s의 기류에 투입하는 경우 t분 이내에는 작동하지 아니하여야 한다.

㉰ 아날로그식 광전식스포트형감지기의 공칭감지농도범위(설계치)는 1 m에 해당하는 환산감광율로 하며, 다음 시험에 적합하여야 한다.

a. 풍속을 20 ㎝/s 이상 40 ㎝/s 이하로 하여 공칭감지농도의 최저농도값에서 최고농도값에 도달할 때까지 1 m 감광율로 분당 2.5 % 이하의 일정한 간격으로 직선상승하는 연기기류를 가할 때 연기농도에 대응하는 화재정보신호를 발신하여야 한다.

b. 공칭감지농도범위의 임의의 농도에서 제2항제1호의 규정에 준한 작동시험을 실시하는 경우 30초 이내에 작동하여야 한다.

그림 1-136은 광전식감지기의 회로로서 헤드부의 회로구성을 블럭도로 표시한 것이다. 전원회로는 베이스에 접속되는 +, -간 전압을 정전압화 하기위한 회로이며 발진회로는 암실의 LED를 점멸발광하게 하기 위한 회로이다. 증폭회로는 암실의 SPD(Silicon Photo Diode)의 수광전류를 증폭하고 베이스에 전송할 신호를 변환한다.

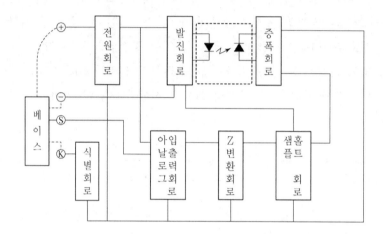

그림 1-136 감지기 헤드부의 구성블럭도

샘플 홀드회로는 증폭회로 전압신호를 홀드 하기 위한 것으로 이로 인한 베이스 전압은 직류전압으로 변환되며 직류전압신호를 저임피던스로 강하시키기 위한 회로이다. 신호변환 방법에는 일반적으로 많이 사용하고 있는 Z변환회로를 많이 사용하고 있는데 이는 임피던스를 조정하기 위함이다. 아날로그 입·출력회로는 베이스부에 출력하는 아날로그전압을 소정의 특성에 맞도록 조정한 회로이다. 식별회로는 헤드를 베이스부에 결합했을 때 베이스부에 헤드의 종류를 식별하기 위한 회로이다.

그림 1-137의 (a)는 암실에 사용되고 있는 LED, SPD의 설치로 감지영역을 보이는 것이고 **그림** 1-137의 (b)는 암실의 검출부를 나타낸다.

LED는 소비전류저감, 출력램프이기 때문에 펄스구동하며 조건은 (c)와 같다. 이 경우 전압은 V=3V, LED의 발광시간 T_1=30 μs이고 발광주기 T_2=500 ms이며 발광시 LED에 흐르는 전류가 I_L=0.66 A이라면 LED에서의 소비전력은 다음과 같다.

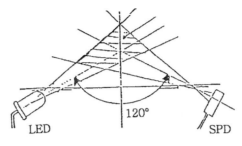

(a) 감지영역

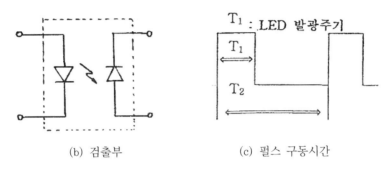

(b) 검출부   (c) 펄스 구동시간

그림 1-137 검출부의 구성과 동작

$$소비전력= \frac{I_L \times V \times T_1}{T_2} = \frac{0.66 \times 3 \times 30 \times 10^{-6}}{500 \times 10^{-3}} = 0.12 \ mW$$

정격전력이 대략 150 ㎽이기 때문에 충분한 여유가 있다.

각 부의 동작을 설명하면 다음과 같다.

a. 전원회로

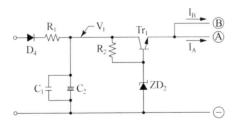

그림 1-138 전원회로

그림 1-138은 전원회로를 나타낸 것으로 베이스 단자 +, −에서 입력되는 전원은 내부회로를 안정하게 동작시키기 위해 정전압으로 한다. 또, D_4

는 역 전압 인가 방지, C_1은 노이즈흡수, 저항 R_1은 전류를 제한하기 위한 것으로 각부의 파형은 **그림 1-139**와 같다.

그림 1-139에서 +전압과 A의 주기는 $V_1 \rangle +$ 가 되기 때문에 D_4는 OFF 상태가 되고 내부회로에서 전류공합은 C_2에 비축된 전하에서 행해진다. 감지기 헤드의 소비전류는 300 μA이하이기 때문에 A기간 C_2의 전압강하 분 X는

$$300 \times 10^{-6} \times 250 \times 10^{-3} = X \times 33 \times 10^{-6}$$

X=2.3 V가 된다. 따라서 V_1의 최소값은 19.2-2.3=16.9 V가 된다.

R_2, Tr_1, ZD_2로 구성되는 것은 정전압회로로 VZD_2=8.3~8.7 V부터 ② 의 전압은 V_{ZD2}-0.6=7.7~8.1 V가 된다.

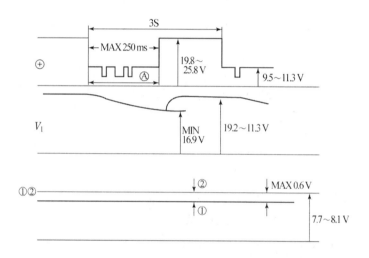

그림 1-139 전원회로의 각부 파형

다음 정전압회로의 여유를 알아보자. 부하전류는 300 μA이하이고 Tr_1의 컬렉터전류 즉, 부하에 공급 가능한 전류는 Tr_1의 증폭율을 180으로 가정 하면

$$\frac{16.9 - 8.7}{560 \times 10^3} \times 180 = 2.6 \ \text{mA}$$ 가 되기 때문에 충분한 여유가 있다.

b. 발진회로

그림 1-140은 발진회로를 나타낸 것으로 ⒜전압은 약 7.5 V의 정전압이다.

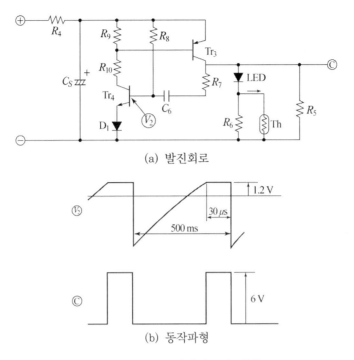

(a) 발진회로

(b) 동작파형

그림 1-140 발진회로와 파형

먼저 R_8 → C_6 → R_7 → R_5의 부하에 C_6이 충전되고, V_2전압이 Tr_4의 V_{BE}+D_1의 V_F인 약 1.2 V가 되면 Tr_4가 On한다. 더욱 트랜지스터 Tr_3도 On하고, C_6은 Tr_3를 통해 저항 R_7 → C_6 → Tr_4 → D_1의 부하로 역충전되기 때문에 트랜지스터 Tr_3, Tr_4은 더욱 깊게 On한다. 이 기간은 순시적이고 C_6이 충전 완료하면 Tr_4의 베이스 전류가 흐르지 않게 되고 트랜지스터 Tr_3, Tr_4은 Off한다. 다시 C_6은 저항 R_8 → C_6 → R_7 → R_5의 부하로 충전이 시작되며 이를 반복해서 트랜지스터 Tr_3이 On일 때 LED에 발광 전류가 흐른다.

저항 R_4는 전류를 제한하고, 콘덴서 C_5는 발광전류를 공급하며, 다이오드 D_1은 Tr_4의 베이스, 이미터 사이의 역 전압 인가를 방지한다. 또한 서미스터 Th는 온도를 보상하기 위한 것이다.

c. 증폭회로

그림 1-141은 부궤환증폭회로로써 트랜지스터 Tr_5, Tr_6, Tr_7이 3단 직결 연결된 부궤환증폭회로와 Tr_8, Tr_9로 연결되는 저이득 증폭회로로 구성되어 있다.

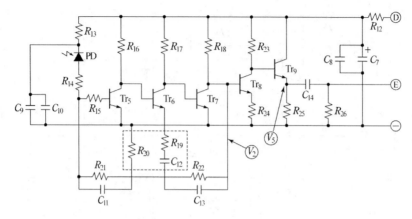

그림 1-141 부궤환증폭회로

부궤환 증폭회로부에서 저항 R_{19}~R_{22}, 콘덴서 C_{12}로 구성된 궤환회로의 부하 궤환 저항은 직류에는 $\dfrac{R_{22}}{R_{19}} \times R_{21}$ 이 된다. 이것은 교류분(펄스)만 증폭되는 것을 의미한다.

또 R_{13}, R_{14}, R_{15}, C_8, C_9, C_{10}은 노이즈를 흡수하며, R_{12}, C_7은 회로 전압을 평활시키며, C_{11}, C_{13}은 이상 발진을 방지하기 위한 것이다.

예를 들어 다이오드 PD에 약 0.5 nA의 펄스전류가 흘렀을 경우 0.5 nA×179 ㏁ = 0.09 V의 부펄스가 출력된다.

Tr_8에서는 B부($\dfrac{R_{23}}{R_{24}}$)에 증폭되고, Tr_9는 에미터 회로를 구성하고 있으며, 콘덴서 C_{14}는 직류 방지용이다. 이들을 파형으로 나타내면 **그림 1-142**와 같다.

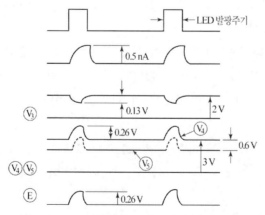

그림 1-142 부궤환증폭회로의 각부 동작파형

d. 샘플홀드회로

그림 1-143은 샘플홀드회로로써 FET_1은 발광다이오드 LED의 발광타이밍과 동기하여 On하기 때문에 Ⓔ전압 펄스의 최고값에 상당하는 전압이 C_{16}에 홀드 된다.

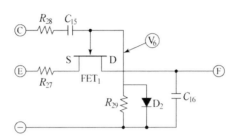

그림 1-143 샘플홀드회로

암실에 연기가 들어오면 다이오드 PD에 발생하는 전류가 증가한다. 따라서 Ⓔ전압의 Va도 커지고, Ⓕ전압도 커진다.

Ⓕ전압 Va보다 약간 적게 되는 것은 C_{16}에 충전할 때의 충전저항(R_{27}, FET의 ON저항)이 있기 때문으로 **그림 1-144**는 이를 나타낸 것이다.

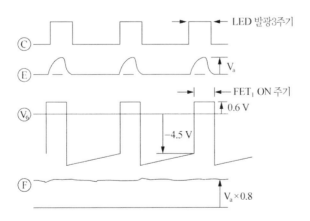

그림 1-144 샘플홀드회로의 각부 파형

e. 임피던스변환회로

그림 1-145에 임피던스변환회로를 표시한다.

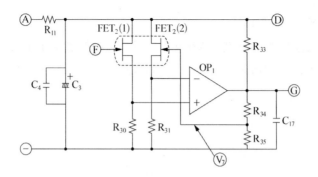

그림 1-145 임피던스변환회로

FET의 ⓕ전압은 연기농도의 상승과 함께 **그림 1-146**과 같이 ⓖ로 증가하는 특성을 갖는다.

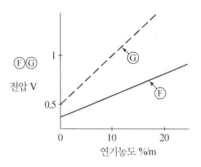

그림 1-146 연기농도 증가에 따른 전압

FET의 ⓕ전압은 임피던스가 높기 때문에 전류를 출력하거나 소비하는 일은 거의 없으므로 아날로그 출력회로에 신호를 전달하기 위해서 임피던스를 강하시킬 필요는 없다.

그림 1-145의 회로에서는 $FET_2(1)$를 사용한 소스회로와 $FET_2(1)$의 온도특성에 의한 감도 변화를 제거하기 위한 소자가 보상용 $FET_2(2)$와 오피앰프 OP_1이다. $FET_2(1)$과 $FET_2(2)$는 한 개의 팩키지에 들어 있고 온도 특성도 포함해서 동일한 특성이므로 ⓕ전압 = Ⓥ7전압이 된다.

따라서 ⓖ전압 = ⓕ전압 $\times [1 + \dfrac{2.2 \text{ M}\Omega\,(R_{34})}{1.5 \text{ M}\Omega\,(R_{35})}]$ = ⓕ전압×2.5가 된다.

ⓖ전압은 OP_1의 출력 단자이기 때문에 μA정도의 전류 유출, 유입은 가능하다. 또 R_{11}, C_3은 회로 전압을 평활시키며, C_4, C_{17}은 노이즈를 흡수시

키는 콘덴서이며, R_{33}은 전류 보급을 위한 것이다.

f. 아날로그 출력회로

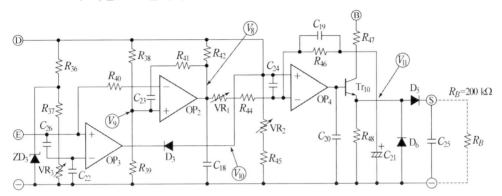

그림 1-147 아날로그출력회로

그림 1-147은 아날로그출력회로로 OP_2, OP_4는 반전 증폭회로, OP_3는 비교회로이다. ⓖ전압은 암실의 LED, SPD등에 의한 **그림 1-148** (a)와 같이 각각의 특성이 크게 다르므로 이것들의 다른 특성을 몇 개소 조정하여 ⓢ전압을 **그림 1-148** (b)의 특성에 맞출 필요가 있다.

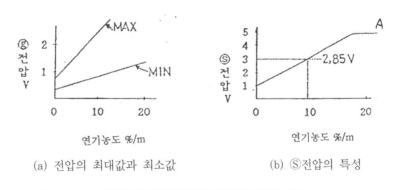

(a) 전압의 최대값과 최소값   (b) ⓢ전압의 특성

그림 1-148 아날로그출력회로의 전압과 연기농도

OP_2, R_{38}~R_{48}은 반전 증폭회로로 입력의 ⓖ전압과 출력전압 ⑧의 관계는 다음 식과 같다.

$$⑧ = (⑩ - ⓖ) \times \frac{2.2\ \text{M}\Omega\ (R_{41})}{2.2\ \text{M}\Omega\ (R_{42})} + ⑨$$

그림 1-149 (a)는 윗 식을 그림으로 나타낸 것이다.

OP$_4$, R$_{43}$~R$_{48}$, VR$_1$, VR$_2$, Tr$_{10}$으로 구성된 회로는 반전 증폭회로로 입력전압 ⑱과 출력 전압 ⑪의 관계는 다음 식과 같다.

$$⑪ = (⑩ - ⑱) \times \frac{R_{46}}{VRI + R_{44}} + ⑩$$

이 식을 그림으로 표시하면 **그림 1-149** (b)와 같다.

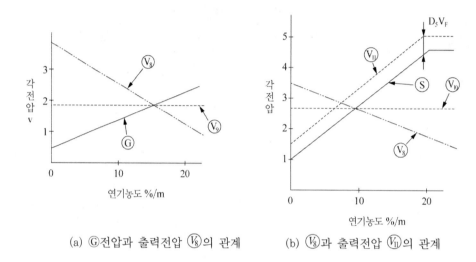

(a) ⓖ전압과 출력전압 ⑱의 관계   (b) ⑱과 출력전압 ⑪의 관계

그림 1-149   아날로그출력회로의 전압과 연기농도

VR$_1$에 의해서 저항을 가변 할 수 있고 VR$_2$에 의해서 출력전압을 변화시킬 수 있기 때문에 ⑱의 특성이 다르다 해도 ⓢ전압은 **그림 1-149** (b)의 특성에 맞출 수 가 있다. 또 OP$_3$, R$_{36}$, R$_{37}$, ZD$_3$, VR$_3$, D$_3$로 구성한 회로는 소자가 열화하였을 때 ⓢ전압을 거의 0 V(0~0.2 V)로 다운시키는 회로이다.

VR$_3$에 의한 OP$_3$의 -입력전압은 연기가 없을 때 ⓖ전압을 약 1/2의 값으로 조정한다. 전자부품 열화로 ⓖ전압 OP$_3$의 -입력전압 아래로 오게 하면 OP$_3$의 출력전압은 Low Level이 된다. 따라서 ⑩전압도 0 V 근처에 다운시키기 위하여 OP$_4$의 출력은 Low Level이 되고 ⓢ전압도 거의 0 V가 된다. **그림 1-149** (b)를 보면 연기농도가 20 %/m 달하면 ⓢ전압은 A전압으로 포화하는데 이것은 5 V이상의 전압이 베이스에 입력되지 않도록 R$_{47}$로 제한하고 있기 때문이다. 이 전압은 R$_{47}$, R$_{48}$, RB의 값으로 결정되는데 베이스부에 설계되어 있는 값으로 된다. 또한 $C_{28} \sim C_{20}$은 이상발진 방지, C_{21}은 평활, C_{22}, C_{23}, C_{24}, C_{26}은 노이즈흡수, D_5, D_6는 역전압 인가 방지를 방지하기 위한 것이다.

ⓓ SPD(Silicon Photo Diode)

SPD(Silicon Photo Diode)는 가시광선 또는 근적외선 파장영역의 광량 측정, 전기신호로의 변환등에 사용한다. 측광회로에 의한 입력광량에 대해서 직선적으로 증폭된 출력전류를 발생시키고 그 신호에 의해 출력부분을 제어하는 방법은 계측, 기기의 광검출부 및 카메라 노출제어등에 많이 사용된다.

SPD는 광전소자 CdS에 비해 응답성, 광변환의 직선성이 양호하고 암전류가 낮다는 장점이 있다. 아울러 구조적으로도 반도체 IC와 유사한 구조의 구성이기 때문에 반도체 IC의 동일칩화, SPD 등에 기술전개가 용이하다는 특징이 있다.

ⓛ 광전식 분리형 감지기 : 광전식 분리형 감지기는 광전식 스포트형 감지기의 발광부와 수광부를 분리한 것이다. 화재의 감지는 광범위한 연기의 누적에 의한 광전소자의 수광량 변화에 의해 동작한다.

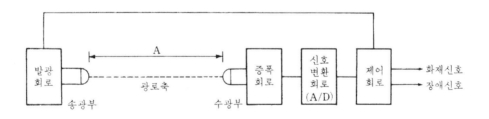

그림 1-150 광전식 분리형 감지기의 구성도

그림 1-150은 광전식 분리형 감지기의 구성도로서 송광부와 수광부가 분리되어 설치된다. 항시 송광부에서 수광부로 빛을 조사하고 있어서 송광부와 수광부 사이의 공간으로 확산된 연기가 광로의 축을 방해하는 경우 송광부로부터의 신호광이 감소하게 된다. 이 때의 광량변화를 검출하고 일정량을 초과하면 화재신호를 보내게 된다.

이 방식은 광로의 축 길이와 같은 공칭 감시거리 A가 5 m 이상 100 m 이하로 하여 5 m 간격으로 규정하고 있어서 큰 공간을 갖는 체육관, 홀 등에 설치하면 유용하다. 또한 감지농도를 스포트형보다 높게 설정하여도 화재 감지성능이 떨어지지 않는다. 그럼에도 국소적인 연기의 체류나 일시적인 연기의 통과에는 동작하지 않고 S/N비도 크게 얻을 수 있어서 비화재보의 방지에 효과적이다.

감도는 **표 1-16**에 의하여 종별, 공칭 축적시간, 공칭 감시거리에 따라 다르다. L_1은 공칭 감시거리의 최소값이며, L_2는 공칭 감시거리의 최대값이다. 공칭 감시거리는 5 m 이상 100 m 이하로 하며 5 m 간격으로 한다. 또한 K_1 및 K_2는 연기농도에 상당하는 감광 필터의 성능이며 감광율을 나타낸다. 분리형광전식감지기(아날로그식은 제외)의 경우 감도는 그 종별, 공칭축적시간 및 공칭감시거리에 의하여 **표 1-16**의 K_1, K_2, T 및 t의 값에 따라 다음 각 호의 시험에 적합하여야 한다.

표 1-16 분리형광전식감지기의 감도

종별	L_1	K_1	K_2	T	t
1종	45 m 미만	$0.8 \times L_1 + 29$	$0.3 \times L_2$	30	2
	45 m 이상	65			
2종	45 m 미만	$L_1 + 40$			
	45 m 이상	85			

(주) 1. L_1은 공칭감시거리의 최소값이며, L_2는 공칭감시거리의 최대값이다.
 2. K_1 및 K_2는 연기농도에 해당하는 감광필터의 성능이며 감광율로 나타낸다. 이 경우 감광율은 피크파장 940 nm의 발광다이오드를 광원으로 하고 수광부를 근적외부로 하여 감도값이 피크가 될 때의 값으로 측정한다.

   a. 작동시험

송광부와 수광부간 L_1에 대응하는 K_1의 성능을 가진 감광필터를 설치할 때 비축적형은 T초 이내에 작동하여야 하며, 축적형은 T초 이내에 감지하고, 공칭축적시간 ±5초 범위에서 화재신호를 발신하여야 한다.

   b. 부작동시험

송광부와 수광부 사이에 L_2에 해당하는 K_2의 성능을 가진 감광필터를 설치할 때 t분 동안 작동하여서는 아니된다.

㉮ 아날로그식 분리형광전식감지기는 다음 각 호의 시험에 적합하여야 한다.

   a. 공칭감시거리는 5 m 이상 100 m 이하로 하여 5 m 간격으로 한다.

   b. 송광부와 수광부 사이에 감광필터를 설치할 때 공칭감지농도범위(설계치)의 최저농도값에 해당하는 감광율에서 최고농도값에 해당하는 감광율에 도달할 때까지 공칭감시거리의 최대값까지 분당 30 % 이하로 일정하게 분할한 감광필터를 직선상승하도록 설치할 경우 각 감광필터값의 변화에 대응하는 화재정보신호를 발신하여야 한다.

c. 공칭감지농도범위의 임의의 농도에서 제4항제1호의 규정에 준하는 시험을 실시하는 경우 30초 이내에 작동하여야 한다.

㉴ 공기흡입형광전식감지기의 공기흡입장치는 공기배관망에 설치된 가장 먼 샘플링지점에서 감지부분까지 120초 이내에 연기를 이송할 수 있어야 하며 아날로그식 이외의 것은 제2항을, 아날로그식은 제5항의 시험을 준용한다.

3) 복합형 감지기

화재발생시 온도는 높으나 연기를 발생하지 않는 장소에서는 연기감지기의 설치는 의미가 없고, 온도는 낮으나 연기를 다량 발생하는 곳에서 열감지기의 설치는 무의미하다. 그러므로 장소별 감지기의 적정성을 선정하는 번거로움을 배제하기 위해서 온도나 연기의 발생을 모두 감지할 수 있다면 화재의 발생을 쉽게 파악할 수 있을 것이다. 따라서 화재시 발생하는 열, 연기, 불꽃을 자동적으로 감지하는 기능 중 두 가지 이상의 성능(동일 생성물이나 다른 연소생성물의 감지 기능)을 가진 것으로서 두 가지 이상의 성능이 함께 작동 할 때 화재신호를 발신하거나 또는 두 개 이상의 화재신호를 각각 발신하는 감지기를 말한다. 이에는 열복합형 감지기, 연복합형감지기, 열·연기복합형 감지기, 불꽃복합형, 연기·불꽃복합형, 열·불꽃복합형, 열·연기·불꽃복합형 감지기가 있다.

(1) 종류

① 열복합형 감지기

이 감지기는 **그림 1-151**과 같이 차동식스포트형감지기와 보상식스포트형감지기의 성능이 있는 것으로서 두 가지 성능의 감지기능이 함께 작동될 때 화재신호를 발신하거나 또는 두 개의 화재신호를 각각 발신하는 것을 말한다.

| 차동식 스포트형(1종) | 정온식 스포트형
(특종 60 ℃) | 차동식 스포트형(2종) | 정온식 스포트형
(1종 70 ℃) |

그림 1-151 열복합형 감지기

② 연복합형 감지기

연기복합형 감지기는 **그림 1-152**와 같이 이온화식감지기와 광전식감지기의 성능이 있는 것으로서 이 두 가지 성능의 감지기능이 함께 작동될 때 화재신호를 발신하거나 또는 2개의 화재신호를 각각 발신하는 것을 말한다.

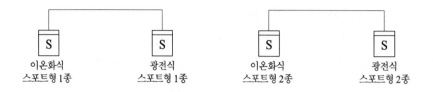

그림 1-152 연기복합형 감지기

③ 열·연기복합형 감지기

열·연기복합형 감지기란 차동식 스포트형 감지기와 이온화식 감지기, 차동식스포트형 감지기와 광전식 감지기, 보상식스포트형 감지기와 이온화식 감지기, 보상식 스포트형 감지기와 광전식 감지기의 성능이 있는 것으로서 두 가지 성능의 감지기능이 함께 작동될 때 화재신호를 발신하거나 또는 두 개의 화재신호를 각각 발신하는 것을 말한다. **그림** 1-153에서 (a)는 차동식스포트형과 이온화식스포트형 감지기의 성능을 갖는 경우이며 (b), (c)는 정온식스포트형(열)과 광전식스포트형의 감지기 성능을 갖는 경우이다.

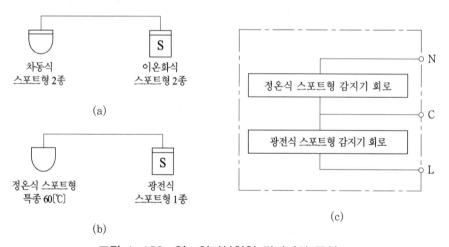

그림 1-153 열·연기복합형 감지기의 구성

④ 불꽃복합형 감지기

불꽃 자외선식, 불꽃 적외선식과 불꽃 영상분석식의 성능 중 두 가지 이상 성능을 가진 것으로서 두 가지 이상의 감지기능이 함께 작동될 때 화재신호를 발신하거나 또는 두 개의 화재신호를 각각 발신하는 것을 말한다.

⑤ 연기·불꽃복합형 감지기

연기감지기 및 불꽃감지기의 성능이 있는 것으로 두 가지 성능의 감지기능이 함께 작동될 때 화재신호를 발신하거나 또는 두 개의 화재신호를 각각 발신하는 것을 말한다.

⑥ 열·불꽃복합형 감지기

열감지기 및 불꽃감지기의 성능이 있는 것으로 두 가지 성능의 감지기능이 함께 작동될 때 화재신호를 발신하거나 또는 두 개의 화재신호를 각각 발신하는 것을 말한다.

⑦ 열·연기·불꽃복합형 감지기

열감지기, 연기감지기 및 불꽃감지기의 성능이 있는 것으로 세 가지 성능의 감지기능이 함께 작동될 때 화재신호를 발신하거나 또는 세 개의 화재신호를 각각 발신하는 것을 말한다.

(2) 설치기준

복합형 감지기의 경우에는 두개의 성능을 갖는 감지기이기 때문에 각각의 감지기에 정해진 설치기준을 적용한다.

① 열복합형 감지기

보상식 스포트형 감지기는 정온점이 감지기 주위의 평상시 최고 온도보다 20 °C 이상 높은 것으로 설치한다. 또한 열반도체식 차동식분포형 감지기 설치기준에 따른다.

② 연기복합형 감지기

연기복합형 감지기는 연기감지기의 설치기준에 의하여 설치한다.

③ 열연기복합형 감지기

열연기복합형 감지기는 부착 높이 및 특정소방대상물에 따라 **표 1-4**에 의한 바닥면적마다 1개 이상을 설치한다. 그리고 복도 및 통로에 있어서는 보행거리 30 m(3종에 있어서는 20 m)마다, 계단 및 경사로에 있어서는 수직거리 15 m(3종에 있어서는 10 m)마다 1개 이상으로 하며, 벽 또는 보로부터 0.6 m 이상 떨어진 곳에 설치한다.

4) 다신호식 감지기

다신호식 감지기란 감지기가 가지고 있는 성능, 종별, 공칭 작동온도 또는 공칭 축적시간별마다 서로 다른 2개 이상의 화재신호를 발신할 수 있는 것으로 1개의 스포트내에 수용되어 있는 것이다. 다신호식 감지기는 복합형감지기 외에 **그림 1-154**와 같이 서로 다른 종별을 갖는 감지기가 있다. 다신호식 감지기는 다른 감지기와 같이 화재의 감지원리는 동일하나 화재발생신호를 수신하기 위해서는 보통의 수신기로는 되지 않으며 2신호식 수신기를 사용하여야 한다.

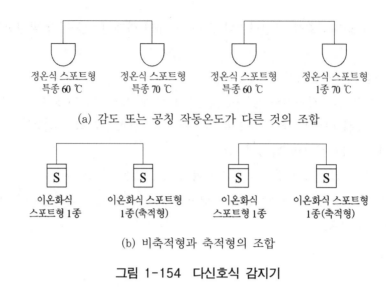

(a) 감도 또는 공칭 작동온도가 다른 것의 조합

(b) 비축적형과 축적형의 조합

그림 1-154 다신호식 감지기

(1) 2신호 광전식스포트형 감지기의 동작

그림 1-155 (a)는 2신호 광전식스포트형 감지기의 동작으로 발광펄스 신호는 9초에 3회씩 발생하게 한 것이다. 맨 처음의 신호는 화재를 감지한 것이고 2회의 확인 신호로 화재경보를 하고 있어 3펄스 방식이 된다. (b)는 방배연용일 경우 적용할 수 있는데 발광펄스는 30초간 계속 발생되고 맨 처음의 발생펄스를 화재감지라고 하면 다음 펄스로 이를 확인하고 계속 연속적으로 신호를 보내게 된다.

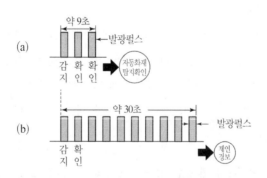

그림 1-155 2신호 광전식스포트형 감지기의 발생펄스

그림 1-156은 열감지기를 다신호식 감지기로 한 경우의 설치 예를 나타낸 것이다. (a)와 같이 설치면적에 의한 경우에는 A 또는 B의 큰쪽 면적에 대해 1개 설치(B쪽)하고 (b)와 같이 공칭작동온도에 의한 경우에는 a 또는 b의 낮은 쪽에서 20 ℃ 낮은 경우 a·c 쪽에 설치한다.

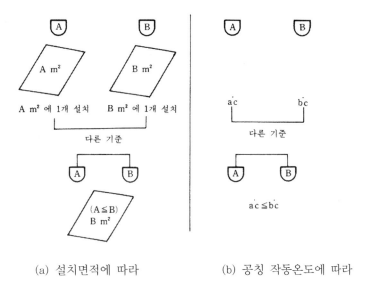

(a) 설치면적에 따라   (b) 공칭 작동온도에 따라

그림 1-156 설치 예

(2) 접속방법

① 자동화재탐지설비에서는 동일회선, 방배연용에서 별도 회선을 사용하는 경우

이 경우 동일회선에는 2신호감지기가 접속되어 있는 것으로 2신호감지기 Ⓐ는 자동화재탐지설비의 경보용으로 동작하면서, 복합수신기에 접속된 2신호감지기인 ⒶⒷ Ⓒ는 별도 회선을 사용할 수 있어 방배연용 기능이 있다.

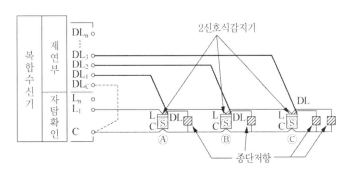

그림 1-157 별도회선 사용의 경우

② 2신호형식과 단일기능형식을 동일 회선상에 혼합하여 사용하는 경우

차동식스포트감지기 Ⓑ까지는 자동화재탐지설비로 동작하면서 복합수신기에 접속된 2신호감지기 Ⓒ는 별도 회선을 사용할 수 있는 방배연용 기능이 있다.

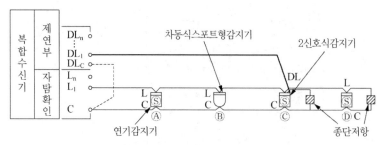

그림 1-158 동일회선상에 혼합하여 사용하는 경우

③ 자동화재탐지설비, 방배연 공용에서 동일회선에 복수개의 감지기를 사용하는 경우

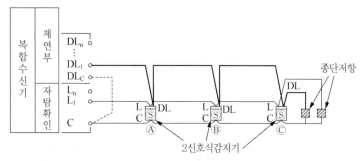

그림 1-159 동일회선상에 복수개의 감지기를 사용하는 경우

이 경우 별도회선의 사용과 같이 동일회선에는 2신호감지기가 접속되어 있는 것이다. 2신호감지기 Ⓐ는 자동화재탐지설비의 경보용으로 동작하면서 복합수신기에 접속된 2신호감지기인 ⒶⒷⒸ는 별도 회선을 사용할 수 있어 방배연용 기능이 있다.

5) 불꽃 감지기

화재에 의해서 발생되는 불꽃(적외선 및 자외선을 포함한다. 이하 이 기준에서 같다)을 감지하여 화재신호를 발신하는 감지기를 말한다.

(1) 불꽃의 특징

물질이 불꽃을 내며 연소할 때 발생하는 스펙트럼은 연소물질에 따라 다르다. 통상 가시광선은 0.4 μm에서 0.8 μm 정도까지의 영역이고 0.4 μm보다 짧은 파장을 자외선, 0.8 μm보다 파장이 긴 것을 적외선이라 한다. **그림 1-160**은 연소물질이나 온도에 따른 분광분포 특성을 나타낸 것이다. (a) (b)는 오렌지색의 불꽃을 내는 촛불과 가솔린의 연소시 분광분포특성이며 2.0 μm, 4.4 μm 부근의 2개소에서 최대값이 나타나고 있으며 (c)는 청백색 불꽃의 완전연소에 가까운 도시가스의 분광분포로 2.0, 3.0, 4.4 μm 부근에서 최대값이 나타남을 알 수 있다. 이들 모두는 $4.4\ \mu m$ 부근에서 최대 분광 에너지를 방사하고 있으나 이것은 연소에 의해 발생되는 CO_2에 의한 공명 방사 에너지로 다른 고온물체에서는 볼 수 없는 특징이다. (d)는 $6,000\ ^\circ K$의 태양광이고 (e)는 $2,850\ ^\circ K$의 백열전구, (f)는 $2\ \mu m$ 부근에서 최대값을 갖는 $1,400\ ^\circ K$의 고온물체들의 분광분포로 Flank법칙에 의하여 구한 것이다.

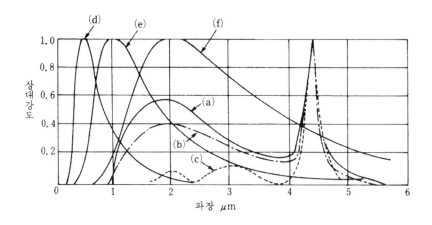

그림 1-160 분광분포특성

(2) 화재감지기에 응용할 수 있는 검출소자

화재감지기에 응용할 수 있는 검출소자로는 방사 에너지를 전기 에너지로 변화시키는 소자가 사용되고 있다. 최근에는 광파이버를 이용한 소자가 출현하여 빛을 검출하는 소자들도 **표 1-17**과 같이 그 종류가 다양화 되고 있다. 원리상 다음과 같이 분류할 수 있다.

① 광도전효과형 : 반도체에 빛이 닿으면 자유전자와 정공이 증가하고 광량에 비례한 전류증가 즉 반도체의 저항변화가 일어나게 되는 광도전효과를 이용한 것으로 검출소자로는 PbS, PbSe 등이 사용되고 있다.

② 광전자 방출효과형 : 빛이 광전음극에 입사하면 광전음극에서는 2차 전자가 방출된다. 이 2차 전자는 다음 음극에서 증배되어 최후로 양극에 도달하는 사이에 10^5 배 이상까지도 증폭이 이루어진다. 이와같이 빛을 받으면 고체 내의 여기전자(勵起電子)가 진공중에 방출되는 광전자 방사를 이용한 것이다.

③ 광기전력 효과형 : PN 접합의 반도체에 빛이 조사되면 전극간에 기전력이 발생되는 것을 이용한 것으로 인가전압을 필요로 하지 않으므로 사용법이 간단하다. 검출소자로는 광 다이오드가 대표적이며 태양전지, 광 트랜지스터 등이 사용되고 있다.

표 1-17 광소자의 종류

분 류	소자의 종류	특 징	용 도
광도전 효과형	광도전 셀	소형, 고감도, 저렴	카메라 노출계, 포토 릴레이, 광제어
광기전력 효과형	포토다이오드 포토트랜지스터 광 사이리스터	소형, 저가격, 전원불필요 대출력 대전류제어	카메라 EE 시스템, 스트로보, 광전 스위치, 바 코드리더, 카드리더, 화 상판독, 조광 시스템, 레벨제어
광전자 방출형	광전자 증배관 광전관	초고감도, 응답속도 빠름 펄스 계측 미약 광검출, 펄스 카운트	정밀 광 계측기기 초고속·극미약 광검출
자외선 소자	Si자외선 광 다이오드 UV Thron	소형, 전원 불필요 고감도	의료기기, 분석기기
복합형 소자	포토 커플러 포토 인터럽트	전기적 절연, 아날로그 광로에 의한 검출	무접점 릴레이, 전자장치의 노이즈 컷, 광전 스위치, 레벨 제어, 광전식 카운터

그림 1-161은 검출소자재료별 분광감도특성을 보인 것이다.

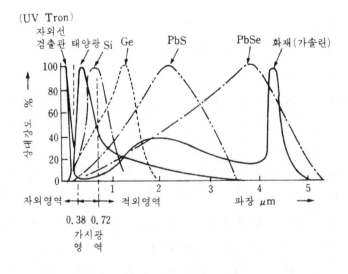

그림 1-161 검출소자의 재료별 분광감도특성

(3) 유효감지거리, 감도시험, 시야각

불꽃감지기의 유효감지거리 범위는 20 m 미만은 1 m 간격으로, 20 m 이상은 5 m 간격으로 설정하여야 하며, 단일 유효감지거리, 복수 유효감지거리, 단일 유효감지거리 범위 또는 복수 유효감지거리 범위로 설정할 수 있다. 또 이에 따른 복수의 유효감지거리 및 유효감지거리 범위는 다수의 단계로 분할하여 설정할 수 있다. 다만, 유효감지거리를 범위로 설정한 경우에는 각 단계별 유효감지거리 세부 범위는 연속되도록 설정하여야 한다. 시야각은 5° 간격으로 설정한다. 불꽃감지기중 도로형은 최대시야각이 180° 이상이어야 한다.

(4) 불꽃감지기의 감도

불꽃감지기의 감도는 다음 각 호에서 정하는 시험에 적합하여야 한다.

① 작동시험

감지기의 구분 및 시야각에 따른 유효감지거리에 대응하는 L 및 d의 값은 **표 1-18**과 같이 정해진 경우 감지기로부터 L m 떨어진 장소에서 1변의 길이가 d cm인 정사각형통에 $n-$헵탄을 연소시킬 때 30초 이내에 화재신호를 발신하여야 한다.

표 1-18 불꽃감지기의 감도측정값

구 분	L	d
옥내형 또는 옥내·옥외형	유효감지거리의 1.2배의 값	33
도로형	유효감지거리의 1.4배의 값	70

② 부작동시험

자외선 또는 적외선의 수광량은 작동시험에 의한 수광량 1/4값에서 1분 이내에 작동하지 아니하여야 한다.

(5) 불꽃감지기의 종류

① 불꽃 자외선식(Ultraviolet Flame Detector)

불꽃에서 방사되는 자외선의 변화가 일정 량 이상 되었을 경우 동작하는 것으로 일국소의 자외선에 의해 수광소자의 수광량 변화에 의해 작동하는 것이다. **그림 1-162**는 감지기의 감지파장과 감지영역을 나타낸 것이다.

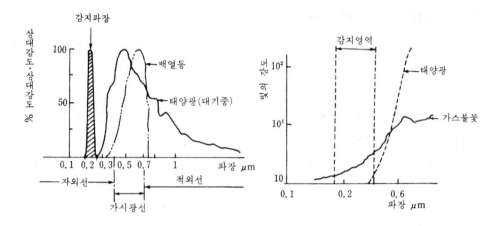

그림 1-162 감지파장과 감지영역

그림 1-163은 UV tron의 구조와 회로부이다. (a)(b)(c)는 UV tron의 두 극을 구성하는 부분이다. (d)는 이들을 조합하여 만든 석영유리를 사용한 유리관 안에 Ar 등 불활성가스를 봉입하여 만든 UV tron이다.

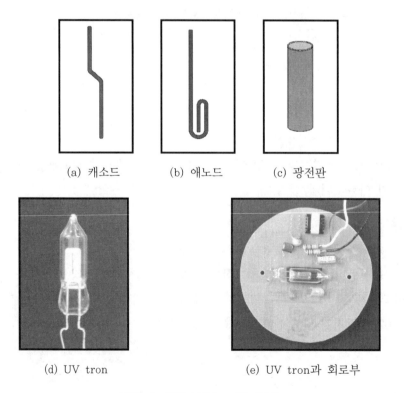

(a) 캐소드   (b) 애노드   (c) 광전판

(d) UV tron   (e) UV tron과 회로부

그림 1-163 UV tron과 구조

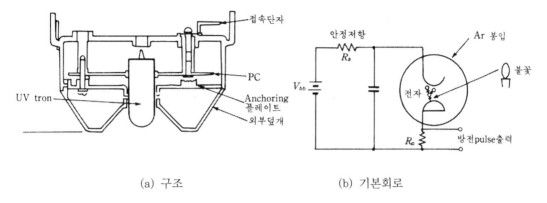

(a) 구조　　　　　　　　　　(b) 기본회로

그림 1-164　구조와 기본회로

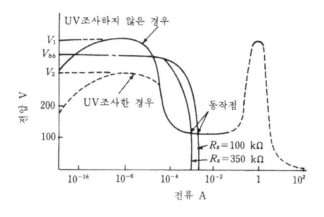

그림 1-165　$V-I$ 특성곡선

　　그림 1-164는 자외선식 불꽃감지기의 수광소자로도 사용하는 UV tron이라고 하는 가스봉입 방전관의 구조와 기본회로이며 **그림 1-165**는 이의 $V-I$ 특성곡선이다.

　　감지기가 감시상태에서 자외선이 방전관에 입사되면 음극(Cathode)으로부터 광전자가 방출된다. 이 때 방출된 전자가 양극과 음극간의 고전압에 의해 이동할 때 방전관에 봉입되어 있는 가스에 충돌하여 다량의 전자를 발생하며 방전현상이 일어난다. 그러나 방전관의 양극과 전원 사이에 접속된 고저항 R_S가 있어 방전을 지속할 수 있는 충분한 전류가 흐르지 않으면 방전은 순간적으로 정지되나 입력이 있으면 방전관의 음극에 접속된 저항 R_C에서 받을 수 있다. 따라서 이 때 발생된 펄스의 수와 지속시간을 검출하여 자외선의 강도를 평가한다. 그러나 자외선의 검출파장이

약 $0.18 \sim 0.26$ μm 정도로 협소하기 때문에 방전관에 분진등이 부착되면 검출감도
가 급격히 떨어져 철저한 관리가 요구되는 반면 가시광선이나 태양광선에서는 반응
하지 않는다. **그림 1-166**은 자외선식 불꽃감지기의 구성도이다.

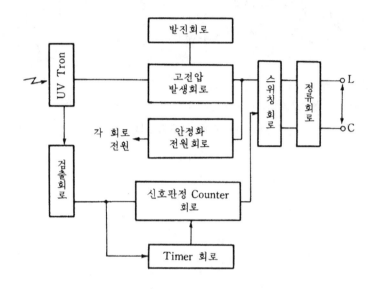

그림 1-166 회로구성도

그림 1-167은 자외선식 불꽃감지기의 회로구성 블럭도이며 각 부분별 회로에 대
하여 간단히 설명하면 다음과 같다.

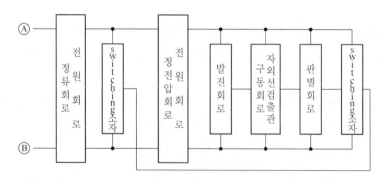

그림 1-167 회로블럭도

㉠ 전원회로

전원단자 ⒶⒷ에서 입력되는 교류를 정류하고 정전압화 및 전류제한을 할 수
있는 회로이다.

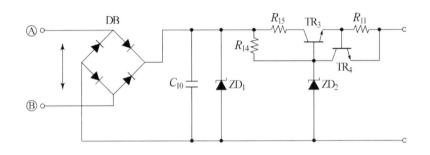

그림 1-168 전원회로

　DB는 입력측전원의 Ⓐ, Ⓑ를 Ⓐ, Ⓑ단자의 어느 쪽에 접속하여도 사용 할 수
있으며, 정류(무극성화)용으로 정류회로 다음의 ZD_1, C_{10}은 서지 흡수용이다.
　정전압에 있어서 a점의 전압은 $Va = VZD_2 - 0.6 = 4.9$ V[VZD_2 … ZD_2의
제너전압 5.5 V(TYP)($I_2 = 17\mu A$)]에 일정 전압으로 된다. 또 TR_4, R_{11}로 구성된
회로는 정전류 회로로서 R_{11}에 흐르는 전류가 TR_4의 VBE (0.6)/R_{11} (3 kΩ) = 200
μA를 넘으면 TR_4가 On → TR_3가 OFF → TR_4가 ON과 같이 동작한다. R_{15}는 회
로 이상시의 전류제한용이며 전류는 200 μA이하로 하여야 한다.

㉡ 발진회로

그림 1-169의 (a)는 펄스 폭과 펄스 주기를 결정하여 펄스를 발생하는 발진회로
이다. 발진의 주기는 R_1, C_1의 시정수로 결정되고 펄스폭은 R_2, C_2의 시정수에
의해 결정된다. 여기서 발생한 펄스는 자외선 검출관 구동회로에 흐른다. (b)는
Timechart이다.

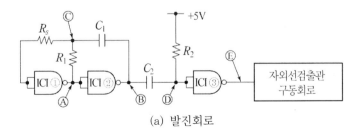

(a) 발진회로

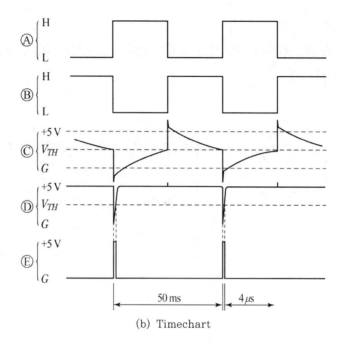

(b) Timechart

그림 1-169 발진회로와 Timechart

ⓒ 구동회로

그림 1-170은 발진회로에서 발생한 펄스를 이용하여 자외선검출관인 UV-Tron을 구동시키는 회로이다.

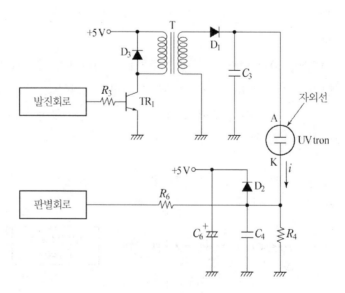

그림 1-170 구동회로

　발진회로에서의 출력으로 TR_1을 ON, OFF하고, 변압기 T에 의해 전압을 더 증가시키며, D_3는 역기전압 흡수용이다. 승압 변압기에 의해서 승압된 전압은 정류용 다이오드 D_1과 평활 콘덴서 C_3에 의해서 직류화되어, 자외선 검출관(UV tron)의 애노드에 인가된다.

　자외선이 입사하면 자외선 검출관은 방전을 시작하고, 방전전류 i는 C_3에 충전되어 있는 전하로 보충되고 R_4, C_4의 양단에 가늘한 펄스를 발생시킨다. C_3의 전하가 소멸되고 애노드 전압은 방전유지전압으로 내려가며, 방전은 정지된다. 그리고 다음 충전 할 때까지는 애노드전압은 회복하지 않고 이 사이에 자외선 검출관내의 이온은 소멸한다. 자외선이 입사되지 않으면 애노드 전압은 원상태로의 전압으로 복귀하고, 다음 입사까지는 방전이 일어나지 않는다.

ⓔ 판별회로

그림 1-171은 자외선검출관 구동회로로부터 출력을 받고 감지기의 경보유무를 판별하는 회로이다.

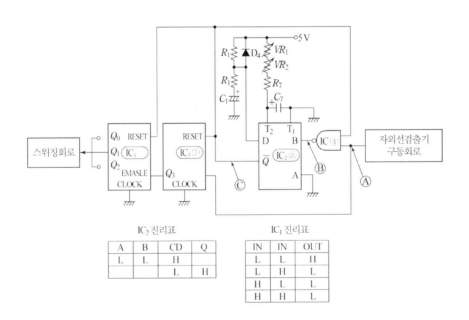

그림 1-171 판별회로

　판별회로는 Timer회로(IC$_2$)와 Counter회로부(IC$_3$)로 구성되어 있으며 Timer회로부에 의해서 설정된 일정시간 내에 자외선검출관이 방전할 회수를 Counter회로로 계산하게 된다. 일정시간에 일정회수의 방전이 행하여지면 SWITCHING회로에 출력을 내고 방전이 일정회수에 도달 할 때 Counter 회로는 Reset되고 Count수가 0으로 된다.

IC A, IC_2 B, IC_3 C, Z 의 입출력에 대한 Timechart가 **그림 1-172**이다. 여기서 일정시간이라함은 $C_7 \times (R_7 + VR_1 - VR_2)$가 되며, C_7: 22 μF R_7: 220 kΩ VR_1: 0~100 kΩ VR_2 : 0~1 MΩ Q부터 약 5~29초의 사이로 조정할 수 있다.

또, 일정회수로는 Counter회로의 입출력으로서 16, 32, 64 Count의 3 Level 중에서 선택할 수 있다.

IC_2의 CD 단자가 Low시 Timer가 동작하지 않으며, R_9, R_{10}, C_9의 적분회로는 전원투입시의 Timer 오동작 방지용이고 D_4는 전원을 Counter 할 때 C_9의 방전용 으로서 동작된다.

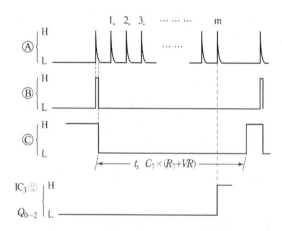

그림 1-172 판별회로 Timechart

㉤ Switching회로

그림 1-173은 판별회로의 출력을 받고 SCR을 가동시켜서 감지기를 동작시키는 회로이다. IC_2 Q 출력은 판별회로의 입상출력에 동기해서, 펄스폭 0.1 sec ($R_8 \times C_8$ = 1 MΩ×0.1 μF)의 펄스를 발생하고, TR_2는 ON, 계속해서 SCR을 ON시 켜서 감지기는 경보상태가 된다.

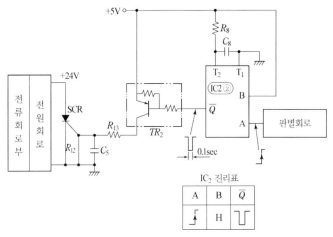

그림 1-173 Switching회로와 진리표

② 불꽃 적외선식(Infrared Flame Detector(IR))

　　자연계에 존재하는 것은 모두 그 온도에 따라서 적외광을 방출하며 온도가 높은 것은 파장이 짧은 적외선을, 낮은 것은 파장이 긴 적외선을 방출한다. 이와 같이 불꽃에서 방사되는 적외선의 변화가 일정량 이상 되었을 때 작동하는 것으로서 일국소의 적외선에 의하여 수광소자의 수광량 변화에 의해 작동하는 것을 말한다.

　　어떤 온도에서 최대의 온도복사를 하는 완전복사체(또는 흑체(黑體))의 분광복사속발산도(分光輻射速發散度)를 표시하는 플랭크의 법칙(Flanck's Law)으로 알 수 있으며 반대로 적외광을 계측하면 대상의 온도를 구할 수 있다. **그림 1-174**는 물체의 온도와 방사 에너지의 파장분포이다.

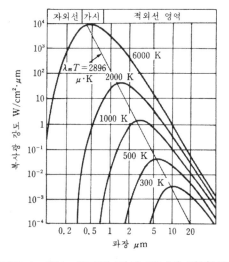

그림 1-174 온도와 방사 에너지 파장분포

$$E(\lambda, T) = \frac{C_1}{\lambda^5} \cdot \frac{1}{e^{(C_2/\lambda_T - 1)}} \ [\text{W} \cdot \text{m}^{-2} \cdot \mu^{-1}]$$

여기서, $C_1 = 3.740 \times 10^{-8} \ [\text{W} \cdot \text{m}^{-2} \cdot \mu^4]$

$\qquad C_2 = 14,380 \ \mu \ \text{deg}$

이를 다음 식과 같이 하면 스테판볼츠만의 식이 된다

$$E = \int_{\lambda=0}^{\lambda=\infty} E(\lambda, T)d\lambda = \sigma T^4$$

흑체는 빛의 파장이나 입사관의 입사방향, 편광에 관계없이 모든 입사되는 빛에 대하여 모두를 완전하게 흡수하는 물체를 말하는 것으로 반사도 투과도 발생되지 않는 것이다. 따라서 흑체의 방사율은 흡수율과 같은 1이 된다.

온도가 높아짐에 따라 복사 발산도가 최대값을 갖는 파장 λ_m 은 짧은 파장쪽으로 이동함을 알 수 있고 이들의 관계는 다음과 같으며 윈의 변위법칙(Wine's displacement rule)이라고 한다.

$$\lambda_m T = C_3 \qquad \text{여기서 } C_3 = 2,896 \ \mu \text{deg}$$

따라서 최대감도인 $\lambda_m T = 555$ nm에서 최대의 분광방사를 이루게 하려면 $T = 5,182$ °K로 할 필요가 있다.

그림 1-175는 적외선 센서와 구동회로부이며 초전체인 PZT에 MnO_2를 첨가하여 제작한다. Filter로는 Silicon기재에 코팅재로 양면코팅 처리한다.

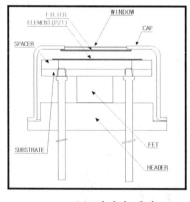

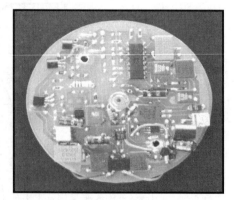

(a) 적외선 센서   (b) 구동회로부

그림 1-175 적외선 센서와 구동회로부

이와 같이 온도변화에서 이상현상을 알 수 있다. 오염된 지구나 해양의 물들에 대한 방사율이 다르므로 방사적외광의 성질에 차이가 있게 된다. 이들 온도 패턴을 취하는 것에 따라 확실히 구별되기 때문에 온도 패턴의 모니터화와 적외선의 검출에 사용되는 것이 적외선 소자이며 열형과 양자형으로 분류할 수 있다. 열형은 흑체방사에 기초를 두고 적외선 방사 에너지의 흡수에 따른 소자의 온도변화를 감지하도록 한 것이다. 양자형은 PbS, HgCdTd 등의 반도체를 사용하여 광전효과에 의한 도전율의 변화나 기전력을 검출한다. 양자형은 열형에 비해 감온, 응답속도가 우수하고 종류도 많다. 그러나 감도의 파장 의존성이 있는 점과 중적외, 원적외용에서는 감도를 높이기 위해 냉각이 필요하다. 반면 열형은 수 μm에서 수십 μm의 넓은 적외파장 영역에 대해 평탄한 감도를 가지며 가격이 저렴하고 실온에서 사용된다. 표 1-19는 적외선 센서의 종류별 특징이다. 응용에는 도전율의 변화를 이용하는 서미스터나 기전력을 검출하는 서모파일 등이 있다. 그러나 bias전압이 필요하다던가 출력이 작아 이용에 제약을 많이 받는다.

표 1-19 적외선 센서의 특징

타이프	원 리	동작모드	종 류	특 징	용 도
열 형	적외선 흡수에 다른 소자의 온도변화를 감지	도전형	서미스터	감도의 파장 의존성이 없다. 냉각이 불필요 저가격 저감도 $D^* = 10^7 \sim 10^9$ cm $\sqrt{Hz}/W$ 저속응답속도 $10^{-1} \sim 10^{-4}$sec	화재경보기, Call Chime, 침입경보기, door sensor, 조리기의 온도 측정, 자동판매기, 일반 기기의 온도 측정
		기전형	서모파일,		
		초전형	TGS, PZT, LiTaO$_3$		
양자형	반도체의 광전효과를 이용하여 온도를 측정	도전형	PbS, PbSe, HgCdTe PbSnTe, GeAu,	고감도 $D^* = 10^9 \sim 10^{11}$ cm $\sqrt{Hz}/W$ 고속응답 10^6 sec 이하 감도에 파장 의존성이 있다. 냉각이 필요 고가격	인공위성용 의료진단용 추적장치 적외선 현미경
		기전형 전자형	InAs, InSb, PbSnTe, HgCdTe, InSb		

(주) $D^* = \dfrac{(\text{유효 수광 면적cm}^2)^{1/2}}{\text{NEP}}$, $\text{NEP} = \dfrac{\text{잡음 전류}(A/\sqrt{Hz})}{\text{방사강도}(@\text{피크파장})(A/W)}$

그러나 **표 1-20**과 같이 우수한 초전재료의 개발과 가공기술의 발달에 따라 고감
도에서 비교적 응답속도가 빠른 것이 출현되어 향후 큰 기대가 되고 있다.

표 1-20   초전 재료의 특성

초전재료	큐리온도 Tc ℃	비유전율 ϵ	집전계수 λ' C · cm^{-2} · K^{-1}	체적비열 $c'g \cdot cm^{-3} \cdot K$	$\lambda / \epsilon \cdot c'$ C · cm · J
TGS	49	35	4.0×10^{-8}	2.5	4.6×10^{-10} $1.3 \sim 1$
LiTaO$_3$	618	43~54	$1.8 \sim 2.3 \times 10^{-8}$	3.2	35×10^{-10}
PZT	200~270	380~1800	$1.8 \sim 2.0 \times 10^{-8}$	3.0	$0.2 \sim 0.4 \times 10^{-10}$
변형 PZT	220	380	17.9×10^{-8}	3.1	1.5×10^{-10}
LiNbO$_3$	1200	30	$0.4 \sim 0.5 \times 10^{-8}$	2.8	$0.4 \sim 0.6 \times 10^{-10}$
PbTiO$_3$	470	200	6.0×10^{-8}	3.2	0.94×10^{-10}
SBN	115	380	6.5×10^{-8}	2.1	0.8×10^{-10}
PVDF	120	11	$0.24 \sim 0.4 \times 10^{-8}$	0.33	$0.9 \sim 1.5 \times 10^{-10}$

초전형 적외선 센서는 Photo cell 광전관과 같이 광원을 필요로 하는 센서와는 달
리 광원이 필요치 않는 수동형의 센서이다. 따라서 결정의 일부를 가열할 때 표면에
전하가 발생하는 자발분극(自發分極)현상인 초전효과를 이용한 것으로 온도에 의해
이 분극의 크기가 다른 것을 이용하여 온도를 측정하는 것이다. 적외선에서 불꽃을
검출하기 위해서는 가시광선의 영향을 제거하기 위한 조치가 필요하다. 그러나 에너
지 절약이나 조명 자동제어, 자동도어, 조리기, 에어 커튼과 침입자 감지, 위험한
장소로의 사람 출입감시를 비롯 방범방재시스템에 많이 응용되고 있다.

이를 이용한 적외선식 불꽃감지기는 불꽃에서 방사되는 적외선의 변화가 일정량
이상이 되었을 때 작동하는 것으로서 일국소의 적외선에 의하여 수광소자의 수광량
변화에 의해 작동하는 감지기를 말한다.

㉠ 적외선 감지방식

화재에 의해 발생된 불꽃에 포함되는 적외선 영역내의 파장성분, 방사량을 감지
하는 방법에는 일반적으로 다음의 방식이 있다.

㉮ 탄산가스 공명방사방식(CO$_2$ Resonance Radiation Method) : 연소시 탄산가
스분자는 약 4.3 μm의 중간 적외선 영역에서 공명방사가 존재한다. 이것은
물체의 연소열에 의한 탄산 가스가 열을 받아서 생기는 탄산가스 특유의 분광
특성인데, 이 공명선만을 취하기 위하여 검출소자는 긴 파장영역에도 검출감
도를 갖는 PbSe를 사용하고 광학 필터는 3.5~5.5 μm의 적외선 패스 필터가

사용되고 있다.

㉯ 2파장 검출방식 : 물체가 연소시 불꽃의 온도는 약 1,100~1,600 °K 정도인데 비하여 일반조명이나 태양의 빛은 이보다 높다. 이와 같이 불꽃과 조명광이나 자연광의 분광특성분포는 서로 다르므로 공명선의 파장과 다른 파장의 에너지 차이 또는 대비를 검출하여 판단하는 방식이다. 이 방식은 광학 필터와 검출소자를 조합하여 파장에 대한 에너지 분포를 식별하고 있지만 검출소자는 태양전지를 2개 사용하는 경우나 태양전지와 PbS외 다른 종류를 사용하고 있으며 일반 조명광이나 자연광등의 환경적인 빛에 의한 영향에 대해 우수하여 화재검출감도가 매우 좋은 특징이 있다.

㉰ 정방사 검출방식 : 이 방식은 조명광의 영향을 방지하기 위해 0.72 μm 이하의 가시광선을 차단하는 적외선 필터에 의하여 적외선 파장영역내에서 일정한 방사량을 Silicon photo diode나 Photo transistor를 사용하여 검출한다. 그러나 검출소자의 특성상 너무 긴 파장을 차단할 수 있는 적외선 필터를 사용하기가 곤란하여 밝은 장소에서는 사용하지 않으며 가솔린화재가 예상되는 터널에서 이용되고 있다.

㉱ Flicker검출방식 : 불꽃에서 발생되는 Flicker를 검출하는 방식이다. **그림 1-176**은 각종 적외선의 스펙트럼을 나타낸 것으로 태양광은 최대파장이 0.45 μm의 자외선·적외선 영역으로 방사 스펙트럼을 가지고 있고, 실내등으로 많이 사용하고 있는 백열등은 약 1 μm이 되며 인체에도 9~10 μm의 최대 파장을 갖는 복사가 있다.

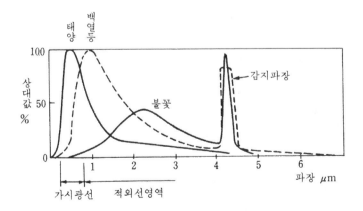

그림 1-176 적외선 스펙트럼

그러나 불꽃에서는 **그림** 1-176에서 알 수 있듯이 2~3 μm 부근에서 완만한 높은 파형이 나타나다가 4.3 μm 근처에서 예리한 최대값을 보인다. 이는 CO_2의 분자공명에 의해 방사되는 CO_2 고유의 가장 큰 특징으로 불꽃이 연소상태하에서는 주위의 산소를 흡수하여 호흡작용을 하므로 주기를 갖고 가물거리게 되며 앞에서 설명한 초전도 소자를 이용하여 검출한다.

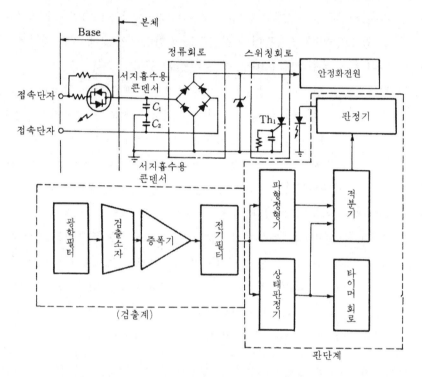

그림 1-177 적외선 감지기 구성도

그림 1-177은 적외선 감지기의 구성도이다. 회로에서 감지 센서가 불꽃을 검출하면 사이리스터 Th_1이 ON되어 동작전류가 흐르고, 단자간의 전류가 차단되면 복구되며 입력전압의 변화에 대하여 안정화전원으로부터 각 회로에 전원이 공급되게 된다. 검출계의 광학 필터는 석영유리에 다층막을 형성시켜 4.3 μm 부근의 적외선만큼 유도시킨다. 검출소자는 초전형 적외선 센서를 사용하여 불꽃의 흔들림의 변화량을 검출한 후 증폭기를 통해 미약한 전기신호를 증폭하고 전기필터는 증폭신호 중 불꽃의 기본주파수인 2~20 Hz만 선택하게 한다. 판단계는 파형정형기, 상태판정기, 타이머회로, 적분기, 레벨판정기로 구성된다. 전기필터에서 선택되는 신호의 평균량을 감시하는 회로

부에서 선택되는 레벨 이상으로 되면은 타이머회로와 적분기를 동작시키고, 전기필터에서 나오는 신호파형을 정형한다. 즉, 상태판정기의 신호를 받는 적분기는 파형정형기의 신호를 축적하기 시작하고 타이머로는 설정된 주기에서 적분기에 Reset신호를 보낸다. 적분기에서의 출력이 타이머 시간 내의 소정의 값으로 되고 레벨 판정기가 동작하면 스위칭회로의 Th_1을 ON시킨다.

사이리스터 Th_1이 ON되어 동작전류가 흐르고, 단자간의 전류가 차단되면 입력전방의 변화에 대하여 안정화전원으로부터 각 회로에 전원이 공급되게 된다. 감지기 제작시 감시각과 동작시간과의 관계는 매우 중요한 요소가 된다. 설치시에도 급격한 온도변화, 습기, 진동 등이 많은 장소에는 피해야 한다. 따라서 난로, 전기 스토브 등 열원이 적외선 감지기의 감시각내에 있지 않도록 함이 바람직하다.

초전형 적외선 센서(폴리불화 비닐 : PVF₂)를 이용한 적외선 온도계용 제어회로의 응용에 대해 알아본다.

ⓛ 기본 구성

초전형 센서는 적외선 입사광에 의한 소자의 온도 변화에 따라 표면 분극의 unbalance가 발생하고, 그 전하 변화량을 전압, 전류로 검출한다. 온도를 검출하기 위해서는 어떠한 형태로 물체로부터 방사되고 있는 적외선을 단속하여 센서에 입사시킬 필요가 있다. 따라서 피측온체가 움직이지 않는 상태로 있을 때는 센서의 앞면에 Chopper를 설치할 필요가 있다. 이러한 측온계통을 취한 경우 센서는 피측온체와 초퍼의 온도차를 검출하게 되고, 피측온체의 온도는 초퍼 온도를 가산 보정함으로써 구할 수 있다. **그림 1-178**은 이러한 적외선 온도계용 제어회로의 기본 구성이다.

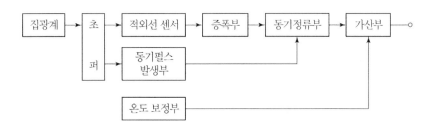

그림 1-178 적외선온도계용 제어회로 기본구성도

그림 1-178에서 적외선 센서는 피측온체와 초퍼 온도차에 해당하는 적외선에 너지의 강도에 따른 전압을 발생시키므로, 이를 증폭하여 동기 정류부에 입력한다. 그 때 센서로부터의 신호는 미소 신호 (수 10 $\mu V/℃$)이고, 또한 초퍼 주파수가 수 ㎐이므로, 상용 전원 주파수 잡음 등의 잡음 대책용으로서 필터 특성을 가진 증폭 회로가 필요하다.

㉮ 센서부

그림 1-179는 PVF$_2$초전형 센서의 구조를 나타낸다. 이 센서는 베이스부, 캡부 및 초전체의 3개부분으로 되어있다. 베이스부에는 임피던스 변혼용 FET, 소스 저항의 회로 부품, 그리고 열효율을 높이기 위한 반사판과, 이 반사판을 지탱하는 세라믹 링으로 되어 있고, 전기적 및 기계적으로 접속 고정되어 있다.

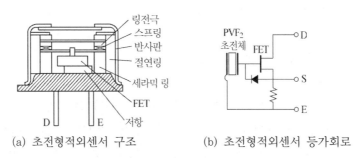

(a) 초전형적외센서 구조   (b) 초전형적외센서 등가회로

그림 1-179 초전형적외센서 구조와 등가회로

㉯ 증폭부

적외선의 쵸핑 주파수를 5 ㎐, 센서의 온도감도를 50 $\mu V/℃$, 최종 출력으로 0.1 V/℃의 출력을 얻고자 한다. 즉, 60 ㏈정도의 증폭도를 갖도록 설계하는 증폭부는 다음과 같은 사항을 고려하여야 한다.

a. 급격한 온도 환경변화
b. 외부 잡음 등에 의해 매우 낮은 주파수의 바이어스 변동
c. 상용 전원 주파수의 잡음

이 2가지 점에서 band pass filter 특성이 있는 증폭부가 필요함으로, 앰프는 2단 구성으로 하고, 첫 단에 high pass filter, 다음 단에 low pass filter를 설치하여 실현 한다.

그림 1-180은 증폭 회로의 대표 예이다. 첫 단이 high pass filter, 다음 단이 band pass filter이다.

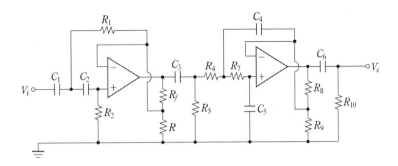

그림 1-180 증폭회로

㉓ 동기정류부

동기정류부는 Sample Hold회로로 되어 있고, 쵸퍼의 개폐 주기와 동기하여
어느 일정 폭의 펄스신호로 증폭부의 출력 신호를 Sampling하고, 다음의 펄
스가 올 때까지 Hold하는 회로로 구성된다. **그림 1-181**은 Sample Hold 회
로의 구성예를 나타낸다.

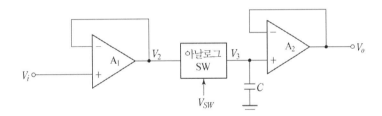

그림 1-181 Sample Hold회로

Hold 기간 중의 전압강하 ΔV_3 는 sample 기간을 T_1, Hold 기간을 T_2라고
하면 다음 식에서 구할 수 있다.

$$\Delta V_3 = V_3 - V_3 e^{-\frac{T_2}{CR}}$$

여기서, R은 OP앰프 A_2의 입력 저항, 콘덴서 C의 리크 저항, 아날로그 SW
off시의 병렬 저항을 앞에서의 식과 다음의 식에서 얻는다.

$$C \geqq \frac{T_2}{R \cdot ln \dfrac{V_3}{V_3 - \Delta V_3}}$$

㉑ 온도 보정부

적외선 센서의 출력 전압 V_s는 chopper의 온도를 T_0라고 할 때, 스테판 볼쯔만의 법칙에 의해 $(T_0^4 - T_a^4)$에 비례한 값이 된다.

$$V_2 = K \cdot (T_0^4 - T_a^4)$$

상기 식에서 피측온체의 절대 온도에 상당하는 전압 V_a를 얻기 위해서는 $V(T_a) = K \cdot T_a^4$되는 신호 $V(T_a)$를 가산 보정하면 된다. 이 $V(T_a)$가 온도 보정 회로의 출력값이 된다. 여기서 K의 값은 T_a를 일정하게 하고, T_a를 변화시켜 V_0를 변화시켜 V_0를 측정함으로써 실험적으로 구할 수 있다. 여기서는 chopper온도 T_a는 쵸퍼 주변의 분위기 온도와 거의 같이 하고 검출 소자로써 더미스터를 이용하여 온도 보정 커브의 4제곱 곡선을 근사화시켰다. **그림 1-182**는 온도 보정회로이고, **표 1-21**은 더미스터의 특성이다.

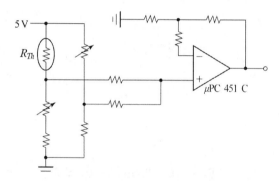

그림 1-182 온도보정회로

표 1-21 더미스터의 전기적 특성

저항값	20 kΩ±5 %
B정수	3,950 K±100 K
열시정수	15 s
열방산정수	2.5 mW / ℃
사용온도 범위	−30 ~ 100 ℃

㉮ 가산부

가산부는 온도 보정부의 출력과 동기 정류부의 출력을 가산하여 피측온체의 온도 신호로 하는 부분이다. **그림 1-183**은 low pass filter 회로를 부가한 가산회로이다.

가산부의 출력 전압은 $R_1=R_2=R_6$ 으로 하면, 가산부 입력 전압의 1/2이 된다. 그래서 앰프의 이득 2를 얻기 위해서 $R_1=R_2=R_6 = 332$ kΩ, 및 $R_4 = R_6 = 11$ kΩ으로 하고, low pass filter의 cutoff 주파수를 0.2 Hz로 하기 위하여 $C_1= C_2= 4.7$ μF, $R_3= 169$ kΩ을 이용한다.

그림 1-183은 가산회로이고 **그림 1-184**는 가산회로의 각부 출력파형을 나타낸다.

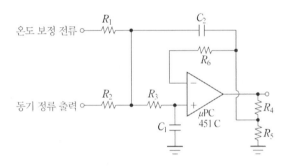

그림 1-183 가산회로

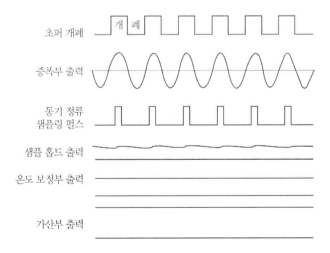

그림 1-184 각부의 출력 파형

그림 1-185는 연소물이 가솔린인 경우의 감도와 감시구역의 관계를 보인
것이다.

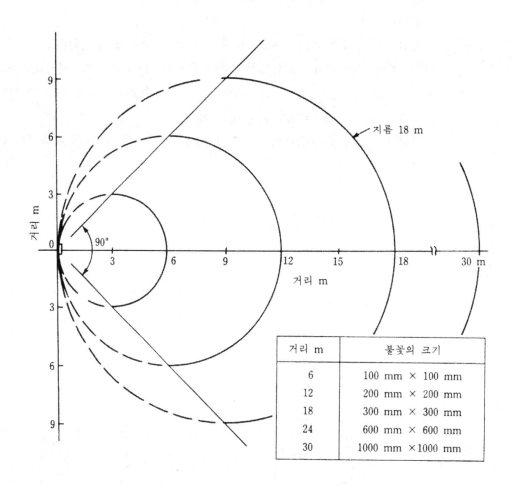

거리 m	불꽃의 크기
6	100 mm × 100 mm
12	200 mm × 200 mm
18	300 mm × 300 mm
24	600 mm × 600 mm
30	1000 mm ×1000 mm

그림 1-185 감도와 감시구역 관계

그림 1-186은 바람이 없고 실내의 온도가 25 ℃이며 불꽃의 크기가 10 cm
일 때 불꽃과 감지기의 거리에 대한 감지기 동작시간과의 관계를 나타낸 것이
다.

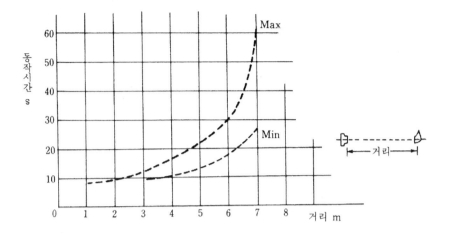

그림 1-186 거리와 동작시간

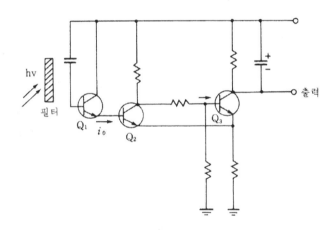

그림 1-187 TTL 구동 적외선 불꽃감지기 회로 예

　　그림 1-187은 TTL부하 구동 적외선식 불꽃감지기 회로의 일례이다. 필터
는 가시광선의 간섭을 감소시키기 위해 사용되며 Q_1은 적외선 영역에서 최대
응답을 갖는 실리콘 달링톤 포토트랜지스터이다. 이 회로는 눈으로 볼수 없
는 빛을 발생하는 하이드로폰 불꽃을 감지하기에 충분하며 출력은
Microprocess의 입력단으로 직접 전송할 수 있다.

③ 불꽃 자외선·적외선 겸용식

　　자외선·적외선 겸용 불꽃감지기란 불꽃에서 방사되는 불꽃의 변화가 일정량 이상
되었을 때 작동하는 것으로서 자외선 또는 적외선에 의한 수광소자의 수광량 변화에
의하여 1개의 화재신호를 발신하는 것을 말한다.

이 감지기는 자외선식 불꽃감지기의 성능과 적외선식 불꽃감지기의 성능을 둘 다 가지고 있는 것으로서 자외선에 의한 화재신호 및 적외선에 의한 화재신호를 발신하거나 또는 두 개의 화재신호를 각각 발신한다. 신호를 수신기에서 식별할 수 있고 일시적인 환경조건 변화에 따라 이 신호를 선별하여 사용할 수 있는 장점이 있다. 그러나 출력이 동시에 발생되도록 한 경우에는 불꽃에서 방사된 스펙트럼과 비슷한 비화재보 요인을 제거하는데는 유용하나 감지기의 감도가 제한을 받게 되며 출력이 하나만 존재할 때는 감지기의 감도저하는 보정할 수 있으나 비화재보 요인을 제거하는데는 취약해진다.

그림 1-188 (a)는 UV tron과 적외선센서를 사용한 복합형 불꽃감지기의 전자회로 기판이며 (b)는 외관이다.

(a) 전자회로 기판   (b) 외관

그림 1-188 복합형 불꽃감지기 외관과 전자회로 기판

④ 불꽃 영상분석식(Video Fire Detection system)

우리의 눈으로 화재를 인식하는 것과 같이 방범용으로 많이 쓰는 CCTV를 사용하여 온도 분포나 동작이미지를 컴퓨터로 처리한 후 영상중 적색만을 추출한 다음 영상을 분석하여 화재유무를 알 수 있다. 이를 실용화한 것으로 불꽃의 실시간 영상이미지를 자동 분석하여 화재신호를 발신하는 것을 말한다.

이를 위해 3~5℃마다 색상을 다르게 하고, 일정 온도의 면적이 어느 정도 커지면 경보를 발하도록 한다. 이 감지기와 방수총을 결합하면 자동으로 발화지점에 물을 살수할 수 도 있다. 또한 인체 감지기를 사용하여 방호 대상물에 사람의 존재 유·무에 따라 경보 기준 레벨을 다르게도 할 수 있다.

불꽃 영상분석식(Video Fire Detection system)은 CCTV 카메라를 포함하여 촬

상계, 전송계, 영상분석용 서버계, 영상분석 처리보드와 키보드, 데이터 입출력장치로 구성된다. 촬상계는 피사체를 촬영하여 전기신호로 변환하며, 전송계는 전기신호를 원격지(Remote Site)에 전송하고, 서버계는 전송되어 온 영상신호를 분석·표시하는 역할을 한다. 화재시 발생되는 연기를 인식하기 위해서는 공간분석에 따른 이동물체를 감지하고 윤곽의 특징을 추출한다. 이 때 이동상황을 판단하는 알고리즘이 필요하며 잔상을 축소한다. 그런 다음 적응성배경과 정지배경을 제거하며 비화재보 원인을 제거하도록 한다. 화재시 발생되는 불꽃을 영상으로 처리하려면 녹색(GREEN)과 청색(BLUE)을 제거하고 적색을 추출(RED Filtering) 하여야 한다. 적색추출(Red Filtering)을 하여 나타난 적색화상(Red Image)에서는 그 경계가 다양한 색상에 의해 애매모호하므로 경계를 추출하기 위하여 단순한 흑백영상으로 치환한 다음 2치화된 영상으로 추출하는 방법도 있다. 이 때 경계가 명확한 흑백 2치영상을 얻기 위하여 Graylevel Image로 치환한다. Threshold값을 200레벨로 설정하면 불꽃과 불꽃이 아닌 주변영상과 구분된다. 컬러영상에서는 현재화소와 주변화소를 비교하며 2치영상으로부터 불꽃의 경계만을 검출하여 화재유무를 판단한다.

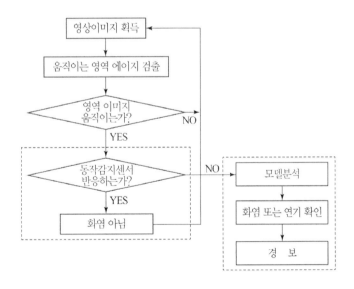

그림 1-189 **불꽃 영상분석식의 동작**

⑤ 도로형 불꽃감지기

이 감지기는 불꽃검출범위가 180° 이상으로 방화대상물이 도로로 제한되어 사용되고 있다. **그림 1-190**은 수광부의 창이 50 % 오염시의 감시범위를 보인 것이다.

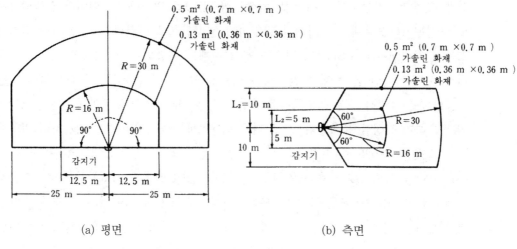

(a) 평면 　　　　　　　　　(b) 측면

그림 1-190　도로형 불꽃감지기 감시범위

(6) 불꽃감지기의 설치

① 공칭감시거리 및 공칭시야각은 형식승인 내용에 따른다.

② 감지기는 공칭감시거리와 공칭시야각을 기준으로 감시구역이 모두 포용될 수 있도록 설치한다.

③ 감지기는 화재감지를 유효하게 감지할 수 있는 모서리 또는 벽 등에 설치한다.

④ 감지기를 천장에 설치하는 경우에는 감지기는 바닥을 향하여 설치한다.

⑤ 수분이 많이 발생할 우려가 있는 장소에는 방수형으로 설치한다.

⑥ 그 밖의 설치기준은 형식승인 내용에 따르며 형식승인 사항이 아닌 것은 제조사의 시방에 따라 설치한다.

6) 아날로그식 감지기

　아날로그식 감지기는 주위의 온도 또는 연기량의 변화에 따라 각각 다른 전류값 또는 전압값 등의 출력을 발하는 방식의 감지기이다. 종래의 감지기가 정상상태와 화재신호의 두 가지 상태를 알려주었지만 열 또는 연기의 농도나 다단층의 화재정도에 대해서도 화재정보신호로서 발신하도록 한 것이다. 즉, 오손경보, 저감도경보 등의 상태도 감지기에서 감지할 수 있도록 한 후 이의 상태를 어드레스라고 하는 고유의 번호에 의해 수신기에서 순차적으로 검색할 수 있게 하였다. 이를 위해 아날로그 신호를 수신할 수 있는 수신기를 설치하여 온도 또는 농도 등의 변화에 따라 **그림 1-191**과 같은 감지기의 단계별 경보출력으로 예비경보, 화재경보, 소화설비 연동 등을 수행하게 하여 화재감지시 순차적 대응이 가능하도록 한 것이다.

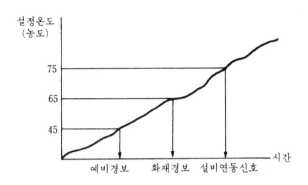

그림 1-191   아날로그식 감지기의 단계별 경보출력

또한 아날로그식 감지기는 수신기에 표시할 때 감지기의 상태도 알 수 있다. 따라서 화재
경보를 발하지 않고도 감지기의 이상유무를 미리 알 수 있어 사전에 불량 및 기능저하 감지
기의 교환 등이 가능하다. 그러므로 다른 감지기에서의 발보이후의 검출정보를 연속적으로
수신할 수 있어 그 정보에 따라 화재유무의 판단이 가능하므로 시스템의 신뢰성을 크게 제
고시킬 수 있다.

그림 1-192는 아날로그식 감지기의 일반적 구성도이다. 감지기는 수신기와 접속된 일단
의 전송선을 통하여 고유번호(Address)에 따라 주기적으로 호출된다. 수신기에서 보내온
호출신호 가운데의 고유번호 정보와 자체내에 설정된 번호(Address)를 비교하여 일치할
때 응답한다. 동일 전송선에 접속되어 있는 감지기는 고유번호(Address)가 중복되어 설정
되는 경우는 없으므로 호출된 감지기만 응답하게 된다.

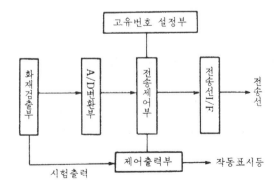

그림 1-192   아날로그식 감지기의 구성

감지기는 고유번호(Address) 정보에서 자신의 고유번호를 식별하면 화재검출부에서 열, 연기 등의 화재정보를 검출하고 이 아날로그 출력을 A/D 변환부에서 디지털화시킨다. 이때 변화된 값을 전송제어부에서 고유번호 설정부와 비교한 뒤 전송선 인터페이스를 통하여 수신기에 송신한다.

수신기는 이를 수신하여 감지기 설치장소마다의 환경에 대응한 최적 감시조건과 비교하여 화재판단을 행하고 필요에 따라 화재경보를 발한다. 수신기는 감지기의 검출출력을 수신하는 이외에 화재경보와 판단 결과를 표시하는 작동표시등의 출력제어 및 화재검출부의 기능을 확인하기 위한 시험신호 출력제어가 가능하다.

(1) 종류

① 아날로그 이온화식 스포트형 감지기

주위의 공기가 연기를 포함하여 일정범위의 농도에 도달할 때에 해당농도에 대응한 화재정보신호를 발신하는 것으로서, 일국소의 연기에 의한 이온전류의 변화를 이용한 것이다. **그림 1-193** (a)는 아날로그 이온화식 스포트형 감지기의 외관이며 (b)는 그 구조이다.

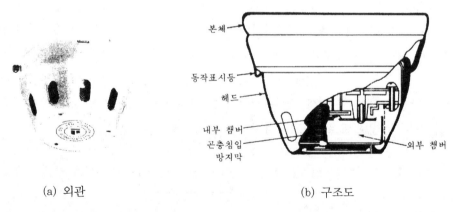

(a) 외관   (b) 구조도

그림 1-193 아날로그 이온화식 스포트형 감지기의 외관과 구조

그림 1-194는 구성도이며 아날로그 이온화식 감지기의 공칭감지농도범위(설계치)는 1 m에 해당하는 환산감광율로 하며 다음 각 호의 시험에 적합하여야 한다.

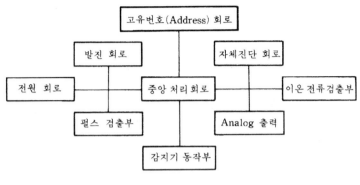

그림 1-194 구성도

　ㄱ 풍속을 20 ㎝/s 이상 40 ㎝/s 이하로 하여 공칭감지농도의 최저농도값에 해당하
　　는 전리전류변화율에서 최고농도값에 해당하는 전리전류변화율까지 매분 0.12
　　의 일정한 간격으로 직선상승하는 연기기류에 투입하였을 때 연기농도에 대응하
　　는 화재정보신호를 발신하여야 한다.
　ㄴ 공칭감지농도범위의 임의의 농도에서 이온화식 연기감지기의 작동시험규정에 준
　　한 시험을 실시하는 경우 30초 이내에 작동하여야 한다.
② 아날로그 광전식 스포트형 감지기
　주위의 공기가 연기를 포함하여 일정범위의 농도에 도달할 경우에 해당농도에 대응
　한 화재정보신호를 발신하는 것으로서 일국소의 연기에 의한 광전소자의 수광량 변
　화를 이용하는 것 감지기이다. **그림 1-195**는 이 감지기의 외관이다.

그림 1-195 아날로그 광전식 스포트형 감지기

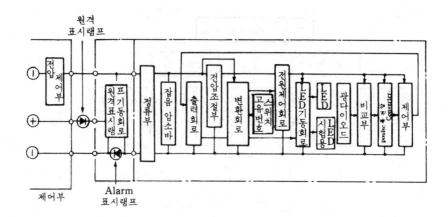

그림 1-196 회로 구성도

 그림 1-196은 아날로그 광전식스포트형 감지기의 구성도이다. 감지기 내에는
4bit CPU가 내장되어 있으며 수신기의 호출에 따라 검출부의 LED가 주기적으로 발
광한다. 연기가 검출부에 유입되면 LED의 빛을 산란시켜서 수광소자(Photo diode)
에 미소량의 빛이 입사한다. 이 수광소자에서의 출력을 전류 모드로 변환하여 아날
로그 신호로 하여 수신기에 송출하게 된다.
 아날로그식 광전식스포트형감지기의 공칭감지농도범위(설계치)는 1 m에 해당하
는 환산감광율로 하며, 다음 시험에 적합하여야 한다.
㉠ 풍속을 20 ㎝/s 이상 40 ㎝/s 이하로 하여 공칭감지농도의 최저농도값에서 최고
   농도값에 도달할 때까지 1 m 감광율로 분당 2.5 % 이하의 일정한 간격으로 직선
   상승하는 연기기류를 가할 때 연기농도에 대응하는 화재정보신호를 발신하여야
   한다.
㉡ 공칭감지농도범위의 임의의 농도에서 분리형광전식감지기의 작동시험의 규정에
   준한 작동시험을 실시하는 경우 30초 이내에 작동하여야 한다.
③ 아날로그 광전식 분리형 감지기
   주위의 공기가 연기를 포함하여 일정한 범위의 농도에 도달할 때에 해당농도에 대응
   하는 화재정보신호를 발신하는 감지기로, 광범위한 연기누적에 의하며 광전소자의
   수광량의 변화를 이용한 것을 말한다. 그림 1-197은 아날로그 광전식 분리형 감지
   기의 외관이다. 송광부의 감지소자로는 광전소자인 적외선 발광 다이오드를 사용하
   고 수광부의 감지소자로는 포토다이오드를 주로 사용한다.

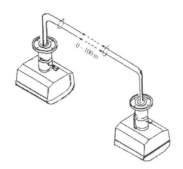

그림 1-197 아날로그 광전식 분리형 감지기의 외관

㉠ 광전소자의 일반적인 특징

  ㉮ 물체에 손상이나 영향을 주지않고 직접 접촉하지 않으므로 무접촉검출이 가능하다.

  ㉯ 물체의 표면반사, 투과광 등 빛의 변화를 감지할 수 있기 때문에 모든 물체가 검출대상이 된다.

  ㉰ 사람의 눈으로 판별하기 어려운 고속검출이 가능하며 응답속도가 빠르다.

  ㉱ 렌즈와 반사경 등의 광학재료나 차광판 등에 의해 비교적 간단하게 집광, 확산, 굴절이 가능하며 검출물체와 사용환경에 대한 최적의 검출영역을 만들 수 있어 검출범위를 조정하기 쉽다.

  ㉲ 장거리 검출이 가능하고 파장이 짧고 직진성이 좋아 판별력이 뛰어나다.

  ㉳ 자기(磁氣)와 진동의 영향이 적고 안정된 동작을 얻을 수 있다.

  ㉴ 수광한 빛의 변화에 따라 색의 판별이나 농담검출이 가능하다.

㉡ 광원으로 사용되는 빛의 종류

  ㉮ 변조광 : 일정한 시간마다 일정한 변조폭의 빛을 방사하는 것으로 직류광 또는 맥류광을 전기적 또는 기계적으로 단속시킨 빛을 말하며 광전 센서에 가장 적합한 빛이다. 현재 변조점등방식을 사용한 변조광형 광전 센서가 가장 많이 사용되고 있다.

  ㉯ 직류광 : 발열전구를 정전압전원 등에 직류전원으로 점등시킬 때 얻는 빛으로 방사조도는 **그림 1-198**과 같이 일직선이다. 직류광을 사용할 경우에는 발열 때문에 발광 다이오드로 흐르는 전류가 제한되어 발광량이 약하다.

  그러므로 외란광에 약하고 검출거리가 짧아지는 단점이 있으나 백열전구를 사용할 경우 방사조도가 높고 분해력이 뛰어나기 때문에 고성능, 고속응답이 요구되는 경우나 검출거리가 짧고 외란광의 영향을 받지 않는 기기 내장용으로 사용되고 있다.

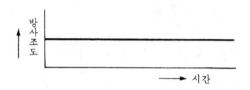

그림 1-198 직류광

㉰ 맥류광 : **그림 1-199**와 같이 일정한 방사조도로 규칙적인 변화가 일어나며 백열전구를 일반상용의 교류전원으로 점등시킬 때 얻어지는 빛이다.

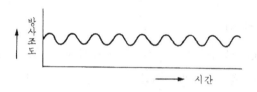

그림 1-199 맥류광

ⓒ 공칭 감시거리의 구분, 공칭감시농도범위, 화재정보신호 및 감도시험
㉮ 공칭 감시거리는 5 m 이상 100 m 이하로 하여 5 m 간격으로 한다.
㉯ 송광부와 수광부 사이에 감광필터를 설치할 때 공칭감지농도범위(설계치)의 최저농도값에 해당하는 감광율에서 최고농도값에 해당하는 감광율에 도달할 때까지 공칭감시거리의 최대값까지 분당 30 % 이하로 일정하게 분할한 감광필터를 직선상승하도록 설치할 경우 각 감광필터값의 변화에 대응하는 화재정보신호를 발신하여야 한다.
㉰ 공칭감지농도범위의 임의의 농도에서 분리형광전식감지기 작동시험의 규정에 준하는 시험을 실시하는 경우 30초 이내에 작동하여야 한다.
ⓔ 구성 및 설치
그림 1-200은 수광부와 송광부를 수신기에 접속하는 구성도를 나타낸 것이며 수광부와 송광부 사이의 거리가 감시거리가 된다. 설치시에는 대개 5~10 m, 10~25 m, 25~30 m, 50~100 m의 4단계로 분할하고 설치상황에 대응한 최적한 감

도를 설정한다. **그림 1-201**은 경사 천장에 설치하는 경우를 보인 것으로 천장 높이는

$$h = \frac{H + H'}{2}$$

로 하고, 이것의 80 % 이상 높이에 설치한다. 또한 경계구역의 1변의 길이는 100 m 이하로 할 수 있다.

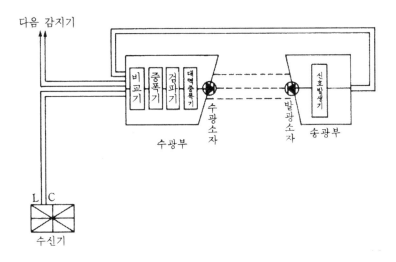

그림 1-200 구성과 접속

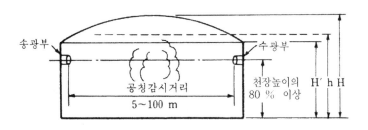

(a) 경사천장

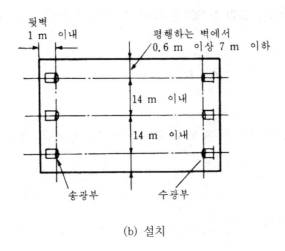

(b) 설치

그림 1-201   수광부와 송광부의 설치

(2) 아날로그방식의 감지기 설치

아날로그방식의 감지기는 공칭감지온도범위 및 공칭감지농도범위의 적합한 장소에, 다
신호방식의 감지기는 화재신호를 발신하는 감도에 적합한 장소에 설치한다. 다만, 이 기준
에서 정하지 않은 설치방법에 대하여는 형식승인 사항이나 제조사의 시방에 따라 설치할
수 있다.

그러나 광전식분리형감지기는 다음과 같이 설치한다.

① 감지기의 수광면은 햇빛을 직접 받지 않도록 설치한다.

② 광축(송광면과 수광면의 중심을 연결한 선)은 나란한 벽으로부터 0.6 m 이상 이격하
여 설치한다.

③ 감지기의 송광부와 수광부는 설치된 뒷벽으로부터 1 m 이내 위치에 설치한다.

④ 광축의 높이는 천장 등(천장의 실내에 면한 부분 또는 상층의 바닥하부면을 말한다)
높이의 80 % 이상이어야 한다.

⑤ 감지기의 광축의 길이는 공칭감시거리 범위이내이어야 한다.

⑥ 그 밖의 설치기준은 형식승인 내용에 따르며 형식승인 사항이 아닌 것은 제조사의
시방에 따라 설치한다.

(3) 아날로그감지기 접속

아날로그방식의 감지기는 공칭감지온도범위 및 공칭감지농도범위에 적합한 장소에, 다
신호방식의 감지기는 화재신호를 발신하는 감도에 적합한 장소에 설치한다. 다만, 이 기준

에서 정하지 않는 설치방법에 대하여는 형식승인 사항이나 제조사의 시방에 따라 설치할 수 있다. **그림** 1-202는 아날로그감지기 접속방법을 보인 것이며 **그림** 1-203은 고유번호 (Address)감지기의 접속방법을 보인 것이다.

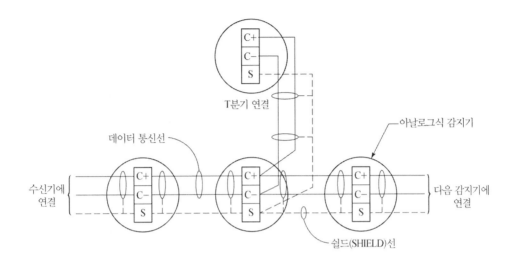

그림 1-202 아날로그감지기 접속

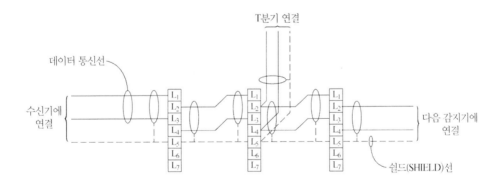

1-203 고유번호(Addressable)감지기의 접속

그림 1-204는 종래 일반감지기와의 회로결선 및 전선수를 도시한 것이다. 회선이 63회 선인 경우 종래에는 회로선 63본과 공통선 9본이 필요하여 총 72본의 전선이 필요하였으나 아날로그 감지기는 회로선 1본, 공통선 1본으로 2본만 있으면 된다. 이 때 아날로그식 감지 기로부터 수신기까지의 배선은 내열성을 가져야 한다.

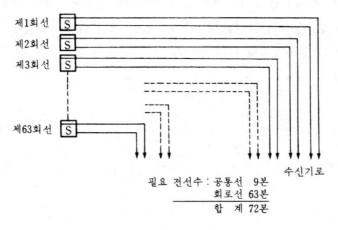

(a) 종래의 일반감지기

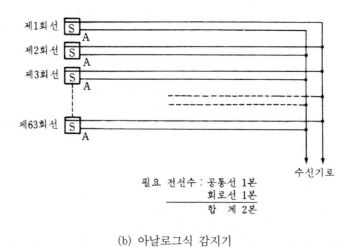

(b) 아날로그식 감지기

그림 1-204　회로결선 및 전선수 비교

7) 공기흡입형감지기

　기존의 감지기도 재산과 생명을 보호하는게 목적이지만 화재를 감지하는데는 장소나 감지기 특성상 시간차이가 있다. 이 감지기는 항온, 항습기, 에어컨등의 공기조화설비가 설치되어 있어 실내의 공기 흐름이 빨라 화재가 발생하더라도 연기가 공기조화설비의 공기흐름에 희석되는 경우에 적용한다. 이를 위해 긴 파이프에 크기별 다른 구멍이 뚫린 곳으로 공기를 샘플링하여 감지하는데 두 가지 방법이 있으며 이에는 Cloud Chamber형과 초미립자 검출감지기가 있다. Cloud Chamber형은 공기펌프에 의해 감지기 설치장소의 공기를

HHC(High Humidity Chamber)로 흡입하고 챔버내의 압력을 낮추면 연기입자는 공기중에 있던 습도입자가 달라붙어 응축되면서 크기를 증대시켜 Cloud형상을 만든다. 그러면 Cloud의 밀도를 광전식감지기 원리로 측정하는 것이다.

주요 구성요소는 Tube, 공기펌프, 필터, Cloud Chamber, 광원, 광수신장치등이다.

초미립자 검출감지기는 Cloud Chamber형 감지기와 유사하나 Cloud Chamber를 사용하지 않고 크세논램프를 이용하는 산란광식감지기이다.

근래 공기를 샘플링하는 방법은 전과 동일하나 레이져빔을 이용하는 고감도감지기가 개발되었다. 주요 구성요소는 Tube, 공기펌프, 크세논광원, 고감도광수신장치, 작동시간 조정장치, 감도조정장치등이다. 전산실 또는 반도체 공장등에 설치하고 설치장소·감지면적 및 공기흡입관의 이격거리등은 형식승인 내용에 따른다. 그 외 형식승인 사항이 아닌 것은 제조사의 시방에 따라 설치하도록 하고 있다.

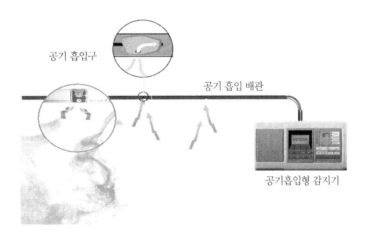

그림 1-205   공기흡입형감지기의 구성

8) 일산화탄소 감지기

화재시 발생되는 가스로는 CO, CO_2, CL(염소), HCN(시안화수소), HF(불소), HS(황화수소), NO(일산화질소), NH3 등이 있으나 모든 화재시 발생되는 것이 CO이다. 그렇기 때문에 이를 감지하여 화재를 감지하기 위해서는 고분자 필름 센서, 전기화학 원리 및 반도체 소자를 이용하여 CO를 감지하는 감지기로 미국에서는 실용화되어 있다. 가스센서에 의한 가스검지방식은 다음이 있다.

(1) 접촉식 가스센서

특정 물질표면에 측정가스분자가 접촉되면 물질의 전기적, 화학적 변화량을 측정하여 농도로 환산하는 방식이다. 이에는 전기화학식, 고체전해질식, 반도체식 등이 있다. 저가이면서도 소형으로 만들 수 있고 대부분 가스검출이 가능하며 응답시간이 빠르다. 그러나 별도의 가열장치가 필요하며 예열시간이 많이 필요하다. 따라서 고전력이 소요되며 가스선택성이 낮고 정확도가 낮은 단점이 있다.

(2) 광학식 가스센서

특정파장의 적외선에 대한 가스의 흡수율을 측정하여 그 농도를 알 수 있는 방식이다. 이에는 NDIR(Non Dispersive Infrard)방식과 광음향방식(Photo acoustic)이 있다. 저 전력 긴수명이면서도 높은 정확도를 가지며 가스 선택성이 우수하다. 그러나 응답시간이 늦고 단원자분자인 산소, 질소등은 측정이 불가하며 광도파관을 사용하여야 한다. 광검출로는 광량에 의한 온도변화 기울기를 측정할 수 있는 초전소자(Pyroelectric)와 광량에 의한 온도변화량을 측정하는 열전(Thermoelectric)소자를 많이 사용한다.

9) 다중센서 감지기

다중센서 감지기는 오류신호에 영향을 받지 않는 일반적인 작동을 하다가 열, CO 또는 연기 어느 하나의 화재 특성이 감지되면 민감하게 반응한다. 그리고 모든 화재 요소가 감지되는 경우에만 경보신호를 발할 수 있게 하는 것이다. 이와 유사한 복합 센싱감지기가 있는데 여러 개의 복합 센서를 1개의 하우징에 넣은 후 화재를 감지하게 한 것이다. 어느 센서 중 화재상황을 감지하면 그 각각의 감지 특성을 분석한 다음 각각의 센서 특성을 알고리즘화한 후 감지기의 제어 프로그램으로 화재발생을 송신하게 한다. 즉, 평상시에는 여러 개의 센서가 둔감한 상태로 있어 비화재보를 방지하나 1개 센서의 화재감지시에는 다른 센서들의 감도가 민감하게 되어 조기 동작이 가능하다. 그리고 화재시에는 민감해진 센서들이 모두 동작하여 화재신호를 전송한다.

다중센서 감지기의 감지방식은 다음이 있다.

(1) 열감지(T) : 감도가 연기감지기보다 낮으며 비화재보 발생도 낮다.

(2) 이온화식 감지(I) : 방사선 물질을 사용한다.

(3) 광전식 감지(O) : 감도가 우수하나 연기특성에 영향을 받고 비화재보 발생이 높다.

(4) CO감지(G) : 화재시 응답속도가 매우 빠르다.

(5) O^2 감지 : 2개의 발광부를 설치하여 연기 색상 문제를 최소화한 광전식이다.

(6) blue감지 : 청색 LED를 사용하여 연기입자 크기를 고려한 광전식이다.

① OTI 감지기

　OTI 다중센서 감지기는 광전식 연기감지기, 열감지기 및 이온화식 감지기(OTI = 광전식, 열 및 이온화식 센서)로 구성되어 있다. 개별 센서의 입력값들은 경보의 판정을 하기 전에 기록되고 이에 관한 알고리즘을 이용하여 서로 비교한다.

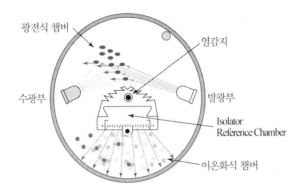

그림 1-206 OTI 다중센서 감지기

② O^2T 감지기

　O^2T 감지기는 OTI 감지기처럼 세 가지의 상이한 센서, 즉, 두 개의 발광부를 설치하하여 Two angle 원리를 이용하여 연기입자 색상에 무관하다.

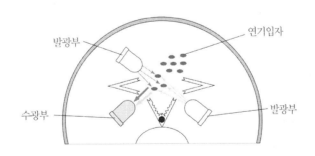

그림 1-207 O^2T 다중센서 감지기

　O^2T 다중센서 감지기는 상이한 각도에서 작동하는 두 개의 발광부에 의한 산란광 신호로 에어로졸을 감지한다. 하나의 발광부에 의한 산란광 경로는 밝은 색의 에어로졸을 감지하기에 매우 효과적이고, 다른 하나는 어두운 색의 에어로졸을 감지하기에 매우 효과적이도록 발광부가 배열되어 있다. 여러 가지 유형의 연기는 각 경로에

서 측정된 결과를 서로 상호 계산하여 식별할 수 있다. 두 개의 발광부에 의한 O^2T 감지기에서의 이중 각도 기술의 적용은 스팀 또는 분진 및 운전 중인 공정으로부터 발생하는 증기등 특정한 비화재보의 원인을 확인하는 것을 가능하게 하였다고 할 수 있다.

③ OTG 감지기

연기 및 열 센서 이외에 OTG 다중센서 감지기는 또한 내장 CO 감지기를 갖고 있다. 연소가스의 조기 감지를 통하여, OTG 감지기는 연소가스가 눈에 보이기 이전에 화재를 감지할 수 있다. 이러한 설비는 생명을 위협하는 무취의 CO 농도를 감지할 때 응답 속도가 빨라 빠르게 경보장치를 작동시킬 수 있다.

훈소가 예상되는 침실, 어린이집, 사무실 등과 같은 장소에 유용하다.

④ OT^{blue} 감지기

적외선 광원 대신에 매우 짧은 파장의 빛을 발산하는 청색 다이오드를 이용한다. OT^{blue} 감지기는 액체 화재, 목재 나화, 눈에 보이지 않는 에어로졸 및 이온화식 감지기에 의해서만 감지될 수 있는 입자도 감지할 수 있는 장점이 있다. 이온화식 감지기에 비교해서 기류와 습기에 더 잘 견디며, 방사선원소를 필요로 하지 않는다.

⑤ 이중파장 연기 감지기

청색 및 적색 LED를 모두 내장한 비화재보 방지용 광전식 연기감지기이다. 불꽃화재는 입자크기가 작아 청색광과 적색광의 산란비율이 다르다. 이와 같이 청색광과 적색광의 산란비율을 비교하여 일정이상의 차이가 있을 경우에만 화재로 인식하게 하는 감지기이다.

10) 음장스펙트럼 화재감지기

기존의 화재감지기는 불꽃, 연기, 열을 감지하기 때문에 책상 밑의 화재나 반자 속에서의 전기합선에 의한 화재처럼 사각지대에 있거나 연기가 충분히 공간을 채우기 전, 온도가 충분히 오르지 않는 상황에서는 화재감지가 쉽지 않다.

따라서 중요한 보안공간에 멀티톤 주파수의 음파의 분포로 이루어진 음장을 형성한 후 침입이나 화재(온도변화)에 의한 음장 스펙트럼의 변화를 설치된 마이크로폰을 통해 측정한다. 이 방법은 공간 전체를 감시하는 것으로 일국소의 영역만을 감지하는 감지방법이나 사각지대에 대한 좁은 영역의 음장변화에도 민감히 반응하여 초기화재를 감지하는데 유용하리라 생각된다.

③ 감지기의 시험 : 감지기의 시험은 특별히 규정된 경우를 제외하고는 실온이 5 ℃ 이

상 35 ℃ 이하이고, 상대습도가 45 % 이상 85 % 이하의 상태에서 실시한다.

[주위온도시험]

감지기의 주위 온도시험은 다음 각 호의 규정에 의하여 시험할 경우 기능에 이상이 생기지 아니하여야 한다.

1. 정온식 성능이 있는 감지기는 −(10±2) ℃에서 공칭작동온도(2 이상 공칭 작동온도를 갖는 것에 있어서는 가장 낮은 공칭 동온도, 노화시험에서도 같다) 보다 20±2 ℃ 낮은 온도까지의 주위온도시험

2. 아날로그식으로 정온식감지기는 −(10±2) ℃에서 공칭감지온도 범위의 상한값보다 (20±2) ℃ 낮은 온도까지의 주위온도시험

3. 불꽃감지기는 −(20±2) ℃에서 (50±2) ℃까지의 주위온도시험

4. 그 밖의 감지기는 −(10±2) ℃에서 (50±2) ℃에서의 주위온도시험

[감지기의 접점]

1. 감지기의 접점은 KS S 2507(통신기기용 접점재료)에 의한 PGS 합금 또는 이와 동등이상의 효력이 있는 것으로 접촉면을 연마하여 사용하여야 한다.

2. 감지기의 접점은 불활성 가스 중에 밀봉한 것을 제외하고는 접점을 접촉시키는 데 필요한 힘의 2배의 힘을 가하는 경우에 접촉압력이 5 g 이상이어야 한다.

3. 감지기의 접점 및 조정부는 노출되지 아니하는 구조이어야 한다.

[인장시험]

1. 차동식 분포형 감지기의 선으로 된 감열부 및 정온식 감지선형 감지기는 다음 각 호에 적합하여야 한다.
   a. 시료의 한쪽 끝을 고정하고 감지기로부터 25 cm떨어진 곳에 10 kg의 인장하중을 가하는 경우 끊어지지 아니하여야 하며 또한 기능에 이상이 생기지 아니하여야 한다.
   b. 선으로 된 부분의 접속부품은 이를 사용한 경우 접속으로 인하여 그 부분의 기능에 이상이 생기지 아니하여야 한다.

2. 감지기는 다음 각 호에 적합하여야 한다. 다만, 단독경보형의 감지기는 그러하지 아니하다.
   a. 단자는 1극에 대하여 2개이어야 한다.
   b. 단자 대신에 전선을 사용하는 감지기(감지선형인 것을 제외한다)에 있어서 전선은 그 수를 1극에 대하여 2개로 하고 1개당 2 kg의 인장하중을 가한 경우 끊어지지 아니하여야 하며 기능에 이상이 생기지 아니하여야 한다.

[노화시험]

정온식 성능이 있는 감지기는 공칭작동온도 또는 공칭작동온도보다 (20±2) ℃ 낮은 온도의 공기중에서, 아날로그식의 정온식감지기 성능을 가진 것은 공칭감지온도 범위의 상한값보다 (20±2) ℃ 낮은 온도의 공기중에서, 옥내·옥외형 또는 도로형 불꽃감지기는 (50±2) ℃의 공기중에서, 그 밖의 감지기는 (50±2) ℃의 공기중에서 통전상태로 30일간 방치하는 경우 그 구조나 기능에 이상이 생기지 아니하여야 한다.

[방수시험]

방수형의 감지기는 (23±2) ℃, 상대습도 (50±2) %의 상태에 24시간 방치한 후 (23±2) ℃의 맑은 물에 48시간 침지시키는 경우 내부에 물이 고이지 않아야 하며, 기능 및 절연저항시험에 이상이 생기지 아니하여야 한다.

[살수시험]

옥내·옥외형 및 도로형 불꽃감지기(방수형은 제외한다)는 일반 사용상태로 부착하고 맑은 물을 34.5 kPa의 압력으로 3개의 분무헤드를 이용하여 전면 상방에 (45±2)° 각도의 방향에서 시료를 향하여 일률적으로 24시간 이상 물을 분사하는 경우에 내부에 물이 고이지 않아야 하며, 기능 및 절연저항시험에 이상이 생기지 아니하여야 한다.

[내식시험]

1. 감지기는 보통형의 것은 (a)의 시험을, 내산형은 (b) 및 (c)의 시험을, 내알칼리형은 (b) 및 (d)의 시험을 실시한 다음, 감지기 외부의 물방울을 닦고 상온상습에서 4일간 놓아둔 후 감도시험 및 절연저항시험을 실시하는 경우 이상이 생기지 아니하여야 한다. 이 경우 (a), (b), (c) 및 (d)의 시험은 (45±2) ℃인 상태에서 실시하며, 공기관식의 공기관은 직경 10 mm의 원형막대에, 열전대식의 열전대부 또는 감지선형의 선상감열부는 직경 100 mm의 원형막대에 밀착시켜 10회 감아서 실시한다.

   a. 5 L의 시험기기중에 농도 40 g/L 되는 티오황산나트륨수용액 500 mL를 넣고 1규정 농도의 황산 156 mL를 물 1 L에 용해한 용액을 1일 2회 10 mL씩 가하여 발생하는 아황산가스중에 4일간 놓아두는 시험

   b. 5 L의 시험기기중에 농도가 40 g/L 되는 티오황산나트륨수용액 500 mL를 넣고 1규정 농도의 황산 156 mL를 물 1 L에 용해한 용액을 1일 2회 10 mL씩 가하여 발생하는 아황산가스중에 16일 놓아두는 시험

    c. 농도가 1 ㎎/L 되는 염화수소가스중에 16일간 놓아두는 시험

    d. 농도가 10 ㎎/L 되는 암모니아가스중에 16일간 놓아두는 시험.

 2. 옥내·옥외형 또는 도로형 불꽃감지기의 외부에 3 %의 염화나트륨수용액을 면적 9 ㎟의 수평면적당 1 ㎜ 이상 3 ㎜ 이하의 용액을 일정비율로 1일 1회 30초씩 3일동안 분무한 다음 (40 ± 2) ℃ 상대습도 (95 ± 2) %의 공기중에 15일간 방치할 경우 부식이 발생하지 아니하여야 하고, 감도시험(차동식감지기의 성능을 가진 것은 계단상승시험) 및 절연저항시험을 실시하는 경우 이상이 생기지 아니하여야 한다.

[반복시험]

    감지기(비재용형인 것은 제외한다)는 감지기가 작동하는 경우에 단자접점에 저항부하를 연결하고 정격전압전류를 가한 상태에서 다음 각 호에 해당하는 감지기의 구분에 의하여 조작을 1,000회 반복할 경우 그 구조 또는 기능에 이상이 생기지 아니하여야 한다.

 1. 차동식감지기의 성능을 가진 감지기(보상식스포트형감지기는 제외한다)는 실온보다 다음의 구분에 따른 온도만큼 높은 기류중에서 작동할 때까지 놓아둔 다음 다시 실온과 동일한 온도의 강제통풍중에서 원상태가 되도록 냉각을 반복하는 시험

    a. 1종 감지기는 (30±2) ℃

    b. 2종 감지기는 (40±2) ℃

    c. 3종 감지기는 (60±2) ℃

 2. 정온식감지기의 성능을 가진 감지기(보상식스포트형감지기는 제외한다)의 경우는 공칭작동온도(2 이상의 공칭작동온도를 가진 것은 가장 높은 공칭작동온도)보다 다음의 구분에 따른 온도만큼 높은 기류중에서 작동할 때까지 놓아둔 다음 실온과 동일한 온도의 강제통풍중에서 원상태가 되도록 냉각을 반복하는 시험(2 이상의 성능 또는 종별을 가진 것은 가장 높은 시험온도로 시험)

    a. 특종과 1종 감지기는 (30±2) ℃

    b. 2종 감지기는 (40±2) ℃

    c. 3종 감지기는 (60±2) ℃

 3. 보상식스포트형 감지기는 공칭정온점보다 다음 구분에 따른 시험온도(2이상의 성능 및 종별을 가진 경우는 가장 높은 온도)의 기류중에서 작동할 때까지 놓아 둔 다음 다시 실온과 동일한 온도의 강제통풍중에서 원상태가 되도록 반복

하는 시험(2이상의 성능 또는 종별을 가진 것은 가장 높은 시험온도로 시험)

   a. 특종과 1종 감지기는 (30±2) °C

   b. 2종 감지기는 (40±2) °C

   c. 3종 감지기는 (60±2) °C

4. 아날로그식인 정온식 감지기 성능을 가진 것은 공칭 감지온도 범위 중 상한값 보다 (30±2) °C 높은 시험온도의 기류 중에서 작동상태가 될 때까지 방치한 다음 다시 실온과 동일한 온도의 강제통풍 중에서 원상태가 되도록 냉각을 반복하는 시험

5. 이온화식감지기의 성능을 갖는 감지기는 이를 작동시키는 전압을 가하여 작동 상태가 될 때까지 방치한 다음 다시 본래의 상태로 복귀하도록 반복하는 시험

6. 광전식감지기의 성능을 가진 감지기 및 불꽃감지기는 이를 작동시키는 광량을 가하여 작동상태가 될 때까지 방치한 다음 다시 본래의 상태로 복귀하도록 반복하는 시험

[진동시험]

감지기는 전원이 인가된 상태에서 IEC 60068-2-6의 시험방법에 따라 다음 각 호에 따른 시험을 실시하는 경우 시험중 잘못 작동되거나 시험후 구조 및 기능에 이상이 없어야 한다.

1. 주파수 범위 : (10 ～ 150) Hz

2. 가속도 진폭 : 5 m/s^2

3. 축수 : 3

4. 스위프 속도 : 1 옥타브/min

5. 스위프 사이클 수 : 축 당 1

감지기는 전원을 인가하지 아니한 상태에서 IEC 60068-2-6의 시험방법에 따라 다음 각 호의 규정에 의한 시험을 실시하는 경우 구조 및 기능에 이상이 없어야 한다.

1. 주파수 범위 : (10 ～ 150) Hz

2. 가속도 진폭 : 10 m/s^2

3. 축수 : 3

4. 스위프 속도 : 1 옥타브/min

5. 스위프 사이클 수 : 축 당 20

[충격시험]

감지기의 전원을 인가한 상태에서 두께 20 ㎜, 폭 300 ㎜, 길이 500 ㎜의 나무판 중앙에 부착하여 이를 뒤집은 후 나무판의 양끝으로부터 50 ㎜의 부분을 받침대로 지지하여 고정시키고, 감지기가 부착된 나무판의 반대면 중앙에 무게 0.54 ㎏ 직경 51 ㎜의 강철구를 775 ㎜의 높이에서 **그림 1-208** (a)와 같이 진자운동에 의하여 충격을 가하는 시험 또는 **그림 1-208** (b)와 같이 자유낙하에 의하여 충격을 가하는 시험을 1회 실시하는 경우 잘못 작동하거나 그 구조 또는 기능에 이상이 생기지 아니하여야 한다.

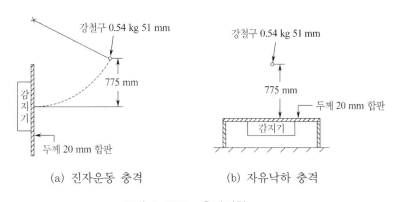

그림 1-208 충격시험

[분진시험]

감지기는 전류를 통한 상태에서 내부용적이 0.09 m³가 되는 밀폐된 상자내에 정상위치로 부착하고 KS A 0090(시험용 더스트)의 5종 플라이애시 60 g을 상자속에 넣고 풍속이 0.25 m/s로 압축된 공기 또는 통풍기로 15분간 교반한 후 차동식스포트형 감지기의 감도시험내지 단독경보형감지기의 감도시험을 하는 경우 기능에 이상이 생기지 아니하여야 한다.

[충격전압시험]

감지기는 다음 각 호 1의 시험을 실시하는 경우 잘못 작동하거나 기능에 이상이 생기지 아니하여야 한다.

1. 전류를 통한 상태에서 다음 시험을 각각 500회 실시하는 시험

    a. 용량이 2 kVA인 절연변압기(2차측은 개방한 상태)의 1차측을 감지기의 전원공급회로와 동일회선에 병렬로 연결하고 절연변압기의 입력전압을 1분당 6회 비율로 매회 1초간 개방하여 발생하는 충격전압을 가하는 시험

b. 전원장치로부터 감지기에 공급되는 상용전원을 1분당 6회의 비율로 매회 1초간 개방하여 단속시에 발생하는 충격전압을 가하는 시험

시험용 절연변압기의 전기적 특성은 **표 1-22**와 같다.

표 1-22 시험용 절연변압기 특성

항목 권선	전 압 V	주파수 Hz	인덕턴스 mH	Q	직류저항 Ω (23 °C에서)
1차 권선	120	1,000	21.2	11.50	0.244
2차 권선	240	1,000	109.3	4.65	0.371

2. 전류를 통한 상태에서 다음 시험을 각각 15초간 실시하는 시험

a. 내부저항 50 Ω인 전원에서 500 V의 전압을 펄스폭 1 μs, 반복주기 100 Hz로 가하는 시험

b. 내부저항 50 Ω인 전원에서 500 V의 전압을 펄스폭 0.1 μs, 반복주기 100 Hz로 가하는 시험

[습도시험]

1. 감지기는 전원을 인가한 상태에서 (40 ± 2) ℃, 상대습도 (93 ± 3) %인 공기 중에 4일간 방치하는 경우 잘못 작동하지 아니하여야 하며 구조 및 기능에 이상이 없어야 한다.

2. 감지기는 전원을 인가하지 않은 상태에서 (40 ± 2) ℃, 상대습도 (93 ± 3) %인 공기중에 21일간 방치하는 경우 구조 및 기능에 이상이 없어야 한다.

[재용성시험]

재용성감지기는 (150 ± 2) ℃, 풍속 1 m/s인 기류중에 정온식감지기 또는 아날로그식인 정온식감지기의 성능을 가진 것은 2분간, 그 밖의 감지기는 30초간 투입하는 시험을 실시한 후 그 구조 또는 기능에 이상이 생기지 아니하여야 한다.

[절연저항시험]

감지기의 절연된 단자간의 절연저항 및 단자와 외함간의 절연저항은 DC 500 V의 절연저항계로 측정한 값이 50 MΩ(정온식 감지선형 감지기는 선간에서 1 m당 1,000 MΩ) 이상이어야 한다.

[절연내력시험]

감지기의 단자와 외함간의 절연내력은 60 Hz의 정현파에 가까운 실효전압 500 V

(정격전압이 60 V를 초과하고 150 V 이하인 것은 1,000 V, 정격전압이 150 V를 초과하는 것은 그 정격전압에 2를 곱하여 1,000 V를 더한 값)의 교류전압을 가하는 시험에서 1분간 견디는 것이어야 한다.

1-4-3 중계기

중계기란 감지기 또는 발신기 작동에 의한 신호 또는 가스누설경보기의 탐지부(이하 "탐지부"라 한다)에서 발하여진 가스누설신호를 받아 이를 수신기, 가스누설경보기, 자동소화설비의 제어반에 발신하며 소화설비, 제연설비 그 밖에 이와 유사한 방재설비에 제어신호를 발신하는 것을 말한다. 중계기는 자동적으로 각 중계기의 공통신호나 발신기의 고유신호로 수신기에 신호를 발신하게 되나 감지기 또는 발신기에서의 신호를 수신기에 중계하는 것이 좋다.

근래 기술의 발달과 건축물의 대형화로 중계기를 많이 사용하고 있으며, 접속기기로 각종 감지기를 비롯 발신기, 경종, Door Release, Alarm Valve, 프리액션 밸브, Damper, 저수위감시, 할로겐화합물 및 불활성기체 소화설비는 물론 어느 설비라도 접속시켜 연동시킬 수 있다.

중계기에서는 어드레스부 감지기 및 중계기(어드레스 아답터)를 폴링해서 정보를 수집하는 것은 물론 정보도 전달한다. 이 때 아날로그 감지기에서는 감지기 종별 아날로그신호와 확인등 제어신호를, 어드레스 감지기에서는 발보신호와 확인등 제어신호를 비롯하여 예보, 화재보, 연동보의 감도에 따라 수신기로부터 전송되고 있는 감지기 감도데이터에 의해 감지기마다에 예보, 화재보, 연동보의 판단을 한다. 중계기(어드레스 아답터)에서는 발보단선신호를 전송함은 물론 화재 판단, 가스누출 판단, 방배연작동 판단 등과 트러블등 판단을 한다. 아울러 수신기의 통신 불능 시 분산처리 동작이 되며, 화재 발보에서 수신기부터 전송되고 있는 연동 테이블에 의해서 연동제어를 한다.

중계기와 수신기 사이의 전송제어방식으로는 2전송 조합방식(Pulse Polling Addressing)으로 2번의 신호를 조합하여 동작상태를 판별하기 때문에 신호에 의한 오동작이나 Noise의 영향을 받지 않도록 하고 있다.

그림 1-209는 중계기의 구성일례를 나타낸 것이며 **그림** 1-210은 중계기의 결선 예를 보인 것이다.

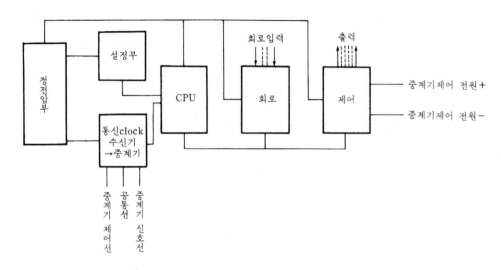

그림 1-209 중계기의 구성 일례

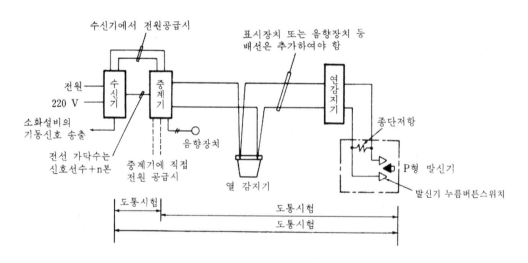

그림 1-210 연기감지기와 중계기의 결선 예

1 종류

(1) 일반 중계기

감지기, 가스누설경보기의 탐지부 또는 특수감지기가 중계기를 이용하는 형식으로, 이들의 신호를 증폭하거나 기동회로(구동회로)용의 신호송출이나 기동회로용의 전원을 공급하는 등, 감지기나 가스누설경보기 탐지부의 발신신호를 수신기에 중계하는 역할을 맡고 있는 중계기이다.

그림 1-211은 중계기의 외관이며 고유의 신호를 갖고 있어, 접속되는 감지기 또는 발신기 신호를 공통의 신호선을 통해 수신기에 발신하는 역할을 하는 것이다.

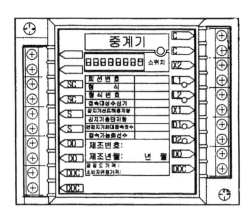

그림 1-211 중계기의 외관

(2) 무선식 중계기

전파에 의해 신호를 송·수신하는 방식의 것을 말한다. 무선식 중계기 중 배선에 의해 화재신호 또는 화재 정보신호 등을 수신하여 수신기·다른 중계기 등에 해당 신호를 무선으로 발신하는 것은 작동표시장치를 설치하여야 한다.

무선식 중계기는 다음 각 목에 적합하여야 한다.

① 전파에 의한 감지기·중계기·수신기·발신기 간의 화재신호 또는 화재정보신호는「신고하지 아니하고 개설할 수 있는 무선국용 무선설비의 기술기준」제7조(특정소출력무선국용 무선설비)제3항의「도난, 화재경보장치 등의 안전시스템용 주파수」를 적용하여야 한다.

②「전파법」제58조의2(방송통신기자재등의 적합성평가)에 적합하여야 한다.

2 설치기준

(1) 수신기에서 직접 감지기회로의 도통시험을 행하지 아니하는 것에 있어서는 수신기와 감지기 사이에 설치할 것

(2) 조작 및 점검에 편리하고 화재 및 침수 등의 재해로 인한 피해를 받을 우려가 없는 장소에 설치할 것

(3) 수신기에 의하여 감시되지 아니하는 배선을 통하여 전력을 공급받는 것에 있어서는 전

원 입력측의 배선에 과전류차단기를 설치하고 당해전원의 정전이 즉시 수신기에 표시되는 것으로 하며, 상용전원 및 예비전원의 시험을 할 수 있도록 할 것

3 설치장소와 설치위치

(1) 설치장소

중계기의 형태에 따라 그 설치장소가 달라질 수 있다. 집합형은 E.P.S실 전용이며 분산형에 있어서는 다음과 같다.

① 소화전함 및 단독 P.B.L BOX 내부
② 댐퍼 수동조작함 내부 및 조작 스위치함 내부
③ 스프링클러 접속 박스내 및 SVP 내부
④ 셔터, 배연창, 제연 스크린, 연동제어기 내부
⑤ 하론 패키지(Package) 또는 판넬 내부
⑥ 방화문 중계기는 근접 댐퍼(전실) 수동조작함 내부(제연계통에 구성)

그러나 제연 팬, 경보 등도 M.C.C 판넬에 중계기를 내장하여 제어할 수 있다.

(2) 설치위치

① 조작부 : 중계기의 스위치 등 조3작부는 **그림 1-212**와 같이 바닥면에서 0.8 m 이상 1.5 m 이내가 되는 위치에 설치한다.

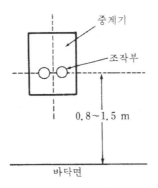

그림 1-212 조작부의 위치

② 설치 위치 : 화재 및 침수 등의 피해를 받을 우려가 없는 장소에 설치할 것
③ 조작 및 점검에 편리한 위치에 설치한다.

4 구조 및 기능

(1) 일반적인 경우

① 작동이 확실하고, 취급·점검이 쉬워야 하며, 현저한 잡음이나 장해전파를 발하지 아니하여야 한다. 또한 먼지, 습기, 곤충 등에 의하여 기능에 영향을 받지 아니하여야 한다.

② 보수 및 부속품의 교체가 쉬워야 한다. 다만, 방수형 및 방폭형은 그러하지 아니하다.

③ 부식에 의하여 기계적 기능에 영향을 초래할 우려가 있는 부분은 칠, 도금 등으로 유효하게 내식가공을 하거나 방청가공을 하여야 하며, 전기적 기능에 영향이 있는 단자, 나사 및 와셔 등은 동합금이나 이와 동등이상의 내식성능이 있는 재질을 사용하여야 한다.

④ 외함은 불연성 또는 난연성 재질로 만들어져야 하며 다음과 같아야 한다.

　㉠ 외함은 다음에 기재된 두께 이상이어야 한다.

　　㉮ 1회선용은 1.0 mm 이상

　　㉯ 2회선용을 초과하는 것은 1.2 mm 이상

　　㉰ 직접 벽면에 접하며 벽속에 매립되는 외함의 부분은 1.6 mm 이상

　㉡ 외함(화재표시창, 지구창, 지도판, 전화기, 조작부 수납용 뚜껑, 스위치의 손잡이, 발광 다이오드, 지시 전기계기, 각종 표시명판 등은 제외한다)에 합성수지를 사용하는 경우에는 80±2 ℃의 온도에서 열로 인한 변형이 생기지 아니하여야 하며 자기소화성이 있는 재료이어야 한다.

⑤ 기기내의 배선은 충분한 전류용량을 갖는 것으로 하여야 하며, 배선의 접속이 정확하고 확실하여야 한다.

⑥ 극성이 있는 경우에는 오접속을 방지하기 위하여 필요한 조치를 하여야 한다.

⑦ 부품의 부착은 기능에 이상을 일으키지 아니하고 쉽게 풀리지 아니하도록 하여야 한다.

⑧ 전선 이외의 전류가 흐르는 부분과 가동축 부분의 접촉력이 충분하지 아니한 곳에는 접촉부의 접촉불량을 방지하기 위한 적당한 조치를 하여야 한다

⑨ 외부에서 쉽게 사람이 접촉할 우려가 있는 충전부는 충분히 보호되어야 한다.

⑩ 정격전압이 60 V를 넘는 중계기의 외함에는 접지단자를 설치하여야 한다.

⑪ 예비전원회로에는 단락사고등으로부터 보호하기 위한 퓨즈 등 과전류보호장치를 설치하여야 한다.

⑫ 내부의 부품등에서 발생되는 열에 의하여 구조 및 기능에 이상이 생길 우려가 있는 것은 방열판 또는 방열공 등에 의하여 보호조치를 하여야 한다. 다만, 방수형 또는 방폭형의 것은 방열공을 설치하지 아니할 수 있다.

⑬ 방폭형 중계기의 방폭구조는 다음 각목의 1에서 정하는 방폭규정에 적합하여야 한다.

　㉠ 한국산업표준

　㉡ 산업안전보건법령에 의하여 정하는 규격

　㉢ 가스관계법령(고압가스안전관리법, 액화석유가스의안전 및 사업관리법, 도시가스 사업법)에 의하여 정하는 규격

⑭ 수신기, 가스누설경보기의 탐지부, 가스누설경보기의 수신부, 자동소화설비의 제어반 또는 다른 중계기로부터 전력을 공급받는 중계기는 다음 각목에 적합하여야 한다.

　㉠ 중계기로부터 외부 부하에 직접 전력을 공급하는 회로에는 퓨즈 또는 브레이커 등을 설치하여 퓨즈가 녹아 끊어지거나 브레이커 등이 차단되는 경우에는 자동적으로 수신기에 퓨즈의 끊어짐이나 브레이커의 차단 등에 대한 신호를 보낼 수 있어야 한다.

　㉡ 지구음향장치를 울리게 하는 것은 수신기에서 조작하지 아니하는 한 울림을 계속할 수 있어야 한다.

　㉢ 화재신호에 영향을 미칠 염려가 있는 조작부를 설치하지 아니하여야 한다.

⑮ 수신기, 가스누설경보기의 탐지부, 가스누설경보기의 수신부, 자동소화설비의 제어반 또는 다른 중계기로부터 전력을 공급받지 아니하는 방식인 중계기는 ⑭의 ㉡, ㉢과 다음 각목에 적합하여야 한다. 다만, 주전원이 건전지인 무선식 중계기는 제외한다.

　㉠ 지구음향장치를 울리게 하는 것은 수신기에서 조작하지 아니하는 한 울림을 계속할 수 있어야 한다.

　㉡ 화재신호에 영향을 미칠 염려가 있는 조작부를 설치하지 아니하여야 한다.

　㉢ 전원입력회로 및 외부 부하에 직접 전력을 공급하는 회로에는 퓨즈 또는 브레이커 등을 설치하여 주전원의 정지, 퓨즈의 끊어짐, 브레이커의 차단 등에 대한 신호를 보낼 수 있어야 한다.

　㉣ 내부에 예비전원이 있어야 한다. 다만, 방화상 유효한 조치를 강구한 것은 그러하지 아니하다.

　㉤ 중계기는 최대부하에 연속하여 견딜 수 있는 용량을 가져야 한다.

　㉥ 주전원이 정지한 경우에는 자동적으로 예비전원으로 전환되고, 주전원이 정상상태로 복귀한 경우에는 예비전원으로부터 주전원으로 전환되는 장치가 설치되어

야 한다.

ⓐ 정류기의 직류측에 자동복귀형스위치를 설치하고 그 스위치의 조작에 의하여 전류가 흐르도록 부하를 가하는 경우 그 단자전압을 측정할 수 있는 장치를 설치하거나 예비전원의 저전압(제조사 설계 값) 상태를 자동적으로 확인할 수 있는 장치를 설치하여야 한다.

ⓞ 내부에 주전원의 양극을 동시에 개폐할 수 있는 전원 스위치를 설치할 수 있다.

⑯ 수신개시로부터 발신개시까지의 시간이 5초 이내이어야 한다.

⑰ 수신기, 가스누설경보기의 탐지부, 가스누설경보기의 수신부, 자동소화설비의 제어반 또는 다른 중계기로부터 전력을 공급받지 아니하는 방식인 중계기 중 주전원이 건전지인 무선식 중계기의 경우 다음 각 목에 적합하여야 한다.

ㄱ 중계기로부터 외부부하에 직접 전력을 공급하는 회로에는 퓨즈 또는 브레이커 등을 설치하여 퓨즈의 끊어짐, 브레이커의 차단 등에 대한 신호를 보낼 수 있어야 한다.

ㄴ 중계기는 최대부하에 연속하여 견딜 수 있는 용량을 가져야 한다.

ㄷ 화재신호에 영향을 미칠 염려가 있는 조작부를 설치하지 아니하여야 한다.

⑱ 예비전원은 다음 각 목에 적합하게 설치하여야 한다.

ㄱ 중계기의 주전원으로 사용하여서는 아니 된다.

ㄴ 인출선은 적당한 색깔에 의하여 쉽게 구분할 수 있어야 한다.

ㄷ 중계기의 예비전원은 원통밀폐형 니켈카드뮴축전지 또는 무보수밀폐형 연축전지로서 그 용량은 감시상태를 60분간 계속한 후, 자동화재탐지설비용은 최대소비전류로 10분간 계속 흘릴 수 있는 용량 가스누설경보기용은 가스누설경보기의 기준에 규정된 용량, GP형, GP형복합식, GR형, GR형복합식의 수신기에 사용되는 중계기는 각각 그 용량을 합한 용량이어야 한다.

ㄹ 자동충전장치 및 전기적기구에 의한 자동과충전방지장치를 설치하여야 한다. 다만, 과충전상태가 되어도 성능 또는 구조에 이상이 생기지 아니하는 축전지를 설치하는 경우에는 자동과충전방지장치를 설치하지 아니할 수 있다.

ㅁ 전기적 기구에 의한 자동과방전방지장치를 설치하여야 한다. 다만, 과방전의 우려가 없는 경우 또는 과방전의 상태가 되어도 성능이나 구조에 이상이 생기지 아니하는 축전지를 설치하는 경우에는 그러하지 아니하다.

ㅂ 예비전원을 병렬로 접속하는 경우는 역충전 방지 등의 조치를 강구하여야 한다.

⑲ 무선식 중계기 중 배선에 의해 화재신호 또는 화재 정보신호 등을 수신하여 수신기·

다른 중계기 등에 해당 신호를 무선으로 발신하는 것은 작동표시장치를 설치하여야
한다.

⑳ 무선식 중계기는 다음 각 목에 적합하여야 한다.

　가. 전파에 의한 감지기·중계기·수신기·발신기 간의 화재신호 또는 화재정보신호는「
　　신고하지 아니하고 개설할 수 있는 무선국용 무선설비의 기술기준」제7조(특정
　　소출력무선국용 무선설비)제3항의 도난, 화재경보장치 등의 안전시스템용 주파
　　수」를 적용하여야 한다.

　나. 「전파법」 제58조의2(방송통신기자재등의 적합성평가)에 적합하여야 한다.

(2) 무선식 중계기의 기능

① 무선식 중계기 중 전파에 의해 화재신호 또는 화재 정보신호 등을 수신하여 수신기·
다른 중계기 등에 해당 신호를 배선 또는 전파에 의해 발신하는 것은 다음 각 호에
적합하여야 한다.

　㉠ 「감지기의 형식승인 및 제품검사의 기술기준」제5조의4제2항제1호가목, 「발신기
　　의 형식승인 및 제품검사의 기술기준」제4조의3제1항에 의해 발신된 작동신호를
　　수신기에 중계 전송하여야 한다.

　㉡ 「수신기 형식승인 및 제품검사의 기술기준」제15조의2제1항의 수동 복귀스위치에
　　의한 복귀 신호를 수신 하는 경우 무선식감지기 또는 다른 중계기에 복귀신호를
　　중계 전송하여야 한다.

　㉢ 「수신기 형식승인 및 제품검사의 기술기준」제17조제6호가목 및 나목에 의한 무
　　선통신 점검신호를 수신하는 경우 무선식 감지기, 무선식 발신기 또는 다른 중계
　　기에 점검신호를 중계 전송하여야 하며「감지기의 형식승인 및 제품검사의 기술
　　기준」제5조4제2항제2호, 「발신기의 형식승인 및 제품검사의 기술기준」제4조의3
　　제2항에 의한 확인신호를 수신하는 경우 무선식 수신기 또는 무선식 중계기에 자
　　동으로 해당 확인신호를 중계 전송하여야 한다.

② 무선식 중계기 중 배선에 의해 화재신호 또는 화재 정보신호 등을 수신하여 수신기·
다른 중계기 등에 해당 신호를 무선으로 발신하는 것은 다음 각 호에 적합하여야 한
다.

　㉠ 감지기, 발신기에 의해 발신된 작동신호를 수신한 중계기는 화재신호를 수신기
　　또는 다른 중계기에 60초 이내 주기마다 중계 전송하여야 한다.

　㉡ 작동한 중계기는 「수신기 형식승인 및 제품검사의 기술기준」제15조의2제1항의

수동 복귀스위치에 의한 복귀 신호를 수신하는 경우 작동표시장치의 작동표시는 복귀되어야 하고 감지기 또는 다른 중계기에 복귀신호를 중계 전송하여야 한다.

ⓒ 「수신기 형식승인 및 제품검사의 기술기준」제17조제6호가목 및 나목에 의한 무선통신 점검신호를 수신하는 경우 무선식 수신기 또는 무선식 중계기에 자동으로 확인신호를 발신하여야 한다.

ⓓ 「수신기 형식승인 및 제품검사의 기술기준」제17조제2의2호의 장치에 의한 신호를 수신하는 경우 배선별 도통상태를 무선식 수신기에 발신하여야 한다.

③ 건전지를 주전원으로 하는 중계기는 다음 각 호에 적합하여야 한다.

ⓐ 건전지는 리튬전지 또는 이와 동등 이상의 지속적인 사용이 가능한 성능의 것이어야 하며, 건전지의 용량산정 시에는 다음 각 목의 사항이 고려되어야 한다.

   ㉮ 감시상태의 소비전류

   ㉯ 수신기의 수동 통신점검에 따른 소비전류

   ㉰ 수신기의 자동 통신점검에 따른 소비전류

   ㉱ 건전지의 자연방전전류

   ㉲ 건전지 교체 표시에 따른 소비전류

   ㉳ 부가장치가 설치된 경우에는 부가장치의 작동에 따른 소비전류

   ㉴ 기타 전류를 소모하는 기능에 대한 소비전류

   ㉵ 안전 여유율

ⓑ 건전지의 성능이 저하되어 건전지의 교체가 필요한 경우에는 무선식 수신기에 자동적으로 당해 신호를 발신하여야 하고 표시등에 의하여 72시간 이상 표시하여야 한다.

(3) 중계기별 전원장치 기능

중계기의 전원장치 내장유무에 따른 기능비교는 **표 1-23**과 같고 **그림 1-213**은 간선계통 예시도이다.

표 1-23 전원장치 내장유무에 따른 비교

항목 \ 종류	전원장치 내장형	전원장치 비내장형
입 력 전 원	AC 220 V 50~60 Hz	DC 24 V
전 력 공 급 원	비상전원	R형 수신기
예 비 전 원	Battery 자체내장	R형 수신기에 내장
회로수용 능력	대용량(30~40 회로)	소용량(5회로 미만)
외 형 크 기	대 형	소 형
설 치 방 식	전기 PIT 등에 벽걸이형으로 설치	발신기함 등에 내장하거나 별도의 수용함 내부에 설치
설 치 대 상 물	전압강하가 예상되는 대단위 공장, 비행장, 초고층 건축물등	객실별 화재감시가 필요한 호텔이나 초고층 APT

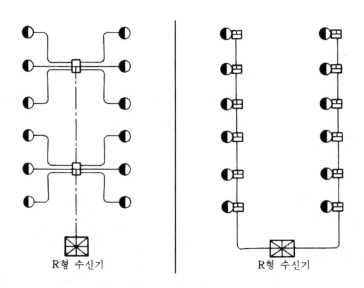

(a) 전원장치 내장형   (b) 전원장치 비내장형

그림 1-213 간선계통 예시도

5 통신회선과 회로방식의 제한

(1) 통신회선

통신회선은 통신업체로부터 제공되는 것을 사용하나 특정사용자를 위하여 전용으로 설치하는 전용회선(Leased line or Non switched line)과 보통 전화와 같이 교환장치를 설치하여 사용할 수 있는 교환회선(Public line, Dial up or Switched line)이 있으며 데이터는 직류신호를 전송할 때 사용한다.

또한 PCM전송, Digital전송등에 연결되는 직류회선과 주로 사용되고 있는 전화회선, Analoge전송등에 이용되는 교류회선이 있다.

데이터통신의 효율을 높이기 위해 필요한 통신회선으로 연결하는 것을 회선망이라 한다. 이를 구성할 때에는 몇 가지 패턴이 있으며 이들의 조합으로 이루어진다. 이에는 회선에 두 station만이 접속되는 Point to Point방식과 한 회선에 여러 국(station)이 접속되며 회선의 한 끝에 컴퓨터로 접속하고 그 회선상에 여러종류의 단말기를 접속할 수 있는 Multidrop(Multipoint)방식이 있다. 보통 Multidrop(Multipoint)방식의 제어방식은 중앙제어방식으로 Polling selection방식, Polling방식, Polling Addressing방식이란 용어와 동일하게 쓰이고 있다. 단말기로부터의 송신에 대해서는 주 컴퓨터가 회선마다 모든 단말기에 순서대로 데이터 유무를 확인하는데 이 확인동작을 Polling이라하고 소방설비의 시스템 통신에 이용되고 있다. Polling을 받은 단말기에 송신데이터가 있을 때에는 데이터를 송신하나 없을 때에는 부정응답을 전송한다. 주 컴퓨터가 부정응답을 받을 경우 그 단말기에는 문제 없음으로 처리하고 다음 단말기에 Polling을 계속한다. 한편 수신기의 CPU(Host)에서 중계기(단말기)에 데이터를 보낼 때에는 즉, 중계기가 수신기의 CPU(Host)로부터 데이터를 수신할 때에는 먼저 컴퓨터가 중계기에 대하여 수신 준비가 되어 있나 확인하게 되는데 이를 Addressing 또는 Selection이라 한다. Addressing을 받은 중계기가 수신 준비가 완료되었으면 Yes라는 응답을 보내고 수신 준비가 되어 있지 않으면 No라는 응답을 보낸다.

수신기의 CPU(Host)는 Yes라는 응답을 확인한 후 중계기에 데이터송신을 시작한다. Addressing은 수신기의 CPU(Host)에서 데이터 출력이 필요하게 되었을 때 중계기뿐만아니라 접속된 해당 단말기 모두에 대하여 행한다.

중계기는 수신기 또는 외부전원으로부터 직류 24V의 전원을 인가받아 이를 통신신호로 수신기와 정보를 교환하고 있으므로 이에 대하여 설명한다.

1) 주통신부의 통신

중계기에서 주통신부로의 통신은 주통신부에서 중계기로 보내는 통신에 비해 신호량이
미약하다. 따라서 주통신부에서 중계기로 보내는 통신의 경우에는 신호가 24 V 역전되어
보내지지만 중계기에서 주통신부로의 통신의 경우에는 약 0.2 V의 신호량 밖에 되지 않는
다. 그러므로 중계기에서 주통신부로 신호를 전송할 때에는 주통신부에서는 통신을 보내지
않고 전선로의 상태를 직류로 만들어 주고 중계기는 일정량의 부하를 걸어 주통신부로 신
호를 보낸다.

그림 1-214 주통신부의 통신

즉, **그림 1-214**와 같이 평상시 중계기부하를 10 kΩ으로 하고 있는데 신호를 보내기 위
해 중계기의 부하를 1 kΩ의 저항을 전선로 양단에 접속하였다면 전체 회로에 흐르는 전류
의 양은 변하고 다시 10 kΩ 부하를 접속하면 전류의 양은 종전과 같이 흐르게 된다. 이와
같은 동작을 계속하면 연속적인 신호로 중계기가 전송한다. 주회로에 흐르는 전류의 양을
내부에 있는 저항에 인가되는 전압으로 변환하여 증폭기로 증폭하여 신호를 추출하게 되는
것은 전류계의 변화로 알 수 있다.

데이터구조는 대개 **그림 1-215**와 같이 START BIT 1 + STATUS BIT 8 + ADDRESS
BIT 8 + PARITY BIT 4 + STOP BIT 1의 총 22BIT로 구성된다.

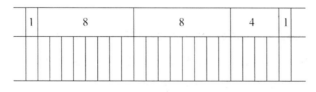

그림 1-215 통신데이터 구조

2) 중계기에서 송신하는 FEED BACK신호

중계기는 자신의 데이터가 어떤 변화를 가질 때 정보를 주통신부로 알리게 된다. 만약 아무런 변화가 없다면 중계기는 변화가 없음을 주통신부로 알리고 주통신부 CPU는 이 신호 2가지로 중계기가 정상임을 확인한다. 또 ROM에 설정되어 있는 중계기가 응답이 없을 경우 5번을 다시 송출하여 중계기의 고장여부를 판단한다.

① 중계기 입력변화가 없을 때

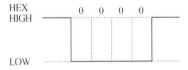

② 중계기 입력변화가 있을 때

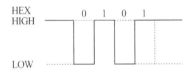

③ 중계기가 응답이 없을 때

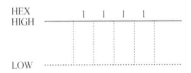

그림 1-216 중계기에서 송신하는 FEED BACK신호

(2) 신호처리 순서도

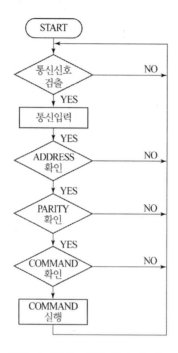

그림 1-217 신호처리 순서도

(3) 다중전송시스템

그림 1-218은 다중전송시스템으로 신뢰성을 향상시키고 응답속도를 빠르게 할 수 있다.

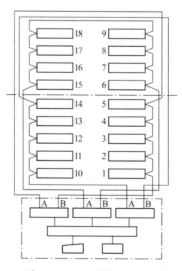

그림 1-218 다중전송시스템

(4) 회로방식의 제한

중계기는 다음 각호의 회로방식을 사용하지 아니하여야 한다.

① 접지전극에 직류전류를 통하는 회로방식

② 중계기에 접속되는 외부배선과 다른 설비의 외부배선을 공용하는 회로방식 다만 화재 신호, 가스 누설 신호 및 제어신호의 전달에 영향을 미치지 아니하는 것은 제외한다.

6 축적형 중계기

이제까지의 중계기는 수신한 후 발신하기까지의 소요시간을 5초이내로 하고 수신기는 수신개시로부터 화재표시까지의 소요시간을 5초이내로 하여 각각 조금이라도 빠르게 신호를 전달하는데 중점이 있었다. 그러나 축적형 중계기에서의 축적시간은「5초를 초과하여 60초이내로」하여 감지기에서 화재신호를 받은 후 바로 수신을 시작하지 않고 일정한 축적시간내에 감지기에서의 화재신호가 계속되고 있는가를 확인한 다음 수신을 개시하는 것으로 이는 신호가 계속되지 않는 일과성 비화재보를 방지하기 위함이다.

따라서 축적형 감지기를 접속하는 경우에는 **그림 1-219**와 같이 감지기의 공칭축적시간 및 중계기, 수신기에 설정된 축적시간의 합계가 60초를 넘지 않도록 해야 한다. 또한 축적형 중계기, 수신기를 설치하는 경우 감지기가 연기감지기 이외일 때는 감지기의 축적시간

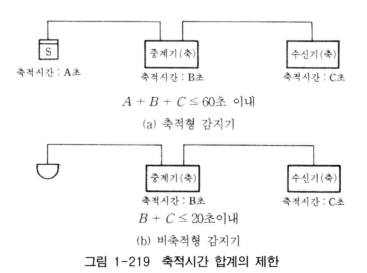

$$A + B + C \leq 60초 \text{ 이내}$$

(a) 축적형 감지기

$$B + C \leq 20초이내$$

(b) 비축적형 감지기

그림 1-219 축적시간 합계의 제한

이 없기 때문에 중계기, 수신기에 설정된 축적시간의 합계는 20초를 넘지 않아야 한다. 축적형 감지기 또는 중계기를 설치하는 경우에 있어 수신기는 2신호식의 것이어서는 안되며

어느 경우이던 발신기로부터 화재신호를 받을 때에는 축적기능을 자동적으로 해제할 수 있어야 한다.

7 중계기 회로 일례

그림 1-220은 중계기 블럭 다이아그램이다. 중앙처리부의 CPU는 각 입력신호에 대응하는 출력을 메모리에 저장하고 있으며 입력신호에 따라 대응하는 신호를 출력한다.

통신선으로 유입되는 통신신호는 고유번호 설정값 및 회로수 설정값을 비교하여 서로 일치하면 저장된 상황정보를 수신기로 송신한다. 상황정보에는 동작검출회로에 의한 신호와 단선검출회로에 의한 단선검출신호 그리고 자체 동작시험회로의 과전류상태 검출회로가 있으며 자체고장진단기능회로의 통신이상신호가 있다. 이들을 수신한 신호는 고유번호 및 호출신호와 축적기능신호, 자체회로 동작시험신호가 있어서 수신기와 상호통신에서 수신기의 지시, 명령신호에 의해 중앙처리부인 CPU의 각 입력회로를 통하여 수집된 정보를 통보하고 내장된 프로그램에 따라 출력한다. 그리고 전원선과 연결된 정전압회로는 중앙처리부의 내부회로에 일정전압을 공급하고 과전류제어회로는 과전류를 차단하여 손상을 방지한다.

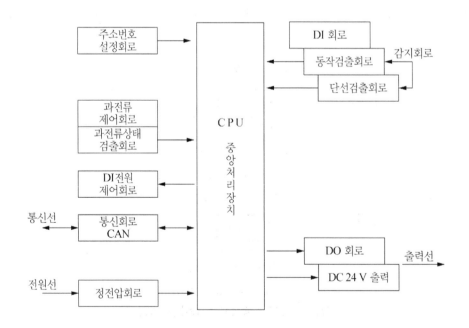

그림 1-220 중계기 블럭 다이아그램

1) CPU전원 공급회로

정전압 전원인 DC 24 V를 입력받아 콘덴서 C_3로 1차 평활하고 인덕턴스 CH_1의 필터회로를 통과시킨다. 이를 다시 콘덴서 C_5, 저항 R_{11}, 제너다이오드 D_5, 트랜지스터 Q_3로 구성되는 12 V 정전압회로를 거쳐 1차 변압한 후 다시 정전압전원용 IC인 U_2로서 DC 5 V를 만들어 CPU의 전원으로 공급한다.

그림 1-221은 CPU에 전원을 공급하기 위한 회로의 일례이다.

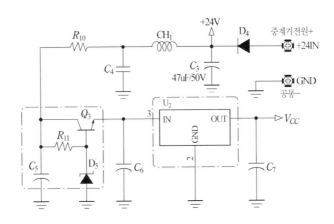

그림 1-221 CPU전원 공급회로

2) 신호 수신회로

그림 1-222는 신호 수신회로이다. 통신단자 NA. NB로 입력되는 통신신호는 콘덴서 C_1과 저항 R_1, R_2를 거쳐 포토커플러 PC_1, PC_2를 구동하고 이에 따라 변환된 신호가 CPU의 단자를 통하여 전달(입력)된다.

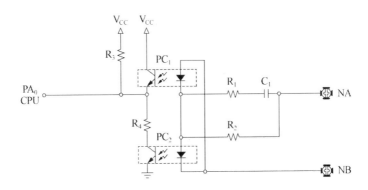

그림 1-222 신호수신회로

3) 신호 송신회로

그림 1-223은 CPU의 신호 송신회로이다. CPU에 있는 PA₁, PA₂의 단자로부터 출력되는 송신신호는 저항 R_5, R_6을 거쳐 포토커플러 PC₃, PC₄를 구동하고 제어용 트랜지스터 Q_1, Q_2로서 2단 증폭되고 저항 R_9값에 상당하는 전류의 변화로서 통신선로 NA, NB LINE을 통하여 신호를 전송하게 된다.

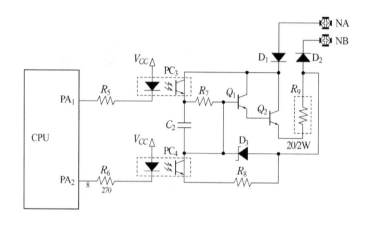

그림 1-223 신호 송신회로

4) 발진회로

CPU의 동작에 필요한 기본 클럭은 크리스탈발진자를 사용하며 4 ㎒의 주기로 발진한다. CPU에 있는 OSC₁, OSC₂단자로 연결되어 클럭을 발생시키며 콘덴서 C₉, C_{10}은 필터용이다. **그림 1-224**는 발진회로의 예이다.

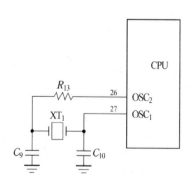

그림 1-224 발진회로

5) 판별회로

중계기의 어드레스설정은 DIP스위치를 사용하여 조정하고 2진수의 합계로서 설정된다. 어레이저항 AR_1으로 풀업되어 있는 전압은 각각의 어드레스설정 스위치의 ON/OFF에 따라 전압이 High 또는 Low로 변화된다. 이 신호는 CPU의 $PC_0 \sim PC_7$으로 입력되고 CPU에서 이를 판독하게 된다.

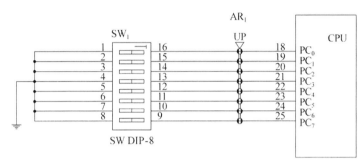

그림 1-225 판별회로

6) 화재감지부

그림 1-226은 화재시 이를 감지하는 회로부로 화재를 인식하는 부분과 선로단선 및 회로를 시험할 수 있는 회로로 구성된다.

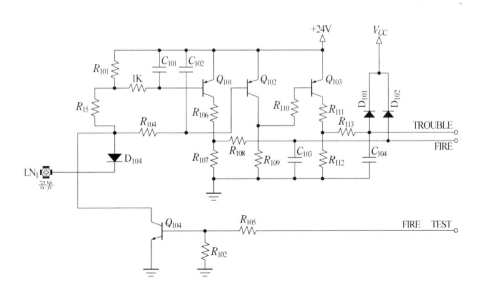

그림 1-226 화재감지부

① 화재의 인식

로컬측의 감지기선은 LN₁단자에 연결되어 있고 감지기회로가 동작되면 감지기내부의 스위칭회로가 동작(ON)되어 지고 이에 따른 LN₁단자의 전압이 강하된다. 그러면 저항 R_{101}과 R_{15}를 통하여 흐르던 전류가 증가되고 이에 따라 트랜지스터 Q_{101}이 동작되어 저항 R_{106}, R_{107}, R_{108}, 다이오드 D_{102}로 구성된 보호회로인 전압리미트회로를 거쳐 화재신호로 전달된다.

② 선로단선의 체크

로컬측에 연결되어 있는 LN₁단자에 종단저항 10 k요이 접속되어 있을 경우에는 바이어스저항 R_{104}를 통하여 종단저항으로 전류가 흐른다. 이에 따라 트랜지스터 Q_{102}가 동작되고 Q_{103}으로 반전하여 고장(TROUBLE)신호로 전달된다.

③ 회로시험

수신기로부터 해당중계기의 해당회로를 시험하기위한 제어신호가 중계기로 전달되면 중계기의 CPU는 이를 판독하여 감지부회로의 FIRE TEST단자를 LOW상태로 만들어 감지기의 동작시와 같은 시험을 행하게 된다.

7) 통신등 점멸회로

수신기의 통신부와의 통신이 정상적으로 되고 있을 경우 중계기의 반신시호에 따라 통신등이 점멸, 점등된다. 이와 같은 통신등의 점멸, 점등은 **그림 1-227**에서 알 수 있드시 전원전압 V$_{CC}$가 저항R_{14}를 통하여 통신등 L₁을 통해 CPU의 PORT(PB₄)단자로서 제어되어 통신신호에 의해 이루어지게 된다.

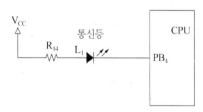

그림 1-227 점멸회로

8) RESET회로

CPU의 안정된 동작에 있어서 RESET 기능은 매우 중요하다. 따라서 중계기에는 RESET 전용 IC U₃을 사용하여 CPU의 MCLR단자를 통해 안정된 RESET회로를 구성한다.

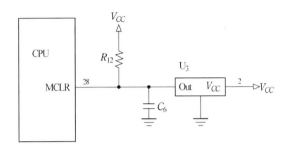

그림 1-228   RESET회로

9) 릴레이출력 제어회로

CPU의 PORT인 PB₂단자로부터 제어신호가 출력되고 저항R_{18}을 거쳐 릴레이제어용 트랜지스터 Q₅를 구동시켜 출력을 제어한다. 다이오드 D₆는 릴레이의 동작 시 발생되는 써지를 막아주고 다이오드 D₇, 콘덴서 C_{11}은 출력 로컬측의 부하(경종, 기타설비)로부터 유입되는 써지를 막아주는 기능을 한다.

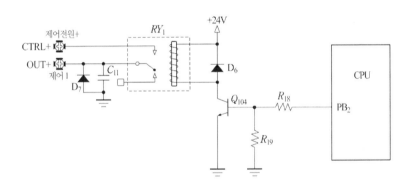

그림 1-229   출력 제어회로

8 중계기에서의 Polling

(1) 화재 발생에서 지구음향벨 명동까지의 MAX 시간

   1) 화재발생 시 중계기가 소비하는 시간   MAX 3.4sec

   2) 화재발생 시 중계기에서 수신기에 전송하는 시간   MAX 0.5sec

   3) 수신기로부터 지구벨명동을 지령해서 지구벨명동을
      할 때까지의 시간   MAX 0.5sec

      (전송 0.2sec +수신기 · 중계기의 내부처리 0.1sec + α)

                                          계 MAX 4.4sec

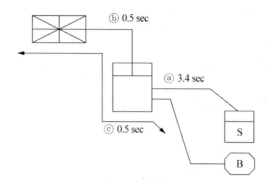

그림 1-230 화재발생과 명동시간

(2) 폴링주기 3.4sec가 되는 예

1) 화재유닛트에 아래의 패턴이 접속되었을 때

1L	2L	3L	4L	5L	6L	7L	8L
17	17	17	17	17	17	17	9	← 감지기접속수

계 128개 / 1화재 유니트

　　이를 다시 설명하면 중계기의 화재 U/T 1회선 당 어드레스 감지기가 16개까지는 분할 폴링하지 않지만 17개가 넘으면 1회선마다 폴링 분할된다. 또 1개의 화재U/T(8 회선)에는 최대 128개까지 어드레스부 감지기가 부착되기 때문에 폴링갯수가 최대 가 되는 것은 다음 접속 패턴의 때이다.

1L	2L	3L	4L	5L	6L	7L	8L
17	17	17	17	17	17	17	9
↓	↓	↓	↓	↓	↓	↓	↓

폴링갯수

2	2	2	2	2	2	2	1

계 15회

　　다음 한 개의 감지기마다의 정보량은 그 데이터 구성에 의해서 11.9 ms ~13.3 ms 의 범위로 다르고, 각 폴링의 출발시점에서 필히 20 ms+11.7 ms×2의 시간이 발생 한다.

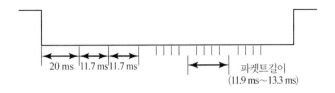

그림 1-231 패킷

패킷 길이를 길게 적용하여 13 ms로 하면

$$13 \text{ ms}\times128개+(20 \text{ ms}+11.7 \text{ ms }\times2)\times15회 = 1.664+0.651 = 2.315 \text{ s}$$

중계기의 주정보처리부 CPU와 전송 CPU사이에 정보를 주고 받는 시간으로서 1회의 폴링당 약 70 ms의 핸드세이크 시간과 기다리는 시간이 발생한다.

그러므로 70 ms × 15회 = 1.050 s

따라서 총 폴링주기는 2.315 +1.050 = 3.365 ≒ 3.4 s 가 된다.

9 예비전원

(1) 축전지를 직렬 또는 병렬로 사용하는 경우에는 용량(전압, 전류)이 균일한 축전지를 사용하여야 한다.

(2) 축전지의 충전시험 및 방전시험은 방전종지전압을 기준하여 시작한다. 이 경우 방전종지전압이라 함은 원통형니켈카드뮴축전지는 셀당 1.0 V의 상태를, 무보수밀폐형연축전지는 단전지당 1.75 V의 상태를 말한다.

(3) 원통형 니켈카드뮴 축전지의 상온 충·방전시험은 방전종지전압 상태의 축전지를 상온에서 1/20 C의 전류로 48시간 충전하고, 무보수밀폐형 연축전지의 상온 충·방전시험은 축전지를 방전종지전압까지 방전시킨 다음 0.1 C로 48시간 충전하여, 1 C의 전류로 방전시킬 때 니켈카드뮴축전지는 48분 이상, 연축전지는 45분 이상 지속방전되어야 한다.

(4) 원통형 니켈카드뮴 축전지의 주위온도 충·방전시험은 방전종지전압 상태의 축전지를 주위온도 −10±2 ℃ 및 50±2 ℃의 조건에서 1/20 C의 전류로 48시간 충전한 다음 1 C로 방전하는 충방전을 3회 반복하는 경우 방전종지전압이 되는 시간이 25분 이상이어야 하며 외관이 부풀어 오르거나 누액 등이 생기지 아니하여야 한다.

(5) 무보수 밀폐형 연축전지의 주위온도 충·방전시험은 방전종지전압 상태의 축전지를 주위온도 −10±2 ℃ 및 50±2 ℃의 조건에서 0.1 C로 48시간 충전한 다음 1시간 방치하여 0.05 C로 방전시킬 때 정격용량의 95퍼센트 용량이 되는 시간이 30분 이상이어야 한다.

(6) 예비전원의 안전장치시험은 1/5 C이상 1 C이하의 전류로 역충전하는 경우 5시간 이내에 안전장치가 작동하여야 하며, 외관이 부풀어 오르거나 누액 등이 없어야 한다.

중계기는 전원전압이 정격전압의 ±20 % 범위에서 변동하는 경우 기능에 이상이 생기지 아니하여야 한다. 다만, 중계기에 내장된 건전지를 전원으로 하는 중계기는 건전지의 전압이 건전지 교체전압 범위(제조사 설계값)의 하한값으로 저하된 경우에도 기능에 이상이 없어야 한다.

10 배선

중계기의 전원이 강전일 경우에는 별개의 배관으로 하고 노출배선으로 하며 중계기는 스위치등 조작부가 있기 때문에 이에 따르는 기기를 매입할 경우에는 **그림 1-232**와 같이 여유가 있는 박스를 매입하여 견고하게 설치한다.

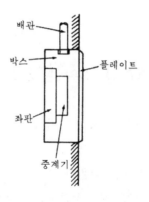

그림 1-232 중계기의 설치

배선은 제작회사에 따라 배선의 가닥수에 차이가 있으므로 유의해야 하며 **그림 1-233**은 접속도의 일례를 나타낸 것이다.

그림 1-234는 수신기와의 접속 예를 나타낸 것으로 (a)는 수신기내에서 결선을 교체하는 경우이며 (b)는 중계기를 수신기-감지기 사이에 접속하는 경우이다. 수신기로부터 떨어지게 설치하는 경우에는 내화배선으로 하는 것이 좋다.

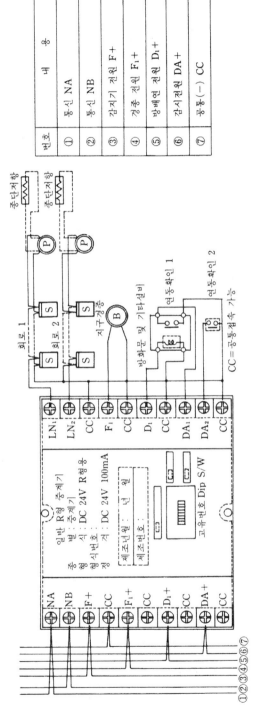

번호	내　　용
①	통신 NA
②	통신 NB
③	감지기 전원 F+
④	경종 전원 F₁+
⑤	방배연 전원 D₁+
⑥	감시전원 DA+
⑦	공통(−) CC

그림 1-233 접속도 예

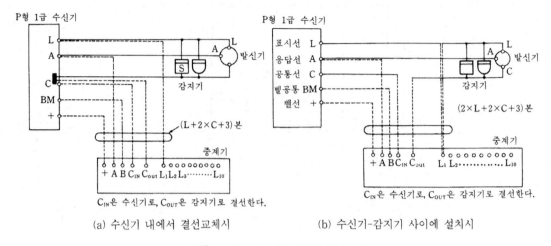

(a) 수신기 내에서 결선교체시　(b) 수신기-감지기 사이에 설치시

그림 1-234　수신기와의 접속 예

그림 1-235는 소화전 기동릴레이와 발신기가 서로 연동하지 않는 경우의 수신기접속도이다.

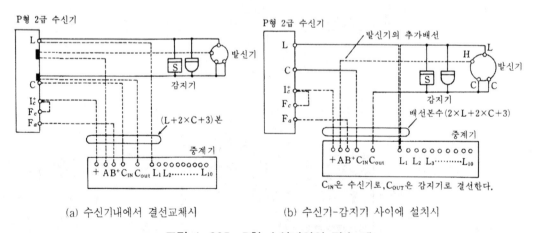

(a) 수신기내에서 결선교체시　(b) 수신기-감지기 사이에 설치시

그림 1-235　P형 수신기와의 접속 예

그림 1-236은 1개 감시용과 5개 감시용 중계기 사용의 경우를 참고로 보인 것으로 어느 한 구역의 고유번호로서 사용하는 감지기, 중계기 이외에는 일반 결선과 동일하다. (a), (b) 그림에서 ①은 1개의 감지기에 하나의 고유번호를 설정하는 경우이고 ②는 복수의 감지기에 하나의 고유번호를 설정하는 경우이며 ③에서는 고유번호를 설정하지 않는 경우이다.

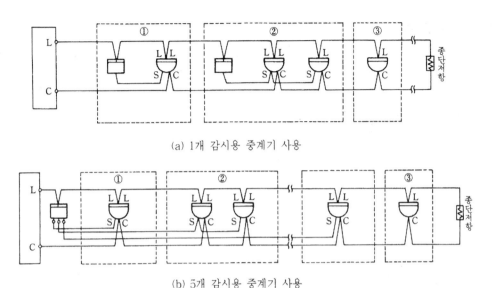

(a) 1개 감시용 중계기 사용

(b) 5개 감시용 중계기 사용

그림 1-236 감시회선에 따른 중계기의 사용 예

9 중계기의 시험

중계기의 시험은 특별히 규정된 경우를 제외하고는 실온이 섭씨 5 ℃ 이상, 섭씨 35 ℃ 이하이고, 상대습도가 45 %이상 85 %이하의 상태에서 실시한다.

(1) 주위온도시험

중계기는 −10±2 ℃에서 50±2 ℃ 범위의 주위온도에서 기능에 이상이 생기지 아니하여야 한다.

(2) 반복시험

중계기는 정격전압에서 정격전류를 흘리고 2천회의 작동을 반복하는 시험을 하는 경우 그 구조 또는 기능에 이상이 생기지 아니하여야 한다.

(3) 방수시험

방수형 중계기를 사용상태로 부착하고 맑은 물을 34.5 kPa의 압력으로 3개의 분무헤드를 이용하여 전면 상방에 45±2 ° 각도의 방향에서 시료를 향하여 일률적으로 24시간 이상 물을 분사하는 경우에 내부에 물이 고이지 않아야 하며, 기능 및 절연저항시험에 이상이 생기지 아니하여야 한다.

(4) 절연저항시험

중계기의 절연된 충전부와 외함간 및 절연된 선로간의 절연저항은 직류 500 V의 절연저항계로 측정하는 경우 20 MΩ 이상이어야 한다.

(5) 절연내력 시험

절연저항시험의 규정에 의한 시험부위의 절연내력은 60 Hz의 정현파에 가까운 실효전압 500 V(정격전압이 60 V를 초과하고 150 V 이하인 것은 1000 V, 정격전압이 150 V를 초과하는 것은 정격전압에 2를 곱하여 1,000 V를 더한 값)의 교류전압을 가하는 시험에서 1분간 견디는 것이어야 한다.

(6) 충격전압시험

중계기는 전류를 통한 상태에서 다음 각 호의 시험을 15초간 실시하는 경우 잘못 작동하거나 기능에 이상이 생기지 아니하여야 한다.

① 내부저항 50 Ω인 전원에서 500 V의 전압을 펄스폭 1 μs, 반복주기 100 Hz로 가하는 시험

② 내부저항 50 Ω인 전원에서 500 V의 전압을 펄스폭 0.1 μs, 반복주기 100 Hz로 가하는 시험

1-4-4 발 신 기

발신기란 화재발생신호를 수신기 또는 중계기에 수동으로 신호를 발신하는 것이다. 화재발생시 사람이 누름버튼스위치(Push button switch) 위에 있는 보호판을 깨고 이를 눌러서 화재발생을 수신기 또는 중계기에 전달하기 때문에 신뢰성이 높다. 외함, 보호판, 누름버튼스위치(Push button switch)로 구성되며 경종, 표시등과 함께 벽에 취부되고 외부색깔은 적색이다. 동작방식은 화재 감지기에 의한 신호와 발신기에 의한 신호를 구분하여 처리하는 방식과, 발신기를 동작시켰을 경우 소화전 펌프 등의 소화활동기기를 동시에 기동시키는 방법이 있다. 발신기는 다음과 같이 분류한다.

1 분류

(1) 설치 장소에 따라 : 옥외형, 옥내형
(2) 방폭 구조 여부에 따라 : 방폭형, 비방폭형
(3) 방수성 유무에 따라 : 방수형, 비방수형

2 설치기준

발신기는 많은 사람의 눈에 잘 보이는 곳에 설치하되 누름 버튼 스위치를 누르는데 장애물이 있지 않도록 하여야 하며 통상 복도 또는 통로 등으로서 소화전함에 가장 가까운 위치에 설치한다. 그 기준은 다음과 같으며 지하구의 경우에는 발신기를 설치하지 아니할 수 있다.

(1) 조작이 쉬운 장소에 설치하고, 스위치는 바닥으로부터 0.8 m 이상 1.5 m 이하의 높이에 설치한다.

(2) 특정소방대상물의 층마다 설치하되, 해당 특정 소방대상물의 각 부분으로부터 하나의 발신기까지의 수평거리가 25 m 이하가 되도록 한다. 다만, 복도 또는 별도로 구획된 실로서 보행거리가 40 m 이상일 경우에는 추가로 설치하여야 한다.

(3) (2)의 기준을 초과하는 경우로써 기둥 또는 벽이 설치되지 아니한 대형공간의 경우 발신기는 설치 대상장소의 가장 가까운 장소의 벽 또는 기둥 등에 설치할 것

(4) 발신기의 위치를 표시하는 표시등은 함의 상부에 설치하되, 그 불빛은 부착면으로부터 15° 이상의 범위 안에서 부착지점으로부터 10 m 이내의 어느 곳에서도 쉽게 식별할 수 있는 적색등으로 하여야 한다.

3 구조 및 기능

1) 구조

발신기의 구조 및 기능은 다음 각호에 적합하여야 한다.

(1) 작동이 확실하고, 취급·점검이 쉬워야 하며, 현저한 잡음이나 장해전파를 발하지 아니하여야 한다. 또한 먼지, 습기, 곤충 등에 의하여 기능에 영향을 받지 아니하여야 한다.

(2) 보수 및 부속품의 교체가 쉬워야 한다. 다만, 방수형 및 방폭형은 그러하지 아니하다.

(3) 부식에 의하여 기계적 기능에 영향을 초래할 우려가 있는 부분을 칠, 도금등으로 유효하게 내식가공을 하거나 방청가공을 하여야 하며, 전기적 기능에 영향이 있는 단자, 나사 및 와셔 등은 동합금이나 이와 동등이상의 내식성능이 있는 재질을 사용하여야 한다.

(4) 외함은 불연성 또는 난연성 재질로 만들어져야 하며 다음과 같아야 한다.

① 발신기의 외함에 강판을 사용하는 경우에는 다음에 기재된 두께이상의 강판을 사용하여야 한다. 다만, 합성수지를 사용하는 경우에는 강판의 2.5배 이상의 두께이어야 한다.

㉠ 외함 1.2 mm 이상

㉡ 직접 벽면에 접하여 벽속에 매립되는 외함의 부분은 1.6 mm 이상

② 발신기의 외함에 합성수지를 사용하는 경우에는 (80±2) ℃의 온도에서 열로 인한

변형이 생기지 아니하여야 하며, 자기소화성이 있는 재료이어야 한다. 다만, 발신기의 누름판, 부품 및 표시명판은 제외한다.

(5) 기기내의 배선은 충분한 전류용량을 갖는 것으로 하여야 하며, 배선의 접속이 정확하고 확실하여야 한다.

(6) 극성이 있는 경우에는 오접속을 방지하기 위하여 필요한 조치를 하여야 한다.

(7) 부품의 부착은 기능에 이상을 일으키지 아니하고 쉽게 풀리지 아니하도록 하여야 한다.

(8) 전선 이외의 전류가 흐르는 부분과 가동축부분의 접촉력이 충분하지 아니한 곳에는 접촉부의 접촉불량을 방지하기 위한 적당한 조치를 하여야 한다.

(9) 외부에서 쉽게 사람이 접촉할 우려가 있는 충전부는 충분히 보호되어야 한다.

(10) 내부의 부품 등에서 발생되는 열에 의하여 구조 및 기능에 이상이 생길 우려가 있는 것은 방열판 또는 방열공 등에 의하여 보호조치를 하여야 한다. 다만, 방수형 또는 방폭형의 것은 방열공을 설치하지 아니할 수 있다.

(12) 방폭형 발신기는 다음 각 목의 1에서 정하는 방폭구조에 적합하여야 한다.
   ① 한국산업표준
   ② 가스관계법령(고압가스안전관리법, 액화석유가스의안전 및 사업관리법, 도시가스사업법)에 의하여 정하는 규격
   ③ 산업안전보건법령에 의하여 정하는 규격

(13) 발신기의 조작부는 다음에 적합하여야 한다.
   ① 손끝으로 눌러 작동하는 방식의 발신기는 손 끝이 접하는 면에 지름 20 ㎜ 이상의 투명 유기질 유리를 사용한 누름판을 설치하여야 한다.
   ② 발신기에는 작동스위치를 보호할 수 있는 보호장치를 설치할 수 있으며 보호장치는 쉽게 해제하거나 파손할 수 있는 구조이어야 하고 해제된 보호장치는 쉽게 복구될 수 있어야 하며 파손부품은 교체할 수 있는 구조이어야 한다.

(14) 작동한 후에 정위치로 복귀시키는 조작을 하여야 하는 발신기는 정위치에 복귀시키는 조작을 잊지 아니하도록 하는 적당한 방법을 강구하여야 한다.

(15) 무선식 발신기는 다음 각 목에 적합하여야 한다.
   ① 전파에 의한 발신기·중계기·수신기간의 화재신호는「신고하지 아니하고 개설할 수 있는 무선국용 무선설비의 기술기준」제7조(특정소출력무선국용 무선설비)제3항의 「도난, 화재경보장치 등의 안전시스템용 주파수」를 적용하여야 한다.
   ②「전파법」제58조의2(방송통신기자재등의 적합성평가)에 적합하여야 한다.

2) 발신기의 작동기능

(1) 발신기의 조작부는 작동스위치의 동작방향으로 가하는 힘이 2 kg을 초과하고 8 kg이하인 범위에서 확실하게 동작되어야 하며, 2 kg의 힘을 가하는 경우 동작되지 아니하여야 한다. 이 경우 누름판이 있는 구조로서 손끝으로 눌러 작동하는 방식의 작동스위치는 누름판을 포함한다.

(2) 발신기는 조작부의 작동스위치가 작동되는 경우 화재신호를 전송하여야 하며, 발신기는 발신기의 확인장치에 화재신호가 전송되었음을 표기하여야 한다.

(3) 발신기는 수신기와 통화가 가능한 장치를 설치 할 수 있다. 이 경우 화재신호의 전송에 지장을 주지 아니하여야 한다.

3) 무선식 발신기의 기능

(1) 작동한 발신기는 화재신호를 수신기 또는 중계기에 60초 이내 주기마다 발신하여야 한다.

(2) 「수신기 형식승인 및 제품검사의 기술기준」제17조 제6호 가목 및 나목에 의한 무선통신 점검신호를 수신하는 경우 무선식 수신기 또는 무선식 중계기에 자동으로 확인신호를 발신하여야 한다.

(3) 건전지를 주전원으로 하는 발신기는 다음 각 호에 적합하여야 한다.

　① 건전지는 리튬전지 또는 이와 동등 이상의 지속적인 사용이 가능한 성능의 것이어야 하며, 건전지의 용량산정 시에는 다음 각 목의 사항이 고려되어야 한다.

　　㉠ 감시상태의 소비전류

　　㉡ 수신기의 수동 통신점검에 따른 소비전류

　　㉢ 수신기의 자동 통신점검에 따른 소비전류

　　㉣ 건전지의 자연방전전류

　　㉤ 건전지 교체 표시에 따른 소비전류

　　㉥ 부가장치가 설치된 경우에는 부가장치의 작동에 따른 소비전류

　　㉦ 기타 전류를 소모하는 기능에 대한 소비전류

　　㉧ 안전 여유율

　② 건전지를 주전원으로 하는 발신기는 건전지의 성능이 저하되어 건전지의 교체가 필요한 경우에는 무선식수신기에 자동적으로 당해 신호를 발신하여야 하고 표시등에 의하여 72시간 이상 표시하여야 한다.

4 구조 및 원리

외함은 1.2 mm 이상 두께의 강판으로 기물이 부딪쳐 발생되는 파손이나 장난등으로부터 보호할 수 있게 제작되어 있으며 누름버튼스위치(Push button switch)의 오조작방지를 위한 보호판이 설치되어 있다. 보호판은 외경, 두께, 표시 등이 통일되어 있으며 누름버튼스위치는 한번 누르면 자동으로 복귀되지 않고 걸려서 나오지 않는 잠김형으로 동작시킨 후 인위적으로만 복구가 가능한 비복귀형 스위치이다. 발신기의 외부 색깔은 적색이어야 하며 경종, 표시등과 함께 벽에 취부한다.

통화기능이 있는 것과 통화기능이 없는 것, 당겨내림발신기가 있으나 통화기능이 없는 것은 거의 사용하지 않는다.

발신기의 누름버튼스위치 위에 투명유리로 된 보호판을 누르면 수신기에 신호가 전달되는데 이 신호를 수신기가 수신한 것을 확인할 수 있는 응답 표시등, 확인 램프, 수신기와 발신기간 상호 연락할 수 있는 전화장치인 전화잭으로 구성된다.

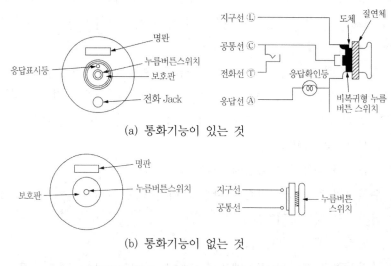

(a) 통화기능이 있는 것

(b) 통화기능이 없는 것

그림 1-237 발신기의 외관과 명칭

그림 1-237의 (a)는 통화기능이 있는 것의 외관과 회로도이다. (b)는 통화기능이 없는 발신기의 외관과 회로도로 단순히 스위치 역할만 할 수 있는 것을 알 수 있다.

누름버튼스위치는 접점이 2극 또는 3극으로 구성된 동시 접점식이며 수신기가 동작하면 다른 신호선을 통해 발신기의 응답 표시등이 켜진다. 이때 수신기로 발신하는 신호는 단순한 단락신호로서 누름버튼스위치가 눌려져 동작된 상태하에서는 회로가 단락상태가 계속되어야 한다. 전화회로는 잭에 휴대용 전화기를 끼우면 동시에 수신기에 호출음이 울리게 되고 수신기에 설치된 송화기를 들면 호출음이 끊어지며 상호통화가 되도록 되어 있다. 그러나 수신기에서 발신기쪽의 통화자를 호출할 수는 없다. **그림 1-238**은 발신기가 타기기와의 연동된 접속도이다.

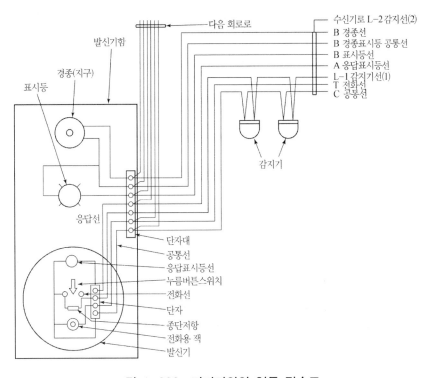

그림 1-238 타기기와의 연동 접속도

그림 1-239는 당겨내림형(Pulldown type) 발신기이다. 발신기 윗면에 위치하고 있는 추와 같은 것을 들었다가 놓으면 접점을 만들어 신호를 발신하는 것이다. 연기의 독성으로 인해 정신이 혼미하여 누름버튼스위치를 누르기 곤란한 상황에 좀 더 유효하게 신호를 전송할 수 있다.

그림 1-239 당겨내림형 발신기

5 결선도

　발신기의 결선도는 **그림 1-240**(a)와 같다. (b)는 계통도를 나타낸 것으로 직상발화우선 경보방식인 경우이기 때문에 ②, ⑤ 배선이 추가되었다. 일제경보방식인 경우에는 ②번 배선을 추가하면 되며 동구분 경보방식일 경우에는 ②번 배선을 추가하고 동별로 ⑤번 배선을 추가한다.

　또한 계통도의 점선표시와 같이 계단 및 덕트, 피트, 엘리베이터 등이 있는 곳에 감지기가 설치되어 수동발신기로 회로가 귀로하였을 경우에는 수동발신기 셀 회로에 계단감지기 1회로가 추가되어 발신기 회로와 계단감지기 회로가 묶여 주 수신반으로 귀로되며 구역으로는 2경계구역이 된다. 그리고 중계기는 응답선, 지구선이 입력선이 되고 표시등선이 출력선이 된다.

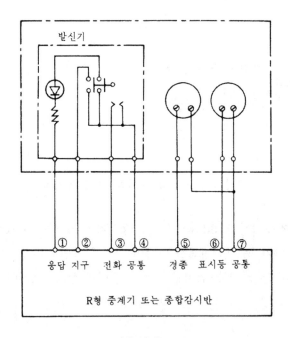

(a) 결선도

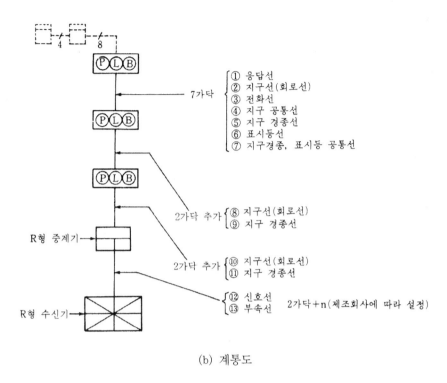

(b) 계통도

그림 1-240 발신기 결선도

6 시험

발신기의 시험은 특별히 규정된 경우를 제외하고는 실온이 5 ℃이상 35 ℃이하이고, 상대습도가 45 % 이상 85 % 이하의 상태에서 실시한다.

(1) 주위온도시험

발신기는 다음 각 호에 정하는 주위온도에서 3시간 작동시키는 경우 기능에 이상이 생기지 아니하여야 한다. 다만, 다음 각 호의 시험온도 범위보다 강화된 온도범위를 사용온도범위로 하고자 하는 경우에는 사용온도범위를 시험온도로 할 수 있으며, 사용온도범위는 5 ℃단위로 제조자가 설정한다.

　① 옥내형 : -(10 ± 2) ℃에서 (50 ± 2) ℃까지
　② 옥외형 : -(35 ± 2) ℃에서 (70 ± 2) ℃까지

(2) 반복시험

발신기는 정격전압에서 정격전류를 흘려 5,000회의 작동 반복시험을 하는 경우 그 구조기능에 이상이 생기지 아니하여야 한다.

(3) 내식시험

발신기는 5 L의 시험기기중에 농도 40 g/L 되는 티오황산나트륨 수용액 500 mL를 넣고 1규정농도의 황산 156 mL를 물 1 L에 용해한 용액을 1일 2회 10 mL씩 가하여 발생하는 아황산가스 중에 4일간 방치한 다음, 상온상습조건에서 4일간 놓아둔 후 기능시험 및 절연 저항시험을 실시하는 경우 이상이 생기지 아니하여야 한다.

(4) 살수시험

방수형 또는 옥외형 발신기는 이를 사용상태로 부착하고 맑은 물을 34.5 kPa의 압력으로 3개의 분무헤드를 이용하여 전면 상방에 (45 ± °2) 각도의 방향에서 시료를 향하여 일률적으로 1시간이상 분사하는 경우에 내부에 물이 고이지 아니하여야 하며 기능에 이상이 생기지 아니하여야 한다.

(5) 진동시험

① 발신기는 전원이 인가된 상태에서 IEC 60068-2-6의 시험방법에 따라 다음 각 호의 규정에 의한 시험을 실시하는 경우 시험 중 잘못 작동되거나 시험 후 구조 및 기능에 이상이 없어야 한다.

　㉠ 주파수 범위 : (10 ~ 150) Hz

　㉡ 가속도 진폭 : 5 m/s^2

　㉢ 축수 : 3

　㉣ 스위프 속도 : 1 옥타브/min

　㉤ 스위프 사이클 수 : 축 당 1

② 발신기는 전원을 인가하지 아니한 상태에서 IEC 60068-2-6의 시험방법에 따라 다음 각 호의 규정에 의한 시험을 실시하는 경우 구조 및 기능에 이상이 없어야 한다.

　㉠ 주파수 범위 : (10 ~ 150) Hz

　㉡ 가속도 진폭 : 10 m/s^2

　㉢ 축수 : 3

　㉣ 스위프 속도 : 1 옥타브/min

　㉤ 스위프 사이클 수 : 축 당 20

(6) 충격시험

발신기에 전원을 인가한 상태로 두께 20 ㎜의 합판에 발신기를 부착한 상태에서 발신기가 부착된 합판의 반대면에 무게 0.54 ㎏ 직경 51 ㎜의 강철구로 **그림 1-241** (a)와 같이 진자운동에 의하여 가하는 충격을 1회 가하는 시험 또는 동일한 무게 및 크기의 강철구를

그림 1-241 (b)와 같이 775 ㎜의 높이에서 발신기가 부착된 합판의 반대면에 자유낙하시켜 충격을 1회 가하는 시험을 하는 경우 그 구조 또는 기능에 이상이 생기거나 잘못 작동하지 아니하여야 한다.

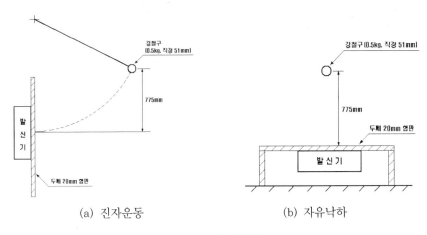

(a) 진자운동   (b) 자유낙하

그림 1-241 충격시험

(7) 절연저항시험

발신기의 절연된 단자간의 절연저항 및 단자와 외함(누름스위치의 머리부분 포함)간의 절연저항은 DC 500 V의 절연저항계로 측정하는 경우 20 MΩ 이상이어야 한다.

(8) 절연내력시험

발신기의 단자와 외함간의 절연내력은 60 Hz의 정현파에 가까운 실효전압 500 V(정격전압이 60 V를 초과하고 150 V 이하인 것은 1,000 V, 정격전압이 150 V를 초과하는 것은 그 정격전압에 2를 곱하여 얻은 값에 1,000 V를 더한 값)의 교류전압을 가하는 시험에서 1분간 견디는 것이어야 한다.

1-4-5 표시등

발신기의 표시등은 발신기가 설치기준에 따라 설치되어 있다하더라도 그 설치장소를 알 수 없으면 발신기로서 유효하게 활용될 수 없다. 따라서 발신기의 위치를 알려주기 위해서 항시 점등하고 있는 적색등의 표시등은 어느 각도에서든지 쉽게 알아볼 수 있도록 전구 캡은 돌출되어 있다. **그림 1-242** (a)는 표시등의 외관이며 (b)는 내부구조이다. 설치장소는 발신기의 가장 가까운 곳이어야 하며 통상 발신기 상부에 위치한다.

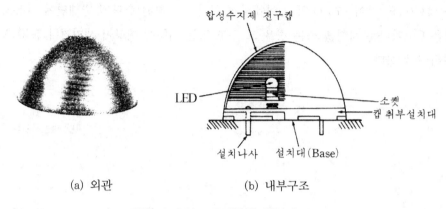

(a) 외관   (b) 내부구조

그림 1-242 표시등의 외관과 구조

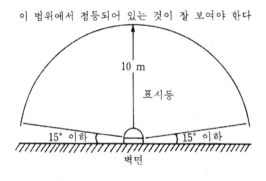

그림 1-243 표시등의 설치

또한 발견하기 쉽게 항시 점등되어야 하므로 비상전원이 설치되어야 한다. 따라서 **그림 1-243**과 같이 표시등의 부착면과 15° 이상의 각도로 되는 방향에 따라 10 m 떨어진 곳에서 점등되어 있는 것이 명확하게 판별될 수 있어야 한다.

이를 위해 전구 캡 속에는 2개의 전구를 설치하여 점등되며 이는 전구 1개가 단선되는 경우 다른 전구 1개만이라도 점등되도록 하기 위하여 병렬로 접속되어 있다. 근래 전구대신에 고휘도 LED를 사용하여 정격전류를 줄임으로써 전력소비를 절약할 수 있는 표시등이 사용되고 있으며 정격전압은 DC 24 V 이다.

전구를 씌우고 있는 캡은 합성수지제이므로 인위적인 파손에 유의하여야 하며 열에 의해 변형되면 표시등의 위치를 잘 나타낼 수 없다. 따라서 전구 캡이 내부의 온도 상승에 의해 변형되지 않도록 통풍이 잘 되도록 하여야 함은 물론 전구의 자체 빛이 외부로 새어 나와서도 아니된다. 표시등은 대체적으로 경종, 발신기와 함께 벽면에 설치한다.

1-4-6 음향장치

음향장치는 화재의 발생을 전파하기 위한 장치이다. 따라서 인위적(人爲的)으로 발신기의 누름버튼스위치를 누르거나, 자동화재탐지설비의 감지기가 작동됨에 따라 연동(連動)되어 명동한다.

경보하는 방법으로는 경종(Bell), 사이렌 등의 음향장치가 사용되나 주로 경종이 사용되고 있다. 음향장치라는 용어대신에 경종이란 말로 사용되고 있으나 전자 사이렌도 사용하고 있으므로 음향장치라는 말이 타당하다. 음향장치는 수신기의 내부 또는 근거리에 위치하여 경보하는 주 음향장치와 구내(構內) 전역에 분산되어 설치되어 있는 지구음향장치가 있다.

1 설치기준

(1) 음향장치

① 주음향장치는 수신기의 내부 또는 직근에 설치한다.

② 층수가 5층 이상으로서 연면적이 3,000 m²를 초과하는 특정소방대상물은 다음에 따라 경보를 발할 수 있어야 한다.

ㄱ 2층 이상의 층에서 발화한 때에는 발화층 및 그 직상층에 경보를 발할 것

ㄴ 1층에서 발화한 때에는 발화층·그 직상층 및 지하층에 경보를 발할 것

ㄷ 지하층에서 발화한 때에는 발화층·그 직상층 및 기타의 지하층에 경보를 발할 것

즉, 직상발화 우선경보방식으로서 **표 1-24**와 같이 하고 소방대상물의 규모에 따른 경보방식은 **표 1-25**와 같이 한다.

표 1-24 직상발화 우선경보방식인 경우의 경보층

발 화 층	경 보 층
2층 이상	당해층 및 그 직상층
1층	지하층 전체, 1층, 2층
지하 1층	지하층 전체, 1층
지하 2층 이하	지하층 전체

표 1-25 규모별 경보방식

소방대상물의 규모	경 보 방 식
5층 이상으로 연면적 3,000 m² 초과	직상발화 우선경보
상기 규모 외의 장소	일제경보
공장 등과 같이 여러 개의 동으로 구성된 것	동구분 경보

③ 지구음향장치는 특정소방대상물의 층마다 설치하되, 해당 특정소방대상물의 각 부분으로부터 하나의 음향장치까지의 수평거리가 **그림 1-244**와 같이 25 m 이하가 되도록 하고, 해당층의 각 부분에 유효하게 경보를 발할 수 있도록 설치한다. 다만, 비상방송설비의 화재안전기준(NFSC202) 규정에 적합한 방송설비를 자동화재탐지설비의 감지기와 연동하여 작동하도록 설치한 경우에는 지구음향장치를 설치하지 아니할 수 있다.

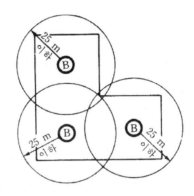

그림 1-244 지구음향장치의 설치

2 기능 및 구조원리

(1) 기능

① 정격전압의 80 %(DC 19.2 V) 전압에서 음향을 발할 수 있는 것으로 할 것
② 음량은 **그림 1-245**와 같이 음향장치의 중심으로부터 1 m 떨어진 위치에서 90 dB 이상이 되는 것으로 할 것
③ 감지기 및 발신기의 작동과 연동하여 작동할 수 있는 것으로 할 것

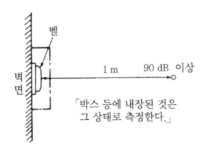

그림 1-245 음향장치의 음량측정

(2) 구조원리

① 경종 : 경보기구 또는 비상경보설비에 사용하는 경종(Bell) 등의 음향장치를 말한다. 전자석, 타봉, 종 등으로 구성된다. 그러나 전자석을 사용하면 소비전류가 크므로 이 대신 소형 모터를 사용하는 경우도 있다. **그림 1-246**(a)는 경종의 외관이며 (b)는 구조로서 소형 전동기(Motor)가 설치된 경우이다. 이의 동작은 전원이 입력되면 소형 전동기가 회전하여 전동기 축에 설치된 캠과 접속된 타봉이 진동하면서 캠을 때리게 되어 불연속음을 발생하게 된다. 전동기의 사용전압이 직류전압으로 규정되어 있어 일반 교류전원에서는 사용할 수 없다.

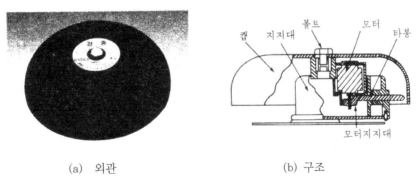

(a) 외관 (b) 구조

그림 1-246 경종의 외관과 구조

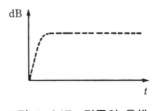

그림 1-247 경종의 음색

　　이에는 옥내, 옥외용이 있으며 옥외용은 방수구조로 하고 표시등, 발신기 등과 함께 벽면에 설치한다. **그림 1-247**은 경종이 동작하였을 때의 음색을 나타낸 것이다.
② 전자 사이렌 : 전자 사이렌은 압전 버저나 일정주파수를 발진시켜 확성기(Speaker)를 명동시키는 방식이다. **그림 1-248** (a)는 외관을 나타내며 (b)는 음색을 나타낸다.

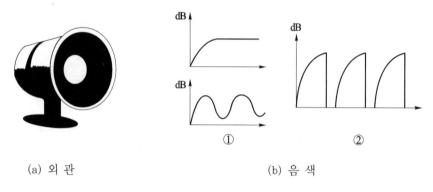

(a) 외 관　　　　　　　　　　　　　(b) 음 색

그림 1-248　전자 사이렌의 외관과 음색

　　용도로는 학교, 공장, 사무실 등의 벽면 상단부에 설치하여 옥외 경보용으로 사용된다. 음색은 **그림 1-248**(b)의 ①과 같이 경보음을 2가지 선택할 수 있는 경우이고 ②는 전자 사이렌 전면에 램프를 점멸시킬 수 있도록 할 경우의 음색으로 음과 빛으로 경보 및 표시를 할 수 있는 경우이다.

③ 결선

　　그림 1-249는 음향장치의 경보방식별 결선도이다. (a)는 직상발화 우선경보방식으로 사용전선 내역은 **표 1-26**과 같으며 기본 7선에 2선씩 추가된다. 또한 입력수가 1인 경우 감지기는 회로별로 설치되고 출력수가 1인 경우 경종은 층별로 접속된다.
　(b)는 일제경보방식으로 사용전선 내역은 **표 1-27**과 같고, 기본 7선에 1선씩 추가되며 입력수가 1일 때 감지기는 회로별로 접속되고 출력수가 1일 때 건물 전체층의 경종은 하나의 전선에 접속되어 동시에 울리게 된다.

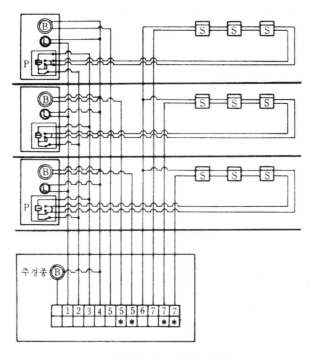

(a) 직상발화 우선경보방식

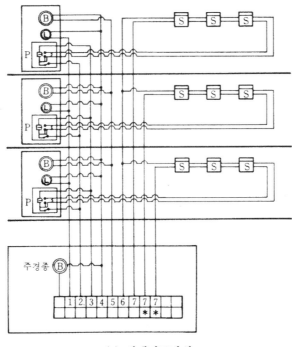

(b) 일제경보방식

그림 1-249 경보방식별 결선

표 1-26   직상발화 우선경보방식 전선 내역표

전 선	내 용	추 가
1	표시등	
2	전 화	
3	발신기 응답선	
4	공 통	
5	경 종	*
6	공통(감지기)	
7	회로(감지기)	*

표 1-27   일제경보방식 전선 내역표

전 선	내 용	추 가
1	표시등	
2	전 화	
3	발신기 응답선	
4	공 통	
5	경 종	
6	공통(감지기)	
7	회로(감지기)	*

4 시험

경종의 시험은 특별히 규정된 경우를 제외하고는 실온이 5 ℃이상 35 ℃ 이하이고, 상대 습도가 45 % 이상 85 % 이하의 상태에서 실시한다.

(1) 주위온도시험

경종은 다음 각 호에 정하는 주위온도에서 3시간 작동시키는 경우 기능에 이상이 생기지 아니하여야 한다. 다만, 다음 각 호의 시험온도 범위보다 강화된 온도범위를 사용온도범위로 하고자 하는 경우에는 사용온도범위를 시험온도로 할 수 있으며, 사용온도 범위는 5 ℃ 단위로 제조자가 설정한다.

① 옥내형 : -(10 ± 2) ℃에서 (50 ± 2) ℃까지
② 옥외형 : -(35 ± 2) ℃에서 (70 ± 2) ℃까지

(2) 충격시험

경종의 충격시험 사항은 발신기의 충격시험과 동일하다.

(3) 살수시험

  방수형 또는 옥외형 경종은 이를 사용상태로 부착하고 맑은 물을 34.5 kPa의 압력으로 3개의 분무헤드를 이용하여 전면 상방에 (45 ± 2)°각도의 방향에서 시료를 향하여 일률적으로 1시간이상 분사하는 경우에 내부에 물이 고이거나 기능에 이상이 생기지 아니하여야 한다.

(4) 절연저항시험

  경종의 절연된 단자간 및 단자와 외함간의 절연저항은 DC 500 V의 절연저항계로 측정하는 경우 20 MΩ 이상이어야 한다.

(5) 절연내력시험

  경종의 단자와 외함간의 절연내력은 60 Hz의 정현파에 가까운 실효전압 500 V(정격전압이 60 V를 초과하고 150 V 이하인 것은 1 kV, 정격전압이 150 V를 초과하는 것은 그 정격전압에 2를 곱하여 1 kV를 더한 값)의 교류전압을 가하는 시험에서 1분간 견디는 것이어야 한다.

1-4-7 배 선

1 사용 배선의 종류

  자동화재탐지설비의 배선은 전기사업법 제67조의 규정에 따른 기술기준에서 정한 것 외에 다음 각호의 기준에 의한 배선을 사용한다.

  즉, 전원회로의 배선은 **표 1-28**에 의한 내화배선에 의하고 그 밖의 배선(감지기 상호간 또는 감지기로부터 수신기에 이르는 감지기회로의 배선을 제외한다)은 **표 1-28**에 의한 내화배선 또는 내열배선에 의한다.

표 1-28 배선에 사용되는 전선의 종류 및 공사방법

1. 내화배선

사용전선의 종류	공 사 방 법
1. 450/750 V 저독성 난연 가교 폴리올레핀 절연전선 2. 0.6/1 KV 가교 폴리에틸렌 절연 저독성 난연 폴리올레핀 시스 전력 케이블 3. 6/10 kV 가교 폴리에틸렌 절연 저독성 난연 폴리올레핀 시스 전력용 케이블 4. 가교 폴리에틸렌 절연 비닐시스 트레이용 난연 전력 케이블 5. 0.6/1 kV EP 고무절연 클로로프렌 시스 케이블 6. 300/500 V 내열성 실리콘 고무 절연전선(180℃) 7. 내열성 에틸렌-비닐아세테이트 고무절연케이블 8. 버스덕트(Bus Duct) 9. 기타 전기용품안전관리법 및 전기설비기술기준에 따라 동등 이상의 내화성능이 있다고 주무부장관이 인정하는 것	금속관·2종 금속제 가요전선관 또는 합성 수지관에 수납하여 내화구조로 된 벽 또는 바닥 등에 벽 또는 바닥의 표면으로부터 25 ㎜ 이상의 깊이로 매설하여야 한다. 다만 다음 각목의 기준에 적합하게 설치하는 경우에는 그러하지 아니하다. 가. 배선을 내화성능을 갖는 배선전용실 또는 배선용 샤프트·피트·덕트 등에 설치하는 경우 나. 배선전용실 또는 배선용 샤프트·피트·덕트 등에 다른 설비의 배선이 있는 경우에는 이로 부터 15㎝ 이상 떨어지게 하거나 소화설비의 배선과 이웃하는 다른 설비의 배선사이에 배선지름(배선의 지름이 다른 경우에는 가장 큰 것을 기준으로 한다)의 1.5배 이상의 높이의 불연성 격벽을 설치하는 경우
내화전선	케이블공사의 방법에 따라 설치하여야 한다.

비고 : 내화전선의 내화성능은 버너의 노즐에서 75 ㎜의 거리에서 온도가 750±5 ℃인 불꽃으로 3시간동안 가열한 다음 12시간 경과 후 전선 간에 허용전류용량 3 A의 퓨즈를 연결하여 내화시험 전압을 가한 경우 퓨즈가 단선되지 아니하는 것. 또는 소방청장이 정하여 고시한「내화전선의 성능인증 및 제품검사의 기술기준」에 적합할 것

2. 내열배선

사용전선의 종류	공 사 방 법
1. 450/750 V 저독성 난연 가교폴리올레핀 절연전선 2. 0.6/1 KV 가교 폴리에틸렌 절연 저독성 난연 폴리올레핀 시스 전력 케이블 3. 6/10 kV 가교 폴리에틸렌 절연 저독성 난연 폴리올레핀 시스 전력용 케이블 4. 가교 폴리에틸렌 절연 비닐시스 트레이용 난연 전력 케이블 5. 0.6/1 kV EP 고무절연 클로로프렌 시스 케이블 6. 300/500 V 내열성 실리콘 고무 절연전선(180℃) 7. 내열성 에틸렌-비닐 아세테이트 고무 절연케이블 8. 버스덕트(Bus Duct) 9. 기타 전기용품안전관리법 및 전기설비기술기준에 따라 동등 이상의 내열성능이 있다고 주무부장관이 인정하는 것	금속관·금속제 가요전선관·금속덕트 또는 케이블(불연성덕트에 설치하는 경우에 한한다.) 공사방법에 따라야 한다. 다만, 다음 각목의 기준에 적합하게 설치하는 경우에는 그러하지 아니하다. 가. 배선을 내화성능을 갖는 배선전용실 또는 배선용 샤프트·피트·덕트 등에 설치하는 경우 나. 배선전용실 또는 배선용 샤프트·피트·덕트 등에 다른 설비의 배선이 있는 경우에는 이로부터 15 ㎝ 이상 떨어지게 하거나 소화설비의 배선과 이웃하는 다른 설비의 배선사이에 배선지름(배선의 지름이 다른 경우에는 지름이 가장 큰 것을 기준으로 한다)의 1.5배 이상의 높이의 불연성 격벽을 설치하는 경우
내화전선·내열전선	케이블공사의 방법에 따라 설치하여야 한다.

비고 : 내열전선의 내열성능은 온도가 816±10℃인 불꽃을 20분간 가한 후 불꽃을 제거하였을 때 10초
이내에 자연소화가 되고, 전선의 연소된 길이가 180 ㎜ 이하이거나 가열온도의 값을 한국산업표준
(KS F 2257-1)에서 정한 건축구조부분의 내화시험방법으로 15분 동안 380℃까지 가열한 후 전선의
연소된 길이가 가열로의 벽으로부터 150 ㎜ 이하일 것. 또는 소방청장이 정하여 고시한 「내열전선의
성능인증 및 제품검사의 기술기준」에 적합할 것.

2 기기간 배선

감지기 상호간 또는 감지기로부터 수신기에 이르는 감지기회로의 배선은 다음의 조건을
만족하여야 한다.

(1) 아날로그식, 다신호식 감지기나 R형 수신기용으로 사용되는 것은 전자파 방해를 방지
하기 위하여 쉴드선 등을 사용할 것. 다만 전자파 방해를 받지 아니하는 방식의 경우에
는 그러하지 아니하다

(2) 상기외의 일반배선을 사용할 때는 옥내소화전설비의 화재안전기준(NFSC 102) 별표 1
의 규정에 따른 내화배선 또는 내열배선으로 사용할 것

50층 이상인 건축물에 설치하는 통신·신호배선은 이중배선을 설치하도록 하고 단선(斷
線) 시에도 고장표시가 되며 정상 작동할 수 있는 성능을 갖도록 설비를 하여야 한다.

    (1) 수신기와 수신기 사이의 통신배선

    (2) 수신기와 중계기 사이의 신호배선

    (3) 수신기와 감지기 사이의 신호배선

3 종단저항

감지기회로의 도통시험을 위한 종단저항은 다음과 같이 설치하여야 한다.

(1) 점검 및 관리가 쉬운 장소에 설치한다.

(2) 전용함을 설치하는 경우 그 설치높이는 바닥으로부터 1.5 m 이내로 한다.

(3) 감지기 회로의 끝부분에 설치하며 종단감지기에 설치할 경우에는 구별이 쉽도록 해당
감지기의 기판 등에 별도의 표시를 한다. 그러나 발신기에 종단저항을 설치할 경우에는
그림 1-250과 같이 하면 된다.

(4) 감지기 사이의 회로 배선은 송배선식으로 한다.

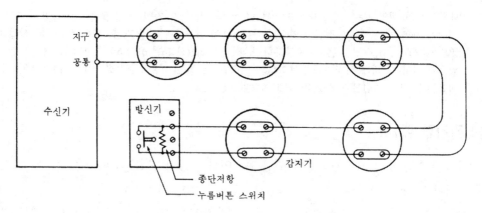

그림 1-250 종단저항의 설치부분

4 절연저항과 공통선의 사용

(1) 전원회로의 전로와 대지 사이 및 배선상호간 절연저항은 전기사업법 제 67조의 규정에 따른 기술기준에 정하는 바에 따른다. 이 때 감지기회로 및 부속회로의 전로와 대지 사이 및 배선 상호간의 절연저항은 1경계구역마다 직류 250 V의 절연저항측정기를 사용하여 측정한 절연저항이 0.1 MΩ 이상이 되도록 한다.

(2) 자동화재탐지설비의 배선은 다른 전선과 별도의 관·덕트(절연효력이 있는 것으로 구획한 때에는 그 구획된 별개의 덕트로 본다)몰드 또는 풀박스 등에 설치한다. 다만, 60 V 미만의 약전류회로에 사용하는 전선으로서 각각의 전압이 같을 때에는 그러하지 아니하다.

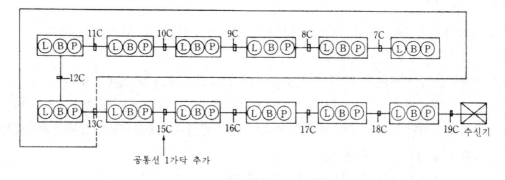

그림 1-251 경계구역에서의 전선수

(3) P형 수신기 및 GP형 수신기의 감지기회로의 배선에 있어서 하나의 공통선에 접속

할 수 있는 경계구역은 **그림 1-251**과 같이 7개 이하로 한다.

(4) 자동화재탐지설비의 감지기회로의 전로저항은 50 Ω 이하가 되도록 하여야 하며, 수신기의 각 회로별 종단에 설치되는 감지기에 접속되는 배선의 전압은 감지기 정격전압의 80 % 이상이어야 할 것

2 배선 예

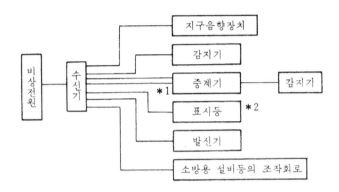

그림 1-252 자동화재탐지설비의 배선

자동화재탐비설비의 구성요소별 배선은 **그림 1-252**와 같이 한다 *1은 중계기의 비상전원회로이며 *2는 발신기를 제외한 소방용설비 등의 기동장치와 겸용할 경우 발신기 상부 표시등의 회로는 내열배선으로 한다.

1-4-8 전 원

1 상용전원

(1) 전원은 전기가 정상적으로 공급되는 축전지 또는 교류전압의 옥내간선으로 하고, 전원까지의 배선을 전용으로 할 것
(2) 개폐기에는 "자동화재탐지설비용"이라고 표시한 표지를 할 것

2 예비전원

자동화재탐지설비에는 그 설비에 대한 감시상태를 60분간 지속한 후 유효하게 10분 이상 경보할 수 있는 축전지설비(수신기에 내장하는 경우를 포함한다)를 설치하여야 한다. 다만, 상용전원이 축전지설비인 경우에는 그러하지 아니하다.

1-5　비화재보 원인과 대책

　우리는 종종 소방설비의 경보설비가 화재가 아닌데도 작동을 하거나 화재가 발생하였는데도 불구하고 작동하지 않는 것을 볼 수 있다. 화재 감지기는 화재시 발생하는 연소생성물이나 물리적현상을 검출하여 미리 정해진 설정값 이상이 되면 경보를 발하게 되어 있다. 그러나 화재가 아니라도 이러한 조건이 되면 감지기는 동작한다. 이와 같이 감지기는 정상적인 기능을 수행하였으나 화재가 아닌 경우, 화재가 아닌데도 발신기를 눌러 경보를 울리게 하는 경우를 말한다. 이 외에도 기기가 정상적인 기능을 가지고 있지 못한 경우로서 전기배선의 절연불량으로 인한 단락, 회로의 접촉불량 등으로 화재시와 같이 경보가 울리는 경우도 있다. 즉, 사람이 판단 할 때에는 화재가 아닌 상황이지만 기기는 주어진 기능에 따라 주위여건이 되면 동작하므로 기기측면에서 볼 때에는 화재와 동일한 환경으로 판단하고 동작하여 경보를 울리는 것이 비화재보이며 이때의 동작을 비동작(非動作)이라 한다.

　비화재보 발생시에는 주위상황이 대부분 순간적으로 화재와 같은 여건의 상태로 되었다가 정상상태로 되는 경우가 많다. 이와 같은 경우를 특히 일과성비화재보(一過性非火災報)라 한다.

　또한 기능면에서 보면 정상적이지만 원리적으로는 작동하지 않는 구조로 된 차동식 감지기의 경우 리크구멍이 있기 때문에 기온의 변화가 서서히 증가하는 경우에는 작동하지 않는다. 이러한 경우는 실보(失報)라 한다. 따라서 화재감지기의 구조와 원리를 완전하게 파악하고 감지기의 용도별 적정한 선택과 설비의 확실한 관리만이 비화재보를 방지할 수 있다는 인식이 중요하다.

1 비화재보의 원인

(1) 인위적인 요인

　① 조리와 공조설비에 의한 열·연기
　② 담배연기
　③ 자동차 등의 배기 가스
　④ 공사중의 분진, 공조기의 바람
　⑤ 공사중 배관의 찌그러짐으로 인한 전선의 합선, 단선, 누전 등
　⑥ 감지기의 찌그러짐

⑦ 수증기 발생에 의한 결로현상

⑧ 급속한 난방

⑨ 준공 준비과정에서의 청소, 페인트 칠 분사

⑩ 장난에 의한 발신기 작동

(2) 기능상의 요인

① 모래, 면 등의 먼지 감지기 유입

② 조리실, 탕비실, 기계실 등으로부터 발생되는 수증기

③ 부품, 회로의 불량

④ 작은 해충의 침입

⑤ 감도변화

⑥ 결로

(3) 설치상의 요인

① 시공부적합 : 적정 감지기 선정 잘못, 배선 접속불량, 부착불량

② 환경불량 : 감지기 설치후의 환경변화 미예측

(4) 유지상의 요인

① 건축물의 갈라진 틈에 의한 누수

② 청소불량

③ 관리불량

④ 배선의 절연 불량

(5) 자연환경요인

① 장마철 이상습도의 영향

② 낙뢰에 의한 영향

(6) 원인 불명

① 감지기 이외(수신기, 중계기, 발신기)의 불량

② 발신기 작동 이유

이 외에 제조사의 포장상태 미흡이나 운송 및 적재시 취급부주의에 의한 충격이나 운송 중의 충격으로 인해 설치 후 오작동하거나 제조사가 기술개발보다는 기준에만 적합한 저가의 기기 제조 등의 보이지 않는 문제점이 있다. 또 소방설비를 전문설비업자가 아닌 무자격

자나 일반설비업자가 설치하며 설비 설치시 제조회사 특성이 고려되지 않고 서로 호환성이 떨어지는 다른 제품으로 시스템을 구성하거나 수신기에 감지기를 과다하게 접속하는 경우도 있다. 또한 대부분의 소규모 소방대상물에서는 전문관리자가 상주하지 않으므로 인해 정기적인 점검 미비와 비화재보의 원인은 제거하지 않고 계속 경보를 울리는 것을 방지하고자 전원이나 경종스위치를 꺼 놓는 경우가 현장에서는 매우 많다.

2 비화재보의 대책

비화재보를 방지하여 설비의 신뢰성을 향상시키려면 각 사업장별 특성에 알맞는 관리와 대책이 가장 중요하다. 화재신호는 궁극적으로 자동화재탐지설비의 감지기가 담당하므로 감지기를 설치할 경우 국가화재안전기준에 따라 설치하는 것은 당연하다. 그러나 환경조건이 다른 건축물의 여러 용도에 맞추어 규정을 만들기에는 불가능하다. 따라서 만족할만한 기능을 보장 받고 유효하게 사용하려면 규정외에 다음을 참고하도록 한다.

(1) 환경 변화

다음의 여건하에서는 감지기가 화재발생이 아닌 상태에서도 동작할 수 있다 . 그것은 감지기는 사람과 같이 생각하고 판단할 수 없으므로 감지기의 감도에 맞는 일정 환경이 되면 감지기는 화재라고 판단할 수 밖에 없다.

    ① 조리시 열연기의 유입
    ② 흡연에 의한 연기의 체류
    ③ 공업용 기계기구 가동으로 인한 열, 연기, 배기 가스의 체류
    ④ 태양열에 의한 열
    ⑤ 비화재보 생성물인 습기, 먼지, 분진 등의 발생

또한 감지기 선택은 환경조건에 맞도록 세심한 주의를 갖고 하였다하더라도 비화재보의 원인은 다양하므로 완전하게 이를 방지하기에는 어려운 경우가 많다. 따라서 환경변화에 대응하여 많은 관심을 가지고 감지기의 적정한 위치선정이나 올바른 선택과 지속적인 관리가 필요하다.

(2) 경년변화

외국의 경우 감지기가 설치된 후 10년이 경과된 감지기가 5년정도 경과된 감지기보다 불량률이 약 25 % 높다는 보고서가 제출되고 있다. 이는 일정 기간이 지나면 어느 제품이나 기능이 저하되는 것은 당연하다. 보통의 가전기기는 고장이 나면 사용이 불편하므로 바로 수리하던지 교체한다. 그러나 소방기기는 화재 발생시에만 사용하므로 평상시 잘 관리되지

않으면 화재발생시 무용지물이 된다. 그러므로 경년변화에 대한 대응은 내구연한을 정하는 것이 당연함에도 규정이 되어 있지 않으니 기능을 상실한 소방기기가 방치되어 있는 경우가 많다. 따라서 경년변화에 대한 것은 소방기기의 내구연한을 정하여 소방설비의 신뢰성을 높여야 화재위험으로부터 보호 받을 수 있다.

(3) 제도적 개선

축적형 수신기의 보급 및 R형 시스템의 설치를 확대하고 아날로그식 감지기 및 첨단형 고감도 감지기를 개발하여 설치를 의무화 한다. 연기식감지기에는 제품출하시 먼지 이입방지캡을 씌우도록 의무화하고 설치 후 내부청소 및 도장으로 인한 감지기의 오염을 감소시킨다. 수신기에는 접속가능한 감지기의 형식번호를 표시하고 감지기에는 접속 가능한 수신기의 형식번호를 명기하도록 하여 수신기와 감지기를 시스템화 한다.

(4) 제조·설치

열악한 운송 환경에 견딜 수 있는 포장방법 사용과 감지기의 경우 쉽게 분해 할 수 없는 구조로 하던지 변형하면 강한 책임을 물을 수 있도록 한다. 설치는 전문업자가 하도록 하여 오결선등을 방지하도록 한다. 현장에서는 화재발생의 우려가 적은 장소에는 감지기 감도를 일률적으로 한 단계씩 조정하거나 국가화재안전기준에 명시된 감지기 설치가 제외될 수 있는 장소에 해당한다면 과감히 설치를 배제하여 전체 설비에 영향을 주지 않도록 하는 것도 고려해 볼 방법이다. 이를 위해 감지기는 다음 각 호의 경우에 작동되지 않도록 하고 있다.

① 이온화식 기능을 가진 감지기에 기류를 가하는 경우
② 진동, 충격 등의 기계적 작용이나 스위치의 개폐, 그 밖에 전기회로의 전압변동 등의 전기적 작용으로 인한 경우
③ 감지기는 그 사용장소에 따라 예측되는 조명기구의 빛, 외광, 전자파 또는 전계를 가한 경우

(5) 유지관리

감지기의 인위적 조작금지와 소방기기의 신속하고 적절한 보수와 교체와 정기적 점검과 기록부를 작성하여 재발방지책을 강구하도록 한다. 특히 화재위험에 대한 국민의 관심을 일상화하도록 하여 화재 발생시 초기에 대응 할 수 있도록 한다.

③ 비화재보 발생시 조치

비화재보를 완전히 제거 할 수는 없다. 따라서 소방제품마다 설정된 내구연한을 준수하며 비화재보 발생원인의 사전제거와 조치만이 소방설비의 신뢰성을 높힐 수 있다. 이를 위

해서 소방설비중 화재수신기에 있는 주경종스위치, 지구경종스위치를 꺼놓지 말고 수신기의 감지기 표시 상태 제거를 하지 말아야 하며 설비 주위상황에 대해서 기후상태, 비화재보 발생시 평상시와 다른 점을 확인한다. 또한 과거 이력에서 비화재보 발생 상황이 있는가와 절연불량이나 감지기 오염등을 어떻게 조치하였는가 확인한다.

그림 1-253은 비화재보 발생시 조치 흐름도이다.

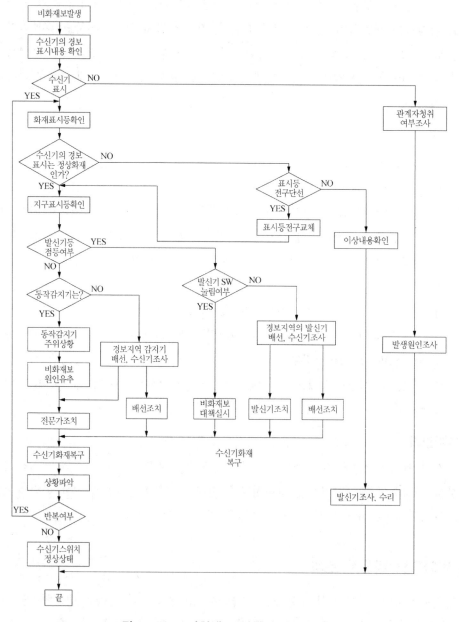

그림 1-253 비화재보 발생시 조치 흐름도

연 습 문 제

1. P형 수신기의 기능 4가지에 대하여 설명하시오.

2. P형 수신기와 GP형 수신기에 대하여 비교 설명하시오.

3. P형 수신기에 있어서 회로도통시험을 한 결과 5번째의 회로에서 계기의 지침이 정상을 가르키지 않았다. 이유는 무엇인가?

4. 다음 그림은 P형 수신기의 1경계구역에 대한 결선도이다. ①~⑤까지의 기능상의 명칭은 무엇인가?

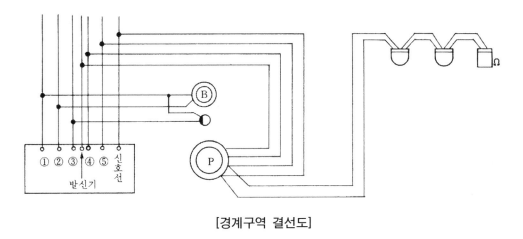

[경계구역 결선도]

5. P형 수신기의 시험방법 중 도통시험은 어떻게 하는가 설명하시오.

6. P형 수신기의 예비전원 시험에 대하여 설명하시오.

7. P형 수신기의 예비전원 전압을 시험용 S/W에 의해서 시험한 결과 0이었다. 그 원인을 3가지만 들으시오.

8. 자동화재탐지설비는 항상 점검 및 정비를 하여야 한다. 수신기의 점검정비 항목을 4가지 쓰시오.

9. 대형 건물에서 P형 수신기를 사용하는 것보다 R형 수신기를 사용하므로 유리한 점 3가지를 서술하시오.

10. 수신기에는 예비품이 반드시 있어야 한다. 이에 대하여 3종류만 쓰시오.

11. 하나의 소방대상물에 2개 이상의 수신기가 설치되어 있을 때의 음향장치는 어떻게 되는가?

12. 수신기에 있어서 다음과 같이 스위치를 조작하였을 때 이는 어떤 시험을 한 것인가. 또 시험방법을 설명하시오(1. 도통시험 스위치 2. 회로선택스위치).

13. 수신기로부터 배선거리 100 m의 위치에 모터 사이렌이 접속되어 있다. 사이렌이 명동될 때의 사이렌의 단자전압을 구하시오. 단, 수신기의 정전압 출력을 24 V라 하고 전선은 1.6 mm 전선이며, 사이렌의 정격전력은 48 W라고 가정하고 전압변동에 의한 부하전류의 변동은 무시한다. 1.6 mm 동선의 km당 전기저항은 8.75 Ω으로 한다.

14. 수신기에서 200 m 떨어진 곳에 지구 경종이 설치되어 있다. 흐르는 전류가 1 A이고 전선의 단면적이 6.0 mm²이라 할 때 전압강하를 구하시오.

15. 수신기의 설치기준에 대하여 5가지만 쓰시오.

16. 자동화재탐지설비 공사를 할 때는 소방본부장, 소방서장에게 시공 신고서를 제출하여야 한다. 이때 필요한 첨부서류를 들으시오.

17. 법규정에 있는 감지기 설치 제외 장소를 쓰시오.

18. 감지기 배선의 단선유무를 확인할 수 있는 시험 2가지를 쓰고 설명하시오.

19. 차동식스포트형 2종 감지기를 옥내 부착면의 높이가 3 m이며, 내화구조로된 소방대상물에 설치하려고 한다. 경계면적은 몇 m²인가?

20. 감지기는 몇 kg의 인장하중을 가했을 때 절단 및 기능에 이상이 있어서는 안되는가?

21. 감지기의 배선을 송배선식으로 하는 목적은 무엇인지 간략히 설명하시오.

22. 주요 구조부가 내화구조로된 건축물 내에 바닥면적 270 m²의 감지구역이 있다. 이 부분에 차동식 스포트형 2종의 감지기를 설치할 경우의 필요한 최소 감지기 수량은? 단, 설치면의 높이는 3 m로 한다.

23. 차동식분포형감지기(공기관식)의 공사도중 공기관이 모자라 접속을 하려고 한다. 이 때의 방법을 간단히 설명하시오.

24. 이온화식 연기감지기에는 방사선 동위 원소가 들어 있어 관리에 유의해야 한다. 사용되는 방사선원의 명칭과 방출하는 방사선은 어떤 것인가? 또한 방사선원에 대해 설명하시오.

25. 자동화재탐지설비의 감지기 회로의 절연저항값을 절연저항 측정기(직류 500 V)로 측정하였을 경우 얼마이어야 하는가?

26. 그림과 같은 차동식스포트형감지기의 구조도에서 (1)과 (2)의 명칭은?

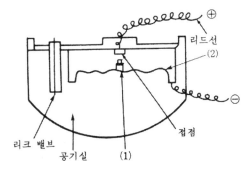

27. 감지기를 검출원리에 따라 분류하고 설명하시오.

28. 연기식 축적형 감지기는 10 % 농도의 연기속에 투입하였을 경우 몇 (초)이내에 동작하여야 하는가?

29. 높이 15 m 이상의 곳에 부착할 수 있는 감지기는 무엇이며 20 m 이상에서 설치할 수 있는 감지기는 어떠한 것이 있는가?

30. 정온식감지선형감지기의 저항을 측정하고자 할 때 측정계기의 전압 및 계기는 무엇인가?

31. 1종의 정온식스포트형감지기 중 감지선형 이외의 것을 내화 건축물에 설치할 경우, 설치면의 높이가 바닥으로부터 4 m 미만에서 바닥면적 500 m^2의 감지구역에 최저 몇 개의 감지기를 설치하여야 하는가?

32. 열전대식 차동식분포형감지기의 하나의 검출부에 접속할 수 있는 열전대부의 수는 얼마로 하여야 하는가?

33. 차동식분포형 열반도체식 감지기의 1개의 감지구역에 설치할 수 있는 감열부의 접속개수는?

34. 법규에서 정하고 있는 연기감지기 설치 의무가 있는 장소를 모두 쓰시오.

35. 차동식 감지기의 리크 구멍(리크공)은 실온의 완만한 온도상승에 대해서는 팽창한 공기를 외부로 배출하는 기능을 하는 것이다. 그러나 이 리크 구멍(리크공)이 먼지등에 의해서 막힐 경우 감지기는 어떤 현상이 발생하는가? 간단히 설명하시오.

36. 그림에서 감지기의 명칭과 A, B, C, D의 명칭을 쓰고 이들의 기능에 대해 간단히 설명하시오.

   (1) A :

   (2) B :

   (3) C :

   (4) D :

   (5) 명칭 :

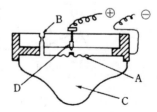

37. 차동식분포형감지기의 공기관에 대하여 아는 바를 설명하시오.

38. 차동식분포형 열전대식 감지기의 동작상태를 설명하시오.

39. 연기식 감지기를 설치하고자 할 때 천장이 낮은 거실과 작은 거실의 정의는 무엇인가?

40. 그림은 공기관의 굴곡부분 고정법을 나타낸 것이다. 스테이플은 천장 및 벽면으로부터 얼마 이내에 설치하며 공기관의 곡률반경 R은 얼마이어야 하는가?

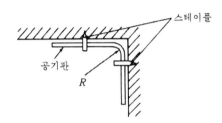

41. Technical Data가 다음과 같은 감지기의 종류는 어떤 것이며 단, 1, 2종 구분은 필요 없으며 식과 형을 쓰도록 한다.

> 공칭 동작온도 : 75 ℃   동작방식 : 반전 바이메탈식(반전 Bimetal)
> 접점 정격 : 60 V, 0.1 A   최대 설치높이 : 8 m

42. P형 수신기와 감지기와의 배선회로에서 종단저항 10 kΩ, 릴레이 저항 950 Ω, 회로의 전압이 DC 24 V이고 상시 감시전류는 2 mA라고 하면 감지기가 동작할 때 회로에 흐르는 전류는 몇 mA인가?

43. 공기관식 차동식분포형 감지기의 공기관을 가설할 때 다음 물음에 답하시오.
  (1) 굴곡시킬 수 있는 곡률 반경은 ?
  (2) 관끼리의 접속방법은 ?
  (3) 설치할 수 있는 최대길이와 최소길이는?
  (4) 천장 및 벽면으로부터 스테이플로 고정시킬 때의 이격거리는?
  (5) 내화구조 및 기타 구조일 때 공기관 상호 간격은?

44. P형 수신기와 감지기와의 배선회로에서 배선회로 저항이 110 Ω이고, 릴레이 저항이 800 Ω, 회로의 전압이 DC 24 V이고, 상시감시 전류는 2 mA라고 할 때, 다음 물음에 답하시오.

(1) 종단저항은 몇 Ω인가?

(2) 감지기가 동작할 때 회로에 흐르는 전류는 몇 mA인가?

45. 높이가 8 m 이상 15 m 미만인 곳에 취부할 수 있는 감지기의 종류는 무엇인가? 법규에서 정한 모든 것을 쓰시오.

46. 그림에서 ①, ②, ③, ④, ⑤의 전선수를 기입하시오(단, 송배선 방식임).

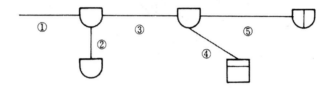

47. 마노미터로서 행할 수 있는 시험 3가지는 무엇인가 ?

48. 차동식 분포형 공기관식 감지기에 표시할 사항 3가지를 쓰시오.

49. 감지기의 진동시험에 대하여 서술하시오.(2가지)

50. 열전대식 감지기의 열전대 단위는?

51. 다음 그림을 보내기 배선으로 할 때 ①, ②, ③의 배선수는?

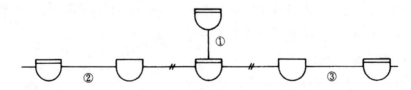

52. 중계기의 설치기준에 대하여 설명하시오.

53. 중계기에서 행할 수 있는 시험기능에 대해 3가지만 예를 들고 설명하시오.

54. 그림은 열전대식 차동식분포형 감지기에 대한 결선도면이다. 이 도면을 보고 다음 각 물음에 답하시오.

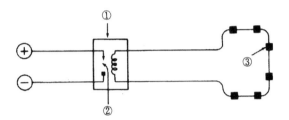

(1) ①에 해당하는 곳은 무슨 부분인가?

(2) ②, ③에 해당하는 곳의 명칭은?

(3) 하나의 검출부에 접속하는 열전대부는 몇 개 이하로 하여야 하는가?

(4) 열전대부는 감지구역의 바닥면적이 몇 m²마다 1개 이상으로 하여야 하는가? 단, 일반적인 경우임

55. 중계기를 간단히 설명하시오.

56. 분산형 중계기의 설치장소에 대하여 쓰시오.

57. 수신기, 가스 누설 경보기의 탐지부와 수신부, 자동소화설비의 제어반 또는 다른 중계 기로부터 전력을 공급받는 경우와 그렇지 않은 경우에 대하여 전원, 지구음향장치, 화 재신호는 어떻게 하여야 하는지 비교 설명하시오.

58. 예비전원의 양부시험을 행하는 경우 정류기의 직류측에 설치해야 하는 스위치는 어떤 동작을 하는 것이어야 하는가?

59. 중계기에 사용하여서는 아니되는 회로방식은?

60. 축적형 중계기에 대하여 간단히 설명하고 그 장점을 쓰시오.

61. 발신기 설치기준에 대해 쓰시오.

62. 발신기를 통화기능이 있는 것과 없는 것으로 비교 설명하고 사용에 대하여 설명하시오.

63. 그림은 발신기의 결선 약도이다. A, B, C, D의 선 명칭은?

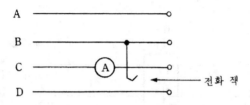

64. 도면은 자동화재탐지설비의 수동 발신기, 경종, 표시등과 수신기와의 간선 연결을 나타낸 도면이다. 물음에 답하시오. 단, 경종은 발화층 및 직상, 직하 우선경보를 발하는 방식으로 수동발신기와 경종 및 표시등의 공통선은 수동발신기 1선, 표시등 경종에서 1선으로 한다.

(1) a, b, c, d의 최소 전선수는?

(2) a, b, c, d선의 각 가닥의 명칭을 아래 (   ) 속의 용어를 사용하여 적으시오.(회로선, 공통선, 전화선, 응답 램프선, 벨선, 표시등선, 벨과 표시등 공통선)

(3) 자동화재탐지설비 수신기는 몇 회로용을 사용하여야 하는가?

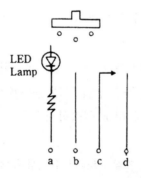

[발신기의 미완성 회로도]

65. 발신기를 눌러서 경보를 발한 후, 수신기를 복구하고자 하였지만, 복구되지 않았다. 그 원인은 무엇인가? 단, 수신기 및 배선 등에 이상은 없다.

66. 다음은 발신기의 실체도이다. 틀린 곳을 정정하고 A, B, C, D 단자명을 쓴 다음 현상태의 동작을 설명하시오.

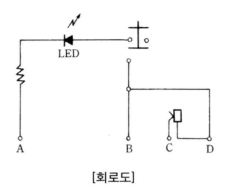

[회로도]

67. 지구경종의 구조 및 기능을 쓰시오.

68. 음향장치의 음량 측정 방법에 대해 쓰시오.

69. 직상발화 우선경보방식의 건축물 1층에서 발화시 경보를 발하여야 하는 층을 쓰시오.

70. 5층 이상으로서 연면적이 3,000 m²를 초과하는 소방대상물 또는 그 부분에 있어서 자동화재탐지설비의 음향장치는 어떻게 경보를 발할 수 있도록 설치되어야 하는지 설명하시오.

71. 다음은 자동화재탐지설비의 음향장치의 구조 및 성능에 대한 것이다. ( )안에 알맞은 말을 넣으시오.
   (1) 정격전압의 (   )% 전압에서 음향을 발할 수 있을 것
   (2) 음량은 부착된 음향장치의 중심으로부터 1 m 떨어진 위치에서 (   )dB 이상이 되도록 할 것
   (3) 감지기의 작동과 (   )하여 작동할 수 있는 것으로 할 것

72. 자동화재탐지설비를 유지 관리하기 위하여 준수하여야 할 사항 4가지만 답하시오.

73. 자동화재탐지설비를 구성하는 설비를 들고 간략히 설명하시오.

74. 종단저항의 설치기준에 대해 쓰시오.

75. 자동화재탐비설비의 스위치등이 깜빡거리고 있다. 그 이유를 설명하시오.

76. 그림은 연면적 5000 m²인 지상 5층, 지하 1층인 건물에 설치할 자동화재탐지설비 계통도이다. 주어진 조건에 따라 다음 물음에 답하시오

- 조 건-
① 전선의 굵기는 2.5 mm²로 한다.
② 전선의 종류는 HFIX 전선을 사용한다.
③ 계단 감지기의 회로는 각각 별개의 회로로 구성한다.
④ 수신기는 P형 수신기 13회로용을 설치한다.

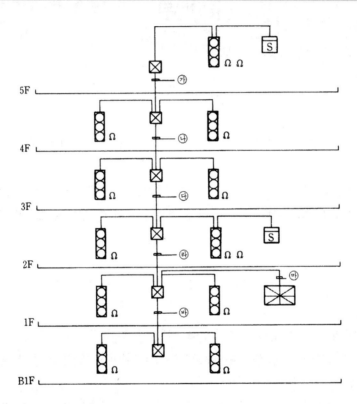

(1) 다음 빈 칸에 전선의 수와 전선의 용도를 쓰시오

기호	전선수	전선의 용도
㉮		
㉯		
㉰		
㉱		
㉲		
㉳		

(2) 기동용 수압개폐장치를 사용하는 소화전설비가 본 설비에 추가되는 경우 추가 배선수는 얼마이며, 또 이때의 전선용도별에 대해 쓰시오.

(3) ON, OFF 스위치를 사용하는 소화전설비를 설치한다면 추가 배선수는 얼마이며, 또 이때의 전선용도별에 대해 쓰시오.

77. 그림은 자동화재탐지설비의 간선계통도 및 평면도이다. 도면 및 조건을 보고 다음 각 물음에 답하시오.

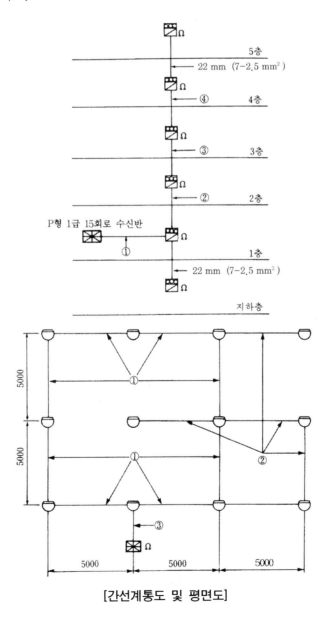

[간선계통도 및 평면도]

(1) 화재경보 계통도의 ①~④에 필요한 최소 전선수 및 전선관을 기입하시오.(예 : 16 C(4-2.5 mm²) 전선관, 전선수, 전선)

(2) 화재경보 평면도의 ①~③에 필요한 전선의 최소수는 얼마인가?

- 조 건 -
① 화재경보 계통도는 발화층 및 직상, 직하층 우선 경보방식임
② 평면도상의 모든 전선관은 후강전선관이며, 매입 배관이고, 전선은 HFIX 2.5 mm²를 사용할 것

78. 그림은 지하 1층과 지상 3층의 내화성 건축물로 되어 있는 어느 생산공장 내에 있는 사무실의 1층 평면도이다. 평면도에 표시한 치수를 축척 100분의 1로 다시 그린 후에 범례에 나타낸 필요설비들을 배치한 후 배선도를 그리시오.

기호	명칭	기호	명칭
⊠	P형 수신기 5회로용 수신기	Ⓢ	연기감지기
ⓅⒷⓁ	발신기함	◓	출구 표시등 5 W 축전지 내장
▽	차동식 스포트형 감지기		

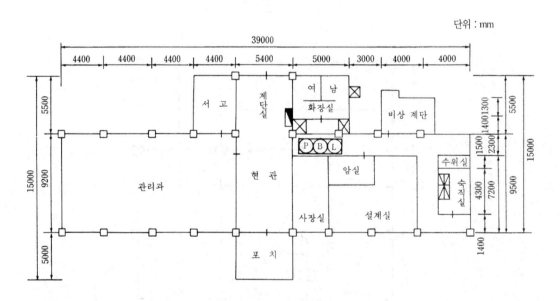

단위 : mm

[평면도]

79. 그림은 자동화재탐비설비의 계통도이다. 이 건물은 내화구조의 사무실로 되어 있으나 각 층의 바닥면적이 다음과 같이 되어 있어서 지하실과 각 층에 자동화재탐지설비 1회 선씩을 시설하여 1층에 P형 수신기(5회로용)를 설치하고 1회선을 예비용으로 하고자 한다. 이 계통도에 따른 복선결선도를 작성하시오. 단, 수신기의 내부 결선은 생략한다.

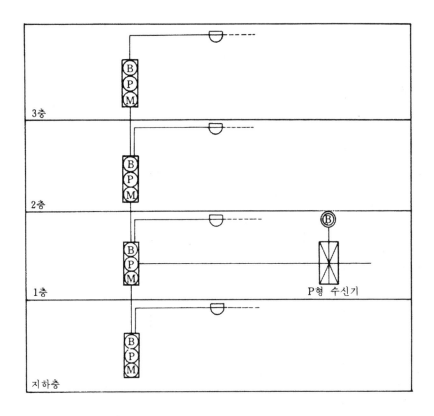

[바닥면적]	
1층	452 m^2
2층	438 m^2
3층	428 m^2
지하층	150 m^2
합 계	1458 m^2

[계통도]

80. 다음은 P형 수신기의 미완성 결선도에 대한 것이다. 그림의 결선도를 완성하고 다음
물음에 답하시오.

(1) 이 결선도의 경보방식은?

(2) a, b, c, d, e의 배선 명칭은?

(3) 미완성 부분을 결선하시오.

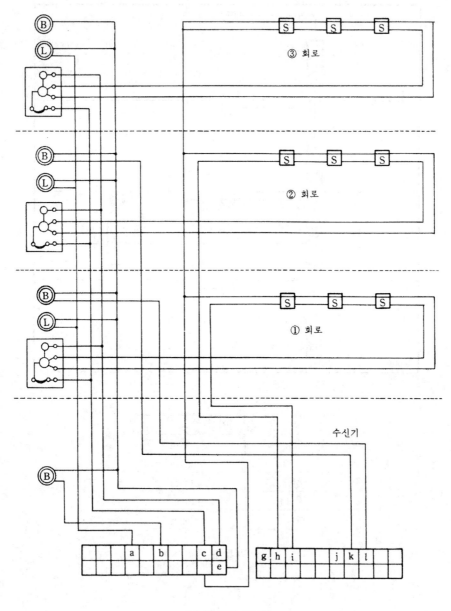

[수신기의 결선]

81. 그림은 직상발화 우선경보방식의 자동화재탐지설비 배선 결선도이다. 각 용도의 전선 굵기, 종류 및 가닥수를 쓰시오. 단, 수신기 회선수는 12회로이며 한 회선마다 감지기선을 사용하고 감지선과 공통선은 별개로 구성한다. 또한 지구감지선은 공통선을 1선씩 추가하고 계단은 별도 회로로 한다.

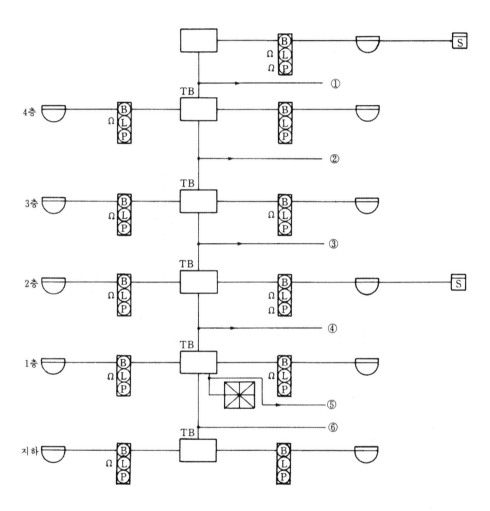

[계통별 전선 용도]

82. 지하 3층, 지상 7층, 연면적 5,000 m²(1개층 500 m²) 사무실 건물에 그림과 같이 자동화재탐지설비 P형 수신기를 시설하였다. 시스템을 전기적으로 완벽하게 운영하기 위해 필요한 전선의 최소수량(가닥수)을 (가) ~ (자)까지 쓰고 종단저항의 수량을 쓰시오. 단, 지상층 각 층의 높이는 3 m이고, 지하층 각 층의 높이는 3.1 m이다.

[보기]

BLP : 수동발신기

: 수신반 P형

Ω : 종단저항

S : 연기감지기

[전선수량 구하기]

83. 자동화재탐지설비, 비상경보설비, 유도등의 비상전원에 사용하는 축전지는 몇 분 이상 방전능력이 있어야 하는가?

84. 수신기의 절연저항시험과 절연내력시험기준에 대해 쓰시오.

85. 경계구역에 대해서 간단히 설명하시오.

86. 10층 건물의 직상 통로의 경계구역은 얼마이며 자동화재탐지설비의 회로명과 회선수는 얼마인가?

87. 그림과 같은 감지기 설치대상 여부와 이를 판단하는 근거식을 쓰시오.

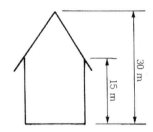

88. 자동화재탐지설비에서 공기관식 분포형감지기를 설치하려고 한다. 현장에서 시험에 사용하는 공구 이외의 시험 용구를 쓰고 이들을 설명하시오.

89. 복합형 감지기의 종류별 설치기준에 대하여 쓰시오.

90. 자외선식 불꽃 감지기의 회로 구성도를 도시하고 자외선을 조사하였을 때와 조사하지 않았을 때의 전압−전류 특성곡선에 대해 설명하시오.

91. 적외선식 감지기의 구성도를 그리고 이를 간략히 설명하시오.

92. 아날로그식 감지기의 구성도를 그리고 간략히 설명하시오. 또한 화재경보신호시험에 대하여 설명하시오.

93. R형수신기의 시분할 다중방식과 주파수분할 다중방식에 대하여 간략히 설명하시오.

94. 수신기 네트워크의 종류를 들고 장단점을 쓰시오.

95. 아파트의 수신기 네트워크에 대해 예를 들어 설명하시오.

96. 네트워크 구성시 단독건물과 동별 구분이 있는 경우에 대하여 설명하시오.

97. 차동식스포트형 반도체식 감지기와 정온식스포츠형 반도체식 감지기의 회로를 비교하여 설명하시오.

98. 감광계수와 가시거리에 대하여 설명하시오.

99. 감지기 회로에 사용되는 트랜지스터의 스위칭 특성에 대하여 설명하시오.

100. 트랜지스터의 작용에 대하여 설명하시오.

101. Labyrinth에 대하여 간략히 설명하시오.

102. 광전식감지기의 발진회로에 대하여 설명하시오.

103. 광전식감지기의 임피던스회로에 대하여 설명하시오.

104. 광전식 분리형 감지기에 대하여 설명하고 광로축과 공칭감시거리에 대하여 설명하시오.

105. 다신호식 감지기의 회선별 접속방법에 대하여 간략히 설명하시오.

106. 분광복사속발산도에 대하여 쓰시오.

107. 스테판볼츠만의 법칙에 대하여 설명하시오.

108. 아날로그식 감지기를 종류별로 간단히 설명하고 접속방법에 대해 쓰시오.

109. 새로운 감지기들에 대해 간략히 설명하고 미래 감지기술에 대해 쓰시오.

110. 감지기의 불량요인과 조치에 대하여 쓰시오.

111. 중계기에서 송신하는 Feed back 신호에 대하여 간략히 설명하시오.

112. 중계기에서의 Polling에 대하여 설명하시오.

113. 발신기를 기능별로 비교하시오.

114. 직상발화 우선경보방식과 일제경보방식을 비교 설명하고, 차이점을 쓰시오.

115. 감지기회로에서 종단저항의 설치와 목적에 대해 쓰시오.

116. 중계기의 설치장소에 대하여 쓰시오.

117. 중계기의 신호처리와 순서도에 대하여 쓰시오.

118. 비화재보의 원인에 대하여 간략히 쓰시오.

119. 비화재보의 발생시의 흐름도를 작성하고, 수신기에서 확인해야 하는 사항들에 대해 쓰시오.

120. 수신기의 작동기능점검 내용을 간략히 쓰시오.

121. 중계기의 작동기능점검 내용을 간략히 쓰시오.

122. 비화재보가 발신기에 의해 발생되었다면 어떤 이유가 있겠는가?

123. 감지기의 회로저항과 하나의 공통선에 접속할 수 있는 경계구역은 얼마인가?

124. 감지기의 배선에 대하여 간략히 쓰시오.

125. 감지기의 예비전원에 대하여 간략히 쓰시오.

126. 다음의 건축평면도를 보고 설계조건에 맞추어 자동화재탐지설비에 대한 문제에 답하시오.

〈조건〉

1) 주요 구조부는 내화구조이며, 지상 2층인 교육시설이다.

2) 각 층의 평면은 동일하며 층고는 각각 5m, 설치해야 할 감지기의 종류 및 각 실의 반자 높이는 표 1과 같다.

표 1 반자높이와 적용감지기

실명	반자 높이	적용감지기	종별
㉮실	3.5m	차동식 스포트형	2종
㉯실	4.2m	연기식 스포트형	2종
㉰실	3.5m	연기식 스포트형	2종
㉱실	4.5m	정온식 스포트형	특종
㉲실	3.5m	연기식 스포트형	1종
㉳실	4.2m	차동식 스포트형	2종
㉴실	3.5m	연기식 스포트형	1종
㉵실	4.2m	차동식 스포트형	2종
㉶실	3.5m	연기식 스포트형	1종
㉷실	4.2m	차동식 스포트형	2종
㉸실	3.5m	연기식 스포트형	1종
화장실	3.5m	연기식 스포트형	2종
복도	3.5m	연기식 스포트형	2종

3) 소방용 심벌기호를 사용하여 평면도 및 계통도에 감지기와 발신기(소화전이 없는 단독형)를 수량에 맞추어 적합한 위치에 그려 넣으시오.

4) 각 기기 간의 접속전선관은 후강전선관 적용, 감지기와 감지기 사이는 16C, 발신기와 발신기 사이 및 수신기까지의 전선관은 28C를 적용한다.

5) 감지기에 사용하는 전선은 HFIX 1.5㎟를 적용하고, 발신기와 수신기간을 연결하는 전선은 HFIX 2.5㎟를 적용한다.

6) 각 층의 감지기는 발신기를 통하여 수신기에 접속하고, 계단에 감지기를 설치하는 경우에는 종단저항을 수신기에 설치하는 조건으로 설계한다.

7) 각 층의 발신기와 발신기 사이의 배관은 수직배관방식으로 연결한다.

8) 본 소방대상물에 설치해야 하는 P형 수신기는 몇 회로용인지를 계통도상에 명시한다.

(1) 소방대상물에 적합한 자동화재탐지설비의 1, 2층 평면도와 계통도를 작성하시오.

지상 1층 자동화재탐지설비 평면도

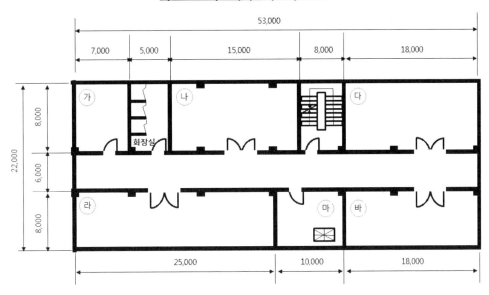

지상 2층 자동화재탐지설비 평면도

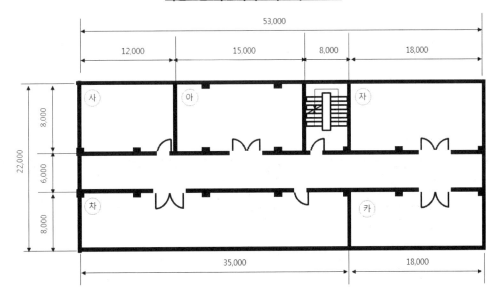

자동화재탐지설비 계통도

배선 기호별 전선 및 건선관 규격

기호	전선관	전선규격 및 수량
A		
B		
C		
D		
E		

지상 2층

지상 1층

(2) 상기의 소방대상물에 적합한 자동화재탐지설비의 기기물량 산출표와 재료비(기기)
내역서를 작성하시오.

① 기기물량 산출표

품명	규격	1층	2층	소계
차동식 감지기	스포트형 2종			
정온식 감지기	스포트형 특종			
연기식 감지기	스포트형 1종			
연기식 감지기	스포트형 2종			
발신기				
경 종	DC 24V			
표시등	DC 24V			
수신기	P형			

② 재료비(기기장치) 내역서

품명	규격	수량	단가	금액
차동식 감지기	스포트형 2종		5,000	
정온식 감지기	스포트형 특종		5,000	
연기식 감지기	스포트형 1종		20,000	
연기식 감지기	스포트형 2종		20,000	
발신기			5,000	
경 종	DC 24V		6,000	
표시등	DC 24V		2,000	
수신기	P형		300,000	
			합계	

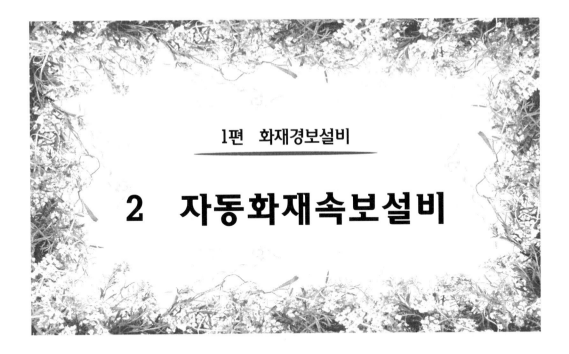

2 자동화재속보설비

자동화재속보설비는 자동 또는 수동으로 화재의 발생을 소방관서에 통보하는 설비이다. 그리고 자동화재속보설비의 속보기라 함은 수동작동 및 자동화재탐지설비 수신기의 화재신호와 연동으로 작동하여 관계인에게 화재발생을 경보함과 동시에 소방관서에 자동적으로 통신망을 통한 당해 화재발생 및 당해 소방대상물의 위치 등을 음성으로 통보하여 주는 것이다. 자동화재속보설비 속보기의 기준에도 불구하고 속보기에 감지기를 직접 연결(자동화재탐지설비 1개의 경계구역에 한한다)하는 방식의 것은 문화재용 자동화재속보설비의 속보기라 한다.

2-1 설치 대상과 기준

1 설치대상

표 2-1 설치대상

소 방 대 상 물	기 준 면 적
공장 및 창고시설 또는 업무시설(사람이 근무하지 않는 시간에는 무인경비시스템으로 관리하는 시설에 한함)	바닥면적이 1,500 m² 이상인 층이 있는 것
노유자 시설, 교육연구시설 중 청소년 시설(숙박시설이 있는 건축물에 한함)	바닥면적이 500 m² 이상인 층이 있는 것

문화재보호법 제5조에 따라 국보 또는 보물로 지정된 목조건축물에 설치한다.

자동화재속보설비의 설치대상은 **표 2-1**과 같으나 수신반이 설치된 장소에 상시 통화 가능한 전화가 설치되어 있고 감시인이 상주하는 경우에는 설치하지 아니할 수 있다.

2 설치 기준

(1) 자동화재탐지설비와 연동으로 작동하여 화재발생상황을 소방관서에 전달되는 것으로 할 것

(2) 스위치는 바닥으로부터 0.8 m 이상 1.5 m 이하의 높이에 설치하고, 그 보기 쉬운 곳에 누름 스위치임을 표시한 표지를 할 것

(3) 속보기는 소방관서에 통신망으로 통보하도록 하며, 데이터 또는 코드전송방식을 부가적으로 설치할 수 있다. 단, 데이터 및 코드전송방식의 기준은 소방방재청장이 정한다

(4) 문화재에 설치하는 자동화재속보설비는 제1호의 기준에 불구하고 속보기에 감지기를 직접 연결하는 방식(자동화재탐지설비 1개의 경계구역에 한한다)으로 할 수 있다.

(5) 속보기는 「소방용 기계·기구의 형식승인 등에 관한 규칙」 제31조 및 별표14 제22호에 적합한 것으로 설치하여야 한다

(6) 관계인이 24시간 상시 근무하고 있는 경우에는 자동화재속보설비를 설치하지 아니할 수 있다.

2-2 구성 및 종류

1 구성

그림 2-1은 일반적인 자동화재속보설비의 구성이다.

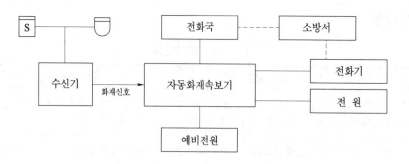

그림 2-1 자동화재속보설비의 구성

2 종류

자동화재속보설비에는 다음의 것이 있다.

(1) 자동화재속보설비의 속보기

수동작동 및 자동화재탐지설비 수신기의 화재신호와 연동으로 작동하여 관계인에게 화재발생을 경보함과 동시에 소방관서에 자동적으로 통신망을 통한 당해 화재발생 및 당해 소방대상물의 위치 등을 음성으로 통보하여 주는 것을 말한다.

(2) 문화재용 자동화재속보설비의 속보기

자동화재속보설비의 속보기의 기준에도 불구하고 속보기에 감지기를 직접 연결(자동화재탐지설비 1개의 경계구역에 한한다)하는 방식의 것을 말한다.

2-3 구조 및 기능

그림 2-2는 화재속보기 외관이다. 이 속보기는 동작시간, 동작회수, 전화번호, 예비전원감시, 화재경보, 비상스위치 동작표시등을 하는 기능이 있고 일반 전화에 접속하여 사용할 수 있다. **그림 2-2**의 (b)는 기존의 화재속보기와는 매우 진보된 속보기로 유선, CDMA(Code Division Multiple Access), Ethernet등의 통신망을 통해 음성으로도 통보할 수 있으며 어떤 상황실에도 데이터속보를 할 수 있는 새로운 속보설비이다. 또한 이제까지의 전화로 통보하는 시간인 화재 펄스 동작시간이 20초 미만이었으나 통신망을 이용한 화재속보기는 다이얼링 시간을 1~9초사이로 하고 있어 대단히 빠르다. 소방서에 신고할 경우에도 자동화재탐지설비의 수신기에서 발하여진 신호를 수신한 후 해당소방서에 3회 반복 신고하여 신고의 정확성을 기하는 것은 유·무선방식이 동일하다.

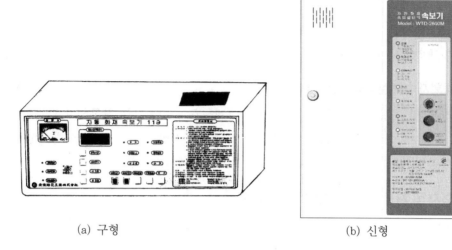

(a) 구형　　　　　　　　　(b) 신형

그림 2-2 자동화재속보기 외관

　다음은 화재속보기의 일반적 구조와 기능이다.

(1) 구조

　① 부식에 의하여 기계적 기능에 영향을 초래할 우려가 있는 부분은 칠, 도금등으로 기계적 내식가공을 하거나 방청가공을 하여야 하며, 전기적 기능에 영향이 있는 단자 등은 동합금이나 이와 동등이상의 내식성능이 있는 재질을 사용하여야 한다.

　② 외부에서 쉽게 사람이 접촉할 우려가 있는 충전부는 충분히 보호되어야 하며 정격전압이 60 V를 넘고 금속제 외함을 사용하는 경우에는 외함에 접지단자를 설치하여야 한다.

　③ 극성이 있는 배선을 접속하는 경우에는 오접속 방지를 위한 필요한 조치를 하여야 하며, 커넥터로 접속하는 방식은 구조적으로 오접속이 되지 않는 형태이어야 한다.

　④ 내부에는 예비전원(알칼리계 또는 리튬계 2차축전지, 무보수밀폐형축전지)을 설치하여야 하며 예비전원의 인출선 또는 접속단자는 오접속을 방지하기 위하여 적당한 색상에 의하여 극성을 구분할 수 있도록 하여야 한다.

　⑤ 예비전원회로에는 단락사고 등을 방지하기 위한 퓨즈, 차단기등과 같은 보호장치를 하여야 한다.

　⑥ 전면에는 주전원 및 예비전원의 상태를 표시할 수 있는 장치와 작동시 작동여부를 표시하는 장치를 하여야 한다.

　⑦ 화재표시 복구스위치 및 음향장치의 울림을 정지시킬 수 있는 스위치를 설치하여야 한다.

　⑧ 작동시 그 작동시간과 작동회수를 표시할 수 있는 장치를 하여야 한다.

　⑨ 수동통화용 송수화장치를 설치하여야 한다.

⑩ 표시등에 전구를 사용하는 경우에는 2개를 병렬로 설치하여야 한다. 다만, 발광다이오드의 경우에는 그러하지 아니하다.

⑪ 속보기는 다음 각호의 회로방식을 사용하지 아니하여야 한다.

    ㉠ 접지전극에 직류전류를 통하는 회로방식

    ㉡ 수신기에 접속되는 외부배선과 다른 설비(화재신호의 전달에 영향을 미치지 아니하는 것은 제외한다)의 외부배선을 공용으로 하는 회로방식

⑫ 속보기의 기능에 유해한 영향을 미치는 부속장치는 설치하지 아니하여야 한다.

(2) Hardware 블럭도

화재속보기가 동작하기 위해서는 수신기의 발신기, 주경종단자와 속보기의 화재신호 및 공통단자에 접속되어야 한다. 그리고 속보기를 동작시킬 수 있는 전원단자, 유선전화를 접속할 수 있게하는 전화단자가 필요하다. 즉, 화재신호 회로를 접속할 수 있는 단자와 통신선을 접속할 수 있는 단자, 전원을 접속하는 단자가 있어야 한다. **그림 2-3**은 화재속보기의 Hardware를 구성하는 블럭도이다.

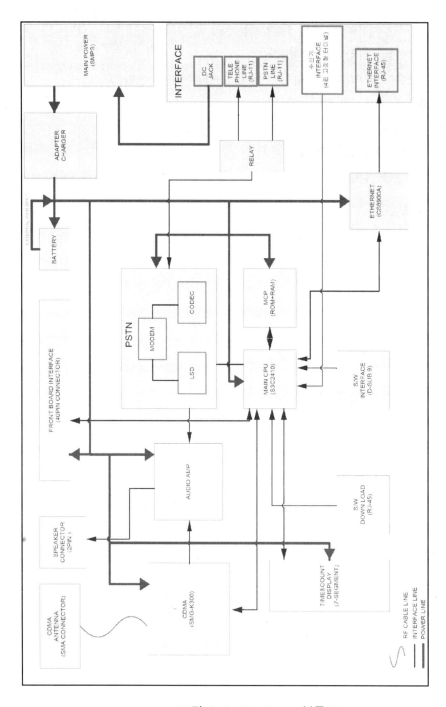

그림 2-3 Hardware 블록도

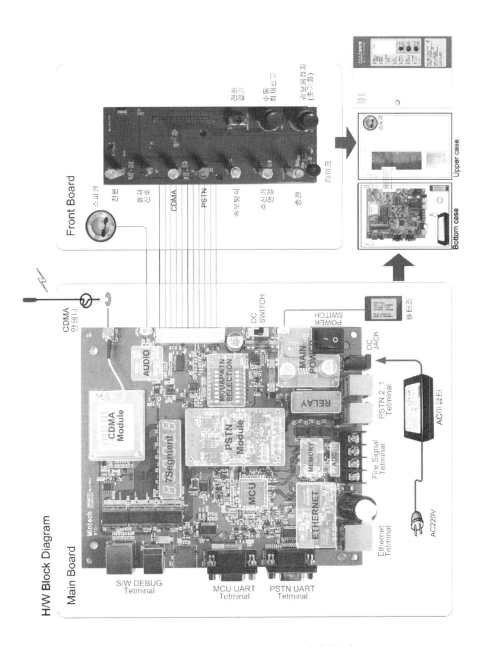

그림 2-4 Hardware 실제 블럭도

각 부분을 설명하면 다음과 같다.

① 주제어부(MainControlUnit)

주 제어부는 CPU, Memory(ROM: 16 Mbyte, RAM 8Mbyte), RTC(Real Time Clock)등으로 구성된다.

CDMA무선모뎀, PSTN 유선모뎀 및 Ethernet 정합부로 구성되어 내장된 주변통신블록의 제어 및 기타 유지보수 기능과 일반적인 MCU블록이 수행하는 기능을 행한다.

② CDMA 무선모뎀부

화재 발생 시 무선망을 통해 화재신고를 하기 위한 목적으로 사용되며 PCS 망에 정합해 주는 역할을 한다. 주제어부(MCU)에 내장되는 TCP/IP 하위계층에 해당하는 PTP (Point-To-Point) 및 RLP (Radio Link Protocol) 계층을 지원하며 무선신호 제어 및 일반적인 CDMA 무선망제어를 수행하게 된다.

송신부는 송신주파수, 출력과 최소제어출력, 개방회로시 전력제어, 스프리어 방사(Conducted Spurious Emission), 점유대역폭, 주파수 안정도등의 정의가 필요하다.

수신부는 수신주파수, 감도, 재생가능한 음향신호의 최대값과 최소값의 폭인 Dynamic Range, 음색, IMD Spurious Response Attenuation의 정의가 필요하다.

③ 유선모뎀부(PSTN :PublicSwitchedTelephoneNetwork)

화재 발생시 PSTN 망을 통해 화재신고를 하기 위한 목적으로 사용된다. PSTN 망 연결 부는 H/W 블럭도의 RJ-11에 연결하여 비동기 데이터통신방식 및 음성통화기능을 지원한다.

④ Ethemet 정합부

화재 발생시 Ethernet망(무선망 불통시 보조수단)을 통해 화재신고를 하기 위한 부분이다. Router 연결부는 블럭도의 Ethemet 커넥터인 RJ-45에 연결하여 고속의 TCP/IP 데이터통신을 지원한다. Ethernet 연결이 불가한 설치 장소에서는 PSTN line을 이용하여 백업라인(보조 화재신고 수단)으로 사용한다.

⑤ 7 Segment module

자동화재속보기가 화재를 신고할 때 그 작동시간과 작동회수를 Display하는 장치이다.

⑥ 릴레이스위치

자동화재속보기에 연결된 일반 유선전화가 통화 중일 때 속보 신호가 발생하면 즉시 통화단절 후 화재신고로 전환하는 스위치이다.

⑦ 전원부

주전원은 DC 12 V, 전류 2000 mA를 사용하며 예비전원으로는 Li-ion전지의 DC 4.2 V, 전류값 1800 mA/h을 사용한다.

⑧ 외부인터페이스부

외부와 접속하기 위한 인터페이스부에는 수신기의 I/F Port, 유선 포트, Ethernet Port, 무선(CDMA) 안테나, Phone 기능이 있는 Speaker/Mic, 수동화재신고/긴급 통화 버튼/경보음 정지 또는 초기화 버튼, Front PCB I/F : Main PCB와 Front PCB(LED, Speaker, MIC, 조작 버튼)간의 연결 부위, S/W debug Port 등이 있다.

(3) Software 구조

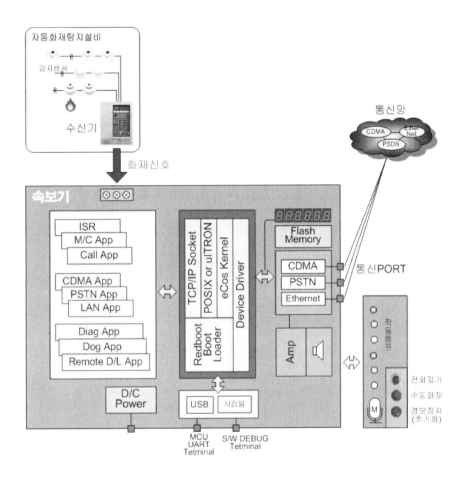

그림 2-5 Software 구조

Software는 **그림 2-5**와 같이 계층화된 구조이다. 그 구성은 각각의 통신블럭 위의 Device driver 계층, RTOS(Real Time Operating System), TCP/IP, Socket 계층, Application계층으로 구성된다.

각 부분의 동작에 대하여 설명하면 다음과 같다.

① Device driver

각각의 H/W 블럭의 초기화 및 인터럽트 처리 및 데이터 TX/RX등의 기능을 수행한다. 일반적으로 최하위 S/W 블럭들의 제반 하위계층 기능을 말한다.

② eCos Kernel

실시간으로 동작되도록 하며(Real Time Operating System) 각 Application의 Muti-Tasking 환경과 단말기 절전모드(low power mode)제어를 한다.

③ TCP/IP stack 및 Socket

RTOS(eCos Kernel)에 내장되며 속보기 서버와 단말기간의 데이터송수신의 신뢰성을 보장하기 위한 계층이다.

④ M/C (Main Control) Application

화재수신기의 화재이벤트를 인터럽트 방식에 의해 전달받아 처리한다. 단말기의 전체적인 시스템제어 및 각각의 이용에 대한 관리를 행한다.

⑤ Call Application

유선모뎀 및 CDMA 모뎀의 호 연결/복구 기능 관리를 행한다.

⑥ CDMA Application

AT명령어를 이용하여 내장된 CDMA 모뎀과 통신하며, 화재신고 및 운영서버로부터의 유지보수 등과 관련된 단문메시지(SMS)를 수신하고 응답한다.

⑦ PSTN Application

AT명령어를 이용하여 내장된 PSTN모뎀과 통신하며 , 화재신고 및 운영서버로부터의 유지보수 등과 관련된 비동기 데이터의 수신하고 응답한다.

⑧ LAN(Ethernet) Application

LAN에 연결하여 속보기의 단말기를 운용할 경우 고속의 화재신고를 수행할 수 있다.

⑨ Diagnostic Application

운영서버 요청에 의해 단말기의 상태를 진단하여 운영서버에 통보하는 기능이다.

⑩ Remote DownLoad Application

화재속보 단말기 S/W를 원격으로 업그레이드 하는 기능을 수행하기 위한 것이다.

⑪ Dog Application (Watchdog 기능)

단말기 시스템의 이상 상태(Lockup, Exception등)가 발생할 경우 속보단말기를 재동작시켜 에러상황을 복원시키는 기능을 행하기 위한 것이다.

(4) 기능

① 작동신호를 수신하거나 수동으로 동작시키는 경우 20초 이내에 소방관서에 자동적으로 신호를 발하여 통보하되, 3회이상 속보할 수 있어야 한다.

② 주전원이 정지한 경우에는 자동적으로 예비전원으로 전환되고, 주전원이 정상상태로 복귀한 경우에는 자동적으로 예비전원에서 주전원으로 전환되어야 한다.

③ 예비전원은 자동적으로 충전되어야 하며 자동과충전방지장치가 있어야 한다.

④ 화재신호를 수신하거나 속보기를 수동으로 동작시키는 경우 자동적으로 적색 화재표시등이 점등되고 음향장치로 화재를 경보하여야 하며 화재표시 및 경보는 수동으로 복구 및 정지시키지 않는한 지속되어야 한다.

⑤ 연동 또는 수동으로 소방관서에 화재발생 음성정보를 속보중인 경우에도 송수화장치를 이용한 통화가 우선적으로 가능하여야 한다.

⑥ 예비전원을 병렬로 접속하는 경우에는 역충전 방지등의 조치를 하여야 한다.

⑦ 예비전원은 감시상태를 60분간 지속한 후 10분이상 동작(화재속보후 화재표시 및 경보를 10분간 유지하는 것을 말한다)이 지속될 수 있는 용량이어야 한다.

⑧ 속보기는 연동 또는 수동 작동에 의한 다이얼링 후 소방관서와 전화접속이 이루어지지 않는 경우에는 최초 다이얼링을 포함하여 10회 이상 반복적으로 접속을 위한 다이얼링이 이루어져야 한다. 이 경우 매회 다이얼링 완료 후 호출은 30초 이상 지속되어야 한다.

⑨ 속보기의 송수화장치가 정상위치가 아닌 경우에도 연동 또는 수동으로 속보가 가능하여야 한다.

⑩ 음성으로 통보되는 속보내용을 통하여 당해 소방대상물의 위치, 화재발생 및 속보기에 의한 신고임을 확인할 수 있어야 한다.

⑪ 속보기는 음성속보방식 외에 데이터 또는 코드전송방식 등을 이용한 속보기능을 부가로 설치 할 수 있다. 이 경우 데이터 및 코드전송방식은 규정에 있는 별표 1에 따른다.

⑫ 규정에 있는 별표 1에 따라 소방관서 등에 구축된 접수시스템 또는 별도의 시험용 시스템을 이용하여 시험한다.

(5) 데이터 및 코드전송방식 프로토콜 정의서

이에는 통신방식별 전송규칙, 프로토콜 구조와 정의, 기타 데이터 구조를 정의하고 있으므로 자세한 사항은 이를 참고하기 바란다.

(6) 속보기의 전송 순서도

① TCP 전송시 순서도

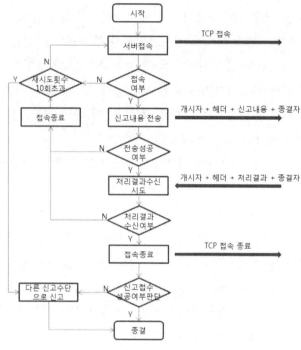

그림 2-6 TCP 전송순서도

② UDP 전송 순서도

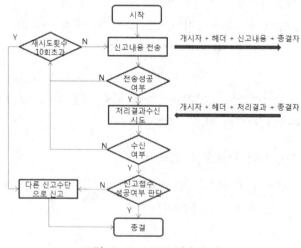

그림 2-7 UDP 전송순서도

③ PSTN 전송 순서도

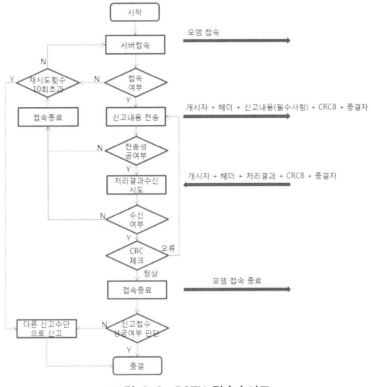

그림 2-8   PSTN 전송순서도

※ 「CRC 체크」는 수신받은 데이터의 CRC오류의 경우와 수신받은 데이터의 처리결과 값이 CRC에러(-902)로 전달되는 경우에는 두 경우 모두 신고내용을 재전송하여야 함.

2-4   접속과 동작

그림 2-3은 화재속보기의 접속을 나타낸 것이다. 화재신호는 수신기의 주경종단자와 공통선에 접속하고 전화국선은 교환대를 거치지 않은 국선에 접속한 다음 속보기 2차측단자에 상용전화선을 접속한다.

이들의 동작은 자동화재탐지설비의 감지기에서 화재신호를 수신하던가 발신기가 동작하면 자동제어회로에서 이 신호를 약 5초간 제어하게 된다. 이때 5초 이내에 감지기의 접점이 복구되면 기기는 동작하지 않는다. 그것은 인위적으로 발생될 수 있는 비화재보를 방지하

기 위한 것이다. 그러므로 통상 사람이 인위적으로 동작시키는 것으로 되어 있는 발신기등
이 동작하면 계속 동작하게 된다.

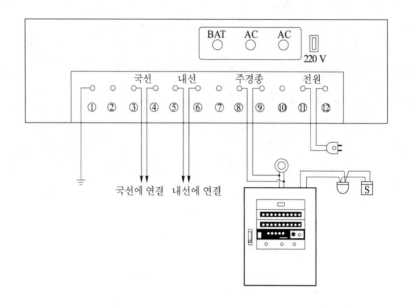

그림 2-3 자동화재속보기의 접속도

또한 5초 이상 계속되는 신호에 대하여는 자동화재속보기의 주계전기가 여자되어 상용
전화회로를 차단하고 속보기의 전화회선이 자동으로 절환되어 펄스 송출신호 계전기가 자
동적으로 고유번호를 구동시켜 임펄스를 발생시키게 된다.

임펄스가 끝난 펄스 송출신호회로는 정지되면서 무접점으로 녹음장치에 절환되어 녹음
재생출력이 유도음으로 송화기에 유도되면 일반가입 전화회선에 의하여 화재 발생장소가
관할소방서 상황실에 자동적으로 3회 반복하여 신고한다. 그런후 일반전화선로로 자동복
구되면서 신고끝이란 표시를 하면 동작은 완료되는 것이다.

그림 2-4는 화재속보기의 구성도이며 **그림 2-5**는 전원부의 구성이다.

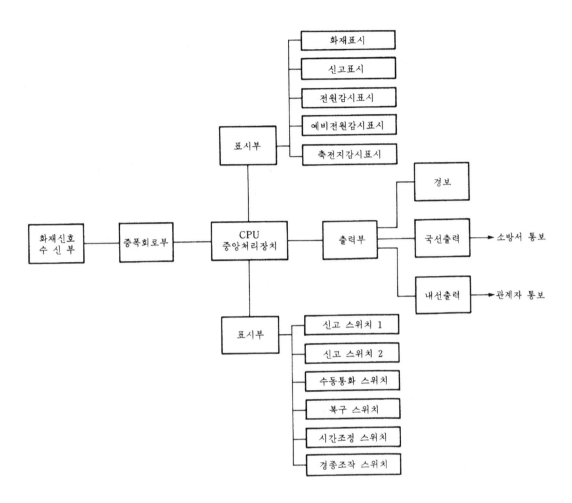

그림 2-4 자동화재속보기의 구성도

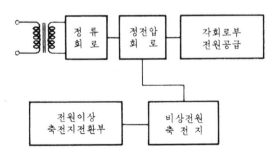

그림 2-5 전원부의 구성

2-5 경보기구에 내장하는 음향장치

(1) 사용전압의 80 %인 전압에서 소리를 내어야 한다.
(2) 사용전압에서의 음압은 무향실내에서 정위치에 부착된 음향장치의 중심으로부터 1 m 떨어진 지점에서 주음향장치용의 것은 90 dB 이상이어야 한다. 다만, 전화용 버저 및 고장표시 장치용 등의 음압은 60 dB 이상이어야 한다.
(3) 사용전압으로 8시간 연속하여 울리게 하는 시험, 또는 정격전압에서 3분 20초동안 울리고 6분 40초동안 정지하는 작동을 반복하여 통산한 울림시간이 20시간이 되도록 시험하는 경우 그 구조 또는 기능에 이상이 생기지 아니하여야 한다.

2-6 전원전압과 예비전원

속보기는 전원에 정격전압의 80 % 및 120 %의 전압을 인가하는 경우 정상적인 기능을 발휘하여야 한다. 예비전원은 다음과 같아야 한다.

1) 상온 충방전시험

(1) 알칼리계 2차 축전지는 방전종지전압 상태의 축전지를 상온에서 정격충전전압 및 1/20 C의 전류로 48시간 충전한 후 1 C의 전류로 방전하는 경우 48분이상 지속 방전되어야 한다. 이 경우 축전지는 부풀어 오르거나 누액 발생 등 이상이 생기지 아니하여야 한다.
(2) 리튬계 2차 축전지는 방전종지전압 상태의 축전지를 상온에서 정격충전전압 및 1/5 C의 정전류로 6시간 충전한 후 1 C의 전류로 방전하는 경우 55분이상 지속적으로 방전되어야 한다. 이 경우 축전지는 부풀어 오르거나 누액 발생 등 이상이 생기지 아니하여야 한다.
(3) 무보수 밀폐형 연축전지는 방전종지전압 생태의 축전지를 상온에서 정격충전전압 및 0.1 C의 전류로 48시간 충전한 후 1 C의 전류로 방전시키는 경우 45분이상 지속 방전되어야 한다. 이 경우 축전지는 부풀어 오르거나 누액 발생 등 이상이 생기지 아니하여야 한다.

2) 주위온도 충방전시험

(1) 알카리계 2차 축전지는 방전종지전압 상태의 축전지를 주위온도 (−10 ± 2) ℃ 및 (50 ± 2) ℃의 조건에서 1/20 C의 전류로 48시간 충전한 다음 1 C로 방전하는 충방전을 3회 반복하는 경우 방전종지전압이 되는 시간이 25분이상 이어야 하며, 외관이 부풀어 오르거나 누액 등이 생기지 아니하여야 한다.

(2) 리튬계 2차 축전지는 방전종지전압 상태의 축전지를 주위온도 (−10 ± 2) ℃ 및 (50 ± 2) ℃의 조건에서 정격충전전압 및 1/5 C의 정전류로 6시간 충전한 다음 1 C의 전류로 방전하는 충·방전을 3회 반복하는 경우 방전종지전압이 되는 시간이 40분 이상이어야 하며, 외관이 부풀어 오르거나 누액 등이 생기지 아니하여야 한다.

(3) 무보수 밀폐형 연축전지는 방전종지전압 상태에서 0.1 C로 48시간 충전한 다음 1시간 방치하여 0.05 C로 방전시킬 때 정격용량의 95 % 용량을 지속하는 시간이 30분 이상이어야 하며, 외관이 부풀어 오르거나 누액 등이 생기지 아니하여야 한다.

3) 안전장치시험

예비전원은 1/5 C이상 1 C이하의 전류로 역충전하는 경우 5시간이내에 안전장치가 작동하여야 하며, 외관이 부풀어 오르거나 누액 등이 생기지 아니하여야 한다.

4) 제품시험에 합격한 예비전원을 사용하는 경우에는 상온충방전시험 내지 안전장치 시험을 생략할 수 있다

2-7 회로방식의 제한

속보기는 다음 각호의 회로방식을 사용하지 아니하여야 한다.

(1) 접지전극에 직류전류를 통하는 회로방식

(2) 수신기에 접속되는 외부배선과 다른 설비(화재신호의 전달에 영향을 미치지 아니하는 것은 제외한다)의 외부배선을 공용으로 하는 회로방식

2-8 특징

(1) 사람이 없어도 화재 발생시 언제든지 신속한 속보가 가능하다.
(2) 정확한 녹음 테이프 또는 기억회로를 사용하므로 인위적 사고시 당황하거나, 목적달성을 제대로 하지 못하는 경우가 없기 때문에 신고가 정확하다.
(3) 잘못 감지한 오보의 신고를 제어하는 회로가 구성되어 있어 오보의 우려가 없다.
(4) 일반 전화에 쉽게 연결하여 설치할 수 있다.
(5) 일반 전화사용 중 일반전화를 차단시키며 자동으로 소방관서에 연결된다.
(6) 아무리 큰 대형건물이라도 1대의 자동화재속보설비로 대응할 수 있다.

2-9 시험

속보기의 시험은 특별히 규정된 경우를 제외하고는 실온이 5℃ 이상 35 ℃ 이하이고, 상대습도가 45 % 이상 85 % 이하의 상태에서 실시한다.

1 시험장치

속보기의 기능시험장치는 다음 각호에 적합하여야 한다.
(1) 속보기의 앞면에서 쉽게 시험을 할 수 있어야 한다.
(2) 시험후 정위치에 복귀시키는 것을 잊지 아니하도록 알려주는 적당한 장치를 하여야 한다.
(3) 예비전원의 양부시험을 할 수 있는 장치가 있어야 한다. 이 경우 양부시험은 정류기의 직류측에 자동복귀형 스위치를 설치하고 그 스위치의 조작에 의하여 예비전원으로 전환한 다음 2개의 화재신호를 동시에 수신하는 때의 부하와 동등한 부하를 예비전원에 가하는 경우 그 단자전압을 측정할 수 있어야 한다.

2 시험의 종류

(1) 주위온도시험

속보기는 −(10 ± 2) ℃ 및 (50 ± 2) ℃에서 각각 12시간이상 방치한후 1시간 이상 실온에서 방치한 다음 기능시험을 실시하는 경우 기능에 이상이 없어야 한다.

(2) 반복시험

속보기는 정격전압에서 1,000회의 화재작동을 반복 실시하는 경우 그 구조 또는 기능에 이상이 생기지 아니하여야 한다.

(3) 절연저항시험

① 절연된 충전부와 외함간의 절연저항은 DC 500 V의 절연저항계로 측정한 값이 5 MΩ(교류입력측과 외함간에는 20 MΩ) 이상이어야 한다.

② 절연된 선로간의 절연저항은 DC 500 V의 절연저항계로 측정한 값이 20 MΩ 이상이어야 한다.

(4) 절연내력시험

절연저항시험 규정에 의한 시험부의 절연내력은 60 Hz의 정현파에 가까운 실효전압 500 V(정격전압이 60 V을 초과하고 150 V 이하인 것은 1,000 V, 정격전압이 150 V를 초과하는 것은 그 정격전압에 2를 곱하여 1,000을 더한 값)의 교류전압을 가하는 시험에서 1분간 견디는 것이어야 한다.

(5) 충격전압시험

속보기는 전류를 통한 상태에서 다음 각호의 시험을 15초간 실시하는 경우 잘못 작동하거나 기능에 이상이 생기지 아니하여야 한다.

① 내부저항 50 Ω인 전원에서 500 V의 전압을 펄스폭 1 μs, 반복주기 100 Hz로 가하는 시험

② 내부저항 50 Ω인 전원에서 500 V의 전압을 펄스폭 0.1 μs, 반복주기 100 Hz로 가하는 시험

연 습 문 제

1. 시장에 자동화재속보설비를 설치하고자 한다. 바닥면적이 얼마 이상일 경우인가?

2. 자동화재속보설비의 전원설비에 대하여 쓰시오.

3. 자동화재속보설비에 사용되는 변압기의 정격 1차 전압은 얼마 이하이어야 하는가?

4. 자동화재속보설비의 Hardware에서 CDMA 무선모뎀부와 유선모뎀부를 비교 설명하시오.

5. 자동화재속보설비의 Software구조를 간략히 설명하시오.

6. 자동화재속보설비의 통신방식별 전송규칙을 설명하시오

7. 자동화재속보설비의 데이터 및 코드전송방식 프로토콜정의서에서 프로토콜 정의시 메시지 ID별 영역구조의 필수항목에 대하여 쓰시오.

8. 자동화재속보설비의 전송 순서도 중 TCP 전송시 UDP의 순서도에 대하여 설명하시오.

9. 자동화재속보설비의 전송 순서도 중 PSTN 전송시의 순서도에 대하여 설명하시오.

10. 자동화재속보설비의 절연저항시험에 대하여 설명하시오.

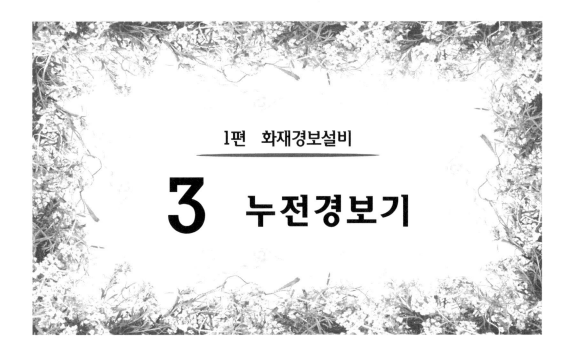

1편　화재경보설비

3　누전경보기

누전경보기라 함은 내화구조가 아닌 건축물로서 벽, 바닥 또는 천장의 전부나 일부를 불연재료 또는 준불연재료가 아닌 재료에 철망을 넣어 만든 건물의 전기설비로부터 누설전류를 탐지하여 경보를 발하여 경보해 주는 설비이다. 변류기와 수신부로 구성되며 전기회로의 부하측에 누전경보기를 취부하면 절연파괴 또는 단락 등에 의해 발생되는 전류변화를 검출하여 전기에 의한 화재를 미연에 방지하기 위한 설비이다.

3-1　설치대상과 기준

1　설치대상

누전경보기를 설치하여야 할 특정소방대상물은 표 3-1과 같다. 다만, 가스시설·지하구 또는 지하가중 터널의 경우에는 그러하지 아니하다. 그러나 누전경보기를 설치하여야 하는 특정소방대상물(내화구조가 아닌 건축물로서 벽·바닥 또는 반자의 전부나 일부를 불연재료 또는 준불연재료가 아닌 재료에 철망을 넣어 만든 것에 한함)에 설치한다. 다만, 위험물 저장 및 처리시설 중 가스시설, 지하가중터널 또는 지하구의 경우에는 그러하지 아니하다. 그러나 그 부분에 아크경보기(옥내배전선로의 단선이나 선로손상등에 의하여 발생하는 아크를 감지하고 경보하는 장치를 말함) 또는 전기관련법령에 의한 지락차단장치를 설치한 경우에는 그 설비의 유효범위안의 부분에서는 설치가 면제된다.

표 3-1 설치대상

소 방 대 상 물	기 준 면 적
계약전류 용량이 100 A를 초과하는 것 (동일 건축물에 계약종별이 다른 전기가 공급되는 경우에는 그 중 최대계약전류용량)	면적에 관계 없음

2 설치기준

누전경보기는 경계전로의 정격전류에 따라 **표 3-2**와 같이 선정하여 설치하되 정격전류가 60 A를 초과하는 경계전로가 분기되어 각 분기회로의 정격전류가 60 A 이하로 되는 경우 당해 분기회로마다 2급 누전경보기를 설치한 때에는 당해 경계전로에 1급 누전경보기를 설치한 것으로 본다.

표 3-2 설치기준

경계전로의 정격전류	종 별
60 A 초과	1급 누전경보기
60 A 이하	1급 누전경보기 또는 2급 누전경보기

(1) 변류기의 설치

① 변류기는 특정소방대상물의 형태, 인입선의 시설방법 등에 따라 옥외 인입선의 제1지점의 부하측 또는 제 2종 접지선측의 점검이 쉬운 위치에 설치할 것. 다만, 인입선의 형태 또는 소방대상물의 구조상 부득이한 경우에 있어서는 인입구에 근접한 옥내에 설치할 수 있다.

② 변류기를 옥외의 전로에 설치하는 경우에는 옥외형의 것을 설치한다.

(2) 수신부의 설치

① 누전경보기의 수신부는 옥내의 점검에 편리한 장소에 설치하되, 가연성의 증기·먼지 등이 체류할 우려가 있는 장소의 전기회로에는 당해 부분의 전기회로를 차단할 수 있는 차단기구를 가진 수신부를 설치하여야 한다. 이 경우 차단기구의 부분은 해당 장소외의 안전한 장소에 설치하여야 한다.

② 누전경보기의 수신부는 다음 각호의 장소 외의 장소에 설치하여야 한다. 다만, 당해 누전경보기에 대하여 방폭·방식·방습· 방온·방진 및 정전기차폐 등의 방호조치

를 한 것은 그러하지 아니하다.

- ㉠ 가연성의 증기·먼지·가스 등이나 부식성의 증기·가스 등이 다량으로 체류하는 장소
- ㉡ 화약류를 제조하거나 저장 또는 취급하는 장소
- ㉢ 습도가 높은 장소
- ㉣ 온도의 변화가 급격한 장소
- ㉤ 대전류회로·고주파 발생회로 등에 의한 영향을 받을 우려가 있는 장소

(3) 음향장치의 설치

음향장치는 수위실 등 상시 사람이 근무하는 장소에 설치하여야 하며, 그 음량 및 음색은 다른 기기의 소음 등과 명확히 구별할 수 있는 것으로 하여야 한다.

(4) 전원

누전경보기의 전원은 전기사업법 제67조 규정에 따른 기술기준에서 정한 것 외에 다음 각호의 기준에 따라야 한다.

- ① 전원은 분전반으로부터 전용회로로 하고, 각 극에 개폐기 및 15 A 이하의 과전류차단기(배선용 차단기에 있어서는 20 A 이하의 것으로 각 극을 개폐할 수 있는 것)를 설치할 것
- ② 전원을 분기할 때에는 다른 차단기에 의하여 전원이 차단되지 아니하도록 할 것
- ③ 전원의 개폐기에는 누전경보기용임을 표시한 표지를 할 것

3-2 구 성

1 변류기의 수량에 따라

그림 3-1은 변류기의 수량에 따른 누전경보기의 구성으로 변류기와 수신기의 조합에 따라 조합이 고정되어 있는 비호환성형, 조합이 한정된 범위라 인정되는 호환성형이 있다.

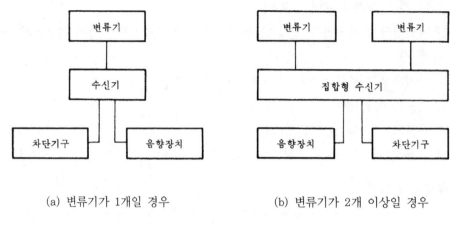

(a) 변류기가 1개일 경우   (b) 변류기가 2개 이상일 경우

그림 3-1   변류기 수량에 따른 구성

2 구조에 따라

기본적 구조가 어떻게 되어 있느냐에 따라 **그림 3-2**와 같이 분류된다.

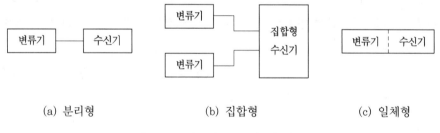

(a) 분리형   (b) 집합형   (c) 일체형

그림 3-2   기본적 구조에 따른 구성

3 조합구성에 따라

1개의 변류기에 수신부를 접속하여 사용하는 단독형과 2개 이상의 변류기를 수신부에 접속하여 하나의 전원장치 및 음향장치로 구성하는 집합형이 있다.

(1) 단독형의 구성

1개의 변류기에 수신부를 접속하여 사용하며, **그림 3-3**은 구성 예이다.

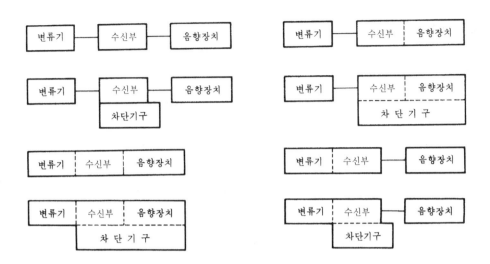

그림 3-3 단독형의 구성 예

(2) 집합형의 구성

2개 이상의 변류기를 접속하여 사용하는 수신부로서 **그림 3-4**와 같이 하나의 전원장치 및 음향장치 등으로 구성된다.

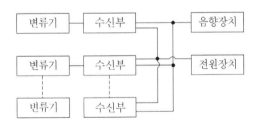

그림 3-4 집합형의 구성

3-3 구조 및 기능

경계전로의 정격전류가 60 A를 초과하는 전로에 있어서는 1급누전경보기를, 60 A 이하 의 전로에 있어서는 1급 또는 2급 누전경보기를 설치한다. 다만, 정격전류가 60 A를 초과 하는 경계전로가 분기되어 각 분기회로의 정격전류가 60 A 이하로 되는 경우 당해 분기회 로마다 2급 누전경보기를 설치한 때에는 당해 경계전로에 1급 누전경보기를 설치한 것으로 본다.

3-3-1 구조

누전경보기의 구조 및 기능은 다음 각 호에 적합하여야 한다.

1) 작동이 확실하고, 취급·점검이 쉬워야 하며, 현저한 잡음이나 장해전파를 발하지 아니하여야 한다. 또한 먼지, 습기, 곤충 등에 의하여 기능에 영향을 받지 아니하여야 한다.

2) 보수 및 부속품의 교체가 쉬워야 한다. 다만, 방수형 및 방폭형은 그러하지 아니하다.

3) 부식에 의하여 기계적기능에 영향을 초래할 우려가 있는 부분은 칠, 도금 등으로 유효하게 내식가공을 하거나 방청가공을 하여야 하며, 전기적기능에 영향이 있는 단자, 나사 및 와셔 등은 동합금이나 이와 동등이상의 내식성능이 있는 재질을 사용하여야 한다.

4) 외함은 불연성 또는 난연성 재질로 만들어져야 하며 다음과 같아야 한다.

   (1) 외함은 다음에 기재된 두께이상이어야 한다.

   ① 누전경보기의 외함은 1.0 ㎜ 이상

   ② 직접 벽면에 접하여 벽속에 매립되는 외함의 부분은 1.6 ㎜ 이상

   (2) 외함(누전화재표시창, 지구창, 조작부수납용뚜껑, 스위치의 손잡이, 발광다이오드, 지시전기계기, 각종 표시명판 등은 제외한다)에 합성수지를 사용하는 경우에는 (80 ± 2) ℃의 온도에서 열로 인한 변형이 생기지 아니하여야 하며 자기소화성이 있는 재료이어야 한다.

5) 기기내의 배선은 충분한 전류용량을 갖는 것으로 하여야 하며, 배선의 접속이 정확하고 확실하여야 한다.

6) 극성이 있는 경우에는 오접속을 방지하기 위하여 필요한 조치를 하여야 한다.

7) 부품의 부착은 기능에 이상을 일으키지 아니하고 쉽게 풀리지 아니하도록 하여야 한다.

8) 전선 이외의 전류가 흐르는 부분과 가동축 부분의 접촉력이 충분하지 아니한 곳에는 접촉부의 접촉불량을 방지하기 위한 적당한 조치를 하여야 한다.

9) 외부에서 쉽게 사람이 접촉할 우려가 있는 충전부는 충분히 보호되어야 한다.

10) 정격전압이 60 V를 넘는 기구의 금속제 외함에는 접지단자를 설치하여야 한다.

11) 내부의 부품 등에서 발생되는 열에 의하여 구조 및 기능에 이상이 생길 우려가 있는 것은 방열판 또는 방열공 등에 의하여 보호조치를 하여야 한다. 다만, 방수형 또는 방폭형의 것은 방열공을 설치하지 아니할 수 있다.

12) 방폭형누전경보기는 다음 각 목의 1에서 정하는 방폭구조에 적합하여야 한다.

   (1) 한국산업규격

   (2) 가스관계법령(고압가스안전관리법, 액화석유가스의 안전 및 사업관리법, 도시가스

사업법)에 의하여 정하는 규격

(3) 산업안전보건법령에 의하여 정하는 규격

13) 누전경보기의 단자외의 부분은 견고한 상자에 넣어야 한다.

14) 누전경보기의 단자는 전선(접지선을 포함한다)을 쉽게 확실하게 접속할 수 있는 것이어야 한다.

15) 누전경보기의 단자(접지단자 및 배전반 등에 부착하는 매립용의 단자는 제외한다)에는 적당한 보호장치를 하여야 한다.

3-3-2 기능

누전경보기는 변류기와 수신부가 기본 구성품이므로 이들에 대해 설명한다.

1 공칭 작동전류값과 감도조정장치

누전경보기의 공칭 작동전류값(누전경보기를 작동시키기 위하여 필요한 누설전류값으로 제조자가 표시)은 200 mA 이하이어야 한다. 감도조정장치를 가지고 있는 누전경보기는 그 조정범위의 최소값에 대해서도 이를 적용하되 조정범위는 최대값이 1 A이어야 한다.

2 변류기

변류기란 전기의 자기유도현상을 이용하여 임의의 전류에 대해 비례하는 전류로 변성하는 기기이다. 그러므로 전선로에서는 경계전로의 누설전류를 검출하여 수신부에 전달하는 역할을 한다. 그 종류에는 구조상 옥내형과 옥외형이 있으며, 수신부와의 접속유무에 따라 호환성형과 비호환성형이 있다.

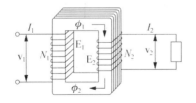

I_1 I_2 : 1, 2차 전류
E_1 E_2 : 1, 2차 유도기전력
N_1 N_2 : 1, 2차 권수
a   : 권수비

그림 3-5 변류기의 동작원리

그림 3-5에서 1차권선에 전압이 인가되면 Ampere의 오른손법칙에 의해 자계가 발생한

다. 이 때 발생한 자속은 철심을 통해 흐르면 2차측 권선에 자속이 쇄교하면서 기전력이 유기된다. 크기는 Faraday의 법칙에 따르고 방향은 렌즈의 법칙에 의해 정해진다. 이 때 자속 및 기전력은 자속의 변화를 상쇄하는 방향으로 발생하고 이에 의해 2차 전류가 흐른 다. 1차 전류와 2차 전류는 권선비(Turn 수)에 반비례하여 다음과 같이 나타난다.

$$E_1 = N_1 \times \frac{d\phi_1}{dt} \qquad E_2 = N_2 \times \frac{d\phi_2}{dt}$$

$$I_2 = I_1 \times \frac{N_1}{N_2} \qquad \frac{I_1}{I_2} \fallingdotseq \frac{E_2}{E_1} \fallingdotseq \frac{N_2}{N_1} = \frac{1}{a}$$

그림 3-6은 변류기의 구조이다. (a)는 관통형으로 환상형 철심에 검출용 2차 권선을 내 장시킨 후 수지로 몰딩처리하여 가운데로 전선로를 통과시켜 사용한다. (b)는 분할형으로 환상형 철심을 2개로 분할하여 전선로를 차단하지 않고 변류기를 설치할 수 있다. 그림 3-7은 옥외형 변류기의 구조이다.

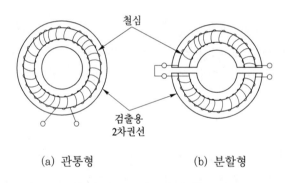

철심

검출용
2차권선

(a) 관통형   (b) 분할형

그림 3-6 변류기의 종류

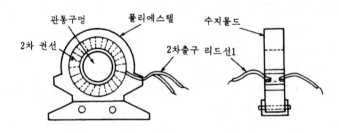

그림 3-7 옥외형 변류기의 구조

이들 변류기는 호환성형이냐 비호환성형이냐에 따라 그 기능이 다르나 다음의 기능이 있 어야 한다.

(1) 호환성형 변류기

경계전로에 전류를 흘리지 아니한 상태에서 또는 경계전로에 당해 변류기의 정격주파수로 당해 변류기의 정격전류를 흘린 상태에서, 시험전류를 0 mA에서 1 A로 흘리는 경우, 그 출력 전압값은 시험전류값에 비례하여 변화하고, 그 변동범위는 설계출력전압값의 75 % 이상 125 % 이하이어야 한다. 이 경우 당해 변류기의 출력단자에는 당해 변류기에 접속되는 수신부의 입력 임피던스에 상당하는 임피던스(이하 "부하저항"이라 한다)를 접속한다.

(2) 비호환성형 변류기

경계전로에 전류를 흘리지 아니한 상태에서 또는 경계전로에 당해 변류기의 정격주파수 로 정격전류를 흘린 상태에서 공칭작동전류값에 상당하는 시험전류를 흘리는 경우 그 출력 전압값은 공칭작동전류값에 대응하는 설계출력전압값 이상이어야 한다. 또한 공칭작동전 류값의 42 %인 시험전류를 흘리는 경우, 그 출력전압값은 공칭작동전류값의 42 %에 대응 하는 설계출력전압값 이하이어야 한다.

(3) 변류기의 관통

변류기 중 경계전로의 전선을 변류기에 관통시키는 것은 경계전로의 각 전선을 그 전선 의 변류기에 대한 전자결합력이 평형되지 아니하는 방법으로 관통시켜야 한다. 그리고 이 상태에서 호환성형 변류기 또는 비호환성형 변류기의 기능을 갖는 것이어야 한다.

③ 수신부

수신부란 변류기로부터 검출되는 전류를 기준값(설정값)에 대한 차이의 신호로 수신하여 계전기를 동작시킬 수 있도록 증폭한 다음 계전기를 동작시켜 음향장치를 울리게 한다. 이 로써 누설전류(지락전류)의 발생을 소방대상물의 관계자에게 통보하는 것이며 소방에서는 차단기구를 가진 것을 포함하고 있다.

(1) 구조

그림 3-8은 수신부의 외관과 명칭이다. 그 구조는 다음에 적합하여야 한다.

ㄱ 전원을 표시하는 장치를 설치하여야 한다. 다만, 2급에서는 그러하지 아니하다.

ㄴ 수신부는 다음 회로에 단락이 생기는 경우에는 유효하게 보호되는 조치를 강구하여 야 한다.

㉮ 전원 입력측의 회로(다만, 2급 수신부에는 적용하지 아니한다)

㉯ 수신부에서 외부의 음향장치와 표시등에 대하여 직접 전력을 공급하도록 구성된

외부회로

ⓒ 감도조정장치를 제외하고 감도조정부는 외함의 바깥쪽에 노출되지 아니하여야 한다.

ⓡ 주전원의 양극을 동시에 개폐할 수 있는 전원 스위치를 설치하여야 한다. 다만, 보수 시에 전원공급이 자동적으로 중단되는 방식은 그러하지 아니하다.

ⓜ 전원입력 및 외부 부하에 직접 전원을 송출하도록 구성된 회로에는 퓨즈 또는 브레 이커 등을 설치하여야 한다.

(2) 각 부의 명칭 및 주요기능

① 누전량 표시부 : 현상태 또는 작동시 누전량을 표시합니다. 현상태 점검시는 누설 전류측정 스위치를 시험위치에 두고 셀렉터의 선택에 의하여 현재 누전되고 있는 미 세한 양을 검사할 수 있다.

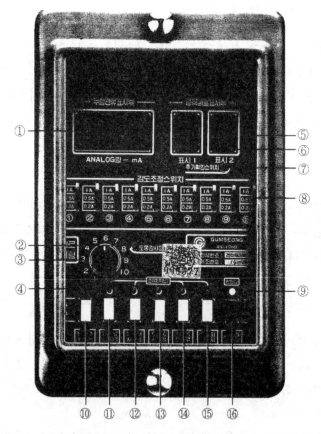

그림 3-8 수신부의 외관과 명칭

② 도통 감시등 : 변류기와의 선로단선 유무를 확인하는 표시등이다.

③ 선택 스위치 : 자체회로시험, 누전량 측정시험, 도통시험시에 각 회로별로 선택하여 시 험할 수 있다.

④ 스위치 주의등 : 각 스위치의 위치가 시험측으로 있을 때 점멸·점등된다.

⑤ 회로동작 표시부 : 표시 1, 표시 2, 2개의 표시창이 있으며 작동시 숫자로 표시된다.

⑥ 표시과잉등 : 3신호 이상 작동신호 입력시 표시등이 점등된다.

⑦ 추가확인 스위치 : "표시과잉등"이 점등되었을시 스위치를 눌러 3신호째 이상 작동 신호를 확인할 수 있다.

⑧ 감도 조정 스위치 : 3단계(200 mA, 500 mA, 1000 mA)로 감도조정을 할 수 있다.

⑨ 전원등 : 교류전원을 감시하는 등으로 평상시 점등되어 있다.

⑩ 복구 스위치 : 기기를 초기화 하고자 할 때 이 스위치를 누른다(초기전원 투입시 또 는 복구 스위치를 누를시 전 세그먼트의 숫자 표시부에 1, 2, 3, 4, 5의 숫자가 동시 에 나타나면서 초기화가 이루어진다).

⑪ 누설전류 측정시험 스위치 : 평상시 누설되어지고 있는 누전량을 점검할 때 사용한 다. 이 스위치를 누르고 회로시험 셀렉터로 해당구역을 선택하면 누전되고 있는 전 류량이 누선전류 표시부에 숫자로 나타난다.

⑫ 동작시험 스위치 : 스위치를 시험위치에 두고 회로시험 셀렉터로 각 구역을 선택하 면 누전시와 같은 작동이 행해진다.

⑬ 도통시험 스위치 : 스위치를 시험위치에 두고 회로시험 셀렉터로 각 구역을 선택하여 변류기와의 접속 이상 유무를 점검할 수 있다. 이상시에는 도통감시등이 점등된다.

⑭ 자동복구 스위치 : 평상시 지속상태 위치에 있으며 작동시 회로가 지속적으로 표시 된다. 스위치를 자동복구측에 두면 누전이 되었을 때에만 작동 표시된다.

⑮ 버저 정지 스위치 : 버저 명동시 스위치를 정지측으로 두면 버져가 정지된다.

⑯ 전원 스위치 : 상용전원 ON, OFF 스위치이다.

그림 3-9는 수신기 내부구조도를 보인 것으로서 이들 각 부분을 살펴보면 다음과 같다.

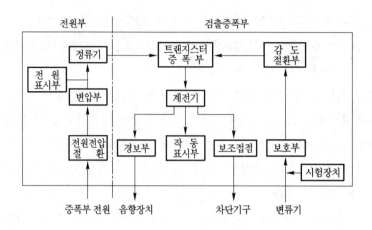

그림 3-9 수신기 구성도

① 전원부

전원부는 전원변압기인 변압부와 정류부, 낙뢰발생시의 충격파로부터 부품의 파손으로 인한 수신기의 보호는 물론 오동작을 방지하기 위한 ZNR Surge Absorber, 전원표시부로 구성되며 **그림 3-10**과 같다.

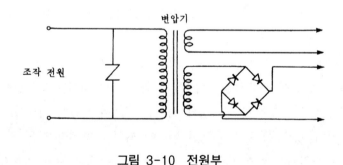

그림 3-10 전원부

② 트랜지스터 증폭부

이에는 트랜지스터나 사이리스터 및 IC가 사용되고 있으며, 온도보상용으로 다이오드, 서미스터 등이 이용되고 있다.

계전기를 동작시키는데 사용되는 부품의 조합에 따라 다음의 방식이 있다.

㉠ 매칭 트랜스와 트랜지스터의 조합

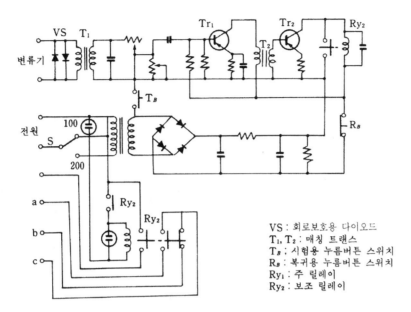

VS : 회로보호용 다이오드
T_1, T_2 : 매칭 트랜스
T_B : 시험용 누름버튼 스위치
R_B : 복귀용 누름버튼 스위치
Ry_1 : 주 릴레이
Ry_2 : 보조 릴레이

그림 3-11 매칭 트랜스와 트랜지스터를 조합하여 동작시키는 방법

ⓒ 트랜지스터만의 증폭

S_1 : 전원스위치
S_2 : 시험, 자동, 수동절환 스위치
PL_1 : 전원표시등
PL_2 : 동작표시등
Ry
Ry_1 } : 보조릴레이
Ry_2
Tr_1, Tr_2, Tr_3 : 트랜지스터
Att : 감도조정
VS : 배리스터
DT : 트랜지스터 트랜스

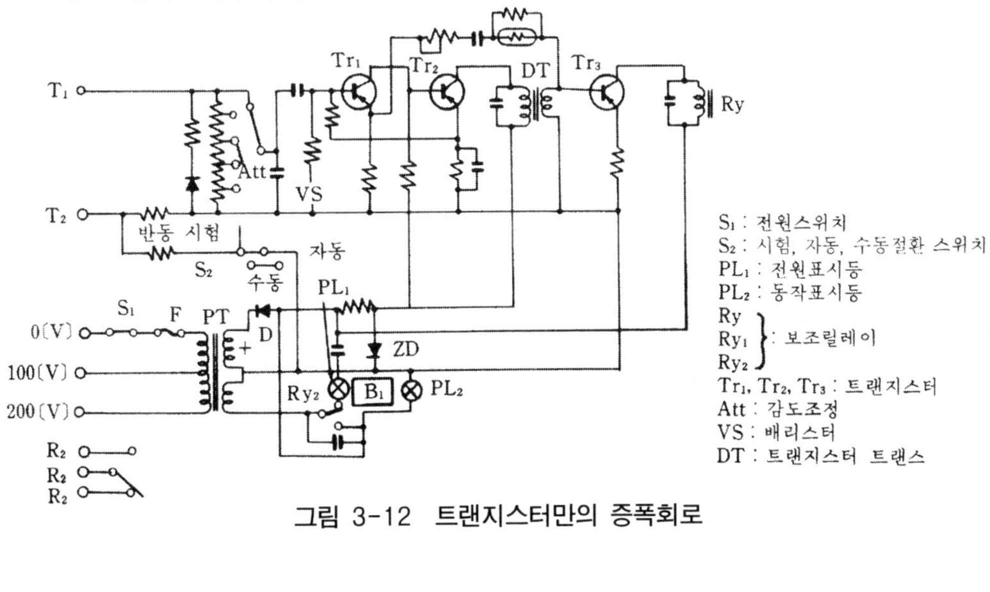

그림 3-12 트랜지스터만의 증폭회로

ㄷ 트랜지스터와 미터릴레이 또는 IC와의 조합

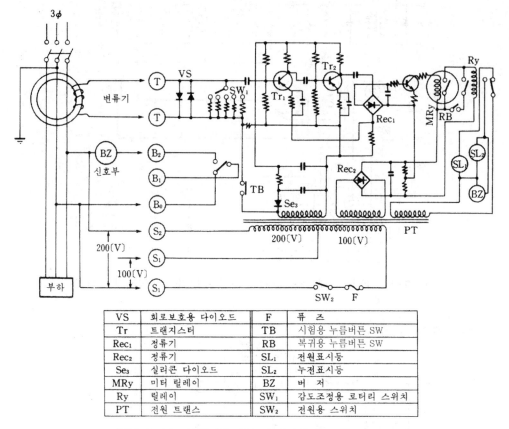

VS	회로보호용 다이오드	F	퓨 즈
Tr	트랜지스터	TB	시험용 누름버튼 SW
Rec₁	정류기	RB	복귀용 누름버튼 SW
Rec₂	정류기	SL₁	전원표시등
Se₃	실리콘 다이오드	SL₂	누전표시등
MRy	미터 릴레이	BZ	버 저
Ry	릴레이	SW₁	감도조정용 로터리 스위치
PT	전원 트랜스	SW₂	전원용 스위치

그림 3-13   트랜지스터와 미터릴레이 조합증폭회로

③ 보호부

보호부는 변류기로부터 출력된 신호중 과대한 입력신호가 증폭부로 유입되는 것을 방지하는 부분이다. 이는 변류기의 입력에 비례하여 출력전압이 증폭부에 가해지게 되므로 보호부는 설정값 이하에서는 동작하지 않고 설정값을 초과하는 과대한 입력 신호가 증폭부로 유입되게 될 때 동작한다. **그림 3-14**와 같이 회로에 설치된 다이오드 또는 배리스터가 도통하면 회로가 단락되어 증폭부를 보호하게 된다.

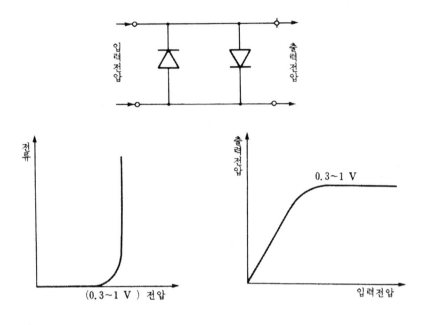

그림 3-14 보호부와 특성

④ 감도절환부

　감도절환부는 트랜지스터 증폭부를 동작시키기 위해서 작동전류값을 조정하기 위한 회로이다. 이 회로는 감도조정용 가변저항기나 로터리 스위치를 보호회로와 증폭회로 사이에 설치한 것이다. 감도조절장치의 조정범위는 그 최대값을 1 A 이하로 하고 있다.

⑤ 음향장치

　음향장치는 누전사고가 발생한 경우 관계자에게 알리기 위한 것이다. 보통은 수신기에 음향장치를 내장하고 있으나 외부단자로 인출하여 관계자가 항시 있는 장소에 음향장치만을 설치하지만 버저나 벨이 사용되는 경우도 있다. 음량은 1급 누전경보기가 70 dB 이상, 2급 누전경보기가 60 dB 이상이다.

⑥ 시험장치

　시험장치는 수신기의 앞면에 설치되어 있으며 수신기의 정상작동 유무를 확인하기 위한 것이다. 이 시험장치를 동작시키면 공칭 작동전류값에 대응하는 변류기의 설계 출력전압의 2.5배이하의 전압을 입력단자에 가할 수 있다.

⑦ 표시부

　누전사고가 발생한 경우 또는 정상동작 유무를 확인하기 위하여 변류기로부터 송신된 신호를 수신하였는가 확인하기 위한 적색의 표시등이다.

(2) 기능

① 수신부

ㄱ 호환성 수신부 : 신호입력회로 공칭 작동전류값에 대응하는 변류기의 설계출력전 압의 52 %인 전압을 가하는 경우 30초이내에 작동하지 아니하여야 하며, 공칭 작동전류값에 대응하는 변류기의 설계출력전압의 75 %인 전압을 가하는 경우 1 초(차단기구가 있는 것은 0.2초)이내에 작동하여야 한다.

ㄴ 비호환성 수신부 : 신호입력회로에 공칭작동전류값의 42 %에 대응하는 변류기의 설계출력전압을 가하는 경우 30초 이내에 작동하지 아니하여야 하며, 공칭작동 전류값에 대응하는 변류기의 설계출력전압을 가하는 경우 1초(차단기구가 있는 것은 0.2초)이내에 작동하여야 한다.

ㄷ 집합형 수신부 : 이 경우에는 비호환성 수신부의 기능 외에 다음의 기능을 가져야 한다.

㉮ 누설전류가 발생한 경계전로를 명확히 표시하는 장치가 있어야 한다.

㉯ ㉮의 규정에 의한 장치는 경계전로를 차단하는 경우 누설전류가 발생한 경계 전로의 표시가 계속되어 있어야 한다.

㉰ 2개의 경계전로에서 누설전류가 동시에 발생하는 경우 기능에 이상이 생기지 아니하여야 한다.

㉱ 2개 이상의 경계전로에서 누설전류가 계속하여 발생하는 경우 최대부하에 견 디는 용량을 갖는 것이어야 한다.

② 누전표시

수신부는 변류기로부터 송신된 신호를 수신하는 경우 적색표시 및 음향신호에 의하 여 누전을 자동적으로 표시할 수 있어야 하며, 이 경우 차단기구가 있는 것은 차단 후에도 누전되고 있음이 적색표시로 계속 표시되는 것이어야 한다.

③ 경보기구에 내장하는 음향장치

ㄱ 사용전압의 80 %인 전압에서 소리를 내어야 한다.

ㄴ 사용전압에서의 음압은 무향실내에서 정위치에 부착된 음향장치의 중심으로부터 1 m 떨어진 지점에서 누전경보기는 70 dB 이상이어야 한다. 다만, 고장표시장치 용 등의 음압은 60 dB 이상이어야 한다.

ㄷ 사용전압으로 8시간 연속하여 울리게 하는 시험, 또는 정격전압에서 3분 20초동 안 울리고 6분 40초동안 정지하는 작동을 반복하여 통산한 울림시간이 20시간이 되도록 시험하는 경우 그 구조 또는 기능에 이상이 생기지 아니하여야 한다.

④ 표시등

　㉠ 전구는 사용전압의 130 %인 교류전압을 20시간 연속하여 가하는 경우 단선, 현저한 광속변화, 흑화, 전류의 저하 등이 발생하지 아니하여야 한다.

　㉡ 소켓은 접촉이 확실하여야 하며 쉽게 전구를 교체할 수 있도록 부착하여야 한다.

　㉢ 전구는 2개 이상을 병렬로 접속하여야 한다. 다만, 방전등 또는 발광 다이오드의 경우에는 그러하지 아니하다.

　㉣ 전구에는 적당한 보호 커버를 설치하여야 한다. 다만, 발광 다이오드의 경우에는 그러하지 아니하다.

　㉤ 누전화재의 발생을 표시하는 표시등(이하 "누전등"이라고 한다)이 설치된 것은 등이 켜질 때 적색으로 표시되어야 하며, 누전화재가 발생한 경계전로의 위치를 표시하는 표시등(이하 "지구등"이라 한다)과 기타의 표시등은 다음과 같아야 한다.

　　㉮ 지구등은 적색으로 표시되어야 한다. 이 경우 누전등이 설치된 수신부의 지구등은 적색외의 색으로도 표시할 수 있다.

　　㉯ 기타의 표시등은 적색외의 색으로 표시되어야 한다. 다만, 누전등 및 지구등과 쉽게 구별할 수 있도록 부착된 기타의 표시등은 적색으로도 표시할 수 있다.

　㉥ 주위의 밝기가 300 lx인 장소에서 측정하여 앞면으로부터 3 m 떨어진 곳에서 켜진 등이 확실히 식별되어야 한다.

3-4 동작원리

　그림 3-15는 건축물에 전선로 인입선이 인입되는 것을 보인 것이다. 건축물은 목조 또는 경량 철골 등에 의할 경우 벽에는 내화성을 유지하기 위해서 모르타르 등을 바른다. 그러나 이를 나무판자, 보드 등에 직접 바르면 진흙벽과 달리 접착력이 약해서 분리되고 만다. 그러므로 접착력을 증대시키고 빗물의 침입을 방지하기 위해 라스철망 등을 사용하여 시공하는 경우가 많다. 그러나 조명설비나 전열기, 전동기등 기타의 전력설비에 사용되는 전기배선이 공사상의 결함, 노후화로 인한 열화, 사용자의 부주의에 의해 손상을 입게 되면 건축물의 벽면등에 사용하고 있는 라스철망 등 금속도체에 접촉되므로 전류가 흘러 누전되게 된다. 따라서 이를 감지할 수 있는 장치가 있으면 이를 알 수 있으나 그렇지 못하면 감전사고나 발화에 이르게 된다. 이 때 화재가 발생하면 전기화재라 한다.

전기화재의 원인은 다음의 것이 있다.

① 과전류에 의한 발화

② 단락에 의한 발화

③ 누전 또는 지락에 의한 발화

④ 접속부의 과열에 의한 발화

⑤ 열적 경화에 의한 발화

⑥ 전기 스파크에 의한 발화

⑦ 절연열화 또는 탄화에 의한 발화

⑧ 정전기 스파크에 의한 발화

⑨ 낙뢰에 의한 발화

⑩ 기 타

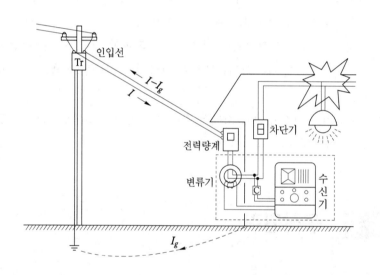

그림 3-15 전선로의 인입

또한 전선로의 절연전선에 과대전류가 흐를 경우 다음의 4단계로 발열이 진행되며 단계별 전선전류밀도는 **표 3-3**과 같다.

① 인화단계 : 허용전류의 3배정도가 흐르는 변화

② 착화단계 : 대전류가 흐르는 경우 절연물은 탄화하고 적열된 심선이 노출

③ 발화단계 : 심선용단

④ 순간용단 : 대전류가 순간적으로 흐를 때 심선이 용단되고 피복을 뚫고나와 동시에 비산(도선폭발)

표 3-3 단계별 전선전류밀도

(단위 : A/mm²)

단계	인화단계	착화단계	발화단계		순간용단 단계
			발화후용단	용단과 동시발화	
전선 전류밀도	40 ~ 43	43 ~ 60	60 ~ 70	75 ~ 120	120 이상

1 단락전류와 지락전류

(1) 단락전류(短絡電流)

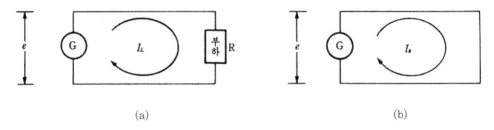

(a)   (b)

그림 3-16 전기회로

전기회로에서 전류가 흐를 수 있는 경우는 **그림 3-16** (a), (b)와 같이 전원이 있어야 하고 전원을 기점으로 한 폐회로(閉回路)가 구성되어야 한다. 그러나 **그림 3-16** (b)와 같이 전원에 부하가 접속되어 있지 않은 상태로 폐회로가 구성되어 부하가 없다면 회로에 흐르는 전류는 옴(Ohm)의 법칙에 따라 다음과 같이 된다.

$$I_s = \frac{e}{R} = \frac{e}{0} = \infty \quad (n = 1 \text{이 단락될 경우})$$

이와같이 부하가 없는 상태의 전원만으로 폐회로가 구성된 상태를 단락이라 하고 이 때 흐르는 전류를 단락전류(短絡電流)라 한다. 전기회로에서 단락이 발생되면 다음 식과 같이 매우 큰 전력을 소비하게 되므로 대단히 위험하게 되는 것이다.

$$P = e \cdot i = (I \cdot R) \cdot I = I^2 R = (\infty)^2 R = \infty$$

(2) 지락전류(地絡電流)

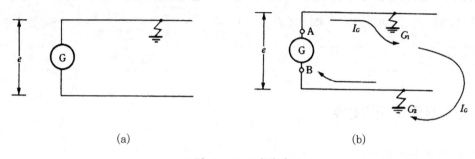

(a)   (b)

그림 3-17 지락회로

그림 3-17은 지락회로이다. (a)와 같이 두 전선 중 어느 하나의 전선만이 대지에 닿을 경우에는 1선지락, (b)와 같이 두 선이 모두 대지에 닿는 경우는 2선지락(地絡)이라 한다.

(b)와 같은 경우 두 전선은 대지를 통하여 서로 연결된 상태이므로 이 선로는 전원의 A단자→G_1→G_2→전원의 B단자로 폐회로가 구성되어 전류 I_g가 흐르게 된다. 이와 같이 지락회로를 통하여 흐르는 전류를 지락전류(地絡電流)라 한다.

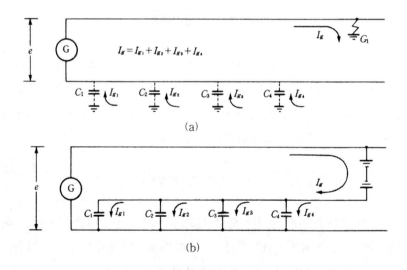

(a)

(b)

그림 3-18 교류 배전선로의 분포용량 영향

그림 3-18 (a)에서 두 전선로 중 하나의 전선로만이 대지에 닿아 있어 이 전기회로는 폐회로가 구성되지 않아 전류가 흐르지 못할 것 같으나 실제는 그렇지 않다.

그 이유는 **그림 3-18** (a)에 나타낸 바와 같이 분포용량에 의하여 폐회로가 구성되기 때문이며 이를 알기 쉽게 나타낸 것이 (b)로서 분포용량 C에 의하여 분명히 폐회로가 구성되어 있음을 알 수 있다.

2 누설전류의 영향과 검출

(1) 누설전류의 영향

그림 3-19의 (a) 또는 (b)와 같이 제2종 접지공사를 시행한 전로 중 어느 한 전선의 절연 저항이 감소하거나 절연피복이 벗겨져서 대지와 전기적으로 접촉되어 있는 금속체, 도체 등 과 접촉하게 되면 누설전류가 흐르게 된다. 이러한 상태를 누전사고 또는 지락사고라 한다.

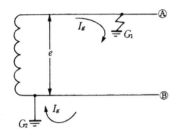
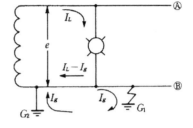

(a) 전압선이 지락된 경우   (b) 접지측 전선이 지락된 경우

그림 3-19   지락

그림 3-19 (a)와 같이 전압선이 지락하게 되는 경우 접지저항 RG_1과 RG_2만을 고려한 경우(전선로의 다른 정수 무시)의 누설전류 I_g는 다음과 같다.

$$I_g = \frac{e}{RG_1 + RG_2} \, [\text{A}]$$

만약 RG_1과 RG_2의 값이 대단히 적고 회로전압 e가 매우 많다면 대단히 큰 누설전류가 흐르게 된다. (b)는 접지측 전선이 지락된 경우이다. 회로에 부하가 없을 경우에는 누설전류도 없으나 부하가 있게 되면 전류의 일부분이 전로를 이탈하여 지락된 지점인 G_1과 제 2종 접지공사를 시행한 G_2를 경유하여 누설전류가 흐르게 된다.

이 경우 전압선이 지락된 경우보다 지락전류의 값이 적지만 누설전류는 존재한다.

그림 3-19 (a)와 같이 규정된 전로를 이탈한 누설전류 I_g는 전원으로부터 지락사고를 일으킨 G_1지점까지의 전선에 과전류가 흐르게 되어 전선을 가열하게 된다. 그리고 G_1과 G_2 사이의 누설전류가 흐르는 통로도 가열되게 된다.

그림 3-19 (b) 경우에도 G_1지점과 G_2지점 사이의 누설전류가 흐르는 통로를 가열하게 되어 (a)와 동일한 상황이 된다.

만약 G_1지점과 G_2지점 사이의 저항값을 R_{12}라 하고, G_1지점의 저항값을 R_{g1}, G_2지점의 저항값을 R_{g2}라고 하면 누설전류에 의하여 누설통로에서 소모되는 전력 P W는

$$P = I_g^2 (R_{g1} + R_{g2} + R_{12}) \quad W$$

가 된다. 만약 이 전류가 t초 동안 흐를 경우 이 지점에서 소비되는 에너지는 $P \cdot t$ Joule이 된다. 그리고 이 에너지가 전기화재의 원인이 된다.

(2) 전류의 검출

전류의 검출은 전류계전기, 변류기(CT : Current Transformer)를 사용하는 방법과 전압강하법을 이용하는 방법이 있다. **그림 3-20**은 전류계전기를 직접 사용하는 방법이다. (a)는 전류가 어떤 설정 전류값에 도달하면 동작하는 과전류계전기(OCR : Over Current Relay)이다. 전류 I가 OCRy의 설정값 이상이 될 때 동작하여 신호를 발한다.

(b)는 전류값이 설정값 이하로 떨어졌을 때 동작하는 부족전류계전기(UCR : Under Current Relay)를 나타낸다. 전류 I가 UCRy의 설정값 이하로 떨어지면 동작하여 신호를 발한다.

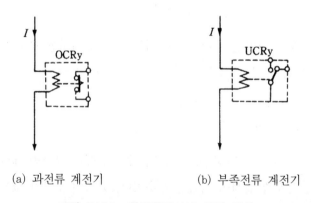

(a) 과전류 계전기   (b) 부족전류 계전기

그림 3-20 전류계전기에 의한 검출

그림 3-21은 변류기를 사용하는 방법이다. (a)는 선로에 대전류가 흐르게 될 경우 **그림 3-20**과 같이 선로에 직접 연결할 수 없다. 그러므로 변류기를 통하여 전류를 측정하거나 제어회로를 구성하는데 이용하며 배전선의 보호회로 등에 사용하고 있다.

(b)는 직류전류의 검출에 사용되는 직류변류기이다. 직류모선에 흐르고 있는 전류에 의한 철심자화현상을 이용한 것으로 교류회로에서는 인덕턴스의 변화를 이용한 것이다.

그림 3-21 (b)에서 Ry를 접속시키지 않고 제어회로의 전류검출회로로서 사용하는 경우가 많다. 그러나 직류 대전류 회로에서 분류저항기를 사용할 경우도 있지만 이 경우 분류저항기의 손실이 커지므로 이 방법이 주로 사용된다.

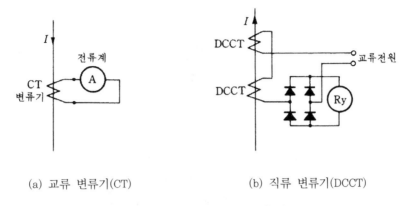

(a) 교류 변류기(CT)   (b) 직류 변류기(DCCT)

그림 3-21 변류기에 의한 검출회로

그림 3-22는 전압강하법을 사용하는 방법이다. 가장 간단한 검출회로지만 전류의 변동 범위, 과도전류로 인한 인덕턴스의 영향, 온도상승 등이 오차의 원인이 될 수 있다. 따라서 정확성을 요하는 제어회로나 검출회로에서는 부적당하다.

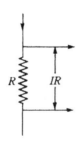

그림 3-22 전압강하법

(3) 누설전류의 검출

① 단상 2선식 교류회로에서의 누설전류 검출

그림 3-23 (a)와 같이 전원에 부하 L을 접속한 회로에서 누설전류가 없다면 전원에서 부하 L쪽으로 흐르는 전류 I_1과 부하에서 전원쪽으로 흐르는 전류 I_2는 같은 양이 된다. 따라서 전류 I_1에 의해 발생하는 자계 ϕ_1과 전류 I_2에 의해 발생하는 자계 ϕ_2의 크기는 같은 양이 된다. 그러나 전류 I_1과 I_2의 방향이 서로 반대가 되므로 서로 상쇄되어 변류기에서의 합성자계의 값은 영(零)이 된다. 그러므로 변류기의 2차 측에는 출력이 나타나지 않는다.

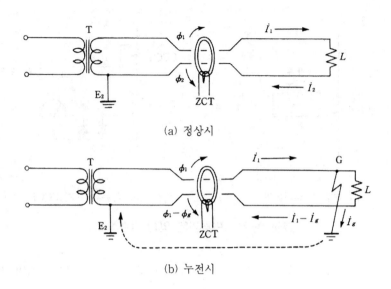

(a) 정상시

(b) 누전시

그림 3-23 단상 2선식 회로에서의 누설전류 검출

　그러나 **그림 3-23** (b)와 같이 변류기를 관통하고 난 부하측의 전선로 중 어느 한 선이 누전 또는 지락되었을 경우에 전원에서 부하로 공급되는 부하전류의 값을 I_1이 이라고 하자. 그러면 부하에서 전원으로 되돌아오는 전류값 I_1 중 지락전류 I_g 만큼 지락지점을 통하여 누설됨으로 정상적인 통로를 통하여 전원으로 되돌아가는 전류의 값은 $I_1 - I_g$가 된다. 이 때 영상변류기에서 발생되는 자속을 살펴보면, 전류 I_1에 의해서 발생되는 자속 ϕ_1에 대해 전원으로 되돌아오는 전류에 의해 발생되는 자속은 누설전류에 의해 소실된 자속 ϕ_g를 상쇄한 $\phi_1 - \phi_g$로 나타나게 된다. 이들 자속의 작용방향은 서로 역방향이므로 자속차이는 $\phi_1 - (\phi_1 - \phi_g) = \phi_g$가 되고 이 자속으로부터 영상변류기 ZCT의 2차측 전선에 기전력이 유기되며 다음 식과 같다.

$$E = 4.44 f \, \phi_g \, N_2 \; V$$

（f : 주파수 Hz, N_2 : 변류기 2차측 권선수）

　이 전압을 검출하여 증폭부에 입력신호로 제공함으로써 경보를 울리게 한다.

② 3상 교류회로에서의 누설전류 검출
　그림 3-24는 3상 교류회로로서 누설전류 검출회로이다. (a)는 정상상태에서의 3상 3선식 교류회로로서 부하 R의 a, b, c 점에 대해 키르히호프 법칙을 적용하면 각 선전류는 다음 식과 같다.

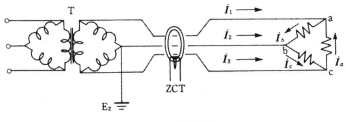

(a) 정상시

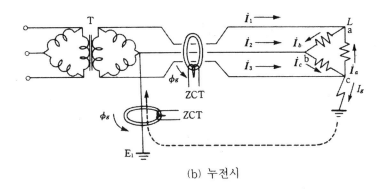

(b) 누전시

그림 3-24 3상 교류회로에서의 누설전류 검출

a점 : $I_1 = I_b - I_a$

b점 : $I_2 = I_c - I_b$

c점 : $I_3 = I_a - I_c$

이들 각 선전류의 벡터 합은

$$I_1 + I_2 + I_3 = 0$$

그러므로 각 선전류는 평형을 이루게 되고 영상변류기 ZCT의 2차측에는 출력이 나타나지 않는다. 그러나 **그림 3-24** (b)와 같이 C점에서 누전이 발생하고 지락전류 I_g가 흐른다고 할 때 부하 R의 a, b, c점에 키르히호프 법칙을 적용하면 각 선전류는

a점 : $I_1 = I_b - I_a$

b점 : $I_2 = I_c - I_b$

c점 : $I_3 = I_a - I_c + I_g$

이들 각 점에서의 전류 I_1, I_2, I_3를 합하면

$$I_1 + I_2 + I_3 = I_g$$

따라서 영상변류기 ZCT상에 누전전류 I_g에 의한 자속 ϕ_g가 발생하며 영상변류기 ZCT의 2차측에 유기전압을 발생시켜 수신기에 신호를 보내어 경보를 울리게 된다.

3-5 변류기의 설치

변류기는 설치기준에 따라 행하되 단상 3선식, 3상 3선식, 3상 4선식일 때도 시설하여야 한다. 이 때 3선식 또는 4선식에는 전선로가 모두 변류기를 관통하도록 하여야 함을 유의해야 한다. 각 경우에 대해 설치 예를 보인다.

1 저압 인입방식의 경우

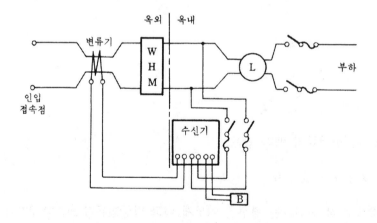

그림 3-25 저압 인입의 경우

2 동일부지내에 설치대상물이 2 이상인 경우

(1) 각 건축물의 인입방법이 **그림 3-26** (a)와 같이 연접인입방식이고 연접인입선의 접속점 아래배선(인입구선)이 수용가의 재산인 경우에는 **그림 3-26** (b)와 같이 설치한다.

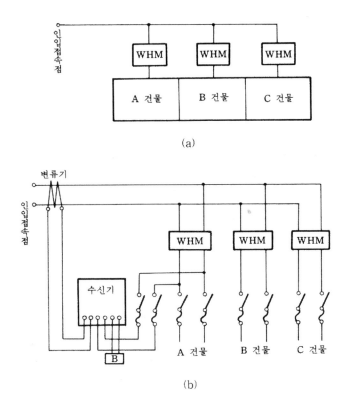

(a)

(b)

그림 3-26   설치대상물이 2 이상인 경우

(2) 연접인입선이 전기사업자의 재산인 경우

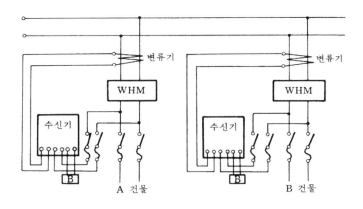

그림 3-27   재산 경계

③ 변압기의 제2종 접지선에 시설하는 경우

(1) 단상변압기의 제2종 접지선에 설치하는 경우

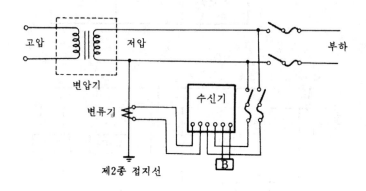

그림 3-28 단상 2선식의 변류기 설치

(2) 단상 3선식 변압기의 접지선에 설치하는 경우

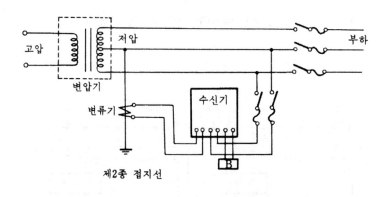

그림 3-29 단상 3선식의 변류기 설치

(3) 3상 변압기회로에 설치하는 경우

그림 3-30은 3상 변압기의 △결선과 Y결선시의 변류기설치 예이다.

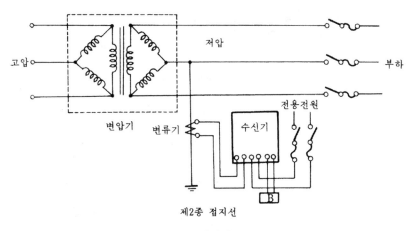

(a) △결선시의 변류기 설치

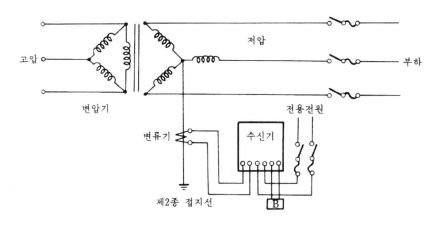

(b) Y결선시의 변류기 설치

그림 3-30 3상 변압기 회로의 변류기 설치

(4) 전등회로 및 동력회로와 분리하여 검출하는 경우

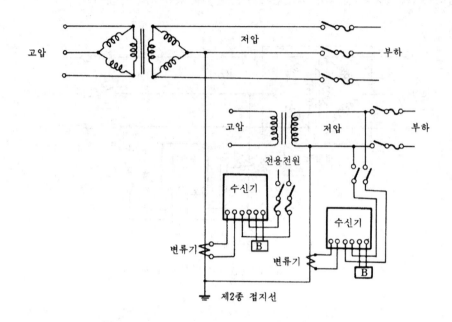

그림 3-31 전등회로 및 동력회로와 분리하여 검출하는 경우

(5) 가연성 증기, 가연성 분진 등이 증류할 우려가 있는 장소의 경우

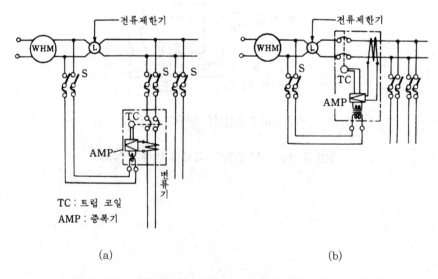

TC : 트립 코일
AMP : 증폭기

(a)   (b)

그림 3-32 가연성 증기 또는 분진 등이 있는 경우의 설치

3-6　변류기의 오결선(誤結線)과 바른결선

1　전선의 변류기 관통 유무

　그림 3-33은 변류기에 전선 관통유무의 오결선과 바른 결선이다. (a)는 변류기에 중성선만 관통되어 있으므로 중성선의 부하전류가 오동작을 하게 하므로 (b)와 같이 변류기에 전선의 3가닥을 모두 관통시켜야 한다. 이런 경우는 단상 2선식, 3상 3선식 모두 같은 방법으로 해야 한다.

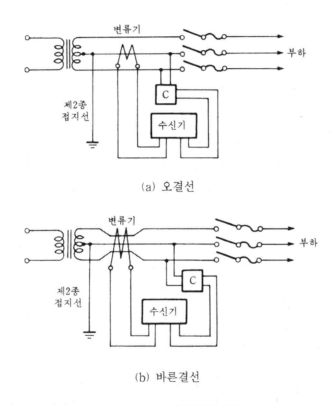

(a) 오결선

(b) 바른결선

그림 3-33　전선관통 유무

　또한 **그림 3-34** (a)와 같은 경우에는 정확한 누전전류값이 표시되지 않으므로 (b)와 같이 결선하여야 한다.

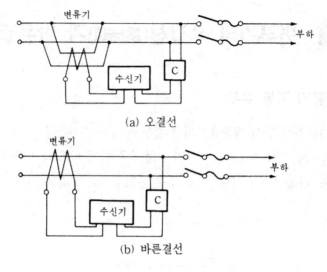

(a) 오결선

(b) 바른결선

그림 3-34 결선유무

2 접지와 접지선에 관계된 경우

(1) 접지선 위치의 적정유무

그림 3-35 (a)는 부하전류가 접지선 A에 의해 B접지선이 분류되며 누전이 없을 때도 동작하므로 (b)와 같이 전원측인 변류기 앞에 접지하여야 한다.

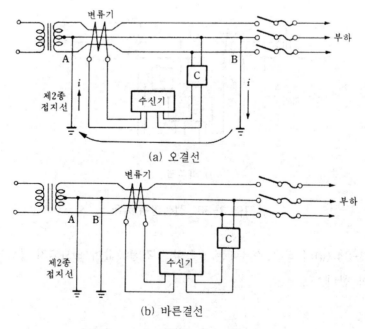

(a) 오결선

(b) 바른결선

그림 3-35 변류기에 따른 접지선의 위치

(2) 접지선에 변류기를 설치하는 경우

그림 3-36은 전선로 접지선에 변류기를 설치하는 경우이다. (a)는 중성선의 부하전류에서 A, B간의 전류가 분류되어 오동작한다. 때문에 A 접지선에 누전이 발생되어도 변류기가 동작하므로 (b)와 같이 A 접지선을 제거한다.

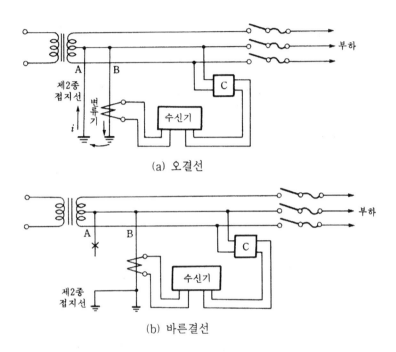

(a) 오결선

(b) 바른결선

그림 3-36 접지선에 변류기를 설치하는 경우

시험용으로 쓰이는 외함의 접지선에 변류기를 설치할 경우에는 **그림 3-37** (a)와 같이 하면 직접 변압기에 접지되어 누전이 되어도 동작하지 않는다. 그러므로 (b)와 같이 외함접지를 변류기 설치점이 아닌 접지측에 하여야 한다.

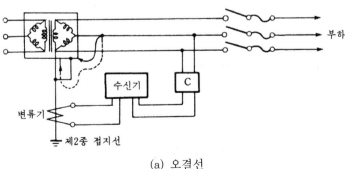

(a) 오결선

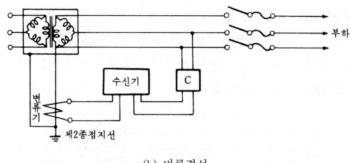

(b) 바른결선

그림 3-37 외함 접지선에 변류기를 설치하는 경우

3 접지종류가 다른 경우

제3종 접지를 하는 분전반 외함에 제2종 접지선의 한점을 **그림 3-38** (a)와 같이 접속하면 **그림 3-35**의 접지선 위치 적정유무의 (a)와 동일한 회로가 되어 오동작하게 된다. 따라서 (b)와 같이 분전반 외함과 중성선인 제2종 접지선을 제3종 접지선과 분리시켜야 한다.

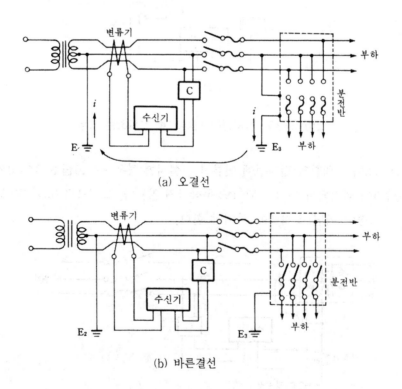

(a) 오결선

(b) 바른결선

그림 3-38 접지종류가 다른 경우

3-7 수신부의 설치

(1) 누전경보기의 수신부는 옥내의 점검에 편리한 장소에 설치하되, 가연성의 증기·먼지 등이 체류할 우려가 있는 장소의 전기회로에는 해당 부분의 전기회로를 차단할 수 있는 차단기구를 가진 수신부를 설치하여야 한다. 이 경우 차단기구의 부분은 해당 장소 외의 안전한 장소에 설치하여야 한다.

(2) 누전경보기의 수신부는 다음 각 호의 장소외의 장소에 설치하여야 한다. 다만, 해당 누전경보기에 대하여 방폭·방식·방습·방온·방진 및 정전기 차폐 등의 방호조치를 한 것은 그러하지 아니하다.

① 가연성의 증기·먼지·가스 등이나 부식성의 증기·가스 등이 다량으로 체류하는 장소

② 화약류를 제조하거나 저장 또는 취급하는 장소

③ 습도가 높은 장소

④ 온도의 변화가 급격한 장소

⑤ 대전류회로·고주파 발생회로 등에 따른 영향을 받을 우려가 있는 장소

(3) 음향장치는 수위실 등 상시 사람이 근무하는 장소에 설치하여야 하며, 그 음량 및 음색은 다른 기기의 소음 등과 명확히 구별할 수 있는 것으로 하여야 한다.

3-8 조작전원

조작전원은 다음과 같이 한다.

(1) 전용회로로 하고 **그림 3-39**와 같이 전류제한기(전류제한기를 설치하지 않을 경우에는 주 개폐기)의 1차측에서 분기한다.

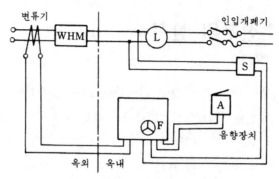

(a) 전류제한기가 있는 경우

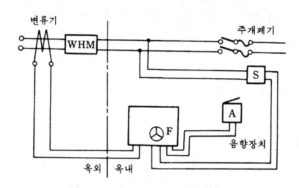

(b) 주 개폐기가 있는 경우

그림 3-39 조작전원 전용회로의 접속

(2) 전용회로에는 개폐기를 설치하고 적색표시를 한다.

그림 3-40은 일반가정, 사무실 등 단상 교류회로에서의 누전경보기 취부를 보인 것이다.

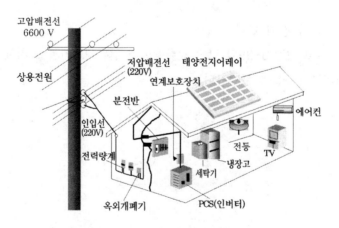

그림 3-40 누전경보기의 취부도

3-9   시 험

1   시험조건

(1) 누전경보기의 시험은 특별히 규정된 경우를 제외하고는 실온이 5 °C이상 35 °C이하, 상대습도가 45 % 이상 85 % 이하의 상태에서 실시한다.

(2) 변류기의 기능 및 전로개폐시험의 규정에 의한 시험에서 경계전로의 전압 및 주파수는 당해 변류기의 정격전압 또는 정격주파수를 사용하고 경계전로에 접속하는 부하는 순저항부하를 사용한다.

(3) 단락전류강도시험 및 과누전시험의 규정에 의한 시험에서 시험선로는 경계전로 또는 1개의 전선을 사용하고, 변류기에 부착한 회로의 주파수는 경계전로의 정격주파수를 사용하여야 한다.

2   시험장치

수신부는 공칭작동전류값에 대응하는 변류기의 설계출력 전압의 2.5배 이하인 전압을 그 입력단자에 가할 수 있는 시험장치를 설치하여야 하며, 1급 수신부에는 변류기까지의 외부배선의 단선유무를 시험할 수 있는 장치를 아울러 설치하여야 하고 다음에 적합하여야 한다.

(1) 반복조작을 실시하고 또한 10 kg의 압력을 1분간 가하는 경우 그 구조 또는 기능에 이상이 생기지 아니하여야 한다.

(2) 수신부의 앞면에서 쉽게 시험할 수 있어야 한다.

(3) 시험후 정위치에 복귀시키는 조작을 잊지 아니하도록 알려주는 적당한 장치를 하여야 한다.

(4) 집합형 수신부는 제(2)항의 규정에서 정하는 것외에 회선마다 시험할 수 있어야 한다.

3   시험의 종류

(1) 변류기의 시험

① 온도특성시험

변류기는 옥내형인 것은 −10±20 °C에서 50±2 °C까지, 옥외형인 것은 −20±2 °C에서 50±2 °C까지의 주위온도에서 기능에 이상이 생기지 아니하여야 한다.

② 전로개폐시험

변류기는 출력단자에 부하저항을 접속하고, 경계전로에 당해 변류기의 정격전류의 150 %인 전류를 흘린 상태에서 경계전로의 개폐를 5회 반복하는 경우 그 출력전압 값은 공칭작동전류값의 42 %에 대응하는 출력전압값 이하이어야 한다.

③ 단락전류강도시험

변류기는 출력단자에 부하저항을 접속한 다음 경계전로의 전원측에 과전류차단기를 설치하여, 경계전로에 당해 변류기의 정격전압에서 단락역률이 0.3에서 0.4까지인 2,500 A의 전류를 2분 간격으로 약 0.02초간 2회 흘리는 경우 그 구조 및 기능에 이상이 생기지 아니하여야 한다.

④ 과누전시험

변류기는 1개의 전선을 변류기에 부착시킨 회로를 설치하고 출력단자에 부하저항을 접속한 상태로 당해 1개의 전선에 변류기의 정격전압의 20 %에 해당하는 값의 전류를 5분간 흘리는 경우 그 구조 또는 기능에 이상이 생기지 아니하여야 한다.

⑤ 노화시험

변류기는 섭씨 65±2 °C인 공기중에 30일간 놓아두는 경우 그 구조 및 기능에 이상이 생기지 아니하여야 한다.

⑥ 방수시험

옥외형변류기는 (23 ± 2) ℃, 상대습도 (50 ± 5) %의 상태에 24시간 방치한 후 (23 ± 2) ℃의 맑은 물에 48시간 침지시키는 경우 내부에 물이 고이지 않아야 하며, 기능 및 절연저항시험에 이상이 생기지 아니하여야 한다.

⑦ 진동시험

변류기는 전원을 인가하지 아니한 상태에서 IEC 60068-2-6의 시험방법에 따라 다음 각 호의 규정에 의한 시험을 실시하는 경우 그 구조 및 기능에 이상이 생기지 아니하여야 한다.

　　㉠ 주파수 범위 : (10 ~ 150) Hz

　　㉡ 가속도 진폭 : 10 m/s^2

　　㉢ 축수 : 3

　　㉣ 스위프 속도 : 1 옥타브/min

　　㉤ 스위프 사이클 수 : 축 당 20

⑧ 충격시험

변류기는 다음 각 호의 1의 시험을 실시하는 경우 그 구조 및 기능에 이상이 생기지 아니하여야 한다.

㉠ 임의의 방향으로 최대가속도 50 g(g는 중력가속도를 말한다)의 충격을 5회 가하는 시험

㉡ 길이 300 mm, 지름 3 mm의 강철선의 한쪽 끝을 충격지점과 수직이 되도록 지지시키고, 다른 쪽 끝에 무게 1 kg의 강철구 추를 매달아 이를 지지점과 수평이 되는 위치에서 송판의 중앙에 변류기를 부착시킨 반대편으로 자연낙하시켜 통전 상태의 변류기에 15회의 충격을 가하는 시험

⑨ 절연저항시험

변류기는 DC 500 V의 절연저항계로 다음 각 호에 의한 시험을 하는 경우 5 MΩ 이상이어야 한다.

㉠ 절연된 1차 권선과 2차 권선간의 절연저항

㉡ 절연된 1차 권선과 외부금속부간의 절연저항

㉢ 절연된 2차 권선과 외부금속부간의 절연저항

⑩ 절연내력시험

절연저항시험의 규정에 의한 시험부의 절연내력은 60 Hz의 정현파에 가까운 실효전압 1,500 V(경계전로 전압이 250 V을 초과하는 경우에는 경계전로 전압에 2를 곱한 값에 1 kV를 더한 값)의 교류전압을 가하는 시험에서 1분간 견디는 것이어야 한다.

⑪ 충격파 내전압시험

변류기는 1차 권선과 외부금속 사이 및 1차 권선 상호간에 파고값 6 kV, 파두장 0.5 μs 이상 1.5 μs 이하 및 파미장 32 μs 이상 50 μs 이하인 충격파 전압을 정 및 부로 각각 1회 가하는 경우 기능에 이상이 생기지 아니하여야 한다.

⑫ 전압강하방지시험

변류기(경계전로의 전선을 그 변류기에 관통시키는 것은 제외한다)는 경계전로에 정격전류를 흘리는 경우, 그 경계전로의 전압강하는 0.5 V 이하이어야 한다.

(2) 수신부의 시험

① 전원전압변동시험

수신부는 전원전압을 정격전압의 80 %에서 120 %까지의 범위로 변화시키는 경우 기능에 이상이 생기지 아니하여야 한다.

② 온도특성시험

수신부는 -10±2 °C에서 50±2 °C까지의 주위온도에서 기능에 이상이 생기지 아니하여야 한다.

③ 과입력전압시험

수신부는 신호입력회로에 50 V의 전압을 변류기의 임피던스에 상당하는 저항을 통하여 5분간 가하는 경우 누전표시가 되어야 하며 그 구조 또는 기능에 이상이 생기지 아니하여야 한다.

④ 개폐기의 조작시험

차단기구가 있는 수신부는 경계전로에 변류기의 정격전압을 가하고 개폐부를 닫은 상태로 3-9 **2** 의 시험장치에서 규정하는 시험장치에 의하여 시험을 하는 경우 개폐부를 쉽게 조작할 수 있어야 한다.

⑤ 반복시험

수신부는 그 정격전압에서 1만회의 누전작동시험을 실시하는 경우 그 구조 또는 기능에 이상이 생기지 아니하여야 한다.

⑥ 진동시험

수신부는 전원이 인가된 상태에서 IEC 60068-2-6의 시험방법에 따라 다음 각 호의 규정에 의한 시험을 실시하는 경우 시험 중 잘못 작동되거나 시험 후 구조 및 기능에 이상이 없어야 한다.

    ㉠ 주파수 범위 : (10 ~ 150) Hz

    ㉡ 가속도 진폭 : 0.981 m/s^2

    ㉢ 축수 : 3

    ㉣ 스위프 속도 : 1 옥타브/min

    ㉤ 스위프 사이클 수 : 축 당 1

수신부는 전원을 인가하지 아니한 상태에서 IEC 60068-2-6의 시험방법에 따라 다음 각호의 규정에 의한 시험을 실시하는 경우 구조 및 기능에 이상이 없어야 한다.

    ㉠ 주파수 범위 : (10 ~ 150) Hz

    ㉡ 가속도 진폭 : 4.905 m/s^2

    ㉢ 축수 : 3

    ㉣ 스위프 속도 : 1 옥타브/min

    ㉤ 스위프 사이클 수 : 축 당 20

⑦ 충격시험

수신부는 다음 각 호의 1의 충격시험을 하는 경우 그 구조 또는 기능에 이상이 생기지 아니하여야 한다.

    ㉠ 임의의 방향으로 최대가속도 50 g(g는 중력가속도를 말한다)의 충격을 5회 가하는 시험

ⓛ 경계전로에 정격전류의 50 %의 전류를 통한 상태에서 길이 300 mm 지름 1 mm 인 강철선의 한쪽 끝을 충격지점과 수직이 되도록 지지시키고, 다른 쪽 끝에 무게 0.5 kg의 강철구인 추를 매달아 이를 지지점과 수평이 되는 위치에서 나무판의 중앙에 수신부를 부착시킨 반대편으로 자연낙하시켜 수신부에 15회의 충격을 가하는 시험

⑧ 방수시험

방수형수신부는 이를 사용상태로 부착하고 맑은 물을 34.5 kPa의 압력으로 3개의 분무헤드를 이용하여 전면 상방에 (45 ± 2)°각도의 방향에서 시료를 향하여 일률적으로 24시간이상 물을 살수하는 경우에 내부에 물이 고이지 않아야 하며, 기능 및 절연저항시험에 이상이 생기지 아니하여야 한다.

⑨ 절연저항시험

수신부는 절연된 충전부와 외함간 및 차단기구의 개폐부(열린 상태에서는 같은 극의 전원단자와 부하측단자와의 사이, 닫힌 상태에서는 충전부와 손잡이 사이)의 절연저항을 DC 500 V의 절연저항계로 측정하는 경우 5 MΩ 이상이어야 한다.

⑩ 절연내력시험

절연저항시험에서 규정된 시험부위의 절연내력은 60 Hz의 정현파에 가까운 실효전압 500 V(1차측 또는 2차측 충전부의 정격전압이 30 V를 초과하고 150 V 이하인 부분에 있어서는 1kV, 정격전압이 150 V를 초과하는 부분에 있어서는 그 정격전압에 2를 곱하여 1kV를 더한 값)의 교류전압을 가하는 시험에서 1분간 견디는 것이어야 한다.

⑪ 충격파 내전압시험

㉠ 수신부는 전원의 극이 다른 단자간 및 전원단자와 외함간에 파고값 6 kV, 파두장 $0.5\,\mu\mathrm{s}$ 이상, $1.5\,\mu\mathrm{s}$ 이하 및 파미장 $32\,\mu\mathrm{s}$ 이상, $50\,\mu\mathrm{s}$ 이하의 충격파전압을 정 및 부로 각각 1회 가하는 경우 기능에 이상이 생기지 아니하여야 한다.

㉡ 차단기구는 ㉠항의 규정에 의한 시험을 하는 경우 잘못 작동되지 아니하여야 한다.

⑫ 전자파적합성

수신부는「전파법」제47조의3제1항 및「전파법 시행령」제67조의2에 따라 국립전파연구원장이 정하여 고시하는「전자파적합성 기준」에 적합하여야 한다.

연습문제

1. 1급 누전경보기는 경계전로의 정격전류가 몇 A를 초과하는 전로에 설치하는가?

2. 누전경보기는 몇 V 이하의 경계전로에 부착하는가?

3. 누전경보기의 검출기로 쓰는 기기의 명칭은?

4. 누전경보기를 설치해야 할 건축물의 구조는 어떤 건물인가?

5. 다음은 누전 경보기에 대한 설명이다. ( )속에 적당한 용어를 넣어라.

> "경계전로의 정격전류가 ( )를 초과하는 전로에 있어서는 ( )누전경보기를 ( ) 이하의
> 전로에 있어서는 ( ) 또는 ( ) 누전경보기를 설치하며 감도 조정장치 조절범위의 최대값은
> ( )이고 검출 누설전류 설정값은 ( )이며 공칭작동전류는 ( )이다."

6. 누전경보기에서 유도장해의 원인이 되는 것을 쓰시오.

7. 누설전류가 흐르지 않았는데도 누전경보기가 경보를 발하였다. 그 원인을 쓰시오.

8. 누전경보기의 변류기 시험방법에 대한 종류를 열거하고 설명하시오.

9. 누전경보기에서 조작전원이 전용회로일 때 설치해야 할 기구와 전류제한기를 사용할 경우 분기해야 할 위치는 어느 곳인가?

10. 누전경보기 작동전류의 설정값은 몇 %인가?

11. 누전경보기에 차단기구를 설치하는 경우 개폐부의 기능에 대해 쓰시오.

12. **그림** 1은 누전경보기의 수신부 내부구조의 구성도를 나타낸 것이다. 다음의 물음에 답하시오.

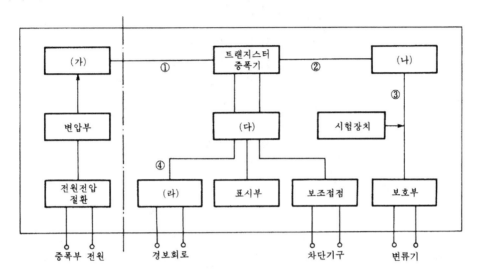

[그림 1 수신부 내부 구조도]

(1) ☐ 안에 들어갈 각각의 장치명을 쓰시오.

(가)

(나)

(다)

(라)

(2) ①~④의 신호전달 방향을 화살표로 나타내시오.

① – ◯

② – ◯

③ – ◯

④ – ◯

(3) 전원부의 회로구성은 **그림** 2와 같다.

┌╌╌╌┐ 안은 **그림** 1의 (가)이다.
└╌╌╌┘

① Diode를 사용하여 전류가 흐를 수 있도록 ◌에 접속하시오.

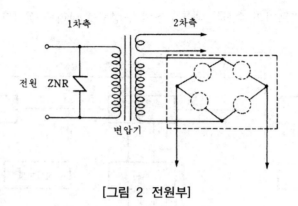

[그림 2 전원부]

② 1차측의 ZNR 설치 목적은 무엇인가?

(4) **그림 1**에서 (나)는 조작부분이 상자 외면에 노출되지 않도록 하는 구조이어야 한다. 이 장치의 조정 범위의 상한 전류값 A은 얼마 이하로 하여야 하는가?

(5) **그림 1**에서 **그림 3**과 같이 구성되는 장치는 무엇인가? 이름으로 쓰시오.

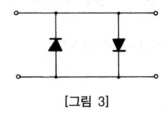

[그림 3]

13. 2-CT , 100/5 , 50 VA란 무엇을 뜻하는 것인가? ①~⑤를 쓰시오

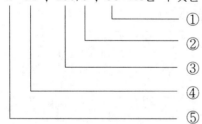

　　　　　　①
　　　　　　②
　　　　　　③
　　　　　　④
　　　　　　⑤

14. 그림 1은 어느 박물관의 배선 접속도이다. 이에 **그림 2**와 같은 배선을 복선으로 한 전선 접속도를 그리시오. 단, 누전경보기 내부전선은 생략하고 단자까지만 배선하며 영상 변류기는 인입구의 가까운 옥내에 시설하는 것으로 한다.

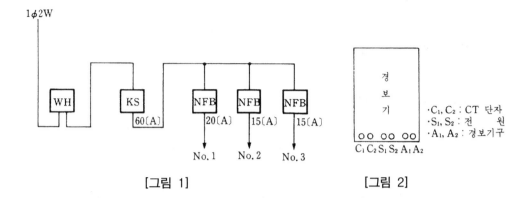

[그림 1]　　　　　　　　　　　　[그림 2]

15. 그림과 같은 기호가 뜻하는 바를 상세히 설명하시오.

$$100/5$$
$$30(VA)$$

16. 누전경보기에 사용되는 변류기의 1차 권선과 2차 권선간의 절연저항 측정에 사용되는 측정기구와 양부에 대한 기준을 설명하시오.

17. 누전경보기 시험시 필요한 측정기구 및 시험기구는?
　　(1) 누설전류 측정시는?
　　(2) 절연저항 측정시는?
　　(3) 음향 측정시는?
　　(4) 외부배선 및 퓨즈, 표시등 도통 시험시는?

18. 다음은 누전경보기에 대한 것이다. 물음에 답하시오.
　　(1) 1급과 2급 누전경보기를 구분 사용하는 경계전로의 정격전류는 몇 A인가?
　　(2) 전원은 분전반으로부터 전용회로로 한다. 각 극에는 무엇을 설치해야 하는가?
　　(3) CT의 명칭은 무엇이며, 점검코자 할 때 2차측은 어떻게 해야 하는가?

19. 누전경보기의 변류기와 수신기를 간단히 정의하시오.

20. 누전경보기의 변류기 원리를 간략히 설명하시오.

21. 누전경보기의 수신부 설치 제외 장소를 쓰시오.

22. 누전경보기의 작동기능점검 항목을 쓰시오.

23. 누전경보기의 변류기와 수신부의 절연저항시험에 대하여 설명하시오.

24. 누전경보기의 성능 및 종합정밀점검 항목을 쓰고 작동기능점검과의 차이점을 쓰시오.

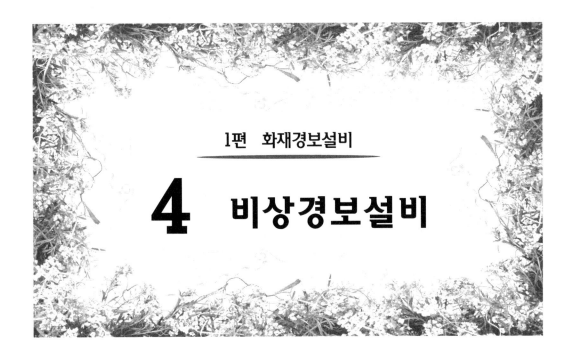

4 비상경보설비

비상경보설비는 자동화재탐지설비에 의해서 감지된 화재의 발생이나 상황을 소방대상물 내에 있는 사람들에게 경보하기 위한 설비이다. 이는 화재 초기의 소화활동이나 피난등을 신속하게 하기 위해 설치하는 것으로 비상벨 설비, 자동식 사이렌 설비와 단독경보형 감지기가 있다. 또한 자동으로 화재의 경보를 발하는 것이 아니고 수동으로 조작하여 경보를 발할 수 있는 비상경보기구인 경종, 휴대용 확성기, 수동식 사이렌이 있다.

```
화재
 ├─── 사람의 소리
 ├─── 비상경보기구
 ├─── 비상경보설비
 ├─── 자동화재감지
 └─── 비상방송설비
경보설비
```

그림 4-1 비상경보의 방법

4-1 설치대상과 면제

1 설치대상

(1) 비상경보설비

소방대상물에 따른 설치 대상은 **표 4-1**과 같다. 이 외에 지하가중 터널로서 길이가 500 m 이상인 것, 상시 50인 이상의 근로자가 작업하는 옥내작업장에 설치한다. 그러나 비상경보설비를 설치하여야 할 특정소방대상물(가스시설 또는 지하구 제외)에 화재대피용감지기를 화재안전기준에 적합하게 설치한 경우에는 그 설비의 유효범위안의 부분에서 설치가 면제된다.

표 4-1 설치 대상

소 방 대 상 물	기 준 면 적
공연장	바닥면적 100 m^2 이상
지하층, 무창층	바닥면적 150 m^2 이상
상기 이외의 것	연면적 400 m^2 이상

(2) 단독경보형감지기

표 4-2 설치 대상

소 방 대 상 물	기 준 면 적
아파트, 기숙사	연면적 1,000 m^2 미만
교육연구시설 내에 있는 합숙소 또는 기숙사	연면적 2,000 m^2 미만
숙박시설	연면적 600 m^2 미만
숙박시설이 있는 청소년시설	연면적 400 m^2 이상이며 수용인원 100인 이상이 되지 않는 시설

2 설치 기준

(1) 비상벨설비 또는 자동식사이렌 설비

① 비상벨설비 또는 자동식사이렌설비는 부식성가스 또는 습기 등으로 인하여 부식의 우려가 없는 장소에 설치하여야 한다.

② 지구음향장치는 소방대상물의 층마다 설치하되, 당해 소방대상물의 각 부분으로부터 하나의 음향장치까지의 수평거리가 25 m 이하가 되도록 하고, 당해층의 각 부분에 유효하게 경보를 발할 수 있도록 설치하여야 한다. 다만, 비상방송설비의 화재안전 기준(NFSC 202)에 적합한 방송설비를 비상벨설비 또는 자동식사이렌설비와 연동하여 작동하도록 설치한 경우에는 지구음향장치를 설치하지 아니할 수 있다.

③ 음향장치는 정격전압의 80 % 전압에서 음향을 발할 수 있도록 하여야 한다.

④ 음향장치의 음량은 부착된 음향장치의 중심으로부터 1 m 떨어진 위치에서 90 dB 이상이 되는 것으로 하여야 한다.

(2) 단독경보형감지기

단독경보형감지기는 다음 각 호의 기준에 의하여 설치한 것이어야 한다.

① 각 실(이웃하는 실내의 바닥면적이 각가 30 m^2 미만이고 벽체의 상부의 전부 또는 일부가 개방되어 이웃하는 실내와 공기가 상호 유통되는 경우에는 이를 1개의 실로 본다)마다 설치하되, 바닥면적이 150 m^{2}를 초과하는 경우에는 150 m^2 마다 1개 이상 설치하여야 한다.

② 최상층의 계단실의 천장(외기가 상통하는 계단실의 경우를 제외한다)에 설치하여야 한다.

③ 건전지를 주전원으로 사용하는 단독경보형감지기는 정상적인 작동상태를 유지할 수 있도록 건전지를 교환할 것

④ 상용전원을 주전원으로 사용하는 단독경보형 감지기의 2차 전지는 법 제39조 규정에 따른 성능시험에 합격한 것을 사용할 것

4-2 구 성

비상경보설비의 일반적 구성은 **그림 4-2**와 같다. 이중 비상벨과 자동식 사이렌은 다음과 같이 구성된다.

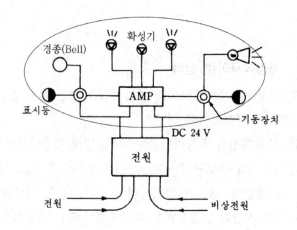

그림 4-2 비상경보설비의 구성

1 비상벨설비

비상벨설비란 화재발생 상황을 경종으로 경보하는 설비를 말한다.

```
비상벨 ┬ 기동장치 - 누름버튼스위치(발신기)
       ├ 음향장치 - 경종 등
       ├ 표 시 등 - 위치표시등, 동작표시등(필요시 설치)
       ├ 전    원 - 상용등, 비상용 등
       └ 필요배선 - 기기 상호간의 배선 및 전원배선
```

2 자동식 사이렌설비

자동식사이렌설비란 화재발생 상황을 사이렌으로 경보하는 설비를 말한다.

```
자동식 사이렌 ┬ 기동장치 ┬ 소형은 누름버튼스위치(발신기)
             │          └ 전자개폐기를 이용한 기동장치 등
             │            (대용량의 경우)
             ├ 음향장치 - 사이렌 등
             ├ 표시등 - 위치표시등, 동작표시등(필요시 설치)
             ├ 전원 - 상용, 비상용
             └ 필요배선 - 기기 상호간의 배선 및 전원배선
```

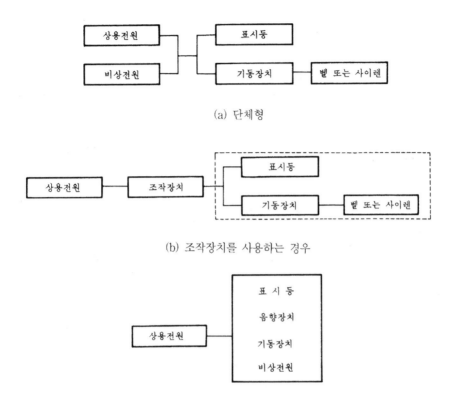

(a) 단체형

(b) 조작장치를 사용하는 경우

(c) 복합장치로 하는 경우

그림 4-3 조합장치등에 따른 구성

또한 조합하는 장치 등에 따라 **그림 4-3**과 같이 구성되며 단독경보형 감지기는 감지부, 경보부, 전원부가 일체로 구성되어 단독으로 화재 상황을 알릴 수 있도록 되어 있다.

4-3 구조 및 기능

1 일반적 기능

(1) 전원전압이 교류전압일 경우에는 정격전압의 90 %에서 110 %까지, 축전지 설비에 있어서는 단자 전압이 정격전압의 90 %에서 110 %까지의 범위에서 변동할 경우 기능에 이상이 없어야 한다.

(2) 기동장치를 조작한 후 필요한 음량으로 경보를 발할 수 있을 때까지의 소요시간은 10초 이내이어야 한다.

(3) 2 이상의 기동장치가 동시에 작동하여도 이상없이 경보를 발할 수 있어야 한다.

(4) 외부배선의 단선 또는 지락, 단락이 발생한 경우 다른 부분에 이상이 생기지 않아야 한다.

(5) 음향장치의 권선과 철심 사이, 조작장치의 전원입력측과 외함 사이, 기동장치의 단자간 및 단자와 외함 사이의 절연저항을 DC 250 V의 절연저항계로 측정한 경우 20 MΩ 이 상이어야 하고 절연내력은 **표 4-3**과 같아야 한다. 또한 60 Hz의 정현파 실효 전압 500 V을 넘을 경우에는 1분간 이에 견디어야 한다.

표 4-3 절연 내력

시험 전압 구분 / 사용 전압 구분	기동장치의 단자간 및 단자와 외함과의 사이	음향장치의 권선과 철심 사이	조작장치의 전원입력측과 외함 사이
30 V 이하	250 V	250 V	
30 V를 넘고 60 V 이하	500 V	500 V	500 V
60 V를 넘고 150 V 이하 150 V 초과	1000 V	1000 V	1000 V

2 구조

(1) 비상벨설비

비상벨은 각종 소방대상물의 경보용으로 사용된다. 옥내용과 옥외용이 있으며 구성은 기동부와 외함으로 되어 있다. **그림 4-4**는 이의 구조이다.

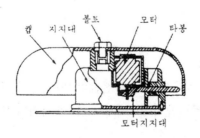

그림 4-4 구조

1) 기동부

외부에서 가해진 전류에 의하여 타봉이 진동을 발생하도록 하는 역할을 하며 모터식과 벨식이 있다.

모터식은 전류에 의한 모터의 회전운동을 직선운동으로 변화시켜 타봉을 직선상으로 왕복시킨다. 벨식은 내부 코일에 흐르는 전류에 의해 발생되는 자력으로 코일 전류를 차단시킴으로써 발생되는 반복운동에 의하여 타봉을 직선상으로 왕복시키는 구조로 되어 있다.

2) 외함

비상벨의 외함은 음량의 특성을 고려하여 다이케스팅한 후 적색으로 도포되어 있다.

(2) 자동식 사이렌설비

사이렌은 옥내용과 옥외용으로 구분할 수 있으며 풍속저항을 이용한 것과 특수가동편을 진동시켜 음향을 발생시키는 것 등이 있다. 자동식 사이렌은 음향발생장치와 기동장치로 구성되어 있으나 이들을 일체화시켜 제작하는 경우도 있다.

그림 4-5 자동식 사이렌 외관

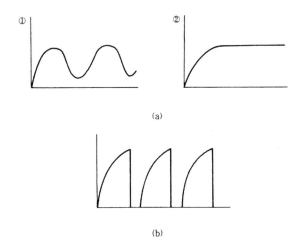

그림 4-6 자동식 사이렌의 음색

기동은 단상 교류전압, 3상 교류전압에 의해 기동시킨다. 단상교류전압을 사용하는 자동식 사이렌은 학교·직장·소규모 마을들에서 이용되며 3상 교류전압을 사용하는 자동식 사이렌은 관공서, 공장, 시·군·면 소재지에서 이용하고 있다. 소방시설에서는 DC 24 V을 사용하여 학교·공장 등의 옥외 경보용으로 사용한다. **그림 4-6**의 (a)와 같은 두 가지 경보음 중 선택하여 사용하고 있다. 또한 상가등에서 개별표시 경보용으로 사용하는 경우 음과 빛으로 경보표시를 동시에 행할 때에는 **그림 4-6**의 (b)와 같은 음색을 가진 것을 사용한다. **그림 4-7**은 자동식 사이렌설비의 결선 예를 보인 것이다.

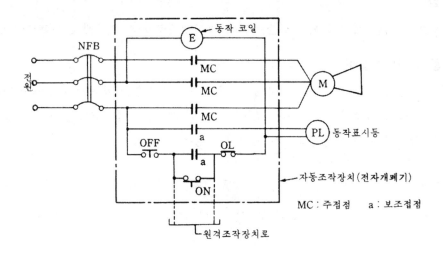

그림 4-7 자동식 사이렌의 결선예

3 기동장치

기동장치의 조작부는 누름버튼스위치로 하고 누름버튼스위치의 앞면에는 유기질 유리등으로 보호하고 있다. 사용시에는 보호판을 손으로 파괴 또는 눌러 누름버튼스위치로 신호를 전송할 수 있게 한다. 또한 정격사용전압 및 정격사용전류의 상태로 1000회마다 조작을 행한 경우 그 기능에 이상이 없는 것으로 하여야 한다. 그리고 수동으로 복구하지 않는 동안은 신호를 계속해서 전송할 수 있어야 하며 외면은 적색이다.

4 음향장치

전원전압의 정격전압 80 % 이상에서 음향을 발하여야 한다. 음압은 음향장치의 중심으로부터 1 m 떨어진 위치에서 90 dB 이상이어야 하며 10분간 연속으로 울려도 그 기능에 이상이 발생되지 않아야 한다.

5 단독경보형감지기

일반적으로 화재의 감지와 경보는 감지기가 수신기에서 전원을 공급하고 감지기가 화재를 감지하여 그 상황을 수신기에서 통제하도록 되어 있다. 그러나 단독경보형감지기는 내부에 직류전원을 내장하고 전원을 공급하여 화재발생 상황을 단독으로 감지하여 자체에 내장된 음향장치로 경보하는 감지기를 말한다. **그림 4-8**은 단독경보형감지기의 구성으로 베이스와 본체 및 덮게이다. **그림 4-9**는 단독경보형감지기의 내부로 (a)는 경보부, 회로기판에 부착된 감지부, 전원이며 (b)는 전원부, 감지부가 부착된 회로기판 뒷면과 경보부를 나타낸 것이다.

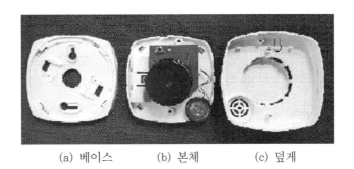

(a) 베이스　　　(b) 본체　　　(c) 덮게

그림 4-8　단독경보형감지기의 구성

(a) 회로기판 앞면　　　　　　(b) 회로기판 뒷면

그림 4-9　단독경보형감지기의 내부

단독경보형감지기는 감지부, 경보부, 전원부로 구성되어 있다. 그 동작은 이온화식 연기감지기와 같이 연기가 단독경보형감지기에 유입되면 감지부에서 감지하여 이온전류의 전리전류변화율에 의해 경보를 발한다.

이 경보기는 단독으로 설치되기 때문에 화재의 감지를 독자적으로 행할 수 있으며 배관배선이 필요하지 않아 설치가 용이 하다. 또한 적은 비용으로 화재를 감지하고 경보하기 때문에 단독주택에서는 의무적으로 설치하도록 대통령령으로 정하고 있다. 이상유무는 시험버튼이 있어 수시로 그 기능을 확인할 수 있다. 설치는 **그림 4-10** (a)와 같이 층간, 구역별 칸막이가 설치되어 있는 경우에는 각 구역별로 침실등에 설치하며 그림 (b)와 같이 칸막이가 없는 경우에는 1개의 단독경보형감지기로 각 구역의 화재감지 기능을 행하게 할 수 있다.

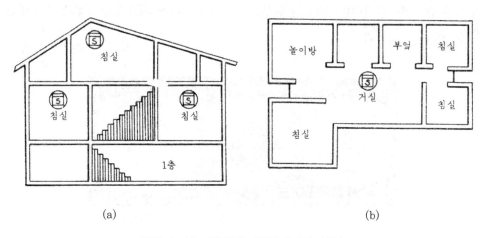

(a)   (b)

그림 4-10   단독경보형감지기의 설치

또한 상용전원을 주전원으로 사용하는 단독경보형감지기의 2차전지는 법 제39조 규정에 따른 성능시험에 합격한 것을 사용한다.

6 시각경보장치

시각경보장치는 청각장애인을 위하여 도입한 것으로 공공기관이나 불특정 다수인이 모이는 장소에 적용하는 것으로 소방청장이 정하여 고시한 「시각경보장치의 성능인증 및 제품검사의 기술기준」에 적합한 것으로서 다음 각 목의 기준에 따라 설치하여야 한다.

① 복도·통로·청각장애인용 객실 및 공용으로 사용하는 거실(로비, 회의실, 강의실, 식당, 휴게실, 오락실, 대기실, 체력단련실, 접객실, 안내실, 전시실, 기타 이와 유사한 장소를 말한다)에 설치하며, 각 부분으로부터 유효하게 경보를 발할 수 있는 위치에 설치한다.

② 공연장·집회장·관람장 또는 이와 유사한 장소에 설치하는 경우에는 시선이 집중되는 무대부 부분 등에 설치한다.

③ 설치높이는 바닥으로부터 2 m 이상 2.5 m 이하의 장소에 설치한다. 다만 천장의 높이가 2 m 이하인 경우에는 천장으로부터 0.15 m 이내의 장소에 설치하여야 한다.

④ 시각경보장치의 광원은 전용의 축전지설비에 또는 전기저장장치(외부 전기에너지를 저장해 두었다가 필요한 때 전기를 공급하는 장치)에 의하여 점등되도록 할 것. 다만 시각경보기에 작동전원을 공급할 수 있도록 형식승인을 얻은 수신기를 설치한 경우에는 그러하지 아니하다.

(3) 하나의 소방대상물에 2 이상의 수신기가 설치된 경우 어느 수신기에서도 지구음향장치 및 시각경보장치를 작동할 수 있도록 하여야 한다.

(4) 해당 특정소방대상물의 각 부분으로부터 하나의 음향장치까지의 수평거리가 25 m 를 초과하는 기둥 또는 벽이 설치되지 아니한 대형공간의 경우 지구음향장치는 설치 대상 장소의 가장 가까운 장소의 벽 또는 기둥 등에 설치 할 것

자동화재탐지설비에서 발하는 화재신호를 시각경보기에 전달하여 점멸형태의 시각경보를 하는 것을 말하며 자동화재탐지설비에서 발하는 화재신호를 시각경보장치에 전달하는 장치를 신호장치라 한다. 시각경보장치의 기능은 다음 각 호에 적합하여야 한다.

① 시각경보장치의 전원 입력 단자에 사용정격전압을 인가한 뒤, 신호장치에서 작동신호를 보내어 약 1분간 점멸회수를 측정하는 경우 점멸주기는 매 초당 1회 이상 3회 이내이어야 한다.

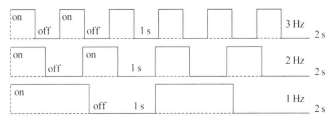

그림 4-11 점멸주기

② 시각경보장치의 전원 입력 단자에 사용정격전압을 인가한 후 KS C 1601(조도계)에 정한 일반용 AA급의 조도계로 **그림 4-12**에 의한 광도측정 위치(광원으로부터 수평 거리 6 m)에서 조도를 측정하는 경우 측정위치에 따른 유효광도(cd)는 **표 4-4**의 광도기준에 적합하여야 한다.

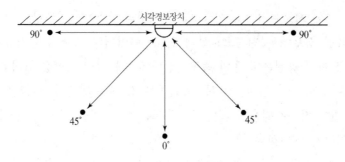

그림 4-12 광도 측정위치

표 4-4 광도기준

광도 측정위치	광도 기준
0° (전면)	15 cd 이상
45°	11.25 cd 이상
90° (측면)	3.75 cd 이상

③ 광원은 투명 또는 흰색이어야 하며 최대 1,000 cd를 초과하지 아니하여야 한다.

④ 시각경보장치의 전원 입력 단자에 사용정격전압을 인가하여 동작시킨 다음 **그림 4-13** (a)와 (b)의 각도 범위내 12.5 m 떨어진 임의지점에서 점멸상태를 확인하는 경우 수평 180° (a)와 수직 90° (b)내의 어느 지점에서도 빛이 보일 수 있어야 한다.

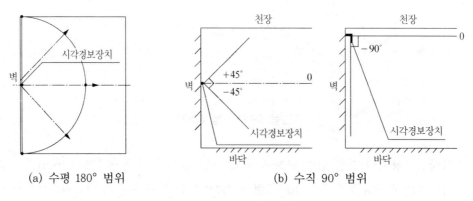

(a) 수평 180° 범위   (b) 수직 90° 범위

그림 4-13 광도 측정위치

⑤ 동작신호를 받은 시각경보장치는 3초 이내 경보를 발하여야 하며, 정지신호를 받았을 경우에는 3초 이내 정지되어야 한다.

㉠ 동작시간 측정방법은 동기화하는 시각경보장치의 경우에는 전원 입력 단자에 사용정격전압을 인가한 다음 동시작동(Synchronizing Module)장치에 동작신호를 투입한 시간으로부터 시각경보장치가 처음 섬광을 한 시점까지의 시간을 측정하여야 하며, 비동기식은 시각경보장치에 전원 입력단자에 사용정격전압을 인가한 다음 동작신호를 투입한 시간으로부터 시각경보장치가 처음 섬광을 한 시점까지의 시간을 측정하여야 한다.

㉡ 정지시간 측정방법은 시각경보장치가 동작한 상태에서 동시작동(Synchronizing Module)장치나 시각경보장치에 정지신호를 투입한 시간으로부터 시각경보장치가 동작을 정지한 시점까지의 시간을 측정하여야 한다.

4-4 경보방식

(1) 경보방법

건축물은 층수가 많고 적음이 있으며 연면적의 넓음과 좁음이 있다. 그러므로 이에 따라 화재시 피난 방법도 다르므로 경보방법도 달라져야 효과를 극대화 시킬 수 있다. 따라서 5층(지하층은 제외한다) 이상으로서 연면적이 $3,000 \ m^2$를 초과하는 소방대상물 또는 그 부분에 있어서는 2층 이상의 층에서 발화한 때에는 발화층 및 그 직상층에 한하여, 1층에서 발화한 때에는 발화한 층 그 직상층 및 지하층에 한하여, 지하층에서 발화한 때에는 발화층 그 직상층 및 기타의 지하층에 한하여 경보를 발할 수 있도록 하고 있다. 즉, 직상발화 우선 경보방식으로서 발화층에 대한 경보층은 **표 4-5**와 같이 경보하며 30층 이상 건축물에서는 **표 4-6**과 같이 한다. 소방대상물의 규모에 따른 경보방식은 **표 4-7**과 같이 한다.

표 4-5 직상발화 우선경보방식인 경우의 경보층

발 화 층	경 보 층
2층 이상	당해층 및 그 직상층
1층	지하층 전체, 1층, 2층
지하층	발화층, 그 직상층 및 기타의 지하층

표 4-6 30층 이상 건축물의 경보

발 화 층	경 보 층
2층 이상	당해층 및 그 직상 4개층
1층	발화층, 그 직상 4개층 및 지하층
지하층	발화층, 그 직상층 및 기타의 지하층

표 4-7 규모별 경보방식

소방대상물의 규모	경 보 방 식
5층 이상으로 연면적 3,000 m² 초과	직상발화 우선경보
상기 규모 외의 장소	일제경보
공장 등과 같이 여러 개의 동으로 구성된 것	동구분 경보

이와 같은 동작을 위해 경보방식별 접속은 **그림 4-14**와 같이 한다.

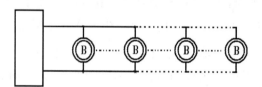

(a) 일제명동방식

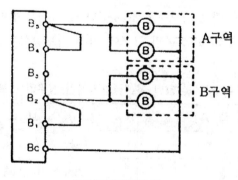

(b) 구역명동방식

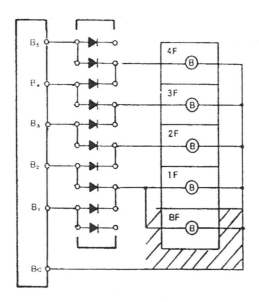

(c) 다이오드매트릭스 일제명동방식

그림 4-14 경보방식

③ 지구음향장치는 소방대상물의 층마다 설치한다. 그리고 당해 소방대상물의 각 부분
으로부터 하나의 음향장치까지의 수평거리가 **그림 4-15**와 같이 25 m 이하(지하가
중 터널의 경우에는 주행방향의 측벽 길이 50 m이내)가 되도록 하고, 당해층의 각
부분에 유효하게 경보를 발할 수 있도록 설치한다. 다만, 비상방송설비의 화재안전
기준(NFSC202) 규정에 적합한 방송설비를 자동화재탐지설비의 감지기와 연동하여
작동하도록 설치한 경우에는 지구음향장치를 설치하지 아니할 수 있다. 단, 복도 또
는 별도로 구획된 실로서 보행거리가 40 m 이상일 경우에는 추가로 설치하여야 한
다.

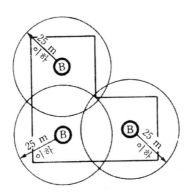

그림 4-15 지구음향장치의 설치

4-5 **접속도**

그림 4-16은 비상경보설비의 결선도이고, **그림 4-17**은 일제명동방식의 회로도를 나타
낸 것이다.

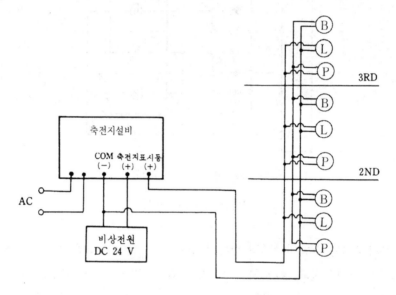

그림 4-16 비상경보설비의 결선도

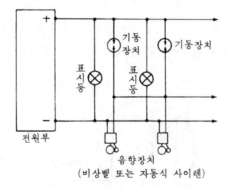

그림 4-17 일제명동방식의 비상경보설비

그림 4-18은 1회선과 2회선형의 비상경보설비 접속도를 보인 것이며 **그림 4-19**는 화재
표시등과 기동장치가 개별표시 시스템일 경우를 나타낸 것이다. 또한 **그림 4-20**은 복합장
치로 하는 경우의 비상경보설비에 있어 그 내부회로의 일례이다.

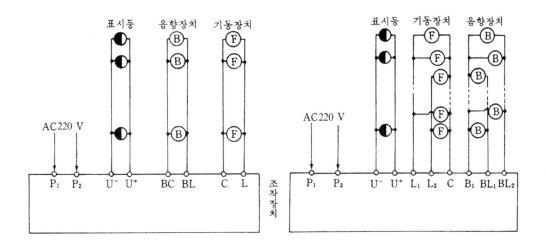

(a) 1회선형   (b) 2회선형

그림 4-18 비상경보설비 접속도의 일례

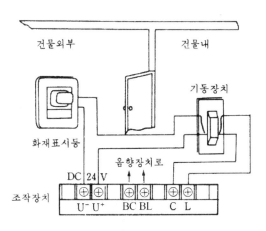

그림 4-19 개별표시 시스템일 경우 접속도

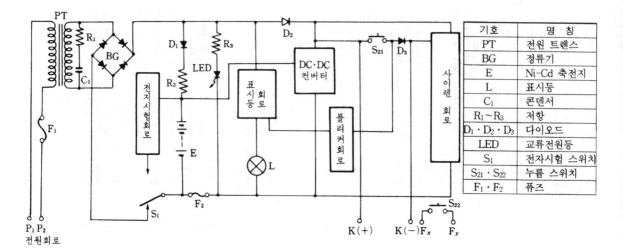

기호	명 칭
PT	전원 트렌스
BG	정류기
E	Ni-Cd 축전지
L	표시등
C_1	콘덴서
$R_1 \sim R_3$	저항
$D_1 \cdot D_2 \cdot D_3$	다이오드
LED	교류전원등
S_1	전자시험 스위치
$S_{21} \cdot S_{22}$	누름 스위치
$F_1 \cdot F_2$	퓨즈

그림 4-20 복합장치로 하는 경우의 비상경보설비 내부 회로도

4-6 배 선

비상벨설비 또는 자동식사이렌설비의 배선은 전기사업법 제67조의 규정에 따른 기술기준에서 정한것 외에 다음의 기준에 따라 설치하여야 하며 **그림 4-21**은 내화 내열 보호배선의 범위를 나타낸 것이다.

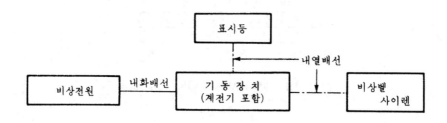

그림 4-21 보호배선의 범위

(1) 전원회로의 배선은 **부록 1**에 따른 내화배선에 의하고 그 밖의 배선은 내화배선 또는 내열배선에 따른다.

(2) 전원회로의 전로와 대지 사이 및 배선상호간의 절연저항은 전기사업법 제67조의 규정에 따른 기술기준이 정하는 바에 의하고, 부속회로의 전로와 대지 사이 및 배선 상호간

의 절연저항은 1경계구역마다 DC 250 V의 절연저항측정기를 사용하여 측정한 절연저항이 0.1 MΩ 이상이 되도록 할 것

(3) 배선은 다른 전선과 별도의 관·덕트(절연효력이 있는 것으로 구획한 때에는 그 구획된 부분은 별개의 덕트로 본다)·몰드 또는 풀박스 등에 설치할 것. 다만, 60 V 미만의 약전류회로에 사용하는 전선으로서 각각의 전압이 같을 때에는 그러하지 아니하다.

4-7 전원

비상벨설비 또는 자동식사이렌설비의 상용전원은 다음 각 호의 기준에 따라 설치하여야 한다.

(1) 전원은 전기가 정상적으로 공급되는 축전지, 전기저장장치(외부 전기에너지를 저장해 두었다가 필요한 때 전기를 공급하는 장치) 또는 교류전압의 옥내 간선으로 하고, 전원까지의 배선은 전용으로 할 것

(2) 개폐기에는 "비상벨설비 또는 자동식사이렌설비용"이라고 표시한 표지를 할 것

(3) 비상벨설비 또는 자동식사이렌설비에는 그 설비에 대한 감시상태를 60분간 지속한 후 유효하게 10분 이상 경보할 수 있는 축전지설비(수신기에 내장하는 경우를 포함한다) 또는 전기저장장치(외부 전기에너지를 저장해 두었다가 필요한 때 전기를 공급하는 장치)를 설치하여야 한다.

4-8 시험

시각경보장치의 시험 특별히 규정된 경우를 제외하고 실내온도가 (20 ± 15) ℃, 상대습도는 30 % 이상 85 %이하의 상태에서 시험을 하여야 한다.

(1) 충격시험

시각경보장치는 길이 300 ㎜, 지름 3 ㎜의 강철선의 한쪽 끝을 충격지점과 수직방향으로 고정되도록 지지시키고 다른 쪽 끝에 무게 1 ㎏의 강철구의 추를 매달아 이를 지지점과 수평이 되는 위치에서 나무판(가로 300 ㎜×세로 300 ㎜×두께 20 ㎜의 합판을 말한다)의 중

앙에 시각경보장치를 부착시킨 반대편으로 3회 자연낙하시켜 충격을 가하는 충격시험을 실시하는 경우 시각경보장치의 기능에 이상이 생기지 아니하여야 한다.

(2) 절연저항시험

시각경보장치의 전원부 양단자 또는 양선을 단락시킨 부분과 비충전부를 DC 500 V의 절연저항계로 측정하는 경우 절연저항이 5 MΩ 이상이어야 한다.

(3) 절연내력시험

시각경보장치의 단자와 외함간의 절연내력은 60 Hz의 정현파에 가까운 실효전압 500 V (정격전압이 60 V를 초과하고 150 V 이하인 것은 1 kV, 정격전압이 150 V를 초과하는 것은 그 정격전압에 2를 곱하여 1 kV를 더한 값)의 교류전압을 가하는 시험에서 1분간 견디는 것이어야 한다. 이 때 실효전압을 서서히 상승시키며 규정된 전압에 도달하였을 때부터 시간을 측정한다.

(4) 열변형 및 난연성시험

시각경보장치의 합성수지 외함은 다음의 열변형시험 및 난연성시험에 적합하여야 한다.
① 시각경보장치의 외함은 (85 ± 2) ℃의 항온조에 12시간 동안 방치시킬 때 외관이 변형이나 변색되지 아니하여야 한다.
② 시각경보장치의 외함은 다음의 난연성시험에 적합하여야 한다.
㉠ 합성수지 외함의 바깥면을 1변의 길이를 3 ㎝가 되도록 정방형으로 자른다.
㉡ 버너를 시험편에 150 ㎜이상의 간격을 두고 착화시켜 황색염을 포함하지 않는 청색염(눈으로 확인)으로 수평면에 대하여 시험편의 중앙부분에 길이가 (20 ± 2) ㎜인 불꽃의 선단을 수직아래에서 10초간 가한다.
㉢ 불꽃을 제거한 후부터 30초 후에 건조한 외과용솜을 시험편에 대었을 때 착화하지 아니하여야 한다.
㉣ 시험 중 연소하면서 떨어지는 용융포리마는 있어도 양호한 것으로 한다.
㉤ 버너는 노즐의 내경이 7 ㎜형인 분젠버너 또는 6.4 ㎜형인 마이크로버너로서 공기구멍을 닫은 상태로 사용하며 연료는 도시가스 또는 액화석유가스를 사용한다.

연습문제

1. 비상시 경보를 발할 수 있는 경보설비를 3가지 쓰시오.

2. 비상경보용 벨의 외면 노출부는 어떤 색깔인가?

3. 비상경보설비의 배선은 다른 전선과 동일한 관, 덕트, 몰드, 또는 풀박스등과 함께 넣지 못하는 것이 원칙이나 약전류 회로에 사용하는 전선은 예외로 되어 있다. 몇 V 미만을 약전류 회로라 하는가?

4. 비상경보설비의 종류에는 비상벨, 자동식 사이렌 외에 무엇이 있는가?

5. 비상 경보기용 회로의 전선을 가공으로 시설하는 경우 전선에 경동선을 사용했을 때의 굵기 mm²는 원칙적으로 얼마 이상으로 하여야 하는가?

6. 비상경보용 회로에 전기를 공급하기 위한 절연 변압기의 사용전압은 대지전압 몇 V 이하인가?

7. 비상경보용 회로의 전선을 차량 기타 중량물의 압력을 받을 우려가 없는 장소에 직접 매설하는 경우의 매설 깊이 cm는 얼마인가?

8. 경보기구에는 부속품이 구비되어야 한다. 이들을 모두 쓰시오.

9. 경보기구용 변압기의 정격 1차 전압은 얼마인가?

10. 비상경보설비에 대하여 다음 ( )를 채우시오.

> 표시등은 2개 이상 ( )로 접속, 다만 ( ) 또는 ( )경우 ( )의 전압으로 ( )시간 연속하여 가하는 경우, 주위 밝기가 ( ) lx인 장소에서 측정하여 앞면으로부터 ( ) 떨어진 곳에서 식별 가능해야 한다.

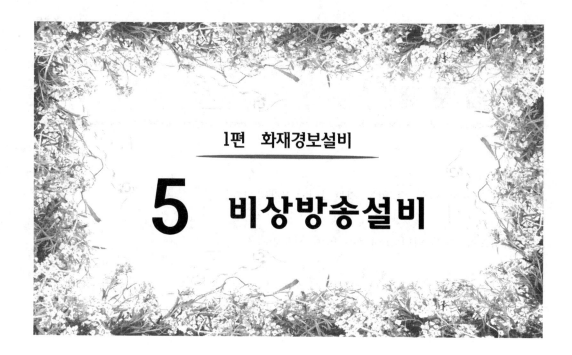

1편 화재경보설비

5 비상방송설비

비상방송설비는 화재를 발견한 사람이 기동장치를 조작하여 증폭기의 전원이 투입되게 하거나 자동화재탐지설비의 감지기가 작동하여 수신기에서 화재신호를 수신할 경우 자동으로 증폭기의 전원이 투입되게 한다. 그런 다음 마이크로폰(Microphone)이나 화재시에 행하는 비상경보의 방송내용을 미리 녹음한 테이프 레코더를 조작하여 확성기(Speaker)를 통해 음성이나 비상경보의 방송을 행하게 하는 설비이다. 따라서 피난의 유도, 초기소화의 지시가 가능함으로 다중 이용시설물에서 유용하다.

5-1 설치대상과 기준

1 설치대상

표 5-1은 비상방송설비의 설치대상이다. 그러나 비상방송설비를 설치하여야 할 특정소방대상물에 자동화재탐지설비나 비상경보설비와 동등 이상의 음향을 발하는 장치를 부설한 방송설비를 화재안전기준에 적합하게 설치한 경우에는 그 유효범위안의 부분에서 설치가 면제된다.

표 5-1 설치대상

소방대상물	기 준 면 적
전 소방대상물	연면적 3,500 m² 이상인 것
	지하층을 제외한 층수가 11층 이상인 것
	지하층의 층수가 3층 이상인 것

2 설치기준

비상방송설비는 다음 기준에 의하여 설치하여야 한다.

(1) 확성기의 음성입력은 3 W(실내에 설치하는 것에 있어서는 1 W) 이상이어야 한다.

(2) 확성기는 각 층마다 설치하되, 그 층의 각 부분으로부터 하나의 확성기까지의 수평거리가 25 m 이하가 되도록 하고, 당해 층의 각 부분에 유효하게 경보를 발할 수 있도록 설치하여야 한다.

(3) 음량조정기를 설치하는 경우 음량조정기의 배선은 3선식으로 하여야 한다.

(4) 조작부의 조작 스위치는 바닥으로부터 0.8 m 이상 1.5 m 이하의 높이에 설치한다.

(5) 조작부는 기동장치의 작동과 연동하여 당해 기동장치가 작동한 층 또는 구역을 표시할 수 있는 것으로 한다.

(6) 증폭기 및 조작부는 수위실 등 상시 사람이 근무하는 장소로서 점검이 편리하고 방화상 유효한 곳에 설치한다.

(7) 층수가 5층 이상으로서 연면적이 3,000 ㎡ 를 초과하는 특정소방대상물은 다음 각 목에 따라 경보를 발할 수 있도록 하여야 한다.

① 2층 이상의 층에서 발화한 때에는 발화층 및 그 직상층에 경보를 발할 것

② 1층에서 발화한 때에는 발화층·그 직상층 및 지하층에 경보를 발할 것

③ 지하층에서 발화한 때에는 발화층·그 직상층 및 기타의 지하층에 경보를 발할 것

(8) 다른 방송설비와 공용하는 것에 있어서는 화재시 비상경보 외의 방송을 차단할 수 있는 구조로 하여야 한다.

(9) 다른 전기회로에 따라 유도장애가 생기지 아니하도록 하여야 한다.

(10) 하나의 소방대상물에 2이상의 조작부가 설치되어 있는 때에는 각각의 조작부가 있는 장소 상호간에 동시통화가 가능한 설비를 설치하고, 어느 조작부에서도 당해 소방대상물의 전 구역에 방송을 할 수 있어야 한다.

(11) 기동장치에 의한 화재신고를 수신한 후 필요한 음량으로 화재발생 상황 및 피난에 유효한 방송이 개시될 때까지의 소요시간은 10초 이하로 하여야 한다.

(12) 음향장치는 다음 각 목의 기준에 따른 구조 및 성능의 것으로 하여야 한다.
　① 정격전압의 80 % 전압에서 음향을 발할 수 있는 것을 할 것
　② 자동화재탐지설비의 작동과 연동하여 작동할 수 있는 것으로 할 것

5-2　구 성

1 구성과 요소

(1) 구성

비상방송설비의 구성은 여러 가지가 있을 수 있으나 일반적 구성은 **그림 5-1**과 같다.

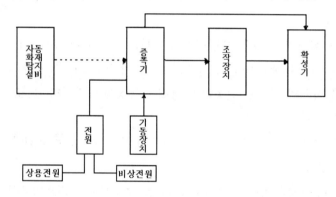

그림 5-1 비상방송설비의 일반적 구성

1) 비상방송설비와 비상벨의 조합

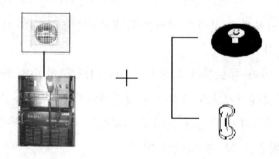

그림 5-2 비상방송설비와 비상벨의 조합

2) 비상방송설비와 자동식사이렌의 조합

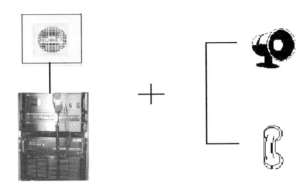

그림 5-3 비상방송설비와 자동식사이렌의 조합

(2) 구성요소

비상방송설비는 다음의 요소들로 구성되어 있다.

① 기동장치 – 입력 및 전력증폭(발신기)

② 표시등 – 위치 및 동작표시(필요시 설치)

③ 확성기 – 출력 음향장치

④ 음량조절기 – 필요시에 설치

⑤ 증폭기 – 입력신호의 증폭 조절장치

⑥ 입력장치 – 입력신호의 발생장치 및 프리앰프, mic, tape, radio, siren, player 등

⑦ mixer – 신호의 혼합 및 입력 레벨 조절

⑧ 전원장치 – 상용, 비상용

⑨ 조작장치 – 원격조작, 회로조작 등등

⑩ 필요배선 – 기기상호간, 기기와 확성기간 또는 기기와 전원간

2 기동설비에 따른 구성

각 기동설비에 따른 구성도는 다음과 같다.

(1) 자동화재탐지설비와 연동한 기동

그림 5-4와 같이 자동화재탐지설비와 연동하는 경우에는 감지기의 동작과 연동되어 방송가능한 상태가 되어야 하며 확성기등 음향장치가 부가된 것은 자동적으로 해당 장치를 동작시킬 수 있어야 한다.

그림 5-4 자동화재탐지설비와 연동한 기동

(2) 비상전화에 의한 기동

그림 5-5는 비상전화에 의한 기동시의 구성도이다. 비상전화와 조작장치는 서로 통화가 쉽게 이루어져야 한다. 또한 조작장치와의 사이에 전용전화 또는 인터폰을 설치하여야 하며 주위 잡음이 60 dB의 경우에도 통화가 될 수 있어야 한다. 아울러 둘 이상의 비상전화가 동시에 조작되는 경우에도 임의의 선택이 가능하고 차단된 비상전화에서도 통화음이 들려야 한다. 비상전화는 -20 ℃에서 70 ℃까지의 주위온도에서 기능에 이상이 없어야 한다.

그림 5-5 비상전화에 의한 기동

(3) 발신기에 의한 기동

그림 5-6은 발신기에 의한 기동시의 구성도이다. 비상벨 또는 자동식 사이렌 설비에 준하는 외에 조작 후 방송이 가능하여야 한다. 동시에 음향을 발하는 장치가 설치된 경보설비는 자동적으로 음향장치를 동작시킬 수 있어야 한다.

그림 5-6 발신기에 의한 기동

5-3 구조 및 기능

1 원격조작장치

기동장치에서 화재발생의 경보를 할 필요가 있는 층에 경보할 수 있도록 조작을 하는 장치로 다음의 기능이 있어야 한다.

(1) 전원의 개폐, 방송구역의 선택 및 해제, 경보음의 조작 및 유도방송을 위한 기능이 있을 것

(2) 원격조작기는 다음의 표시장치가 있을 것

　① 동작표시등

　② 화재등

　③ 주전원 감시용 전압계 또는 표시등(중앙관리실, 종합방재센터(통합감시시설) 등에 설치하는 것은 비상전원 확인장치).

　④ 확성기 회선의 단락유무 표시(중앙관리실, 종합방재센터(통합감시시설) 등에 설치하는 것은 구역 또는 층별 단락)

　⑤ 방송을 확인할 수 있는 모니터용 확성기를 설치하여 방송용 확성기가 설치된 방에는 예외로 한다.

2 증폭기

(1) 종류

증폭기는 구성 형태에 따라 다음과 같이 분류한다.

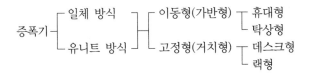

휴대형은 정격출력 5~15 W 정도의 소형, 경량의 것으로 휴대를 주 목적으로 제작된 것이며 소화활동시의 안내방송 등에 이용된다. 근래 전자공업의 발달에 따라 Microphone, 증폭기, 확성기를 일체화시킨 소형의 것이 많다.

탁상형은 정격출력이 120~150 W의 것도 있으나 대개 10~60 W 정도로 소규모 방송설비가 필요한 곳에 사용하며 마이크 잭(Jack), 라디오, 카셋트 테이프 입력, 사이렌 등의 입

력과 보조입력장치가 주로 되어 있다.

데스크형은 정격출력이 500 W 또는 그 이상 대용량의 것이 있으나 대개 30~180 W 정도이며 책상식 형태의 것으로 입력장치 등은 랙형과 유사하다.

랙형은 증폭기 정격출력이 200 W 이상일 때 주로 사용하고 주요 구성은 데스크형과 같으나 배열형태나 외형상의 차이가 있을 뿐이며 가장 큰 특징은 유니트(unit)화하여 교체, 철거, 신설이 용이하면서도 합계 용량의 제한이 없다는 것이다.

그림 5-7은 RACK형과 벽부형이다.

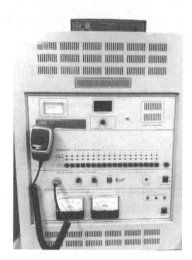

가. RACK형   나. 벽부형

그림 5-7 증폭기

(2) 원리

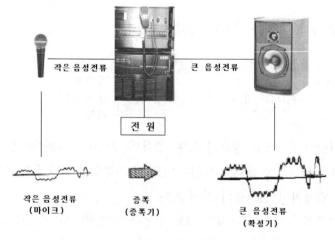

그림 5-8 증폭원리

(3) 기능

증폭기는 다음의 기능이 있다.

① P형 및 R형 수신기 연동 기능

방송 장비와 접점으로 연동되는 P형 수신기뿐만 아니라 DATA방식으로 연동되는 R형 수신기와도 비상방송 연동이 가능하여야 한다.

② 모니터링 기능

VU 레벨메터를 채용하여 POWER AMP의 출력을 계기의 눈금으로 확인할 수 있고, 모니터 스피커가 부착되어 방송상태를 쉽게 확인할 수 있다.

③ 비상방송 기능

화재가 발생하면 자동 경보사이렌과 먼 거리에서도 비상중임을 식별하기 쉽게"화재"의 표지판을 점등하고 자동으로 사이렌 경보를 울릴 수 있게 한다.

따라서 비상 음성 발생기를 기본적으로 장착시켜 화재가 발생하면 사이렌과 함께 음성으로 대피 유도 안내 방송을 한다.

④ 원격제어(REMOTE CONTROL) 기능

종합방재센터에서 증폭기를 통제할 수 있는 원격제어 기능이 있도록 하여, 기기를 여러대 접속하여도 동시에 방송제어가 가능하다.

⑤ 자동 충전기능

이 기능은 충전시 24 V 부터 충전이 개시되며 26 V가 되면 충전이 종료되고, 배터리가 방전되어 21 V가 되면 방전이 중지된다. 다시 충전이 개시되어 26V 이상이면 자동으로 충전을 중지한다, 항상 일정한 전압으로 유지할 수 있어야 한다.

⑥ 차임벨 기능

일반 방송에 필요한 4음계(도, 미, 솔, 도)의 차임벨 기능이 있게 하여 다양하게 사용할 수 있다.

⑦ 출력 기능

층(회로)별 최대 5개 회로 이상의 선택 및 방송 제어가 가능하도록 한다.

(4) 증폭기의 구성요소

증폭기의 주요 구성요소들은 다음과 같다.

① 시계장치(시보장치) 입력

② 모니터 확성기(Speaker) 및 모니터 음향조절기, 출력감시장치

③ 라디오 입력장치, 입력조절장치, AM, FM, 단파 등

④ 마이크 입력장치, 입력조절장치, 비상마이크(고정용)장치

⑤ 테이프 입력장치 : 카셋트, 카트리지, 릴 테이프 등 테이프 입력조절장치

⑥ 턴테이블 입력장치, 입력조절장치 : 필요시 설치

⑦ 사이렌 입력장치 : (민방위, 비상용) 입력조절장치

⑧ 혼합장치(mixing) : 입력조절, 혼합, 출력조절장치

⑨ 확성기 회로별 스위치 회로 : 확성기회로의 개폐, 비상방송 절환 스위치(일제방송용 등), 발화층(구역) 표시장치, 확성기회로 고장 표시장치(단선, 단락)

⑩ 비상전화(필요시) : 전화동작음 또는 표시장치, 2차 증폭기 조작장치(필요시)

⑪ 전원장치 : 충전표시등, 사용전원 표시장치(전압,전류 등), 축전지 시험장치 등

⑫ 전력증폭기 : 필요 출력에 따라 유니트수 조절, 1개 유니트의 출력은 100~150 W 이하이며 필요시 유니트 증설

⑬ 비상전원용 축전지 : 비상전원 표시장치, 시험장치와 이 외에 외부배선 연결단자반 등으로 배열한다.

이들 구성품 중 입력장치는 필요에 따라 장착할 수 있으며 시계장치, 카트리지, 릴테이프, 턴테이블 등은 비상용 이외의 BGM(Back Ground Music) 등의 목적에 따를 때 필요하다.

(4) 출력방식

증폭기의 출력방식에는 정저항방식, 정전압방식의 2종류가 있다.

(1) 정저항방식

증폭기의 출력단자 저항을 4 Ω, 8 Ω, 16 Ω 등의 정저항값으로 고정하여 확성기를 직접 증폭기에 접속시킬 수 있도록 한 방식이다. 이 방식은 확성기에 출력 변압기를 설치할 필요가 없으며 소규모의 설비, 증폭기와 확성기간의 거리가 가까운 경우, 확성기 접속 수량이 적을 때 주로 사용한다. 이 방식은 저전압방식이라고도 한다.

(2) 정전압방식

증폭기의 출력단자 전압을 50 V, 70 V, 100 V, 140 V, 200 V 등의 정전압으로 표시하든가 임피던스 값을 50 Ω 내지 500 Ω의 고임피던스 값으로 표시한다. 이 경우에는 증폭기 출력단의 임피던스와 확성기 임피던스가 다르기 때문에 증폭기 출력단자에 직접 확성기를 접속시킬 수가 없어 확성기와 증폭기 출력단자내 배선 사이에 출력변압기를 설치하여 임피던스 정합을 시켜야 한다. 비상경보설비용으로는 대부분 이 방식이 채용되고 있다.

3 마이크로폰(Microphone)

온도변화, 습도변화 등에도 안정된 특성을 가져야 하는 마이크로폰은 소형, 경량일 때 이동 사용이 편리하며 비상용으로도 좋다.

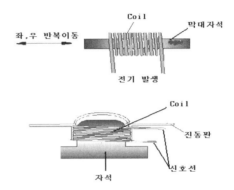

그림 5-9 마이크로폰의 원리

그림 5-9는 마이크로폰의 원리이다. 막대자석에 감겨있는 코일에 자력의 변화를 주기위해 자석을 좌우로 움직이면 코일에 전기가 발생한다. 이를 진동판을 떨리게 하고 진동판에 부착되어 있는 코일에 자력의 변화가 발생되어 전류가 신호선으로 흘러 증폭기로 흐르게 된다.

마이크로폰은 그 성능에 따라 무지향성, 양방향지향성, 단일지향성으로 구별된다. 무지향성은 구조가 비교적 간단하고 취급이 용이하며 가격이 저렴하여 많이 사용되고 있으나 실내에서 사용할 때 Howling이 발생하기 쉽고, 좁은 실내에서는 잔영이 과다하여 잡음의 침입도가 높으며 저음 특성이 좋지 않은 단점이 있다. 양방향지향성(쌍지향성)은 측면 음의 감도가 비교적 낮게 된 것으로 전·후면의 감도가 우수하여 명료도가 좋으나 비교적 가격이 고가이다. 보통 아나운서의 대담용으로 많이 사용되고 있다.

단일지향성은 정면방향의 음감도가 우수하여 주위 잡음으로부터의 영향이 제일 적고 집중음이 입력될 수 있으므로 Howling이 적기 때문에 음질이 비교적 좋다. 그러므로 장내(場內) 확성방송, 확성기(Speaker)가 근접된 경우에 적당하다.

제작 특성상으로는 Dynamic 마이크로폰(Moving Coil형) 속도 마이크로폰(Velocity Microphone), 콘덴서 마이크로폰 등이 있으며 이들의 특성은 **표 5-2**와 같다.

표 5-2 마이크로폰의 특성

종 류	감 도	장 점	단 점
다이나믹 마이크로폰	600 Ω : -72~-75 dB 20 kΩ : -59~61 dB	• 취급이 간단하고 견고 • 온도, 습도의 영향이 거의 없음 • 옥외 사용 가능	• 유도자계중에서 잡음발생 • 바람방향을 고려해야
속도 마이크로폰	600 Ω : -75 dB	• 지향성이 매우 우수 • 비상특성이 우수함 • 근접사용에 좋고 저음감도 양호	• 진동 충격에 약함 • 취급에 유의해야 함 • 바람방향을 고려해야 • 출력단자 시험시 테스터의 전류를 흘려 시험하면 안됨
콘덴서 마이크로폰	600 Ω : -72 dB	• 비상특성 우수 • 고유잡음이 낮음 • 취급간단 • 전원 증폭부 일체화 가능	• 전지 등의 전원 필요 • 고온, 다습 장소에 부적당

표 5-3 각종 마이크로폰의 용도별 적응성

장소	목적 \ 종류	지 향 성			구조특성	
		무지향성	단일지향성	양방향지향성	다이나믹	콘덴서
옥내	호출, 전달	○	○	–	○	–
	연설, 강연	–	○	○	○	–
	대 담	○	○	○	○	–
	합 창	○	○	–	○	–
	독 창	–	○	○	○	○
	악 기 연 주	–	○	○	○	○
	오케스트라	○	○	–	○	○
옥외	호출, 전달	○	○	–	○	–
	연설, 강연	–	○	–	○	–

　　마이크로폰의 효율을 극대화시키려면 마이크로폰의 특성과 **표 5-3**에 나타낸 용도별 적응성에 알맞게 사용해야 한다. 이때 마이크로폰을 접속하여 사용하는 주 기기 즉, 증폭기 입력측의 임피던스와 마이크로폰의 임피던스가 정합되어야 가능하나 이는 마이크로폰의 성능이나 마이크로폰과 주 기기와의 이격거리 등에 의해 결정된다. 그 거리는 10 m 이내가 좋고 마이크로폰과 주 기기와 접속시키는 케이블도 임피던스 크기에 따라 알맞게 선정할 필요가 있다.

4 확성기(Speaker)

(1) 분류

① 형식에 따라

```
        ┌ 원추(Cone)형(무지향성) ┬ 벽설치형 ┬ 단일형
        │                      │         └ 복합형
        │                      └ 천장매입형
        │
        └ 나팔(Horn)형(무지향성) ┬ 이동용
                               ├ 고정용(바닥 등)
                               └ 벽설치형
```

② 동작원리에 따라

```
        ┌ 마그네틱 확성기(Magnetic speaker)[원추형] ──────────── 가장 많이 사용
        ├ 다이나믹 확성기(Dynamic speaker)[원추형 또는 나팔형]─┘
        ├ 크리스탈 확성기(Crystal speaker)[원추형]
        └ 콘덴서 확성기(Condenser speaker)[원형]
```

③ 설치 장소에 따라

```
        ┌ 옥내설치용 – 벽, 천장, 기둥 등
        ├ 옥외설치용 ┬ 일반 옥외용(대기노출)
        │           └ 특수 옥외용
        └ 특수장소 설치용 – 내산, 방폭 등을 요하는 특수 장소에 설치하는 것
```

이들은 대개 확성기 그 자체는 큰 차이가 없고 외함의 구조가 특수하다.

(2) 동작원리

쇠못에 에나멜선을 감고 이에 전류를 흘리면 쇠못은 자석이 된다. 자석이 된 쇠못을 영구자석에 가까이 대면 밀거나 당기는 힘이 작용한다. 이를 적용하여 확성기에 있는 진동판에 에나멜선을 감은 것과 동일한 코일을 감는다. 이 코일을 음성코일(Voice Coil)이라 하는데 이를 영구자석 가까이 놓고 코일에 소리정보를 가진 전류를 흘려주면 플레밍의 왼손법칙에 따라 코일이 힘을 받아 움직인다. 그러면 코일과 붙어 있는 진동판이 진동을 하면 공기가 진동하여 소리가 나게 된다. 이것이 확성기에서 소리가 나는 기본원리로 원추형 확성기(圓錐型擴聲器 : Cone type Loudspeaker)는 원추형 진동판(Cone)에서 직접 음파를 방사하는 것이며 나팔형 확성기(Hone type Loudspeaker)는 나팔과 같은 것을 통하여 공간에 음의 에너지를 방사하는 것이다. 동작원리에 따라 분류된 마그네틱 확성기와 다이나믹 확성기가

가장 많이 사용되고 있으므로 이들에 대해 설명한다.

원추형 다이나믹 확성기의 경우 **그림 5-10** (a)와 같이 영구자석앞에 가동 코일이 설치되어 여기에 음성전압을 가하면 이에 따라 발생되는 극성과 영구자석의 극성간에 밀고 당기는 힘이 발생되어 자계내에 있는 가동 코일에 전류가 흐르고 이에 부착된 원추형 진동판(Cone)이 움직이게 되어 음(音)이 발생되는 구조이다. **그림 5-10** (b)와 같은 마그네틱 확성기는 코일에 흐르는 음성전류에 의하여 철편(접촉자)에 접속된 진동판이 움직여 원추진동판(Cone)에 전달하여 음성이 발생된다. **그림 5-11**은 이들의 주파수 특성을 보인 것으로 다이나믹형이 비교적 좋게 나타난다. 그러므로 진폭이 넓은 범위에 걸쳐 찌그러짐이 없고 저역(低域)이 잘 재생되어 고충실도(高忠實度 : High Fidelity)용으로 많이 보급되고 있다.

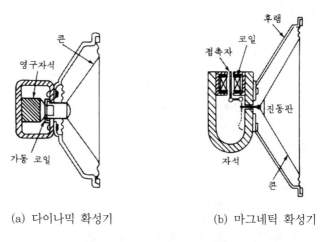

(a) 다이나믹 확성기   (b) 마그네틱 확성기

그림 5-10 확성기의 구조

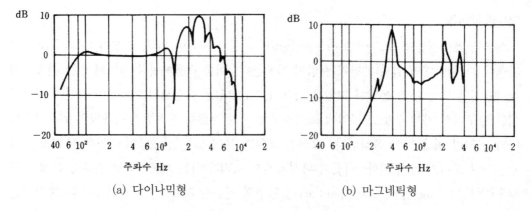

(a) 다이나믹형   (b) 마그네틱형

그림 5-11 일반적 주파수 특성

그림 5-12는 음량조절기가 부착되어 있는 확성기의 측면도이다.

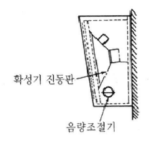

그림 5-12 확성기 측면도

그림 5-13은 확성기의 2선식 결선 방법과 3선식 결선 방법이다. 3선식은 평상시에는 방송설비로 사용하고 비상시에는 비상상황을 전파할 수 있도록 한 것이다.

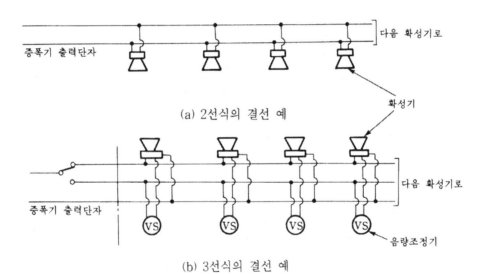

(a) 2선식의 결선 예

(b) 3선식의 결선 예

그림 5-13 각종 확성기의 결선 예

(3) 확성기의 음압

$$P= p+ 10 \ \log_{10}(\frac{Q}{4\pi r^2}+\frac{4(1-\alpha)}{S\,\alpha})$$

P : 음압레벨 dB
p : 확성기 음압레벨 dB
Q : 확성기 지향계수
r : 해당 장소에서 확성기까지의 거리 m

α : 방송구역의 평균흡음율

S : 방송구역의 벽, 바닥 및 천장 또는 옥내면적 합계 ㎡

(4) 확성기의 크기와 면적 및 도달거리

확성기의 용량은 해당장소의 면적, 부착높이, 소음의 정도에 따라 결정되나 유의할 것은 반향음(Echo)의 방지이다. 실내벽에 확성기를 설치할 경우 양쪽벽의 동일 장소에 위치시켜 음축이 마주치게 되면 공진현상이 발생하여 음의 청취가 어렵게 된다. 또한, 옥외에서는 음반사를 고려치 않으면 반향음(Echo) 현상이 발생하여 목적하는 음향을 들을 수 없게 된다. 특히 입력장치인 마이크로폰보다 확성기를 뒤편에 설치하면 안된다.

표 5-4는 나팔형 확성기를 옥내에 설치하는 경우 실내면적에 따른 전기적 출력 범위를 나타낸 것으로 실내의 소음은 일반 사무실 기준이며 50 % 소음이 커지면 전기적 출력은 2배 이상으로 하여야 한다.

표 5-4 확성기 옥내설치시 전기적 출력의 전달범위

실내의 면적 ㎡	증폭기의 전기적 출력 W	
	나팔형 확성기 설치 천장높이 m	
	3.6 m	6.3 m
30	0.1 W	0.17 W
40	0.1 W	0.2 W
60	0.13 W	0.27 W
80	0.15 W	0.3 W
100	0.2 W	0.4 W
200	0.35 W	0.66 W
400	0.61 W	1.4 W
600	0.9 W	1.8 W
800	1.3 W	2.4 W
1,000	1.7 W	3 W
2,000	2.7 W	5 W

(5) 배선과 회로당 접속수량

배선은 비상으로 사용되는 일반 옥내용일 경우 HFIX 전선 이상을 사용하며 **표 5-5**는 비상용 확성기의 배선 방법을 나타낸 것이다. 또한 1개 확성기 회로에 접속하는 확성기 수량은 유지관리 등을 고려하여 15개 이하로 하는 것이 좋으며 중간에 단자 등을 설치하면 30개까지도 접속이 가능하다.

표 5-5 비상 확성기 배선의 방법

배선설치	케이블의 종류	주요구조부	공사 종류	매설깊이
매설공사	• 알루미늄 연피 케이블 • 강대외장 케이블 • 클로로프렌 케이블 • 콜게이트시즈 케이블 • CD 케이블 • 4불화에틸렌 절연전선 • 실리콘 고무 절연전선	내화구조 내에 매설	금속관 가요전선과 플로어덕트	• 벽체표면에서 10 mm 이상 매설할 것 • 경질비닐관은 20 mm 이상
		비내화구조 내에 매설	금속관 가요전선관 덕트	• 금속제관은 15 mm 이상 두께의 유리섬유, 록울, 모르타르 등으로 절연 보호 요함 • 내화성능의 파이프 및 피트 내는 관계없다.
노출공사	• MI 케이블 • MI 케이블 이상의 내열성 절연전선	케이블의 단말처리나 접속 개소는 금속제 박스 내에서만 행한다.		

그러나 확성기 접속시 주의할 것은 증폭기측에서 보면 부하측인 확성기의 합성저항과 증폭기 출력측의 임피던스와 같을 때 가장 양호한 기능을 할 수 있다. 따라서 확성기가 직렬로 접속되든, 병렬로 접속되든간에 증폭기의 출력 임피던스와 맞도록 하여야 한다. 그러나 그렇게 되지 않을 경우 모의저항(Dummy resistor)을 삽입하여 임피던스 정합(Impedance matching)이 되도록 하여야 한다.

일반적으로 확성기는 병렬접속이므로 이를 예로 들면 확성기 회로의 합성저항 Z는

$$Z = \frac{E^2}{P_1 + P_2 + P_3 + \cdots + P_n} \ \Omega$$

여기서 E는 증폭기의 출력전압 V이며 P_1, P_2, $P_3 \cdots P_n$은 확성기의 정격입력 W이다. 또한 모의저항 R Ω은

$$R = \frac{E^2}{P_0 - (P_1 + P_2 + P_3 + \cdots + P_n)} \ \Omega$$

여기서 E는 증폭기의 출력전압 V이며 분모항은 전력용량으로서 P_0는 증폭기의 정격출력 W이며 P_1, P_2, $P_3 \cdots P_n$은 확성기의 정격입력 W이다.

1개 증폭기에 접속되는 확성기 수량은 제한을 받지는 않으나 출력과 임피던스 정합에 유의하여야 한다.

비상방송용 확성기 회로는 직렬 접속방식을 하지 않으며 그 이유는 배선이 1가닥이므로

한선이 단선되는 경우 전체 확성기의 방송이 중단되고, 고장개소를 찾기 힘들며 선로가 완전 개방되기 때문에 출력변압기를 쉽게 소손시킬 수 있기 때문이다.

5 전자음향장치

전자장치의 주종을 이루고 있는 것은 발진회로(Oscillation circuit)에서 발진된 일정 주파수를 증폭시켜 일종의 진동판 또는 확성기류를 통하여 발음되도록 한 것이다. 이 전자음향장치는 음질이나 음색이 다양하고 필요시 경보음의 변경 등이 용이하나 소모전력이 사이렌 등에 비해 적은 장점이 있다. 그러나 종류에 따라서는 고가이고 대용량의 것이 없는 단점이 있다.

가청주파수대가 16∼20,000 Hz정도이나 전자음향장치에 사용하고 있는 것은 400 Hz∼1,000 Hz 범위이다. 외형이나 특성이 매우 다양하므로 전문서적을 참고하도록 하는 것이 좋으며 전자음향장치를 선정하고자 할 경우에는 타 장치의 음향과 유사하게 되지 않도록 해야 한다. 아울러 개별특성과 전원을 확실히 알고 선택하여야 한다. 이하 사용량, 설치 및 배선 등은 비상벨과 같다.

5-4 배 선

비상방송설비의 배선은 전기사업법 제 67조의 규정에 따른 기술기준에서 정한 것 외에 다음 각호의 기준에 의하여 설치하여야 한다.
(1) 화재로 인하여 하나의 층의 확성기 또는 배선이 단락 또는 단선되어도 다른 층의 화재 통보에 지장이 없도록 할 것
(2) 그 밖의 비상방송설비의 배선의 설치에 관해서는 다음과 같이 한다.
  ① 전원회로의 배선은 부록 1에 의한 내화배선에 의하고 그 밖의 배선은 부록 1에 의한 내화배선 또는 내열배선에 의한다.
  ② 전원회로의 전로와 대지 사이 및 배선 상호간 절연저항은 전기사업법 제 67조의 규정에 따른 기술기준이 정하는 바에 따르고, 부속회로의 전로와 대지 사이 및 배선 상호간의 절연저항은 1경계구역마다 DC 250 V의 절연저항 측정기를 사용하여 측정한 절연저항이 0.1 MΩ 이상이 되도록 하여야 한다.
  ③ 비상방송설비의 배선은 다른 전선과 별도의 관·덕트(절연효력이 있는 것으로 구획

한 때에는 그 구획된 부분은 별개의 덕트로 본다) 몰드 또는 풀박스 등에 설치할 것. 다만, 60 V 미만의 약전류회로에 사용하는 전선으로서 각각의 전압이 같을 때에는 그러하지 아니하다.

5-5 전 원

(1) 전원은 전기가 정상적으로 공급되는 축전지 또는 교류전압의 옥내 간선으로 하고, 전원까지의 배선은 전용으로 할 것

(2) 개폐기에는 "비상방송설비용"이라고 표시한 표지를 할 것

(3) 비상방송설비에는 그 설비에 대한 감시상태를 60분간 지속한 후 유효하게 10분 이상 경보할 수 있는 축전지설비(수신기에 내장하는 경우를 포함한다)를 설치하여야 한다.

연 습 문 제

1. 비상방송설비를 설치해야 하는 소방대상물은 지하층을 제외한 층수가 몇 층 이상의 것 인가?

2. 비상방송설비의 음향장치는 매 층마다 그 층 각 부분으로부터 하나의 음향장치까지의 최대 수평거리 m는 얼마인가?

3. 비상방송설비의 배선에 사용하는 전선의 굵기는 단면적 몇 mm²정도인가?

4. 비상방송설비의 확성기(Speaker)를 실내와 실외 설치시의 음성 입력은 몇 W 이상이어 야 하는가?

5. 비상방송설비의 확성기는 각 층마다 하나의 확성기까지의 수평거리가 몇 m 이하가 되도 록 설치하여야 하는가?

6. 음향장치는 음향장치의 중심으로부터 몇 m 거리에서 몇 dB이상이어야 하는가?

7. 방송에 의한 비상경보설비의 설치에서 기동장치는 화재신호를 수신한 후 필요한 음량으 로 방송이 개시될 때까지의 소요 시간은 얼마 이하로 하여야 하는가?

8. 확성기(Speaker)를 직렬 또는 병렬로 접속할 때 확성기의 합성저항과 증폭기 출력측의 임피던스와 맞도록 하는 것이 가장 좋으나 그렇지 않을 경우 이를 위해 행하여야 하는 방법은?

9. 비상경보설비의 방송설비 설치기준 중 음량조절기를 설치할 경우 배선은 어떻게 하는 가?

10. 그림은 음량조절기를 사용한 3선식 배선의 예이다. 결선을 완성하라.

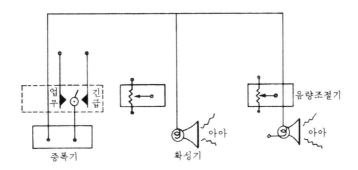

11. 음향장치의 충전부와 비충전부간의 절연저항은 DC 500 V 절연저항계로 측정하였을 경우 몇 $M\Omega$ 이상이어야 하는가?

12. 그림은 확성기 심벌이다. 각각의 명칭을 쓰고 간단히 설명하시오.

13. 확성기 용량을 결정하는 요소들은 무엇인가?

14. 지하 3층, 지상 20층 건물이 있다. 1층에서 화재가 발생하였을 때 경보설비에 의한 경보를 우선적으로 발하여야 하는 층은?

15. 비상방송설비의 전원으로 축전지설비를 설치하였을 때 감시상태의 지속시간은 얼마이며 유효하게 얼마 동안 경보할 수 있어야 하는가?

16. 확성기의 원리를 간략히 설명하시오.

17. 가동코일형 다이나믹 확성기를 구성하는 각 부품이 소리를 내기위해 하는 역할을 쓰시오.

18. 보이스 코일(Voice Coil)에 대하여 설명하시오.

19. 비상방송설비의 기동설비에 따른 구성 3가지를 설명하시오.

20. 모의저항이란 무엇인가?

21. 작동기능점검의 항목을 들고 항목별 점검내용을 쓰시오.

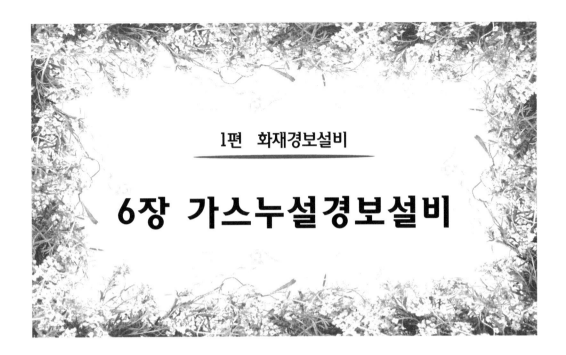

1편 화재경보설비

6장 가스누설경보설비

　가스누설경보설비는 가연성가스 또는 불완전연소가스가 새는 것을 탐지하여 관계자나 이용자에게 경보하여 주는 것을 말한다. 이 때, 탐지소자외의 방법에 의하여 가스가 새는 것을 탐지하는 것, 점검용으로 만들어진 휴대용검지기 또는 연동기기에 의하여 경보를 발하는 것은 제외한다. 이는 가스로 인한 폭발사고의 예방 및 독성 가스로 인한 중독사고를 미연에 방지하기 위한 것이나 이를 위해서는 평상시에 정밀한 관리를 하여야 한다.

　가스누설경보설비의 구성은 가스누설 탐지부 및 수신기를 접속한 것 또는 탐지부, 중계기와 수신기를 접속한 것에 경보장치를 접속한 것이 있다. 아울러 가스의 탐지를 알려줄 수 있는 경보장치에는 음성경보장치, 가스누설 표시등, 탐지구역 경보장치 등이 있다.

6-1 설치대상

　가스누설경보기를 설치하여야 하는 특정소방대상물(가스시설이 설치된 경우에 한한다)은 다음과 같다.
(1) 숙박시설·노유자시설·판매시설 및 영업시설
(2) 교육연구시설 중 청소년시설·의료시설·문화집회 및 운동시설

6-2 설비의 구성과 종류

1 분류

가스누설경보기는 구조와 용도에 따라 다음과 같이 분류한다.

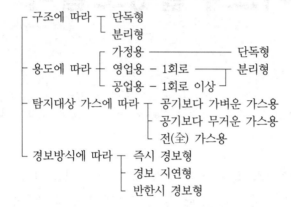

단독형은 탐지부와 수신부가 1개의 상자 내에 일체로 되어 있는 형태의 것을 말하며 분리형은 탐지부와 수신부가 분리되어 있는 형태의 것을 말한다.

2 설비의 구성

가스누설경보설비의 구성요소들은 다음과 같으며 **그림 6-1**은 기초적인 구성도이다.

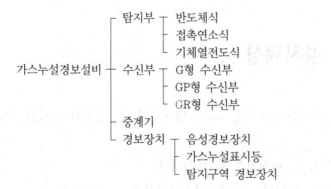

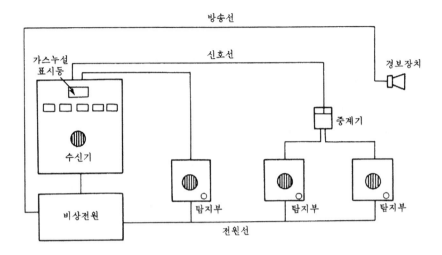

그림 6-1 가스누설경보설비의 구성

6-3 구조 및 기능

1 일반구조

(1) 경보기의 수신부 및 분리형의 탐지부 외함은 불연성 또는 난연성의 재질로 만들어야 하며, 강판을 사용하는 경우에는 두께 1.0 mm 이상인 것. 합성수지를 사용하는 경우에는 두께가 강판의 2.5배(단독형 및 분리형 중 영업용인 경우에는 1.5배) 이상인 것을 사용하여야 한다.

(2) 경보기의 수신부 및 분리형의 탐지부 외함(지구창, 지도판, 조작부, 수납용 뚜껑, 스위치 손잡이, 발광 다이오드, 지시전기계기 및 표시명판을 제외한다)에 합성수지를 사용하는 경우에는 (80 ± 2) ℃의 온도에서 열로 인한 변형이 생기지 아니하여야 하며 자기소화성이 있어야 한다.

(3) 건물 등에 부착하도록 되어 있는 것은 나사, 못 등에 의하여 쉽게 고정시킬 수 있는 구조이어야 하며, 접착테이프 등을 사용하는 구조가 아니어야 한다.

(4) 전원공급의 상태를 쉽게 확인할 수 있는 표시등이 있어야 한다.

(5) 단독형 및 분리형의 탐지부 등 가스가 머무를 수 있는 장소에 설치되는 부분은 보통의 상태에서 불꽃을 발생하지 아니하는 구조이어야 하며, 분리형 중 공업용의 탐지부는 다

음 각목의 1에서 정하는 방폭규정에 적합하여야 한다.

① 한국산업규격

② 가스관계법령(고압가스안전관리법, 액화석유가스의 안전 및 사업관리법, 도시가스
사업법)에 의하여 정하는 규격

③ 산업안전보건법령에 의하여 정하는 규격

(6) 전원개폐스위치나 경보농도조정부 등이 노출되지 아니하여야 한다.

(7) 전원의 전압을 일정하게 하기 위하여 정전압회로 또는 정전류회로를 설치하여야 하며,
온도에 영향을 받지 아니하도록 조치를 하여야 한다.

(8) 작동이 확실하며 취급, 보수, 점검 및 부속품의 교체가 쉽고 내구성이 있어야 하며, 현
저한 잡음이나 장해전파를 발하지 아니하여야 한다.

(9) 먼지, 습기, 곤충 등에 의하여 기능에 영향을 받지 아니하여야 한다.

(10) 부식에 의하여 기계적 기능 또는 전기적 기능에 영향을 받을 우려가 있는 부분은 칠,
도금 등으로 유효하게 내식가공을 하거나 방청가공을 하여야 하며, 전기적 기능에 영향
이 있는 단자, 나사 및 와셔 등은 동합금이나 이와 동등 이상의 내식성이 있는 재질을
사용하여야 한다.

(11) 기기내의 배선은 충분한 전류용량을 갖는 것으로 하여야 하며, 배선의 접속이 정확하
고 확실하여야 한다.

(12) 극성이 있는 경우에는 그 잘못 접속을 방지하기 위하여 필요한 조치를 하여야 한다.

(13) 부품의 부착은 기능에 이상을 일으키지 아니하고 쉽게 풀리지 아니하도록 하여야 한
다.

(14) 전선외의 전류가 흐르는 부분과 가동축 부분의 접촉력이 충분하지 아니한 곳에는 접촉
부의 접촉불량을 방지하기 위하여 필요한 조치를 하여야 한다.

(15) 외부에서 쉽게 사람이 접촉할 우려가 있는 충전부는 충분히 보호되어야 한다.

(16) 정격전압이 60 V를 초과하는 기구의 금속제 외함에는 접지단자를 설치하여야 한다.

(17) 경보기에는 예비전원을 설치할 수 있으며 예비전원을 설치할 경우에는 다음에 적합하
여야 한다.

① 예비전원을 경보기의 주전원으로 사용하여서는 아니 된다.

② 예비전원을 단락사고 등으로부터 보호하기 위한 퓨즈 등 과전류 보호장치를 설치하
여야 한다.

③ 주전원이 정지한 경우에는 자동적으로 예비전원으로 전환되고, 주전원이 정상상태
로 복귀한 경우에는 자동적으로 예비전원으로부터 주전원으로 전환되어야 한다.

④ 앞면에 예비전원의 상태를 감시할 수 있는 장치를 하여야 한다.

⑤ 자동충전장치 및 전기적 기구에 의한 자동과충전방지장치를 설치하여야 한다. 다만, 과충전 상태가 되어도 성능 또는 구조에 이상이 생기지 아니하는 축전지를 설치하는 경우에는 자동과충전방지장치를 설치하지 아니할 수 있다.

⑥ 축전지를 병렬로 접속하는 경우에는 역충전 방지 등의 조치를 강구하여야 한다.

⑦ 축전지를 직렬 또는 병렬로 사용하는 경우에는 용량(전압, 전류 등)이 균일한 축전지를 사용하여야 한다.

⑧ 예비전원은 알칼리계 2차 축전지, 리튬계 2차 축전지 또는 무보수밀폐형연축전지로서 그 용량은 1회선용(단독형을 포함한다)의 경우 감시상태를 20분간 계속한 후 유효하게 작동되어 10분간 경보를 발할 수 있어야 하며, 2회로이상인 경보기의 경우에는 연결된 모든 회로에 대하여 감시상태를 10분간 계속한 후 2회선을 유효하게 작동시키고 10분간 경보를 발할 수 있는 용량이어야 한다.

(18) 내부의 부품등에서 발산되는 열에 의하여 기능에 이상이 생길 우려가 있는 것은 방열판 또는 방열공 등에 의하여 보호조치를 하여야 한다.

② 탐지부

(1) 탐지방식

탐지부는 가스누설경보기(이하 "경보기"라 한다)중 가스 누설을 검지하여 중계기 또는 수신부에 가스 누설의 신호를 발신하는 부분 또는 가스 누설을 검지하여 이를 음향으로 경보하고 동시에 중계기 또는 수신부에 가스 누설의 신호를 발신하는 부분이다. 탐지방식에 따라 반도체식, 접촉연소식, 기체열전도식이 있다.

① 반도체식

반도체식은 Heater, 전극, 반도체에 금속망을 씌운 것이다. 전극은 인디움과 파라디움의 합금이며 반도체는 산화주석(SnO_2), 산화철(Fe_2O_3) 등을 사용한다. 가스의 탐지는 350 ℃내외로 온도를 상승시킨 후 가연성 가스를 통과시키면 반도체의 표면에 가연성 가스가 흡착하여 반도체 자체의 전기저항값이 변화하여 전기전도도가 상승하는 성질을 이용한다. **그림 6-2**의 (a)는 반도체식 탐지부의 외관이며 (b)는 탐지부 소자이다.

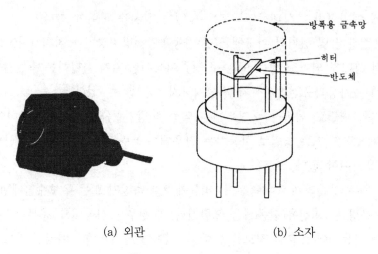

(a) 외관   (b) 소자

그림 6-2 반도체식 탐지부

그림 6-3 (a)는 반도체식의 기본회로이다. 가스의 농도에 따라서 반도체 소자의 출력은 40∼80 V의 고출력을 얻을 수 있다. 그러므로 증폭기를 사용하지 않고 소형의 버저를 울릴 수 있다. **그림 6-3** (b)는 산화주석을 사용하였을 때의 출력특성이다.

이 방식은 가스에 의한 변화가 비교적 안정적이어서 큰 출력을 얻을 수 있어 장기간 안정성에 뛰어난 특징이 있다.

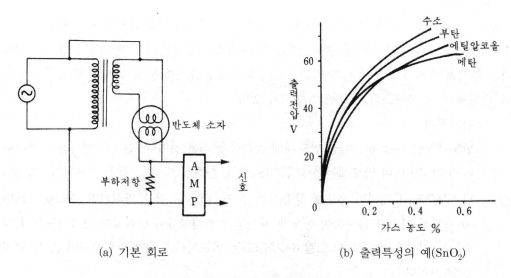

(a) 기본 회로   (b) 출력특성의 예(SnO_2)

그림 6-3 기본 회로와 출력특성의 예

② 접촉연소식

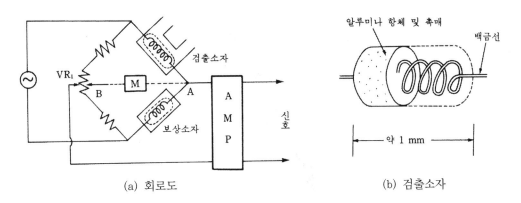

(a) 회로도   (b) 검출소자

그림 6-4 회로도와 검출소자

그림 6-4는 접촉연소식의 회로도와 검출소자이다. 코일상으로 감은 백금선의 표면에 가스가 접촉되면 가스 농도에 비례되는 연소현상이 발생되며 이 때의 온도상승으로 인한 열선륜의 전기저항이 증가하므로 접촉된 가스의 농도가 측정된다. 검출소자와 보상소자는 백금(Pt)선에 알루미늄 촉매를 도포한 것이다. (a)회로도로부터 평상시에는 VR_1에 의하여 브리지회로 A, B간의 전위는 균형을 이루고 있는 상태이나 적정하게 가열된 검출소자에 가스가 접촉되면 연소가 일어나고 연소열에 의한 소자상의 전기저항의 변화는 열선륜에 발생되는 온도상승에 비례하므로 가스 연소에 의한 전기저항 변화값 ΔR은

$$\Delta R = d \cdot \Delta T = d \cdot \Delta H/c$$
$$= d \cdot a \cdot m \cdot o/c$$

여기서, d : 소자의 전기저항 온도계수, m : 가스 농도

        ΔT : 가스 연소에 따른 상승온도, o : 가스 분자 연소열

        ΔH : 가스 연소에 따른 발열량, a : 검출소자에 따른 정수

        c : 소자의 열용량

가 된다. 이 방식은 반도체식과는 달리 폭발 하한계 부근까지는 가스 농도에 거의 비례하는 **그림 6-5**와 같은 출력특성을 갖는다. 보상소자와 같이 사용되므로 여러가지 특성에서 뛰어나 검출회로의 출력이 최대 50 mV 정도이므로 버저, 표시장치 등을 동작시키려면 증폭기(AMP)가 필요하다.

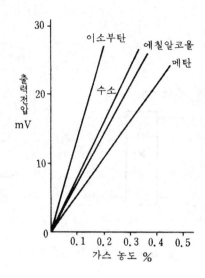

그림 6-5 접촉연소식 출력특성

③ 기체열전도식

이 방식은 검출소자, 보상소자를 접촉연소식과 같이 백금(Pt)선을 사용하되 검출소
자에는 반도체를 사용한다. 코일상으로 감겨진 백금선에 도포된 반도체가 가스에 대
한 열전도도가 다르게 되는 원리를 응용한 것으로서 동작원리나 특징은 접촉연소식
과 같다.

(2) 흡입식탐지부의 구조 및 기능

흡입식탐지부의 구조는 다음 각 호에 적합하여야 한다.
① 흡입량을 표시하기 위한 장치는 단위 시간당 흡입량을 읽을 수 있는 구조일 것
② 흡입펌프는 충분한 성능을 갖는 것으로 이상 없이 운전하는 것
③ 공기유량계는 보기 쉬운 구조이어야 하며, 가스흡입량의 표시방법은 분당 흡입량을
지시할 수 있을 것
④ 공기유량계에 부착된 여과장치는 분진 등의 흡입을 방지하기 위한 구조로서 공기유
량계 바로 전단에 설치하여야 하며 교체가 용이한 구조일 것
⑤ 가스흡입 및 배기관은 내경이 4 ㎜에서 6 ㎜인 동관을 사용하고 나사 등에 의하여
확실히 연결할 수 있을 것. 이 경우 동관의 재질은 KS D 5301(이음매 없는 구리 및
구리합금관)에 적합하거나 이와 동등이상의 강도 및 내식성이 있는 것
⑥ 가스를 흡입하는 배관의 입구에는 스트레나(청동으로 된 소결금속 등)로 보호할 것
⑦ 흡입식인 것에는 흡입량을 시험하는 시험용 밸브를 설치할 것

⑧ 탐지부의 입력측 및 출력측의 배관은 배관내의 불꽃으로 인하여 외부의 가스에 불이 붙는 것을 방지할 수 있는 구조일 것

⑨ 펌프의 몸체와 다이아프램이 분리되는 구조인 것은 펌프몸체와 다이아프램을 스테인레스등의 강제밴드로 고정하거나 볼트로 견고하게 고정할 것

흡입식탐지부의 기능은 다음 각 호에 적합하여야 한다.

① 흡입량 시험은 제10조에서 정하는 조건에서 30분 동안 안정화시킨 다음 배기구에서 측정하였을 때 1.5 L/min 이상일 것

② 흡입식탐지부는 흡입관 최전단에서 배기관 최후단까지 기밀에 이상이 없을 것

③ 고무의 재질은 KS M 6518(가황고무 물리시험 방법)에 따라 시험을 하였을 때 다음의 기준에 적합하거나 동등 이상의 성능을 갖추도록 할 것

　가. 인장강도는 15 ㎫ 이상이어야 하고, (70 ± 2) ℃의 공기중에 96시간 놓아둔 후의 저하율이 20 % 이하이어야 함

　나. 신장율은 400 % 이상이어야 하고, (70 ± 2) ℃의 공기중에 96시간 놓아둔 후의 저하율이 20 % 이하이어야 함

　다. 경도는 70도 이하이어야 하고, (-20 ± 2) ℃의 온도중에 24시간 놓아둔 후의 경도변화가 ±10도 범위이어야 함

　라. 고무압축영구줄음율은 (100 ± 1) ℃의 공기중에 70시간 놓아둔 다음 압축영구줄음율은 50 % 이하이어야 함

④ 흡입식탐지부용 다이아프램은 내부식성 및 내가스부식성에 이상이 없을 것

(3) 탐지부의 시험장치

흡입식탐지부의 구조 및 기능에 따른 시험하는 장치는 다음 각 호에 적합하여야 한다.

① 수신부의 앞면에서 쉽게 시험을 할 수 있어야 한다.

② 외부배선의 도통시험 및 회로저항 등의 측정은 지시전기계기에 의하는 등 적합한 방법에 의하여 회로마다 할 수 있어야 한다.

③ 누설등 및 주음향장치의 시험을 제외하고는 회선의 단락 또는 단선중에도 다른 회선의 시험을 할 수 있어야 한다.

④ 예비전원이 설치된 것은 예비전원의 양부시험을 할 수 있는 장치가 있어야 한다. 이 경우 양부시험은 정류기의 직류측에 자동복귀형의 스위치를 설치하고 그 스위치의 조작에 의하여 예비전원으로 전환한 후 실제부하전류가 흐르도록 하는 경우 그 단자전압을 측정할 수 있어야 한다.

③ 탐지부의 설치

(1) 설치장소

① 점검이 편리한 장소이어야 한다.

② 다음의 장소에는 설치하지 않는다.

　㉠ 출입구 부근으로서 외부의 기류가 빈번히 유통하는 장소

　㉡ 환기구의 공기 취출구로부터 1.5 m이내의 장소

　㉢ 가스(Gas)연소기(이하 "연소기"라고 한다)의 폐가스(廢gas)에 닿기 쉬운 장소

　㉣ 검지기의 성능 유지가 현저하게 곤란한 장소

(2) 설치위치

① 공기에 대한 가스 비중이 1미만인 경우

　㉠ 연소기 또는 관통부(연소용 가스를 공급하는 도관(導管)이 방화대상물 또는 그 부분의 외벽을 관통하는 장소를 말한다)로부터는 **그림 6-6** (a)와 같이 수평거리 8 m 이내에 설치한다.

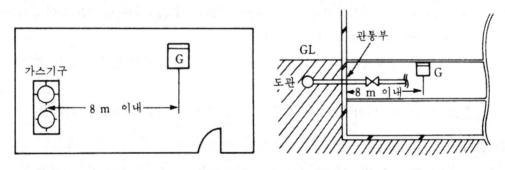

(a) 연소기 또는 관통부

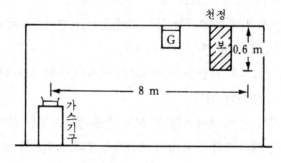

(b) 보가 있는 경우

그림 6-6　연소기 또는 관통부의 경우

그러나 그림 (b)와 같이 천장면 등이 0.6 m 이상 돌출한 보등으로 구획되어 있을
경우에는 당해 보 등으로부터 연소기측 또는 관통부측에 설치한다.

ⓛ 연소기가 사용되는 실내의 천장면 등의 부근에 **그림 6-7** (a)와 같이 흡기구가 있
을 경우에는 흡기구 부근에 설치하고 그림 (b)와 같이 당해 연소기와의 사이의
천장면이 0.6 m 이상 돌출한 보등에 의하여 구획되어 있지않는 흡기구가 있을
때에는 연소기에서 가장 가까운 것의 부근에 설치한다.

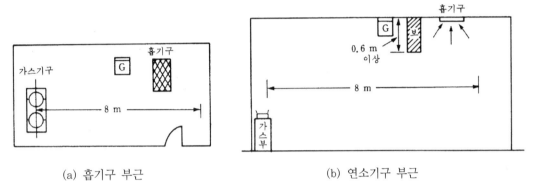

(a) 흡기구 부근   (b) 연소기구 부근

그림 6-7 흡기구가 있는 경우

ⓒ 탐지부의 하단은 천장면등의 하부 0.3 m 이내의 위치에 설치하며 **그림 6-8**에
그 가능 여부를 보인다.

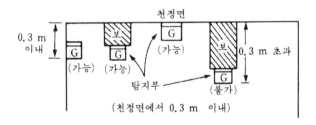

그림 6-8 탐지부의 설치가능 여부

② 공기에 대한 가스의 비중이 1을 초과하는 경우 : 연소기 또는 관통부로부터는 **그림
6-9**와 같이 4 m 이내에 설치하고 탐지부의 상단은 바닥면으로부터 0.3 m이내로서
가능한 한 낮은 위치에 설치한다.

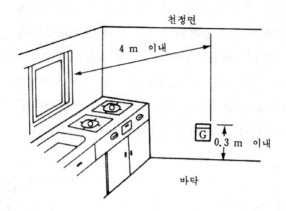

그림 6-9 가스의 비중이 1을 초과하는 경우의 설치

③ 기타 : 탐지대상 가스의 성상 등에 따라 설치한다.

4 수신부

(1) 구성

경보기 중 탐지부에서 발하여진 가스 누설 신호를 직접 또는 중계기를 통하여 수신하고 이를 관계자에게 음향으로서 경보하여 주는 것이다. 탐지부가 작동하였을 때 가스 누설등, 주음향장치 및 경계구역에 대응하는 지구표시장치가 작동하고 가스 누설의 발생위치를 판단할 수 있다. 이에는 G형, GP형, GR형이 있으며 이들 종류에 대한 구성은 다음과 같다.

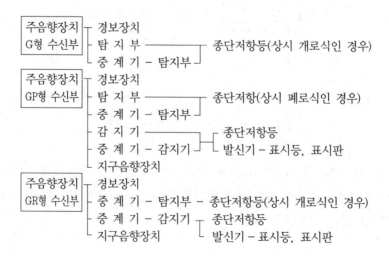

(2) 종류

① G형 수신부

G형 수신부는 탐지부에서 보내온 가스 누설 신호를 직접 또는 중계기를 통해서 수신하여 가스 누설을 소방대상물의 관계자에게 통보한다. **그림 6-10**은 G형 수신부의 외관을 보인 것이다.

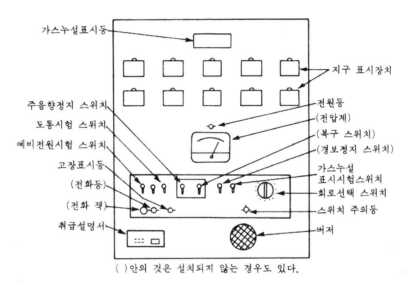

그림 6-10 G형 수신부

② GP형 수신부

G형 수신부와 자동화재탐지설비의 P형 수신기의 기능을 함께 가지고 있는 것이다.

③ GR형 수신부

G형 수신부와 자동화재탐지설비의 R형 수신기의 기능을 가지고 있는 것이다. **그림 6-11**은 가스가 누설된 장소, 가스 농도를 디지털 방식으로 단계별로 구분하여 LED로 표시하며 경보의 지속동작 및 표시부의 발광상태 지속표시 및 Computer program에 의한 자동감시기능을 가지고 있다.

그림 6-11 GR형 수신기 외관

(3) 수신부의 구조

그림 6-12 (a)는 단독형 수신부이다. 가스 누설을 탐지하는 센서부, 경보를 알려주는 음향경보장치, 중계기 또는 수신기에 가스 누설 신호를 보내는 것을 확인할 수 있는 작동표시등, 통전(通電)유무를 확인할 수 있는 통전표시등이 1개의 상자에 있다. **그림 6-12** (b)는 분리형 수신부이다.

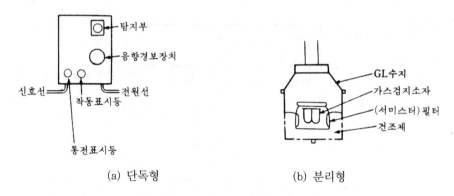

(a) 단독형   (b) 분리형

그림 6-12 수신부의 구조

분리형 수신부의 구조는 다음 각 호에 적합하여야 한다. 다만, 영업용에 대하여는 제1호, 제5호, 제6호 및 제8호의 규정을 적용하지 아니할 수 있다.

① 내부에 주전원의 양쪽극을 동시에 개폐할 수 있는 전원 스위치를 설치하여야 한다.

② 주전원의 양선(영업용은 1선 이상) 및 예비전원회로(예비전원을 설치하는 경우에 한한다)의 1선과 수신부에서 외부부하에 전력을 공급하는 회로에는 퓨즈, 브레이커 등의 보호장치를 설치하여야 한다.

③ 앞면에 주 회로의 전압을 감시할 수 있도록 전압계를 설치할 수 있으며 전원전환계전기 및 복귀 스위치 등은 부하측에 설치하여야 한다.

④ 복귀스위치의 작동 또는 음향장치의 울림을 정지시키는 스위치를 설치하여야 하며, 그 목적에만 사용되는 것이어야 한다. 다만, 1회로용인 것은 그러하지 아니하다.

⑤ 자동적으로 정위치에 복귀하지 아니하는 스위치를 설치하는 경우에는 음신호장치 또는 점멸하는 주의등을 설치하여야 한다.

⑥ 앞면에 탐지부 주위의 가스 농도를 감시할 수 있는 장치, 가스 누설표시 작동시험장치 및 도통시험장치를 설치하여야 한다. 다만, 접속할 수 있는 회선수가 1인 것 및 탐지부의 전원의 정지를 경음부측에서 알 수 있는 장치를 가진 것에 있어서는 도통시험장치를 설치하지 아니할 수 있다.

(4) 수신부의 기능

분리형 수신부의 기능은 다음 각호에 적합하여야 한다. 다만, 영업용에 있어서는 제1호, 제2호 및 제4호의 규정을 적용하지 아니할 수 있다.

① 가스 누설표시 작동시험장치의 조작중에 다른 회선으로부터 가스 누설신호를 수신하는 경우 가스 누설표시가 될 수 있어야 한다.

② 2회선에서 가스 누설신호를 동시에 수신하는 경우 가스 누설표시를 할 수 있어야 한다.

③ 도통시험장치의 조작중에 다른 회선으로부터 누설신호를 수신하는 경우 가스누설표시를 할 수 있어야 한다. 다만, 접속할 수 있는 회선수가 1인 것 및 탐지부의 전원의 정지를 경음부측에서 알 수 있는 장치를 가진 것에 있어서는 그러하지 아니하다.

④ 다음 경우에 발하여지는 신호를 수신하는 때에는 음향장치 및 고장표시등이 자동으로 작동하여야 한다.

㉠ 탐지부, 수신부 또는 다른 중계기로부터 전력을 공급받는 방식의 중계기에서 외부 부하에 전력을 공급하는 회로의 퓨즈, 브레이커 그 밖의 보호장치가 작동하는 경우

㉡ 탐지부, 수신부 또는 다른 중계기에서 전력을 공급받지 아니하는 방식의 중계기의 전원이 정지한 경우 및 그 중계기에서 외부 부하에 전력을 공급하는 회로의 퓨즈, 브레이커 등의 보호장치가 작동하는 경우

⑤ 수신개시로부터 가스 누설표시까지 소요시간은 60초 이내이어야 한다.

⑥ 1편 1장 중계기의 구조 및 기능에서 일반적인 경우의 전력 공급 유무에 따른 항인 ⑭, ⑮의 규정에 의한 신호를 수신하는 경우 자동적으로 음신호 또는 표시등에 의하여 지시되는 고장신호 표시장치가 있어야 한다.

(5) 설치

① 단독형

그림 6-13과 같이 탐지부, 음향장치, 증폭·경보 등의 신호발생부, 전원부가 하나의 함에 넣어져 있으므로 가스 발생장소에 그냥 설치하면 된다. 그러므로 설치장소에 따라 방폭구조 또는 아크(Arc) 등이 발생되는 접점 등이 없는 구조이어야 하며 전원설비는 내장되어 있어야 한다.

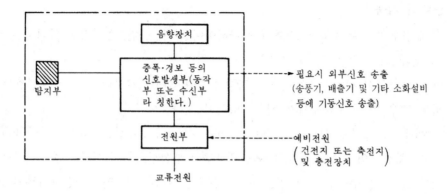

그림 6-13 단독형의 설치

② 분리형

그림 6-14와 같이 탐지부와 기타의 장치들을 분리하여 설치하는 것으로 A는 가스 발생장소에 설치하고 B는 가스의 발생이 없는 곳에 설치한다. 이 경우 단독형과는 달리 탐지부가 설치장소에 따라 방폭구조 또는 아크 등이 발생되는 접점이 없는 구조이어야 한다.

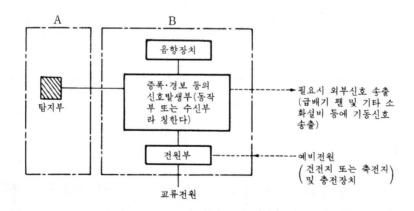

그림 6-14 분리형의 설치

5 중계기

중계기란 감지기 또는 발신기의 작동에 의한 신호 또는 탐지부에서 발하여진 가스 누설신호를 받아 이를 수신기 또는 수신부에 발신하여, 소화설비·제연설비 그밖에 이와 유사한 방재설비에 제어 또는 누설신호를 발신 또는 신호증폭을 하여 발신하는 설비를 말한다. 2개 이상의 탐지부를 하나의 회선에 접속할 수 있으며 작동원리에 따라 다음의 것이 있다.

① 신호변환형

감지기의 신호가 전압의 변화에 의해 이루어지는 경우 이 전압변화 즉 신호변환에 따라 수신부에 정상감시, 가스의 누설, 고장, 탐지부의 전원 중지 등의 개별신호를 발신하는 것이다.

② 고유신호형

중계기가 발생하는 신호에 고유번호를 부여하여 이 신호를 수신하는 수신기등으로 해독한 다음 경보, 제어등을 행하는 것이다.

③ 접점출력형

탐지부의 가스 누설 작동신호에 따라 계전기등의 접점을 동작시켜 수신기에 경보, 제어신호를 발신하는 것이다.

(1) 기능

① 수신기, 중계기 또는 탐지부에서 전원을 공급받는 경우 : 중계기에서 외부부하에 직접전원을 공급하는 회로에는 퓨즈, 차단기 등을 설치하고 퓨즈의 단선, 차단기의 회로차단 등이 발생하였을 경우 자동적으로 수신기에 이 신호를 보내는 것으로 한다.

② 수신기, 중계기 또는 탐지부에서 전원을 공급받지 않는 경우에는 ①항의 것외에 다음의 것에 의한다.

㉠ 전원 입력측의 양선 및 외부부하에 직접 전력을 공급하는 회로에는 퓨즈, 브레이커 등이 설치된다. 또한 주 전원의 정지, 퓨즈의 단선, 차단기 등의 차단이 생겼을 경우 자동적으로 수신기에 주 전원의 정지, 퓨즈의 단선, 차단기의 차단 등이 생긴 내용의 신호를 보내는 것으로 한다.

㉡ 주 전원은 접속가능 회선이 5미만인 것에서는 전회선, 5이상의 것에서는 5회선이 작동했을 때의 부하 또는 상시 감시부하 중 큰쪽의 부하에 연속하여 견디는 용량을 갖는 것으로 한다.

③ 가스 누설신호에 영향을 줄 우려가 있는 조작기구를 설치하지 않는다.

④ 신호의 수신개시로부터 발신개시까지의 소요시간은 5초 이내로 한다.

(2) 설치장소

① 온도, 습도, 충격, 진동 및 부식성 가스 등에 따라 기기의 기능에 영향을 주지 않는 장소

② 조작 및 점검에 지장을 주지 않으며 방화상 유효한 조치를 강구한 장소

③ 기기가 손상을 받을 우려가 없는 장소

④ 각종 표시등이 있는 것에서는 점등이 쉽게 확인될 수 있는 장소

⑤ 빗물 등의 영향을 받을 염려가 없는 장소에 설치하되 부득이한 경우에는 방수형의
것을 사용한다.

(3) 설치

도통시험을 할 수 있게 설치하며 **그림 6-15**에 설치방법을 보인다. (a)는 중계기로 신호
를 변조하여 고유신호를 발하고 이를 수신기로 해독하는 경우이며 (b)는 중계기에서 경보,
가스 누설 표시를 행하는 것이다. (c)는 탐지부에서 각각 경보하고 가스의 누설표시는 중계
기로 종합하는 방법으로 대형 건축물에 유용하다.

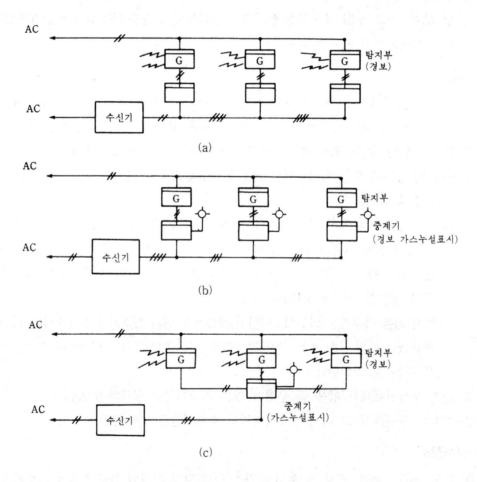

그림 6-15 중계기의 설치

6 음향장치

음향장치의 기능은 다음과 같이 규정하고 있으며 가스 누설경보기에 지구경보부를 설치

하는 것은 이를 포함한다.

① 사용전압의 80 %인 전압에서 음향을 발하여야 한다.

② 사용전압에서의 음압은 무향실내에서 정위치에 부착된 음향장치의 중심으로부터 1 m 떨어진 지점에서 주음향장치용의 것은 90 dB(단, 단독형 및 분리형중 영업용인 경우에는 70 dB) 이상이어야 한다. 다만, 고장표시용등의 음압은 60 dB 이상이어야 한다.

③ 사용전압으로 8시간 연속하여 울리게 하는 시험 또는 정격전압에서 3분 20초동안 울리고 6분 40초동안 정지하는 작동을 반복하여 통산한 울림시간이 20시간이 되도록 시험하는 경우 그 구조 또는 기능에 이상이 생기지 아니하여야 한다.

④ 충전부와 비충전부 사이의 절연내력은 60 Hz의 정현파에 가까운 실효전압 500 V (정격전압이 60 V을 초과하고 150 V 이하인 것은 1,000 V, 정격전압이 150 V를 초과하는 것은 그 정격전압에 2를 곱하여 1,000 V를 더한 값)의 교류전압을 가하는 시험에서 1분간 견디는 것이어야 한다.

⑤ 충전부와 비충전부 사이의 절연저항은 DC 500 V의 절연저항계로 측정하는 경우 20 MΩ 이상이어야 한다.

6-4 동작원리

그림 6-16은 기본적 회로구성의 일례로서 공기중의 가스가 일정값 이상(1,000 ppm~3,000 ppm)누설되면 검출회로의 탐지소자가 탐지한다. 경보지연회로는 일과성 가스경보를 방지하기 위한 것이다.

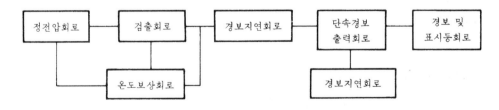

그림 6-16 기본적 회로구성

그림 6-17은 표준회로의 일례이다. 동작을 살펴보면 I_1은 탐지소자에 필수적인 안정전

압을 공급하기 위한 정전압회로이다. 만약 누설된 가연성 가스가 탐지소자에 접촉되면 탐
지소자의 내부저항이 급격히 떨어져 상대적으로 저항 R_a 양단간의 전압이 상승한다. 그러
면 전압증폭기 V_c의 입력신호가 증가되며 증가된 전압이 R_b에 인가된 전압 즉, 전압증폭
기 V_c에서 부(負)의 전압이 기준전압을 초과할 때 V_c의 출력은 (−)에서 (+)로 반전된다.
그러면 트랜지스터를 도통시켜 누설표시등을 점등시키고 경보 버저를 울리며 제어부에 (+)
전압을 공급하게 된다.

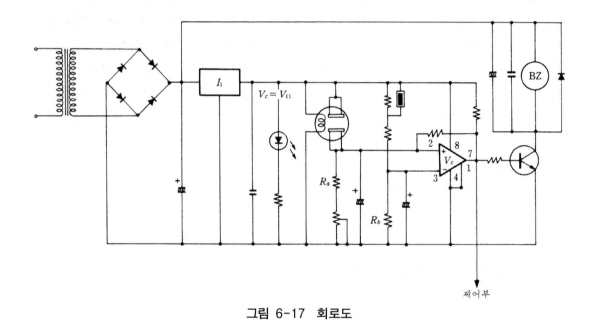

그림 6-17 회로도

6-5 경보방식

경보방식은 즉시 경보형, 경보 지연형, 반한시 경보형이 있다.

1 즉시 경보형

가스의 농도가 경보설정값에 도달한 직후에 경보를 발하며 **그림 6-18**은 이의 특성이다.

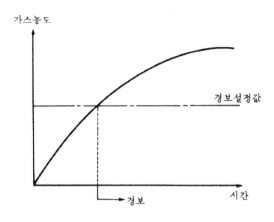

그림 6-18 즉시 경보특성

2 경보 지연형

이것은 가스 농도가 경보설정값에 도달한 후 그 농도 이상에서 계속하여 존재하는 경우 일정시간(20~60초)이 지난후 경보를 발하며 **그림 6-19**는 이의 특성이다.

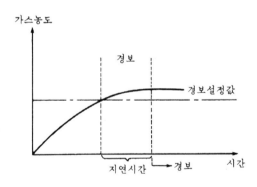

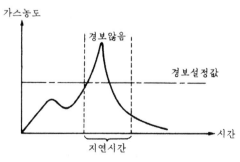

그림 6-19 경보지연 특성

3 반한시 경보형

가스 농도가 설정값에 도달한 후 그 농도이상에서 계속하여 존재하는 경우 가스 농도가 높을 수록 경보지연시간이 짧은 특성을 가지고 있다.

그림 6-20은 이의 특성으로 (a), (b)는 경보하는 경우를 (c)는 경보하지 않는 경우를 나타낸다.

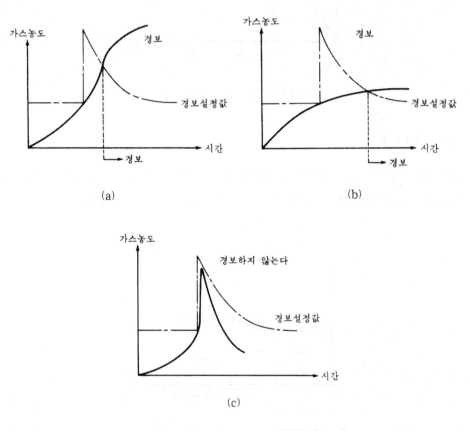

그림 6-20 반한시 경보특성

6-6 경보농도

도시 가스용일 경우 탐지부의 탐지농도는 폭발 하한계의 $1/200 \sim 1/4$ 정도로 하고 있다. 이것은 가스가 위험한 농도에 도달하기 전에 창을 여는 등의 환기조치를 행하거나 가스를 잠그는 등의 시간적 여유를 고려하기 때문이다.

그러나 점화 실수에 의해 짧은 시간에 약간의 가스 누설이 있어, 전혀 위험이 없는데도 경보가 빈발하는 것을 방지하기 위하여 1/200 미만의 농도로는 경보를 발하지 않도록 하고 있다. 실제의 경보농도는 메탄 가스농도가 0.2~0.5 % 정도로 조정되어 있는 것이 많고 이것은 메탄 가스 폭발 하한계의 1/25~1/10 에 상당한다. 또한 액화 가스용 탐지기는 폭발 하한계의 1/5 이하에서 경보를 발하도록 정해져 있다.

6-7 배 선

(1) 단자와의 접속은 이완, 파손 등이 없고 확실하게 조여야 한다.
(2) 전선상호의 접속은 납땜, 나사조임, 압착단자 등으로 한다.
(3) 최대사용전압 60 V 이하의 소세력회로에 사용하는 전선을 제외하고는 배선에 사용하는 전선과 기타의 전선에는 동일의 관, 덕트, 풀박스 등에 설치하지 않는다.
(4) 신호회로의 배선은 다음과 같이 한다.
　① 상시 개로식의 배선에 있어서는 쉽게 도통의 유무를 알 수 있는 그 회로의 끝에 종단 저항을 설치하고 송배선식으로 한다.
　② 다음의 회로방식은 사용하지 않도록 한다.
　　㉠ 접지전극에 항시 직류전류가 흐르는 회로방식
　　㉡ 탐지부 또는 중계기 회로의 가스 누설 경보설비 이외의 설비의 회로가 동일 배선을 공용하는 회로방식

다음은 DC 24 V 시스템의 경보기 전원의 배선거리에 대해 알아보자.

가스누설경보기의 소비전류량이 100 mA로 크고, 배선저항에 따른 전압강하 때문에 경보기는 최저 인가전압(17~18 V) 이하로 되지 않도록 설계시공할 필요가 있다. 따라서, 배선거리는 **그림 6-21**과 같이 축전지설비에서 가장 멀리 떨어진 가스 누설경보기까지의 거리를 말하는 것이므로 다음 식으로 구할 수 있다.

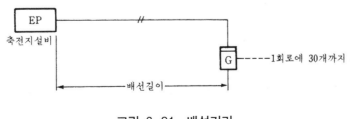

그림 6-21 배선거리

$$배선거리 = \frac{V_d}{2 \times I \times R \times n} \times 1,000 \text{ m}$$

여기서 V_d : 허용전압강하 (통상 10 V)

　　　　I : 경보기 소비전류 (0.1 A)

　　　　n : 접속 경보기 수량

　　　　R : 배선저항 0.9 mm-29.2 Ω/km

　　　　　　　　 1.2 mm-15.8 Ω/km

　　　　　　　　 1.6 mm-8.92 Ω/km

　　　　　　　　 2.0 mm-5.65 Ω/km

그림 6-22는 배선거리(편도)에 대한 경보기 접속수량의 관계를 보인 것이다.

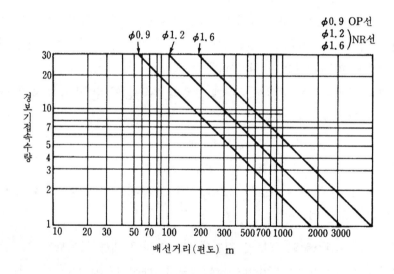

그림 6-22　배선거리와 경보기 접속수량과의 관계

6-8　전 원

1　교류전원

(1) 전원은 배전반 또는 분전반에서 기기까지의 배선 도중에 다른 배선을 분기시키지 않아야 한다.

(2) 개폐기는 **그림 6-23**과 같이 전용으로 하고 개폐기의 쉽게 보이는 곳에 가스 누설 경보 설비용이라는 적색표시를 한다.

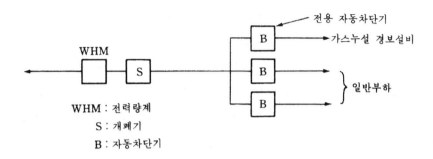

그림 6-23 개폐기의 설치

(3) 회로의 분기에서 3 m 이하의 개소에 각 극을 동시에 개폐할 수 있는 개폐기 및 과전류 차단기를 설치하도록 한다.

(4) 전선은 단면적 2.5 mm² 이상의 연동선 또는 이와 동등 이상의 것으로 한다.

(5) 전원전압은 기기의 입력전압에 적합하도록 한다.

② 수신기 및 중계기에서 전원을 공급받지 않는 탐지부

① 의 (1), (2)항 및 (5)항 외에 다음과 같이 하여야 한다.

(1) 회로의 분기점에서 3 m 이하의 개소에 각 극을 동시에 개폐할 수 있는 개폐기 및 최대 부하전류의 1.5배(3 A 미만은 3 A로 한다) 이상의 전류로 작동하는 과전류차단기를 설치한다.

(2) 전선은 최대 부하전류 이상의 허용전류값을 사용하지 않아야 한다.

(3) 다음의 경우를 제외하고는 콘센트를 사용하지 않아야 한다.

　① 탐지부 전원의 공급정지가 수신기로 확인될 수 있는 것

　② 콘센트는 쉽게 이탈하지 않는 구조이어야 한다.

　③ 콘센트는 탐지부 전용의 것이어야 한다.

③ 수신기 및 중계기에서 전원을 공급받는 탐지부

① 의 (5)항 및 ② 의 (2)항 외에 전원회로는 배선의 도중에 다른 배선을 분기시키지 않아야 한다.

4 예비전원

(1) 경보기의 주 전원으로 사용하여서는 아니된다.

(2) 인출선은 적당한 색깔에 의하여 쉽게 구분할 수 있어야 한다.

(3) 축전지의 충전시험 및 방전시험은 방전종지전압을 기준하여 시작한다. 이 경우 방전종지전압이라 함은 알칼리계 2차 축전지는 셀당 1.0 V, 리튬계 2차 축전지는 셀당 2.75 V, 무보수밀폐형연축전지는 단전지당 1.75 V의 상태를 말한다.

(4) 알칼리계 2차 축전지의 상온 충·방전시험은 방전종지전압 상태의 축전지를 상온에서 정격충전전압 및 1/20 C의 전류로 48시간 충전한 후 1 C의 전류로 방전하는 시험을 실시하는 경우 48분 이상 지속 방전되어야 한다. 리튬계 2차 축전지의 상온 충·방전시험은 방전종지전압 상태의 축전지를 상온에서 정격충전전압 및 1/5 C의 전류로 6시간 충전한 후 1 C의 전류로 방전하는 경우 55분 이상 지속적으로 방전되어야 한다. 무보수 밀폐형연축전지의 상온충·방전시험은 방전종지전압 상태의 축전지를 정격충전전압 및 0.1 C의 전류로 48시간 충전한 후 1 C의 전류로 방전시키는 경우 45분 이상 지속방전되어야 한다. 이 경우 축전지에 이상이 생기지 아니하여야 한다.

(5) 알칼리계 2차 축전지의 주위온도 충·방전시험은 방전종지전압 상태의 축전지를 주위온도 (-10 ± 2) ℃ 및 (50 ± 2) ℃의 조건에서 정격충전전압 및 1/20 C의 전류로 48시간 충전한 다음 1 C의 전류로 방전하는 충방전을 3회 반복하는 경우 방전종지전압이 되는 시간이 25분 이상이어야 한다. 리튬계 2차 축전지의 주위온도 충·방전시험은 방전종지전압의 축전지를 주위온도 (-10 ± 2) ℃ 및 (50 ± 2) ℃의 조건에서 정격충전전압 및 1/5 C의 전류로 6시간 충전한 다음 1 C로 방전하는 충·방전을 3회 반복하는 경우 방전종지전압이 되는 시간이 40분 이상이어야 한다. 무보수밀폐형연축전지의 주위온도충·방전시험은 방전종지전압 상태의 축전지를 주위온도 (-10 ± 2) ℃ 및 (50 ± 2) ℃의 조건에서 정격충전전압 및 0.1 C의 전류로 48시간 충전한 다음 1시간 방치하여 0.05 C로 방전시킬 때 정격용량의 95 % 용량이 되는 시간이 30분 이상이어야 한다. 이 경우 축전지는 외관이 부풀어 오르거나 누액 발생 등 이상이 생기지 아니하여야 한다.

(6) 예비전원의 안전장치시험은 1/5 C이상 1 C이하의 전류로 역충전하는 경우 5시간이내에 안전장치가 작동하여야 하며, 외관이 부풀거나 누액 등이 생기지 아니하여야 한다.

6-9 결선도

1 가스누설경보기와 다른 설비와의 연동

그림 6-24는 다른 설비와의 연동 예이다. (a)는 배수, 전동기의 기동으로도 사용 가능하며 음향경보설비는 대피신호일 수도 있다. (b)는 탐지부의 신호에 의해 수신부가 동작하여 그 신호를 전자접촉기에 보내면 이 신호에 의해 가스 급기관에 설치된 솔레노이드 밸브가 닫히면서 가스의 공급이 중단되도록 연동시킨 것이다. 물론 이들 두 가지 방법을 복합시키는 방법도 있다.

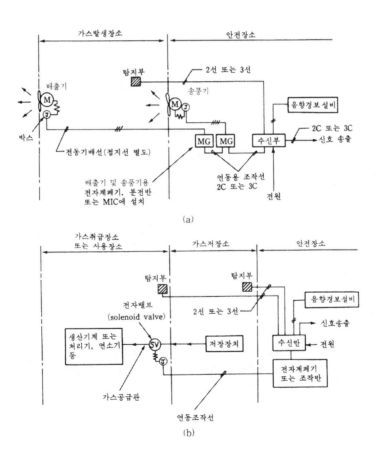

그림 6-24 가스누설경보기와 다른 설비와의 연동

2 수신기 축전지 설비의 조합

(1) 수신기·축전지 일체형

DC 24 V 시스템에서는 수신기 내부에 DC 24 V의 전원이 내장되어 일체형을 이루며 **그림 6-25**는 DC 24 V 시스템의 구성 일례이다.

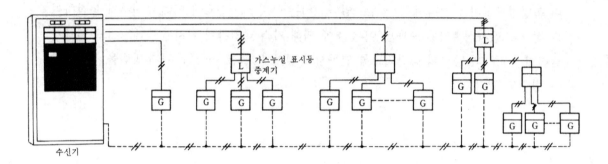

그림 6-25 수신기·축전지 일체형의 접속

(2) 수신기·축전지 분리형

DC 24 V를 사용할 경우에는 G형 수신부와 DC 24 V 가스누설경보기용 축전지를 조합하는 방법과 GP형 수신부와 DC 24 V 가스누설경보기용 축전지설비를 조합하는 방법이 있다.

그림 6-26은 직류 24 V를 사용할 때의 수신기·축전지 분리형의 구성이다.

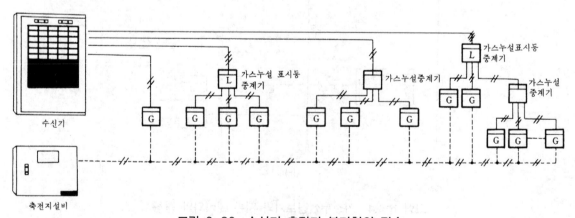

그림 6-26 수신기 축전지 분리형의 접속

3 수신기 · 중계기 · 가스 누설 경보기의 조합

그림 6-27은 수신기 · 중계기 · 가스누설경보기를 조합하여 접속하는 경우이다.

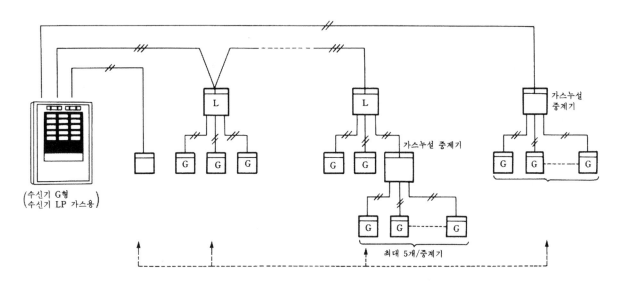

그림 6-27 수신기 · 중계기 · 가스 누설 경보기의 조합

6-10   시 험

경보기의 시험은 특별히 정하는 경우를 제외하고는 실온이 5 ℃이상, 35 ℃ 이하이고, 상대습도가 45 %이상 85 %이하의 상태에서 실시한다.

(1) 수신표시

경보기는 다음 규정에 적합한 수신표시를 할 수 있어야 한다.

① 경보기는 가스누설신호를 수신한 경우 황색의 누설등 및 주음향장치에 의하여 가스의 발생을 자동적으로 표시하고 동시에 지구등에 의하여 당해 가스누설이 발생한 경계구역을 자동적으로 표시하여야 한다. 다만, 단독형 및 1회로용인 것은 누설등 및 지구등을 생략할 수 있다.

② 제 1호의 표시는 수동으로 복귀하지 아니하는 한 표시상태를 계속 유지하여야 한다. 다만, 단독형 및 분리형 중 영업용은 그러하지 아니할 수 있다.

(2) 최대부하

경보기는 전회선이 작동하는 경우의 부하 또는 상시부하중 큰 쪽의 부하에 계속하여 견딜 수 있는 용량이어야 한다.

(3) 주위온도시험

분리형경보기의 수신부는 주위온도가 0 ℃이상 40 ℃ 이하에서 기능에 이상이 생기지 아니하여야 한다.

(4) 반복시험

분리형경보기의 수신부는 가스 누설표시의 작동을 정격전압에서 1만회를 반복하여 실시하는 경우 그 구조 또는 기능에 이상이 생기지 아니하여야 한다.

(5) 충격전압시험

분리형 경보기는 전류를 통한 상태에서 다음 각호의 시험을 15초간 실시하는 경우 잘못작동하거나 기능에 이상이 생기지 아니하여야 한다.

① 내부저항 50 Ω인 전원에서 500 V의 전압을 펄스폭 1 ㎲, 반복주기 100 ㎐로 가하는 시험

② 내부저항 50 Ω인 전원에서 500 V의 전압을 펄스폭 0.1 ㎲, 반복주기 100 ㎐로 가하는 시험

(6) 경보농도시험

① 가연성가스용 경보기는 1시간 이상 전류를 통하여 안정시킨 후 **표 6-1**의 탐지대상 가스별로 해당시험을 하는 경우, 작동시험농도에서는 20초 이내에 경보를 발하여야 하고(다만, 전기적인 지연형경보기는 작동시험농도에서 20초 이상 60초 이내에 경보를 발하여야 한다), 부작동시험 농도에서는 5분 이내에 경보를 발하지 아니하여야 한다.

표 6-1 탐지대상 가스별 시험농도

탐지대상가스	시험가스	작동시험농도 %	부작동시험농도 %
액화석유가스용	이소부탄(또는 부탄, 이하 이 기준에서 같다)	0.45	0.05
액화천연가스용	수소	1.00	0.04
	메탄	1.25	0.05
이소부탄	이소부탄	0.45	0.05
메탄	메탄	1.25	0.05
수소	수소	1.00	0.04

비고 : 액화천연가스를 탐지대상으로 하는 가스누설경보기의 시험가스는 수소 또는 메탄으로 한다.

② 불완전연소가스용 경보기는 1시간이상 전류를 통하여 안정시킨 후 **표 6-2**에 의하여 시험하는 경우 1차 작동시험농도에서는 5분 이내에, 2차 작동시험농도에서는 1분 이내에 경보를 발하여야하며 부동작시험농도에서는 5분간 경보를 발하지 아니하여야 한다.

표 6-2 탐지대상 가스별 시험농도

탐지대상가스	시험가스	작동시험농도 %		부작동시험농도 %
		1차	2차	
불완전연소가스	일산화탄소	0.025	0.055	0.005

(7) 장기 성능시험

경보기는 전류를 통한 상태 및 전류를 통하지 아니한 상태에서 각각 60일간 방치하여 (6) 항의 경보농도시험 및 잡가스시험을 실시하는 경우 기능에 이상이 생기지 아니하여야 한다.

(8) 전원전압변동시험

사용전원전압 ±10 %인 전압에서 각각 (6)항의 경보농도시험을 하는 경우 기능에 이상이 생기지 아니하여야 한다.

(9) 잡가스시험

액화석유가스용 및 도시가스용 경보기는 1시간 이상 전류를 통하게 하여 안정시킨 후 다음 각호의 시험을 실시하는 경우 작동하지 아니하여야 한다.

① 경보기는 에칠알코올가스의 농도가 0.1 %인 상태에서 5분간 투입하는 시험

② 경보기는 감지기의 형식승인 및 제품검사의 기술기준」제19조에 따른 광전식 감지기

2종의 작동시험시의 연기농도에 5분간 투입하는 시험

(10) 진동시험

① 경보기(분리형의 경우에는 탐지부를 포함한다. 제2항에서 같다)는 전원이 인가된 상태에서 IEC 60068-2-6의 시험방법에 따라 다음 각호의 규정에 의한 시험을 실시하는 경우 시험중 잘못 작동되거나 시험후 구조 및 기능에 이상이 없어야 한다.

　㉠ 주파수 범위 : (10 ~ 150) Hz

　㉡ 가속도 진폭 : 0.981 m/s^2

　㉢ 축수 : 3

　㉣ 스위프 속도 : 1 옥타브/min

　㉤ 스위프 사이클 수 : 축 당 1

② 경보기는 전원을 인가하지 않은 상태에서 IEC 60068-2-6의 시험방법에 따라 다음 각호의 규정에 의한 시험을 실시하는 경우 구조 및 기능에 이상이 없어야 한다.

　㉠ 주파수 범위 : (10 ~ 150) Hz

　㉡ 가속도 진폭 : 4.905 m/s^2

　㉢ 축수 : 3

　㉣ 스위프 속도 : 1 옥타브/min

　㉤ 스위프 사이클 수 : 축 당 20

(11) 온도시험

경보기(분리형은 탐지부를 말한다. 제23조, 제25조 및 제26조에서 같다)는 다음 각호의 시험을 실시하였을 때 기능에 이상이 생기지 아니하여야 한다. 다만, 다음에서 정하는 온도보다 강화하여 제조자가 요청시는 그 온도로 시험할 수 있다.

① 통전상태로 내부온도가 (-20 ± 2) ℃ 및 (40 ± 2) ℃인 항온기에 각각 1시간이상 놓아둔 다음 각각의 온도에서 제16조의 시험

② 흡입식탐지부는 온도가 (-20 ± 2) ℃의 항온기에 24시간 방치하고, 다시 (40 ± 2) ℃인 항온기내에 24시간 방치하는 것을 1싸이클로 하여 연속 3싸이클을 반복한 후 1시간 안정시킨 다음 제16조의 시험

(12) 습도시험

경보기는 35 ℃이상 40 ℃이하인 온도와 상대습도 85 % 이상인 상태에서 1시간 놓아둔 후 그 온도 및 습도를 유지한 상태로 제16조의 경보농도시험을 실시하는 경우 기능에 이상이 생기지 아니하여야 한다.

(13) 방폭성능시험

① 가스의 누설을 탐지하는 탐지소자는 STS 316 또는 이와 동등 이상의 스테인리스 강 선인 100메쉬의 금속망을 밀착시켜 사용하되, 망의 구멍(가스가 통과하는 면적)이 넓혀져 있거나 변형 등이 없어야 하며, 분리형에 있어서는 탐지소자를 스트레나(청 동 주물로 된 소결금속 등)로 보호하여야 한다.

② 경보기를 **표 6-3** 중 시험가스농도가 A인 상태에서 7시간 연속하여 울리게 한 다음 계속하여 시험가스농도를 B로 하여 1시간 동안 전류를 통하는 경우(1초간 2회 전원 을 중단한다) 경보기(제 4조 제5호의 규정에 의한 방폭구조에 적합한 것은 제외한 다)는 다음 각 호에 적합하여야 한다. 이 경우 시험가스는 이소부탄가스를 원칙으로 하며 탐지대상가스의 주성분에 따라 메탄 또는 수소가스를 시험가스로 할 수 있다.

표 6-3 시험 가스별 농도

시험가스	A %	B %
메 탄	2.5	6.5~7.5
수 소	2.0	19~23
이소부탄	0.9	2.5~3.3

㉠ 시험시 경보기에 전류를 통하는 동안에는 계속하여 경보를 발하여야 한다.

㉡ 시험중 경보기 주위의 가스가 폭발되지 아니하여야 한다.

㉢ 시험후 시험기내의 가스를 환기시킨 후 경보음이 정지되어야 한다. 다만, 경보음 이 지속되는 구조인 것은 복귀용 또는 음향장치용 스위치를 조작하여 복귀시키 는 경우 경보음이 정지되어야 한다.

(14) 음량시험

① 경보기의 경보음량은 (6)항 경보농도시험에서 작동시험시의 가스 농도로 무향실에서 측정하는 경우 음향장치의 중심으로부터 1 m 떨어진 위치에서 90 dB(단독형 및 분 리형 중 영업용인 경우에는 70 dB) 이상이어야 한다. 다만, 고장표시용의 음압은 60 dB이상이어야 한다.

② 경보기에 전원을 공급할 때 초기경보를 발하지 아니하여야 하며 그후 음향장치의 중 심으로부터 1 m 떨어진 위치에서 공진음 등의 소리가 들리지 아니하여야 한다.

(15) 분진시험

경보기에 전류를 통한 상태로 하여 감지기의 형식승인기준 제31조의 규정에 의한 분진시험 후 제16조의 경보농도시험을 실시하는 경우 기능에 이상이 생기지 아니하여야 한다.

(16) 내충격시험

콘크리트 바닥에 두께 3 cm인 나무판을 놓고 전류를 통한 상태에 있는 경보기를 높이 50 cm 위치에서 적어도 2면 이상의 면에 대하여 각각 1회 낙하시킨 다음, 즉시 제 (6)항의 경보농도시험을 실시하는 경우 그 구조 또는 기능에 이상이 생기지 아니하여야 한다. 다만, 흡입식 탐지부의 경우는 그러하지 아니하다.

(17) 절연저항시험

① 경보기의 절연된 충전부와 외함간의 절연저항은 DC 500 V의 절연저항계로 측정한 값이 5 MΩ(교류입력측과 외함간에는 20 MΩ) 이상이어야 한다. 다만, 회선수가 10이상인 것 또는 접속되는 중계기가 10이상인 것은 교류입력측과 외함간을 제외하고는 1회선당 50 MΩ 이상이어야 한다.

② 절연된 선로간의 절연저항은 DC 500 V의 절연저항계로 측정한 값이 20 MΩ 이상이어야 한다.

(18) 절연내력시험

절연저항시험 규정에 의한 시험부위의 절연내력은 60 Hz의 정현파에 가까운 실효전압 500 V(정격전압이 60 V를 초과하고 150 V이하인 것은 1 kV, 정격전압이 150 V를 초과하는 것은 그 정격전압에 2를 곱하여 1 kV를 더한 값)의 교류전압을 가하는 시험에서 1분간 견디는 것이어야 한다.

(19) 방수시험

방수형인 것은 이를 사용상태로 부착하고 맑은 물을 34.5 kPa의 압력으로 3개의 분무헤드를 이용하여 전면 상방에 (45 ± 2)°각도의 방향에서 시료를 향하여 일률적으로 24시간 이상 물을 살수하는 경우에 내부에 물이 고이지 않아야 하며, 기능 및 절연저항시험에 이상이 생기지 아니하여야 한다.

(20) 전자파적합성

경보기는 「전파법」제47조의3제1항 및 「전파법 시행령」제67조의2에 따라 국립전파연구원장이 정하여 고시하는「전자파적합성 기준」에 적합하여야 한다

연 습 문 제

1. 가스탐지부에 대해 설명하고 가스 탐지방식에 따라 분류하여 설명하시오.

2. 가스탐지부의 설치제외 장소에 대하여 3가지 이상 쓰시오.

3. 수신부의 종류를 들고 설명하시오.

4. 분리형 수신부의 기능에 대해 쓰시오.

5. 중계기의 기능에 대하여 설명하시오.

6. 경보방식의 종류를 들고 설명하시오.

7. 경보농도란 무엇인가?

8. 가스누설경보설비에 대하여 다음의 물음에 답하시오.
   (1) 음향장치의 음량은?
   (2) 표시등의 색상은?
   (3) 예비전원은 무슨 전지를 사용하는가?

9. 가스누설경보설비의 일례를 들고 설명하시오.

10. 가스누설경보설비의 경보농도시험에 대하여 설명하시오.

제 **2** 편

피난유도설비

피난유도설비는 화재발생시 건물 내의 재실자가 안전을 위하여 피난구나 피난을 위한 설비가 있는 곳까지 안전하게 대피할 수 있도록 하기 위한 설비로서 다음의 종류가 있다.

- 유도등 ┬ 피난구 유도등
  - 통로 유도등 ┬ 거실통로 유도등
    - 복도통로 유도등
    - 계단 통로유도등
  - 객석 유도등
- 유도표지
- 비상조명등 – 휴대용 비상조명등
- 피난유도선

2편 피난유도설비

1 유도등 및 유도표지

피난유도설비는 화재발생시 건물 내의 재실자가 안전을 위하여 피난구나 피난을 위한 설비가 있는 곳까지 안전하게 대피할 수 있도록 하기 위한 설비로서 다음의 종류가 있다.

```
유도등 ─┬ 피난구 유도등
        │
        ├ 통로 유도등 ─┬ 거실통로 유도등
        │              ├ 복도통로 유도등
        │              └ 계단 통로유도등
        │
        └ 객석 유도등
─ 유도표지
─ 비상조명등 ─ 휴대용 비상조명등
─ 피난유도선
```

1-1 종류별 설치대상과 기준

1 유도등의 분류

(1) 설치장소에 따라 ┬ 피난구유도등 : 피난구 또는 피난경로로 사용되는 출입구가 있다는 것을 표시하는 녹색등화의 유도등
　　　　　　　　　├ 통로유도등 : 피난통로를 안내하기 위한 유도등
　　　　　　　　　└ 객석유도등 : 객석의 통로, 바닥 또는 벽에 설치하는 유도등을

(2) 표시면 크기에 따라 ┌ 소형

├ 중형

└ 대형

(3) 방폭유무에 따라 ┌ 방폭형 : 폭발성가스가 용기내부에서 폭발 하였을때 용기가 그

압력에 견디거나 또는 외부의 폭발성가스에 인화될 우

려가 없도록 만들어진 형태의 제품.

└ 비방폭형

(4) 방수유무에 따라 ┌ 방수형 : 구조가 방수구조로 되어 있는 것

└ 비방수형

(5) 표시방법에 따라 ┌ 단일표시형 : 한가지 형상의 표시만으로 피난유도표시를 구현하는

방식.

├ 동영상표시형 : 동영상 형태로 피난유도표시를 구현하는 방식

└ 단일·동영상 연계표시형 : 단일표시형과 동영상표시형의 두 가지방

식을 연계하여 피난유도표시를 구현하

는 방식

(6) 표시면 인쇄방식에 따라 ┌ 투광식 : 광원의 빛이 통과하는 투과면에 피난유도표시

형상을 인쇄하는 방식

└ 비투광식

(7) 영상구현방식에 따라 ┌ 패널식 : 영상표시소자(LED, LCD 및 PDP 등)를 이용하여

피난유도표시 형상을 영상으로 구현하는 방식

└ 전구식 :

2 설치대상

유도등 및 유도표지는 건축물 연면적의 크기에 관계없이 설치하되 용도별로 설치하여야
할 장소는 **표 1-1**과 같으며 그에 적응하는 종류의 것으로 설치한다.

표 1-1 유도등 및 유도표지의 설치대상

설 치 장 소	유도등 및 유도표지의 종류
1. 공연장·집회장(종교집회장 포함)·관람장·운동시설	• 대형피난구유도등 • 통로유도등 • 객석유도등
2. 유흥주점영업시설(식품위생법 시행령 제 21조 제8호 라목의 유흥주점영업중 손님이 춤을 출 수 있는 무대가 설치된 카바레, 나이트클럽 도는 그 밖에 이와 비슷한 영업시설만 해당한다.)	• 대형피난구유도등 • 통로유도등
3. 위락시설·판매시설·운수시설 · 관광진흥법 제3조 제1항 제2호에 따른 관광숙박업 ·의료시설·장례식장·방송통신시설·전시장·지하상가·지하철역사	• 대형피난구유도등 • 통로유도등
4. 숙박시설(제3호의 관광숙박업 외의 것을 말한다.)·오피스텔	• 중형피난구유도등 • 통로유도등
5. 제1호부터 제3호까지 외의 건축물로서 지하층·무창층 또는 층수가 11층 이상인 특정소방대상물	
6. 제1호부터 제5호까지 외의 건축물로서 근린생활시설)·노유자시설·업무시설·발전시설·종교시설(집회장 용도로 사용하는 부분 제외)·교육연구시설·수련시설·공장·창고시설·교정 및 군사시설(국방 군사시설 제외)·기숙사·자동차정비공장·운전학원 및 정비학원·다중이용업소·복합건축물·아파트	• 소형피난구유도등 • 통로유도등
7. 그 밖의 것	• 피난구유도표지 • 통로유도표지

비고 :
　1. 소방서장은 특정소방대상물의 위치·구조 및 설비의 상황을 판단하여 대형피난구유도등을 설치하여야 할 장소에 중형피난구유도등 또는 소형피난구유도등을, 중형피난구유도등을 설치하여야 할 장소에 소형피난구유도등을 설치하게 할 수 있다.
　2. 복합건축물과 아파트의 경우, 주택의 세대 내에는 유도등을 설치하지 아니할 수 있다.

3 설치기준

(1) 유도등

① 피난구유도등 : 피난구유도등은 다음 각호의 장소에 의하여 설치하여야 하며 **그림 1-1**은 이들을 나타낸 것이다.

　㉠ 옥내로부터 직접 지상으로 통하는 출입구 및 그 부속실의 출입구

　㉡ 직통계단·직통계단의 계단실 및 그 부속실의 출입구

　㉢ 제1호 및 제2호의 규정에 의한 출입구에 이르는 복도 또는 통로로 통하는 출입구

　㉣ 안전구획된 거실로 통하는 출입구

　㉤ 피난구유도등은 피난구의 바닥으로부터 높이 1.5 m 이상의 곳에 설치하여야 한다.

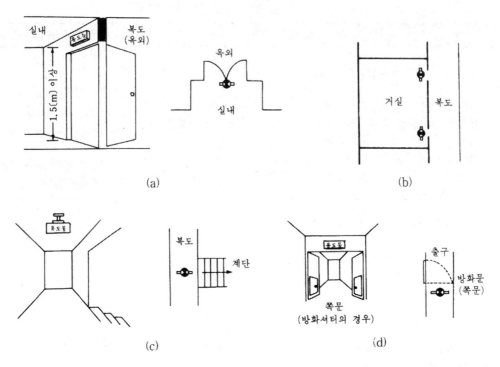

그림 1-1 피난구유도등의 설치

그림 1-2는 피난구유도등을 천장벽에 취부하는 경우 그 방법들에 대한 예를 보인 것이다.

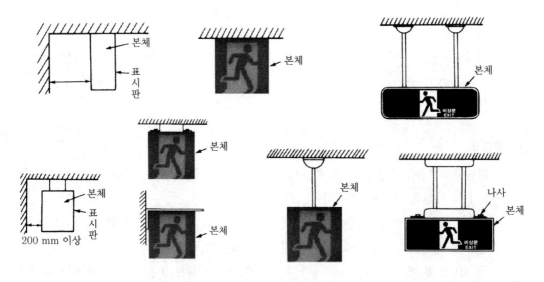

그림 1-2 피난구유도등의 취부

다음의 장소에는 피난구유도등을 설치하지 않아도 된다.

    ㉠ 바닥면적이 1,000 m² 미만인 층으로서 옥내로부터 직접 지상으로 통하는 출입구 (외부의 식별이 용이한 경우에 한한다)

    ㉡ 거실 각 부분으로부터 쉽게 도달할 수 있는 출입구

    ㉢ 거실 각 부분으로부터 하나의 출입구에 이르는 보행거리가 20 m 이하이고 비상 조명등과 유도표지가 설치된 거실의 출입구

    ㉣ 출입구가 3 이상 있는 거실로서 그 거실 각 부분으로부터 하나의 출입구에 이르는 보행거리가 30 m 이하인 경우에는 주된 출입구 2개소외의 출입구(유도표지가 부착된 출입구를 말한다). 다만, 공연장·집회장·관람장·전시장·판매시설·운수시설·숙박시설·노유자시설·의료시설·장례식장의 경우에는 그러하지 아니하다.

② 통로유도등 : 통로유도등은 소방대상물의 각 거실과 그로부터 지상에 이르는 복도 또는 계단의 통로에 설치한다. 이 때 통행에 지장이 없도록 해야 하며 주위에 이와 유사한 등화광고물·게시물 등을 설치하지 아니하여야 한다.

    조도는 통로유도등의 바로 밑의 바닥으로부터 수평으로 0.5 m 떨어진 지점에서 측정하여 1 lx 이상(바닥에 매설한 것에 있어서는 통로유도등의 직상부 1 m의 높이에서 측정하여 1 lx 이상)이어야 한다.

    그 표시방법은 백색바탕에 녹색으로 피난방향을 표시한 등으로 해야 한다. 다만, 계단에 설치하는 것에 있어서는 피난의 방향을 표시하지 아니할 수 있다.

    다음은 각 통로유도등의 설치기준이다.

  ㉠ 복도통로유도등

    ㉮ 복도에 설치한다.

    ㉯ 구부러진 모퉁이 및 보행거리 20 m마다 설치한다.

    ㉰ 바닥으로부터 높이 1 m 이하의 위치에 설치할 것. 다만, 지하층 또는 무창층의 용도가 도매시장·소매시장·여객자동차터미널·지하역사 또는 지하상가인 경우에는 복도·통로 중앙부분의 바닥에 설치한다.

    ㉱ 바닥에 설치하는 통로유도등은 하중에 따라 파괴되지 아니하는 강도의 것으로 한다.

  ㉡ 거실통로유도등

    ㉮ 거실의 통로에 설치한다. 다만, 거실의 통로가 벽체 등으로 구획된 경우에는 복도통로유도등을 설치하여야 한다.

    ㉯ 구부러진 모퉁이 및 보행거리 20 m마다 설치한다.

        🄺 바닥으로부터 높이 1.5 m 이상의 위치에 설치한다. 다만, 거실통로에 기둥이 설치된 경우에는 기둥부분의 바닥으로부터 높이 1.5 m 이하의 위치에 설치할 수 있다.

    ⓒ 계단통로유도등

        ㉮ 각층의 경사로 참 또는 계단참마다(1개층에 경사로참 또는 계단 참이 2 이상 있는 경우에는 2개의 계단참마다)설치한다.

        ㉯ 바닥으로부터 높이 1 m 이하의 위치에 설치한다.

그림 1-3은 복도통로유도등의 설치를, **그림 1-4**는 계단통로유도등의 설치를 나타낸 것으로서 다음과 같은 경우에는 통로유도등을 설치하지 아니할 수 있다.

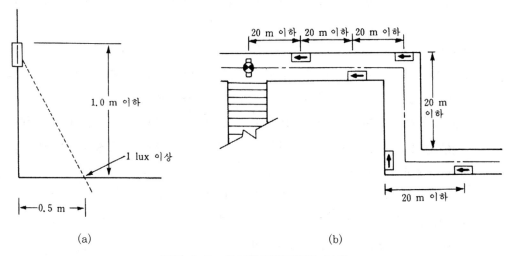

그림 1-3 복도통로유도등의 설치

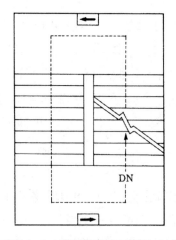

그림 1-4 계단통로유도등의 설치

㉠ 구부러지지 아니한 복도 또는 통로로서 길이가 30 m 미만인 복도 또는 통로

㉡ 제㉠호에 해당하지 아니하는 복도 또는 통로로서 보행거리가 20 m 미만이고 그 복도 또는 통로와 연결된 출입구 또는 그 부속실의 출입구에 피난구 유도등이 설치된 복도 또는 통로

③ 객석유도등

㉠ 객석유도등은 객석의 통로, 바닥 또는 벽에 설치하여야 한다.

㉡ 객석 내의 통로가 경사로 또는 수평으로 되어 있는 부분에 있어서는 다음의 식에 의하여 산출한 수(소수점 이하의 수는 1로 본다)의 유도등을 설치하여야 한다.

$$설치개수 \geqq \frac{객석의\ 통로의\ 직선부분의\ 길이\ m}{4} - 1$$

㉢ 객석 내의 통로가 옥외 또는 이와 유사한 부분에 있는 경우에는 당해 통로 전체에 미칠 수 있는 수의 유도등을 설치하여야 한다.

그 조도는 통로바닥의 중심선 0.5 m 높이에서 측정하여 0.2 lx 이상이 되어야 한다.

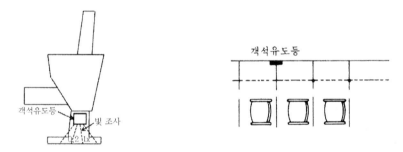

그림 1-5 객석유도등의 설치

다음의 경우에는 객석유도등을 설치하지 않아도 된다.

㉠ 주간에만 사용하는 장소로서 채광이 충분한 객석

㉡ 거실등의 각 부분으로부터 하나의 거실 출입구에 이르는 보행거리가 20 m 이하인 객석의 통로로서 그 통로에 통로유도등이 설치된 객석

(2) 유도표지

① 유도표지는 다음 각 호의 기준에 의하여 설치하여야 하며 **그림 1-6**은 이들을 나타낸 것이다.

㉠ 계단에 설치하는 것을 제외하고는 각층마다 복도 및 통로의 각 부분으로부터 하

나의 유도표지까지의 보행거리가 15 m 이하가 되는 곳과 구부러진 모퉁이의 벽에 설치할 것

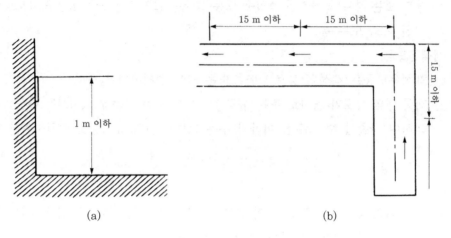

그림 1-6 유도표지의 설치

ⓛ 피난구유도표지는 출입구 상단에 설치하고 통로유도표지는 바닥으로부터 높이 1 m 이하의 위치에 설치할 것

ⓒ 주위에는 이와 유사한 등화·광고물·게시물 등을 설치하지 아니할 것

ⓔ 유도표지는 부착판 등을 사용하여 쉽게 떨어지지 아니하도록 설치할 것

ⓜ 축광방식의 유도표지는 외광 또는 조명장치에 의하여 상시 조명이 제공되거나 비상조명등에 의한 조명이 제공되도록 설치할 것

② 피난방향을 표시하는 통로유도등을 설치한 부분에 있어서는 유도표지를 설치하지 아니할 수 있다.

즉, 다음의 경우에는 유도표지를 설치하지 않아도 된다.

㉠ 유도등이 피난구유도등의 설치장소와 기준, 통로유도등의 설치기준에 적합하게 설치된 출입구·복도·계단 및 통로

㉡ 피난구유도등의 설치제외 장소의 ㉠ⓛ항, 통로유도등의 설치제외장소 ⓛ항규정에 해당하는 출입구·복도·계단 및 통로

유도표지는 소방청장이 고시한「축광표지의 성능인증 및 제품검사의 기술기준」에 적합한 것이어야 한다. 다만, 방사성물질을 사용하는 위치표지는 쉽게 파괴되지 아니하는 재질로 처리하여야 한다.

1-2 구조 및 특성

1 유도등의 일반구조는 다음 각 호에 적합하여야 한다.

(1) 상용전원전압(전지가 아닌 통상 사용하는 전원의 전압을 말한다. 이하 각 조는 같다)의 110 % 범위 안에서는 유도등 내부의 온도상승이 그 기능에 지장을 주거나 위해를 발생시킬 염려가 없어야 한다.

(2) 방폭형 유도등의 방폭구조는 한국산업규격 또는 산업안전보건법령이 정하는 규격에 적합하여야 한다.

(3) 주전원 및 비상전원을 단락사고 등으로부터 보호할 수 있는 퓨즈를 설치하여야 한다. 다만, 객석유도등은 그러하지 아니하다.

(4) 외함은 기기 내의 온도상승에 의하여 변형, 변색 또는 변질되지 아니하여야 한다.

(5) 외함의 표시면은 쉽게 분해할 수 있도록 하여야 하며, 축전지등 내부 부품을 쉽게 교환, 보수, 점검할 수 있도록 조립된 구조이어야 한다. 다만, 방수형, 방폭형의 것은 그러하지 아니하다.

(6) 유도등은 광원 또는 점등관을 교환, 점검할 때 접촉될 우려가 있는 부분은 감전되지 아니하도록 보호조치를 하여야 한다.

(7) 사용전압은 300 V 이하이어야 한다. 다만, 충전부가 노출되지 아니한 것은 300 V를 초과할 수 있다.

(8) 설치하고자 하는 부분에 견고하게 설치할 수 있는 구조이어야 한다.

(9) 수송중 진동 또는 충격에 의하여 기능에 장해를 받지 아니하는 구조이어야 한다.

(10) 유도등은 내부의 온도가 비정상적으로 상승하지 아니하도록 하여야 하며, 예비전원과 내부부품은 양호한 방열처리가 되도록 하여야 한다.

(11) 축전지에 배선등을 직접 납땜하지 아니하여야 한다.

(12) 상용전원(전지가 아닌 통상 사용하는 전원을 말한다. 이하 각조는 같다)과 접속되는 전원은 KS C IEC 60245-8 또는 KS C IEC 60227-5에 적합하거나 이와 동등 이상의 절연성, 도전성 및 기계적 강도가 있어야 한다.

(13) 전선의 굵기는 인출선인 경우에는 단면적이 0.75 mm² 이상, 인출선외의 경우에는 단면적이 0.5 mm² 이상이어야 한다.

(14) 인출선의 길이는 전선인출 부분으로부터 150 mm 이상이어야 한다. 다만, 인출선으로 하지 아니할 경우에는 풀어지지 아니하는 방법으로 전선을 쉽고 확실하게 부착할 수

있도록 접속단자를 설치하여야 한다.

(15) 유도등에는 점멸, 음성 또는 이와 유사한 방식 등에 의한 유도장치를 설치할 수 있다.

(16) 화재가 발생한 경우 화재경보설비 또는 비상경보설비 등으로부터 발신되는 신호를 수신하여 미리 정하여진 작동을 하는 유도등은 그 기능이 정상적으로 작동하여야 한다.

(17) 유도등에는 점검용의 자동복귀형 점멸기를 설치하여야 한다. 다만, 바닥에 매립되는 복도통로유도등과 객석유도등은 그러하지 아니하다.

(18) 작동이 확실하고, 취급·점검이 쉬워야 하며, 현저한 잡음이 발하지 아니하여야 한다. 또한 먼지, 습기, 곤충 등에 의하여 기능에 영향을 받지 아니하여야 한다.

(19) 보수 및 부속품의 교체가 쉬워야 한다. 다만, 방수형 및 방폭형은 그러하지 아니하다.

(20) 부식에 의하여 기계적 기능에 영향을 초래할 우려가 있는 부분은 칠, 도금 등으로 유효하게 내식가공을 하거나 방청가공을 하여야 하며, 전기적 기능에 영향이 있는 단자, 나사 및 와셔 등은 동합금이나 이와 동등이상의 내식성능이 있는 재질을 사용하여야 한다.

(21) 기기내의 배선은 충분한 전류용량을 갖는 것으로 하여야 하며, 배선의 접속이 정확하고 확실하여야 한다.

(22) 극성이 있는 경우에는 오접속을 방지하기 위하여 필요한 조치를 하여야 한다.

(23) 부품의 부착은 기능에 이상을 일으키지 아니하고 쉽게 풀리지 아니하도록 하여야 한다.

(24) 전선 이외의 전류가 흐르는 부분과 가동축 부분의 접촉력이 충분하지 아니한 곳에는 접촉부의 접촉불량을 방지하기 위한 적당한 조치를 하여야 한다.

(25) 외부에서 쉽게 사람이 접촉할 우려가 있는 충전부는 충분히 보호되어야 한다.

(26) 내부의 부품 등에서 발생되는 열에 의하여 구조 및 기능에 이상이 생길 우려가 있는 것은 방열판 또는 방열공등에 의하여 보호조치를 하여야 한다. 다만, 방수형 또는 방폭형의 것은 방열공을 설치하지 아니할 수 있다.

2 외함 및 표시면의 재질과 크기

(1) 외함의 재질

유도등 외함의 재질은 다음 각호에 적합한 것이어야 한다.

① 외함이 금속인 것은 방청된 금속판 또는 내식성(스테인레스강)재질을 사용하여야 한다.

② 두께 3 mm 이상의 내열성 강화유리

③ 난연재료 또는 방염성능이 있는 합성수지로서 80±2 ℃의 온도에서 열로 인한 변형이 생기지 아니하여야 하며 UL 94규정에 의한 V-2이상의 난연성능이 있는 것

(2) 표시면 및 조사면의 재질

유도등에 사용되는 표시면과 조사면의 재질은 열등에 의하여 쉽게 파손되거나 변형, 변질 또는 변색이 되지 아니하는 것이어야 한다.

(3) 표시면의 크기와 휘도

피난구유도등 및 통로유도등(계단통로유도등 제외)의 표시면의 크기와 휘도는 **표** 1-2와 같이 구분한다.

표 1-2 유도등 표시면의 크기와 휘도

종별		1대1표시면 mm	기타표시면		평균휘도 cd/m²	
			짧은 면 mm	최소면적 m²	상용점등시	비상점등시
피난구 유도등	대형	250 이상	200 이상	0.10	320 이상 800 미만	100 이상
	중형	200 이상	140 이상	0.07	250 이상 800 미만	
	소형	100 이상	110 이상	0.036	150 이상 800 미만	
통로 유도등	대형	400 이상	200 이상	0.16	500 이상 1,000 미만	150 이상
	중형	200 이상	110 이상	0.036	350 이상 1,000 미만	
	소형	130 이상	85 이상	0.022	300 이상 1,000 미만	

③ 피난유도표시 방법

유도등의 피난유도표시는 제1호 내지 제4호의 어느 하나 및 제5호에 적합하여야 한다.

(1) 국제표준화기구(ISO)의 기준에 의한 그림문자를 준용하며, 이때 식별이 용이하도록 비상문·EXIT·FIRE EXIT, 화살표 등을 함께 표시할 수 있다.

(2) 비상문 문자로 하며 EXIT 등의 외국어 문자, 화살표를 함께 표시할 수 있다.

(3) ISO 기준에 의한 그림문자를 준용한 비상문 그림문자에 비상문 등의 문자 조합으로 표시하며 화살표를 함께 표시할 수 있다.

(4) ISO 기준에 의한 그림문자를 준용한 비상문 그림문자에 한국산업표준(KS) 기준의 인체 도안 조합으로 표시하며 비상문·EXIT·FIRE EXIT, 화살표 등을 함께 표시할 수 있다.

(5) 피난유도표시의 크기는 다음 각 목에 따른다.

① ISO 기준에 의한 그림문자를 준용한 비상문 그림문자는 표시면 짧은 변의 길이(H)를 기준으로 좌우측 폭은 (23/100)H, 상부 폭은 (3/40)H로 표시할 것
② 인체 도안 및 화살표는 KS S ISO 3864-3을 적용할 것
③ 비상문 문자의 가로 길이는 세로 길이에 2배 비율로 할 것

4 유도등 및 유도표지

(1) 유도등

유도등이라 함은 비상시 또는 화재발생시에 피난로를 지시해 주고 최소한의 밝기를 제공해 주는 등기구로서 평상시에는 상용전원으로 점등되고 상용전원이 정전되는 경우에는 비상전원으로 절환시켜 점등시키는 피난용 표시면을 가진 등기구를 말한다.

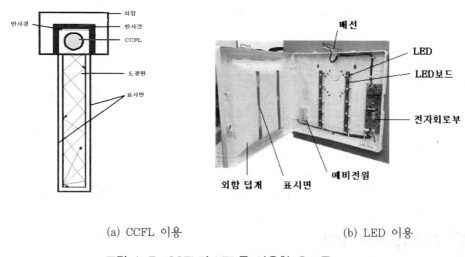

(a) CCFL 이용   (b) LED 이용

그림 1-7 CCFL과 LED를 이용한 유도등

그림 1-7 (a)는 냉음극형광램프인 CCFL(Cold Cathode Fluorescent Lamp)를 이용한 유도등이다. CCFL은 색온도가 6,000 K 정도되며 직경은 2.6 mm이며 유도등의 크기에 맞추어 길이를 소형 유도등은 130 mm, 중형 유도등은 210 mm, 대형유도등은 250 mm로 하고 있다. 도광판은 반사효과를 크게한 아크릴판 위에 초고밀도 가공으로 균일도를 높여 휘도를 450 cd/㎡ 이상으로 되게 하고 있다. 외함은 ABS난연성 합성수지로 하며 표시면과 조사면은 폴리카보네이트(PC) 난연재와 ABS난연재를 가공하여 이용하고 있다. 표시면이 한 쪽면에만 부착되면 주로 벽면에 설치되는 유도등이 되고 양쪽면에 부착되면 주로 천장에 설치되는 경우가 많다. **그림 1-7** (b)는 발광다이오드인 LED(Light Emitting Diode)를

이용한 유도등으로 외함을 열어 내부를 보인 것이다. LED는 광에너지를 이용하는 광원이나 문자 등의 고체표시 장치 등에 사용되는 것으로 갈륨인(GaP)계의 녹색 발광다이오드의 밝기가 100 mcd를 넘게 되고, AlGaAs계의 적색 계통의 발광다이오드의 밝기는 1 cd를 넘게 되면서부터 여러 분야에 응용되고 있다. 광원으로 사용하는 LED를 여러개 접속해 놓은 띠 형태의 LED보드부가 있다. 발광다이오드인 LED(Light Emitting Diode)를 이용한 유도등은 냉음극형광램프인 CCFL(Cold Cathode Fluorescent Lamp)를 이용한 유도등과 광원만 다르고 광원에 전원을 공급하는 전자회로부(Inverter)의 기능은 유사하다. 즉, 두 방식 모두 충전회로에 의한 예비전원 자동충전과 정전 및 비상시 예비전원으로 자동전환되는 기능이 있으며 유도등 자체 감시기능이 있다. 아울러 전자파 장해(EMI)방지회로와 Surge 보호회로를 가지고 있어야 하며, 또한 예비전원 시험스위치가 있고 상시전원 감시등은 녹색 LED를, 예비전원감시등은 적색 LED등이 표시되게 한다.

표시면의 크기에 따라 소형, 중형, 대형으로 분류하며 설치장소에 따라 피난구유도등, 통로유도등, 객석유도등이 있다.

① 피난구유도등

피난구 또는 피난경로로 사용되는 출입구가 있다는 것을 표시하는 녹색바탕에 백색 문자로 표기한 유도등으로서 크기에 따라 소형, 중형, 대형으로 분류된다. **그림 1-7** 은 피난구유도등이다.

그림 1-7 피난구유도등

피난구 유도등의 피난유도표시는 표시형태에 따라 다음 각 호의 하나에 적합한 구현 방식이어야 한다.

㉠ 단일표시형 : 대기상태(상용전원이 인가된 경우에 화재신호를 수신하지 않은 상태) 및 비상상태(화재신호를 수신하거나 유도등의 전원이 비상전원으로 전환된 상태)시에는 제9조제1항제1호 내지 제4호의 하나로 구현할 것

㉡ 동영상표시형 : 대기상태 및 비상상태시 모두 동영상으로 구현할 것. 이 경우 대기상태에서는 단일표시형으로 구현 할 수 있을 것

ⓒ 단일·동영상 연계표시형은 대기상태에서 제9조제1항제1호 내지 제4호의 하나로 구현하고 비상상태에서는 동영상으로 구현할 것

동영상표시형이나 단일·동영상 연계표시형의 동영상은 다음 각 호에 적합하여야 한다.
㉠ 피난자가 비상문으로 피난하는 형태로 인식되도록 하며, 이 때 식별이 용이하도록 비상문 등의 문자, 화살표를 함께 표시할 수 있다.
㉡ 1사이클은 3초 이내로 하며, 각 사이클별로 첫 영상은 제9조제1항제1호 내지 제4호의 하나에 의한 피난유도표시를 1초 이상 유지할 것
㉢ 제2호 1사이클의 첫 영상 이후 구현하는 동영상은 피난유도표시 그림문자를 3장 이상으로 구성할 것

패널식 유도등은 대기상태시 상용전원에 의하여 피난유도표지를 구현하는 상태를 유지하여야 한다.

② 통로유도등
통로유도등은 피난통로를 안내하기 위한 유도등을 말한다. 이를위해 백색바탕에 녹색문자를 사용하여 통로유도등의 표시면에는 유도등의 피난유도표시 규정에 의한 그림문자와 함께 피난방향을 지시하는 화살표를 표시하여야 한다. 다만, 표시면 이외의 유도등 전면에 표시면 광원의 점등 및 소등과 연동되는 별도 광원에 의한 피난방향 지시 화살표시가 있는 복도통로유도등 표시면에는 화살표를 표시하지 아니할 수 있다. **그림 1-8**은 통로유도등이다.

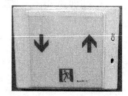

그림 1-8 통로유도등

통로유도등의 구조는 다음과 같다.
통로유도등은 일반구조에 적합하여야 하고 그 표시면 및 조사면의 구조는 바닥면과 피난방향을 비출 수 있는 것이어야 하며, 표시면은 옆방향에서도 그 일부가 보일

수 있도록 외함에서 10 mm 이상 돌출하여야 한다. 다만, 다음 각호의 것은 표시면을 돌출구조로 하지 아니할 수 있다.

㉠ 바닥에 매립하는 구조인 것

㉡ 유도등 측면이 표시면의 세로길이 이상이고 폭이 10 ㎜이상인 조사면으로 이루어져 옆 방향에서도 조사면을 통하여 유도등의 점등을 확인할 수 있는 거실통로유도등

　통로유도등은 설치위치에 따라 피난방향을 지시하는 화살표를 표시하고 있으며 거실통로유도등, 복도통로유도등, 계단통로유도등이 있다.

㉠ 거실통로유도등 : 집무, 작업, 집회, 오락 그 밖에 이와 유사한 목적을 위하여 계속적으로 사용하는 거실, 주차장등 개방된 복도에 설치하는 유도등으로 피난의 방향을 명시하는 것을 말한다.

㉡ 복도통로유도등 : 피난통로가 되는 복도에 설치하는 통로유도등으로서 피난구의 방향을 명시하는 것을 말한다.

㉢ 계단통로유도등 : 피난통로가 되는 계단이나 경사로에 설치하는 통로유도등으로 바닥면 및 디딤바닥면을 비추는 것을 말한다.

③ 객석유도등

그림 1-9와 같이 매입 Box 및 외형 커버로 된 것으로 LED로 점등되는 것을 많이 사용하고 표시부분은 백색바탕에 녹색화살표로 표시된다. 그 구조는 3-1의 규정외에 다음 각 호의 규정에 적합하여야 한다.

(a) 외관

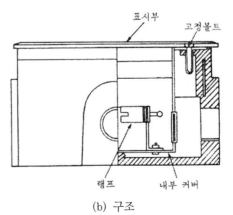

(b) 구조

그림 1-9　객석유도등의 외관과 구조

⑦ 바닥, 벽 또는 의자등에 견고하게 부착할 수 있어야 하며 또한 바닥면을 비출 수 있어야 한다.

ⓛ 객석유도등의 비상전원은 속에 장치하지 아니하고 겉에 장치할 수 있다.

그러나 근래에는 객석의 의자다리부분에 설치하여 객석사이의 통로를 최소한도의 밝기로 조명하는 방법이 많이 이용되고 있다.

(2) 유도표지

유도표지에는 피난구유도표지와 통로유도표지가 있다. 피난구유도표지란 피난구 또는 피난경로로 사용되는 출입구를 표시하여 피난을 유도하는 표지를 말하며, 통로유도표지란 피난통로가 되는 복도, 계단등에 설치하는 것으로서 피난구의 방향을 표시하는 유도표지이다.

전원인입이 되어있지 않고 유도등을 설치하기 어려운 곳에 설치하는 것으로 대개 노후 건물에 설치하게 된다. **그림** 1-10은 피난구유도표지와 계단통로용 유도표지를 보인 것이다.

(a) 피난구 유도표지   (b) 계단통로용 유도표지

그림 1-10 유도표지

(3) 피난유도선

햇빛이나 전등불에 따라 축광(축광방식)하거나 전류에 따라 빛을 발하는(광원점등방식) 유도체로서 어두운 상태에서 피난을 유도할 수 있도록 띠 형태로 설치되는 피난유도시설이다.

이에는 LED를 이용하는 방법과 형광체가 두 도정성 전극사이에서 빛을 발하는 구조인 EL(Electro Luminescence)를 이용하는 방법이 있다. EL은 교류전압이 전극에 가해지면 전기장은 형광체로 하여금 빠른 충전과 방전을 일으키게 되어 빛을 발하는 것이다. 이 때 인버터는 일정한 전압과 주파수의 진폭을 발생할 수 있도록 하여 EL의 밝기나 형식을 제어하게 된다.

그림 1-11 피난유도선

① 축광방식의 피난유도선 설치

　㉠ 구획된 각 실로부터 주출입구 또는 비상구까지 설치할 것

　㉡ 바닥으로부터 높이 50 cm 이하의 위치 또는 바닥면에 설치할 것

　㉢ 피난유도 표시부는 50 cm 이내의 간격으로 연속되도록 설치

　㉣ 부착대에 의하여 견고하게 설치할 것

　㉤ 외광 또는 조명장치에 의하여 상시 조명이 제공되거나 비상조명등에 의한 조명이
　　제공되도록 설치할 것

② 광원점등방식의 피난유도선 설치

　㉠ 구획된 각 실로부터 주출입구 또는 비상구까지 설치할 것

　㉡ 피난유도 표시부는 바닥으로부터 높이 1 m 이하의 위치 또는 바닥 면에 설치할
　　것

　㉢ 피난유도 표시부는 50 cm 이내의 간격으로 연속되도록 설치하되 실내장식물 등
　　으로 설치가 곤란할 경우 1 m 이내로 설치할 것

　㉣ 수신기로부터의 화재신호 및 수동조작에 의하여 광원이 점등되도록 설치할 것

　㉤ 비상전원이 상시 충전상태를 유지하도록 설치할 것

　㉥ 바닥에 설치되는 피난유도 표시부는 매립하는 방식을 사용할 것

　㉦ 피난유도 제어부는 조작 및 관리가 용이하도록 바닥으로부터 0.8 m 이상 1.5 m
　　이하의 높이에 설치할 것

③ 피난유도선은 소방청장이 고시한 「피난유도선의 성능인증 및 제품검사의 기술기준」
　에 적합한 것으로 설치하여야 한다.

1-3 　동작

　그림 1-12는 일반적으로 많이 사용하고 있는 CCFL 도광판 유도등 점등회로의 블록도이
다. a와 b는 교류전원인 AC 220 V가 인가되며 b, c가 ON되어야 램프가 점등된다. 이 때
b, c가 ON되지 않아도 축전지는 충전된다. 전원장치의 LED는 교류전원이 투입되면 점등
된다. Fuse의 LED는 축전지가 없거나 축전지 Fuse가 단선되었을 때 점등되며 축전지의
충전량이 부족해도 점등된다. 스위치는 축전지(Battery)로 CCFL을 점등할 때 사용한다.
물론 밝기 조절(Dimmer)장치의 출력을 사용해도 된다. 정전시에는 축전지의 전력으로 인
버터를 기동시켜 인버터에서 발생되는 교류로 유도등을 점등시킨다.

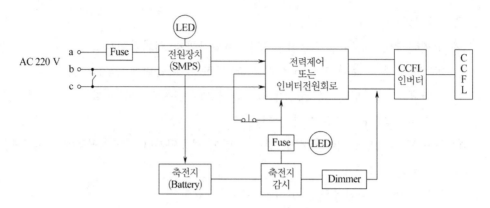

그림 1-12 유도등 점등회로 블럭도

이들의 각 부분에 대하여 설명한다.

(1) 전원부 : 전원을 공급하는 전원장치로 스위칭회로(Switching Circuit)를 이용한 전원공급장치로 SMPS(Switching Mode Power Supply)라고도 한다. SMPS는 통신용과 산업용 및 PC, OA기기, 가전기기용으로 분류한다. 출력전압은 95 V∼ 250 V의 Free전압으로서 입력범위가 넓고 출력전압의 효율이 높다.

(2) 인버터 및 제어부 : 출력을 궤환(Feedback)하여 CCFL의 구동전류를 일정하게 한다. 이는 CCFL의 점등 중 가장 중요한 것으로 CCFL의 수명 및 인버터 기술이다. 자려형(Self Resonance)과 타려형(Excited Type)으로 분류하며 타려형은 Half Bridged형과 Full Bridged형이 있다. 3선식 유도등의 원리에 의해 c선의 제어에 따라 구동된다. 정전시에는 축전지 출력부인 Dimmer 구동부로 전환하여 CCFL 밝기를 흐리게하여 축전지 수명을 연장시킬 수 있다.

(3) 밝기 제어(Dimming) : CCFL의 휘도는 입력되는 전력에 비례한다. 따라서 인버터의 출력을 제어하면 밝기제어가 가능하다. 이에는 공진회로의 전류진폭을을 제어하는 방법, 공진회로의 전압을 DC-DC컨버터로 제어하는 방법, PWM Dimming 방법이 있다. PWM Dimming 방법은 CCFL을 정상상태에서 구동시키면서 On/Off를 반복하며 점등과 소등시간의 비율을(시비율) 제어함으로서 밝기를 조절하는 방법이다. 스위칭 레귤레이터등에 이용되는 PWM과 유사하기 때문에 PWM Dimming이라 한다.

(4) 축전지 충전부 LED표시부 : 축전지의 충전이 가능하며 AC/DC를 표시하고 축전지 동작중을 표시한다. Fuse단선이나 축전지의 저전압, 단선등 이상유무를 검출하여 표시하며 테스트 S/W로 이상유무를 판별한다.

그러나 객석유도등은 전원회로가 없고 비상전원장치로부터 전원을 공급받는다는 것

을 앞에서 언급한 바 있으며 **그림 1-13**은 화재가 발생하여 자동화재탐지설비의 감지기
가 동작하였을 때 연동되는 흐름도를 보인 것이다.

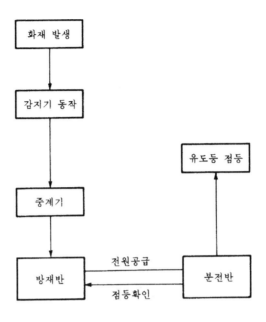

그림 1-13 화재시 유도등 점등

1-4 전 원

1) 전원

(1) 유도등의 전원은 축전지, 전기저장장치(외부 전기에너지를 저장해 두었다가 필요한 때
전기를 공급하는 장치) 또는 교류전압의 옥내간선으로 하고, 전원까지의 배선은 전용으
로 하여야 한다.

(2) 비상전원은 다음의 기준에 적합하게 설치하여야 한다.

① 축전지로 할 것

② 유도등을 20분 이상 유효하게 작동시킬 수 있는 용량으로 할 것. 다만, 다음의 소방
대상물의 경우에는 그 부분에서 피난층에 이르는 부분의 유도등을 60분 이상 유효하
게 작동시킬 수 있는 용량으로 하여야 한다.

ⓙ 지하층을 제외한 층수가 11층 이상의 층

ⓛ 지하층 또는 무창층으로서 용도가 도매시장·소매시장·여객자동차터미널·지하역사 또는 지하상가

2) 예비전원

다음 각 목에 적합하게 설치하여야 한다.

(1) 유도등의 주전원으로 사용하여서는 아니 된다.

(2) 인출선을 사용하는 경우에는 적당한 색깔에 의하여 쉽게 구분할 수 있어야 한다.

(3) 먼지, 수분등에 의하여 성능에 지장이 생길 우려가 있는 부분은 적당한 보호카바를 설치하여야 한다.

(4) 유도등의 예비전원은 알카리계, 리튬계 2차 축전지(이하 "축전지"라 한다) 또는 콘덴서(이하 "축전기"라 한다)이어야 한다.

(5) 전기적기구에 의한 자동충전장치 및 자동과충전방지장치를 설치하여야 한다. 다만, 과충전상태가 되어도 성능 또는 구조에 이상이 생기지 아니하는 예비전원을 설치할 경우에는 자동과충전방지 장치를 설치하지 아니할 수 있다.

(6) 예비전원을 병렬로 접속하는 경우는 역충전 방지등의 조치를 강구하여야 한다.

1-5 배선 및 결선

1 배선기준

(1) 배선은 전기사업법 제 67조에서 정한 것 외에 다음 각 호의 기준에 따라야 한다.

① 유도등의 인입선과 옥내배선은 직접 연결할 것

② 유도등은 전기회로에 점멸기를 설치하지 아니하고 항상 점등상태를 유지할 것. 다만, 특정소방대상물 또는 그 부분에 사람이 없거나 다음 각목의 어느 하나에 해당하는 장소로서 3선식 배선에 따라 상시 충전되는 구조인 경우에는 그러하지 아니하다.

ⓙ 외부광(光)에 따라 피난구 또는 피난방향을 쉽게 식별할 수 있는 장소

ⓛ 공연장, 암실(暗室) 등으로서 어두어야 할 필요가 있는 장소

ⓒ 특정소방대상물의 관계인 또는 종사원이 주로 사용하는 장소

(2) (1)의 ② 규정에 따른 3선식배선에 따라 상시 충전되는 유도등의 전기회로에 점멸기를 설치하는 경우에는 다음 각 호의 1에 해당되는 때에 점등되도록 하여야 한다.

① 자동화재탐지설비의 감지기 또는 발신기가 작동되는 때

② 비상경보설비의 발신기가 작동되는 때

③ 상용전원이 정전되거나 전원선이 단선되는 때

④ 방재업무를 통제하는 곳 또는 전기실의 배전반에서 수동으로 점등하는 때

⑤ 자동소화설비가 작동되는 때

2 결선방법

그림 1-14는 유도등의 2선, 3선 결선도로서 입선시에는 반드시 3색으로 하는 것이 좋으며 R형 중계기 및 수신반에서 연결되는 2가닥은 화재접점이다. 전선은 층별 및 그룹별 회로 증가시 2선씩 추가된다.

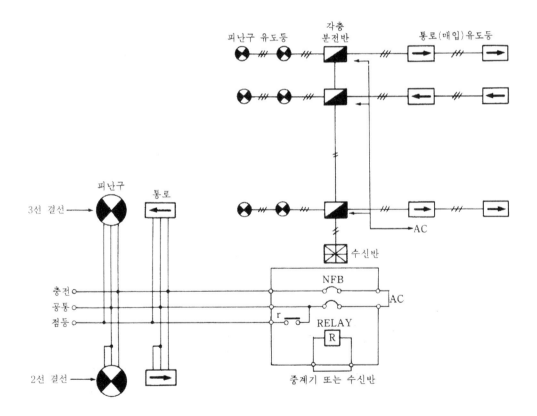

그림 1-14 2선, 3선 결선도

(1) 배선의 종류

① 2선식

배선회로를 전용회로로 하여 점멸기에 의하여 소등하게 되면 자동적으로 예비전원에 의하여 점등이 20분 이상 지속된 후 소등된다. 이 경우, 상용전원으로 예비전원에 자동충전이 되지 않으므로 유도등으로서의 기능을 하지 못한다. **그림 1-15**는 2선식의 배선과 구성도이며, **그림 1-16**은 구성도와 같이 중계반을 사용하였을 때 중계반 내부회로도를 보인 것이다.

② 3선식

이 배선법은 점멸기로 유도등을 소등하게 되면 유도등은 소등되나 예비전원은 충전을 계속하는 상태가 됨으로 정전 또는 단선등이 발생되어 교류전압이 전원공급이 되지 않더라도 자동적으로 충전된 예비전원에 의해 20분이상 비상점등된다.

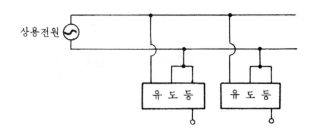

(a) 배선방법

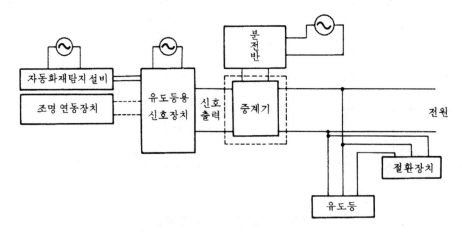

(b) 구성도

그림 1-15 2선식 배선방법과 구성도

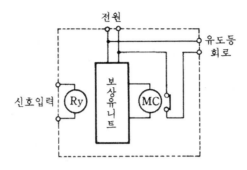

그림 1-16 중계반 내부회로도

이 배선방법은 원격 스위치 1개로 다수의 유도등을 동시에 점멸할 수 있으므로 공연장, 극장 등 사람의 재실여부가 확실히 구분되는 곳에 사용할 수 있으며 전기를 절감할 수 있다. 그러나 설비의 유지관리가 제대로 되어 있지 않으면 재해가 발생되어 상용전원이 정전되어도 유도등이 점등되지 않기 때문에 유지·관리 등에 만전을 기해야 한다. **그림 1-17**은 3선식 배선 방법과 중계기를 사용한 경우의 구성도이며, **그림 1-18**은 중계반 내부회로도이다.

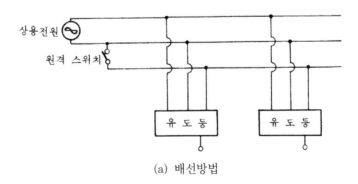

(a) 배선방법

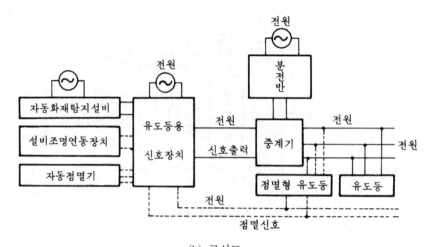

(b) 구성도

그림 1-17   3선식 배선방법과 구성도

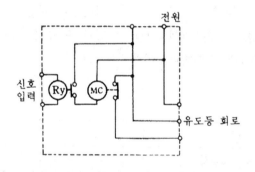

그림 1-18   중계반 내부회로도

(2) 연계 결선도

그림 1-19는 유도등용 신호장치와 결선된 회로도로서 참고하기 바란다.

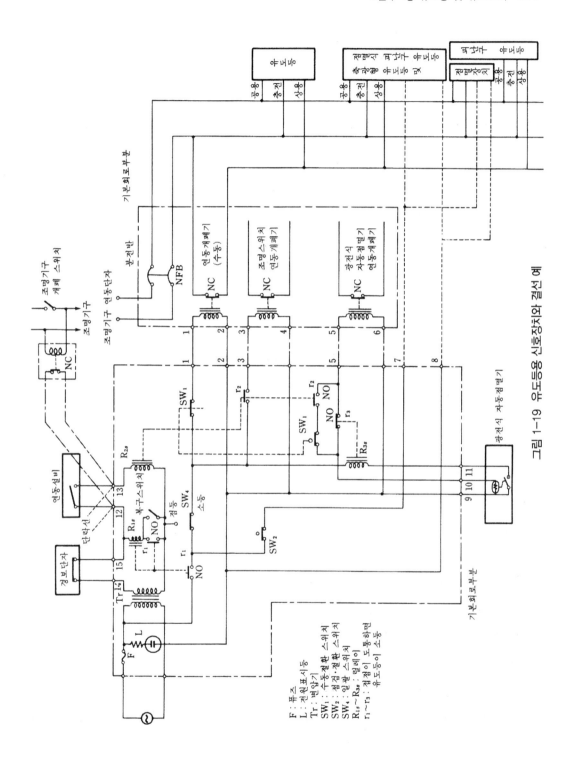

그림 1-19 유도등용 신호장치와 결선 예

F : 퓨즈
L : 전원표시등
Tr : 변압기
SW₁ : 수동절환 스위치
SW₂ : 점검·절환 스위치
SW₄ : 일괄 스위치
R₁ₛ~R₃ₛ : 릴레이
r₁~r₃ : 접점이 도통하면
　　　유도등이 소등

1-6 시 험

(1) 바닥매립형 유도등의 정하중시험

바닥에 매립하는 구조의 유도등은 유도등 상부 중앙 50 ㎜ 직경의 원에 9800 N(1,000 kg)의 하중을 가하는 경우 구조의 변형이 없어야 한다.

(2) 살수 및 방수시험

① 바닥에 매립하는 구조의 통로유도등은 유도등을 사용상태로 부착하고 맑은 물을 34.5 kPa의 압력으로 3개의 분무헤드를 이용하여 전면 상방에 (45 ± 2)° 각도의 방향에서 시료를 향하여 일률적으로 24시간 이상 물을 분사하는 경우에 내부에 물이 고이지 않아야 하며, 기능 및 절연저항시험에 이상이 생기지 아니하여야 한다.

② 방수형유도등은 유도등을 맑은 물에 수심(물의 표면으로부터 유도등 윗지점 까지의 거리) 0.15 m로 30분간 침지시키는 방수시험을 실시하는 경우 및 제1항의 규정에 의한 살수시험을 실시하는 경우 내부에 물이 고이거나 기능에 이상이 생기지 아니하여야 한다.

(3) 절연저항시험

유도등의 교류입력측과 외함 사이, 절연된 교류입력측과 충전부사이 및 절연된 충전부와 외함 사이의 각 절연저항은 DC 500 V의 절연저항계로 측정한 값이 5 ㏁ 이상이어야 한다.

(4) 절연내력시험

유도등의 절연내력은 절연저항시험 측정개소에 규정된 시험부에 60 Hz의 정현파에 가까운 실효전압 500 V(정격전압이 60 V를 초과하고 150 V 이하인 것은 1 kV, 정격전압이 150 V를 초과하는 것은 그 정격전압에 2를 곱하여 1 kV를 더한 값)의 교류전압을 가하는 시험에서 1분간 견디는 것이어야 한다.

(5) 식별도 및 시야각시험

① 피난구유도등 및 거실통로유도등은 상용전원으로 등을 켜는(평상사용 상태로 연결, 사용전압에 의하여 점등후 주위조도를 10 lx에서 30 lx까지의 범위내로 한다. 이하 이 조에서 같다) 경우에는 직선거리 30 m의 위치에서, 비상전원으로 등을 켜는(비상전원에 의하여 유효점등시간 동안 등을 켠후 주위조도를 0 lx에서 1 lx까지의 범위내로 한다. 이하 이 조에서 같다) 경우에는 직선거리 20 m의 위치에서 각기 보통시

력(시력 1.0에서 1.2의 범위내를 말한다. 이하 같다)으로 피난유도표시에 대한 식별이 가능하여야 한다. 이 경우 다음 각 호의 하나에 적합하여야 한다.

㉠ 제9조제1항제1호 내지 제4호의 하나, 색채 및 화살표가 함께 표시된 경우에는 화살표도 쉽게 식별될 것

㉡ 동영상표시형 유도등은 피난자가 비상문으로 피난하는 형태로 인식될 것

㉢ 단일·동영상 연계표시형 유도등은 제1호 및 제2호의 규정에 적합할 것

② 복도통로유도등에 있어서 사용전원으로 등을 켜는 경우에는 직선거리 20 m의 위치에서, 비상전원으로 등을 켜는 경우에는 직선거리 15 m의 위치에서 보통시력에 의하여 표시면의 화살표가 쉽게 식별되어야 한다.

③ 피난구 유도등은 눈 높이로부터 30㎝ 위치에 설치하고 유도등 바로 밑으로부터 수평거리는 1 m 이상(표시면 긴 변의 길이 4배 이상으로 하고 이 거리가 1 m 미만인 경우에는 1 m로 한다) 떨어진 위치(**그림 1-21**에서 표시하는 위치)에서 제1항의 주위조도 및 시력범위와 동일한 조건으로 확인하는 경우 다음 각 호의 하나에 적합하여야 한다.

㉠ 피난유도표시방법의 유도등 피난유도표시 제1호 내지 제4호의 하나, 색채 및 화살표가 함께 표시된 경우에는 화살표도 쉽게 식별될 것

㉡ 동영상표시형 유도등은 피난자가 비상문으로 피난하는 형태로 인식할 수 있을 것

㉢ 단일·동영상 연계표시형 유도등은 제1호 및 제2호의 규정에 적합할 것

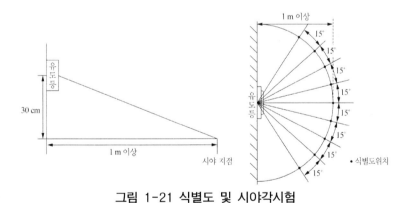

그림 1-21 식별도 및 시야각시험

④ 패널식 유도등의 피난유도표시는 깜박임, 어두워짐 및 흔들림의 발생이 없어야 한다.

(6) 소음시험

상용전원으로 등을 켜는 상태(정격전압 ±20 %인 전압에서 실시한다) 또는 비상전원으로 등을 켜는 상태에서 유도등으로부터 발생하는 소음의 크기는 0.1 m의 거리에서 40 dB 이하이어야 한다.

(7) 자동전환장치등의 작동시험

유도등의 자동전환장치는 다음 각호에 적합하여야 한다.

① 정격전압의 80 % 이하인 범위내에서 작동하여야 한다.

② 유도등에 정격전압 ±10 %의 전압을 가하고 자동복귀형의 점검용 점멸기로 전환작동을 반복하여 10회 실시하는 시험에서 전환기능에 이상이 생기지 아니하여야 한다.

(8) 저온에서의 비상점등시험

유도등은 주위온도가 −10±2 ℃인 조건에서 소등한 상태로 2시간 동안 방치한 후 비상전원에 의하여 점등하는 경우 다음 각 호에 적합하여야 한다.

① 상용전원에서 예비전원 충전상태를 유지하면서 소등되는 기능이 있는 유도등은 소등상태에서, 비상전원에 의하여 점등하는 경우 10초 이내에 명확히 점등되어야 한다.

② 상용전원에서 예비전원 충전상태를 유지하면서 소등되는 기능이 없는 유도등은 점등상태에서, 비상전원에 의한 점등상태로 전환되는 경우 소등상태 없이 즉시 점등되어야 한다.

(9) 충전장치

충전장치는 비상전원으로 사용되는 축전지의 제조업체사양에 적합하게 설계되어야 하며 48시간 내에 축전지의 정격용량 이상으로 충전되어야 한다.

(10) 광속표준전압 및 소비전력

주위온도 20±5 ℃에서 정격부하로 12시간 이상 방전시킨 다음 즉시 48시간 충전한 후, 상용전원에 의한 점등상태에서의 소비전력은 설계값(소비전력 표시값) 이하이어야 하며, 정격부하에서 유도등을 비상전원으로 전환하여 유효점등시간을 방전한 직후의 광속표준전압(설계값) 이상이어야 한다.

(11) 조도시험

통로유도등 및 객석유도등은 그 유도등을 비상전원의 성능에 따라 유효점등시간 동안 등을 켠후 주위조도가 0 lx인 상태에서 다음과 같은 방법으로 측정하는 경우, 그 조도는 각각 다음 각호에 적합하여야 한다.

① 계단통로유도등은 바닥면 또는 디딤바닥면으로부터 높이 2.5 m의 위치에 그 유도등을 설치하고 그 유도등의 바로 밑으로부터 수평거리로 10 m 떨어진 위치에서의 법선조도가 0.5 lx 이상이어야 한다.

② 복도통로유도등은 바닥면으로부터 높이 1 m 높이에, 거실통로유도등은 바닥면으로

부터 2 m 높이에 설치하고 그 유도등의 중앙으로부터 0.5 m 떨어진 위치(**그림 1-22** 에서 정하는 위치)의 바닥면 조도와 유도등의 전면 중앙으로부터 0.5 m 떨어진 위치 의 조도가 1 lx 이상이어야 한다. 다만, 바닥면에 설치하는 통로유도등은 그 유도등 의 바로 위부분 1 m의 높이에서 법선조도가 1 lx 이상이어야 한다.

③ 객석유도등은 바닥면 또는 디딤바닥면에서 높이 0.5 m의 위치에 설치하고 그 유도 등의 바로 밑에서 0.3 m 떨어진 위치에서의 수평조도가 0.2 lx 이상이어야 한다.

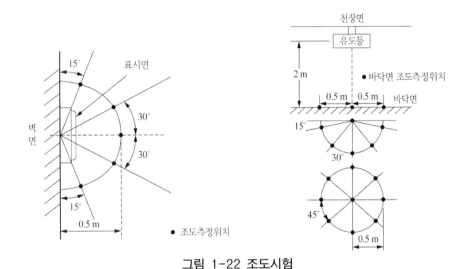

그림 1-22 조도시험

(12) 반복시험

유도등은 정격사용전압에서 AC점등, DC점등, 소등의 반복을 1회로 하여 2,500회의 작 동을 반복 실시하는 경우 그 구조 또는 기능에 이상이 생기지 아니하여야 한다. 다만, 상용 전원에서 예비전원 충전상태를 유지하면서 소등되는 기능이 없는 유도등은 AC점등, DC점 등 반복을 1회로 한다.

(13) 내식시험

유도등의 외함 및 부품지지대로서 금속제인 것은 KS D 9502(염수분무시험방법)에 의하 여 5 cycle(1cycle이란 시험기의 운전 8시간, 정지방치시간 16시간을 가한 것)을 시험한 후 부식된 부분이 없어야 한다.

(14) 그림문자 색상 및 색도시험

① 투광식 유도등의 투과면 그림문자 색상은 **그림 1-23**의 좌표범위 내에 포함되어야 한다.

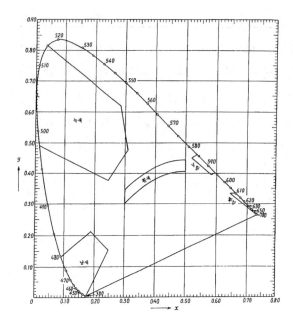

그림 1-23 그림문자 색상 및 색도시험

② 투광식 유도등의 투과면은 자외선 카본식 내후성시험기 온도를 (63 ± 3) ℃로 유지 하여 120시간 조사 후 제1항의 규정에 의한 시험에 이상이 없어야 한다.

③ 패널식 유도등은 전원을 인가하지 아니한 상태에서 (63 ± 3) ℃로 120시간 노출시킨 후 제1항의 시험에 적합하여야 한다. 이 경우 패널을 투과면으로 본다. 다만, 패널식 의 표시면에 아크릴 등을 보강한 경우에는 제2항의 시험을 적용한다.

(15) 진동시험

유도등은 전원을 인가하지 아니한 상태에서 다음 각 호의 규정에 의한 시험을 실시하는 경우 그 구조 및 기능에 이상이 생기지 아니하여야 한다.

① 주파수 범위 : 10 ～ 150 ㎐

② 가속도 진폭 : 10 ㎧

③ 축수 : 3

④ 스위프 속도 : 1 옥타브/min

⑤ 스위프사이클 수 : 축당 20

(16) 전자파적합성

유도등은 「전파법」제47조의3제1항 및 「전파법 시행령」제67조의2에 따라 국립전파연구 원장이 정하여 고시하는「전자파적합성 기준」에 적합하여야 한다.

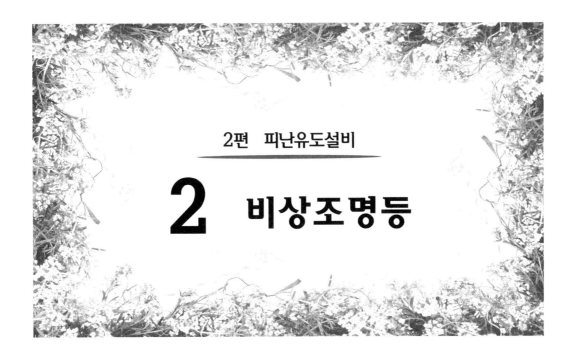

2 비상조명등

　비상조명등이란 화재발생등에 의한 정전시에 안전하고 원활한 피난활동을 할 수 있도록 거실 및 피난통로등에 설치하는 조명등으로서 비상전원용 축전지가 내장되어 상용전원이 정전되는 경우에는 비상전원으로 자동전환되어 점등되는 조명등을 말하며 정상상태에서는 상용전원에 의하여 점등되는 것을 포함한다. **그림 2-1**은 비상조명등과 휴대용비상조명등의 외관을 보인 것으로 사용전압은 교류 220 V이며 사용전구의 수에 따라 단형과 쌍형이 있다. 그러나 휴대용비상조명등은 DC전원인 건전지를 사용한다.

(a) 비상조명등　　　　　　　　　　　(b) 휴대용비상조명등

그림 2-1 비상조명등과 휴대용비상조명등

비상조명등에는 다음의 종류가 있다.
① 전용형 : 상용광원과 비상용 광원이 각각 별도로 내장되어 있거나 또는 비상시에 점
등하는 비상용 광원만 내장되어 있는 비상조명등을 말한다.
② 겸용형 : 동일한 광원을 상용광원과 비상용광원으로 겸하여 사용하는 비상조명등을
말한다.
③ 방폭형 : 폭발성 가스가 용기 내부에서 폭발하였을 때 용기가 그 압력에 견디거나 또
는 외부의 폭발성 가스에 인화될 우려가 없도록 만들어진 형태의 제품을 말한다.
④ 방수형 : 그 구조가 방수구조로 되어 있는 것을 말한다.

휴대용비상조명등이란 화재발생 등으로 정전시 안전하고 원활한 피난을 위하여 피난자
가 휴대할 수 있는 조명등을 말한다.

2-1 설치대상과 기준

1 설치대상과 면제

(1) 비상조명등을 설치하여야 하는 특정소방대상물(가스시설 또는 창고와 이와 비슷한 것
은 제외)은 다음과 같다.
① 지하층을 포함하는 층수가 5층 이상인 건축물로서 연면적 3,000 m² 이상인 것
② ①에 해당하지 아니하는 특정소방대상물로서 그 지하층 또는 무창층의 바닥면적이
450 m² 이상인 경우에는 그 지하층 또는 무창층
③ 지하가중 터널로서 그 길이가 500 m 이상인 것
④ 비상조명등을 설치하여야 할 소방대상물에 피난구유도등 또는 통로유도등을 화재안
전기준에 적합하게 설치한 경우에는 그 유도등의 유효범위안의 부분에는 설치가 면
제된다. 이 경우 유효범위안의 부분이라 함은 유도등의 조도가 바닥에서 1 lx 이상이
되는 부분을 말한다.
(2) 휴대용비상조명등을 설치하여야 하는 특정소방대상물은 다음과 같다.
① 숙박시설
② 수용인원 100인 이상의 영화상영관·판매시설중 대규모점포 및 도시철도시설 중 지
하역사·지하가 중 지하상가

2 설치기준

(1) 비상조명등

① 특정소방대상물의 각 거실과 그로부터 지상에 이르는 복도·계단 및 그 밖의 통로에 설치하여야 한다.

② 조도는 비상조명등이 설치된 장소의 각 부분의 바닥에서 1lx 이상이 되도록 할 것

③ 예비전원을 내장하는 비상조명등에는 평상시 점등여부를 확인할 수 있는 점검스위치를 설치하고 해당 조명등을 유효하게 작동시킬 수 있는 용량의 축전지와 예비전원 충전장치를 내장할 것.

④ 예비전원을 내장하지 아니하는 비상조명등의 비상전원은 자가발전설비, 축전지설비 또는 전기저장장치(외부 전기에너지를 저장해 두었다가 필요한 때 전기를 공급하는 장치)를 다음 각 목의 기준에 따라 설치하여야 한다.

   ㉠ 점검에 편리하고 화재 및 침수 등의 재해로 인한 피해를 받을 우려가 없는 곳에 설치한다.

   ㉡ 상용전원으로부터 전력의 공급이 중단된 때에는 자동으로 비상전원으로부터 전력을 공급받을 수 있도록 한다.

   ㉢ 비상전원의 설치장소는 다른 장소와 방화구획 할 것. 이 경우 그 장소에는 비상전원의 공급에 필요한 기구나 설비외의 것(열병합발전설비에 필요한 기구나 설비는 제외한다)을 두어서는 아니된다.

   ㉣ 비상전원을 실내에 설치하는 때에는 그 실내에 비상조명등을 설치한다.

⑤ 제3호 및 제4호의 규정에 따른 비상전원은 비상조명등을 20분 이상 유효하게 작동시킬 수 있는 용량으로 한다. 다만, 다음 특정소방대상물의 경우에는 그 부분에서 피난층에 이르는 부분의 비상조명등을 60분 이상 유효하게 작동시킬 수 있는 용량으로 하여야 한다.

   ㉠ 지하층을 제외한 층수가 11층 이상의 층

   ㉡ 지하층 또는 무창층으로서 용도가 도매시장·소매시장·여객자동차터미널·지하역사 또는 지하상가

⑥ 영 별표 6 제10호 비상조명등의 설치면제 요건에서 "그 유도등의 유효범위안의 부분"이란 유도등의 조도가 바닥에서 1lx 이상이 되는 부분을 말한다.

⑦ 비상조명등 설치제외장소

   ㉠ 거실의 각 부분으로부터 하나의 출입구에 이르는 보행거리가 15 m 이내인 부분

   ㉡ 의원·경기장·공동주택·의료시설·학교의 거실

© 지상 1층 또는 피난층으로서 복도·통로 또는 창문등의 개구부를 통하여 피난이 용이한 경우 또는 숙박시설로서 복도에 비상조명등을 설치한 경우

(2) 휴대용비상조명등

① 다음의 장소에 설치한다.

㉠ 숙박시설 또는 다중이용업소에는 객실 또는 영업장안의 구획된 실마다 잘 보이는 곳(외부에 설치시 출입문 손잡이로부터 1 m 이내 부분)에 1개 이상 설치한다.

㉡ 「유통산업발전법」 제2조제3호에 따른 대규모점포(지하상가 및 지하역사는 제외한다)와 영화상영관에는 보행거리 50 m 이내 마다 3개 이상 설치한다.

㉢ 지하상가 및 지하역사에는 보행거리 25 m 이내마다 3개 이상 설치한다.

② 설치기준

㉠ 설치높이는 바닥으로부터 0.8 m 이상 1.5 m 이하의 높이에 설치한다.

㉡ 어둠속에서 위치를 확인할 수 있도록 한다.

㉢ 사용시 자동으로 점등되는 구조이어야 한다.

㉣ 외함은 난연성능이 있을 것

㉤ 건전지를 사용하는 경우에는 방전방지조치를 하여야 하고, 충전식 밧데리의 경우에는 상시 충전되도록 한다.

㉥ 건전지 및 충전식 배터리의 용량은 20분 이상 유효하게 사용할 수 있는 것으로 한다.

③ 휴대용비상조명등 설치제외장소

㉠ 지상 1층

㉡ 피난층으로서 복도·통로

㉢ 창문 등의 개구부를 통하여 피난이 용이한 경우 또는 숙박시설로서 복도에 비상조명등을 설치한 경우

2-2 구조 및 특성

1 일반구조

(1) 상용전원전압의 110 % 범위안에서는 비상조명등 내부의 온도상승이 그 기능에 지장을 주거나 위해를 발생시킬 염려가 없어야 한다.

(2) 방폭형 비상조명등은 다음 각 목의 1에서 정하는 방폭구조에 적합하여야 한다.

   ① 한국산업규격

   ② 가스관계법령(고압가스안전관리법, 액화석유가스의 안전 및 사업관리법, 도시가스 사업법)에 의하여 정하는 규격

   ③ 산업안전보건법령에 의하여 정하는 규격

(3) 주전원 및 비상전원을 단락사고등으로부터 보호할 수 있는 퓨즈등 과전류보호장치를 설치하여야 한다.

(4) 외함은 기기내부의 온도상승에 의하여 변형·변색 또는 변질되지 아니하여야 한다.

(5) 전구 및 예비전원 등의 내부부품을 쉽게 교환·보수·점검할 수 있도록 조립된 구조이어야 한다. 다만, 방수형·방폭형의 것은 그러하지 아니하다.

(6) 광원 또는 점등관을 교환·점검할 때 접촉될 우려가 있는 부분은 감전되지 아니하도록 보호조치를 하여야 한다.

(7) 사용전압은 300 V 이하이어야 한다. 다만, 충전부가 노출되지 아니한 것은 300 V를 초과할 수 있다.

(8) 설치하고자 하는 부분에 견고하게 설치할 수 있는 구조이어야 한다.

(9) 수송 중 진동 또는 충격에 의하여 기능에 장애를 받지 아니하는 구조이어야 한다.

(10) 내부의 온도가 비정상적으로 상승하지 아니하도록 하여야 하며, 축전지와 내부부품은 양호한 방열처리가 되도록 하여야 한다.

(11) 축전지의 배선등을 직접 납땜하지 아니하여야 한다.

(12) 상용전원과 접속되는 전선은 KS C IEC 60245-8 또는 KS C IEC 60227-5에 적합하거나 이와 동등 이상의 절연성, 도전성 및 기계적 강도가 있어야 한다.

(13) 전선의 굵기는 인출선인 경우에는 단면적이 0.75 mm^2 이상, 인출선외의 경우에는 단면적이 0.5 mm^2 이상이어야 한다.

(14) 인출선의 길이는 전선인출 부분으로부터 150 mm 이상이어야 한다. 다만, 인출선으로 하지 아니할 경우에는 풀어지지 아니하는 방법으로 전선을 쉽고 확실하게 부착할 수 있도록 접속단자를 설치하여야 한다.

(15) 화재가 발생한 경우 화재경보설비 또는 비상경보설비등으로부터 발신되는 신호를 수신하여 미리 정하여진 작동을 하는 비상조명등은 그 기능이 정상적으로 작동하여야 한다.

(16) 내부의 전기회로에 스위치를 설치하는 경우에는 자동복귀형 스위치를 설치하여야 한다.

(17) 비상조명등에는 점검용의 자동복귀형 점멸기를 설치하여야 한다.

(18) 작동이 확실하고, 취급·점검이 쉬워야 하며, 현저한 잡음이나 장해전파를 발하지 아

니하여야 한다. 또한, 먼지·습기·곤충 등에 의하여 기능에 영향을 받지 아니하여야 한다.

(19) 부식에 의하여 기계적 기능에 영향을 초래할 우려가 있는 부분은 칠·도금 등으로 유효하게 내식가공을 하거나 방청가공을 하여야 하며, 전기적 기능에 영향이 있는 단자·나사 및 와셔 등은 동합금이나 이와 동등이상의 내식성능이 있는 재질을 사용하여야 한다.

(20) 극성이 있는 경우에는 오접속을 방지하기 위하여 필요한 조치를 하여야 한다.

(21) 부품의 부착은 기능에 이상을 일으키지 아니하고 쉽게 풀리지 아니하도록 하여야 한다.

(22) 전선 이외의 전류가 흐르는 부분과 가동축부분의 접촉력이 충분하지 아니한 곳에는 접촉부의 접촉불량을 방지하기 위한 적당한 조치를 하여야 한다.

(23) 외부에서 사람이 쉽게 접촉할 우려가 있는 충전부는 충분한 보호장치를 하여야 한다.

(24) 광원과 전원부를 별도로 수납하는 구조인 것은 다음에 적합하여야 한다.

　① 전원함은 불연재료 또는 난연재료의 재질을 사용할 것

　② 광원과 전원부 사이의 배선길이는 1 m 이하로 할 것

　③ 배선은 충분히 견고한 것을 사용할 것

(25) 내부의 부품등에서 발생되는 열에 의하여 구조 및 기능에 이상이 생길 우려가 있는 것은 방열판 또는 방열공 등에 의하여 보호조치를 하여야 한다. 다만, 방수형 또는 방폭형의 것은 방열공을 설치하지 아니할 수 있다.

2 외함 및 표시면의 재질

(1) 외함의 재질

비상조명등의 외함(매립형의 경우는 내부회로 보호용함을 말한다) 및 부품 지지대의 재질은 다음 각 호에 적합한 것이어야 한다.

　① 두께 0.5 mm 이상의 방청가공된 금속판. 다만, 20 W용 형광램프를 내장하는 경우에는 두께 0.7 mm 이상, 40 W용 형광램프를 내장하는 경우는 두께 1.0 mm 이상의 방청가공된 금속판

　② 두께 3 mm 이상의 내열성 강화 유리

　③ 난연재료 또는 방염성능이 있는 두께 3 mm 이상의 합성수지로서 80 ℃ 이상의 온도에서 열로 인한 변형이 생기지 아니하여야 하며 자기 소화성이 있는 것

(2) 표시면 및 조사면의 재질등

비상조명등의 표시면과 조사면의 재질은 1 mm 이상(다만, 20 W 이상의 형광램프 내장

시는 2 mm 이상, 40 W 이상의 형광램프 내장시는 3 mm 이상)의 난연재료 또는 방염성능이 있는 합성수지이거나 이와 동등 이상의 것으로 쉽게 파손되거나 변형·변질 또는 변색이 되지 아니하는 것이어야 한다.

3 광원

비상조명등에 사용하는 광원이 형광램프 또는 백열전구인 경우에는 다음 각 호에 적합하여야 한다

(1) 광원용 램프를 형광램프로 하는 경우에는 산업표준화법에 의한 KS규격표시품, 전기용품안전관리법에 의한 안전인증품 등 공인규격품 이어야 한다.

(2) 광원용 램프를 백열전구로 하는 경우에는 2중 코일전구이어야 한다. 다만, 2개 이상의 백열전구를 병렬로 설치하여 점등하는 방식의 경우에는 단일코일전구로 할 수 있다. 다만, 2개 이상의 백열전구를 병렬로 설치하여 점등하는 방식의 경우에는 단일코일전구로 할 수 있다.

2-3 설비계통

그림 2-2는 비상전원과 상용 전원을 비상조명등에 결선시키는 설비계통도를 나타낸 것으로 S는 분기전용 개폐기이며 굵은 선은 내화내열 규제를 받는 전선이다.

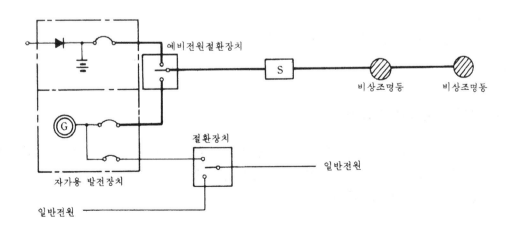

그림 2-2 설비계통

2-4 전 원

1 전원

(1) 비상조명등에 사용하는 전원은 정전시에는 상용전원에서 비상전원으로, 정전복귀시에 는 비상전원에서 상용전원으로 자동전환되는 구조이어야 한다.

(2) 상용전원에 의하여 켜지는 광원을 원격조작에 의하여 끊더라도 축전지는 상용전원에 의하여 자동충전할 수 있어야 하고 상용전원이 정전되는 경우에는 즉시 비상전원에 의 하여 켜져야 한다.

(3) 비상전원의 상태를 감시할 수 있는 장치가 있어야 한다.

2 예비전원

예비전원은 다음 각 목에 적합하게 설치하여야 한다.

(1) 비상조명등의 주전원으로 사용하여서는 아니 된다.

(2) 인출선은 적당한 색깔에 의하여 쉽게 구분할 수 있어야 한다.

(3) 다. 먼지, 수분 등에 의하여 성능에 지장이 생길 우려가 있는 부분은 적당한 보호카바를 설치하여야 한다.

(4) 비상조명등의 예비전원은 알카리계 2차 축전지, 리튬계 2차 축전지 또는 무보수밀폐형 연축전지로 한다.

(5) 전기적 기구에 의한 자동충전장치 및 자동과충전방지장치를 설치하여야 한다. 다만, 과 충전상태가 되어도 성능 또는 구조에 이상이 생기지 아니하는 축전지를 설치한 경우에 는 자동과충전방지장치를 설치하지 아니할 수 있다.

(6) 예비전원을 병렬로 접속하는 경우는 역충전 방지 등의 조치를 강구하여야 한다.

3 비상점등회로의 보호

비상조명등은 비상점등을 위하여 비상전원으로 전환되는 경우 비상점등 회로로 정격전 류의 1.2배 이상의 전류가 흐르거나 램프가 없는 경우에는 3초 이내에 예비전원으로부터의 비상전원 공급을 차단하여야 한다.

2-5 시 험

[1] 소음시험

상용전원으로 등을 켜는 상태(정격전압 ±20 %인 전압에서 실시한다) 또는 비상전원으로 등을 켜는 상태에서 비상조명등으로부터 발생하는 소음의 크기는 0.1 m의 거리에서 40 dB 이하이어야 한다.

[2] 자동전환장치등의 작동시험

비상조명등의 자동전환장치는 다음 각호에 적합하여야 한다.

(1) 정격전압의 80 % 이하인 범위 내에서 작동하여야 한다.

(2) 비상조명등에 정격전압의 ±10 %인 전압을 가하고 자동복귀형의 점검용 점멸기로 전환작동을 반복하여 10회 실시하는 시험에서 전환기능에 이상이 생기지 아니하여야 한다.

[3] 충전장치 및 방전장치시험

(1) 자동충전장치, 시한충전장치 또는 보상충전장치는 다음 각 호에 적합하여야 한다.

① 자동충전장치는 그 장치에 가하는 전압이 정격전압의 ±10 %의 수치일 때 축전지의 충전전류는 0.05C(C는 전지의 공칭용량의 수치)이하이어야 한다. 다만, 과충전방지장치가 있는 것은 그러하지 아니하다.

② 시한충전장치는 제1호의 규정에 적합하여야 하고 축전지가 완전충전상태와 그 장치의 설정기간의 ±10 %로서 축전지에 충전하는 경우 과충전상태가 되지 아니하여야 한다.

③ 보상충전장치는 축전지가 완전충전상태에서 그 장치에 가하는 전압이 정격전압의 ±10 %인 경우 축전지의 자기방전전류를 보상하고 또한 과충전상태가 되지 아니하여야 한다.

(2) 자동과방전방지장치 및 시한방전장치는 그 장치에 가하는 전압이 정격전압의 ±10 % 또는 설정기간이 규정된 설정기간의 ±10 %로 되는 경우 축전지가 과방전상태가 되지 아니하여야 한다.

4 광속표준전압시험

비상조명등의 광속전압은 비상조명등을 기준 주위온도 20±5 ℃에서 정격부하로 12시간 이상 방전하고 즉시 48시간 충전한 후 정격부하에서 비상전원으로 전환하여 등을 켜는 경우 유효점등시간×1.25시간 경과후의 전압이 광속표준전압(설계값) 이상이어야 한다.

5 광속비시험

비상조명등은 주위온도 20±5 ℃인 상태에서 상용전원으로 등을 켜는 때의 비상전원으로 등을 켜는 때와 비상전원으로 등을 켜는 때의 광속의 비율이 광원당 36 % 이상이어야 하고 설계광속비의 ±20 % 범위 이내이어야 한다. 이 경우 비상전원으로 켜는 등은 광속표준전압에서 안정된 직류전원에 의한다.

6 조도시험

비상조명등은 다음 각 호의 방법에 의하여 시험한 경우 비상조명등의 광중심을 통하는 연직선에서 바닥면 수평거리가 제품에 표시된 배광번호에 따라 **표 2-1**에 표시하는 수치 이상이어야 한다. 이 경우 비상용 광원이 백열램프인 경우에는 **표 2-1** 중 수평면조도 0.5 lx 및 1.0 lx란을, 형광램프인 경우에는 1.0 lx 및 2.0 lx란을 적용한다.

　① 제품을 규정된 높이(2 m, 3 m, 4 m)에 정상 사용상태로 부착하여 시험한다.
　② 제품을 광속표준전압으로 점등하여 안정시킨후 측정한다.
　③ 제품의 바로 밑에서부터 규정된 조도이상인 수평거리를 측정한다.

7 반복시험

비상조명등은 정격사용전압에서 1만회의 작동을 반복하여 실시하는 경우 그 구조 또는 기능에 이상이 생기지 아니하여야 한다. 이 경우 시험도중 광원 및 예비전원은 교체할 수 있다.

8 방수시험

방수형 비상조명등은 이를 사용상태로 부착하고 맑은 물을 34.5 kPa의 압력으로 3개의 분무헤드를 이용하여 전면 상방에 (45 ± 2)° 각도의 방향에서 시료를 향하여 일률적으로 24시간 이상 물을 분사하는 경우에 내부에 물이고이지 않아야 하며, 기능 및 절연저항시험에 이상이 생기지 아니하여야 한다.

9 절연저항시험

비상조명등의 교류입력측과 외함 사이, 절연된 교류입력측과 충전부 사이 및 절연된 충전부의 외함 사이의 각각 절연저항은 직류 500 V의 절연저항계로 측정한 값이 5 MΩ 이상이어야 한다.

10 절연내력시험

비상조명등의 절연내력은 절연저항시험에 규정된 시험부에 60 Hz의 정현파에 가까운 실효전압 500 V(정격전압이 60 V를 초과하고 150 V 이하인 것은 1,000 V, 정격전압이 150 V를 초과하는 것은 그 정격전압에 2를 곱하여 1,000 V를 더한 값)의 교류전압을 가하는 시험에서 1분간 견디는 것이어야 한다.

11 전자파 적합성

비상조명등은 「전파법」제47조의3제1항 및 「전파법 시행령」제67조의2에 따라 국립전파연구원장이 정하여 고시하는「전자파적합성 기준」에 적합하여야 한다.

표 2-1 배광번호표

부착높이 / 배광번호	조도	0.5			1			2		
		2	3	4	2	3	4	2	3	4
A	1	2.8	3.6	4.1	2.4	2.9	3.2	2.0	2.2	2.1
	2	2.9	3.9	4.7	2.7	3.4	3.8	2.3	2.7	2.9
	3	3.1	4.2	5.1	2.8	3.8	4.4	2.5	3.2	3.5
	4	3.2	4.5	5.6	3.0	4.1	4.9	2.8	3.6	4.1
	5	3.3	4.7	5.9	3.1	4.4	5.4	2.9	3.9	4.7
	6	3.3	4.8	6.1	3.2	4.5	5.6	3.0	4.1	4.9
	7	3.4	4.8	6.2	3.2	4.6	5.7	3.1	4.2	5.1
	8	3.4	4.9	6.3	3.3	4.7	5.9	3.1	4.3	5.3
	9	3.4	4.9	6.4	3.3	4.8	6.1	3.2	4.5	5.6
	10	3.4	5.0	6.5	3.3	4.8	6.2	3.2	4.6	5.7
B	11	3.3	3.8	4.1	2.7	2.9	2.9	2.1	2.0	1.2
	12	3.8	4.5	5.0	3.1	3.6	3.8	2.5	2.7	2.5
	13	4.2	5.1	5.8	3.5	4.1	4.5	2.9	3.2	3.3
	14	4.7	5.8	6.6	4.0	4.8	5.3	3.3	3.8	4.1
	15	5.2	6.5	7.5	4.5	5.5	6.2	3.7	4.5	4.9
	16	5.4	6.9	8.0	4.7	5.8	6.6	4.0	4.8	5.3
	17	5.8	7.3	8.4	4.9	6.2	7.1	4.2	5.1	5.8
	18	6.1	7.6	8.9	5.2	6.5	7.5	4.4	5.4	6.2
	19	6.5	8.0	9.4	5.4	6.9	8.0	4.7	5.8	6.6
	20	6.9	8.4	9.9	5.8	7.2	8.4	4.9	6.1	7.1
C	21	3.6	4.0	4.0	2.8	2.8	2.3	2.0	0.5	–
	22	4.3	4.8	5.1	3.4	3.6	3.4	2.5	2.4	1.7
	23	5.0	5.7	6.1	4.0	4.4	4.5	3.1	3.	2.9
	24	5.7	6.7	7.3	4.6	5.3	5.6	3.6	4.0	4.0
	25	6.5	7.7	8.6	5.3	6.2	6.7	4.3	4.8	5.0
	26	6.9	8.3	9.2	5.7	6.7	7.3	4.6	5.3	5.6
	27	7.3	8.8	9.9	6.1	7.2	7.9	5.0	5.7	6.1
	28	7.8	9.4	10.7	6.5	7.7	8.	5.3	6.1	6.7
	29	8.3	10.1	11.5	6.9	8.3	9.2	5.7	6.7	7.3
	30	8.3	10.7	12.2	7.3	8.8	9.9	6.1	7.2	7.9
D	31	2.7	2.5	1.7	1.8	1.0	–	0.8	–	–
	32	3.4	3.4	3.0	2.4	20	0.8	1.5	–	–
	33	4.1	4.3	4.2	3.0	2.9	2.4	2.1	1.5	–
	34	4.9	5.3	5.4	3.7	3.8	3.6	2.7	2.5	1.7
	35	5.8	6.4	6.7	4.5	4.8	4.8	3.3	3.4	3.0
	36	6.3	7.0	7.4	4.9	5.3	5.4	3.7	3.8	3.6
	37	6.9	7.6	8.2	5.3	5.8	6.0	4.1	4.3	4.2
	38	7.4	8.3	8.9	5.8	6.4	6.7	4.4	4.7	4.8
	39	8.1	9.1	9.8	6.3	7.0	7.4	4.9	5.3	5.4
	40	.8.8	9.9	10.7	6.9	7.6	8.3	5.3	5.8	6.0

연 습 문 제

1. '피난구 유도등은 바닥으로부터 높이 (   ) 이상인 곳에 설치하여야 한다'에서 (   )에 적당한 용어는?

2. 유도표지의 종류를 쓰시오.

3. 피난구 유도표지와 계단통로용 유도표지를 비교 설명하시오.

4. 축광방식의 피난유도선을 설치할 때 설치높이와 피난유도 표지부 설치간격은 얼마 이내인가?

5. 피난구 유도등의 표시면의 표시방법은?

6. 소방대상물 객석의 통로에 객석 유도등을 시설하려고 할 때 수량을 산출하는 식 중 다음의 (   )에 들어갈 숫자는 무엇인가?

$$설치개수 \geq \frac{객석\ 통로의\ 직선\ 부분의\ 길이m}{(\qquad)} - (\ )$$

7. 유도등의 종류를 쓰고 설명하시오.

8. 통로 유도등의 설치 규정에 대하여 설명하시오.

9. 유도등의 리드선과 옥내 배선과의 접속 방법은?

10. 통로유도등을 복도등에 시설할 경우의 조도는 몇 lx 이상되어야 하는가? 단, 통로유도등 바로 밑으로부터 0.5 m 떨어진 바닥면에서 측정한 경우이다.

11. 객석 유도등의 조도는 몇 lx 이상이 되도록 설치하여야 하는가?

12. 20 W, FL 중형 피난구 유도등이 10개 묶여서 AC 220 V 전원에 연결되어 점등되고 있다. 전원으로부터 공급된 전류를 구하시오. 단, 유도등의 역률은 0.5이며, 유도등 축전지의 충전전류는 무시한다.

13. 피난구 유도등은 바닥으로부터 몇 m 이상에 설치하는가?

14. 객석 통로에서 직선부분의 길이가 20 m일 경우 객석 유도등의 설치개수는?

15. 화재 기타 긴급한 상태가 발생하여 사람을 비상구로 안전하게 유도하기 위하여 복도에 통로 유도등을 시설하려고 한다. 이 통로 유도등은 바닥으로부터 몇 m 이하의 곳에 설치하여야 하는가?

16. 유도등 설비에 부설하여야 하는 비상전원은 유도등을 몇 분 이상 점등할 수 있는 능력이 있는 것이어야 하는가?

17. 통로 유도표지는 바닥으로부터 얼마 이하의 곳에 설치하는가?

18. 유도등이 평상시에는 들어오는데 정전시 점등되지 않았다. 그 이유에 대해 쓰시오.

19. 다음 심벌의 명칭을 쓰고 간략히 설명하시오.

(1)   (2)   (3)   (4)

20. 20 W, 중형 피난구 유도등 20개가 AC 220 V 상용전원에 연결되어 점등되고 있다. 전원으로부터의 공급전류는 얼마인가. 단, 유도등의 역률은 0.7이며 유도등 축전지의 충전 전류는 무시한다.

21. 그림과 같은 장소에 복도통로 유도등을 설치하려고 한다. 도면상에 그 위치를 표기하시오. 단, 계단 통로유도등은 생략한다.

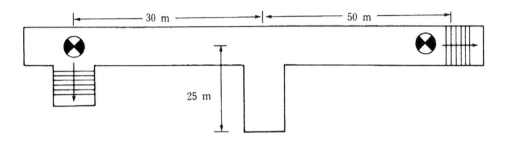

22. 복도의 길이가 40 m일 때 객석 유도등을 몇 개 설치하여야 하는가? 최소 개수를 구하시오.

23. 객석 유도등을 산출하는 식을 쓰시오.

24. 피난구 유도등, 통로 유도등의 바탕색상과 문자색을 쓰시오.

25. 피난구 유도등 설치 기준에 대해 4가지만 쓰시오.

26. 피난구 유도등에 대한 다음 각 물음에 답하시오
  (1) 설치하여야 하는 장소
  (2) 피난구의 바닥으로부터 높이 몇 m 이상의 곳에 설치해야 하는가?
  (3) 조명도는 피난구로부터 몇 m의 거리에서 문자 및 색채를 쉽게 식별할 수 있는 것으로 하여야 하는가?

27. 분전반에서 30 m 거리에 20 W인 유도등 20개를 설치하려 한다. 전선의 굵기는 몇 mm² 이상으로 해야 하는지 공칭 단면적으로 표시하시오. 단, 배선방식은 단상 2선식이며 전압강하는 2 % 이내, 전선은 동선을 사용한다.

28. 어느 건축물의 비상 조명용 설비의 조도를 10 lx로 유지하려고 한다. 초기조도는 얼마로 하면 좋은가? 단, 보수율을 0.7로 한다.

29. 비상용 조명기구의 조도는 몇 lx 이상을 유지하여야 하는가?

30. 비상조명등 및 휴대용비상조명등의 설치대상과 기준을 쓰시오.

31. 비상조명등의 조도 및 도로터널 화재안전기준에 따른 조도를 비교하시오.

32. 유도등 점등회로 블록도를 그리고 각 부분에 대해 설명하시오.

33. CCFL을 이용한 유도등을 그리고 이에 대해 설명하시오.

제 **3** 편

소화활동설비

소화활동설비는 화재발생시 조기 진화를 함으로써 재산과 인명의 피해를 최소한 줄이는 데 목적이 있다.

제연설비, 연결송수관설비, 비상콘센트설비, 무선통신보조설비 등의 설치대상, 기준, 구성, 구조 및 기능, 보호함, 전원의 설치 및 배선관계 사용방법을 알아본다.

3편 소화활동설비

1 제연설비

1-1 구 성

　제연설비란 화재시 발생되는 연기를 건축물의 외부로 배출시키는 설비로서 배연과 방연으로 대별된다. 배연은 연기를 일정한 장소로 유인하여 건축물에 설치된 창문이나 기계적 동력에 의해 신속하게 옥외로 배출시키는 것을 말하며 방연은 연기를 건축물의 한정된 장소로부터 다른 장소로 유동되지 않도록 하며 동시에 연기가 침입하는 것을 방지하는 것이다.
　제연설비를 설치하여야 하는 특정소방대상물은 다음과 같다.

(1) 문화 및 집회시설, 종교시설, 운동시설로서 무대부의 바닥면적이 200 ㎡ 이상 또는 문화 및 집회시설 중 영화상영관으로서 수용인원 100명 이상인 것
(2) 지하층이나 무창층에 설치된 근린생활시설, 판매시설, 운수시설, 숙박시설, 위락시설, 의료시설, 노유자시설 또는 창고시설(물류터미널만 해당한다)로서 해당 용도로 사용되는 바닥면적의 합계가 1,000 ㎡ 이상인 층
(3) 운수시설 중 시외버스정류장, 철도 및 도시철도 시설, 공항시설 및 항만시설의 대합실 또는 휴게시설로서 지하층 또는 무창층의 바닥면적이 1,000 ㎡ 이상인 것

(4) 지하가(터널은 제외한다)로서 연면적 1,000 ㎡ 이상인 것

(5) 지하가 중 예상 교통량, 경사도 등 터널의 특성을 고려하여 행정안전부령으로 정하는 터널

(6) 특정소방대상물(갓복도형 아파트등는 제외한다)에 부설된 특별피난계단 또는 비상용 승강기의 승강장

그림 1-1은 일반제연설비의 설치 및 연동관계를 나타낸 것이며 **그림** 1-2는 그 구성을 나타낸 것이다.

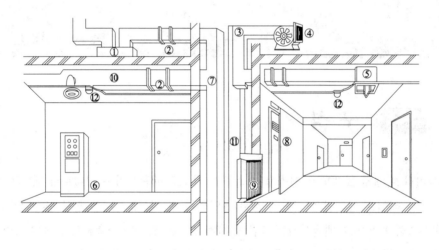

① 공조기 ② 방화 댐퍼 ③ 배연 덕트 ④ 배출기 ⑤ 모터식 배기구(원격복구)
⑥ 제연설비의 제어반 ⑦ 급기 덕트 ⑧ 방화문 릴리즈
⑨ 모터식 방연, 방화 댐퍼 릴리즈 ⑩ 모터식 댐퍼 ⑪ 배기 덕트 ⑫ 연기감지기

그림 1-1 일반적 제연설비

상호 연동관계를 표시하면 다음과 같다.

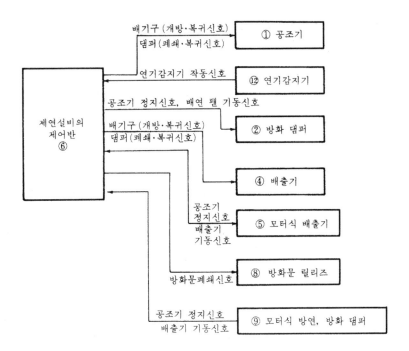

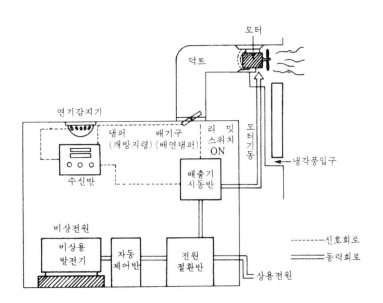

그림 1-2 제연설비의 구성

1-2 제연설비 기기의 제어

배기구, 배연창, 방화 댐퍼 등의 기기를 동작하는 방법은 일반적으로 다음의 3종류가 있으며 이들의 구성은 **그림 1-3**과 같다.

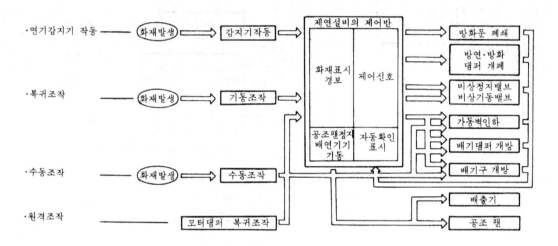

그림 1-3 제연설비 기기의 제어

(1) 수동동작

배기구를 현장에서 사람이 동작시키는 것으로 동일구획내에서 다른 배기구가 있는 경우에는 그 배기구도 연동하여 동작되며 수동개방장치를 조작하여 개방시킨다.

(2) 원격조작

제어반에서 배기구 및 다른 기기를 동작시키는 방법이다.

(3) 자동조작

연기감지기가 작동되는 것과 연동하여 배기구 및 다른 기기를 동작시키는 방법이다.

1-3 종 류

1 전실 제연설비

이 설비는 특별피난계단에 시설되는 것으로서 각 층에 일반실의 복도로부터 계단에 이르는 중간에 전실을 구성하여 인명의 대피로 인하여 복도측의 출입구의 개방과 함께 유입되는 연기가 계단쪽으로 확산되는 것을 방지하기 위한 설비이다.

화재가 발생하여 전실에 설치된 연기감지기가 동작되면 전실내에 설치된 급, 배기 댐퍼가 개방되고 이와 연동으로 송풍기와 배출기가 가동되어 전실내에는 신선한 공기상태가 유지된다. 그러나 근래 배기 댐퍼는 생략하는 경우도 많은데 이는 전실내부의 기압을 높게하여 급기만 하여도 연기유입을 차단할 수 있으므로 효과적이면서도 경제적이기 때문이다.

그림 1-4는 전실 제연설비의 계통도이며 **표 1-1**은 각 장치간 전선내역이다.

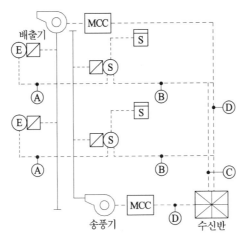

그림 1-4 전실 제연설비

표 1-1 전선내역

기호	구 분	배선수	배선굵기	배선의 용도
A	배기 댐퍼 ↔ 급기 댐퍼	4	HFIX 2.5mm²(16C)	전원 +,−, 기동, 댐퍼기동확인
B	급기 댐퍼 ↔ 수신반	7	HFIX 2.5mm²(22C)	지구, 공통 기동, 급기댐퍼작동확인, 배기 댐퍼 작동확인, 전원 +,−
C	2 ZONE일 경우	12	HFIX 2.5mm²(28C)	(기동, 급기댐퍼작동확인, 지구, 배기 댐퍼 작동확인, 공통)×2, 전원 +,−
D	MCC ↔ 수신반	5	HFIX 2.5mm²(16C)	기동 2, 기동확인표시등, 전원감시표시등, 표시등 공통

여기서 기동, 복구형 댐퍼를 사용할 경우에는 복구선이 구역당 1선씩 추가된다.

그림 1-5는 전실 제연설비 중 전실감지기와 급기 댐퍼, 배기 댐퍼의 조합에 따른 계통도로서 **표** 1-2는 그 전선내역이다.

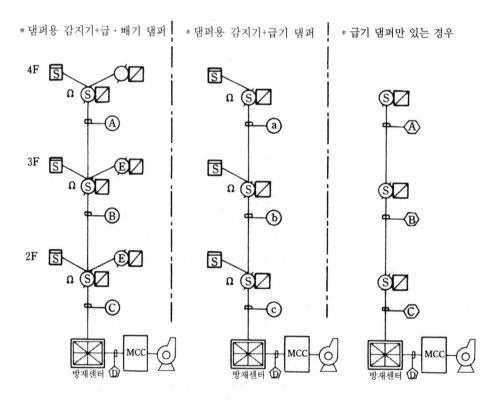

그림 1-5 전실 제연설비 계통도

표 1-2 전선내역

기호	구 분	배선수	배선굵기	배선의 용도
Ⓐ	4F → 3F	7	HFIX 2.5mm²(22C)	지구, 공통, 급기확인, 배기확인, 기동, 전원 +,-
Ⓑ	3F → 2F	12	HFIX 2.5mm²(28C)	(지구, 공통, 급기확인, 배기확인, 기동)×2, 전원 +,-
Ⓒ	2F → 방재센터	17	HFIX 2.5mm²(36C)	(지구, 공통, 급기확인, 배기확인, 기동)×3, 전원 +,-
ⓐ	4F → 3F	6	HFIX 2.5mm²(22C)	지구, 공통, 급기확인, 기동, 전원 +,-
ⓑ	3F → 2F	10	HFIX 2.5mm²(28C)	(지구, 공통, 급기확인, 기동)×2, 전원 +,-
ⓒ	2F → 방재센터	14	HFIX 2.5mm²(28C)	(지구, 공통, 급기확인, 기동)×3, 전원 +,-
A	4F → 3F	4	HFIX 2.5mm²(16C)	급기확인, 기동, 전원 +,-
B	3F → 2F	6	HFIX 2.5mm²(22C)	(급기확인, 기동)×2, 전원 +,-
C	2F → 방재센터	8	HFIX 2.5mm²(28C)	(급기확인, 기동)×3, 전원 +,-
D	방재센터 → MCC	5	HFIX 2.5mm²(22C)	기동 2, 기동확인등, 전원감시등, 표시등 공통

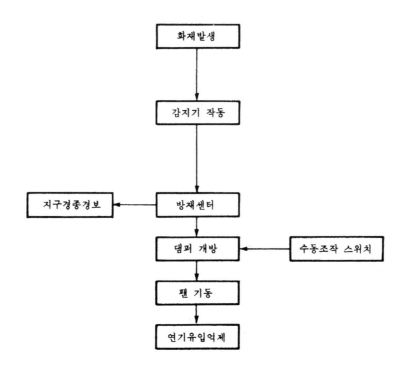

그림 1-6 전실 제연설비 동작흐름도

그림 1-6은 전실 제연설비의 동작흐름도이며 특별계단 및 비상용 승강기의 승강장에 있어서의 제연설비 구조는 다음에 정하는 바에 의한다.

(1) 배연구 및 배연풍도는 불연재료로 하고, 화재가 발생한 경우 유효하게 배연시킬 수 있는 규모로 하여 외기 또는 굴뚝(평상시에 사용하지 아니하는 굴뚝을 말한다)에 연결할 것

(2) 배연구에 설치하는 수동개방장치 또는 자동개방장치(열감지기에 의한 것을 말한다)는 손으로 여닫을 수 있도록 할 것

(3) 배연구는 항상 폐쇄상태를 유지하고, 개방시에는 배연에 따라 발생하는 기류에 의하여 닫히지 아니하는 경우에는 배연기를 설치할 것

(4) 배연구가 직접 외기에 접하지 아니하는 경우에는 배연기를 설치할 것

(5) 배연기는 배연구의 개방에 의하여 자동적으로 작동하고 충분한 공기배출 능력을 가진 것으로 할 것

(6) 배연기에는 예비전원을 설치할 것

(7) 가동식의 벽, 배연경계벽, 댐퍼 및 배출기의 작동은 자동화재감지기와 연동되어야 하며 예상 배연구역(또는 인접장소) 및 제어반에서 수동으로 기동이 가능하도록 하여야 한다.

그림 1-7은 모터식 댐퍼 폐쇄기(Damper Release)의 외관이며 그림 1-8은 그 내부 회로도이다.

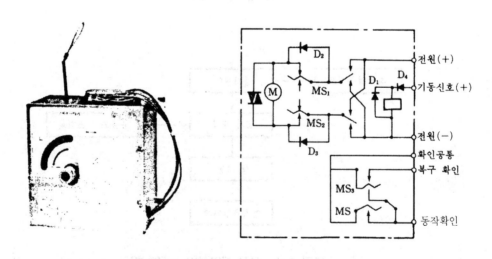

그림 1-7 모터식 댐퍼 구동부의 외관   그림 1-8 내부 회로도

또한 그림 1-9에 댐퍼 계통도와 회로도를 참고로 싣는다.

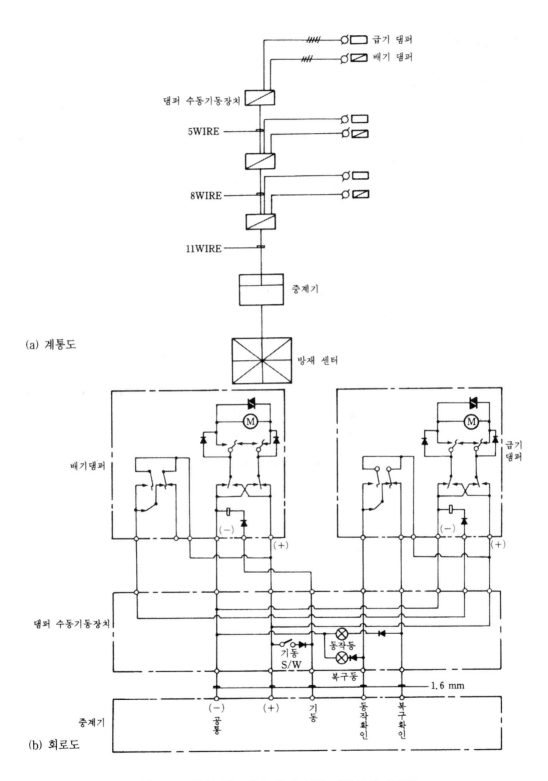

(a) 계통도

(b) 회로도

그림 1-9 전실 급·배기 댐퍼 설치 계통도와 회로도

2 거실제연 설비

(1) 개방형 거실 제연방식

그림 1-10은 칸막이가 없는 개방형 거실의 제연방식으로 백화점과 같이 매장전체가 개방되어 있는 경우에는 1,000 m² 이내로 제연구획을 설정하기 위하여 고정식 또는 전동식 배연 커텐을 설치한다.

만약 A구역에 화재가 발생하였다면 감지기가 동작되어 수신반으로 신호를 송출함으로써 A구역의 배기 댐퍼가 동작되어 배출기를 통하여 연기가 건물 외부로 빠져나간다.

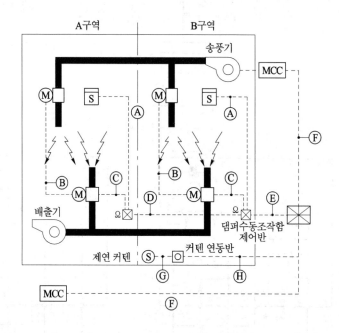

그림 1-10 개방형 거실 제연방식

이때 B구역의 급기 댐퍼가 동작되어 외부의 공기를 송풍기에 의하여 공급하게 되면 공기의 흐름은 B구역에서 A구역으로 이동하면서 효과적인 제연기능을 발휘하게 되어 B구역으로의 연기유입을 억제함과 동시에 A구역내에 누적된 연기를 계속적으로 배출시킬 수 있다. **표 1-3**은 전선내역으로 기동, 복구형 댐퍼를 사용할 경우에는 복구선이 구역당 1선씩 추가된다.

표 1-3 전선내역

기호	구 분	배선수	배선굵기	배선의 용도
A	감지기 ↔ 수동조작함	4	HFIX 1.5mm²(16C)	지구, 공통
B	급기댐퍼 ↔ 배기댐퍼	4	HFIX 2.5mm²(16C)	+ −, 기동, 확인
C	배기댐퍼 ↔ 수동조작함	6	HFIX 2.5mm²(22C)	+ −, 기동 2, 확인 2
D	수동조작함 ↔ 수동조작함	8	HFIX 2.5mm²(22C)	+ −, 기동 2, 확인 2, 지구, 공통
E	수동조작함 2 ZONE	13	HFIX 2.5mm²(28C)	+ −, 기동 4, 확인 4, 지구 2, 공통
F	MCC ↔ 수신기	5	HFIX 2.5mm²(22C)	기동 2, 기동확인표시등, 원격감시표시등, 표시등공통
G	제연커텐SOL ↔ 동력제어반	3	HFIX 2.5mm²(16C)	기동, 확인, 공통
H	연동제어반 ↔ 수신기	4	HFIX 2.5mm²(16C)	기동 2, 확인 2

(2) 복도와 거실로 구분된 공간의 제연방식

아케이드 등과 같이 매장마다 천장면까지 구획되어 있는 경우에는 화재가 발생한 매장의 배기 댐퍼가 작동되고 이와 연동으로 배출기가 가동되어 연기를 외부로 배출하게 된다. 그림 1-11은 복도와 거실로 구분된 공간의 제연방식으로 송풍기가 동시 가동되면 복도에 외부 공기를 유입시킴으로써 화재발생구역의 연기가 복도측으로 새어나오는 것을 방지함과 동시에 복도측에서 화재발생지역으로 공기를 유입시켜 신속하게 연기를 제거시킬 수 있다.

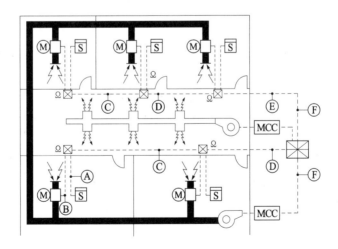

그림 1-11 복도와 거실로 구분된 공간의 제연방식

표 1-4는 전선내역으로 기동, 복구형 댐퍼를 사용할 경우에는 복구선이 구역당 1선씩 추가된다.

표 1-4 전선내역

기호	구 분	배선수	배 선 굵 기	배선의 용도
A	감지기↔수동조작함	4	HFIX 1.5mm²(16C)	지구, 공통
B	댐퍼↔수동조작함	4	HFIX 2.5mm²(16C)	+ -, 기동, 확인
C	수동조작함↔수동조작함	6	HFIX 2.5mm²(22C)	+ -, 기동, 확인, 지구, 공통
D	수동조작함↔수동조작함	9	HFIX 2.5mm²(28C)	+ -, 기동 2 , 확인 2, 지구 2, 공통
E	수동조작함↔수동조작함	12	HFIX 2.5mm²(28C)	+ -, 기동 3, 확인 3, 지구 3, 공통
F	MCC↔수신반	6	HFIX 2.5mm²(22C)	기동 2, 기동확인표시등, 전원감시표시등, 표시등 공통, 지구 공통

3 자동방화문설비

화재의 발생으로 인한 연기가 계단측으로 유입되면 피난활동에 막대한 지장을 초래하게 된다.

피난계단 전실 등의 출입문을 상시 사용하기 위하여 열어놓았다가 화재발생신호와 연동으로 문을 폐쇄시켜 연기가 유입되지 않도록 하기 위하여 설치되는 것이 방화문 자동폐쇄기(Door release)이다. 방화문 자동폐쇄기는 전자석이나 영구자석을 이용하는 방식을 사용하여 왔으나 정전, 자력감소 등 사용상 불합리한 점이 많아 근래에는 걸고리방식이 주로 사용되고 있다. **그림 1-12**는 자동방화문 설비계통도이며 **표 1-5**는 장치간 전선내역이다.

표 1-5 전선내역

기 호	구 분	배선수	배 선 굵 기	배선의 용도
A	감지기↔자동폐쇄기	4	HFIX 1.5mm²(16C)	지구2, 공통2
B	자동폐쇄기↔자동폐쇄기	4	HFIX 2.5mm²(16C)	기동, 확인, +, -
C	자동폐쇄기↔수신반	9	HFIX 2.5mm²(22C)	지구2, 공통2, 기동, 확인3, +, -

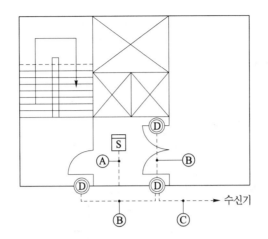

그림 1-12 자동방화문 설비

그림 **1-13**은 자동방화문에 관한 것으로 (a)는 계통도이고 (b)는 그 회로도이다.

그림 **1-14**는 자동방화문의 다른 회로도와 계통도를 보인 것으로 연기감지기 회로는 별도로 한 것이다. 참고하기 바란다.

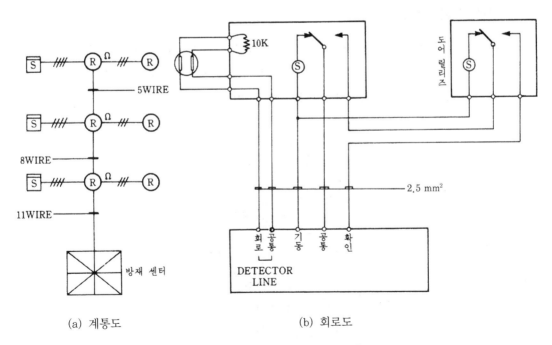

(a) 계통도   (b) 회로도

그림 1-13 자동방화문 계통도와 회로도

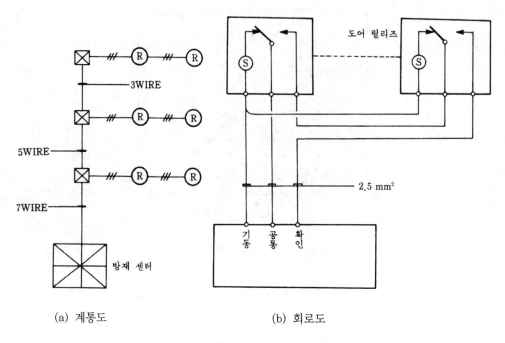

    (a) 계통도   (b) 회로도

그림 1-14 자동방화문 계통도와 회로도

4 자동방화셔터설비

그림 1-15는 방화셔터 설비 계통도로서 건축물의 용도상 시야가 개방된 넓은 공간을 필요로 하는 곳이나 고정벽을 설치하기 곤란한 큰 개구부의 층간 또는 지역별 방화구획을 설정하기 위하여 통로등에 시설된다. 평상시에는 개방된 상태를 유지하다가 감지기의 작동

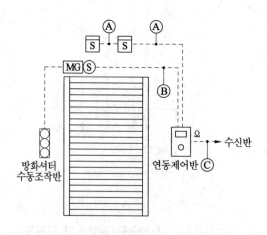

그림 1-15 방화셔터

이나 연동제어반의 기동 스위치를 동작시켰을 경우 방화셔터가 폐쇄되어 방화구획을 형성하는 설비로서 화재의 확산을 방지한다. 방화셔터용 감지기는 셔터를 중심으로 좌우측에 부착되며 연동제어반에는 비상전원용 축전지를 내장하여 정전시의 작동에도 이상이 없도록 한다. 수동 스위치는 평상시 셔터의 운용과 화재로 인한 동작후 복구시에 사용하는 스위치로 화재연동과는 무관한 스위치이며, **표 1-6**은 각 장치간 전선내역이다.

표 1-6 전선내역

기 호	구　　　　　분	배선수	배선굵기	배선의 용도
A	감지기↔연동제어반	4	HFIX 1.5mm²(16C)	지구2, 공통2
B	폐쇄장치↔연동제어반	3	HFIX 2.5mm²(16C)	기동, 확인, 공통
C	연동제어반↔수신반	6	HFIX 2.5mm²(22C)	지구, 공통, 기동2, 확인2 ※연동제어반용 AC전원공급선은 별도 배선, 배관

　방화셔터설비의 연동폐쇄장치는 화재발생시 열감지기, 연기감지기 및 온도 퓨즈에 의하여 자동으로 작동되어야 하며, 그 구조와 기준은 다음과 같다.

(1) 열감지기, 연기감지기, 온도 퓨즈, 연동제어기, 자동폐쇄장치 및 예비전원을 구비하여야 한다.

(2) 연기감지기는 소방법 규정에 의한 검정에 합격한 것으로 한다.

(3) 열감지기는 소방법 규정에 의한 검정에 합격한 보상식 또는 정온식 감지기로서 정온점 또는 특종의 공칭 작동온도가 60~70 ℃의 것으로 한다.

(4) 연기감지기와 열감지기의 설치방법은 화재안전기준 중 자동화재탐지설비의 설치기준에 따른다.

(5) 연동제어기는 연기감지기 또는 열감지기에서 신호를 받은 경우에 자동폐쇄장치에 가동지시를 주는 것으로서 화재에 의한 열로 인해 기능에 지장을 줄 우려가 없고 유지관리가 용이하여야 하며, 수시로 예비전원 및 연동장치에 이상이 없다는 것을 점검할 수 있는 장치를 부착하여야 한다.

(6) 온도 퓨즈와 연동하여 자동적으로 폐쇄하는 구조인 경우의 온도 퓨즈 장치는 50 ℃에서 5분 이내에 작동하지 아니하고 90 ℃에서 1분 이내에 작동하여야 한다.

(7) 예비전원은 자동충전장치, 시한충전장치를 가진 축전지로서 충전은 하지 아니하고 30분간 계속하여 셔터를 개폐시킬 수 있어야 한다.

그림 1-16은 방화셔터설비의 설치방법을 보인 것이며 **그림 1-17**의 (a)는 평상시의 에스컬레이터 설비이며 (b)는 화재시 에스컬레이터를 자동방화셔터로 수평 차단한 경우이다.

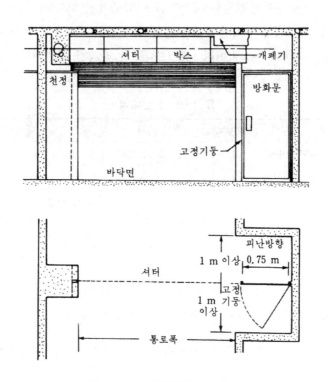

그림 1-16 자동방화셔터의 설치

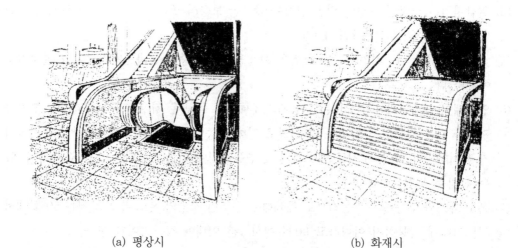

(a) 평상시   (b) 화재시

그림 1-17 에스컬레이터 자동방화셔터

그림 1-18과 **그림** 1-19는 방화셔터의 결선도의 예로써 **그림** 1-18이 주로 사용된다.

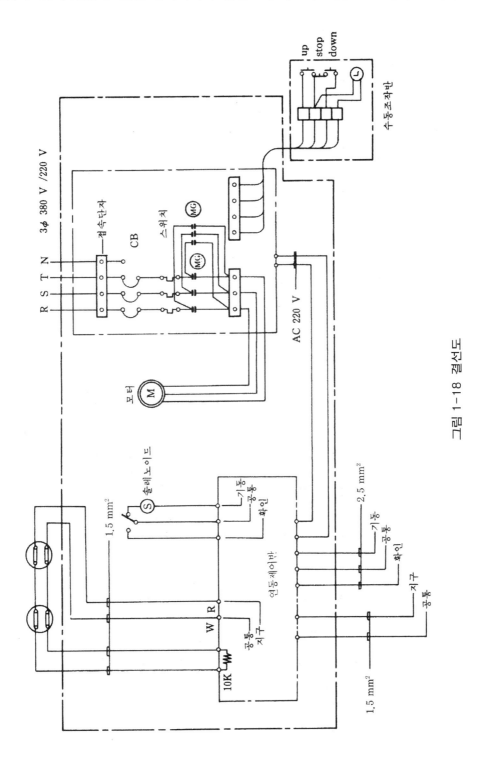

그림 1-18 결선도

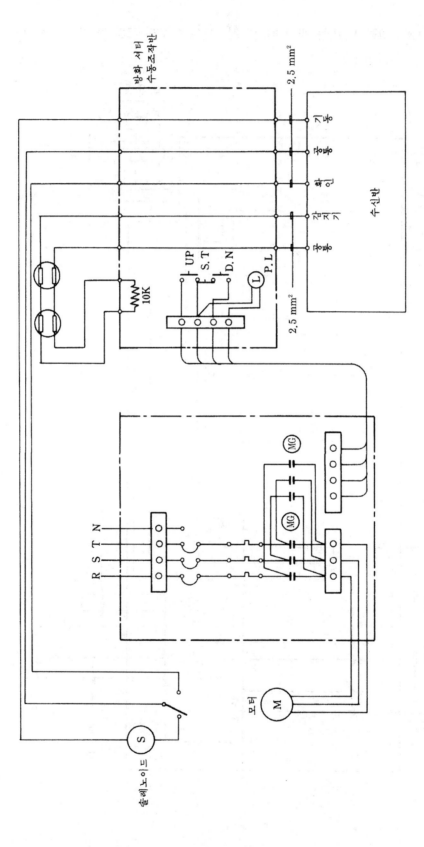

그림 1-19 결선도

5 배연창 설비

배연창은 6층 이상의 고층건물에 시설하는 설비로서 화재발생에 의한 연기를 신속하게 외부로 유출시켜 피난 및 소화활동에 지장이 없도록 하기 위한 것으로 설치기준은 다음과 같다.

① 방화구획된 경우에는 그 부분마다 1개소 이상의 배연구를 설치할 것

② 배연구의 크기는 배연에 필요한 유효면적이 $1.0\ m^2$ 이상이고, 바닥면적(방화구획된 경우에는 그 구획된 부분의 바닥면적을 말한다)의 1/100 이상이 되도록 할 것

③ 배연구는 연기감지기 또는 열감지기에 의하여 자동으로 개방될 수 있는 구조로 하되 손으로 여닫을 수 있도록 할 것

④ 배연구는 예비전원에 의하여 가동될 수 있도록 할 것

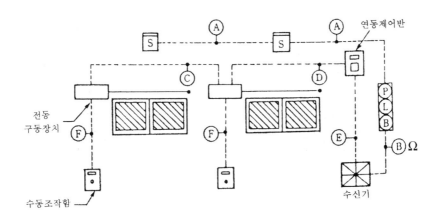

그림 1-20 간선 계통도

표 1-7 전선내역

기호	구 분	배선수	배선굵기	배선의 용도
A	감지기↔감지기, 발신기	4	HFIX 1.5mm²(16C)	지구 2, 공통 2
B	발신기↔수신기	7	HFIX 2.5mm²(22C)	응답, 지구, 전화, 공통, 벨, 표시등, 공통
C	전동구동장치↔전동구동장치	5	HFIX 2.5mm²(22C)	+,−, 기동, 복구, 동작확인
D	전동구동장치↔전원장치	6	HFIX 2.5mm²(22C)	+,−, 복구, 기동, 동작확인 2
E	전원장치↔수신기	8	HFIX 2.5mm²(28C)	+,−, 복구, 기동, 동작확인 2, AC전원
F	전동구동장치↔수동조작함	5	HFIX 2.5mm²(22C)	+,−, 기동, 복구, 정지

6 방화댐퍼

쾌적한 환경의 제공을 위해 건물 내에 냉난방설비, 화장실, 주방의 배기등 덕트설비가 설치되는데 덕트 내의 이동하는 공기는 화재 발생시 연기와 화열을 전파시키는 요인이 된다. 따라서 이를 차단하기 위하여 덕트 내에 설치하는 일종의 자동 셔터로서 화재시 연기와 열을 자동차단하는 방화설비이다.

그림 1-21은 방화댐퍼로서 (a)는 덕트용 방화·방연댐퍼의 외관이며 (b)는 전실용 배연·급기댐퍼이다.

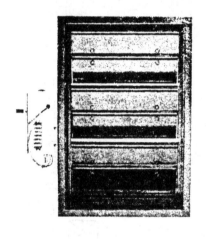 

(a) 덕트용 방화·방연댐퍼　　　(b) 전실용 배연·급기댐퍼

그림 1-21 방화댐퍼의 외관

방화댐퍼의 용도상 분류는 다음과 같다.

(1) 방화댐퍼(Fire Damper)

① 온도퓨즈와 연동하는 것(퓨즈 용융온도는 72 ℃정도)
② 열감지기와 연동하는 것

(2) 방연댐퍼(Smoke Damper)

① 연기감지기와 연동하는 것

그림 1-22는 자동방화댐퍼의 단면을 보인 것이다. **그림 1-23**은 그 설치 예를 나타낸 것으로서 ①과 같이 방화댐퍼는 샤프트 벽체에 매립, 고정되어야 하며 ②와 같이 방화 댐퍼가

떨어져 설치되면 관통부 주위가 개방되어 연소가 확대된다. 따라서 방화댐퍼의 설치는 다음과 같이 한다.

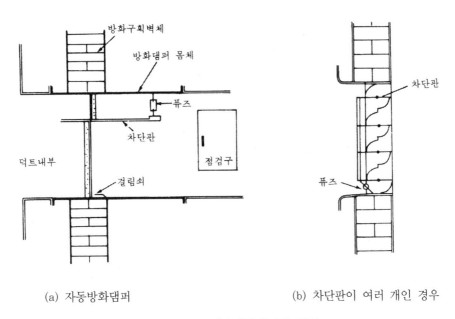

(a) 자동방화댐퍼 (b) 차단판이 여러 개인 경우

그림 1-22 자동방화댐퍼의 단면

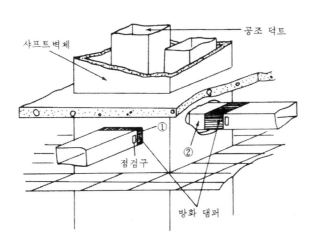

그림 1-23 방화댐퍼의 설치

(1) 덕트가 수직 샤프트, 벽체나 방화구획 벽체를 관통하는 경우 방화 댐퍼를 벽체에 매립, 고정 설치하여 화재시 탈락·변형되지 않아야 한다.
(2) 방화구획을 관통하는 댐퍼주위 벽체는 시멘트, 모르타르 등 불연재료로 확실하게 충전

하여야 한다.

(3) 방화댐퍼 구조기준

　① 철재로 철판두께 1.5 mm 이상

　② 연기발생 및 온도상승에 의해 자동차단

　③ 차단후 방화상 지장이 있는 틈새가 없어야 함

(4) 댐퍼의 기능을 확인할 수 있는 점검구는 가까운 거리에 설치해야 한다.

1-4 전원 및 기동

1 비상전원의 설치

　비상전원은 자가발전설비, 축전지설비 또는 전기저장장치(외부 전기에너지를 저장해 두었다가 필요한 때 전기를 공급하는 장치)는 다음 각 호의 기준에 따라 설치하여야 한다. 다만, 2이상의 변전소(「전기사업법」제67조에 따른 변전소를 말한다)에서 전력을 동시에 공급받을 수 있거나 하나의 변전소로부터 전력의 공급이 중단되는 때에는 자동으로 다른 변전소로부터 전원을 공급받을 수 있도록 상용전원을 설치한 경우에는 그러하지 아니하다.

(1) 점검에 편리하고 화재 및 침수 등의 재해로 인한 피해를 받을 우려가 없는 곳에 설치하여야 한다.

(2) 제연설비를 유효하게 20분 이상 작동할 수 있어야 한다.

(3) 상용전원으로부터 전력의 공급이 중단된 때에는 자동으로 비상전원으로부터 전력을 공급받을 수 있도록 하여야 한다.

(4) 비상전원의 설치장소는 다른 장소와 방화구획하여야 하며, 그 장소에는 비상전원의 공급에 필요한 기구나 설비 이외의 것(열병합발전설비에 필요한 기구나 설비는 제외한다)을 두어서는 아니된다.

(5) 비상전원을 실내에 설치하는 때에는 그 실내에 비상조명등을 설치하여야 한다.

2 제연설비의 기동

　가동식의 벽·제연경계벽·댐퍼 및 배출기의 작동은 자동화재감지기와 연동되어야 하며, 예상제연구역(또는 인접장소) 및 제어반에서 수동으로 기동이 가능하도록 하여야 한다.

1-5 제어반

(1) 제어반에는 제어반의 기능을 1시간 이상 유지할 수 있는 용량의 비상용 축전지를 내장할 것. 다만, 당해 제어반이 종합방재제어반에 함께 설치되어 종합방재제어반으로부터 이 기준에 따른 용량의 전원을 공급 받을 수 있는 경우에는 그러하지 아니하다.

(2) 제어반은 다음 각 목의 기능을 보유할 것
  ① 급기용 댐퍼의 개폐에 대한 감시 및 원격조작기능
  ② 배출댐퍼 또는 개폐기의 개폐여부에 대한 감시 및 원격조작기능
  ③ 유입공기를 배출하기 위한 배출기의 작동에 대한 감시 및 원격조작기능
  ④ 유입공기의 배출용 환기구(자동식으로 설치하는 경우에 한한다)의 개폐에 대한 감시 및 원격조작기능
  ⑤ 송풍기 및 배출기(급·배기방식에 한한다)의 작동여부에 대한 감시 및 원격조작기능
  ⑥ 수동기동장치(전용의 것에 한한다)의 작동여부에 대한 감시기능
  ⑦ 제어선로의 단선에 대한 감시기능

1-6 배 선

그림 1-24는 제연설비의 배선으로서 비상전원과 제어반 기동장치는 내열배선으로 한다.

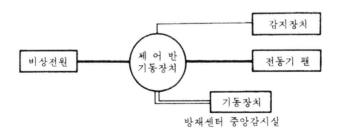

그림 1-24 제연설비의 배선

연습문제

1. 그림은 댐퍼의 미완성 결선도이다. 물음에 답하시오.

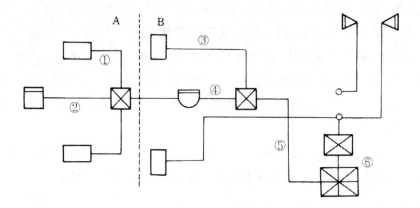

    (1) 전기계통도를 완성하시오.

    (2) ①, ②, ③, ④, ⑤, ⑥의 최소전선 가닥수를 쓰시오.

2. 그림의 도면은 전산실 급, 배기 댐퍼를 나타낸 것이다. 다음의 물음에 답하시오. 단, 댐퍼는 모터식이며 복구는 자동복구이고 전원은 제연설비반에서 공급하고 동시 기동으로 한다.

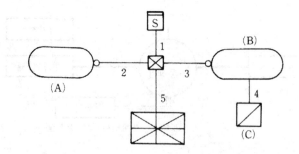

    (1) A, B, C의 명칭은?

    (2) 1, 2, 3, 4, 5의 전선가닥수는?

    (3) C의 설치 높이는?

3. 제연설비의 기기제어시 연기감지기가 작동하는 경우와 수동조작하는 경우에 대하여 설명하시오.

4. 방화셔터설비의 연동폐쇄장치에서 연동제어기의 역할은 무엇인가? 또한 무엇을 수시로 점검할 때 이상이 없다는 것을 확인할 수 있는 장치를 부착하여야 하는가?

5. 배연창설비의 설치 기준에 대하여 쓰시오.

6. 제연설비의 전원은 상용전원으로부터 전력의 공급이 중단될 때에는 자동으로 예비전원으로 전력을 공급받을 수 있도록 하여야 한다. 이때 예비전원으로 사용할 수 있는 설비는 무엇인가?

7. 제연설비의 제어를 위해 사용하는 제어반의 기능에 대하여 쓰시오.

8. 다음은 배연창의 개방은 물론 폐쇄, 각도 조절을 원격 스위치에 의해 기동할 수 있는 모터 방식의 결선도이다. 문제의 빈칸에 알맞게 써넣으시오.

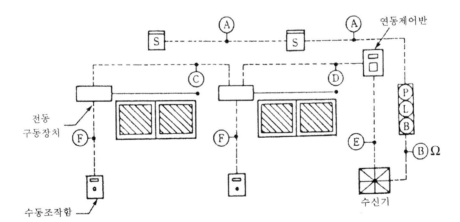

기호	구 분	배선수	배선 굵기	배선의 용도
A	감지기 ↔ 감지기, 발신기			
B	발신기 ↔ 수신기			
C	전동구동장치 ↔ 전동구동장치			
D	전원장치 ↔ 수신기			
E	전동구동장치 ↔ 수동조작함			

9. 제연설비의 예비전원에 대하여 설명하시오.

10. 제연설비의 배선에 대하여 제어반과 기동장치를 중심으로 설명하시오.

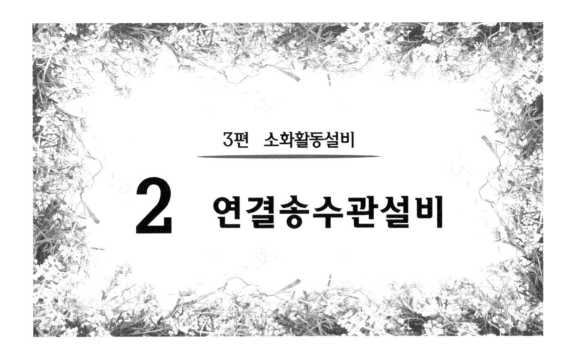

3편 소화활동설비

2 연결송수관설비

연결송수관설비는 화재발생시 소화활동을 행할 경우 수원의 부족으로 그 기능을 발휘하지 못할 때 또는 소방 펌프차에 의하여 건물에 설치된 소화설비가 방수소화가 되지 않는 고층 건축물에 대하여 외부에서 소방 펌프차로 건축물 내부에 송수하여 소방관이 건축물 내부에서 유효한 소화활동을 할 수 있도록 하는 설비이다. 여기서는 전기에 관계된 부분만 설명한다.

2-1 구 성

그림 2-1은 연결송수관설비의 계통도를 나타낸 것이다.

2-2 가압송수장치에 내연기관을 사용하는 경우

(1) 내연기관의 기동은 연결송수관설비의 화재안전기준(NFSC 502) 제19호의 기동장치의 기동을 명시하는 적색등을 설치할 것

(2) 제어반에 따라 내연기관의 자동기동 및 수동기동이 가능하고 상시 충전되어 있는 축전
지 설비를 갖출 것

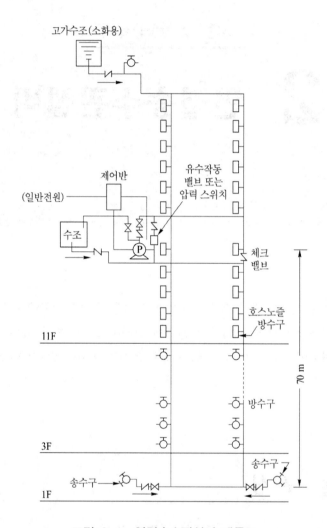

그림 2-1 연결송수관설비 계통도

2-3 전 원

가압송수장치의 상용전원회로의 배선 및 비상전원은 다음의 기준에 따라 설치하여야 한
다.

1 상용전원

(1) 저압수전인 경우에는 인입개폐기의 직후에서 분기하여 전용배선으로 하여야 한다.
(2) 특별고압수전 또는 고압수전일 경우에는 전력용 변압기 2차측의 주차단기 1차측에서 분기하여 전용배선으로 하되 상용전원회로의 배선기능에 지장이 없을 경우에는 주차단기 2차측에서 분기하여 전용배선으로 할 것. 다만, 가압송수장치의 정격입력전압이 수전전압과 같은 경우에는 (1)의 기준에 따른다.

2 비상전원

비상전원은 자가발전설비 또는 축전지설비(내연기관에 의한 펌프를 사용하는 경우에는 내연기관의 기동 및 제어용 축전지를 말한다) 또는 전기저장장치(외부 전기에너지를 저장해 두었다가 필요한 때 전기를 공급하는 장치)로서 다음의 기준에 의하여 설치하여야 한다.
(1) 점검에 편리하고 화재 및 침수 등의 재해로 인한 피해를 받을 우려가 없는 곳에 설치하여야 한다.
(2) 연결송수관설비를 유효하게 20분 이상 작동할 수 있어야 한다.
(3) 상용전원으로부터 전력의 공급이 중단된 때에는 자동으로 비상전원으로부터 전력을 공급받을 수 있도록 하여야 한다.
(4) 비상전원의 설치장소는 다른 장소와 방화구획하여야 하며, 그 장소에는 비상전원의 공급에 필요한 기구나 설비외의 것(열병합발전설비에 필요한 기구나 설비는 제외한다)을 두어서는 아니 된다.
(5) 비상전원을 실내에 설치하는 때에는 그 실내에 비상조명등을 설치하여야 한다.

2-4 배 선

연결송수관설비의 배선은 전기사업법 제67조의 규정에 따른 기술기준에서 정한 것 외에 다음의 기준에 의하여 설치하여야 한다.
(1) 비상전원으로부터 동력제어반 및 가압송수장치에 이르는 전원회로배선은 내화배선으로 하여야 한다. 다만, 자가발전설비와 동력제어반이 동일한 실에 설치된 경우에는 자가발전기로부터 그 제어반에 이르는 전원회로 배선은 그러하지 아니하다.
(2) 상용전원으로부터 동력제어반에 이르는 배선, 그 밖의 연결송수관 설비의 감시, 조작

또는 표시등 회로의 배선은 「옥내소화전설비의 화재안전기준(NFSC 102)」인 부록 1의 내화배선 또는 내열배선으로 하여야 한다. 다만, 감시제어반 또는 동력제어반 안의 감시, 조작 또는 표시등 회로의 배선은 그러하지 아니하다.

(3) 연결송수관설비의 과전류차단기 및 개폐기에는 "연결송수관설비용"이라고 표시한 표지를 하여야 한다.

(4) 연결송수관설비용 전기배선의 양단 및 접속단자에는 다음의 기준에 따라 표시하여야 한다.

　① 단자에는 "연결송수관설비단자"라고 표시한 표지를 부착할 것

　② 연결송수관설비용 전기배선의 양단에는 다른 배선과 식별이 용이하도록 표시할 것

3편 소화활동설비

3 비상콘센트설비

고층건축물이나 지하가 등의 대규모 건축물에서 화재가 발생하였을 때 화재의 소화 또는 인명구조 등의 소방활동을 원활하게 행할 수 있도록 소방대가 사용하는 소화 구조 기자재 중에서 전기를 동력원으로 하는 조명기구, 파괴기구, 휴대용 제연기, 휴대용 고발포기 등에 전원을 공급하는 설비이다.

3-1 설치대상과 기준

1 설치대상

설치대상은 **표 3-1**과 같다.

표 3-1 설치대상

소방대상물	건 축 규 모
특정 소방대상물	층수가 11층 이상인 특정소방대상물의 경우에는 11층 이상의 층
	지하층의 층수가 3층 이상이고 지하층의 바닥면적의 합계가 1,000 m^2 이상인 것은 지하층의 모든 층
	지하가중 터널로서 길이가 500 m 이상인 것

2 설치 기준

(1) 바닥으로부터 높이 0.8 m 이상 1.5 m 이하의 위치에 설치하여야 한다.

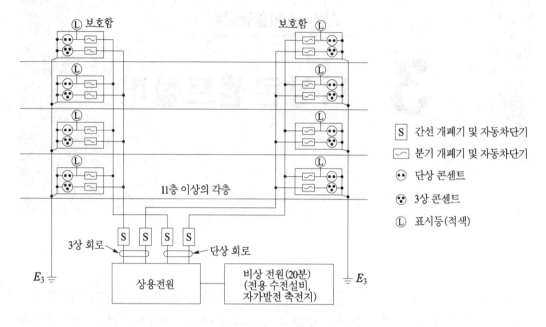

그림 3-1 비상콘센트 설비의 전원회로구성

(2) 비상콘센트의 배치

아파트 또는 바닥면적이 1,000 m² 미만인 층은 계단의 출입구(계단의 부속실을 포함하며 계단이 2 이상 있는 경우에는 그 중 1개의 계단을 말한다)로부터 5 m 이내에, 연면적 1,000m² 이상인 층(아파트를 제외한다)에 있어서는 각 계단의 출입구 또는 계단부속실의 출입구(계단의 부속실을 포함하며 계단이 3 이상 있는 층의 경우에는 그 중 2개의 계단을 말한다)로부터 5 m 이내에 설치하되, 그 비상콘센트로부터 그 층의 각 부분까지의 수평거리가 다음의 기준을 초과하는 경우에는 그 기준이하가 되도록 비상 콘센트를 추가하여 설치하여야 한다.

① 지하상가 또는 지하층의 바닥면적의 합계 3,000 m² 이상인 것은 수평거리 25 m

② ①항에 해당하지 아니하는 것은 수평거리 50 m

(3) 비상콘센트의 플러그 접속기는 접지형 2극 플러그 접속기(KS C 8305)를 사용하여야 한다.

(4) 비상콘센트의 플러그 접속기의 칼받이의 접지극에는 접지공사를 하여야 한다.

3-2 구 성

비상콘센트설비는 **그림 3-1**과 같이 상용전원, 비상전원, 콘센트($1\phi, 3\phi$), 표시등, 보호함, 배선 등으로 구성된다.

3-3 구조 및 기능

비상콘센트설비의 기능은 다음 각 호에 적합하여야 한다.
(1) 전원회로는 단상 220 V인 것으로서 공급용량은 1.5 kVA이상인 것으로 할 것. 다만, 단상교류 100 V 또는 3상 교류 200 V 또는 380 V인 것으로 공급용량은 3상 교류인 경우 3 kVA 이상인 것과 단상교류인 경우 1.5 kVA이상인 것을 추가할 수 있다.
(2) 비상콘센트설비의 플럭접속기는 3상 교류 200 V 또는 3상 교류 380 V의 것에 있어서는 접지형 3극 플럭접속기(KS C 8305)를 단상교류 100 V 또는 단상교류 220 V의 것에 있어서는 접지형 2극 플럭접속기(KS C 8305)를 사용할 것.
(3) 비상콘센트설비의 배선용차단기 용량은 제2호의 접속기 용량과 같아야 한다.

콘센트와 플러그는 안전을 도모하기 위하여 그 정격에 따라 극의 배치와 치수를 다르게 하여 서로 다른 정격의 콘센트와 플러그는 서로 접속할 수 없도록 되어 있다.
콘센트와 플러그는 한국산업규격(KSC 8305)에 그 종류와 정격을 정하고 있으며 이를 **표 3-2**에 보인다.

표 3-2 콘센트 및 플러그의 종류와 정격

★표시의 경우에는 KS C IEC 60309-1의 해당 항에 따를 수 있다.

종 류 명 령	종 류 형별	극 수	극배치[a] 칼받이	극배치[a] 칼	정격	부도
플러그, 콘센트, 코드 연장 세트, 코드 비교환형 플러그	IPX0 ~ IPX8	2	(그림)[b]	(그림)[b]	16A 125 V 또는 130 V	1 a), c)[d]
		2	(그림)[b]	(그림)[b]	32 A 250 V 50 A 250 V	1 b) 1 b)
		2 (접지형)	(그림)	(그림)	16 A 125 V 또는 130 V	2 a)
		2 (접지형)	(그림)	(그림)	20 A 250 V	2 b)
		2 (접지형)	(그림)	(그림)	32 A 250 V	2 c)
		3	(그림)	(그림)	16 A 250 V	3 ★
		3			20 A 250 V	3 ★
		3			32 A 250 V	3 ★
		3			50 A 250 V	3 ★
		3 (접지형)	(그림)	(그림)	16 A 250 V	4 ★
		3 (접지형)			20 A 250 V	4 ★
		3 (접지형)			32 A 250 V	4 ★
		3 (접지형)			50 A 250 V	4 ★
		2	(그림)	(그림)[e]	2.5 A 250 V	5 a)
		2			16 A 250 V	5 b)
		2 (접지형)	(그림)	(그림)	16 A 250 V	5 c), d), e)
걸림형 플러그, 걸림형 콘센트, 걸림형 코드 연장 세트	IPX0 ~ IPX8	2	(그림)	(그림)	10 A 250 V	6 a)
		2			20 A 250 V	6 b)
		2 (접지형)	(그림)	(그림)	10 A 250 V	7 a)

3편 / 3장 비상콘센트설비 **527**

종 류		극 수	극배치[a]		정격	부도
명 령	형별		칼받이	칼		
걸림형 플러그, 걸림형 콘센트, 걸림형 코드 연장 세트	IPX0 ~ IPX8	3			20 A 250 V	7 b) ★
					20 A 480 V	7 c) ★
					20 A 600 V	
					32 A 480 V	7 d) ★
					32 A 600 V	
		3 (접지형)			20 A 480 V	8 a) ★
					20 A 600 V	
					32 A 480 V	8 b) ★
					32 A 600 V	
멀티콘센트, 코드 비교환형 멀티콘센트	IPX0	2			10 A 125 V 또는 130 V	1 a)
					16 A 125 V 또는 130 V	
		2 (접지형)			16 A 125 V 또는 130 V	2 a)
					16 A 250 V	5 c), d) e)
플러그용 어댑터[c]	IPX0 ~ IPX8	2			16 A 250 V	9

비고 : 1. 형별은 방수구조에 따라 구분한다. 다만, 보통형은 방수구조가 아닌 것을 말한다.
  2. 극수는 항상 통전을 목적으로 한 칼 또는 칼받이의 극수로 나타내고, 접지용의 극은 포함되지 않는다.
  3. 종류, 극수 정격의 조합은 극배치와 함께 부도 1~10에서 규정한다.
  4. 극배치는 칼받이 구멍의 배치로 표시한다.
  5. 2극 둥근형 콘센트 및 플러그에서는 접지형만 허용한다. 다만, 2중 절연구조의 플러그와 플러그용 어댑터의 칼받이는 제외한다.

[a] IPX7 및 IPX8형의 극배치는 규정하지 않는다.
[b] 극성을 붙이는 것이 사용상 필요가 없는 경우 또는 구조상 곤란한 것은 극성을 붙이지 않아도 좋다.
[c] 플러그용 어댑터의 극배치는 콘센트 쪽으로 한다.
[d] 접지선붙은 꽂음 플러그인 경우
[e] 비접지형은 2중 절연구조의 플러그만 허용한다.

그림 3-2는 접지형 2극 플러그 및 콘센트(16 A 125 V 또는 130 V)의 부도이다.

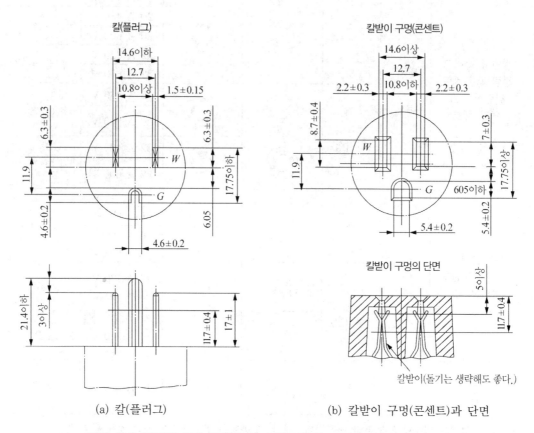

(a) 칼(플러그)

(b) 칼받이 구멍(콘센트)과 단면

그림 3-2 접지형 2극 플러그 및 콘센트(16 A 125 V 또는 130 V)

그림 3-3은 2 극 플러그 및 콘센트(32 A, 50 A, 250 V)부도 예이다.

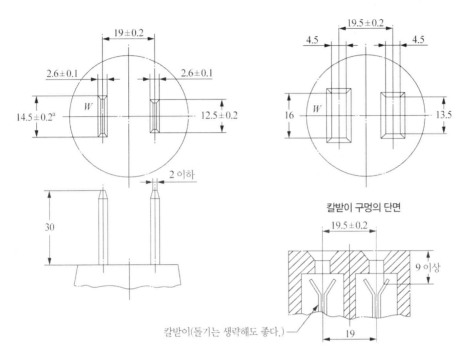

※ 극성을 붙이지 않을 때는 칼나비를 12.5±0.2 mm 로 한다.

그림 3-3   2극 플러그 및 콘센트(32 A, 50 A, 250 V)

그림 3-4는 250 V 3극 플러그 및 콘센트(접지형)이다. **표 3-3**은 이에 대한 치수표이며
4개 칼받이의 K는 동일하다.

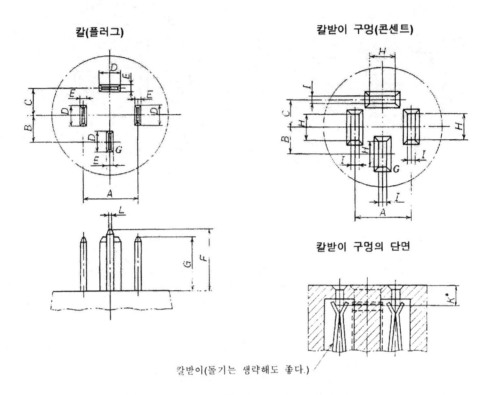

칼(플러그)

칼받이 구멍(콘센트)

칼받이 구멍의 단면

칼받이(돌기는 생략해도 좋다.)

그림 3-4 250 V 3극 플러그 및 콘센트(접지형)

표 3-3 치수표

정격전류 A	A	B	C	D	E	F	G	H	I	K	L
16	15±0.2	11±0.15	7.5±0.15	6±0.15	1.4±0.1	20	17	7	2.5	5 이상	0.9 이하
20	20.6±0.2	9.5±0.15	10.3±0.15	8±0.15	2±0.1	23	20	9	3	6 이상	1.4 이하
32 50	35±0.2	17.5±0.15	17.5±0.15	12.5±0.2	2.6±0.1	33	30	13.5	4.5	9 이상	2.0 이하

그림 3-5는 16 A 250 V 2극 플러그이며 사선부분은 변경이 가능하나 금속면으로부터 18 mm이내에서는 이 치수를 초과하면 안된다.

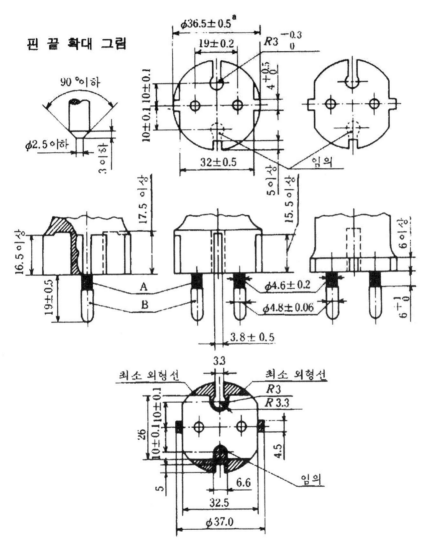

A: 핀 절연물, B: 금속핀

그림 3-5 2극 플러그(16 A 250 V)

3-4 보호함

그림 3-6의 (a)는 단독형 비상콘센트 보호함의 내부를 보인 것으로 단상, 3상 NFB와 단상, 3상 콘센트가 설치되어 있으며 (b)는 각부 명칭을 나타낸 것이다. 표시등은 **그림 3-7**과 같이 적색등이 부착면과 15° 이내이고 10 m 떨어진 위치에서 점등을 식별할 수 있어야 하며 앞면 면적의 1/4 이상의 투영면적을 가진 환형이어야 한다.

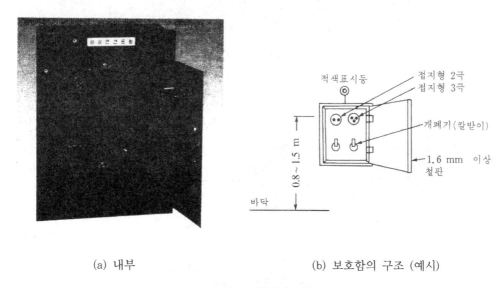

(a) 내부   (b) 보호함의 구조 (예시)

그림 3-6 보호함과 내부

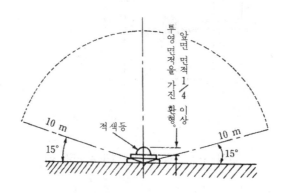

그림 3-7 표시등의 설치

그림 3-8은 소화전 내장형 비상콘센트이다.

그림 3-8   소화전 내장형 비상콘센트

비상콘센트를 보호하기 위하여 비상콘센트 보호함은 다음의 기준에 적합하여야 한다.

① 보호함에는 쉽게 개폐할 수 있는 문을 설치한다.
② 보호함 표면에 "비상 콘센트"라고 표시한 표지를 한다.
③ 보호함 상부에 적색의 표시등을 설치한다. 다만, 비상콘센트의 보호함을 옥내소화전함등과 접속하여 설치하는 경우에는 옥내소화전함등의 표시등과 겸용할 수 있다.

3-5 전 원

1 전원회로

비상콘센트설비의 전원회로는 비상콘센트에 전력을 공급하는 회로를 말하며 다음과 같이 한다.

(1) 비상 콘센트 설비의 전원회로는 단상교류 220 V인 것으로서, 그 공급용량은 1.5 kVA 이상인 것으로 한다.

(2) 전원회로는 각 층에 있어서 2 이상이 되도록 설치할 것. 다만, 설치하여야 할 층의 비상콘센트가 1개인 때에는 하나의 회로로 할 수 있다.

(3) 전원회로는 주 배전반에서 전용회로로 할 것. 다만, 다른 설비의 회로의 사고에 따른 영향을 받지 아니하도록 되어 있는 것에 있어서는 그러하지 아니하다.

(4) 전원으로부터 각 층의 비상콘센트에 분기되는 경우에는 분기배선용 차단기를 보호함 안에 설치할 것

(5) 콘센트마다 배선용 차단기(KSC 8321)를 설치하여야 하며, 충전부가 노출되지 아니하도록 할 것

(6) 개폐기에는 "비상콘센트"라고 표시한 표지를 할 것

(7) 비상콘센트용의 풀박스 등은 방청도장을 한 것으로서, 두께 1.6 mm 이상의 철판으로 할 것

(8) 하나의 전용회로에 설치하는 비상콘센트는 10개 이하로 할 것. 이 경우 전선의 용량은 각 비상콘센트(비상콘센트가 3개 이상인 경우에는 3개)의 공급용량을 합한 용량 이상의 것으로 하여야 한다.

2 비상전원

(1) 지하층을 제외한 층수가 7층 이상으로서 연면적이 2,000 m^2 이상이거나 지하층의 바닥면적의 합계가 3,000 m^2 이상인 특정소방대상물의 비상콘센트설비에는 자가발전기 설비 또는 비상전원수전설비를 또는 전기저장장치(외부 전기에너지를 저장해 두었다가 필요한 때 전기를 공급하는 장치)를 설치하여야 한다. 다만, 둘 이상의 변전소에서 전력을 동시에 공급받을 수 있거나 하나의 변전소로부터 전력의 공급이 중단되는 때에는 자동으로 다른 변전소로부터 전력을 공급받을 수 있도록 상용전원을 설치한 경우에는 비상전원을 설치하지 아니할 수 있다.

(2) (1)의 규정에 의한 비상전원 중 자가발전설비는 다음의 기준에 의하여 설치하고 비상전원수전설비는 소방시설용 비상전원수전설비의 화재안전기준(NFSC 602)에 따라 설치하여야 한다.

① 점검에 편리하고 화재 및 침수 등의 재해로 인한 피해를 받을 우려가 없는 곳에 설치하여야 한다.

② 비상콘센트 설비를 유효하게 20분 이상 작동시킬 수 있는 용량으로 한다.

③ 상용전원으로부터 전력의 공급이 중단된 때에는 자동으로 비상전원으로부터 전력을 공급받을 수 있도록 하여야 한다.

④ 비상전원의 설치장소는 다른 장소와 방화구획하여야 하며, 그 장소에는 비상전원의 공급에 필요한 기구나 설비외의 것(열병합발전설비에 필요한 기구나 설비는 제외한

다)을 두어서는 아니 된다.

⑤ 비상전원을 실내에 설치하는 때에는 그 실내에 비상조명등을 설치하여야 한다.

3-6 배 선

1 비상전원

　상용전원회로의 배선은 저압수전인 경우에는 인입개폐기의 직후에서, 고압수전 또는 특고압수전인 경우에는 전력용 변압기 2차측의 주차단기 1차측 또는 2차측에서 분기하여 전용배선으로 하여야 한다.

2 비상콘센트

　비상콘센트설비의 배선은 전기사업법 제67조의 규정에 따른 기술기준에서 정하는 것 외에 다음 각호의 기준에 따라 설치하여야 한다.

(1) 전원회로의 배선은 내화배선으로, 그 밖의 배선은 내화배선 또는 내열배선으로 하여야 하며 **그림 3-9**에 그 예를 보인다.

(2) 제(1)호의 규정에 의한 내화배선 및 내열배선에 사용하는 전선 및 설치방법은 부록 1의 기준에 의한다.

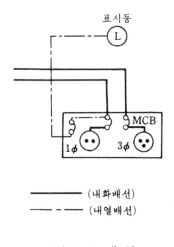

그림 3-9 배 선

3-7 절연저항 및 절연내력

(1) 절연저항은 전원부와 외함 사이를 500 V의 절연저항계로 측정할 때 20 MΩ 이상일 것

(2) 절연내력은 전원부와 외함 사이에 정격전압이 150 V 이하인 경우에는 1,000 V의 실효전압을, 정격전압이 150 V 이상인 경우에는 그 정격전압에 2를 곱하여 1,000을 더한 실효전압을 가하는 시험에서 1분 이상 견디는 것으로 할 것

연 습 문 제

1. 비상콘센트를 설치하는 높이는 바닥면에서 최소 몇 m에서 최대 몇 m 범위내에 시설하는가?

2. 비상콘센트의 설치 기준에 대해 쓰시오.

3. 전원에서 비상콘센트까지의 회로는 각 층에 설치하는 비상용 콘센트가 2개소 이상인 경우는 전압별마다에 몇 회로 이상이 되도록 해야 하는가?

4. 비상콘센트 보호함 상부에는 위치를 알리는 표시등을 설치해야 하는데 그 색은?

5. 31층 건축물에 비상콘센트를 설치하려면 전원회로는 몇 회로를 구성하여야 하는가? 단, 1개층의 비상콘센트 수는 1개이다.

6. 소방활동을 용이하게 하기 위하여 시설하는 비상콘센트는 몇 층 이상의 건축물에 시설하도록 규정되어 있는가?

7. 비상콘센트를 시설하는 간선의 전기적 용량은 1회선에 비상콘센트를 몇 개까지 접속할 수 있는가?

8. 비상콘센트 설치 위치는 그 층의 각 부분으로부터 수평거리로 몇 m 이하가 되도록 설치하는가?

9. 비상콘센트의 비상전원으로 설치하는 자가발전설비는 설비를 몇 분이상 작동시킬 수 있어야 하는가?

10. 비상콘센트의 보호함은 1.6 mm 이상의 철판으로 방청 가공하여 설치하며 접지공사를 하여야 한다. 제 몇 종 접지공사를 하여야 하며 접지선의 최소 굵기는 얼마인가?

11. 하나의 전용회로에 설치할 수 있는 비상콘센트의 개수는?

12. 비상콘센트에 관한 다음 물음에 답하시오.
   (1) 심벌을 그려보시오.
   (2) 설치 위치
   (3) 칼받이의 접지극에 행하는 접지공사의 종류와 접지선의 최소 굵기, 접지저항값은?
   (4) 각 부분으로부터 하나의 비상콘센트까지의 수평거리는?

13. 비상콘센트용 Pull Box의 철판 두께는 얼마이어야 하는가?

14. 비상콘센트설비의 전원회로 전압과 그 공급용량은 얼마인가?

15. 전원회로의 배선은 어떤 종류의 배선으로 하는가?

16. 전원으로부터 각 층의 비상콘센트에 분기되는 경우 보호함 안에 설치하여야 하는 것은?

17. 자가발전설비 또는 비상전원수전설비를 예비전원으로 사용하는 비상콘센트 설비의 설치 대상에 대하여 설명하시오.

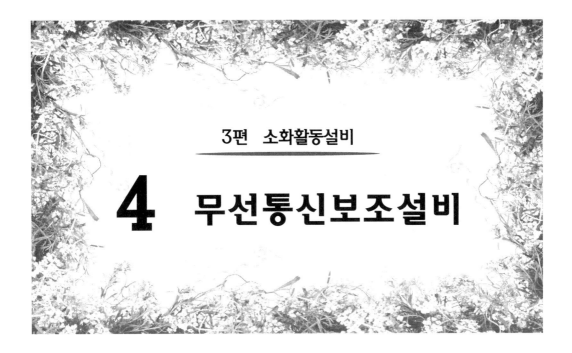

3편 소화활동설비

4 무선통신보조설비

무선통신은 송신측에서 마이크로폰(Microphone)에 의해 음파를 전기적인 신호로 변환시켜 저주파 전류로 만든다음 이를 고주파의 반송파에 실어 송신 안테나를 통하여 공중으로 방사하면 수신측에서는 검파나 동조회로에서 선택된 전파를 신호전류인 저주파 전류로 재생한 다음 확성기를 통하여 이를 음파로 재생시키는 것이다. 그러나 지하가, 터널 등과 같은 장소에서는 무선 통신기기를 사용하여 지상과 교신할 경우 지상과 차폐되어 전파의 전달이 어렵게 된다. 따라서 이와 같은 장소에 설치하여 지상과의 연락을 용이하게 함은 물론 화재진압시 소방관이 사용하는 휴대용 무전기와 지상의 소방지휘차량 등과의 무선통화를 원활하게 할 수 있도록 하는 것을 무선통신보조설비라 한다.

4-1 설치대상과 기준

1 설치대상

무선통신보조설비를 설치하여야 하는 특정소방대상물(위험물 저장 및 처리 시설 중 가스시설을 제외한다)의 설치기준은 **표 4-1**과 같다. 그러나 지하층으로서 특정소방대상물의 바닥부분 2면 이상이 지표면과 동일하거나 지표면으로부터의 깊이가 1 m 이하인 경우에는 해당층에 한하여 무선통신보조설비를 설치하지 아니할 수 있다.

표 4-1

소방대상물	기 준 면 적
지하가 (터널은 제외)	• 연면적 1,000 m² 이상 • 지하가중 터널로서 길이가 500 m 이상인 것
그 밖의 것	• 지하층의 바닥면적의 합계가 3,000 m² 이상인 것 • 지하층의 층수가 3층 이상이고 지하층의 바닥면적의 합계가 1,000 m² 이상인 것은 지하층의 모든 층 • 국토의 계획 및 이용에 관한 법률 제2조 제9호의 규정에 따른 공동구 • 층수가 30층 이상인 것으로서 16층 이상 부분의 모든 층

2 설치기준

(1) 누설동축케이블

① 소방전용 주파수대에서 전파의 전송 또는 복사에 적합한 것으로서 소방전용의 것으로 할 것. 다만, 소방대 상호간의 무선연락에 지장이 없는 경우에는 다른 용도와 겸용할 수 있다.

② 누설동축케이블과 이에 접속하는 안테나(공중선) 또는 동축케이블과 이에 접속하는 안테나(공중선)에 따른 것으로 할 것

③ 누설동축케이블은 불연 또는 난연성의 것으로서 습기에 따라서 전기의 특성이 변질되지 아니하는 것으로 하고, 노출하여 설치한 경우는 피난 및 통행에 장애가 없도록 할 것

④ 누설동축케이블은 화재에 따라 당해 케이블의 피복이 소실된 경우에 케이블 본체가 떨어지지 아니하도록 4 m 이내마다 금속제 또는 자기제 등의 지지금구로 벽·천장·기둥 등에 견고하게 고정시킬 것. 다만, 불연재료로 구획된 반자안에 설치하는 경우에는 그러하지 아니하다.

⑤ 누설동축케이블 및 공중선은 금속판등에 의하여 전파의 복사 또는 특성이 현저하게 저하되지 아니하는 위치에 설치할 것

⑥ 누설동축케이블 및 공중선은 고압의 전로로부터 1.5 m 이상 떨어진 위치에 설치할 것. 다만, 당해 전로에 정전기 차폐장치를 유효하게 설치한 경우에는 그러하지 아니하다.

⑦ 누설동축케이블의 끝부분에는 무반사 종단저항을 견고하게 설치할 것

⑧ 누설동축케이블 또는 동축케이블의 임피던스는 50 Ω으로 하고, 이에 접속하는 공중선·분배기 기타의 장치는 당해 임피던스에 적합한 것으로 하여야 한다.

(2) 무선기기 접속단자

다음 각 호의 기준으로 설치하여야 한다. 다만 전파법 제58조의2에 따른 적합성평가를 받은 무선이동중계기를 설치하는 경우에는 그러하지 아니하다.

① 화재층으로부터 지면으로 떨어지는 유리창 등에 의한 지장을 받지 않고 지상에서 유효하게 소방활동을 할 수 있는 장소 또는 수위실 등 상시 사람이 근무하고 있는 장소에 설치할 것

② 단자는 한국산업규격에 적합한 것으로 하고, 바닥으로부터 높이 0.8 m 이상 1.5 m 이하의 위치에 설치할 것

③ 지상에 설치하는 접속단자는 보행거리 300 m 이내마다 설치하고, 다른 용도로 사용되는 접속단자에서 5 m 이상의 거리를 둘 것

④ 지상에 설치하는 단자를 보호하기 위하여 견고하고 함부로 개폐할 수 없는 구조의 보호함을 설치하고, 먼지·습기 및 부식 등에 따라 영향을 받지 아니하도록 조치할 것

⑤ 단자보호함의 표면에 "무선기 접속단자"라고 표시한 표지를 할 것

(3) 분배기, 분파기, 혼합기

① 먼지·습기 및 부식 등에 의하여 기능에 이상을 가져오지 아니하도록 할 것

② 임피던스는 50 Ω의 것으로 할 것

③ 점검에 편리하고 화재 등의 재해로 인한 피해의 우려가 없는 장소에 설치할 것

(4) 증폭기

① 전원은 전기가 정상적으로 공급되는 축전지, 전기저장장치(외부 전기에너지를 저장해 두었다가 필요한 때 전기를 공급하는 장치) 또는 교류저압 옥내간선으로 하고, 전원까지의 배선은 전용으로 할 것

② 증폭기의 전면에는 주 회로의 전원이 정상인지의 여부를 표시할 수 있는 표시등 및 전압계를 설치할 것

③ 증폭기에는 비상전원이 부착된 것으로 하고 해당 비상전원용량은 무선통신보조설비를 유효하게 30분 이상 작동시킬 수 있는 것으로 할 것

④ 무선이동 중계기를 설치하는 경우에는 전파법 제58조의 2에 따른 규정에 의한 적합성평가를 받은 제품으로 설치할 것.

4-2 종류 및 구성

1 종류

무선통신보조설비의 종류에는 누설동축케이블 방식, 공중선(antenna) 방식, 누설동축케이블과 공중선 혼합방식이 있다.

(1) 누설동축케이블(LCX) 방식

동축케이블과 누설동축케이블(LCX)을 **그림 4-1**과 같이 조합한 것으로서 터널, 지하철 홈 등 폭이 좁고 긴 지하가나 건축물 내부에 적합하다.

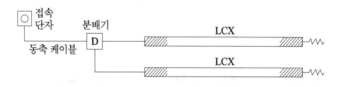

그림 4-1 누설동축케이블 방식

(2) 공중선(antenna) 방식

동축케이블과 공중선(antenna)을 **그림 4-2**와 같이 조합한 것으로서 대강당, 극장 등의 건축물에 적합하고 누설동축케이블 방식보다 경제적이다.

또한 동축케이블을 불연재료로 한 천장내부에 은폐하여 배선할 수 있기 때문에 화재에 의한 영향이 적고 미관을 해치지 않는 장점이 있다.

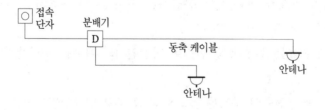

그림 4-2 공중선 방식

(3) 누설동축케이블과 공중선 혼합방식

누설동축케이블 방식의 장점과 공중선 방식의 장점을 이용하여 **그림 4-3**과 같이 조합하여 사용하는 것이다.

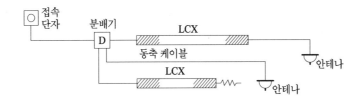

그림 4-3   누설동축케이블과 공중선 혼합방식

2 구성

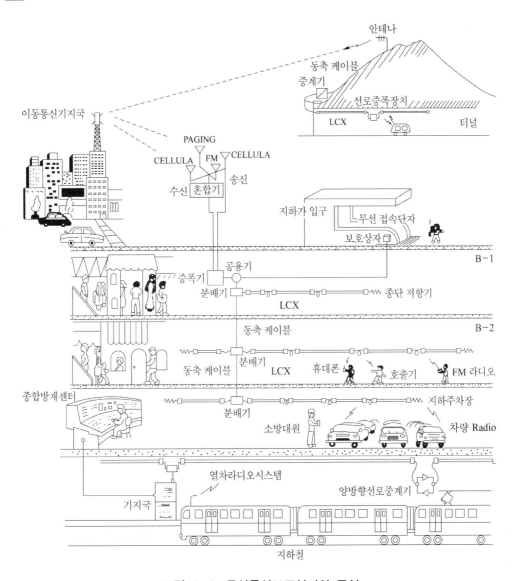

그림 4-4   무선통신보조설비의 구성

무선통신보조설비는 지하가 등의 입구 부근에 설치되어 보호함에 보호되어 있는 접속단자, 이에 접속되어 있는 동축케이블, 누설동축케이블, 안테나 및 이들의 부속품인 혼합기, 분배기, 종단저항기, 배선 등으로 **그림 4-4**와 같이 구성된다.

4-3 구조 및 기능

1 전파(電波)

그림 4-5와 같이 A, B 2장의 금속판을 서로 마주보게 하여 고주파 전압을 가하면 AB간에는 정전용량 C가 생기게 된다. 이때 A가 +일 때, B는 -가 되어 A에서 B를 향하여 전기력선이 생기고 A, B간에는 전계가 발생된다.

(a) 금속판 AB간에 정전용량 C가 생긴다.   (b)

그림 4-5 전계의 생성

이것은 A,B간에 전압이 발생했다는 것을 의미하며, 전기력선과 같은 방향으로 전류가 흐르게 된다. 전류가 흐르면 자력선이 발생되고 자연히 자계가 존재하게 된다. 다음 순간, 그림 (b)와 같이 고주파 전원의 극성이 바뀌어 A가 -, B가 +로 되면 전기력선의 방향도 반대로 된다. 따라서 자력선의 방향도 반대로 되게 된다.

그리고 **그림 4-6** (a)와 같이 전극의 배치를 기울이거나 (b)와 같이 전극을 평면상에 일직선으로 배열하면 전계가 외부공간에 나타나는 동시에 자계도 생기게 된다. 실제로 라디오나 텔레비전의 전파를 발생시키는 경우, 고주파전원의 전위(+, -)의 변화는 매우 빠르고 전기력선의 발생과 움직임도 빨라지므로 이것이 전자계의 진동으로 되어 AB간에서 공간으로 퍼져 나가게 된다. 이것이 전파이다.

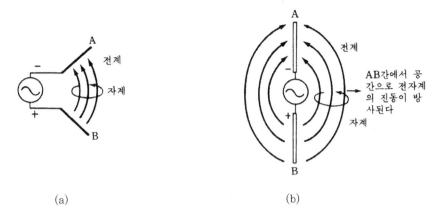

(a)   (b)

그림 4-6 전계와 자계의 발생

실제의 송신안테나는 이 콘덴서를 변형한 것이라고 생각할 수 있다. 이 전계와 자계는 항상 직각(90°)의 관계가 있으며, **그림 4-7**과 같이 자계가 전계를 만들고 또한 전계가 자계를 만든다는 식으로 원인과 결과를 되풀이 하면서 전파가 발생하게 된다.

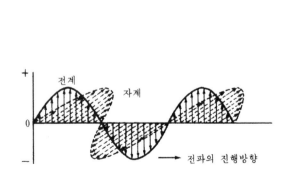

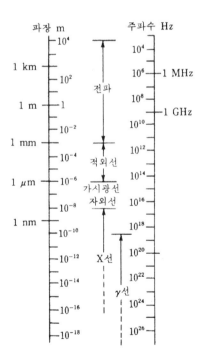

그림 4-7 전파의 퍼짐   **그림 4-8 전파의 종류**

전파의 세기는 전계의 세기이며, 이것을 볼트 V로 나타내고 있다. 그러나 전압은 반드시 두 점간의 값으로 나타내는 것이므로 전계의 세기는 두 점간의 간격으로서 공간에 1 m를 잡고 '1 m당 몇 V의 전압이 생기는가'를 말하는 것이다. 이것을 전계강도라고 하며, 단위에는 V/m가 쓰인다.

② 전파의 종류 및 전달

(1) 전파의 종류

그림 4-8은 전자파를 주파수별로 나타낸 것이며 이 중 전기통신에 이용되는 전자파를 전파라 하고, 전기통신용 전파만을 주파수별로 세분하면 표 4-2와 같다.

표 4-2 주파수에 따른 분류

명 칭	기호	주 파 수	대역	파 장		주요한 용도
Very Low Frequency	VLF	3 kHz	4	100 km	초장파	장거리 대전력 통신
Low Frequency	LF	30 kHz	5	10 km	장 파	장거리 고정국간의 통신 선박 통신, 항행 보조
Medium Frequency	MF	300 kHz	6	1 km 1,000 m 100 m	중 파	방송, 선박 통신, 항행 보조
						항공 통신, 경찰 통신, 항만 통신
High Frequency	HF	3 MHz	7	100 m 50 m	단 파	표준 전파(5 MHz) 중거리·장거리의 내·외국 각종 통신
Very High Frequency	VHF	30 MHz	8	10 m 1 m	초단파	텔레비전, FM 방송, 레이더, 항공 보조등
Ultra High Frequency	UHF	300 MHz	9	10 cm	극초단파	텔레비전, 다중통신, 레이더 위성통신
Super High Frequency	SHF	3 GHz	10	1 cm 1 mm		
Extremely High Frequency	EHF	30 GHz	11	0.1 mm		
		300 GHz 3 THz				특수통신

(2) 전파의 전달

전파의 전달은 전파의 주파수, 계절, 시간, 거리나 지형에 따라 다르게 된다. 그림 4-9는 지상의 송신 안테나에서 방사되는 전파가 수신 안테나에 수신될 때의 경로를 나타낸 것으로 주파수별로 다름을 알 수 있다.

초단파대 이상의 주파수에서는 대지 반사파, 직접파, 회절파 등이 전달되고 장파, 중파의 주파수대는 지표파라고 하는 대지 표면파가 주로 전달된다.

초단파대 이상의 전파로 대류권에서의 굴절파나 산란파를 대류전파라 하며 전파상의 문제가 되는 경우도 있다. 전리층은 지구 상층부분의 희박한 기체가 태양에서의 적외선이나 우주선의 작용으로 전자를 방출하여 전리된 상태의 층이다.

일반적으로 장파, 중파는 지상 약 100 km 높이인 E층에서, 단파는 지상 약 200 km인 F층에서 반사하고, 초단파 이상의 주파수대에서의 전파는 전리층을 돌출하는 성질이 있다.

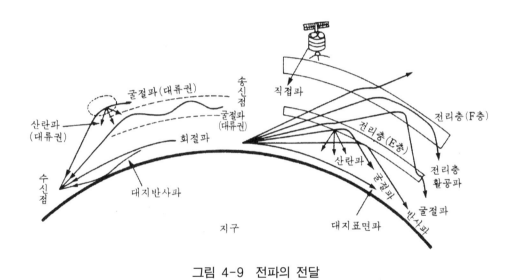

그림 4-9 전파의 전달

③ 송신과 수신

(1) 송신

송신이란 음파에 의해 마이크로폰(Microphone)에서 얻어진 전기신호를 송신기를 사용하여 송신 안테나로부터 전파로 발사하는 것을 말한다.

이 경우 음파는 20~20,000/초 회 정도의 진동을 하므로 마이크로폰에서 얻을 수 있는 전기신호도 유사하게 진동을 한다. 그러나 이 정도의 전기신호를 전파로 발사하기에는 너무 낮은 주파수이기 때문에 높은 주파수의 전기신호에 실어 발사하여야 한다. 이와 같이 저주파인 음파를 증폭기에 넣어 크게 한 후 고주파에 싣는 것을 변조라고 하며 변조된 고주파를 다시 증폭하여 송신 안테나로 보내어 전파하게 하는 것이 송신기이다.

그림 4-10은 송신기의 구조로서 저주파 전류의 음성파형을 발진기에서 나온 고주파 전류에 실어 변조(Modulation)부에서 변조하여 증폭부로 보낸다. **그림 4-11** (a), (b)는 진폭변조와 주파수 변조를 나타낸 것이다.

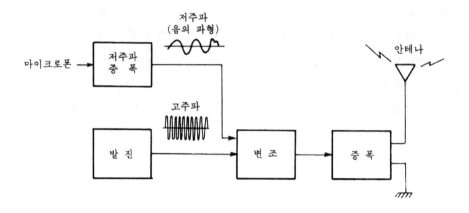

그림 4-10 송신기의 구조

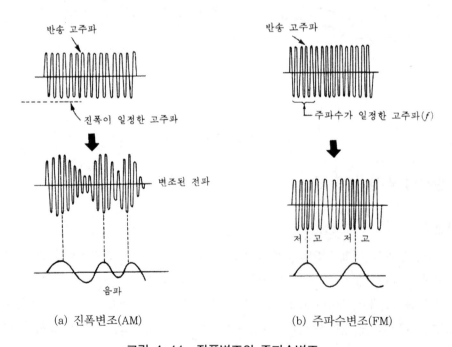

(a) 진폭변조(AM)   (b) 주파수변조(FM)

그림 4-11 진폭변조와 주파수변조

진폭변조(Amplitude Modulation)는 라디오 방송에 쓰이는 변조방법으로서 이와 같이 음파의 크기에 따라 주파수는 변하지 않고 반송파의 진폭을 변화시키는 것이다.

주파수변조(Frequency Modulation)는 마이크로폰에서 나온 저주파 전류의 파형에 따라서 반송파의 주파수를 변화시키는 것으로 진폭은 변화하지 않고 주파수가 변하며 잡음이 없는 특징이 있어 FM 방송이나 TV 음성에 이용되고 있다.

(2) 수신

수신이란 송신용 안테나에서 발사된 고주파 전파를 수신 안테나로 받아 그중에서 음성신호만을 분리하여 본래대로 음을 재현시키는 것으로 이와 같은 목적을 달성하기 위해서는 전자파를 받아 진동전류로 만드는 안테나, 안테나 회로 및 공진회로, 검파기, 수화기나 음향기가 필요하다. **그림 4-12**는 가장 간단한 수신기의 구성도를 보인 것이며 일반적으로 다음의 성능이 요구된다.

① 도래전파가 미약해도 충분히 감지할 수 있어야 한다.
② 선택도가 높아야 한다.
③ 잡음(S/N비)이 적어야 한다.
④ Fading에 대한 대책이 있어야 한다.
⑤ 충실도가 좋아야 한다.
⑥ 안정도가 높아야 한다.

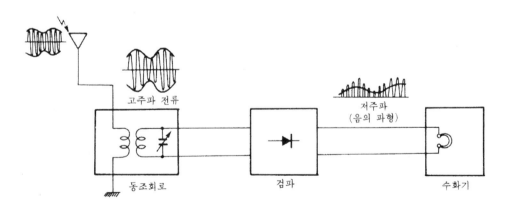

그림 4-12 수신기의 구성

안테나에서는 우주공간에 무수히 많은 여러가지 형태의 전파가 수신되므로 이 중에서 수신하고자 하는 전파만을 선별해야 한다. 이 선별과정을 튜닝(Tuning)이라고 하며 공진회로를 사용하여 해결한다.

4 동축케이블

동축케이블이란 일반 케이블과는 달리 **그림 4-13**과 같이 두 도체의 동심원상에서 내부 도체와 외부도체를 동일한 축상에 배열한 것으로 외부 잡음에 거의 영향을 받지 않아 고주파 전송용 회로의 도체로 많이 사용한다.

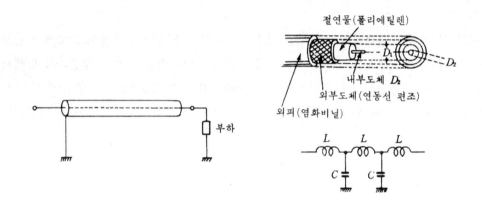

그림 4-13 동축케이블의 구조

동축케이블 내의 신호는 전송되어 지는데 따라 약해지고, 외부로의 누설전계도 그것에 따라 약해진다. 따라서 이의 손실보상이 필요하다.

그림 4-14의 수신특성에서 볼 때 실용 전계의 강도를 A, B간으로 하면 0점에서 시작되어 P점까지는 문제가 없다. 그러나 Q점에서는 레벨이 약해져 실제 사용할 수 없으므로 통상의 케이블은 케이블내의 신호를 증폭하는 조작이 필요하다.

누설동축케이블인 경우는 중계기나 증폭기를 설치하는 대신에 결합손실이 보다 작은 케이블을 접속함에 따라 희망하는 전송거리를 얻을 수 있으며 이와 같은 일련의 과정을 "그레딩"이라고 하고, 접속한 케이블의 결합손실의 차를 "그레딩량"이라고 한다.

이 그레딩을 되풀이함에 따라 전송거리를 어느정도 길게 할 수가 있지만, 나중에는 케이블내 신호가 잡음 레벨까지 떨어지게 된다. 따라서 그 바로 앞에서 그레딩을 조정할 필요가 있고 이점까지의 길이를 "그레딩 구간"이라고 한다.

그레딩 구간보다 멀리까지 신호를 보내고 싶을 경우는, 이 점까지 다른 케이블로 신호를 보내고, 다음 구간에 보내던지, 증폭기를 연결할 필요가 있다.

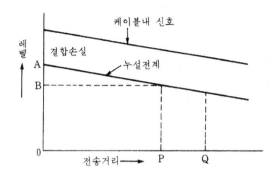

그림 4-14 수신특성

5 누설동축케이블

　일반적으로 사용되고 있는 동축 케이블이 외부전계(外部電界)와 완전히 차단되게 되어 있는 반면 누설동축케이블은 외부도체상에 전자파를 방사할 수 있도록 케이블 길이의 방향으로 일정하게 Slot를 만들어 놓은 것으로 Slot의 기울기와 길이를 어떻게 하느냐에 따라 어느 범위이든 자유로이 주파수를 선택할 수 있어 이동국 상호간 또는 이동국과 고정국간의 무선교선이 가능하게 된다.

　그림 4-15는 일반형인 누설동축케이블의 구조이며 **그림 4-16**은 누설동축케이블 절연체의 외부에 내열층을 두고 최외층에 난연성의 2차 Sheeth를 감은 것으로 내열 누설동축케이블이라 한다.

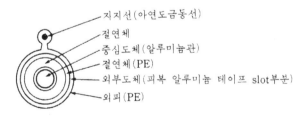

그림 4-15 누설동축케이블의 구조

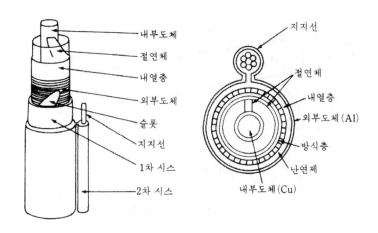

그림 4-16 내열누설동축케이블의 구조

표 4-3은 내열동축케이블의 구조이며 표 4-4는 동축케이블의 명칭 명명법이다.

표 4-3 내열동축케이블의 구조

종 류	내부 도체	절 연 체	외 부 도 체	외 경 mm	전송손실 dB/km	
					150 MHz	450 MHz
DCX-FR-SS 20D	동선	PE Cordel + 내열층	주름진 Altape	13	21 이하	46 이하
ECX-FR 10D-2V	동선	일반 PE + 내열층	연동선편조	29	80 이하	152 이하

표 4-4 동축 케이블의 명칭

명칭	10	D	2	V
	최초의 문자	다음 문자	다음숫자	말미의 문자
명 칭 의 뜻	외부도체의 내경을 나타 낸다. mm	특성 임피던스 를 나타낸다. D : 75Ω C : 50Ω	절연방식을 나타 낸다. 2 : 폴리에틸렌 충 실 절연형	Z : 한겹의 외부도체의 편조(編組) V : 한겹의 외부도체 편조, 염화비닐피복 W : 2중 외부도체편조, 염화비닐피복

표 4-5는 내열누설동축케이블의 종류에 따른 특성이며 참고로 기호를 설명한다.

표 4-5 내열누설동축케이블의 종류와 구성

구성 \ 종류		LCX-FR-SS 20D	LCX-FR-SS 42D
지지선(본/mm)		7/1.6	7/2.6
중심도체(외경/mm)		동선(8)	Al pipe(17)
절연체	구조	PE Cordel + PE Tube	
	외경 mm	20	42
내열층		절연체 상에 내열 tape 횡권	
외부도체	구조	주름진 Al tape(slot 부)	
	외경 mm	23	45
외피		PE Sheath(흑색)	
케이블구조 (약mm)	지지선부외경	7	13
	케이블부외경	29	51
	케이블 높이	29	67

종류의 설명

LCX-FR-SS 42D-146 〈 기호의 의미〉

누설 동축 케이블
"Leaky Coaxial Cable"

난연성(내열성)
"Flame Resistance"

자기지지
"Self Suporting"

종류 : 절연체 외경 mm

특정임피던스 : 50 Ω

사용주파수
1 : 150 MHz 대전용
4 : 400 MHz 대전용
14 : 150,400 MHz 대전용
48 : 400,800 MHz 대전용

결합손실표시

누설동축케이블은 균일한 전계(電界)를 케이블에 따라 광범위하게 방사(放射)할 수 있을 뿐만 아니라 방사하는 전계의 방향을 원주방향만의 편파(偏波)로 하는 것이 가능하고 케이블의 표면 오염이나 경년변화(經年變化)에 대해 열화(熱火)가 적은 특징이 있으며 손실특성은 다음과 같다.

(1) 전송손실(傳送損失)

도체(導體)에 전류가 흐르게 되면 그 도체의 임피던스에 의하여 도체내에서 전력손실이 생기는데 통신분야에서는 신호전송회로(信號傳送回路)에서 생기는 이러한 전력 손실을 일반적으로 전송손실(傳送損失)이라고 하며 누설 동축 케이블의 전송손실은 도체손실, 절연체 손실 및 복사손실의 합이다.

결합손실이 작은 것일수록 복사손실이 커지고 전송손실이 커지며 이 전송손실은 회로에서 취급하는 주파수가 높을 수록 커진다.

(2) 결합손실

무선통신은 유선 통신방법에 비하여 송신 안테나, 공간 및 수신 안테나가 더 필요하기 때문에 이 부분에서도 결합손실이 발생하게 되며 이때의 결합손실은 안테나의 특성, 공간의 상태 즉 기온, 기후 등에 따라 달라진다.

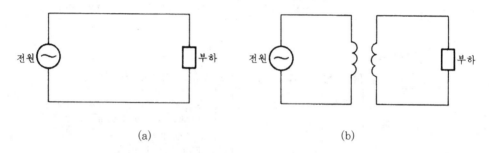

(a)   (b)

그림 4-17 전기적 결합손실

그림 4-17 (a)와 같은 전기회로에 그림 (b)와 같이 전원과 부하 사이에 변압기를 접속하게 되면 자체 전력손실에 의하여 전원의 전력중에서 변압기의 자체 손실을 뺀 나머지 전력만이 부하로 전달된다. 이와같이 어떤 전기회로에 어떤 기기(機器) 또는 물질을 추가로 삽입시켰을 때 이것으로 인하여 발생되는 손실을 결합손실(結合損失)이라고 한다.

누설동축케이블의 결합손실은 **그림 4-18**과 같이 누설동축케이블에서 1.5 m 떨어진 위치에 다이폴 안테나로 원주방향의 전파를 받을 수 있도록 설치하고, 케이블로의 입력전압, 전력과 다이폴 안테나의 수신전압, 전력에서 다음 식에 의해 구한 것을 말한다.

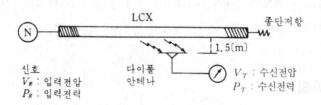

그림 4-18 결합손실회로

전압의 비로 나타내는 경우

$$L_C = -10\log\frac{V_R}{V_T}$$

전력의 비로 나타내는 경우

$$L_C = -10\log\frac{P_R}{P_T}$$

현재 실용화되고 있는 누설동축케이블의 결합손실은 50 dB에서 9 dB정도 것까지, 10 dB 스텝 또는 5 dB 스텝으로 거의 표준화되어 있으나 50 dB 이하가 되면 복사(輻射)에 의한 전송손실이 급격히 증가한다.

결합손실은 Slot의 형상, 길이, 각도에 따라 변화하고, 길이가 길 수록 작고 축(軸)에 대한 각도가 커질수록 작아진다. 그러나 Slot의 크기는 동축 케이블의 굵기, 특성의 안정성 및 기계적 강도 등의 제한이 있으나 실용상 큰 지장은 없다.

6 임피던스 정합과 분배기

강전류회로(强電流回路)에서는 여러 개의 부하를 전원에 연결하여 사용할 경우 **그림 4-19**와 같이 직접 분기(分岐)하여 사용한다. 그 이유는 부하는 제조공장에서 제작될 때 부하 최대 소비전력이 정하여 지므로 전원에서 발생 가능한 전력을 반드시 최대로 부하측에 전달할 필요가 없기 때문이다.

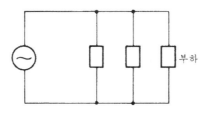

그림 4-19 부하의 병렬연결

예를 들면 최대소비전력이 각각 10 kW, 20 kW 및 30 kW의 부하를 최대출력 100 kW의 발전기에 연결 사용할 때 부하의 최대 소비전력의 합계는 60 kW가 되므로 전원의 최대 출력이 100 kW라 하더라도 전원측에서는 부하측으로 60 kW만 공급시켜 주면 된다.

따라서 이 경우 전원의 최대출력이 100 kW라 하더라도 60 kW만 발전하여 공급하게 된다. 그러나 무선통신의 수신회로에서는 수신 안테나에 유기(誘起)된 신호전력이 매우 미약하여 그대로는 확성기(Speaker)를 울려줄 수 없기 때문에 안테나에서 수신된 신호를 증폭하여야 하므로 안테나에 유기된 신호전력을 최대한 수신부쪽으로 보낼 필요가 있게 된다.

그림 4-20과 같이 내부 임피던스가 각각 Z_S인 전원과 Z_L의 부하가 연결된 전기회로에 있어서 $Z_S = Z_L$일 때 전원의 전력이 최대로 부하에 전달되는데 이와같은 전기회로의 임의의 지점에서 전원측을 본 임피던스와 부하측을 본 임피던스를 같게 하는것을 "임피던스 정합" 또는 "임피던스 매칭"이라고 한다.

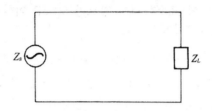

그림 4-20 임피던스 정합

신호(信號 : Signal)의 세기가 미약한 통신회로에서는 입력측에 유기된 전력을 최대한 출력측으로 전달하여야 함으로 임피던스의 정합(整合)이 매우 중요하게 다루어지고 있으며, 정합기는 임피던스의 정합을 위한 것이다.

지금 특성 임피던스가 300 Ω인 2개의 수신기를 특성 임피던스 75 Ω인 신호전원에 **그림 4-21** (a)와 같이 접속한 것을 단자 a_1과 a_2에서 신호전원과 부하를 분리하면 그림 (b)와 같이 되는데 단자 a_{12}와 a_{22}에서 부하쪽을 본 합성 임피던스 Z_T는

$$Z_T = \frac{1}{\frac{1}{Z_1} + \frac{1}{Z_2}} = \frac{Z_1 \times Z_2}{Z_1 + Z_2} = \frac{300 \times 300}{300 + 300} = 150 \ \Omega$$

이 된다.

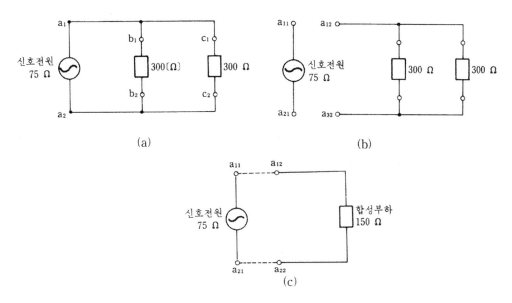

그림 4-21 특성 임피던스와 부하 임피던스

그러므로 그림 (b)는 (c)와 같이 나타낼 수 있다. 따라서 단자 a_{11}과 a_{21}에서 전원쪽을 본 임피던스는 75 Ω이 되며, 단자 a_{12}와 a_{22}에서 부하쪽을 본 임피던스는 150 Ω이 된다.

그러므로 전원과 부하는 임피던스 정합이 되지 못하므로 전원의 전력을 모두 부하쪽으로 보낼 수 없게 된다.

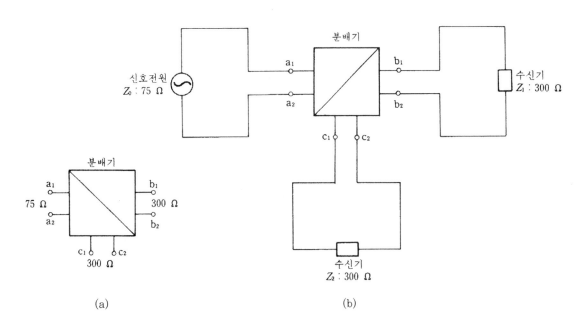

그림 4-22 분배기와 임피던스 정합

그러나 이것들을 **그림 4-22** (a)와 같이 a_1과 a_2, b_1과 b_2, c_1과 c_2에서 각각 분배기쪽을 본 특성 임피던스가 각각 75 Ω, 300 Ω, 300 Ω인 분배기를 사용하여 **그림 4-22** (b)와 같이 접속할 경우에는 분배기의 각 단자와 신호전원 및 수신기의 특성 임피던스가 같아지 므로 이 경우에는 완전하게 임피던스 정합이 되어 신호전원의 전력이 최대로 수신기로 전 달되게 된다.

이와같이 신호전원의 전력을 효율적으로 각 부하에 균등배분하기 위한 목적으로 제작된 것을 분배기라고 하며, 분배수에 따라 2분배기, 4분배기, 6분배기 등이 있다.

그림 4-22 (a)는 분배수가 2이므로 2분배기가 되며 **그림 4-23**은 이의 외관으로 정면도 와 측면도이다.

그림 4-24는 4분배기의 내부구조이다.

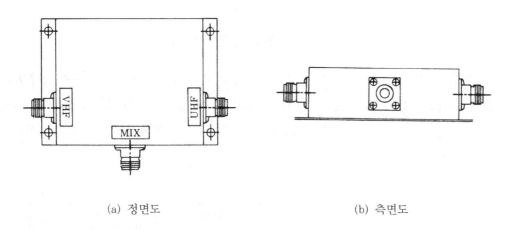

(a) 정면도 　　　　　　　　　　　　　　　　(b) 측면도

그림 4-23　2분배기의 정면도와 측면도

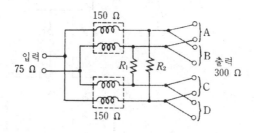

그림 4-24　4분배기의 내부구조

7 종단저항기

누설동축케이블로 전송되어 온 전자파는 케이블 끝부분에서 반사되어 교신을 방해한다. 따라서 송신부로 되돌아오는 전자파의 반사를 방지하기 위해 누설 동축 케이블 끝부분에 설치하는 것이 종단저항이며 **그림 4-25**는 이의 외관이다.

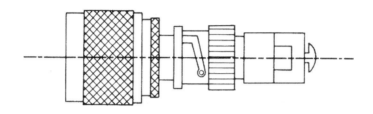

그림 4-25 종단저항기의 외관

8 접속단자(Cable connector)

동축케이블과 누설동축케이블, 누설동축케이블과 종단저항기, 동축케이블과 분배기 등은 서로 규격이 다르다. 따라서 이들을 서로 결합시키기 위하여 사용하는 접속기구이다. **그림 4-26**은 접속단자함의 구성을 보인 것이며 **그림 4-27**은 접속단자 등의 종류이다.

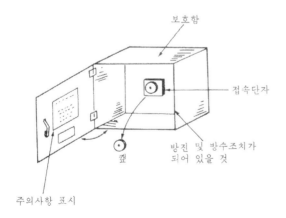
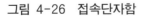

그림 4-26 접속단자함   그림 4-27 접속단자의 종류

그림 4-28의 (a)는 무선기 접속용 케이블속에 설치하는 단자의 외관이며 (b)는 건물속에 설치하는 단자이다.

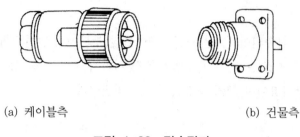

(a) 케이블측   (b) 건물측

그림 4-28 접속단자

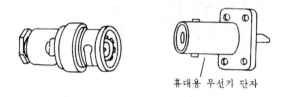

휴대용 무선기 단자

그림 4-29 접속단자

그림 4-29는 휴대용 무전기와 측정기기류에 설치하는 접속단자의 외관이다.

9 공중선(Antenna)과 급전선

(1) 공중선

전파를 효율적으로 송신하거나 수신하기 위해서 사용되는 공중도체를 말하는 것으로 길이가 길다고 좋은 것은 아니며 주파수에 알맞은 것이어야 한다. 그렇지 않으며 전파가 발사되지 않는 경우가 있다.

그림 4-30은 공중선의 가장 기본적인 형태로 파장의 1/2의 길이인 도체로부터 전류를 보내고 받게 되며 이외에 일반적으로 사용하는 것이 전파 파장의 1/4 및 3/4 길이의 것이다.

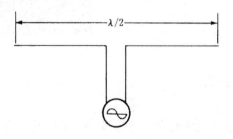

그림 4-30 공중선의 기본형태

만약 주파수가 150 MHz대라면 0.5 m, 1 m, 1.5 m가 되는데 이를 계산하면 다음과 같다.

$$\frac{3 \times 10^8}{150 \text{ MHz}} = \frac{3 \times 10^8}{150 \times 10^6} = \frac{3 \times 10^8}{15 \times 10^7} = \frac{30}{15} = 2 \text{ m}$$

공중선의 길이는

파장 1/2일 때 → 2 m ×1/2 = 1 m
파장 1/4일 때 → 2 m ×1/4 = 0.5 m
파장 3/4일 때 → 2 m ×3/4 = 1.5 m

공중선은 주파수에 따라 여러 형태가 있으나 여기서는 무지향성 및 지향성의 공중선에 대해 설명하기로 한다.

① 무지향성 공중선

그림 4-31은 무지향성 공중선의 전파를 나타낸 것이며 **그림 4-32**는 이를 이용한 무지향성 공중선의 종류를 보인 것으로 기지국, 차량용, 휴대용 등에 이용되고 있다.

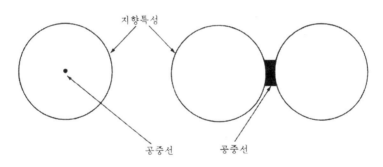

(a) 수평면 지향특성　　　　　　(b) 수직면 지향특성

그림 4-31　무지향성 공중선의 전파

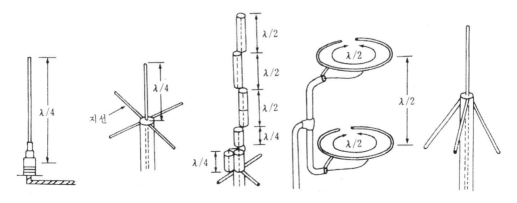

그림 4-32　무지향성 공중선의 종류

② 지향성 공중선

　지향성 공중선은 필요한 어느 방향에서 강한 전파를 송신하고 그 방향으로부터 전파를 효율적으로 수신하기 위한 것으로 초단파용, TV 수신용으로 많이 사용되고 있다.

　그림 4-33 (a)는 1929년 일본의 야기(八木) 우다에 의해 발명된 것으로 전파를 방사하는 방사기로써 반파장 더블레트 공중선을 사용하며 전파의 반사방향에 도파기를, 반대방향에 반사기를 같은 간격으로 이격시켜 배치한 것으로 각 소자의 간격이나 길이, 소자수를 적당히 조정하여 지향성이나 이득을 얻을 수 있으며, (b)는 이의 지향특성이다.

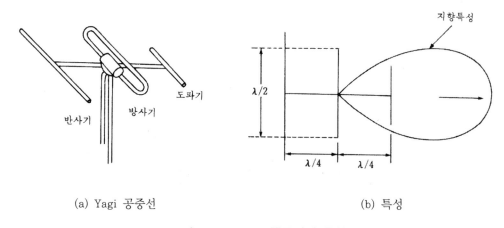

(a) Yagi 공중선　　　　　　　　　　　　　(b) 특성

그림 4-33　Yagi 공중선과 특성

　그림 4-34는 전파를 반사시키기 위해서 사용하는 반사기로써 공기모양을 한 포물면을 사용하는 공중선으로 Parabolic 공중선이라 한다.

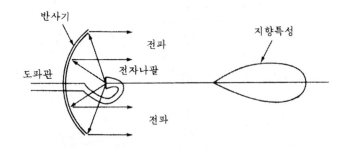

그림 4-34　Parabolic 공중선

반사기는 여러 종류가 있지만 어느 것이나 포물면의 초점에 전파를 반사하는 공중선을 두고 전파를 방사하면 전파는 반사되어 평면파가 됨으로 직진하게 된다. 그러므로 큰 지향성을 갖게할 수가 있어 공중선의 이득이 커지게 된다. 주로 초단파나 마이크로파와 같은 짧은 파장의 전파를 발신하거나 수신하는데 사용한다.

(2) 급전선

송신기의 출력을 공중선으로 보내기 위해서나 공중선으로부터 고주파 전류를 수신기로 보내기 위해서 그 사이에 필요한 도선(導線)을 말한다.

그림 4-35는 급전선의 종류이다. (a)는 단파대의 비접지형 공중선에 많이 이용되고 초단파대에서는 폴리에틸렌 평행 2선식이 사용되고 있으나, 이것은 TV 수신용 필터로도 이용되고 있다.

(b)는 단파대 주파수에서 사용되며 TV, FM 방송용으로 쓰이고 있다. (c)는 극초단파에서 사용되고 있는 도파관이다.

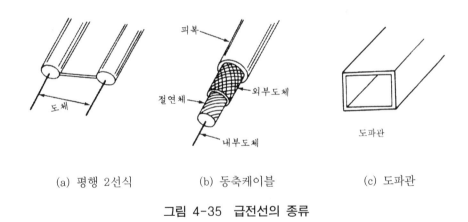

(a) 평행 2선식   (b) 동축케이블   (c) 도파관

그림 4-35 급전선의 종류

4-4 사용방법

지하가 입구나 종합방재센터에 설치되어 있는 접속단자에 무선통신보조설비의 공중선을 접속단자에 접속한 다음 지하에 진입한 소방대원과 무선연락은 대략 다음과 같이한다.

(1) 지하가 입구 부근에 설치해 있는 접속단자함을 열고, 접속단자에 부착되어 있는 캡을 뗀다.

(2) 휴대용 무전기 공중선을 분리하고 접속용 동축케이블을 접속시킨다.

(3) 접속용 동축케이블을 접속단자함안의 접속단자에 접속한다. 이 경우의 접속용 동축케이블은 약 2 m~6 m 정도의 길이로 **그림 4-36**과 같은 구조로 되어 있다.

(4) 지하가에 진입한 소방대원과의 교신방법은 지상에서의 교신과 동일한 벙법으로 한다.

(5) 지하가에 동일주파수의 무전기를 사용하고 있는 대원이 다수 있을 경우에는 지상의 접속단자측등의 지휘본부에서 통제 또는 중계를 행한다.

그림 4-36 접속용 동축케이블

연 습 문 제

1. 누설동축케이블 또는 동축케이블의 공칭임피던스는 얼마인가?

2. 누설동축케이블은 전기고압선으로부터 최소한 얼마이상 떨어진 장소에 설치하여야 하는가?

3. 무선기기의 접속단자의 설치위치는?

4. 무선통신보조설비의 증폭기 비상전원의 용량은 몇 시간 이상 작동할 수 있어야 하는가?

5. 누설동축케이블을 천장 또는 벽에 면하여 가설하는 경우 이탈방지를 위하여 케이블은 몇 m마다 금속제로 고정하여야 하는가?

6. 무선통신보조설비는 지하가의 면적이 몇 m^2 이상일 때 설치 의무가 있는가?

7. 결합손실이란 무엇이며 전송손실과는 어떠한 관계가 있는가?

8. 무선통신보조설비에 대하여 설명하시오.

9. "무선통신보조설비는 연면적 (   ) m^2 이상의 (   )에 설치하여 무선기의 접속단자는 지상 (   )에 설치하고, 누설동축케이블은 고압의 전로로부터 (   ) 이상 떨어져야 하며, 증폭기의 비상전원은 당해 설비를 유효하게 (   ) 이상 작동할 수 있는 것으로 한다."에서 (   )속에 적당한 용어는?

10. 누설동축케이블의 설치시 고정시켜야 하는 거리는?

11. 무선통신용 누설동축케이블의 특징에 대해 설명하시오.

제 **4** 편

소화설비의 부대전기설비

소화설비로서 소방대상물에 설치하는 고정식 소화설비는 다음의 것들이
있다. 이들 각 설비의 전기관련 사항 등을 기술한다.

1. 옥내·외 소화전설비
2. 스프링클러설비
3. 물분무소화설비
4. 포소화설비
5. 이산화탄소소화설비
6. 할로겐화합물 및 불활성기체소화설비
7. 분말소화설비
8. 미분부소화설비
9. 할론소화설비

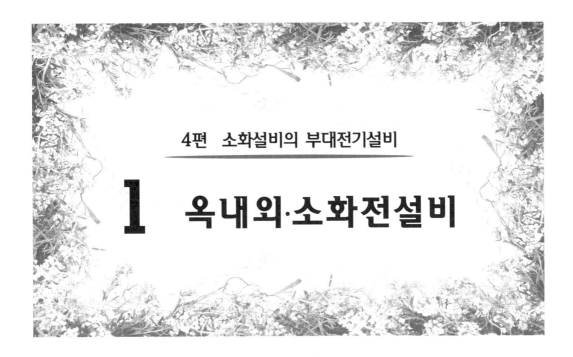

1 옥내외·소화전설비

소화전설비는 화재가 발생한 특정소방대상물의 관계자가 발화초기에 신속하게 진화할 수 있도록 설치하는 고정설비로서 수원, 가압송수장치, 배관, 제어반, 비상전원, 호스, 노즐 등으로 구성된다.

소화전 펌프의 기동방식에 따라 ON, OFF 스위치에 의한 수동기동방식과 기동용 수압개폐장치를 부설하는 자동기동방식이 있다.

아파트, 업무시설, 학교, 전시시설, 공장, 창고시설, 종교시설로서 동결(凍結)의 우려가 있는 장소에는 ON-OFF 스위치에 의한 수동기동방식을 사용할 수 있다.

1-1 구성과 동작

1 옥내소화전설비

그림 1-1은 옥내소화전함의 외관이며 그림 1-2는 옥내소화전 설비의 동작흐름도이다.

그림 1-1 옥내소화전함 외관

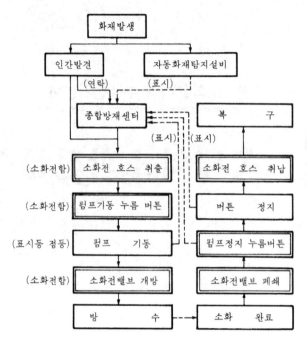

그림 1-2 옥내소화전 동작흐름도

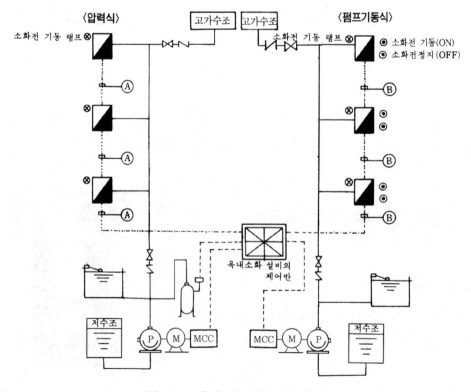

그림 1-3 옥내소화전설비의 계통도

그림 1-3은 옥내소화전설비의 계통도로서 기동용 수압개폐장치 이용방식과 ON–OFF 기동방식을 나타낸 것이다. 계통별 사용전선 내역은 **표 1-1**과 같고 **그림 1-4**는 옥내소화 전설비의 구성도이다.

표 1-1   전선내역

기호	구 분	배선수	배 선 굵 기	배선의 종류
Ⓐ	소화전함↔제어반	2	HFIX 2.5 mm²(16C)	기동확인 표시등 2
Ⓑ	소화전함↔제어반	5	HFIX 2.5 mm²(22C)	기동, 정지, 공통, 기동 확인 표시등 2

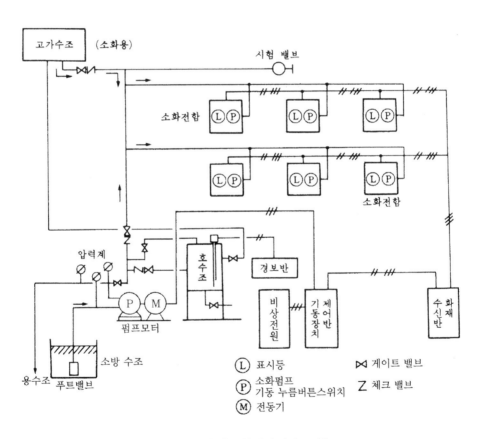

그림 1-4   옥내소화전설비의 구성도

2 옥외소화전설비

옥외소화전설비는 건축물의 화재를 진압하기 위하여 건축물 외부에 설치하는 고정설비로서 자체진화 또는 인근 건물의 연소방지를 위해 설치하는 것으로 주요 구성요소는 옥내소화전과 같다.

그림 1-5는 이의 구성도이며 동작흐름도는 **그림** 1-6과 같다.

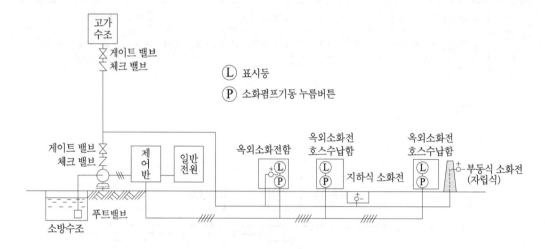

그림 1-5 옥외소화전 구성도

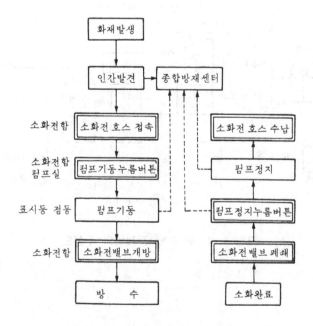

그림 1-6 옥외소화전의 동작흐름도

1-2 위치표시

1 옥내소화전설비

표시등은 다음 각 호의 기준에 의하여 설치하여야 한다.

(1) 옥내소화전설비의 위치를 표시하는 표시등은 함의 상부에 설치하되, 소방청장이 고시하는 「표시등의 성능인증 및 제품검사의 기술기준」에 적합한 것으로 할 것

(2) 가압송수장치의 기동을 표시하는 표시등은 옥내소화전함의 상부 또는 그 직근에 설치하되 적색등으로 할 것, 다만, 자체소방대를 구성하여 운영하는 경우(「위험물 안전관리법 시행령」 별표 8에서 정한 소방자동차와 자체소방대원의 규모를 말한다) 가압송수장치의 기동표시등을 설치하지 않을 수 있다.

2 옥외소화전설비

옥외소화전설비의 소화전함 표면에는 "옥외소화전"이라고 표시한 표지를 하고, 가압송수장치의 조작부 또는 그 부근에는 가압송수장치의 기동을 명시하는 적색등을 설치하여야 한다. 이 때 표시등의 설치는 옥내소화전설비와 같다.

1-3 제어반

옥내·외 소화전 설비 모두에 설치하나 옥외소화전 설비의 제어반은 옥내소화전 설비의 제어반에 준용하며 이는 다음과 같다. 즉 옥내·외 소화전 설비에는 제어반을 설치하되, 감시제어반과 동력제어반으로 구분하여 설치하여야 한다. 그러나 다음의 옥내·외소화전 설비의 경우에는 감시제어반과 동력제어반으로 구분하여 설치하지 아니할 수 있다.

(1) 비상전원을 설치하여야 하는 규정에 해당하지 아니하는 특정소방대상물에 설치되는 옥내소화전 설비

(2) 내연기관에 따른 가압송수장치를 사용하는 옥내·외소화전설비

(3) 고가수조에 따른 가압송수장치를 사용하는 옥내·외소화전설비

(4) 가압수조에 따른 가압송수장치를 사용하는 옥내·외소화전설비

(5) 다음의 1에 해당하지 아니하는 소방대상물에 설치되는 옥외소화전설비

① 지하층을 제외한 층수가 7층 이상으로서 연면적이 2,000 m^2 이상인 것

② 1호에 해당하지 아니하는 소방대상물로서 지하층의 바닥면적의 합계가 3,000 m^2 이상인 것.

1 감시제어반의 기능과 설치

(1) 기능

감시제어반의 기능은 다음 각 호에 적합하여야 한다. 다만, 1-3의 제어반에 해당하는 경우에는 ③항과 ⑥항을 적용하지 아니한다.

① 각 펌프의 작동여부를 확인할 수 있는 표시등 및 음향경보기능이 있어야 한다.

② 각 펌프를 자동 및 수동으로 작동시키거나 작동을 중단시킬 수 있어야 한다.

③ 비상전원을 설치한 경우에는 상용전원 및 비상전원의 공급여부를 확인할 수 있어야 할 것

④ 수조 또는 물올림 탱크가 저수위로 될 때 표시등 및 음향으로 경보하여야 한다.

⑤ 각 확인회로(기동용 수압개폐장치의 압력스위치회로·수조 또는 물올림 탱크의 감시회로를 말한다)마다 도통시험 및 작동시험을 할 수 있어야 한다.

⑥ 예비전원이 확보되고 예비전원의 적합여부를 시험할 수 있어야 한다.

(2) 설치

① 화재 및 침수 등의 재해로 인한 피해를 받을 우려가 없는 곳에 설치하여야 한다.

② 감시제어반은 옥내·외소화전 설비의 전용으로 하여야 한다. 다만, 옥내·외소화전 설비의 제어에 지장이 없는 경우에는 다른 설비와 겸용할 수 있다.

③ 감시제어반은 다음 각 목의 기준에 의한 전용실 안에 설치하여야 한다. 다만, 1-3의 각호의 1에 해당하는 경우와 공장, 발전소 등에서 설비를 집중 제어·운전할 목적으로 설치하는 중앙제어실내에 감시제어반을 설치하는 경우에는 그러하지 아니하다.

ㄱ 다른 부분과 방화구획을 하여야 한다. 이 경우 전용실의 벽에는 기계실 또는 전기실 등의 감시를 위하여 두께 7 mm 이상의 망입유리(두께 16.3 mm 이상의 접합유리 또는 두께 28 mm 이상의 복층유리를 포함한다)로 된 4 m^2 미만의 붙박이 창을 설치할 수 있다.

ㄴ 피난층 또는 지하 1층에 설치할 것. 다만, 다음 각 세목의 어느 하나에 해당하는 경우에는 지상 2층에 설치하거나 지하 1층 외의 지하층에 설치할 수 있다.

㉮ 건축법시행령 제35조의 규정에 따라 특별피난계단이 설치되고 그 계단(부속

실을 포함한다)출입구로부터 보행거리 5 m 이내에 전용실의 출입구가 있는 경우

    ㉯ 아파트의 관리동(관리동이 없는 경우에는 경비실)에 설치하는 경우

  © 비상조명등 및 급·배기설비를 설치하여야 한다.

  ㉣ 무선통신보조설비의 화재안전기준(NFSC 505) 제6조의 규정에 따른 무선기기 접속단자(영 별표 5 소화활동설비의 소방시설 적용기준란 제5호의 규정에 따른 무선통신보조설비가 설치된 특정소방대상물에 한한다)를 설치할 것

  ㉤ 바닥면적은 감시제어반의 설치에 필요한 면적외에 화재시 소방대원이 그 감시제어반의 조작에 필요한 최소면적 이상으로 하여야 한다.

④ 바닥면적은 감시제어반의 설치에 필요한 면적 외에 화재 시 소방대원이 그 감시제어반의 조작에 필요한 최소면적 이상으로 할 것

⑤ 3호에 따른 전용실에는 소방대상물의 기계·기구 또는 시설등의 제어 및 감시설비 외의 것을 두어서는 아니된다.

2 동력제어반의 구조와 설치

(1) 앞면은 적색으로 하고 "옥내·외소화전 설비용 동력제어반"이라고 표시한 표지를 설치하여야 한다.

(2) 외함은 두께 1.5 mm 이상의 강판 또는 이와 동등 이상의 강도 및 내열성능이 있는 것으로 하여야 한다.

(3) 그 밖의 동력제어반의 설치에 관하여는 감시제어반의 ①항과 ②항의 기준을 준용한다.

1-4 전 원

옥외소화전설비의 전원은 옥내소화전설비의 사용전원에 준용한다. 그러므로 옥내소화전설비의 상용전원과 비상전원에 대해 살펴본다.

1 상용전원

옥내소화전설비에는 그 특정소방대상물의 수전방식에 따라 다음 각 호의 기준에 의한 상용전원회로의 배선을 설치하여야 한다. 다만, 가압수조방식으로서 모든 기능이 20분 이상 유효하게 지속될 수 있는 경우에는 그러하지 아니하다. **그림 1-7**은 그 예이다.

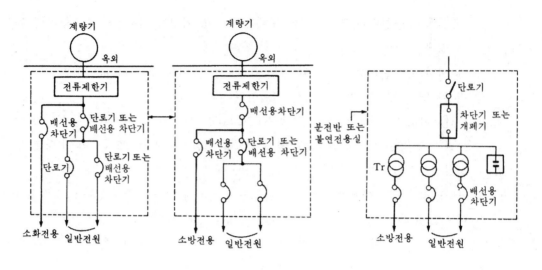

(a) 저압수전인 경우 2가지 예시 　　　　　(b) 고압수전인 경우 예시

그림 1-7　상용전원 회로의 배선 예시

(1) 저압수전인 경우에는 인입개폐기의 직후에서 분기하여 전용배선으로 하여야 하며, 전용의 전선관에 보호되도록 해야 한다.

(2) 특별고압수전 또는 고압수전일 경우에는 전력용 변압기 2차측의 주차단기 1차측에서 분기하여 전용배선으로 하되, 상용전원의 상시공급에 지장이 없을 경우에는 주차단기 2차측에서 분기하여 전용배선으로 한다. 다만, 가압송수장치의 정격입력전압이 수전전압과 같은 경우에는 (1)호의 기준에 따른다.

② 비상전원의 설치대상과 기준

다음의 1에 해당하는 소방대상물의 옥내소화전설비에는 비상전원을 설치하여야 한다. 다만, 2 이상의 변전소(전기사업법 제67조의 규정에 따른 변전소를 말한다. 이하 같다)에서 전력을 동시에 공급받을 수 있거나 하나의 변전소로부터 전력의 공급이 중단되는 때에는 자동으로 다른 변전소로부터 전원을 공급받을 수 있도록 상용전원을 설치한 경우와 가압수조방식에는 그러하지 아니하다.

(1) 설치대상

① 지하층을 제외한 층수가 7층 이상으로서 연면적이 2,000 m² 이상인 것

② 제1호에 해당하지 아니하는 특정소방대상물로서 지하층의 바닥면적의 합계가 3,000 m² 이상인 것.

(2) 설치기준

2항의 규정에 따른 비상전원은 자가발전설비 또는 축전지설비(내연기관에 따른 펌프를 사용하는 경우에는 내연기관의 기동 및 제어용 축전지를 말한다) 또는 전기저장장치(외부 전기에너지를 저장해 두었다가 필요한 때 전기를 공급하는 장치)로서 다음 각호의 기준에 따라 설치하여야 한다.

① 점검에 편리하고 화재 및 침수 등의 재해로 인한 피해를 받을 우려가 없는 곳에 설치 하여야 한다.

② 옥내소화전 설비를 유효하게 20분 이상 작동할 수 있어야 한다.

③ 상용전원으로부터 전력의 공급이 중단된 때에는 자동으로 비상전원으로부터 전력을 공급받을 수 있도록 하여야 한다.

④ 비상전원(내연기관의 기동 및 제어용 축전기를 제외한다)의 설치장소는 다른 장소와 방화구획하여야 하며, 그 장소에는 비상전원의 공급에 필요한 기구나 설비외의 것 (열병합발전설비에 필요한 기구나 설비는 제외한다)을 두어서는 아니된다.

⑤ 비상전원을 실내에 설치하는 때에는 그 실내에 비상조명등을 설치하여야 한다.

1-5 배 선

그림 1-8은 옥내·외소화전설비의 내화내열 보호배선의 범위를 나타낸 구성도로써 그 기준은 다음과 같다.

옥내·외소화전설비의 배선은 전기사업법 제67조의 규정에 따른 기술기준에서 정한 것 이외에 다음 각 호의 기준에 의하여 설치하여야 한다.

(1) 비상전원으로부터 동력제어반 및 가압송수장치에 이르는 전원회로배선은 내화배선으로 하여야 한다. 다만, 자가발전설비와 동력제어반이 동일한 실에 설치된 경우에는 자가발전기로부터 그 제어반에 이르는 전원회로배선은 그리하지 아니하다.

(2) 상용전원으로부터 동력제어반에 이르는 배선, 그 밖의 옥내·외소화전설비의 감시·조작 또는 표시등회로의 배선은 내화배선 또는 내열배선으로 하여야 한다. 다만, 감시제어반 또는 동력제어반안의 감시·조작 또는 표시등 회로의 배선은 그러하지 아니하다.

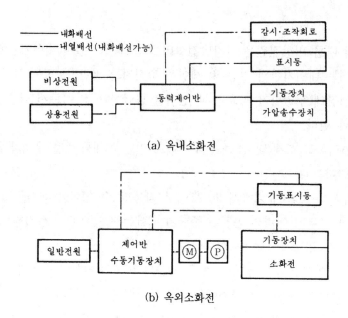

(a) 옥내소화전

(b) 옥외소화전

그림 1-8 소화전설비의 내화내열 보호배선의 범위

(3) 내화배선 및 내열배선에 사용되는 전선 및 설치방법은 별표 1의 기준에 따른다.

(4) 소화전설비의 과전류차단기 및 개폐기에는 "옥내소화전 설비용" 또는 "옥외소화전 설비용"이라고 표시한 표시를 하여야 한다.

(5) 소화전설비용 전기배선의 양단 및 접속단자에는 다음과 같은 표지를 하여야 한다.

① 단자에는 "소화전단자"라고 표시한 표지를 부착한다.

② 옥내·외소화전설비용 전기배선의 양단에는 다른 배선과 식별이 용이하도록 표시하여야 한다.

연 습 문 제

1. **그림** 1은 옥내소화전설비이다. 음향장치는 일제명동방식으로 하되 **그림** 2를 참조하여
전기배선도를 완성하시오.

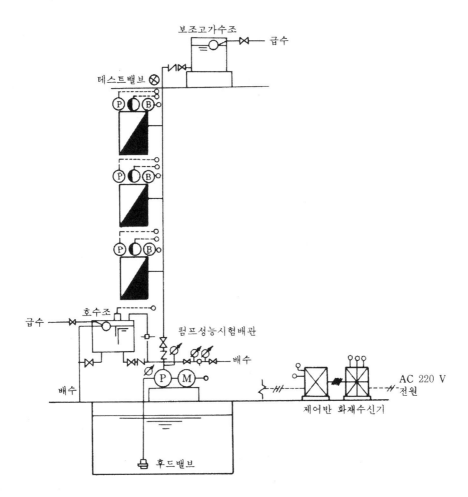

[그림 1 옥내소화전 설비계통도]

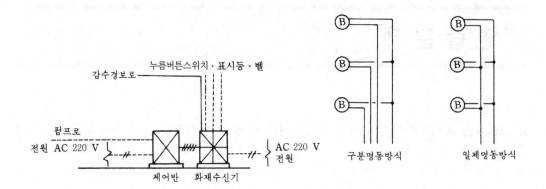

[그림 2　배선의 설명]

2. 그림 (a)는 어느 빌딩의 소화용 펌프 가압회로의 일부를 나타낸 것으로 1개소에서 원격 조작이 가능하다. 이를 기초로 (b)에 복선도를 그리고 표에는 기호명칭을 쓰고 설명하시 오.

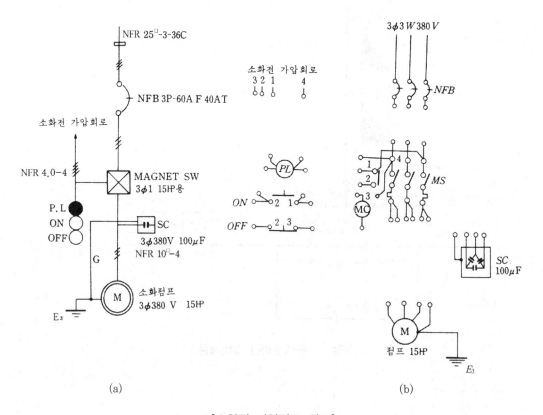

[소화전 가압펌프 회로]

[표] 명칭과 설명

기 호	명 칭	설 명
NFB		
MS		
SC		
MC		
NFR		

3. 그림 1은 지하층이 있는 수원에서 3상 200 V, 15 kW의 전동기를 직결한 양수펌프로 옥탑의 물탱크에 보내어 이것을 지하층, 1층, 2층, 3층의 소화전에 연결한 전기배선도이다. 이를 기초로 하여 다음의 조건이 충족될 수 있도록 전자개폐기의 전원측으로부터 전원선 및 조작선의 상세한 접속도를 그림 2에 완성하고 전자 스위치 내의 a, b, c, d, e를 정확히 표시하시오.

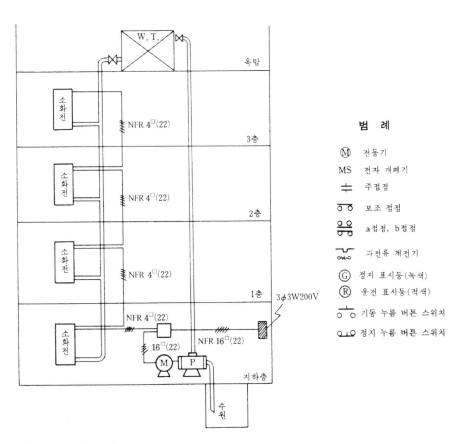

[그림 1 배선도]

- 조 건 -
① 소화전에는 소화용 호스 외에 전기설비로서 양수용 전동기를 기동, 정지할 누름버튼스위치가 2개 있고, 전동기의 운전과 정지를 표시하는 2개의 표시등이 있다.
② 전동기는 전자개폐기로 전전압기동방식(全電壓起動方式)을 택한다.
③ 전자개폐기에는 주접점 외에 보조접점과 a 접점, b 접점이 각각 1개씩 부과되고 있다.
④ 전원선에는 R.S.T, 조작선에는 1, 2, 3, 4, 5의 기호를 넣어 작성하시오.

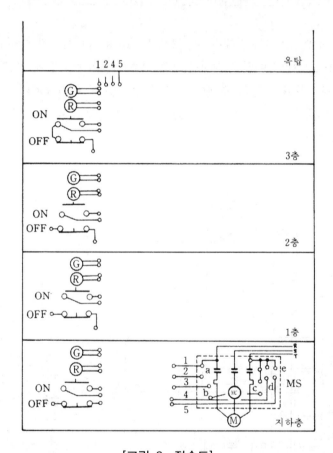

[그림 2 접속도]

4. 비상전원을 설치하여야 할 옥내소화전 설비의 비상전원 설치 기준을 4가지만 쓰시오.

5. 정격전류가 각각 15 A, 30 A, 40 A인 옥내소화전용 전동기 3대가 있다. 이에 대한 옥내 저압배선공사를 할 경우 간선의 최소 허용전류는?

6. 그림은 옥내소화전용 전동기에서 수신반 사이에 대한 것이다. 사용된 전동기의 정격은 3상, 380 V, 20 HP이고 전동기의 역률은 80 %, 효율은 90 %이다. 주어진 조건의 자료를 참조하여 다음의 각 물음에 답하라.

> **– 조 건 –**
> ① 사용전선은 동선이다.
> ② 최고 주위온도는 60 ℃이다.
> ③ 접지선은 고려하지 않는다.
> ④ 평상시 사용상태에서의 주위온도는 30 ℃ 이하이다.
> ⑤ 사용공사는 금속관공사이며 후강전선관을 사용한다.

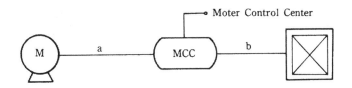

(1) a 및 b의 전선수는?

(2) b전선 각각의 명칭은?

(3) 전동기의 전 부하전류(Full Load Current)는 몇 A인가?

(4) 주위온도가 30 ℃ 일 때 a의 전선의 최소 허용전류는?

(5) 전동기의 역률을 90 ℃로 개선하기 위한 진상용 콘덴서의 용량은?

(6) 전선 a의 굵기는?

(7) 전선관 a의 굵기는?

4편 소화설비의 부대전기설비

2 스프링클러설비

스프링클러설비는 화재가 발생한 경우에 천장부근에 설치되어 있는 스프링클러 헤드가 자동적으로 작동하여 소화수를 살수함으로써 조기에 화재를 진압하는 설비로서 습식, 건식, 준비작동식 등이 있다.

2-1 종류 및 구성

1 습식

이 방식은 가압송수장치에서 폐쇄형스프링클러헤드까지 배관 내에 항상 물이 가압되어 있다가 화재로 인한 열로 헤드가 파열되면 펌프측의 소화수가 헤드쪽으로 이동하게 되어, 물의 흐름을 감지하는 습식유수검지장치(alarm valve)가 작동하여 사이렌 경보를 울림과 동시에 수신반에 밸브 개방신호를 표시하게 된다.

습식스프링클러를 설치한 부분에 한하여 자동화재탐지설비를 면제할 수 있도록 규정하고 있다(단, 헤드의 개방온도가 75 ℃ 이하로 작동시간이 60초 이내인 헤드를 부착한 부분에 한한다).

그림 2-1은 습식스프링클러설비의 계통도이며 **표** 2-1은 사용전선내역이다.

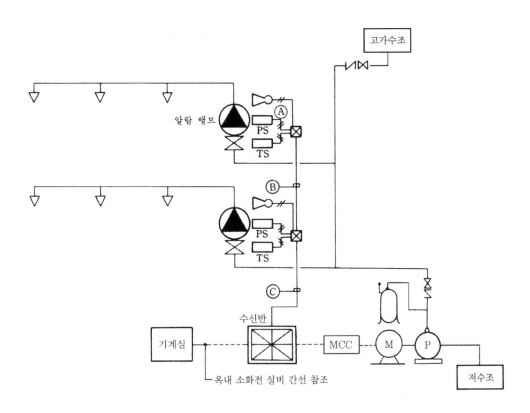

그림 2-1 습식 계통도

표 2-1 사용전선내역

기호	구 분	배선수	배선의 굵기	배선의 용도
A	압력 스위치 ↔ 4각 BOX	2	HFIX 2.5mm²(16C)	유수검지 스위치 2
B	4각 BOX ↔ 4각 BOX	3	HFIX 2.5mm²(16C)	사이렌, 압력 스위치 동작확인, 공통
C	4각 BOX ↔ 수신반	5	HFIX 2.5mm²(22C)	사이렌 2, 압력 스위치 동작확인 2, 공통

그림 2-2는 습식스프링클러설비의 동작흐름도이며 **그림 2-3**은 중계기에 탬퍼스위치 회로를 접속시키는 경우와 사이렌 회로를 접속시키는 경우의 회로도이니 참고하기 바란다.

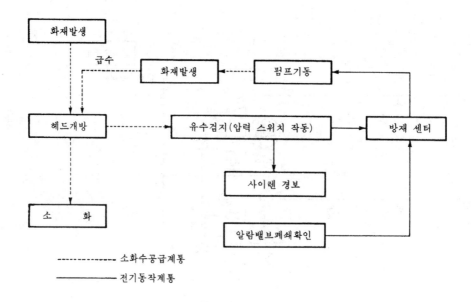

그림 2-2 습식스프링클러설비 동작 흐름도

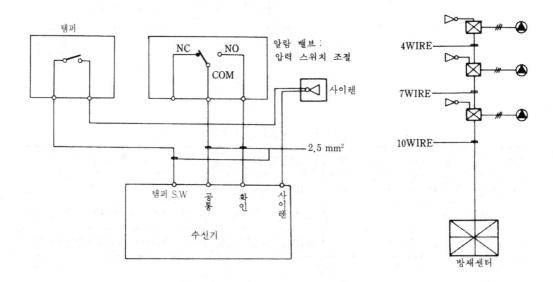

그림 2-3 습식스프링클러설비의 결선도

2 건식(Dry pipe system)

습식은 배관 내에 물을 항상 채워두고 있는 반면에 이 방식은 건식유수검지장치 2차 측에
압축공기 또는 질소 등의 기체로 충전된 배관에 폐쇄형스프링클러헤드가 부착되어 있다.

폐쇄형스프링클러헤드가 개방되어 배관내의 압축공기등이 방출되면 건식유수검지장치가 1차 측의 수압에 의하여 건식유수검지장치가 작동하면 소화수가 밸브를 통하여 헤드쪽으로 이동하여 분출함으로써 화재를 소화를 한다.

동작흐름도 및 결선도는 습식과 동일하며 동파방지를 위한 시스템으로 주차장 등에 주로 사용한다.

3 준비작동식(preaction system)

헤드의 방호구역에 감지기를 설치하여 복수회로를 구성한 후 1개의 감지회로가 작동하였을 경우에는 밸브가 개방되지 않고 2개 회로가 동시에 작동하게 되면 밸브가 개방된다.

본 방식은 가압송수장치에서 준비작동식유수검지장치 1차 측까지 배관 내에 항상 물이 가압되어 있고 2차 측에서 폐쇄형스프링클러헤드까지 대기압 또는 저압으로 있다가 화재발생시 감지기의 작동으로 준비작동식유수검지장치가 작동하여 폐쇄형스프링클러헤드까지 소화용수가 송수되어 폐쇄형스프링클러헤드가 열에 따라 개방되는 방식이다. 해당구역에는 수동조작함(super visory panel)을 설치하여 현장에서도 확인할 수 있도록 되어 있다.

그림 2-4는 이 방식의 계통도이며 **표 2-2**는 사용 전선내역이다.

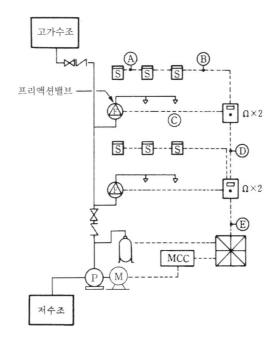

그림 2-4 준비작동식 계통도

표 2-2 전선내역

기호	구 분	배선수	배선 굵기	배선의 용도
A	감지기↔감지기	4	HFIX 1.5mm²(16C)	지구, 공통 각 2가닥
B	감지기↔SVP	8	HFIX 1.5mm²(16C)	지구, 공통 각 4가닥
C	프리액션밸브↔SVP	5	HFIX 2.5mm²(22C)	밸브기동, 확인, 사이렌, 밸브주의, 공통
D	SVP↔SVP	9	HFIX 2.5mm²(28C)	전원 +,−, 전화, 감지기 A.B, 밸브기동, 밸브 개방확인, 밸브주의, 사이렌
E	2 ZONE일 경우	15	HFIX 2.5mm²(36C)	전원 +,−,전화(감지기 A.B, 밸브기동, 개방 확인, 밸브주의, 사이렌)×2

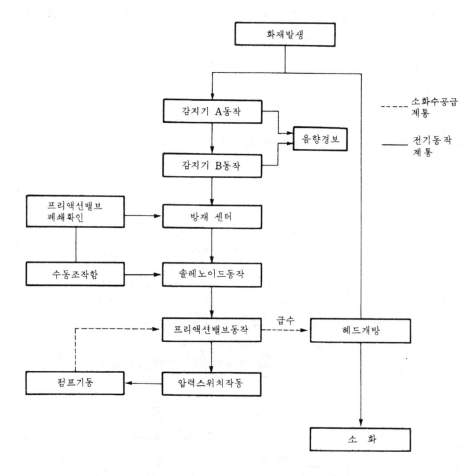

그림 2-5 동작흐름도

2-2 음향장치 및 기동장치

1 음향장치

(1) 습식유수검지장치 또는 건식유수검지장치를 사용하는 설비에 있어서는 헤드가 개방되면 유수검지장치가 화재신호를 발신하고 그에 따라 음향장치가 경보되도록 하여야 한다.

(2) 준비작동식유수검지장치 또는 일제개방 밸브를 사용하는 설비에는 화재감지기의 감지에 따라 음향장치가 경보되도록 하여야 한다. 이 경우 화재감지기회로를 교차회로방식(하나의 준비작동식유수검지장치 또는 일제개방밸브의 담당구역내에 2 이상의 화재감지기회로를 설치하고 인접한 2 이상의 화재감지기가 동시에 감지되는 때에 준비작동식유수검지장치 또는 일제개방밸브가 개방·작동되는 방식을 말한다. 이하 같다)으로 하는 때에는 하나의 화재감지기회로가 화재를 감지하는 때에도 음향장치가 경보되도록 하여야 한다.

(3) 음향장치는 유수검지장치 등의 담당구역마다 설치하되 그 구역의 각 부분으로부터 하나의 음향장치까지의 수평거리는 25 m 이하가 되도록 하여야 한다.

(4) 음향장치는 경종 또는 사이렌(전자식 사이렌을 포함한다)으로 하되, 주위의 소음 및 다른 용도의 경보와 구별이 가능한 음색으로 하여야 한다. 이 경우 경종 또는 사이렌은 자동화재탐지설비·비상벨설비 또는 자동식사이렌설비의 음향장치와 겸용할 수 있다.

(5) 주음향장치는 수신기의 내부 또는 그 직근에 설치할 것

(6) 5층(지하층을 제외한다) 이상으로서 연면적이 3,000 m² 를 초과하는 특정소방대상물 다음 각 목에 따라 경보를 발할 수 있도록 하여야 한다.
① 2층 이상의 층에서 발화한 때에는 발화층 및 그 직상층에 경보를 발할 것
② 1층에서 발화한 때에는 발화층·그 직상층 및 지하층에 경보를 발할 것
③ 지하층에서 발화한 때에는 발화층·그 직상층 및 기타의 지하층에 경보를 발할 것

(7) 음향장치는 다음 각목의 기준에 따른 구조 및 성능의 것으로 할 것
① 정격전압의 80 % 전압에서 음향을 발할 수 있는 것으로 할 것
② 음량은 부착된 음향장치의 중심으로부터 1 m 떨어진 위치에서 90 dB 이상이 되는 것으로 할 것

2 기동장치

(1) 습식유수검지장치 또는 건식유수검지장치를 사용하는 설비

유수검지장치의 발신이나 기동용수압개폐장치에 의하여 작동되거나 또는 이 두 가지의 혼용에 따라 작동 될 수 있도록 한다.

(2) 준비작동식유수검지장치 또는 일제개방밸브를 사용하는 설비

화재감지기의 화재감지나 기동용수압개폐장치에 따라 작동되거나 또는 이 두 가지의 혼용에 따라 작동할 수 있도록 한다.

그림 2-6은 스프링클러설비의 기동장치 예이다

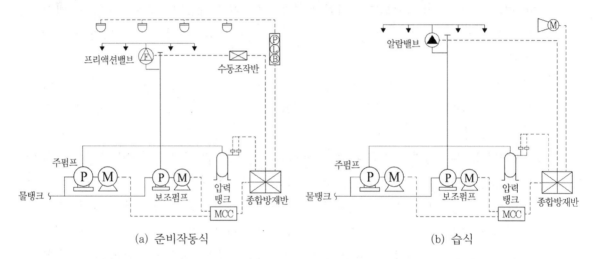

(a) 준비작동식   (b) 습식

그림 2-6 기동장치의 예

2-3 준비작동식유수검지장치 또는 일제개방 밸브의 작동

(1) 담당구역내의 화재감지기의 동작에 의하여 개방·작동될 것

(2) 화재감지회로는 교차회로방식으로 할 것. 다만, 다음에 해당하는 경우에는 그러하지 아니하다.

① 스프링클러설비의 배관 또는 헤드에 누설경보용 물 또는 압축공기가 채워지거나 부압식스프링클러설비의 경우

② 화재감지기를 자동화재탐지설비의 화재안전기준(NFSC 203) 제7조 제1항 단서의 각

호의 감지기로 설치한 때

(3) 준비작동식유수검지장치 또는 일제개방 밸브의 인근에서 수동기동(전기식 및 배수식)에 의하여도 개방·작동될 수 있게 할 것

2-4 일제개방 밸브 작동규정에 의한 감지기의 설치

(1) 제1호 및 제2호의 규정에 따른 화재감지기의 설치기준에 관하여는 자동화재탐지설비의 화재안전기준(NFSC 203) 제7조(감지기) 및 제11조(배선)의 규정을 준용할 것. 이 경우 교차회로방식에 있어서의 화재감지기의 설치는 각 화재감지기 회로별로 설치하되, 각 화재감지기회로별 화재감지기 1개가 담당하는 바닥면적은 자동화재탐지설비의 화재안전기준(NFSC 203) 제7조 제3항 제5호(부착높이 및 소방대상물에 따른 감지기의 종류와 면적)·제8호(열전대식 차동식분포형감지기의 설치) 내지 제10호(연기감지기의설치)의 규정에 따른 바닥면적으로 한다.

(2) 화재감지기 회로에는 다음 각목의 기준에 따른 발신기를 설치할 것. 다만, 자동화재탐지설비의 발신기가 설치된 경우에는 그러하지 아니하다.

① 조작이 쉬운 장소에 설치하고, 스위치는 바닥으로부터 0.8 m 이상 1.5 m 이하의 높이에 설치할 것

② 특정소방대상물의 층마다 설치하되, 당해 소방대상물의 각 부분으로부터 하나의 발신기까지의 수평거리가 25 m 이하가 되도록 할 것. 다만, 복도 또는 별도로 구획된 실로서 보행거리가 40 m 이상일 경우에는 추가로 설치하여야 한다.

③ 발신기의 위치를 표시하는 표시등은 함의 상부에 설치하되, 그 불빛은 부착면으로부터 15° 이상의 범위 안에서 부착지점으로부터 10 m 이내의 어느 곳에서도 쉽게 식별할 수 있는 적색등으로 할 것

2-5 제어반

1 제어반의 설치

스프링클러설비에는 제어반을 설치하되, 감시제어반과 동력제어반으로 구분하여 설치하

여야 한다. 다만, 다음 각 호의 어느 하나에 해당하는 경우에는 감시제어반과 동력제어반으로 구분하여 설치하지 아니할 수 있다.

(1) 다음에 해당하지 아니하는 소방대상물에 설치되는 스프링클러설비

① 지하층을 제외한 층수가 7층 이상으로서 연면적이 2,000 m^2 이상인 것

② 제1호에 해당하지 아니하는 소방대상물로서 지하층의 바닥면적의 합계가 3,000 m^2 이상인 것.

(2) 내연기관에 따른 가압송수장치를 사용하는 스프링클러설비

(3) 고가수조에 따른 가압송수장치를 사용하는 스프링클러설비

(4) 가압수조에 따른 가압송수장치를 사용하는 스프링클러설비

2 제어반의 기능과 설치

(1) 감시제어반의 기능

다음 각 호의 기준에 적합하여야 한다.

① 각 펌프의 작동여부를 확인할 수 있는 표시등 및 음향경보기능이 있어야 할 것

② 각 펌프를 자동 및 수동으로 작동시키거나 작동을 중단시킬 수 있어야 한다.

③ 비상전원을 설치한 경우에는 상용전원 및 비상전원의 공급여부를 확인할 수 있어야 한다.

④ 수조 또는 물올림탱크가 저수위로 될 때 표시등 및 음향으로 경보할 것

⑤ 예비전원이 확보되고 예비전원의 적합여부를 시험할 수 있어야 할 것

(2) 감시제어반의 설치

① 화재 및 침수 등의 재해로 인한 피해를 받을 우려가 없는 곳에 설치할 것

② 감시제어반은 스프링클러설비의 전용으로 할 것. 다만, 스프링클러설비의 제어에 지장이 없는 경우에는 다른 설비와 겸용할 수 있다.

③ 감시제어반은 다음 각 목의 기준에 따른 전용실 안에 설치할 것. 다만, 제1항 각 호의 어느 하나에 해당하는 경우와 공장, 발전소 등에서 설비를 집중 제어·운전할 목적으로 설치하는 중앙제어실내에 감시제어반을 설치하는 경우에는 그러하지 아니하다.

㉠ 다른 부분과 방화구획을 할 것. 이 경우 전용실의 벽에는 기계실 또는 전기실 등의 감시를 위하여 두께 7 mm 이상의 망입유리(두께 16.3 mm 이상의 접합유리 또는 두께 28 mm 이상의 복층유리를 포함한다)로 된 4 m^2 미만의 붙박이창을 설치할 수 있다.

ⓛ 피난층 또는 지하 1층에 설치할 것. 다만, 다음 각 세목의 어느 하나에 해당하는 경우에는 지상 2층에 설치하거나 지하 1층 외의 지하층에 설치할 수 있다.

　㉮ 건축법시행령 제35조의 규정에 따라 특별피난계단이 설치되고 그 계단(부속실을 포함한다)출입구로부터 보행거리 5 m 이내에 전용실의 출입구가 있는 경우

　㉯ 아파트의 관리동(관리동이 없는 경우에는 경비실)에 설치하는 경우

ⓒ 비상조명등 및 급·배기설비를 설치할 것

ⓔ 무선통신보조설비의 화재안전기준(NFSC 505) 제6조의 규정에 따른 무선기기 접속단자(영 별표 4 소화활동설비의 소방시설 적용기준란 제5호의 규정에 따른 무선통신보조설비가 설치된 특정소방대상물에 한한다)를 설치할 것

ⓜ 바닥면적은 감시제어반의 설치에 필요한 면적 외에 화재시 소방대원이 그 감시제어반의 조작에 필요한 최소면적 이상으로 할 것

④ 제3호의 규정에 따른 전용실에는 소방대상물의 기계·기구 또는 시설 등의 제어 및 감시설비외의 것을 두지 아니할 것

⑤ 각 유수검지장치 또는 일제개방밸브의 작동여부를 확인할 수 있는 표시 및 경보기능이 있도록 할 것

⑥ 일제개방밸브를 개방시킬 수 있는 수동조작스위치를 설치할 것

⑦ 일제개방밸브를 사용하는 설비의 화재감지는 각 경계회로별로 화재표시가 되도록 할 것

⑧ 다음의 각 확인회로마다 도통시험 및 작동시험을 할 수 있도록 할 것

　㉠ 기동용수압개폐장치의 압력스위치회로

　㉡ 수조 또는 물올림탱크의 저수위감시회로

　㉢ 유수검지장치 또는 일제개방밸브의 압력스위치회로

　㉣ 일제개방밸브를 사용하는 설비의 화재감지기회로

　㉤ 제8조제16항의 규정에 따른 개폐밸브의 폐쇄상태 확인회로

　㉥ 그 밖의 이와 비슷한 회로

⑨ 감시제어반과 자동화재탐지설비의 수신기를 별도의 장소에 설치하는 경우에는 이들 상호간에 동시 통화가 가능하도록 할 것

(3) 동력제어반

다음 각 호의 기준에 따라 설치하여야 한다.

① 앞면은 적색으로 하고 "스프링클러설비용 동력제어반"이라고 표시한 표지를 설치할 것

② 외함은 두께 1.5 mm 이상의 강판 또는 이와 동등 이상의 강도 및 내열성능이 있는 것으로 할 것

③ 그 밖의 동력제어반의 설치에 관하여는 제3항 제1호 및 제2호의 기준을 준용할 것

(4) 자가발전설비 제어반의 제어장치

제어장치는 비영리 공인기관의 시험을 필한 것으로 설치하여야 한다. 다만, 소방전원 보존형 발전기의 제어장치는 다음 각 호의 기준이 포함되어야 한다.

① 소방전원 보존형임을 식별할 수 있도록 표기할 것

② 발전기 운전 시 소방부하 및 비상부하에 전원이 동시 공급되고, 그 상태를 확인할 수 있는 표시가 되도록 할 것

③ 발전기가 정격용량을 초과할 경우 비상부하는 자동적으로 차단되고, 소방부하만 공급되는 상태를 확인할 수 있는 표시가 되도록 할 것

2-6 전 원

(1) 스프링클러설비에는 다음 각 호의 기준에 따른 상용전원회로의 배선을 설치하여야 한다. 다만, 가압수조방식으로서 모든 기능이 20분 이상 유효하게 지속될 수 있는 경우에는 그러하지 아니하다.

① 저압수전인 경우에는 인입개폐기의 직후에서 분기하여 전용배선으로 하여야 하며, 전용의 전선관에 보호 되도록 할 것

② 특별고압수전 또는 고압수전일 경우에는 전력용 변압기 2차측의 주차단기 1차측에서 분기하여 전용배선으로 하되, 상용전원의 상시공급에 지장이 없을 경우에는 주차단기 2차측에서 분기하여 전용배선으로 할 것. 다만, 가압송수장치의 정격입력전압이 수전전압과 같은 경우에는 제1호의 기준에 따른다.

(2) 스프링클러설비에는 자가발전설비, 축전지설비 또는 전기저장장치에 따른 비상전원을 설치하여야 한다. 다만, 차고·주차장으로서 스프링클러설비가 설치된 부분의 바닥면적(포소화설비의 화재안전기준(NFSC 105) 제13조 제2항 제2호의 규정에 따라 차고·주차장의 바닥면적을 포함한다)의 합계가 1,000 m² 미만인 경우에는 비상전원수전설비로 설치할 수 있으며, 2 이상의 변전소(전기사업법 제67조의 규정에 따른 변전소를 말한다. 이하 같다)에서 전력을 동시에 공급받을 수 있거나 하나의 변전소로부터 전력

의 공급이 중단되는 때에는 자동으로 다른 변전소로부터 전력을 공급받을 수 있도록 상용전원을 설치한 경우와 가압수조방식에는 비상전원을 설치하지 아니할 수 있다.

(3) 제2항의 규정에 따라 비상전원중 자가발전설비 또는 축전지설비(내연기관에 따른 펌프를 설치한 경우에는 내연기관의 기동 및 제어용축전지를 말한다) 또는 전기저장장치(외부 전기에너지를 저장해 두었다가 필요한 때 전기를 공급하는 장치)는 다음 각 호의 기준을, 비상전원수전설비는 소방시설용비상전원수전설비의 화재안전기준(NFSC 602)에 따라 설치하여야 한다.

① 점검에 편리하고 화재 및 침수 등의 재해로 인한 피해를 받을 우려가 없는 곳에 설치할 것

② 스프링클러설비를 유효하게 20분 이상 작동할 수 있어야 할 것

③ 상용전원으로부터 전력의 공급이 중단된 때에는 자동으로 비상전원으로부터 전력을 공급받을 수 있도록 할 것

④ 비상전원(내연기관의 기동 및 제어용 축전기를 제외한다)의 설치장소는 다른 장소와 방화구획 할 것. 이 경우 그 장소에는 비상전원의 공급에 필요한 기구나 설비외의 것(열병합발전설비에 필요한 기구나 설비는 제외한다)을 두어서는 아니 된다.

⑤ 비상전원을 실내에 설치하는 때에는 그 실내에 비상조명등을 설치할 것

⑥ 옥내에 설치하는 비상전원실에는 옥외로 직접 통하는 충분한 용량의 급배기설비를 설치할 것

⑦ 비상전원의 출력용량은 다음 각 목의 기준을 충족할 것

㉠ 비상전원 설비에 설치되어 동시에 운전될 수 있는 모든 부하의 합계 입력용량을 기준으로 정격출력을 선정할 것. 다만, 소방전원보존형발전기를 사용할 경우에는 그러하지 아니하다.

㉡ 기동전류가 가장 큰 부하가 기동될 때에도 부하의 허용 최저입력전압이상의 출력전압을 유지할 것

㉢ 단시간 과전류에 견디는 내력은 입력용량이 가장 큰 부하가 최종 기동할 경우에도 견딜 수 있을 것

⑧ 자가발전설비는 부하의 용도와 조건에 따라 다음 각 목 중의 하나를 설치하고 그 부하용도별 표지를 부착하여야 한다. 다만, 자가발전설비의 정격출력용량은 하나의 건축물에 있어서 소방부하의 설비용량을 기준으로 하고, 나목의 경우 비상부하는 국토해양부장관이 정한 건축전기설비설계기준의 수용률 범위 중 최대값 이상을 적용한다.

ⓐ 소방전용 발전기 : 소방부하용량을 기준으로 정격출력용량을 산정하여 사용하는 발전기

ⓑ 소방부하 겸용 발전기 : 소방 및 비상부하 겸용으로서 소방부하와 비상부하의 전원용량을 합산하여 정격출력용량을 산정하여 사용하는 발전기

ⓒ 소방전원 보존형 발전기 : 소방 및 비상부하 겸용으로서 소방부하의 전원용량을 기준으로 정격출력용량을 산정하여 사용하는 발전기

⑨ 비상전원실의 출입구 외부에는 실의 위치와 비상전원의 종류를 식별할 수 있도록 표지판을 부착할 것

2-7 배선

(1) 스프링클러설비의 배선은 전기사업법 제67조의 규정에 따른 기술기준에서 정한 것 외에 다음 각호의 기준에 따라 설치하여야 하며, **그림 2-7**은 스프링클러설비의 배선이다.

① 비상전원으로부터 동력제어반 및 가압송수장치에 이르는 전원회로배선은 내화배선으로 할 것. 다만, 자가발전설비와 동력제어반이 동일한 실에 설치된 경우에는 자가발전기로부터 그 제어반에 이르는 전원회로배선은 그러하지 아니하다.

② 상용전원으로부터 동력제어반에 이르는 배선, 그 밖의 스프링클러설비의 감시·조작 또는 표시등회로의 배선은 내화배선 또는 내열배선으로 할 것. 다만, 감시제어반 또는 동력제어반 안의 감시·조작 또는 표시등회로의 배선은 그러하지 아니하다.

(2) 제1항의 규정에 따른 내화배선 및 내열배선에 사용되는 전선 및 설치방법은 옥내소화전설비의 화재안전기준(NFSC 102)의 별표 1의 기준에 따른다.

(3) 스프링클러설비의 과전류차단기 및 개폐기에는 "스프링클러설비용"이라고 표시한 표지를 하여야 한다.

(4) 스프링클러설비용 전기배선의 양단 및 접속단자에는 다음 각 호의 기준에 따라 표지하여야 한다.

① 단자에는 "스프링클러설비단자"라고 표시한 표지를 부착할 것

② 스프링클러설비용 전기배선의 양단에는 다른 배선과 식별이 용이하도록 표시할 것

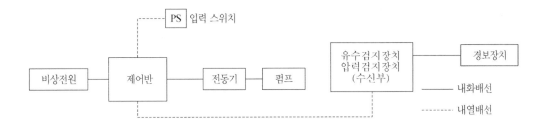

그림 2-7 배 선

2-8 결 선 예

그림 2-8은 준비작동식 스프링클러설비에 관한 감지기 가위배선 및 수동조작함(Super
Visory Panel) 결선도이나 압력스위치(P.S)와 템퍼스위치(T.S)는 배선시 공통으로 구성하
지 않아야 한다.

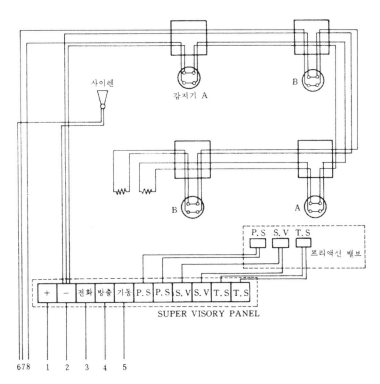

그림 2-8 감지기배선과 수동조작함 결선도

그림 2-9 (a)는 수동조작함 내부회로도이며 (b)는 계통도로서 수동조작함 감지기 및 사이렌 설치시에는 감지기 2회로, 사이렌 1회로 즉 3가닥씩 간선이 추가되며, 층별로 ④, ⑤, ⑥번 선이 추가된다. R형 중계기를 사용하는 경우에는 중계기와 R형 수신기 사이에 신호전송선, 전원공급선 및 기타 부속선로를 포설해야 한다.

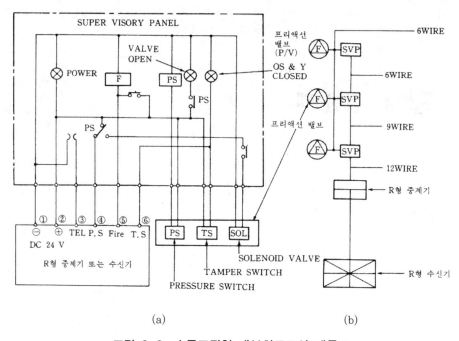

(a)   (b)

그림 2-9 수동조작함 내부회로도와 계통도

연 습 문 제

1. 스프링클러설비에 설치되는 자동경보장치의 주요 구성품을 쓰시오.

2. 그림은 화재감지장치로 폐쇄형스프링클러 헤드를 사용한 설비의 구성도이다. 전기배선
도를 완성하되 감수경보장치의 배선은 제어반, 수신기 어느 곳에 해도 된다.

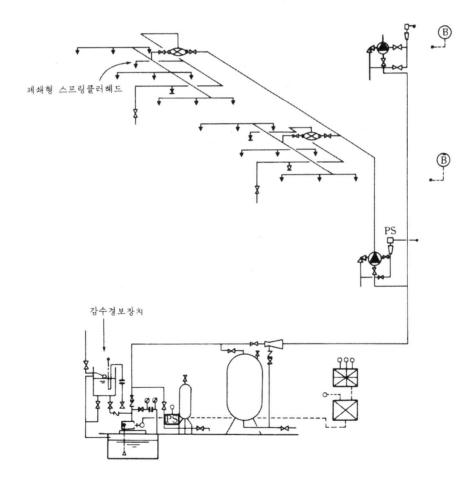

[구성도]

3. 그림은 폐쇄형스프링클러 헤드를 사용한 스프링클러설비이다. 소화펌프의 기동은 압력탱크의 압력 스위치에 의해 작동되며 벨은 자동경보장치의 압력 스위치에 의하지 않고 각 계단에서 울리도록 하여 전기 계통도를 완성하시오.

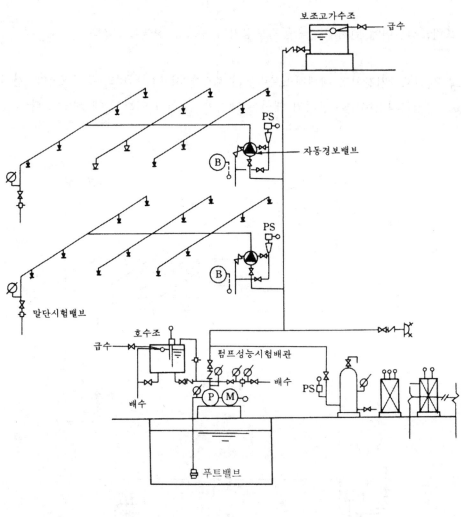

[구성도]

4. 그림은 개방형 스프링클러설비의 계통도이다. 전기 배선도를 완성하시오.

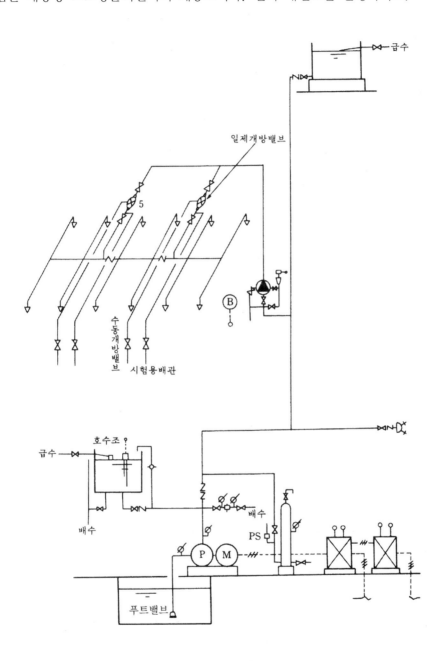

[개방형 스프링클러설비 계통도]

5. 11층 이상의 고층빌딩에 스프링클러설비를 설치하는 경우에 대해 가압송수관과 전기배
선과의 관계를 나타낸 것이다. 다음을 참고하여 결선을 완성하시오.

   (1) 화재가 발생하면 스프링클러 헤드가 열기에 의하여 개방한다.

   (2) 각 층에 있는 자동경보밸브가 작동하여 화재발생의 통보와 위치가 화재감시반에 전
달된다.

   (3) 유수에 의하여 소화 펌프실의 압력탱크의 수압이 저하되어 압력스위치가 작동한다.

   (4) 압력스위치의 폐로는 펌프 제어반의 스프링클러 소화펌프용 전동기의 주접점을 넣
어 펌프가 가동된다.

   (5) 화재감시반과 펌프 제어반의 내부결선은 생략하고 물과 전기의 흐름에 대한 계통만
을 표시한다.

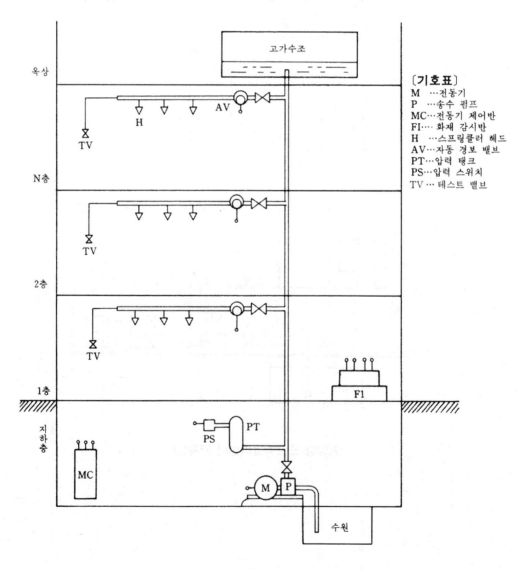

〔기호표〕
M …전동기
P …송수 펌프
MC…전동기 제어반
FI… 화재 감시반
H …스프링클러 헤드
AV…자동 경보 밸브
PT…압력 탱크
PS…압력 스위치
TV … 테스트 밸브

6. 주파수 $f = 60$ Hz, 극수가 2극인 전동기의 동기속도를 구하시오

7. 다음은 습식스프링클러설비의 부대전기설비 중 경보장치이다. 이들의 동작에 대하여 설명하시오. (MCC, Motor의 동작은 생략한다.)

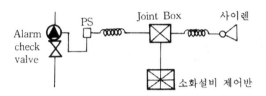

8. 그림은 유도전동기 IM을 현장실과 관리실 어느 쪽에서도 기동 및 정지하고자하는 회로도이다. 제어가 가능하도록 배선하고 시동·정지 스위치 및 전자접촉기의 접점은 정확히 표기하시오. 단, 누름버튼스위치 기동용 2개, 정지용 2개, 전자접촉기 a접촉 1개[자기유지용]을 설치할 것

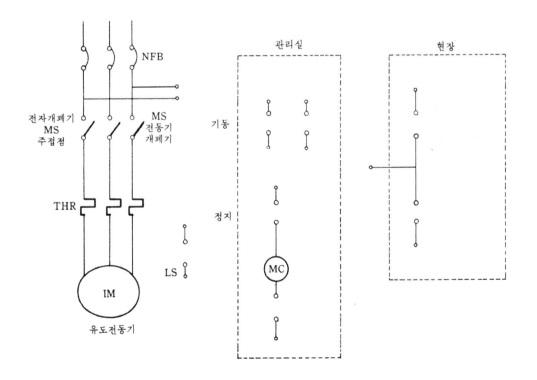

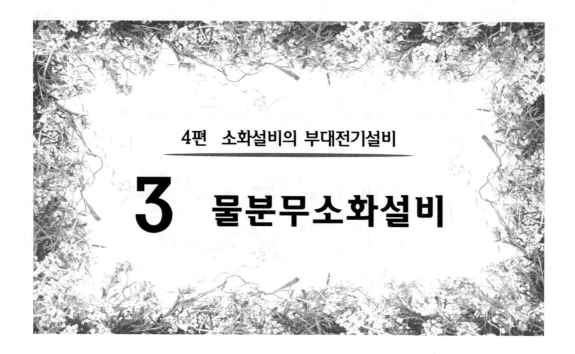

4편 소화설비의 부대전기설비

3 물분무소화설비

물분무소화설비는 물을 분무상태로 살수하여 냉각, 질식, 유화, 희석 등의 효과에 따라 화재의 억제, 소화, 냉각, 연소방지 등을 도모하는 것으로서 주차장, 준 위험물 및 특수가연물을 저장 또는 취급하는 장소에 설치한다. 가연성 액체의 화재에 유효할 뿐만 아니라 전기 절연성이 높고 주수량도 적게 할 수 있으므로 전기화재 및 전기기기의 소화에도 유효하여 변전소 등에서 주수식 소화설비로도 사용되고 있다.

또한 해안에 시설되는 전선로 및 변전소 등의 애자(碍子)에 부착된 염분을 활선(活線)상태로 세척하는 장치에도 물분무가 사용되고 있다.

장치 중 전기분야와 관련된 규정은 제어반, 기동장치, 전원이나 제어반과 전원은 옥내소화전에 준용하므로 설명을 생략한다.

3-1 구 성

그림 3-1은 물분무소화설비의 구성도이며 **그림** 3-2는 동작흐름도이다.

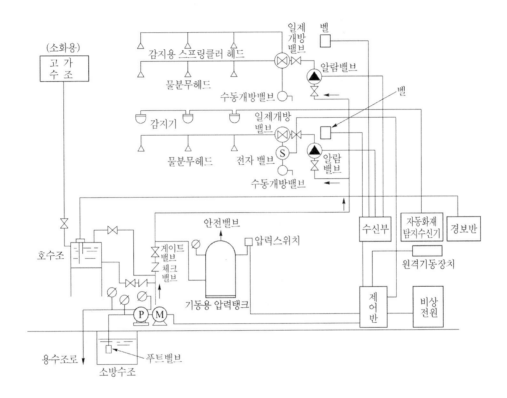

그림 3-1 물분무소화설비의 구성도

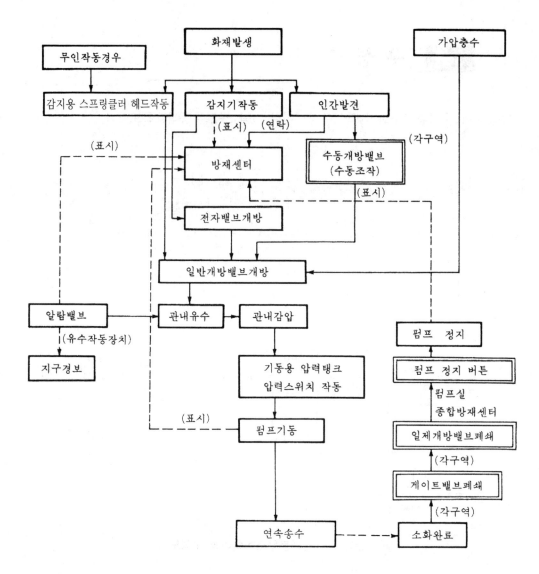

그림 3-2 물분무소화설비의 동작흐름도

3-2 기동장치

물분무소화설비의 각 방식에 따른 기동관계는 **그림 3-3**과 같이 나타낼 수 있으며 기동장치에는 수동식, 자동식이 있다. 이의 설치기준은 다음과 같다.

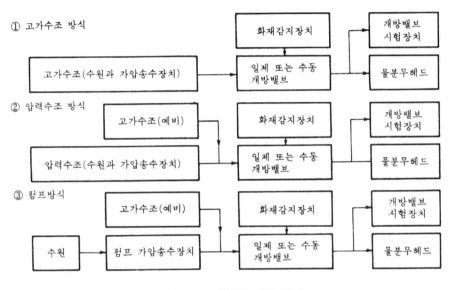

그림 3-3 방식별 기동 관계

1 수동식 기동장치

(1) 직접조작 또는 원격조작에 의하여 각자의 가압송수장치 및 수동식 개방 밸브 또는 가압송수장치 및 자동개방 밸브를 개방할 수 있도록 설치할 것
(2) 기동장치의 가까운 곳의 보기쉬운 곳에 "기동장치"라고 표시한 표지를 할 것

2 자동식 기동장치

자동화재탐지설비 감지기의 작동 또는 폐쇄형스프링클러 헤드의 개방과 연동하여 경보를 발하고, 가압송수장치 및 자동개방 밸브를 기동할 수 있는 것으로 하여야 한다. 다만, 자동화재탐지설비의 수신기가 설치되어 있는 장소에 상시 사람이 근무하고 있고 화재시 물분무소화설비를 즉시 작동시킬 수 있는 경우에는 그러하지 아니하다.

그림 3-4는 감지기 및 스프링클러 헤드에 의한 화재 감지 흐름도이다

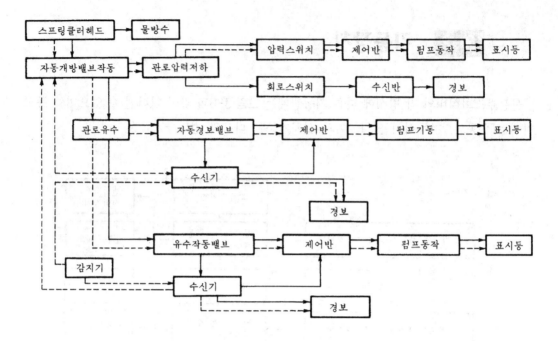

그림 3-4 감지기 및 스프링클러 헤드에 의한 화재감지 흐름도

3-3 제어반

물분무소화설비에는 제어반을 설치하되, 감시제어반과 동력제어반으로 구분하여 설치하여야 한다. 다만, 다음 각호의 1에 해당하는 경우에는 감시제어반과 동력제어반으로 구분하여 설치하지 아니할 수 있다.

(1) 다음의 1에 해당하지 아니하는 소방대상물에 설치되는 물분무소화설비
   ① 지하층을 제외한 층수가 7층 이상으로서 연면적이 2,000 m² 이상인 것
   ② 제1호에 해당하지 아니하는 소방대상물로서 지하층의 바닥면적의 합계가 3,000 m² 이상인 것. 다만, 차고·주차장 또는 보일러실·기계실·전기실 등 이와 유사한 장소의 면적은 제외한다.

(2) 내연기관에 따른 가압송수장치를 사용하는 물분무소화설비

(3) 고가수조에 따른 가압송수장치를 사용하는 물분무소화설비

(4) 가압수조에 따른 가압송수장치를 사용하는 물분무소화설비

1 감시제어반

감시제어반의 기능과 설치는 옥내소화전설비와 같다.

2 동력제어반

동력제어반의 설치는 옥내소화전설비와 동일하나 표시는 "물분부소화설비용 동력제어반"이라는 표지를 설치한다.

3-4 전 원

물분무소화설비는 자가발전설비, 축전지설비(내연기관에 따른 펌프를 사용하는 경우에는 내연기관의 기동 및 제어용 축전지를 말한다) 또는 전기저장장치(외부 전기에너지를 저장해 두었다가 필요한 때 전기를 공급하는 장치)를 옥내소화전 설비의 자가발전설비, 축전지설비 또는 전기저장장치의 설치규정과 같이 비상전원으로 설치하여야 한다.

3-5 배 선

물분무소화설비에는 특정소방대상물의 수전방식에 따라 옥내소화전설비와 같은 상용전원 회로의 배선을 설치하여야 한다. **그림 3-5**는 물분무소화설비의 내화·내열배선 범위이다.

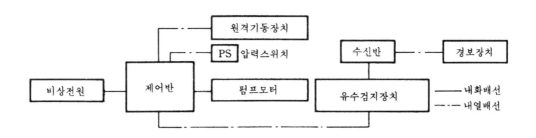

그림 3-5 배 선

연 습 문 제

1. 물분무소화설비의 동작 흐름도를 작성하시오.

2. 물분무소화설비의 자동식 기동장치의 기동방법에 대해 설명하고 감지기에 의한 화재감지 흐름도를 작성하시오.

3. 물분무소화설비의 구성장치별 배선관계를 설명하시오.

4편 소화설비의 부대전기설비

4 포소화설비

포소화설비는 옥내소화전, 스프링클러 설비 등 물에 의한 소화방법이 효과를 얻지 못하는 유류화재 또는 물의 분사에 의해 화재를 확대할 위험성이 있는 가연성 액체의 화재에 이용되는 설비이다. 물과 포소화약제를 비례 혼합하여 수용액상태로 포방출구까지 보내고 포방출구로 공기를 빨아들여 공기포를 발생시켜 그 포에 의하여 연소면을 덮어 공기의 공

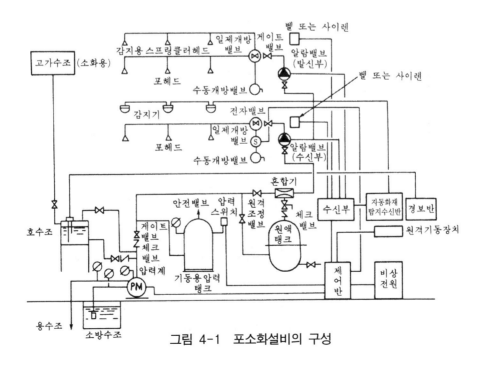

그림 4-1 포소화설비의 구성

급을 단절함과 동시에 냉각효과를 일으켜 소화한다. 이 설비에는 고정식과 이동식이 있
으며 주차장, 정비소, 위험물창고, 위험물제조・취급소, 옥내외 저장탱크, 비행기 격납고
등에 설치한다. 전기분야에 대해 간단히 언급한다.

4-1 구 성

포소화설비의 구성도는 **그림 4-1**과 같으며 이의 동작흐름도는 **그림 4-2**와 같다.

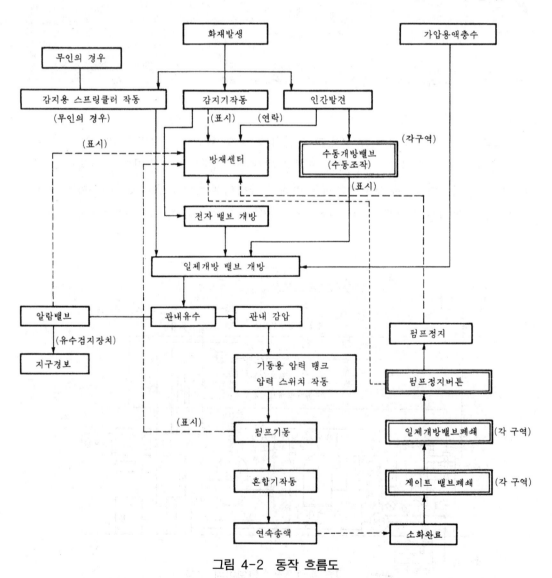

그림 4-2 동작 흐름도

그림 4-3은 폐쇄형스프링클러 헤드를 감지장치로 사용하는 경우의 포소화설비 계통도의 일례이며 **그림 4-4**는 혼합장치에 대한 계통의 예로 참고하기 바란다.

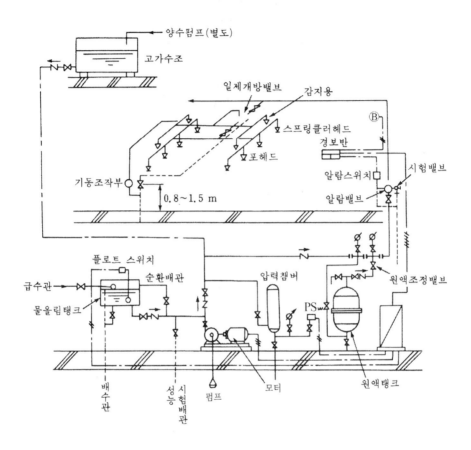

그림 4-3 폐쇄형스프링클러 헤드를 감지장치로 사용한 경우의 계통도

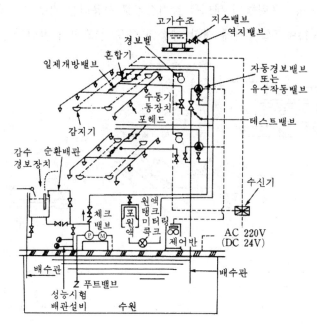

(a) 프레져 사이드 프로포셔너 방식

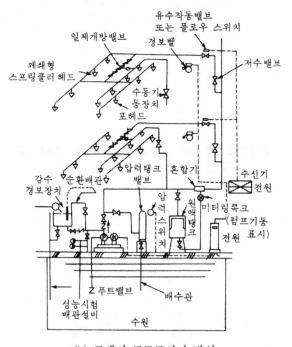

(b) 프레져 프로포셔너 방식

그림 4-4 포소화약제의 혼합장치에 의한 계통도의 예

4-2 기동장치

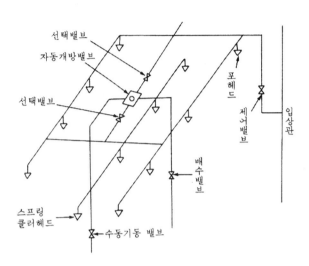

선택밸브
자동개방밸브
선택밸브
포헤드
제어밸브
입상관
배수밸브
스프링 클러헤드
수동기동 밸브

그림 4-5 기동장치의 주요구성부분

기동장치는 포소화설비가 설치된 장소에 화재가 발생한 경우 펌프등의 가압송수장치를 기동하는 것으로 이에는 자동경보 밸브, 유수작동 밸브, 압력수조의 압력 스위치 및 수동기동장치와 상호조합설비이다.

그림 4-5는 기동장치의 주요구성 부분이며 이에는 수동식과 자동식이 있다.

1 수동식

포소화설비의 수동식 기동장치는 다음 각호의 기준에 의하여 설치하여야 한다.

(1) 직접조작 또는 원격조작에 의하여 가압송수장치·수동식 개방 밸브 및 소화약제 혼합장치를 기동할 수 있는 것으로 할 것

(2) 2 이상의 방사구역을 가진 포소화설비에는 방사구역을 선택할 수 있는 구조로 할 것

(3) 기동장치의 조작부는 화재시 쉽게 접근 할 수 있는 곳에 설치하되, 바닥으로부터 0.8 m 이상 1.5 m 이하의 위치에 설치하고, 유효한 보호장치를 설치할 것

(4) 기동장치의 조작부 및 호스 집결구에는 가까운 곳의 보기 쉬운 곳에 각각 "기동장치의 조작부" 및 "집결구"라고 표시한 표지를 설치할 것

(5) 차고 또는 주차장에 설치하는 포소화설비의 수동식 기동장치는 방사구역마다 1개 이상 설치할 것

(6) 항공기 격납고에 설치하는 포소화설비의 수동식 기동장치는 각 방사구역마다 2개 이상을 설치하되, 그 중 1개는 각 방사구역으로부터 가장 가까운 곳 또는 조작에 편리한 장소에 설치하고 1개는 화재감지수신기를 설치한 감시실 등에 설치할 것

2 자동식

포소화설비의 자동식 기동장치는 자동화재탐지설비의 감지기의 작동 또는 폐쇄형스프링클러 헤드의 개방과 연동하여 가압송수장치·일제개방 밸브 및 포소화약제 혼합장치를 기동시킬 수 있도록 다음의 기준에 의하여 설치하여야 한다. 다만, 자동화재탐지설비의 수신기가 설치된 장소에 상시 사람이 근무하고 있고, 화재시 즉시 해당 조작부를 작동시킬 수 있는 경우에는 그러하지 아니하다

(1) 폐쇄형스프링클러 헤드를 사용하는 경우에는 다음에 의할 것

① 표시온도가 79 °C 미만인 것을 사용하고, 1개의 스프링클러 헤드의 경계면적은 20 m^2 이하로 할 것

② 부착면의 높이는 바닥으로부터 5 m 이하로 하고, 화재를 유효하게 감지할 수 있도록 할 것

③ 하나의 감지장치 경계구역은 하나의 층이 되도록 할 것

(2) 화재감지기를 사용하는 경우에는 다음 각 목의 기준에 따를 것

① 화재감지기는 자동화재탐지설비의 화재안전기준(NFSC 203)」제7조의 기준에 따라 설치할 것

② 화재감지기 회로에는 다음 각 세목의 기준에 따른 발신기를 설치할 것

㉠ 조작이 쉬운 장소에 설치하고, 스위치는 바닥으로부터 0.8 m 이상 1.5 m 이하의 높이에 설치할 것

㉡ 특정소방대상물의 층마다 설치하되, 해당 특정소방대상물의 각 부분으로부터 수평거리가 25 m 이하가 되도록 할 것. 다만, 복도 또는 별도로 구획된 실로서 보행거리가 40 m 이상일 경우에는 추가로 설치하여야 한다.

㉢ 발신기의 위치를 표시하는 표시등은 함의 상부에 설치하되, 그 불빛은 부착 면으로부터 15°이상의 범위 안에서 부착지점으로부터 10 m 이내의 어느 곳에서도 쉽게 식별할 수 있는 적색등으로 할 것

(3) 동결우려가 있는 장소의 포소화설비의 자동식 기동장치는 자동화재탐지설비와 연동으로 할 것

4-3 자동경보장치

    기동장치에 설치하는 자동경보장치는 다음 각호의 기준에 의하여 설치하여야 한다. 다만, 자동화재탐지설비에 의하여 경보를 발할 수 있는 경우에는 음향경보장치를 설치하지 아니할 수 있다.

(1) 방사구역마다 일제개방밸브와 그 일제개방밸브의 작동여부를 발신하는 발신부를 설치할 것. 이 경우 각 일제개방밸브에 설치되는 발신부 대신 1개층에 1개의 유수검지장치를 설치할 수 있다.

(2) 상시 사람이 근무하고 있는 장소에 수신부를 설치하되 수신부에는 폐쇄형스프링클러헤드의 개방 또는 감지기의 작동여부를 알 수 있는 표시장치를 설치할 것

(3) 하나의 소방대상물에 2 이상의 수신부를 설치하는 경우에는 수신부가 설치된 장소 상호간에 동시 통화가 가능한 설비를 할 것

4-4 전 원

(1) 포소화설비에는 다음 각 호의 기준에 따라 상용전원회로의 배선을 설치하여야 한다. 다만, 가압수조방식으로서 모든 기능이 20분 이상 유효하게 지속될 수 있는 경우에는 그러하지 아니하다.

  ① 저압수전인 경우에는 인입개폐기의 직후에서 분기하여 전용배선으로 하여야 하며, 전용의 전선관에 보호 되도록 할 것

  ② 특별고압수전 또는 고압수전일 경우에는 전력용 변압기 2차측의 주차단기 1차측에서 분기하여 전용배선으로 하되, 상용전원의 상시공급에 지장이 없을 경우에는 주차단기 2차측에서 분기하여 전용배선으로 할 것. 다만, 가압송수장치의 정격입력전압이 수전전압과 같은 경우에는 제1호의 기준에 따른다.

(2) 포소화설비에는 자가발전설비, 축전지설비 또는 전기저장장치에 따른 비상전원을 설치하되, 다음 각 호의 1에 해당하는 경우에는 비상전원수전설비로 설치할 수 있다. 다만 2 이상의 변전소로(「전기사업법」제67조에 따른 변전소를 말한다. 이하 같다)부터 동시에 전력을 공급받을 수 있거나 하나의 변전소로부터 전력이 중단되는 때에는 자동으로 다른 변전소로부터 전력을 공급받을 수 있도록 상용전원을 설치할 경우와 가압수조방

식에는 비상전원을 설치하지 아니할 수 있다.

① 다음에 의하여 호스릴포소화설비 또는 포소화전만을 설치한 차고·주차장

　㉠ 완전 개방된 옥상주차장 또는 고가 밑의 주차장 등으로서 주된 벽이 없고 기둥뿐이거나 주위가 위해방지용 철주 등으로 둘러쌓인 부분

　㉡ 옥외로 통하는 개구부가 상시 개방된 구조의 부분으로서 그 개방된 부분의 합계면적이 당해 차고 또는 주차장의 바닥면적의 15 % 이상인 부분

　㉢ 지상 1층으로서 방화구획되거나 지붕이 없는 부분

　㉣ 지상에서 수동 또는 원격조작에 의하여 개방이 가능한 개구부의 유효면적의 합계가 바닥 면적의 20 % 이상(시간당 5회 이상의 배연능력을 가진 배연설비가 설치된 경우에는 15 % 이상)인 부분

② 포헤드설비 또는 고정포방출설비가 설치된 부분의 바닥면적(스프링클러설비가 설치된 차고·주차장의 바닥면적을 포함한다)의 합계가 1,000 m^2 미만인 것

(3) 제(2)항의 규정에 따른 비상전원 중 자가발전설비, 축전지설비(내연기관에 따른 펌프를 사용하는 경우에는 내연기관의 기동 및 제어용 축전지를 말한다) 또는 전기저장장치(외부 전기에너지를 저장해 두었다가 필요한 때 전기를 공급하는 장치)는 다음 각 호의 기준에 따르고, 비상전원수전설비는 소방시설용비상전원수전설비의 화재안전기준(NFSC 602) 규정에 따라 설치하여야 한다.

① 점검에 편리하고 화재 및 침수 등의 재해로 인한 피해를 받을 우려가 없는 곳에 설치할 것

② 포소화설비를 유효하게 20분 이상 작동할 수 있도록 할 것

③ 상용전원으로부터 전력의 공급이 중단된 때에는 자동으로 비상전원으로부터 전력을 공급받을 수 있도록 할 것

④ 비상전원(내연기관의 기동 및 제어용 축전기를 제외한다)의 설치장소는 다른 장소와 방화구획 할 것. 이 경우 그 장소에는 비상전원의 공급에 필요한 기구나 설비외의 것(열병합발전설비에 필요한 기구나 설비는 제외한다)을 두어서는 아니된다.

⑤ 비상전원을 실내에 설치하는 때에는 그 실내에 비상조명등을 설치할 것

4-5 배 선

그림 4-6은 포소화설비의 배선 관계이다.

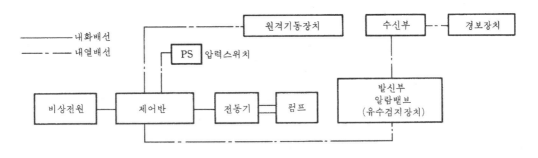

그림 4-6 배선

연 습 문 제

1. 포소화설비에 대해 간략히 설명하고 동작 흐름도를 작성하시오.

2. 포소화설비에 자동식 기동장치 설치시 감지기를 사용하는 경우 그 기준에 대해 쓰시오.

3. 포소화설비에 비상전원전용수전설비를 설치할 수 있는 경우에 대해 쓰시오.

4. 포소화설비의 배선관계에 대해 설명하시오.

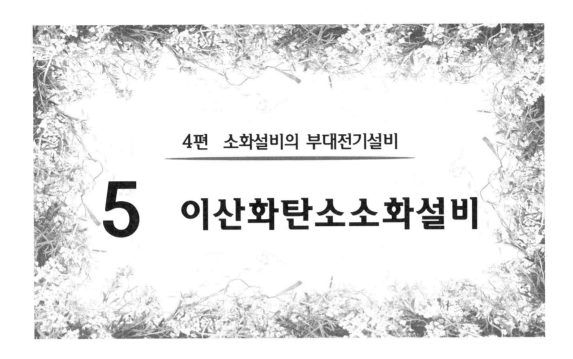

5 이산화탄소소화설비

이산화탄소소화설비는 무색, 무취, 무독성의 무변질 가스인 이산화탄소(CO_2)를 고압용기에 저장해 두었다가 화재발생시 수동 또는 자동으로 화점에 분사하게 한 소화설비이다.

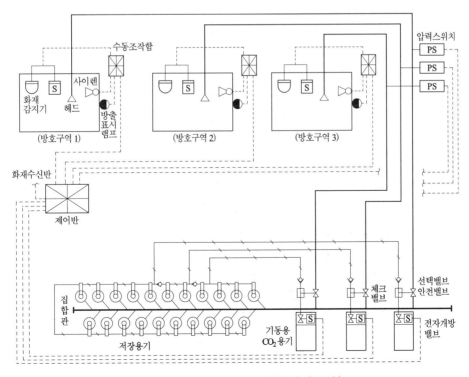

그림 5-1 이산화탄소소화설비의 구성

질식 및 냉각 소화효과가 뛰어나고 심부 화재에 주효하면서도 소화후 오손, 소손, 부식 등의 피해가 없다. 또한 -56 ℃ 이상인 경우에도 보온조치가 불필요할 뿐만아니라 전기절 연성이 뛰어나고 자체압력으로 원격·자동조작이 용이하다.

5-1 구 성

이산화탄소소화설비는 **그림 5-1과** 같이 이산화탄소 저장용기, 분사헤드, 방호구역 자동 폐쇄장치, 기동장치, 제어반, 화재감지장치, 음향경보장치, 비상전원 등으로 구성되며 **그 림 5-2는** 동작 흐름도이다.

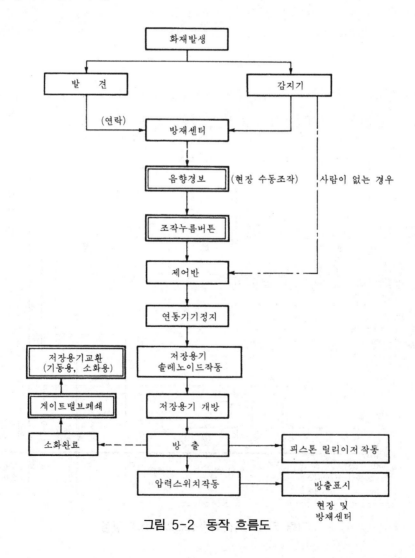

그림 5-2 동작 흐름도

5-2 기동장치

 기동장치는 수동식 기동장치와 자동식 기동장치가 있으며 이산화탄소소화설비의 기동은 수동식을 원칙으로 한다. 다만 사람이 상시 있지 않는 소방대상물, 기타 수동식이 부적당한 장소에는 자동식으로 할 수 있다.

 즉, 관리인의 관리상태에 있는 경우에는 필히 수동으로 절환하여 사용하고 야간, 휴일 등 관리인이 없는 경우와 무인변전소등에는 자동으로 절환하여 사용한다. 또한 이산화탄소 소화설비가 설치된 부분의 출입구등의 보기 쉬운 곳에는 소화약제의 방사를 표시하는 표시 등을 설치하여야 한다.

1 수동식 기동장치

 조작할 때는 조작함의 경보발신용 도어를 개방하여 경보를 발한 뒤 이산화탄소 방출스위치를 누른다. 조작방법에 따라 직접수동방식, 원격수동방식, 전기적 원격수동방식이 있다. 전기적 원격수동방식은 기동장치에 전기를 사용하는 것으로 조작함 등에 부착된 누름버튼 스위치를 누름에 따라 용기밸브를 개방하는 방식으로 **그림 5-3**과 같이 용기 밸브를 직접 기동하는 것과 기동용기의 밸브를 전기적으로 개방한 다음 그 압력을 이용하여 전체 용기 밸브를 개방하는 것이 있다.

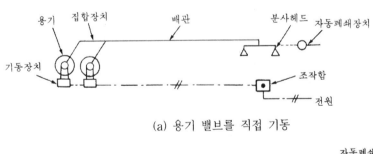

(a) 용기 밸브를 직접 기동

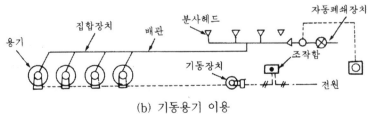

(b) 기동용기 이용

그림 5-3 전기적 원격 수동방식의 종류

수동식 기동장치는 화재를 발견하고 또는 자동화재탐지설비의 화재감지기 동작에 의해 화재를 확인한 후에 수동으로 가스를 방출하려고 할 경우 사용되는 것으로 조작함, 경보발신용 도어스위치, 표지, 전원표시등, 누름 버튼 스위치로 구성되며 조작할 때는 조작함의 경보발신용 도어를 개방하여 경보를 발한 뒤 이산화탄소 방출스위치를 누른다. 이의 설치기준은 다음과 같다. 이 경우 수동식 기동장치의 부근에는 소화약제의 방출을 지연시킬 수 있는 비상스위치(자동복귀형 스위치로서 수동식 기동장치의 타이머를 순간 정지시키는 기능의 스위치를 말한다)를 설치하여야 한다.

(1) 전역방출방식에 있어서는 방호구역마다, 국소방출방식에 있어서는 방호대상물마다 설치할 것
(2) 해당 방호구역의 출입구 부분등 조작을 하는 자가 쉽게 피난할 수 있는 장소에 설치할 것
(3) 기동장치의 조작부는 바닥으로부터 높이 0.8 m 이상 1.5 m 이하의 위치에 설치하고, 보호판 등에 의한 보호장치를 설치할 것
(4) 기동장치에는 그 가까운 곳의 보기 쉬운 곳에 "이산화탄소소화설비기동장치"라고 표시한 표지를 할 것
(5) 전기를 사용하는 기동장치에는 전원표시등을 설치할 것
(6) 기동장치의 방출용 스위치는 음향경보장치와 연동하여 조작될 수 있는 것으로 할 것

2 자동식 기동장치

자동식 기동장치는 자동화재탐지설비의 감지기의 동작과 연동하여 자동적으로 소화를 할 수 있게 하는 장치이다. 그 동작은 **그림 5-4**와 같이 화재감지, 화재경보, 환기장치의 정지, 동력관계의 정지, 출입문 폐쇄 등의 관련동작을 모두 자동적으로 행한후 가스 방출을 하고 자동적으로 소화를 완료한다. 이에는 자동수동전환방식, 완전자동방식이 있으며 자동방식의 대부분 설비가 자동수동전환방식을 채용하고 있다. 그러나 설비를 설치한 대상물의 사용 중 또는 관리인이 관리상태에 있을 경우에는 반드시 수동으로 전환하여 사용하고 관리인이 없는 경우에만 자동으로 전환하여 사용한다.

완전자동방식은 인명 기타에 전혀 무관계인 대상물에 대해서 수동전환으로 전환할 필요가 없는 경우, 화재감지와 동시에 즉시 소화할 경우에 채용한다. 대부분의 장치는 전기적으로 행해지며 **그림 5-5**는 자동식 이산화탄소소화설비의 예를 보인 것이다.

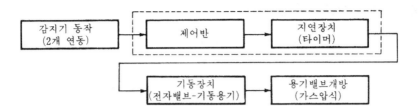

그림 5-4 자동식 기동장치의 동작 흐름도

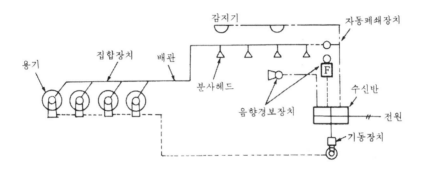

그림 5-5 자동방식

　자동식 기동장치의 설치는 자동화재탐지설비의 감지기의 작동과 연동하는 것으로서 다음과 같이 한다. 아울러 이산화탄소소화설비가 설치된 부분의 출입구 등의 보기 쉬운 곳에 소화약제의 방사를 표시하는 표시등을 설치하여야 한다.

(1) 자동식 기동장치에는 수동으로도 기동할 수 있는 구조로 할 것

(2) 전기식 기동장치로는 7병 이상의 저장용기를 동시에 개방하는 설비에 있어서는 2병 이상의 저장용기에 전자개방 밸브를 부착할 것

(3) 가스 압력식 기동장치는 다음의 기준에 의할 것

　① 기동용 가스용기 및 해당 용기에 사용하는 밸브는 25 MPa 이상의 압력에 견딜 수 있는 것으로 할 것

　② 기동용 가스용기에는 내압시험압력의 0.8배 내지 내압시험압력 이하에서 작동하는 안전장치를 설치할 것

　③ 기동용 가스용기의 용적은 5 L 이상으로 하고, 해당 용기에 저장하는 질소 등의 비활성기체는 6.0 MPa 이상(21 ℃ 기준)의 압력으로 충전 할 것

　④ 기동용 가스용기에는 충전여부를 확인할 수 있는 압력게이지를 설치할 것

(4) 기계식 기동장치에 있어서는 저장용기를 쉽게 개방할 수 있는 구조로 할 것

3 자동식 기동장치의 화재감지기

이산화탄소소화설비의 자동식 기동장치는 다음 각 호의 기준에 따른 화재감지기를 설치하여야 한다.

(1) 각 방호구역내의 화재감지기의 감지에 따라 작동되도록 할 것

(2) 화재감지기의 회로는 교차회로방식으로 설치할 것. 다만, 화재감지기를「자동화재탐지설비의 화재안전기준(NFSC 203)」제7조제1항 단서의 각 호의 감지기로 설치하는 경우에는 그러하지 아니하다.

(3) 교차회로내의 각 화재감지기회로별로 설치된 화재감지기 1개가 담당하는 바닥면적은 「자동화재탐지설비의 화재안전기준(NFSC 203)」제7조제3항제5호·제8호부터 제10호까지의 규정에 따른 바닥면적으로 할 것

5-3 제어반 및 화재표시반

이산화탄소소화설비의 제어반 및 화재표시반의 설치장소는 화재에 의한 영향, 진동 및 충격에 의한 영향 및 부식의 우려가 없고 점검에 편리한 장소에 설치하고 당해 회로도 및 취급설명서를 비치해야 한다. 그리고 수동잠금밸브의 개폐여부를 확인할 수 있는 표시등을 설치한다. 것 또한, 제어반 및 화재표시반은 다음과 같이 설치하되 자동화재탐지설비의 수신기의 제어반이 화재표시반의 기능을 가지고 있는 것에 있어서는 화재표시반을 설치하지 아니할 수 있다.

1 제어반

제어반은 수동기동장치 또는 감지기에서의 신호를 수신하여 음향경보장치의 작동, 소화약제의 방출 또는 지연 기타의 제어기능을 가진 것으로 하고 제어반에서는 전원표시등을 설치하여야 한다.

2 화재표시반

화재표시반은 제어반에서 신호를 수신하여 작동하는 기능을 가진 것으로 하되 다음의 기준에 의하여 설치한다.

(1) 각 방호구역마다 음향경보장치의 조작 및 감지기의 작동을 명시하는 표시등과 이와 연동하여 작동하는 벨·버저 등의 경보기를 설치할 것. 이 경우 음향경보장치의 조작 및 감지기의 작동을 명시하는 표시등을 겸용할 수 있다.

(2) 수동식 기동장치는 그 방출용 스위치의 작동을 명시하는 표시등을 설치할 것

(3) 소화약제의 방출을 명시하는 표시등을 설치할 것

(4) 자동식 기동장치에 있어서는 자동·수동의 절환을 명시하는 표시등을 설치할 것

5-4 음향경보장치

(1) 이산화탄소소화설비의 음향경보장치는 다음 각호의 기준에 의하여 설치하여야 한다.
  ① 수동식 기동장치를 설치한 것에 있어서는 그 기동장치의 조작과정에서, 자동식 기동장치를 설치한 것에 있어서는 화재감지기와 연동하여 자동으로 경보를 발하는 것으로 할 것
  ② 소화약제의 방사개시후 1분 이상 경보를 계속할 수 있는 것으로 할 것
  ③ 방호구역 또는 방호대상물이 있는 구획 안에 있는 자에게 유효하게 경보할 수 있는 것으로 할 것

(2) 방송에 의한 경보장치를 설치할 경우에는 다음 각 호의 기준에 의하여 한다.
  ① 증폭기 재생장치는 화재시 연소의 우려가 없고, 유지관리가 쉬운 장소에 설치할 것
  ② 방화구역 또는 방호대상물이 있는 구획의 각 부분으로부터 하나의 확성기까지의 수평거리는 25 m 이하가 되도록 할 것
  ③ 제어반의 복구 스위치를 조작하여도 경보를 계속 발할 수 있는 것으로 할 것

5-5 자동폐쇄장치

전역방출방식의 이산화탄소소화설비를 설치한 특정소방대상물 또는 그 부분에 대하여는 다음 각호의 기준에 따라 자동폐쇄장치를 설치하여야 한다.

(1) 환기장치를 설치한 것에 있어서는 이산화탄소가 방사되기 전에 당해 환기장치가 정지할 수 있도록 할 것

(2) 개구부가 있거나 천장으로부터 1 m 이상의 아래 부분 또는 바닥으로부터 해당 층의 높이의 3분의 2 이내의 부분에 통기구가 있어 이산화탄소의 유출에 따라 소화효과를 감소시킬 우려가 있는 것에 있어서는 이산화탄소가 방사되기 전에 해당 개구부 및 통기구를 폐쇄할 수 있도록 할 것

(3) 자동폐쇄장치는 방호구역 또는 방호대상물이 있는 구획의 밖에서 복구할 수 있는 구조로 하고, 그 위치를 표시하는 표지를 할 것

5-6 비상전원

이산화탄소소화설비(호스릴이산화탄소 소화설비를 제외한다)의 비상전원은 자가발전설비, 축전지설비(제어반에 내장하는 경우를 포함한다) 또는 전기저장장치(외부 전기에너지를 저장해 두었다가 필요한 때 전기를 공급하는 장치)로서 다음 각 호의 기준에 따라 설치하여야 한다. 다만, 2 이상의 변전소(「전기사업법」제67조에 따른 변전소를 말한다. 이하 같다)에서 전력을 동시에 공급받을 수 있거나 하나의 변전소로부터 전력의 공급이 중단되는 때에는 자동으로 다른 변전소로부터 전력을 공급받을 수 있도록 상용전원을 설치한 경우에는 비상전원을 설치하지 아니할 수 있다.

(1) 점검에 편리하고 화재 및 침수 등의 재해로 인한 피해를 받을 우려가 없는 곳에 설치한다.

(2) 이산화탄소소화설비를 유효하게 20분 이상 작동할 수 있어야 한다.

(3) 상용전원으로부터 전력의 공급이 중단된 때에는 자동으로 비상전원으로부터 전력을 공급받을 수 있도록 하여야 한다.

(4) 비상전원의 설치장소는 다른 장소와 방화구획 할 것. 이 경우 그 장소에는 비상전원의 공급에 필요한 기구나 설비외의 것(열병합발전설비에 필요한 기구나 설비는 제외한다)을 두어서는 아니된다.

(5) 비상전원을 실내에 설치하는 때에는 그 실내에 비상조명등을 설치할 것

5-7 안전시설

이산화탄소소화설비가 설치된 장소에는 다음 각 호의 기준에 따른 안전시설을 설치하여야 한다.

(1) 소화약제 방출시 방호구역 내와 부근에 가스방출시 영향을 미칠 수 있는 장소에 시각경보장치를 설치하여 소화약제가 방출되었음을 알도록 할 것.

(2) 방호구역의 출입구 부근 잘 보이는 장소에 약제방출에 따른 위험경고표지를 부착할 것.

연 습 문 제

1. 이산화탄소소화설비에 수동식 기동장치를 설치하고자 할 때 그 설치 기준에 대해 쓰시오.

2. 이산화탄소소화설비의 자동식 기동장치에 화재감지기를 설치하고자 할 때 그 설치 기준에 대해 쓰시오.

3. 화재표시반의 기능과 설치 기준에 대해 쓰시오.

4. 이산화탄소소화설비에 음향경보장치를 설치하고자 한다. 그 설치 기준에 대해 쓰시오.

5. 그림은 가스압 기동방식 CO_2 설비의 계통도를 나타낸 것이다. ☐ 안에 나타나 있지 않은 장치명을 기재하고, 그 장치의 기능에 대해 요약 설명하시오

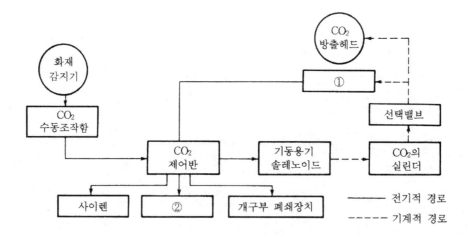

[이산화탄소소화설비 계통도]

6 할로겐화합물 및 불활성기체소화설비

할로겐화합물 및 불활성기체소화설비는 할로겐화합물소화약제나 불활성기체소화약제를 일정한 고압용기에 액체상태로 보관하였다가 화재시 자동 또는 수동으로 화점에 분사되도록 하여 소화하는 설비이다. 일반적 소화방법이 물체의 연소 3요소인 가연물, 열, 산소 중 한가지 이상을 제거하는 방법인 반면 이 소화설비는 화염과 순간적으로 반응시켜 연소의 연쇄반응을 정지시키는 부촉매작용(화학반응)에 의하여 소화시키는 것이다.

따라서 질식, 냉각작용에 의한 소화방법이 아니므로 인체에 대하여 안전하고 방호대상물이 냉각으로 손상되지 않으며 소화후 소화약제 등의 잔유물이 없어 물소화설비에 비하여 소화효과가 큰 장점이 있다. 그러나 설치공사비가 많이 소요되는 단점이 있다.

약제로는 불소, 염소, 브롬 또는 요오드 중 하나 이상의 원소를 포함하고 있는 유기화합물을 기본성분으로 하는 할로겐화합물소화약제와 헬륨, 네온, 아르곤 또는 질소가스 중 하나 이상의 원소를 기본성분으로 하는 불활성기체소화약제가 있다.

6-1 구 성

할로겐화합물 및 불활성기체소화설비의 구성은 **그림 6-1**과 같이 소화약제 탱크 및 가압용 가스용기, 기동장치, 분사헤드, 자동화재감지장치, 음향경보장치, 배관 등이다. 기동장치, 자동화재감지장치, 음향경보장치, 자동폐쇄장치 및 비상전원은 이산화탄소소화설비에 준용하도록 규정하고 있으므로 이 장에서는 그 설명을 생략하니 5편을 참조하기 바란다.

참고로 **그림 6-2**에 할로겐화합물 및 불활성기체소화설비 제어반 회로도의 예를 보인다.

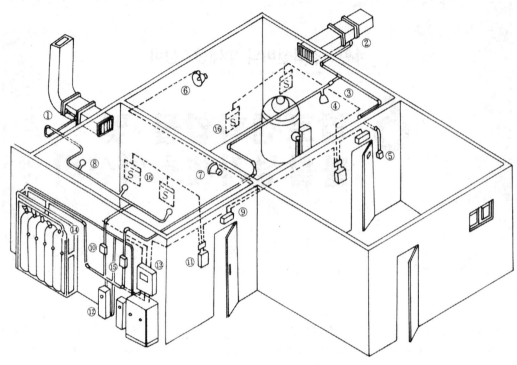

① 피스톤 릴리저(댐퍼 폐쇄용)		⑤ 댐퍼		⑨ 방출표시등		⑬ 소화설비제어반	
② 피스톤 릴리저(댐퍼 폐쇄용)		⑥ 스피커		⑩ 입력스위치		⑭ 저장용기	
③ 체크 밸브		⑦ 모터 사이렌		⑪ 수동기동장치		⑮ 선택밸브	
④ 헤드		⑧ 헤드		⑫ 기동장치		⑯ 감지기	

그림 6-1 구성

기호	퓨 즈	기호	릴레이류	기호	표시등류	기호	스위치류
F_1	AC	C	절 환	L_1	퓨즈단선	S_1	전원
F_2	DC	D	감 시	L_2	AC전원	S_2	축전지점검
F_3	PL-	M	수 동	L_3	DC전원	S_3	회로선택
F_4	PL+	SV	솔레노이드	L_4	감시	S_4	지구선단선
		T	시 간	L_5	수동	S_5	지구선점검
		S	사 이 렌	L_6	화재	S_6	자동복구
		P	압 력	L_7	자동	S_7	복구
		R	복 구	L_8	조작	S_8	자동조작
기호	기 타			L_9	솔레노이드정지	S_9	버저정지
V	전압계			L_{10}	사이렌정지	S_{10}	솔레노이드정지
B	버 저			L_{11}	스위치주의	S_{11}	사이렌 정지
				L_{12}	방전		

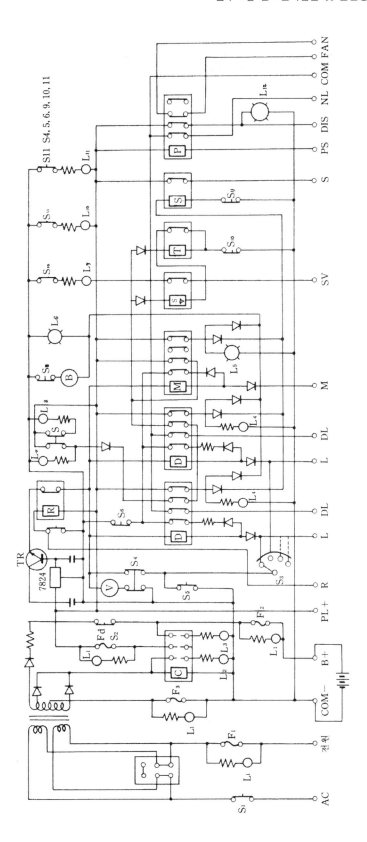

그림 6-2 할로겐화물 소화설비 제어반 회로도 예

6-2 고정식 시스템의 전기설비

그림 6-3은 고정식 할로겐화합물 및 불활성기체소화설비의 계통도로서 화재가 발생하여 감지기가 작동되거나 수동조작함의 스위치를 동작시키면 이 신호는 할로겐화합물 및 불활성기체소화설비 수신반에 표시됨과 동시에 해당구역의 경보 사이렌을 울려 인명을 대피시킨다.

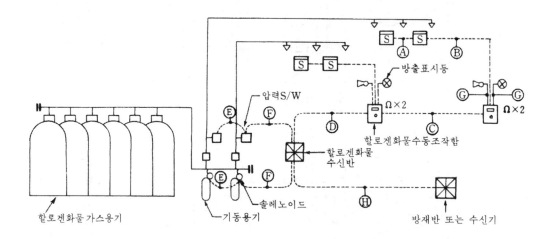

그림 6-3 고정식 할로겐화합물 및 불활성기체소화설비 계통도

이때 지연회로에 의해 방출 설정시간이 약 30초 경과한 후 기동용기의 솔레노이드에 전기신호를 가하여 할로겐화합물 및 불활성기체소화설비 가스용기에 저장된 소화약제가 화재발생지역에 방출된다. 이때 해당 압력스위치가 방사압에 의하여 작동되어 방출표시등을 점등시킴으로써 출입구의 개방으로 인한 할로겐화합물 및 불활성기체소화설비 가스의 유출을 방지한다.

할로겐화합물 및 불활성기체소화설비 대상구역 내에 환기, 공조 등을 위한 개구부가 있는 경우에는 댐퍼 등을 이용하여 자동적으로 폐쇄시킬 수 있어야 한다. 또한, 감지기의 오동작으로 인한 가스의 방출을 방지하기 위하여 교차회로 배선방식에 의한 A, B 감지기회로를 구성하도록 법으로 정해져 있다. **표 6-1**은 각 장치간의 배선관계이다.

그림 6-4는 **그림 6-3**에 대한 평면도를 설계한 것으로 전선관 및 전선규격을 **표 6-1**을 참조한다.

그림 6-5는 전역방출방식의 할로겐화합물 및 불활성기체소화설비 결선도이며 **그림 6-6**은 계통도이다.

표 6-1 전선내역

기호	구분	배선수	배선굵기	배선의 용도
A	감지기 ↔ 감지기	4	HFIX 1.5mm²(16C)	지구, 공통 각 2가닥
B	감지기 ↔ 수동조작함	8	HFIX 1.5mm²(16C)	지구, 공통 각 4가닥
C	수동조작함 ↔ 수동조작함	8	HFIX 2.5mm²(22C)	전원 + − 감지기 A.B, 기동S/W, 사이렌, 방출표시등, 방출복구
D	2 ZONE일 경우	13	HFIX 2.5mm²(36C)	전원 + − (감지기 A.B, 기동 S/W, 사이렌, 방출표시등)×2, 방출복구
E	압력 S/W, 솔레노이드 ↔압력 S/W, 솔레노이드	2	HFIX 2.5mm²(16C)	기동, 공통
F	압력 S/W, 솔레노이드 ↔할로겐화합물 수신반	3	HFIX 2.5mm²(16C)	기동 2, 공통
G	사이렌방출표시등 ↔수동조작함	2	HFIX 2.5mm²(16C)	기동, 공통
H	할로겐화합물수신반 ↔방재반	9	HFIX 2.5mm²(28C)	(감지기A. 감지기 B. 방출) ×ZONE수 + 공통, 화재, 전원감시 ※ 할로겐화합물 수신반용 AC 전원공급선은 별도배관, 배선

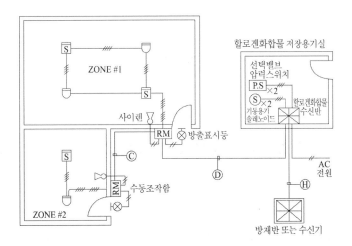

그림 6-4 간선 계통도

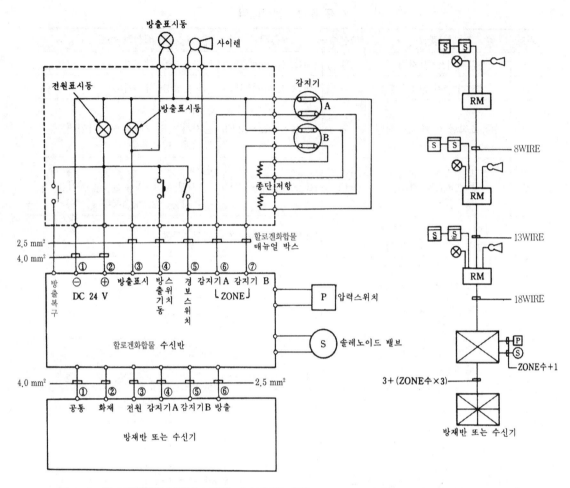

그림 6-5 할로겐화합물소화설비 결선도(전역방출방식)   그림 6-6 할로겐화합물소화설비 계통도

6-3 PACKAGE 시스템

제어반과 가스용기를 하나의 캐비넷에 수납하여 두고 감지기나 수동조작함의 작동에 의하여 해당구역에 가스를 분출하는 시스템이다. 동작원리는 고정식과 같으며 승강기 기계실과 같이 지하의 고정식 할로겐화합물 및 불활성기체소화설비 구역과 멀리 떨어져 있는 경우와 할로겐화합물 및 불활성기체소화설비의 소화대상이 작은 경우에 주로 설치된다.

그림 6-7의 (a)는 할로겐화합물 및 불활성기체소화설비의 PACKAGE 외관이며 (b)는 그 내부이다.

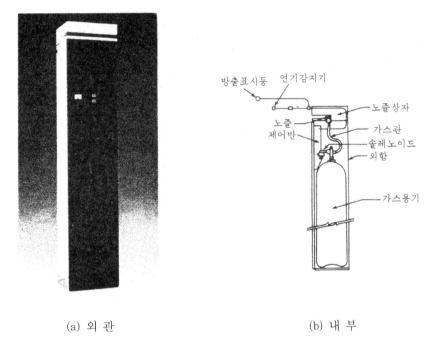

(a) 외 관　　　　　　　　　　　(b) 내 부

그림 6-7　PACKAGE의 외관과 내부

그림 6-8은 이 시스템의 구성을 나타낸 것이며 **표 6-2**는 각 장치간의 배선관계이다.

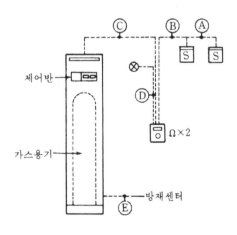

그림 6-8　구성

표 6-2 전선내역

기호	구분	배선수	배선굵기	배선의 용도
Ⓐ	감지기 ↔ 감지기	4	HFIX 1.5mm²(16C)	지구, 공통 각 2가닥
Ⓑ	감지기 ↔ PACKAGE	8	HFIX 1.5mm²(16C)	지구, 공통 각 4가닥
Ⓒ	PACKAGE ↔ 수동조작함	8	HFIX 2.5mm²(22C)	전원 +,− 감지기 A,B, 기동S/W, 사이렌, 방출표시등, 방출복구
Ⓓ	수동조작함 ↔ 방출등	2	HFIX 2.5mm²(16C)	기동, 공통
Ⓔ	PACKAGE ↔ 방재센터	4	HFIX 2.5mm²(22C)	감지기 A,B, 방출표시, 공통 ※ PACKAGE PANEL용 AC 전원공급선은 별도 배관, 배선

그림 6-9는 PACKAGE형 할로겐화합물 및 불활성기체소화설비 결선도이며 **그림 6-10**은 그 계통도이다. R형 중계기를 사용하는 경우에는 중계기와 R형 수신기 사이에 신호전송선, 전원공급선 및 기타 부속선로를 포설해야 한다.

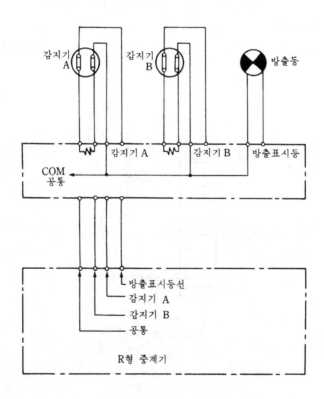

그림 6-9 PACKAGE형 할로겐화합물 및 불활성기체소화설비 결선도

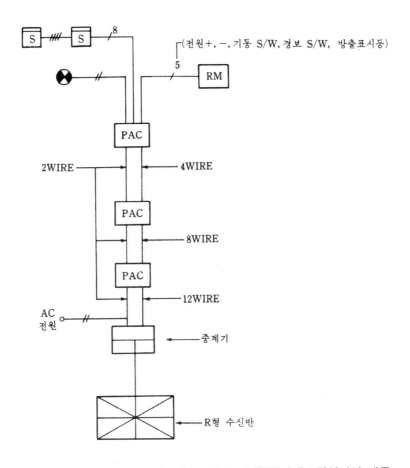

그림 6-10 PACKAGE형 할로겐화합물 및 불활성기체소화설비의 계통도

6-4 기동장치

(1) 수동식 기동장치

다음의 기준에 따라 설치하되 수동식 기동장치의 부근에는 소화약제의 방출을 지연시킬 수 있는 비상스위치(자동복귀형 스위치로서 수동식 기동장치의 타이머를 순간 정지시키는 기능의 스위치를 말한다)를 설치하여야 한다.

① 방호구역마다 설치한다.

② 당해 방호구역의 출입구구분 등 조작을 하는 자가 쉽게 피난할 수 있는 장소에 설치한다.

③ 기동장치의 조작부는 바닥으로부터 높이 0.8 m 이상 1.5 m 이하의 위치에 설치하

고, 보호판 등에 따른 보호장치를 설치한다.

④ 기동장치에는 그 가까운 곳의 보기 쉬운 곳에 "할로겐화합물 및 불활성기체소화설비 기동장치"라고 표시한 표지를 한다.

⑤ 전기를 사용하는 기동장치에는 전원표시등을 설치하여야 한다.

⑥ 기동장치의 방출용스위치는 음향경보장치와 연동하여 조작될 수 있는 것으로 하여야 한다.

⑦ 5 kg 이하의 힘을 가하여 기동할 수 있는 구조로 설치

(2) 자동식 기동장치

자동화재탐지설비의 감지기의 작동과 연동하는 것으로서 다음 각 목의 기준에 따라 설치한다.

① 자동식 기동장치에는 상기 수동식 기동장치의 기준에 따른 수동식 기동장치를 함께 설치 한다.

② 기계식, 전기식 또는 가스압력식에 따른 방법으로 기동하는 구조로 설치한다.

6-5 표시등

할로겐화합물 및 불활성기체소화설비가 설치된 부분의 출입구 등의 보기 쉬운 곳에 소화약제의 방사를 표시하는 표시등을 설치하여야 한다.

6-6 제어반 및 화재표시반

할로겐화합물 및 불활성기체소화설비의 제어반 및 화재표시반은 다음 각 호의 기준에 따라 설치하여야 한다. 다만, 자동화재탐지설비의 수신기의 제어반이 화재표시반의 기능을 가지고 있는 것은 화재표시반을 설치하지 아니할 수 있다.

(1) 제어반은 수동기동장치 또는 감지기에서의 신호를 수신하여 음향경보장치의 작동, 소화약제의 방출 또는 지연 기타의 제어기능을 가진 것으로 하고, 제어반에는 전원표시등을 설치한다.

(2) 화재표시반은 제어반에서의 신호를 수신하여 작동하는 기능을 가진 것으로 하되, 다음의 기준에 따라 설치한다.

① 각 방호구역마다 음향경보장치의 조작 및 감지기의 작동을 명시하는 표시등과 이와 연동하여 작동하는 벨·부저 등의 경보기를 설치할 것. 이 경우 음향경보장치의 조작 및 감지기의 작동을 명시하는 표시등을 겸용할 수 있다.

② 수동식기동장치에 있어서는 그 방출용스위치의 작동을 명시하는 표시등을 설치한다.

③ 소화약제의 방출을 명시하는 표시등을 설치한다.

④ 자동식 기동장치에 있어서는 자동·수동의 절환을 명시하는 표시등을 설치하여야 한다.

(3) 제어반 및 화재표시반의 설치장소는 화재에 따른 영향, 진동 및 충격에 따른 영향 및 부식의 우려가 없고 점검에 편리한 장소에 설치하여야 한다.

(4) 제어반 및 화재표시반에는 당해회로도 및 취급설명서를 비치하여야 한다.

6-7 자동식 기동장치의 화재감지기

할로겐화합물 및 불활성기체소화설비의 자동식 기동장치는 다음 각 호의 기준에 따른 화재감지기를 설치하여야 한다.

(1) 각 방호구역내의 화재감지기의 감지에 따라 작동되도록 할 것

(2) 화재감지기의 회로는 교차회로방식으로 설치할 것. 다만, 화재감지기를 「자동화재탐지설비의 화재안전기준(NFSC 203)」제7조제1항 단서의 각 호의 감지기로 설치하는 경우에는 그러하지 아니하다.

(3) 교차회로내의 각 화재감지기회로별로 설치된 화재감지기 1개가 담당하는 바닥면적은 「자동화재탐지설비의 화재안전기준(NFSC 203)」제7조제3항제5호·제8호부터 제10호까지의 규정에 따른 바닥면적으로 할 것

6-8 음향경보장치

(1) 할로겐화합물 및 불활성기체소화설비의 음향경보장치는 다음 각 호의 기준에 따라 설치하여야 한다.

① 수동식 기동장치를 설치한 것은 그 기동장치의 조작과정에서, 자동식 기동장치를 설

　치한 것은 화재감지기와 연동하여 자동으로 경보를 발하는 것으로 할 것

② 소화약제의 방사개시 후 1분 이상 경보를 계속할 수 있는 것으로 할 것

③ 방호구역 또는 방호대상물이 있는 구획 안에 있는 자에게 유효하게 경보할 수 있는 것으로 할 것

(2) 방송에 따른 경보장치를 설치할 경우에는 다음 각 호의 기준에 따라야 한다.

① 증폭기 재생장치는 화재시 연소의 우려가 없고, 유지관리가 쉬운 장소에 설치할 것

② 방호구역 또는 방호대상물이 있는 구획의 각 부분으로부터 하나의 확성기까지의 수평거리는 25 m 이하가 되도록 할 것

③ 제어반의 복구스위치를 조작하여도 경보를 계속 발할 수 있는 것으로 할 것

6-9 　비상전원

　할로겐화합물 및 불활성기체소화설비의 비상전원은 자가발전설비, 축전지설비(제어반에 내장하는 경우를 포함한다) 또는 전기저장장치(외부 전기에너지를 저장해 두었다가 필요한 때 전기를 공급하는 장치)로서 다음 각 호의 기준에 따라 설치하여야 한다. 다만, 2 이상의 변전소(「전기사업법」제67조에 따른 변전소를 말한다. 이하 같다)에서 전력을 동시에 공급받을 수 있거나 하나의 변전소로부터 전력의 공급이 중단되는 때에는 자동으로 다른 변전소로부터 전력을 공급받을 수 있도록 상용전원을 설치한 경우에는 비상전원을 설치하지 아니할 수 있다.

(1) 점검에 편리하고 화재 및 침수 등의 재해로 인한 피해를 받을 우려가 없는 곳에 설치할 것

(2) 할로겐화합물 및 불활성기체소화설비를 유효하게 20분 이상 작동할 수 있어야 할 것

(3) 상용전원으로부터 전력의 공급이 중단된 때에는 자동으로 비상전원으로부터 전력을 공급받을 수 있도록 할 것

(4) 비상전원의 설치장소는 다른 장소와 방화구획 할 것. 이 경우 그 장소에는 비상전원의 공급에 필요한 기구나 설비외의 것(열병합발전설비에 필요한 기구나 설비는 제외한다)을 두어서는 아니 된다.

(5) 비상전원을 실내에 설치하는 때에는 그 실내에 비상조명등을 설치할 것

연 습 문 제

1. 할로겐화합물 및 불활성기체소화설비의 자동식 기동장치 설치시 연동하여야 하는 것을 쓰고 설치 기준에 대해 쓰시오.

2. 할로겐화합물 및 불활성기체소화설비의 비상전원 설치 기준에 대해 쓰시오.

3. 그림의 도면을 보고 물음에 답하시오

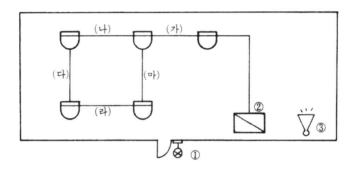

   (1) 배선수 : ㉮

                ㉯

                ㉰

                ㉱

                ㉲

   (2) ①, ②, ③의 명칭은 무엇인가?

   (3) ②의 설치위치는?

   (4) ①, ②, ③의 설치 목적은?

4. 그림은 할로겐화합물 및 불활성기체소화설비의 1존에 대한 평면도이다. ①~⑥번까지 전선의 가닥수를 표기하고 "가", "나"의 명칭을 표기하시오. 또 계통도를 완성하시오.

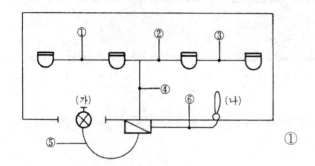

②
③
④
⑤
⑥
가 :
나 :

5. 그림의 도면과 같은 컴퓨터실에 독립적으로 할로겐화합물 및 불활성기체소화설비를 설치하려고 한다. 이 설비를 자동으로 동작시키기 위한 전기설계를 하시오.

- 유의사항 -
① 평면도 및 제어계통도만 작성할 것
② 감지기의 종류를 명시할 것
③ 배선상호간에 사용되는 전선류와 전선가닥수를 표시할 것
④ 심벌을 임의로 사용하고 심벌부근에 심벌명을 기재할 것
⑤ 실의 높이는 4 m이며 지상 2층에 컴퓨터실이 있슴

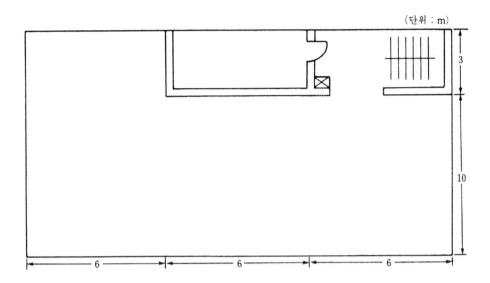

(단위 : m)

6. 그림의 도면 중 전기실에만 할로겐화합물 및 불활성기체소화설비를 하고자 한다. 이 설비를 자동으로 동작시키기 위한 전기설계를 하시오.

- 유의사항 -
① 평면도 및 제어 계통도만 작성할 것
② 사용 심벌 및 감지기의 종류를 명기할 것
③ 배선 상호간에 사용되는 전선류 및 전선 가닥수를 표시할 것.
④ 높이는 5 m이며 면적은 150 m²이다.

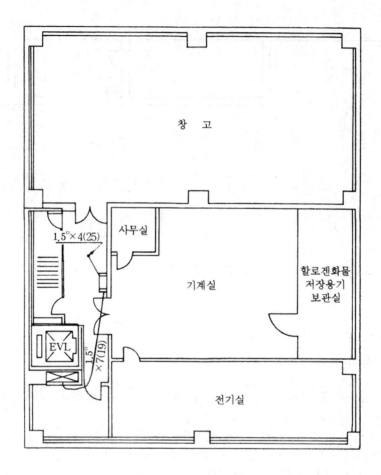

7. 그림의 평면도는 어느 연구실의 1층을 나타낸 것이다. 컴퓨터실과 전기실에 할로겐화합물 및 불활성기체소화설비를 설치하려고 한다. 도면을 완성하시오.

> **─ 조건 ─**
> ① 건축물은 내화구조이며 천장의 높이는 3 m이다.
> ② 전선은 HFIX 1.5 mm²을 사용하고 가닥수는 최소 가닥수를 적용한다.
> ③ 방사구역은 2 구역임
> ④ 사용 심벌의 명칭을 반드시 써 줄 것(단, 차동식 스포트형 2종 감지기를 사용한다)

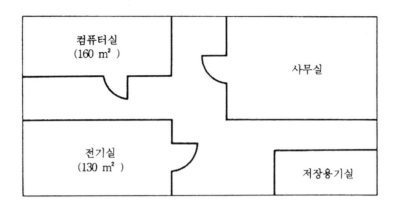

8. 지금은 사용하지 않게 되어 있는 그림과 같은 할론 1301 소화설비를 수리하고자 한다.
필요한 전선의 종류, 전선의 최소 굵기, 전선의 최소 수량과 후강전선관 크기를 (가)~
(바)까지 표시하고 종단저항 수량을 쓰시오

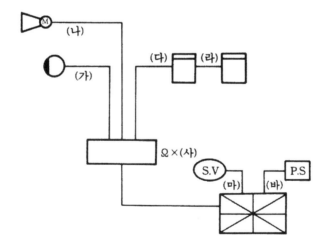

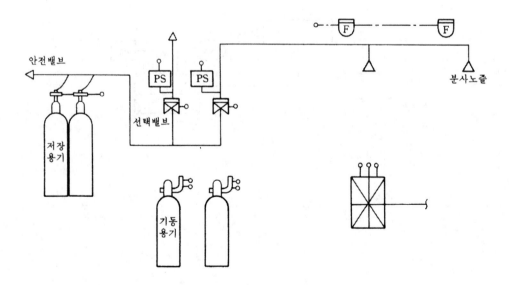

(M)   : 모터 사이렌

S   : 연기감지기

◐   : 방출표시등

▭   : 수동조작함

Ω   : 종단저항

⊠   : 주조작반

S.V   : 솔레노이드 밸브

P.S   : 압력 스위치

＜표기방법 예＞

22C HFIX 3.5 - 6

└ 전선수량
전선굵기
전선종류
전선관 굵기

9. 할로겐화합물 및 불활성기체소화설비에 설치하는 사이렌과 방출등의 설치 위치 및 설치 목적은?

    (1) 설치 위치 :

    (2) 설치 목적 :

10. 그림 (a)는 할로겐화합물 및 불활성기체소화설비이다. 이에 연동하는 설비명을 기입하고 전기배선도를 바르게 결선한 다음 설비의 동작에 따른 (b)의 동작흐름도를 완성하시오.

(a) 할로겐화합물 및 불활성기체소화설비

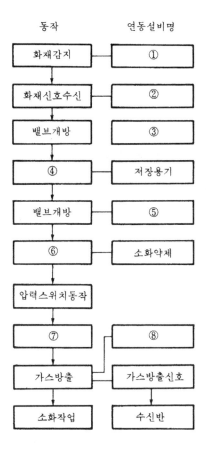

동작　　　　　　연동설비명

화재감지 ── ①

화재신호수신 ── ②

밸브개방 ── ③

④ ── 저장용기

밸브개방 ── ⑤

⑥ ── 소화약제

압력스위치동작

⑦　　　　⑧

가스방출 ── 가스방출신호

소화작업　　　수신반

(b) 설비의 동작흐름도

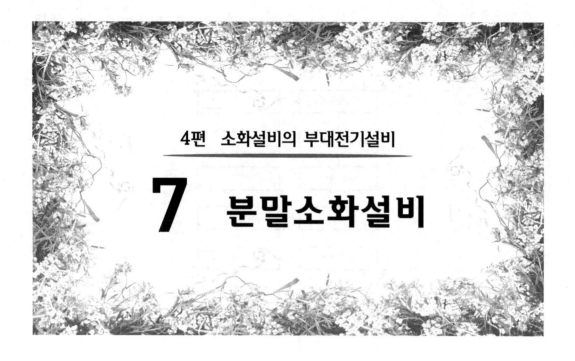

4편 소화설비의 부대전기설비

7 분말소화설비

분말소화설비란 저장용기 또는 저장 탱크에 저장된 속소성(速消性)이 높은 분말소화약제를 내연기관의 동력원에 의하지 않고 가압용 가스 용기에 충진된 질소가스 또는 이산화탄소의 고정된 배관을 통하여 그 끝부분에 설치된 분사헤드에서 방호구획 또는 소방대상물에 분사시키므로 단시간에 소화의 목적을 달성하는 설비이다.

7-1 구 성

분말소화설비의 구성은 **그림 7-1**과 같고 이들을 좀더 자세히 설명하면 다음과 같다.

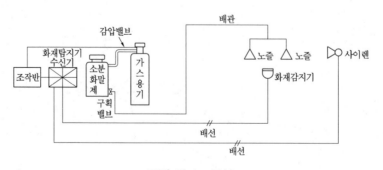

그림 7-1 구성

즉 분말소화약제가 충전되어 있는 저장용기 또는 저장탱크, 가압용 가스용기, 압력조정기, 정압작동장치, 저장용기용 용기 밸브 또는 방출 밸브, 기동장치, 선택 밸브, 배관, 분사헤드, 호스릴(호스걸이를 포함한다), 호스, 노즐 그리고 모니터 노즐, 음향경보장치, 자동화재 탐지설비 수신기, 제어반, 자동폐쇄장치, 방출표시등, 비상전원, 배선 및 표시등이다. 이 중 제어반의 기능은 5-3의 **1**의 기능과 같다.

7-2 조작방법에 따른 동작

조작방법에 따라 수동식과 자동식이 있다. 수동식은 화재의 발생을 사람이 확인한 후 기동장치를 동작시켜 분말소화약제가 방출되도록 하는 것이며 자동식은 자동화재탐지설비의 감지기가 동작하면 자동으로 소화설비를 동작시키도록 한 것이다. 자동식은 원칙상 수동으로 절환시킬 수 있는 장치를 가지고 있다.

그림 7-2는 가압식의 고정식 분말소화설비의 동작흐름도이다.

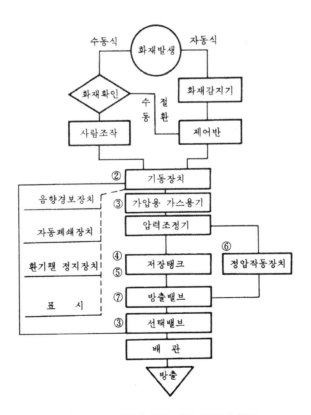

그림 7-2 분말소화설비의 동작흐름도

[동작순서]

① ┌ 수동식 – 화재의 발생을 육안에 의해 발견, 또는 화재 감지기의 작동에 의해
　　　　　　조작반에 연동해서 화재발생을 확인
　└ 자동식 – 화재감지기에 의한 화재감지

② ┌ 수동식 – 사람의 조작에 의해 기동장치를 작동
　└ 자동식 – 조작반 작동에 의하여 기동장치가 연동

③ 기동용 가스용기의 가스에 의해 선택 밸브가 개방되어 가압용 가스용기의 용기 밸브 개방

④ 가압용 가스용기의 가스가 저장 탱크내 소화약제의 유동화와 가압

⑤ 저장 탱크 내압의 상승

⑥ 정압작동장치 작동

⑦ 방출 밸브 개방

⑧ 분사 헤드에서 분말소화약제 방출

7-3 이산화탄소소화설비의 준용

분말소화설비의 기동장치, 제어반, 화재감지기, 음향경보장치, 자동폐쇄장치 및 비상전원은 이산화탄소소화설비에 준용하여 설치함으로 5장을 참조하기 바란다.

7-4 배 선

그림 7-3은 배선 관계를 나타낸 것이다.

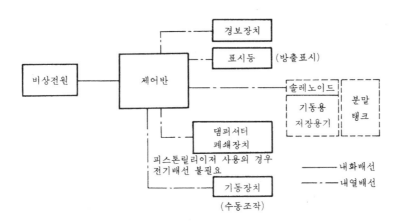

그림 7-3 배선

연 습 문 제

1. 분말소화설비의 각 장치별 배선관계를 도시하시오.

2. 그림과 같은 분말 소화설비 회로도에서 전선의 가닥수를 구하시오.

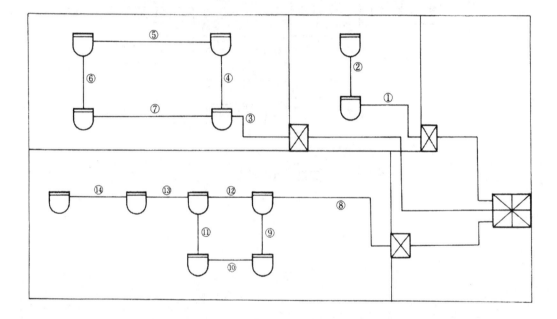

4편 소화설비의 부대전기설비

8 미분무소화설비

미분무소화설비란 가압된 물이 헤드 통과 후 미세한 입자로 분무됨으로써 소화성능을 가지는 설비를 말하며, 최소설계압력에서 헤드로부터 방출되는 물입자 중 99 %의 누적체적 분포가 400 ㎛ 이하로 분무되고 A,B,C급화재에 적응성을 갖는 것을 말한다. 사용압력에 따라 저압, 중압, 고압 미분무소화설비가 있으나 화재감지기의 신호를 받아 가압송수장치를 동작시켜 미분무수를 방출하는 방식은 개방형 미분무소화설비라고 한다. 또 소화수 방출구역에 따라 전역방출방식, 국소방출방식이 있으며 미분무건을 소화수 저장용기 등에 연결하여 사람이 직접 화점에 소화수를 방출하는 호스릴방식이 있다. 미분무소화설비에는 화재감지기회로를 교차회로 방식으로 하여야 한다.

8-1 음향장치 및 기동장치

미분무소화설비의 음향장치 및 기동장치는 다음 각 호의 기준에 따라 설치하여야 한다.
(1) 폐쇄형 미분무헤드가 개방되면 화재신호를 발신하고 그에 따라 음향장치가 경보되도록 할 것
(2) 개방형 미분무설비는 화재감지기의 감지에 따라 음향장치가 경보되도록 할 것. 이 경우 화재감지기 회로를 교차회로방식으로 하는 때에는 하나의 화재감지기 회로가 화재를 감지하는 때에도 음향장치가 경보되도록 하여야 한다.

(3) 음향장치는 방호구역 또는 방수구역마다 설치하되 그 구역의 각 부분으로부터 하나의 음향장치까지의 수평거리는 25 m 이하가 되도록 할 것

(4) 음향장치는 경종 또는 사이렌(전자식 사이렌을 포함한다)으로 하되, 주위의 소음 및 다른 용도의 경보와 구별이 가능한 음색으로 할 것. 이 경우 경종 또는 사이렌은 자동화재탐지설비·비상벨설비 또는 자동식사이렌설비의 음향장치와 겸용할 수 있다.

(5) 주음향장치는 수신기의 내부 또는 그 직근에 설치할 것

(6) 5층(지하층을 제외한다) 이상의 소방대상물 또는 그 부분에 있어서는 2층 이상의 층에서 발화한 때에는 발화층 및 그 직상층에 한하여, 1층에서 발화한 때에는 발화층과 그 직상층 및 지하층에 한하여, 지하층에서 발화한 때에는 발화층·그 직상층 및 기타의 지하층에 한하여 경보를 발할 수 있도록 할 것

(7) 음향장치는 다음 각 목의 기준에 따른 구조 및 성능의 것으로 할 것
① 정격전압의 80% 전압에서 음향을 발할 수 있는 것으로 할 것
② 음량은 부착된 음향장치의 중심으로부터 1 m 떨어진 위치에서 90 dB 이상이 되는 것으로 할 것

(8) 화재감지기 회로에는 다음 각 목의 기준에 따른 발신기를 설치할 것. 다만, 자동화재탐지설비의 발신기가 설치된 경우에는 그러하지 아니하다.
① 조작이 쉬운 장소에 설치하고, 스위치는 바닥으로부터 0.8 m 이상 1.5 m 이하의 높이에 설치할 것
② 소방대상물의 층마다 설치하되, 당해 소방대상물의 각 부분으로부터 하나의 발신기까지의 수평거리가 25 m 이하가 되도록 할 것. 다만, 복도 또는 별도로 구획된 실로서 보행거리가 40 m 이상일 경우에는 추가로 설치하여야 한다.
③ 발신기의 위치를 표시하는 표시등은 함의 상부에 설치하되, 그 불빛은 부착면으로부터 15° 이상의 범위안에서 부착지점으로부터 10 m 이내의 어느 곳에서도 쉽게 식별할 수 있는 적색등으로 할 것

8-2 제어반

(1) 미분무 소화설비에는 제어반을 설치하되, 감시제어반과 동력제어반으로 구분하여 설치하여야 한다. 다만, 가압수조에 따른 가압송수장치를 사용하는 미분무 소화설비의 경우와 별도의 시방서를 제시할 경우에는 그러하지 아니할 수 있다.

(2) 감시제어반의 기능

다음 각 호의 기준에 적합하여야 한다.

① 각 펌프의 작동여부를 확인할 수 있는 표시등 및 음향경보기능이 있어야 할 것

② 각 펌프를 자동 및 수동으로 작동시키거나 작동을 중단시킬 수 있어야 할 것

③ 비상전원을 설치한 경우에는 상용전원 및 비상전원의 공급여부를 확인할 수 있어야 할 것

④ 수조가 저수위로 될 때 표시등 및 음향으로 경보할 것

⑤ 예비전원이 확보되고 예비전원의 적합여부를 시험할 수 있어야 할 것

(3) 감시제어반의 설치

다음 각 호의 기준에 따라 설치하여야 한다.

① 화재 및 침수 등의 재해로 인한 피해를 받을 우려가 없는 곳에 설치할 것

② 감시제어반은 미분무 소화설비의 전용으로 할 것

③ 감시제어반은 다음 각 목의 기준에 따른 전용실안에 설치할 것

ㄱ 다른 부분과 방화구획을 할 것. 이 경우 전용실의 벽에는 기계실 또는 전기실 등의 감시를 위하여 두께 7㎜ 이상의 망입유리(두께 16.3 ㎜ 이상의 접합유리 또는 두께 28 ㎜ 이상의 복층유리를 포함한다)로 된 4 ㎡ 미만의 붙박이창을 설치할 수 있다.

ㄴ 피난층 또는 지하 1층에 설치할 것

ㄷ 무선통신보조설비의 화재안전기준(NFSC 505) 제6조의 규정에 따른 무선기기 접속단자(영 별표 5의 제5호마목에 따른 무선통신보조설비가 설치된 특정소방대상물에 한한다)를 설치할 것

ㄹ 바닥면적은 감시제어반의 설치에 필요한 면적 외에 화재시 소방대원이 그 감시제어반의 조작에 필요한 최소면적 이상으로 할 것

④ 제3호에 따른 전용실에는 소방대상물의 기계·기구 또는 시설 등의 제어 및 감시설비 외의 것을 두지 아니할 것

⑤ 다음의 각 확인회로마다 도통시험 및 작동시험을 할 수 있도록 할 것

ㄱ 수조의 저수위감시회로

ㄴ 개방식 미분무 소화설비의 화재감지기회로

ㄷ 개폐밸브의 폐쇄상태 확인회로

ㄹ 그 밖의 이와 비슷한 회로

⑥ 감시제어반과 자동화재탐지설비의 수신기를 별도의 장소에 설치하는 경우에는 이들 상호간에 동시 통화가 가능하도록 할 것

(4) 동력제어반

다음 각 호의 기준에 따라 설치하여야 한다.

  ① 앞면은 적색으로 하고 "미분무 소화설비용 동력제어반"이라고 표시한 표지를 설치할 것

  ② 외함은 두께 1.5 ㎜ 이상의 강판 또는 이와 동등 이상의 강도 및 내열성능이 있는 것으로 할 것

  ③ 그 밖의 동력제어반의 설치에 관하여는 제3항제1호 및 제2호의 기준을 준용할 것

(5) 발전기 제어반

「스프링클러설비의 화재안전기준」제13조를 준용한다.

8-3 배선

(1) 미분무소화설비의 배선은「전기사업법」제67조에 따른 기술기준에서 정한 것 외에 다음 각 호의 기준에 따라 설치하여야 한다.

  ① 비상전원으로부터 동력제어반 및 가압송수장치에 이르는 전원회로배선은 내화배선으로 할 것. 다만, 자가발전설비와 동력제어반이 동일한 실에 설치된 경우에는 자가발전기로부터 그 제어반에 이르는 전원회로배선은 그러하지 아니하다.

  ② 상용전원으로부터 동력제어반에 이르는 배선, 그 밖의 미분무 소화설비의 감시·조작 또는 표시등회로의 배선은 내화배선 또는 내열배선으로 할 것. 다만, 감시제어반 또는 동력제어반 안의 감시·조작 또는 표시등회로의 배선은 그러하지 아니하다.

(2) 제1항에 따른 내화배선 및 내열배선에 사용되는 전선 및 설치방법은「옥내소화전설비의 화재안전기준」의 별표 1의 기준에 따른다.

(3) 미분무소화설비의 과전류차단기 및 개폐기에는 "미분무소화설비용"이라고 표시한 표지를 하여야 한다.

(4) 미분무소화설비용 전기배선의 양단 및 접속단자에는 다음 각 호의 기준에 따라 표지하여야 한다.

  ① 단자에는 "미분무소화설비단자"라고 표시한 표지를 부착할 것

  ② 미분무소화설비용 전기배선의 양단에는 다른 배선과 식별이 용이하도록 표시할 것

8-4 전원

미분무소화설비의 전원은「스프링클러설비의 화재안전기준」제12조를 준용한다.

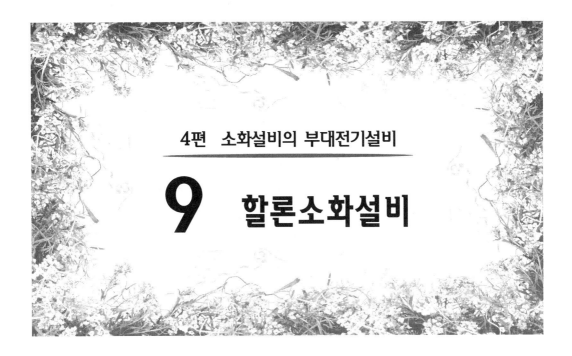

9 할론소화설비

할론소화설비는 환경적인 영향으로 인해 오존층을 파괴하여 가스생산에 제약을 받으며 설계되지 않는다. 고정식 할론 공급장치에 배관 및 분사헤드를 고정 설치하여 밀폐 방호구역 내에 할론을 방출하는 전역방출방식, 고정식 할론 공급장치에 배관 및 분사헤드를 설치하여 직접 화점에 할론을 방출하는 설비로 화재발생부분에만 집중적으로 소화약제를 방출하도록 설치하는 국소방출방식이 있다. 또 분사헤드가 배관에 고정되어 있지 않고 소화약제 저장용기에 호스를 연결하여 사람이 직접 화점에 소화약제를 방출하는 이동식소화설비인 호스릴방식이 있다. 할론소화설비에는 화재감지기회로를 교차회로방식으로 하여야 한다.

9-1 기동장치

(1) 할론소화설비의 수동식기동장치는 다음 각 호의 기준에 따라 설치하여야 한다. 이 경우 수동식 기동장치의 부근에는 소화약제의 방출을 지연시킬 수 있는 비상스위치(자동복귀형 스위치로서 수동식 기동장치의 타이머를 순간정지 시키는 기능의 스위치를 말한다)를 설치하여야 한다.
① 전역방출방식은 방호구역마다, 국소방출방식은 방호대상물마다 설치할 것
② 해당 방호구역의 출입구부분 등 조작을 하는 자가 쉽게 피난할 수 있는 장소에 설치할 것

③ 기동장치의 조작부는 바닥으로부터 높이 0.8 m 이상 1.5 m 이하의 위치에 설치하고, 보호판 등에 따른 보호장치를 설치할 것

④ 기동장치에는 그 가까운 곳의 보기 쉬운 곳에 "할론소화설비 기동장치"라고 표시한 표지를 할 것

⑤ 전기를 사용하는 기동장치에는 전원표시등을 설치할 것

⑥ 기동장치의 방출용스위치는 음향경보장치와 연동하여 조작될 수 있는 것으로 할 것

(2) 할론소화설비의 자동식 기동장치는 자동화재탐지설비의 감지기의 작동과 연동 하는 것으로서 다음 각 호의 기준에 따라 설치하여야 한다.

① 자동식 기동장치에는 수동으로도 기동할 수 있는 구조로 할 것

② 전기식 기동장치로서 7병 이상의 저장용기를 동시에 개방하는 설비는 2병 이상의 저장용기에 전자개방밸브를 부착할 것

③ 가스압력식 기동장치는 다음 각 목의 기준에 따를 것

　㉠ 기동용가스용기 및 해당 용기에 사용하는 밸브는 25 MPa 이상의 압력에 견딜 수 있는 것으로 할 것

　㉡ 기동용가스용기에는 내압시험압력 0.8배부터 내압시험압력 이하에서 작동하는 안전장치를 설치할 것

　㉢ 기동용가스용기의 용적은 1 L 이상으로 하고, 해당 용기에 저장하는 이산화탄소의 양은 0.6kg 이상으로하며, 충전비는 1.5 이상으로 할 것

④ 기계식 기동장치는 저장용기를 쉽게 개방할 수 있는 구조로 할 것

(3) 할론소화설비가 설치된 부분의 출입구 등의 보기 쉬운 곳에 소화약제의 방사를 표시하는 표시등을 설치하여야 한다.

9-2 제어반

할론소화설비의 제어반 및 화재표시반은 다음 각 호의 기준에 따라 설치하여야 한다. 다만, 자동화재탐지설비의 수신기의 제어반이 화재표시반의 기능을 가지고 있는 것은 화재표시반을 설치하지 아니할 수 있다.

(1) 제어반은 수동기동장치 또는 감지기에서의 신호를 수신하여 음향경보장치의 작동, 소화약제의 방출 또는 지연 기타의 제어기능을 가진 것으로 하고, 제어반에는 전원표시등을 설치할 것

(2) 화재표시반은 제어반에서의 신호를 수신하여 작동하는 기능을 가진 것으로 하되, 다음

각 목의 기준에 따라 설치할 것

① 각 방호구역마다 음향경보장치의 조작 및 감지기의 작동을 명시하는 표시등과 이와 연동하여 작동하는 벨·부저 등의 경보기를 설치할 것. 이 경우 음향경보장치의 조작 및 감지기의 작동을 명시하는 표시등을 겸용할 수 있다.

② 수동식 기동장치는 그 방출용스위치의 작동을 명시하는 표시등을 설치할 것

③ 소화약제의 방출을 명시하는 표시등을 설치할 것

④ 자동식 기동장치는 자동·수동의 절환을 명시하는 표시등을 설치할 것

(3) 제어반 및 화재표시반의 설치장소는 화재에 따른 영향, 진동 및 충격에 따른 영향 및 부식의 우려가 없고 점검에 편리한 장소에 설치할 것

(4) 제어반 및 화재표시반에는 해당회로도 및 취급설명서를 비치할 것

9-3 자동식 기동장치의 화재감지기

할론소화설비의 자동식 기동장치는 다음 각 호의 기준에 따른 화재감지기를 설치하여야 한다.

(1) 각 방호구역내의 화재감지기의 감지에 따라 작동되도록 할 것

(2) 화재감지기의 회로는 교차회로방식으로 설치할 것. 다만, 화재감지기를 「자동화재탐지설비의 화재안전기준(NFSC 203)」제7조제1항 단서의 각 호의 감지기로 설치하는 경우에는 그러하지 아니하다.

(3) 교차회로내의 각 화재감지기회로별로 설치된 화재감지기 1개가 담당하는 바닥면적은 「자동화재탐지설비의 화재안전기준(NFSC 203)」제7조제3항제5호·제8호부터 제10호까지의 기준에 따른 바닥면적으로 할 것

9-4 음향경보장치

(1) 할론소화설비의 음향경보장치는 다음 각 호의 기준에 따라 설치하여야 한다.

① 수동식 기동장치를 설치한 것은 그 기동장치의 조작과정에서, 자동식 기동장치를 설치한 것은 화재감지기와 연동하여 자동으로 경보를 발하는 것으로 할 것

② 소화약제의 방사개시 후 1분 이상 경보를 계속할 수 있는 것으로 할 것

③ 방호구역 또는 방호대상물이 있는 구획 안에 있는 자에게 유효하게 경보할 수 있는

것으로 할 것

(2) 방송에 따른 경보장치를 설치할 경우에는 다음 각 호의 기준에 따라야 한다.

① 증폭기 재생장치는 화재시 연소의 우려가 없고, 유지관리가 쉬운 장소에 설치할 것

② 방호구역 또는 방호대상물이 있는 구획의 각 부분으로부터 하나의 확성기까지의 수평거리는 25m 이하가 되도록 할 것

③ 제어반의 복구스위치를 조작하여도 경보를 계속 발할 수 있는 것으로 할 것

9-5 비상전원

할론소화설비(호스릴할론소화설비를 제외한다)의 비상전원은 자가발전설비, 축전지설비(제어반에 내장하는 경우를 포함한다)또는 전기저장장치(외부 전기에너지를 저장해 두었다가 필요한 때 전기를 공급하는 장치)로서 다음 각 호의 기준에 따라 설치하여야 한다. 다만, 2 이상의 변전소(「전기사업법」제67조에 따른 변전소를 말한다. 이하 같다)에서 전력을 동시에 공급받을 수 있거나 하나의 변전소로부터 전력의 공급이 중단되는 때에는 자동으로 다른 변전소로부터 전력을 공급받을 수 있도록 상용전원을 설치한 경우에는 비상전원을 설치하지 아니할 수 있다.

(1) 점검에 편리하고 화재 및 침수 등의 재해로 인한 피해를 받을 우려가 없는 곳에 설치할 것

(2) 할론소화설비를 유효하게 20분 이상 작동할 수 있어야 할 것

(3) 상용전원으로부터 전력의 공급이 중단된 때에는 자동으로 비상전원으로부터 전력을 공급받을 수 있도록 할 것

(4) 비상전원의 설치장소는 다른 장소와 방화구획 할 것. 이 경우 그 장소에는 비상전원의 공급에 필요한 기구나 설비외의 것(열병합발전설비에 필요한 기구나 설비는 제외한다)을 두어서는 아니된다.

(5) 비상전원을 실내에 설치하는 때에는 그 실내에 비상조명등을 설치할 것

9-6 설계프로그램

할론소화설비를 컴퓨터프로그램을 이용하여 설계할 경우에는「가스계소화설비의 설계프로그램 성능인증 및 제품검사의 기술기준」에 적합한 설계프로그램을 사용하여야 한다.

제 **5** 편

통합감시시설
(종합방재센터)

건축물이 대규모화 되면서 지하층이 있는 고층건물이나 초고층 건축물 등의 대규모 건축물의 방재, 통신, 방범상황 등을 쉽게 알 수 있도록 한 곳이다. 아울러 이들과 관계된 설비들의 상황을 종합적으로 감시·제어하여 화재발생시에서 진화까지의 방재활동을 효과적으로 행하기 위한 방재 시스템의 중추가 되는 곳이며 다음의 개념을 갖는다.

- 건물 내의 인명보호
- 건축물에 수용되어 있는 재산이나 정보의 보전
- 방재정보의 집중화로 방재 시설물의 효율적인 감시 및 제어
- 설비의 관리 및 운영의 효율화

5편 통합감시시설

종합방재센터

　건축물이 대규모화 되면서 지하층이 있는 고층건물이나 초고층 건축물 등의 대규모 건축물의 방재, 통신, 방범상황 등을 알 수 있도록 이들과 관계된 설비들의 상황을 종합적으로 감시·제어하여 적절하게 운용할 필요가 있다. 즉, 평상시에는 각종 방재시설 및 유관설비의 작동상황을 감시하고 해당설비들의 기능을 유기적으로 제어관리하여 방재관리운영의 일원화를 도모하고, 화재발생시 또는 비상시에는 그 상황을 정확히 파악하여 초기소화활동이나 피난을 돕고 소방대가 도착해서는 화재진압작전을 효율적으로 수행하는 장소로 활용되는 곳이다.

따라서 화재발생시에서 진화까지의 방재활동을 효과적으로 행하기 위한 방재시스템의 중추가 되는 곳이며 다음의 개념을 갖는다.

- 건물내의 인명보호
- 건축물에 수용되어 있는 재산이나 정보의 보전
- 방재정보의 집중화로 방재 시설물의 효율적인 감시 및 제어
- 설비의 관리 및 운영의 효율화

　여기에서는 초고층 및 지하연계 복합건축물 재난관리에 관한 특별법(약칭: 초고층재난관리법)에서 정하고 있는 통합감시시설(종합방재센터)에 대한 규정을 적는다.

1-1 설치기준

1 설치위치

(1) 1층 또는 피난층. 다만, 초고층 건축물등에 「건축법 시행령」 제35조에 따른 특별피난계단(이하 "특별피난계단"이라 한다)이 설치되어 있고, 특별피난계단 출입구로부터 5 m 이내에 종합방재센터을 설치하려는 경우에는 2층 또는 지하 1층에 설치할 수 있으며, 공동주택의 경우에는 관리사무소 내에 설치할 수 있다.

(2) 비상용 승강장, 피난 전용 승강장 및 특별피난계단으로 이동하기 쉬운 곳

(3) 재난정보 수집 및 제공, 방재 활동의 거점(據點) 역할을 할 수 있는 곳

(4) 소방대(消防隊)가 쉽게 도달할 수 있는 곳

(5) 화재 및 침수 등으로 인하여 피해를 입을 우려가 적은 곳

   종합방재센터는 화재시 마지막까지 남아 진화작업을 진두지휘 통제하여야 하고 소방관계자의 출입이 용이한 장소가 되어야 하며 비상엘리베이터, 피난계단의 이용이 용이하고 외부 소방대와 연락 및 지휘 통제가 용이하게 이루어질 수 있는 곳이어야 한다. 아울러 종합방재센터는 외부와 통하는 출입문이 2개 이상 되도록 하고 건축물 관리자 및 외부 소방대의 접근이 용이하며 근무자나 소방 지휘자의 원활한 화재진화작업을 위하여 건물의 용도와 규모에 맞는 화재진화작업을 최대한 발휘할 수 있는 곳이어야 한다.

2 종합방재센터의 구조 및 면적

(1) 다른 부분과 방화구획(防火區劃)으로 설치할 것. 다만, 다른 제어실 등의 감시를 위하여 두께 7 mm 이상의 망입(網入)유리(두께 16.3 mm 이상의 접합유리 또는 두께 28 mm 이상의 복층유리를 포함한다)로 된 4 ㎡ 미만의 붙박이창을 설치할 수 있다.

(2) 제2항에 따른 인력의 대기 및 휴식 등을 위하여 종합방재센터과 방화구획된 부속실(附屬室)을 설치할 것

(3) 면적은 20 ㎡ 이상으로 할 것

(4) 재난 및 안전관리, 방범 및 보안, 테러 예방을 위하여 필요한 시설·장비의 설치와 근무 인력의 재난 및 안전관리 활동, 재난 발생 시 소방대원의 지휘 활동에 지장이 없도록 설치할 것

(5) 출입문에는 출입 제한 및 통제 장치를 갖출 것

1-2 설치운영

1 설치 운영

초고층 건축물등의 관리주체는 법 제16조제1항에 따라 다음 각 호의 기준에 맞는 종합방재센터을 설치·운영하여야 한다. 종합방재센터는 1개소 설치하면 된다. 다만, 100층 이상인 초고층 건축물등[「건축법」제2조 제2항 제2호에 따른 공동주택(같은 법 제11조에 따른 건축허가를 받아 주택 외의 시설과 주택을 동일 건축물로 건축하는 경우는 제외한다. 이하 "공동주택"이라 한다)은 제외한다]의 관리주체는 종합방재센터가 그 기능을 상실하는 경우에 대비하여 종합방재센터를 추가로 설치하거나, 관계지역 내 다른 종합방재센터에 보조종합재난관리체제를 구축하여 재난관리 업무가 중단되지 아니하도록 하여야 한다.

이를 위해 초고층 건축물의 운영에 대한 규정인 다음을 참고하기 바란다.

(1) 초고층 건축물등의 관리주체는 그 건축물등의 건축·소방·전기·가스 등 안전관리 및 방범·보안·테러 등을 포함한 통합적 재난관리를 효율적으로 시행하기 위하여 종합방재센터을 설치·운영하여야 하며, 관리주체 간 종합방재센터를 합하여 운영할 수 있다.

(2) 제1항에 따른 종합방재센터는 소방기본법」 제4조에 따른 종합상황실과 연계되어야 한다.

(3) 관계지역 내 관리주체는 제1항에 따른 종합방재센터(일반건축물등의 방재실 등을 포함한다) 간 재난 및 안전정보 등을 공유할 수 있는 정보망을 구축하여야 하며, 유사시 서로 긴급연락이 가능한 경보 및 통신설비를 설치하여야 한다.

(4) 종합방재센터의 설치기준 등 필요한 사항은 행정안전부령으로 정한다.

(5) 시·도지사 또는 시장·군수·구청장은 종합방재센터의 항에따른 설치기준에 적합하지 아니할 때에는 관리주체에게 보완 등 필요한 조치를 명할 수 있다.

또한 종합방재센터에는 종합재난관리체제를 구축하고 초고층 건축물등의 관리주체는 관계지역 안에서 재난의 신속한 대응 및 재난정보 공유·전파를 할 수 있도록 운영하여야 한다.
이에 따른 종합재난관리체제 구축 시 다음 각 호의 사항을 포함하여야 한다.

(1) 재난대응체제
  ① 재난상황 감지 및 전파체제
  ② 방재의사결정 지원 및 재난 유형별 대응체제
  ③ 피난유도 및 상호응원체제

(2) 재난·테러 및 안전 정보관리체제

① 취약지역 안전점검 및 순찰정보 관리

② 유해·위험물질 반출·반입 관리

③ 소방 시설·설비 및 방화관리 정보

④ 방범·보안 및 테러대비 시설관리

(3) 그 밖에 관리주체가 필요로 하는 사항

원활한 운영과 관리를 위해 초고층 건축물등의 관리주체는 종합방재센터의 재난 및 안전관리에 필요한 인력을 3명 이상 상주(常住)하도록 하여야 한다. 또한 종합방재센터의 기능이 항상 정상적으로 작동되도록 종합방재센터의 시설 및 장비 등을 수시로 점검하고, 그 결과를 보관하여야 한다.

1-3　설비구성 및 기능

1 종합방재센터의 설비 등

(1) 조명설비(예비전원을 포함한다) 및 급수·배수설비

(2) 상용전원(常用電源)과 예비전원의 공급을 자동 또는 수동으로 전환하는 설비

(3) 급기(給氣)·배기(排氣) 설비 및 냉방·난방 설비

(4) 전력 공급 상황 확인 시스템

(5) 공기조화·냉난방·소방·승강기 설비의 감시 및 제어시스템

(6) 자료 저장 시스템

(7) 지진계 및 풍향·풍속계(초고층 건축물에 한정한다)

(8) 소화장비 보관함 및 무정전(無停電) 전원공급장치

(9) 피난안전구역, 피난용 승강기 승강장 및 테러 등의 감시와 방범·보안을 위한 폐쇄회로 텔레비전(CCTV)

2 구성

(1) 자동화재탐지설비

종합방재센터에서 일자 및 시간에 따라 동작, 제어상황이 기록될 뿐만아니라 자기진단,

1인 점검기능이 있고 시스템 단독이나 네트워크 구성이 되어야 한다. 또한 각 연동설비의 감시, 제어가 용이하도록 하는 프로그램이 있어야 한다.

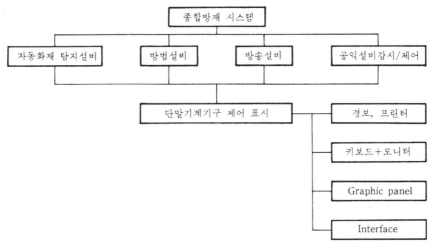

그림 1-1 구성도

(2) 방범설비

아직 자동화재탐지설비와 연동되지 않고 각각의 신호를 종합방재센터에서 받게 되는데 CCTV, Alarm Monitoring, 제어 시스템으로 구성되며 출입문 및 감시지역에 감시용 감지기 (센서, 도어 스위치, 빔 스위치)를 접속하여 동시에 작동되는 것이 설비 이용상 유용하다.

(3) 방송설비

종합방재센터의 방송설비는 시스템 내부에 자동 또는 수동의 비상방송, 암호방송과 전관 혹은 층별 구분방송이 가능한 기능이 있어서 별도의 시설없이 방송할 수 있는 것이 바람직 하다.

(4) 공익설비 감시ㆍ제어

종합방재센터에서 반드시 필요한 무정전전원장치의 상태 감시를 비롯 상시 운전설비(냉 동기, 배수 펌프, 배출기)의 상태감시 및 경보표시기능이나 외등 및 구획별 조명등의 제어 등에 대하여 감시ㆍ조작할 수 있는 프로그램이나 기능이 있어야 한다.

그림 1-2는 종합방재센터에 접속되는 다른 방재설비와의 연동관계를 나타낸 것이며 **그림 1-3**은 종합방재센터 전경이다.

3 단말 기계기구의 제어 및 표시

건축물의 대형화는 방재기술의 첨단화를 요구한다. 이에 발맞추어 단말 기계기구를 제어

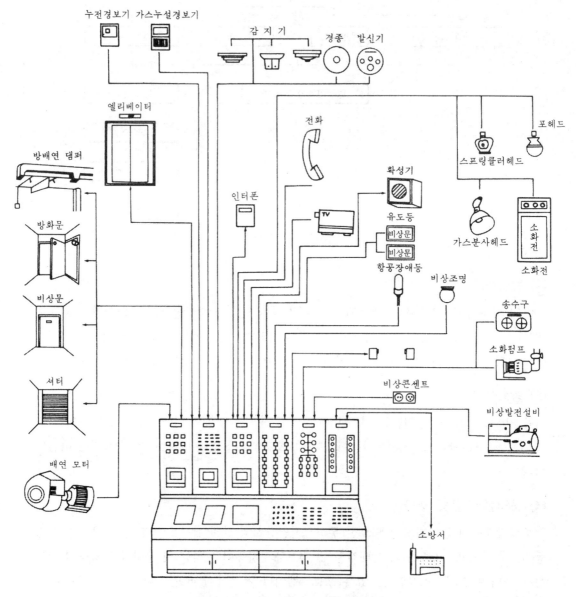

그림 1-2 종합방재센터의 연동기기

하는 프로그램 기술이 종전의 Ten-key를 이용한 제어방식에서 Light-pen, P.C Mouse, Touch screen 방식 등으로 발전되고 음성인식 기술로 까지 진행될 것이므로 이들 제어방식에 대해 설명한다.

그림 1-3 종합방재센터 전경

(1) Ten-key를 이용한 제어방식

이 제어방식은 해석 그대로 열개의 Key로 Code를 설정하여 이 Code에 의해 처리하는 방식으로 Ten-key를 이용하여 Local측의 정해진 번호에 기동명령을 함으로써 이에 따라 Local측의 단말기구 등이 제어된다. **그림 1-4**는 Ten-key 조작 구성도이다.

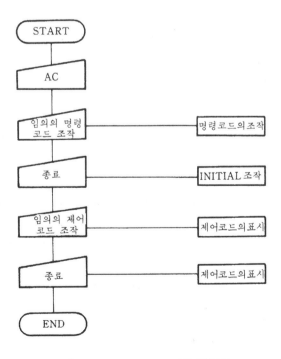

그림 1-4 Ten-key 조작 구성도

(2) Light pen을 이용한 제어방식

그림 1-5와 같이 광 응답용 Light pen과 Computer Monitor로 구성된다. 이 방식은 광 응답을 컴퓨터에 접속하는 방식으로 화면의 제어 Point Touch Mark에 Pen을 Touch함으로써 컴퓨터가 좌표를 읽어 제어신호가 입력 데이터 메트릭스 프로그램에 의해 실행한다.

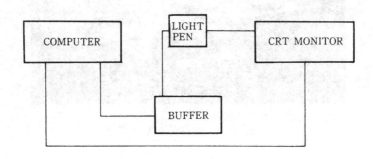

그림 1-5 Light-Pen제어 구성도

(3) P.C Mouse를 이용한 제어방식

그림 1-6과 같이 신호처리부용 Card와 반사판으로 구성된다. 그 동작형태는 Mouse를 반사판의 상, 하, 좌, 우로 이동시켜 화면상의(+) Cursor를 움직여 필요한 제어 항목의 좌표를 설정한 다음 Mouse 스위치를 눌러 해당 데이터 매트릭스 프로그램에 의해 실행한다.

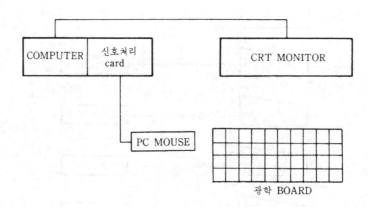

그림 1-6 P.C Mouse제어 구성도

(4) Touch Screen을 이용한 제어방식

Touch Screen의 Touch Mark를 직접 촉수함으로써 표를 읽어 들이는 방식과 X축, Y축의 교차점으로 계속 적외선을 주사하고 있는 동안 촉수하는 지점의 좌표를 읽는 두 가지 방법이 현재 사용되고 있다. 근래에는 직접 촉수함으로 좌표를 읽는 방법이 일반화되어 있으며 그 구성도는 **그림 1-7**과 같다.

그림 1-7 Touch Screen 제어구성

4 기능

종합방재센터에서는 일반적으로 다음의 기능을 행할 수 있어야 하며, 화재 발견시에서부터 진화까지의 과정을 도표화 하면 **표 1-1**과 같다.

(1) 자동화재탐지설비 수신기능
(2) 소방관서 및 관계자의 화재발생 통보기능
(3) 비상방송 연동기능
(4) 피난구 및 복도 통로 유도등 자동 점등기능
(5) 스프링클러설비 등 소화설비의 감시제어기능
(6) 방배·연 댐퍼의 감시제어기능
(7) 소방용 펌프 감시제어기능
(8) 송풍기 및 배출기 감시 제어기능
(9) 일반용, 비상용 엘리베이터의 운행감시기능
(10) 방화, 제연구획용 셔터 및 방연 커텐 제어기능
(11) 할로겐화합물 및 불활성기체소화설비, 이산화탄소소화설비 가스의 방출 감시기능
(12) 항공장애등 및 헬리포트의 작동상태 감시 및 제어기능
(13) 비상발전기 운전 감시기능
(14) 비상전화 통화기능
(15) 소방용 물탱크 수위감시기능
(16) 방재관련 장비의 전원감시기능
(17) 방재관련 기기장치의 작동기록기능
(18) 시스템 자기진단기능
(19) 방범, 보안감시반과의 연동기능
(20) 빌딩관리 시스템의 연동기능
(21) 기타 필요설비 연동

표 1-1 방재기능의 도표화

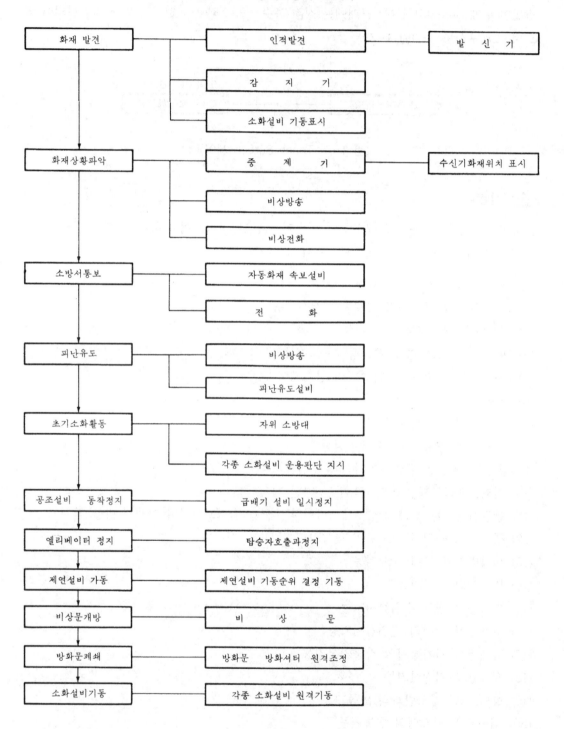

1-4 각 설비의 동작과 상황

1 각 설비의 동작

그림 1-8은 종합방재센터와 연동되어 있는 설비들의 동작을 나타낸 것이다.

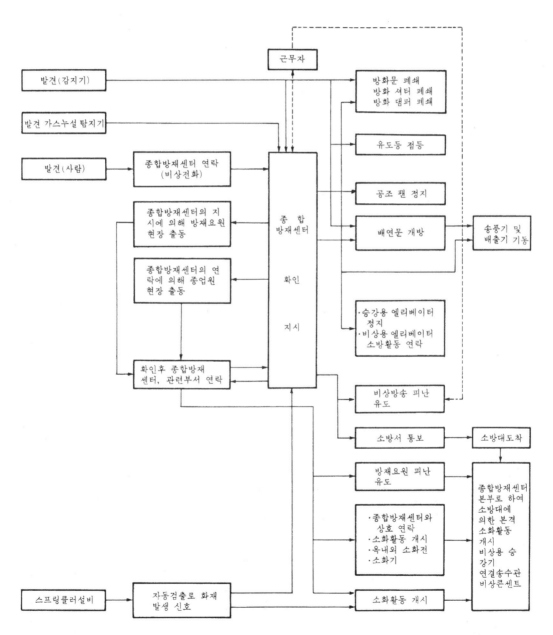

그림 1-8 각 설비의 동작

표 1-2 종합방재센터 상황

방재설비		종합방재센터 상황		
		조작	표시	기록
자동화재탐지 설비	감지기		O	O
	발신기		O	O
	비상벨	O	O	O
통신설비	비상전화	O	O	O
	무선통신설비			
비상방송설비		O	O	O
피난유도설비	비상조명등			
	유도등	O	O	
공조환기설비		O		
제연설비	방화문	O	O	O
	방화 댐퍼	O	O	O
	방화 시트	O	O	O
	송풍기, 배출기	O	O	O
소화설비	스프링클러설비		O	O
	포소화설비		O	O
	분말소화설비		O	O
	할로겐화물 소화설비		O	O
소방용수설비	연결송수관			
보안설비	출입감시설비	O	O	
	순회기록장치	O	O	
	CATV	O	O	
	항공장애등	O	O	
엘리베이터 설비	일반용 엘리베이터	O	O	
	비상용 엘리베이터	O	O	O

2 **방재설비의 동작에 따른 종합방재센터 상황**

표 1-2는 방재설비의 동작에 따른 종합방재센터에서의 조작, 표시, 기록유무상황이다.

1-5 감시 제어대상

종합방재센터에서 감시, 제어하는 대상물들을 크게 분류하면 다음의 것이 있다.

(1) 소화설비

① 옥내외 소화전설비의 기동표시
② 스프링클러설비의 기동표시
③ CO_2설비의 기동표시
④ 할로겐화합물 및 불활성기체소화설비의 기동표시
⑤ 분말소화설비의 기동표시

(2) 경보설비

① 자동화재탐지설비의 작동표시
② 누전경보기의 작동표시
③ 비상벨의 조작
④ 자동식 사이렌의 조작
⑤ 방송설비의 작동표시

(3) 소화활동상 필요설비

① 배연창의 개폐표시
② 비상용 엘리베이터 동작표시

(4) 일반 관리용 설비

① 외부 및 공용조명의 점멸표시
② 관리 셔터, 문의 개폐표시
③ 승강용 엘리베이터의 운전관리표시
④ 전원 및 동력 설비등의 이상표시
⑤ 전화, 인터폰 설비

(5) 특수관리용 설비

① 각종 방범설비의 작동표시

② ITV의 감시조작

③ 항공장애등의 단선표시

④ 가스 검출설비의 작동표시

⑤ 호출 시스템 설비

⑥ 지진계의 동작

1-6 종합방재센터 감시 일람표

표 1-3은 종합방재센터에서의 기기별 작동상태에 따른 감시 일람표이다.

표 1-3 기기별 작동상태에 따른 감시 일람표

기기별 작동상태	DIGITAL 숫자표시	CRT 표시	PRINTER 기 록	GRAPHIC 점 등	버저 경보	주경종 경보
계단 PIT감지기 작동	○	○	○	○		○
지구 감지기 작동	○	○	○	○		○
발신기 누름버턴 작동	○	○	○	○		○
전실 감지기 작동	○	○	○	○		○
방,배연댐퍼 작동	○	○	○	○	○	
방화 셔터 폐쇄	○	○	○	○	○	
방화문 폐쇄	○	○	○	○	○	
배연창 개방	○	○	○	○	○	
소방용 팬 기동			○	○		
송풍기 및 배출기 기동			○	○		
알람밸브 압력스위치 작동	○	○	○	○		○
프리액션밸브 작동	○	○	○	○		
할로겐화합물 및 불활성기체, CO_2 감지기 작동	○	○	○	○	○	○

기기별 작동상태	DIGITAL 숫자표시	CRT 표 시	PRINTER 기 록	GRAPHIC 점 등	버 저 경 보	주경종 경 보
할로겐화합물 및 불활성기체, CO_2 가스방출	○	○	○	○		
소방용 펌프기동			○	○	○	
항공장애등 점등				○	○	
헬리포트 유도등점검				○		
비상발전기 기동				○		
유도등 점등				○		
비상콘센트 전원감시				○		
비상인터폰 호출				○	○	
중계기 이상발생	○		○		○	
수신기 이상발생			○		○	

연 습 문 제

1. 종합방재센터의 일반적 구조와 동작상황을 도표로 나타내고 설명하시오.

2. 종합방재센터에서의 감시 제어대상과 표시되어야 할 내용들을 쓰시오.

3. 종합방재센터에서의 Touch screen 관리시 필요설비와 표시방법 및 표시내용들에 대해 간단히 설명하시오.

4. 자동화재탐지설비의 수신기와 종합방재센터와의 회로 구성에 대해 설명하시오.

5. 종합방재센터에 방범 시스템을 연계할 경우 구성품들을 쓰고 설명하시오.

6. 구내방송 시스템 구성시 갖추어야 할 기능을 쓰고 비상방송설비의 경보방식과 관련해 설명하시오.

7. 종합방재센터에서 Utility 감시·제어 대상들을 쓰시오.

제 6 편

방 재 배 선

방재배선이란 예비전원 및 비상전원과 소화설비의 부하와 접속되는 전선을 말한다. 따라서 다음 사항에 중점을 두고 설명한다.

1. 화재발생시 상황에 따른 각종 전선의 요구특성과 적용
2. 케이블 화재의 원인과 재해
3. 내화전선, 내열전선 보호의 종별과 필요 설비
4. 내화·내열 전선의 배선의 시공

6편

방재배선

전류를 흐르게 하는데 필요한 도체를 전선이라 하며 절연전선, 나전선, 코드, 케이블 등이 있다. 특히 예비전원 및 비상전원과 소방설비의 부하와 접속되는 전선을 방재배선이라 한다.

방재배선의 전기적 특성은 말할 것도 없이 화재라는 특수 상황을 고려해야 하므로 각 소방설비의 종류에 따라 그 목적이 완료될 때까지 열적장해를 일으키지 않는 내열성이 확보되어야 함은 물론 불에 강한 내화성을 가져야 한다. 내화·내열성을 확보하기 위해서는 전선자체 뿐만아니라 회로종별과 포설장소의 상황을 고려하여야 한다.

또한 순식간의 화염을 받는 화재도 많으므로 소화활동상 필요한 설비 및 비상용 엘리베이터의 배선 등도 소화활동이 완료될 때까지 그 역할을 다 할 수 있어야 한다. 소방설비의 전원회로에는 내화배선을 사용하고 전원회로 이외의 조작회로, 경보회로, 표시회로 등은 내화배선 또는 내열배선을 사용한다. 노출배선으로 하는 경우에 내화전선을 사용하지는 않는다.

1-1 각종 전선의 요구특성과 적용

각종 전선의 요구특성과 적용장소별 화재발생시 상황에 따른 전선적용은 **표 1-1**과 같다.

표 1-1 각종 전선에 따른 요구특성과 적용

전선구분	요구특성						적 용	비 고
	난연성	저연성	무독성	내화성	내열성	내부식성		
전력 및 제어용 케이블	○	○	○				발전소 변전소 공장 대형건물, 지하전력구	화재발생시 즉시 도피할 수 없는 경우
절연전선(옥내용, 기기배선)	○	○	○	○			대형 고층 건물 병원	〃
소방용 전선	○	○	○	○	○	○	대형건물, 호텔, 병원, 아파트, 스프링클러 비상용 전원	화재가 발생해도 얼마동안은 그 목적을 달성해야 하는 경우
선박용 전선	○	○	○	○			선박, 해상건물, 탄광	화재발생시 즉시 도피할 수 없는 경우
차량용 전선	○	○	○			○	소 중 대형 특수차량	

1-2 케이블 화재원인과 재해

케이블 화재는 대략 2가지의 경우가 있으며 그 첫째는 케이블 자체발화에 의한 경우로 그 원인은 지락, 단락시 과전류에 의한다던가 도체 접속후의 불균형에 의한 부분발열, 절연체의 열화에 의한 절연파괴이다. 둘째는 외부로부터 받은 불꽃에 의한 경우로 공사중 용접불꽃, 기름 등 가연성 구축물의 연소, 케이블에 접속되어 있는 기기류의 과열 등이 그 원인이 된다. 또한 이들 화재에 의해 발생되는 재해로는 1차 재해로 연소에 의해 인명상실 및 재산피해가 있으며 2차 재해로 나타나는 것은 독성(Toxicity)에 의한 인명상실, 연기에 의한 인명대피 및 진화지연, 부식성(Corrosion)에 의한 주변기기 부식 등이 있다.

1-3 소방용 전선

소방용 설비 등에 관계되는 전기회로의 배선은 일반전기 배선과 같이 전기설비기술기준에 따라서 전기재해가 발생하지 않도록 안전하게 시공해야 한다. 더욱 소방설비는 화재가 발생한 경우에도 전기공급을 계속할 필요가 있으므로 화재에 대응하는 대책이 부가되어야 한다. 따라서 일단 전기배선에 관한 규제외에 내화, 내열 보호 및 일반 전기회로의 과부하 또는 단락시에 비상전원회로에 영향을 주지 않는 보호강화를 하여야 한다. 화재와 열에 강

한 배선에는 내화전선과 내열전선의 2종류가 있으며 비상전원에서 소방설비까지의 주 전
원회로는 내화배선을 사용하고, 기타 배선에 있어서는 내열배선을 사용한다.

1 소방용 전선의 종류

소방회로에 쓰이는 케이블(FR-3, FR-8, CV, XLPE 등)은 1.5 mm2~6 mm2의 굵기가
사용되고 있다. 일반적으로 발신기, 경종, 표시등에는 450/750V 저독성 난연가교폴리올레
핀 절연전선 2.5 mm2의 전선을, 전원공급 배선은 4.0 mm2의 전선을, 감지기 사이의 배선
은 1.5 mm2의 전선을 주로 사용하고 있다. 다음은 소방설비용 사용하는 전선이다.

1) 450/750 V 저독성 난연가교폴리올레핀 절연전선(HFIX : Halogen Free Crosslinked
   Insulated Wire) : 화재감지기간 및 경종, 댐퍼, 알람밸브, 유도등용 배선으로 사용한다.

2) 600 V PE 절연비닐외장내화전선(FR-8 : Insulated Fire Proof Layer and PVC
   Sheathed Fire Resistant Power Sable) : 전압 600 V 이하의 소방설비의 비상전원회
   로, 조작회로, 옥외간선용(전원공급용)에 사용한다, 840℃에서 30분간 견디는 내화성
   능을 유지하여야 한다, 연속 최고 도체 허용온도는 75 ℃이다.

3) 화재경보용 가교폴리에틸렌 내열절연비닐외장케이블(FR-3 : XLPE Insulated and
   PVC Sheathed Heat Resistant Control and Single Cable): 소세력회로(전압 60 V
   이하)와 소방설비의 조작회로, 옥외간선용(감시, 제어용)에 사용한다, 380 ℃에서 15분
   간 견디는 내열성능을 유지하여야 하며 취급이 용이하다.

4) 제어용 비닐절연비닐시스차폐케이블(FRCVV-S : XLPE Insulated Cable and PVC
   Sheathed copper tape shielded cable): FR-3와 동일하며 동테이프로 차폐하여 유도
   손실을 방지한 케이블이다. 아날로그감지기 또는 R형 수신기 신호전송용으로 사용한다.

5) 동선편조 차폐제어용 비닐절연비닐시스케이블(FRCVV-SB : XLPE Insulated and
   Sheathed copper braid shielded cable) : FR-3와 동일하며 차폐로 동선편조를 사용
   한 케이블이다. 아날로그감지기 또는 R형 수신기의 신호전송으로 사용한다.

6) 600 V 난연 XLPE 절연전선(Rubber Insulated Wire) : 600V 이하의 상업용, 주거용의
   배전선용으로 90 ℃까지 사용할 수 있다.

7) 저독성 난연케이블(NFR) NFR(Non-Toxin Flame Retardant Free Olefin Cable)
   : 600V 이하의 전력용, 제어용으로 사용한다.

8) 난연 무독성 내화전선(NFR-8 : Non- Flaming Mode XLPE) : 1,000 ℃ 화염속에서
   3시간, 불 꺼진 후 12시간동안 통전이 가능하여야 한다. 옥내소화전, 스프링클러설비,
   비상전원, 비상벨등에 사용하며 노출배선이 가능하다.

9) 600 V FR-CVVS : 경량, 가요선, 난연성, 내마모성이 우수하여 발전소, 변전소등에 사용한다.

2 전선 기입 방법

그림 1-1은 전선의 설치를 위한 설계배선시 기입 방법이다.

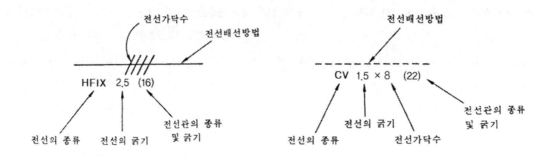

그림 1-1 전선 기입방법

3 전선의 굵기를 결정하는 요소

1) 허용전류(Alloweable current ampacity) : 전선에 전기를 안전하게 흘릴 수 있는 최대 전류
2) 전압강하(Voltage drop) : 입력전압과 출력전압의 차이
3) 기계적 강도(Mechanical strength) : 물리적 힘에 견딜 수 있는 능력
4) 전력손실(Power dissipation) : 전선에 전류가 1s동안 흐를 때 발생되는 손실
5) 경제성(Economics) : 투자경비에 대한 연간경비와 전력손실 금액의 총합이 최소가 되도록

4 내화전선과 내열전선

1) 내화전선

내화전선은 강전 배전선로에 사용하고 0.4 mm 이상의 내화보강층 위에 난연성 시스처리한 것으로 단심 케이블, 평형 케이블, 환형 케이블이 있으며 그 구조는 **그림 1-2**와 같다.

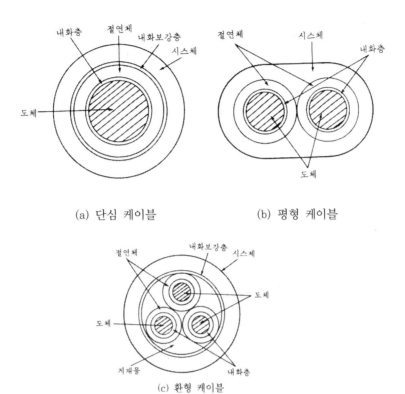

(a) 단심 케이블   (b) 평형 케이블

(c) 환형 케이블

(d) 내화 케이블의 실제

그림 1-2 내화 케이블(FR-8)

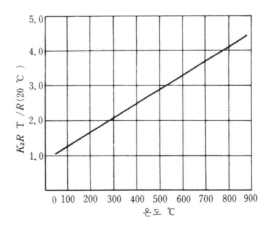

그림 1-3 온도-도체 저항비 특성(실측값)

840 ℃의 고온에서 허용전류는 **그림 1-3**에서와 같이 도체저항이 상온의 4배 이상으로 되기 때문에 일반적으로 전압강하로부터 정해지며 고온에서의 허용전류 산출식은 다음과 같다.

$$I = \frac{\Delta E}{K_1 \cdot K_2 \cdot R_0 \cdot l} \quad A$$

여기서, ΔE : 허용 전압강하량 V

R_0 : 온도 20 ℃에서의 km 당 도체저항 Ω/km

K_1 : 결선방식에 의한 정수(단상 2선식 $K_1 = 2$, 3상 3선식 $K_1 = \sqrt{3}$)

K_2 : 온도 20 ℃와 T ℃에서의 도체저항의 비 $= \dfrac{R(T℃)}{R(20\ ℃)}$

l : 케이블 길이 km

표 1-2는 가교폴리에틸렌케이블의 단락시 허용전류 호환표로서 KS C IEC60364 -5-52(2004)의 배선방법에 의한 전선의 연속 허용전류 호환표로 적용 할 수 없음

표 1-2 IEC에서 규정하는 가교폴리에틸렌 절연비닐시스케이블(XLPE 절연케이블)

도체 공칭단면적 mm²	단락시 허용전류 I A (k=143) * 단락전류지속시간 : 1초 * 단락보호기 동작시간이 1초 이하인 경우 계산식에 의함	도체 공칭단면적 mm²	단락시 허용전류 I A (k=143) * 단락전류지속시간 : 1초 * 단락보호기 동작시간이 1초 이하인 경우 계산식에 의함
1.5	214.5	95	13,585.0
2.5	357.5	120	17,160.0
4	572.0	150	21,450.0
6	858.0	185	26,455.0
10	1,430.0	240	34,320.0
16	2,288.0	300	42,900.0
25	3,575.0	400	57,200.0
35	5,005.0	500	71,500.0
50	7,150.0	630	90,090.0
70	10,010.0		

[비고] 단락시 허용전류 계산 간략식은 다음에 의할 것

단락시 허용전류 계산 간략식 $I = \dfrac{kA}{\sqrt{t}}$

I : 단락시 허용전류 A

k : 도체재료 저항률, 온도계수와 열용량에 따라 당해 초기온도와 최종온도를 고려한 계수
  · IEC 규격에 의한 XLPE 절연테이블 k=143(초기온도 90 ℃, 최종온도 250 ℃)

A : 도체의 단면적 mm²

t : 단락전류 지속시간 초(여기서는 단락전류 지속시간을 1초로 하여 계산하였음)

2) 내열전선

　전선의 온도가 상승하는 현상이 발생할 때에는 전류가 흘러 줄열이 커지든가, 전선 주위에 있는 발열체가 기온 등의 영향을 받을 때이다. 이 경우 절연물이 가열되며 온도가 어느 정도 이상이 되면 절연물이 열화되며, 전선의 수명이 짧아지고 전선의 허용전류가 감소한다.

　그러므로 전선은 최고 허용온도가 정해져 있으며 이는 전선에 사용하는 절연피복의 종류에 따라 다르다. 고온에 노출되는 장소, 방화상 필요하다고 인정되는 장소 및 전기기기의 리드선으로 사용하는 전선등에는 장시간 고온에 노출되더라도 노화, 연화되지 않고 단락 등 단시간의 발열에 의해서도 변형되지 않는 내열성이 있는 전선이어야 한다. 내열전선은 약전 배전선로 및 신호(Signal)·통신용에 사용하며 도체위에 특수절연물을 씌우고 내열 보강층으로 보호시킨 다음 그 위에 난연성 시스처리한 것으로 그 구조는 **그림 1-4**와 같다.

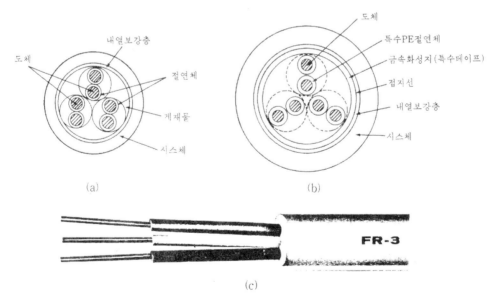

그림 1-4 　내열 케이블(FR-3) 구조

　동심형, 대형의 종류가 있으며 절연 두께는 0.8 mm이고 난연성시스체의 두께는 1.0 mm에서 64.2 mm까지 되는 것이 있으며 60 V 이하인 소방설비의 조작회로, 경보회로, 표시회로 등에 사용하고 있다. **그림 1-5**는 내열배선의 적용범위이다.

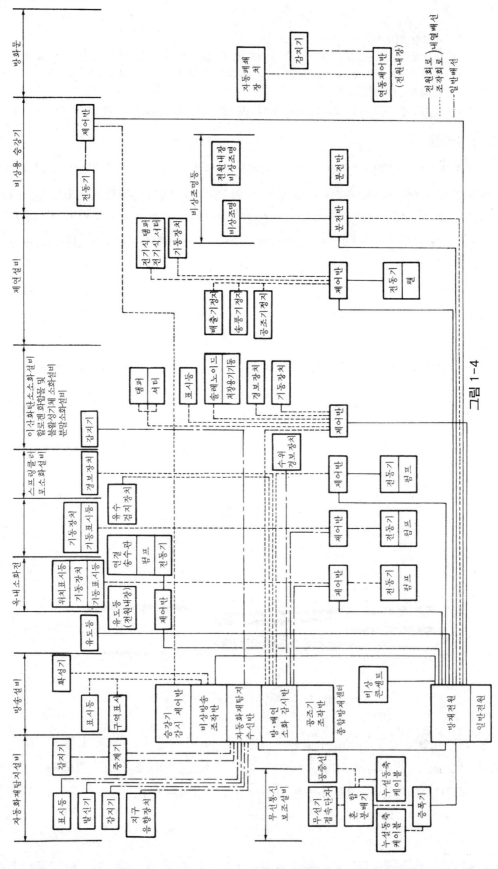

그림 1-4

1-4 내화내열 보호의 종별과 필요설비

　내화내열 보호 즉 내화배선 또는 내열배선을 필요로 하는 소방용 설비 등에 관계되는 배선을 종류별로 나타내면 **그림** 1-6과 같다.

　━━ 는 내화배선, ▭▭ 는 내열배선, ── 는 일반배선 ┈┈ 는 수관 또는 가스관을 나타내고 비상전원전용수전설비일 경우는 건물 인입점으로 규제되며 축전지설비를 기기에 내장할 경우에는 기기의 전원배선을 일반배선으로 할 수 있다. 본 장에서는 상용전원과 비상전원 또는 예비전원의 전원회로는 생략하였다.

(1) 옥내소화전설비

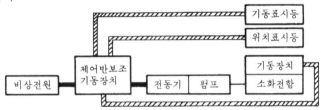

(2) 옥외소화전설비

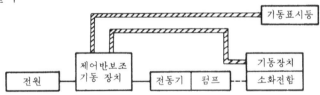

(3) 스프링클러설비・물분무소화설비・포소화설비

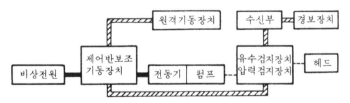

(4) 이산화탄소소화설비·할로겐화합물 및 불활성기체소화설비·분말소화설비

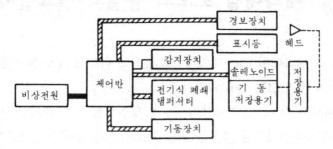

(5) 자동화재탐지설비

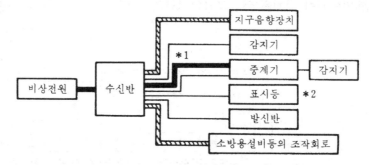

　　*1. 중계기의 비상전원회로
　　*2. 발신기를 다른 소방용설비등의 기동장치와 겸용할 경우 발신기 상부표시등의 회로는 비상전원에 연결
　　　된 내열배선으로 한다.

(6) 비상벨·자동식 사이렌

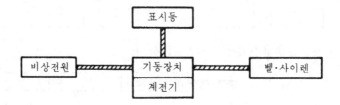

(7) 방송설비

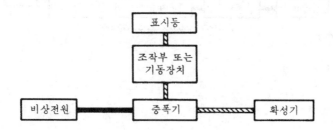

(8) 유도등

(9) 제연설비

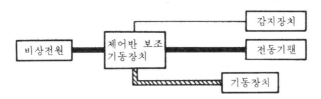

(10) 가스누설경보설비

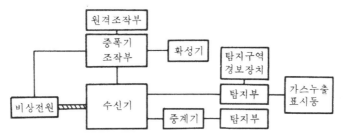

(11) 연결송수관설비

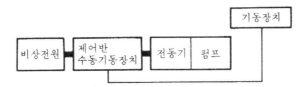

(12) 비상콘센트설비

(13) 무선통신보조설비

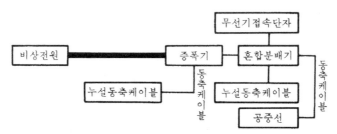

(14) 비상조명등

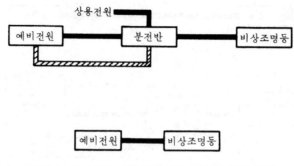

그림 1-6　내화·내열보호의 종별과 필요설비

1-5　배선의 시공

1 　내화배선

내화배선의 종류 및 시공방법은 **표 1-3**과 같이 하여야 하며 이들에 대하여 설명한다.

표 1-3　내화배선의 종류 및 시공법

사용전선의 종류	공 사 방 법
1. 450/750 V 저독성 난연 가교 폴리올레핀 절연전선 2. 0.6/1 KV 가교 폴리에틸렌 절연 저독성 난연 폴리올레핀 시스 전력 케이블 3. 6/10 kV 가교 폴리에틸렌 절연 저독성 난연 폴리올레핀 시스 전력용 케이블 4. 가교 폴리에틸렌 절연 비닐시스 트레이용 난연 전력 케이블 5. 0.6/1 kV EP 고무절연 클로로프렌 시스 케이블 6. 300/500 V 내열성 실리콘 고무 절연전선(180℃) 7. 내열성 에틸렌-비닐아세테이트 고무절연케이블 8. 버스덕트(Bus Duct) 9. 기타 전기용품안전관리법 및 전기설비기술기준에 따라 동등 이상의 내화성능이 있다고 주무부장관이 인정하는 것	금속관·2종 금속제 가요전선관 또는 합성 수지관에 수납하여 내화구조로 된 벽 또는 바닥 등에 벽 또는 바닥의 표면으로부터 25 ㎜ 이상의 깊이로 매설하여야 한다. 다만 다음 각목의 기준에 적합하게 설치하는 경우에는 그러하지 아니하다. 가. 배선을 내화성능을 갖는 배선전용실 또는 배선용 샤프트·피트·덕트 등에 설치하는 경우 나. 배선전용실 또는 배선용 샤프트·피트·덕트 등에 다른 설비의 배선이 있는 경우에는 이로부터 15㎝ 이상 떨어지게 하거나 소화설비의 배선과 이웃하는 다른 설비의 배선사이에 배선지름(배선의 지름이 다른 경우에는 가장 큰 것을 기준으로 한다)의 1.5배 이상의 높이의 불연성 격벽을 설치하는 경우
내화전선	케이블공사의 방법에 따라 설치하여야 한다.

비고 : 내화전선의 내화성능은 버어너의 노즐에서 75 ㎜의 거리에서 온도가 750±5 ℃인 불꽃으로 3시간동안 가열한 다음 12시간 경과 후 전선 간에 허용전류용량 3 A의 퓨우즈를 연결하여 내화시험 전압을 가한 경우 퓨우즈가 단선되지 아니하는 것. 또는 소방청장이 정하여 고시한「내화전선의 성능인증 및 제품검사의 기술기준」에 적합할 것

(1) 일반적인 방법

① 그림 1-7과 같이 내화구조부에 매설한다.

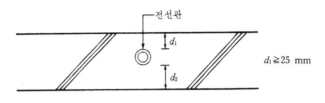

그림 1-7 주요 구조부에 매설

② 불연전용실등에 설치할 경우에는 **그림 1-8**과 같이 소방용 배선과 다른 용도의 배선 간의 거리는 15 cm 이상을 이격시켜야 하며 부득이 상호간의 거리를 15 cm 이상 유지시킬 수 없는 경우에는 소방용 배선과 다른 용도의 배선 중 직경이 큰 배선직경의 1.5배 높이의 불연성 재료로 제작한 격벽을 설치한다.

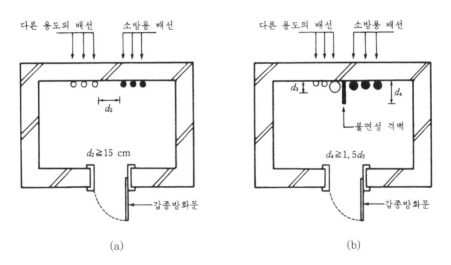

그림 1-8 불연전용 실내의 배선

다만 이 경우 소방용 배선과 다른 용도의 배선중 어느 한 가지가 금속관, 2종 금속제, 가요전선관 등과 같이 불연성의 전선관내에 수납되어 있을 경우에는 ① 또는 ②의 방법에 의하지 아니하여도 된다. 이는 케이블을 콘크리트 등에 매설할 경우에는 전선관 등에 수납하여야 하지만 불연전용 실내에 수납하는 경우에는 전선관내에 수납하지 않아도 되기 때문이며 내화구조부에 매설하지 아니할 경우 합성수지관은 가연성이기 때문에 이를 사용하는 것은 바람직하지 않다.

(2) 내화전선을 사용하는 경우

① 노출배선에 한하여 사용할 수 있는 것(이하 "노출용 내화케이블"이라 한다)

② 금속관 등에 넣어서 사용할 수 있는 것

노출용 내화 케이블을 금속관 등에 넣어 밀폐상태로 사용하게 되면 금속관내에서 공기 유통이 원활하지 않으므로 화재시에 금속관내의 온도가 축적되어 케이블의 절연물의 절연성능을 저하시킬 우려가 있게 된다. 따라서 노출용 내화 케이블을 노출 배관된 금속관내에 배선할 경우에는 금속관 등의 길이는 2.0 m 이하로 하여야 한다. 다만 금속관 내의 케이블의 점적률(占積率)이 20 % 이상인 경우에는 **그림 1-9**에서 구한 점적률에 따른 길이 L m 이하로 하여야 하고 이에 대한 제한에는 **그림 1-10**과 같다.

$$점적률 = \frac{피복을 \ 포함한 \ 케이블 \ 단면적의 \ 합계}{금속관 \ 내부의 \ 유효 \ 단면적}$$

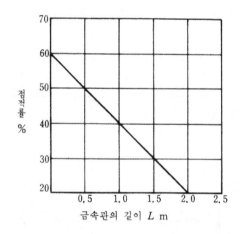

그림 1-9 금속관의 길이와 점적률과의 관계

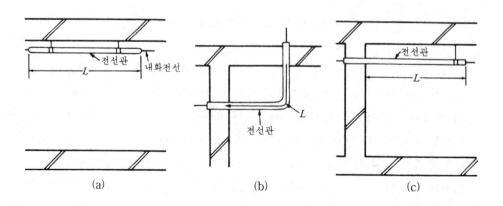

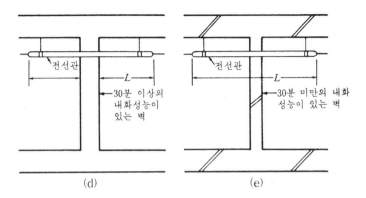

그림 1-10 노출용 내화 케이블을 사용한 경우의 전선관 길이 제한

노출용 내화 케이블을 케이블 래크(Cable Rack), 케이블 래더(Cable Ladder), 케이블 트레이(Cable Tray) 등에 여러 선을 포설하는 경우에는 노출용 내화 케이블을 **그림 1-11**의 (a) 또는 (b)와 같이 1단(段)으로 배선하여야 한다. 그러나 (c)와 같이 노출용 내화 케이블을 상부에 배선하지 않는 경우에는 2단으로 배선할 수 있다.

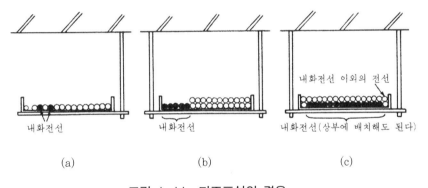

그림 1-11 다조포설의 경우

노출용 내화 케이블을 금속제 덕트 또는 단열성이 없는 불연구조의 덕트 등에 포설하는 경우에는 덕트의 길이는 **그림 1-12**와 같이 2 m 이하로 하고 그 양단은 충분히 개방하여 공기의 유통이 자유로와야 한다. 이 경우 케이블의 배치는 케이블 래크(Cable Rack) 등의 예에 따라야 한다.

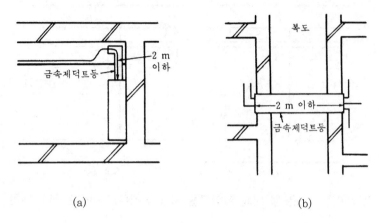

(a)   (b)

그림 1-12 금속덕트 등에 의한 경우

노출용 내화 케이블을 합성수지관, 합성수지제 덕트 등에 수납할 경우에는 관 또는 길이와 점적률에 제한없이 사용할 수 있다. 불연재료로 된 건축물로서 마감재료를 불연재료로 한 천장속 은폐공사에 의하여 노출용 내화 케이블을 금속관공사, 금속 덕트공사 등에 의할 경우에는 금속관의 길이는 2.5 m 이하로 해야 한다. 다만 금속관내의 케이블의 점적률이 10 % 이상인 경우에는 **그림 1-13**에서 구한 점적률에 따른 길이 L m 이하로 하여야 하며 금속제 덕트등의 배선에 의할 경우에는 **그림 1-12**의 금속덕트에 의한 방법으로 하되 케이블의 점적률은 10 % 이하로 제한하여야 한다.

케이블 래크, 케이블 래더, 케이블 트레이 등에 포설할 경우에는 2단 이하로 한다.

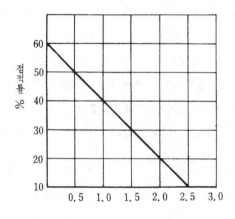

그림 1-13 금속관의 길이와 점적률과의 관계

그러나 금속관 등의 길이에 관계없이 노출용 내화 케이블을 금속관 등의 내에 수용시킬 수 있는 시공방법은 다음이 있다. 즉, 내화구조로 된 벽 등에 매설하는 경우에 내화구조의 벽 등을 직접 관통할 때 그 관통부분을 모르타르(Mortar) 등으로 완전히 채울 경우 및 불연전용실, 파이프 샤프트(Pipe Shaft) 등과 같은 밀폐된 장소 내에 시설하는 경우이다.

2 내열배선

내열배선은 시설장소의 내열처리관계와 배선의 내열성능을 고려하여 선정한다. 이들의 분류는 전선의 종류, 공사종별, 내열처리방법, 전선의 보호 및 지지재료의 조합에 따라 분류되며 내열배선에 사용하는 전선과 시공법은 **표 1-4**와 같다.

표 1-4 내열배선의 종류 및 시공법

사용전선의 종류	공 사 방 법
1. 450/750 V 저독성 난연 가교폴리올레핀 절연전선 2. 0.6/1 KV 가교 폴리에틸렌 절연 저독성 난연 폴리올레핀 시스 전력 케이블 3. 6/10 kV 가교 폴리에틸렌 절연 저독성 난연 폴리올레핀 시스 전력용 케이블 4. 가교 폴리에틸렌 절연 비닐시스 트레이용 난연 전력 케이블 5. 0.6/1 kV EP 고무절연 클로로프렌 시스 케이블 6. 300/500 V 내열성 실리콘 고무 절연전선(180℃) 7. 내열성 에틸렌-비닐 아세테이트 고무 절연케이블 8. 버스덕트(Bus Duct) 9. 기타 전기용품안전관리법 및 전기설비기술기준에 따라 동등 이상의 내열성능이 있다고 주무부장관이 인정하는 것	금속관 · 금속제 가요전선관 · 금속덕트 또는 케이블(불연성덕트에 설치하는 경우에 한한다.) 공사방법에 따라야 한다. 다만, 다음 각목의 기준에 적합하게 설치하는 경우에는 그러하지 아니하다. 가. 배선을 내화성능을 갖는 배선전용실 또는 배선용 샤프트 · 피트 · 덕트 등에 설치하는 경우 나. 배선전용실 또는 배선용 샤프트 · 피트 · 덕트 등에 다른 설비의 배선이 있는 경우에는 이로부터 15 ㎝ 이상 떨어지게 하거나 소화설비의 배선과 이웃하는 다른 설비의 배선사이에 배선지름(배선의 지름이 다른 경우에는 지름이 가장 큰 것을 기준으로 한다)의 1.5배 이상의 높이의 불연성 격벽을 설치하는 경우
내화전선 · 내열전선	케이블공사의 방법에 따라 설치하여야 한다.

비고 : 내열전선의 내열성능은 온도가 816±10℃인 불꽃을 20분간 가한 후 불꽃을 제거하였을 때 10초 이내에 자연소화가 되고, 전선의 연소된 길이가 180 ㎜ 이하이거나 가열온도의 값을 한국산업표준(KS F 2257-1)에서 정한 건축구조부분의 내화시험방법으로 15분 동안 380℃까지 가열한 후 전선의 연소된 길이가 가열로의 벽으로부터 150 ㎜ 이하일 것. 또는 소방청장이 정하여 고시한 「내열전선의 성능인증 및 제품검사의 기술기준」에 적합할 것.

여기에서는 내열보호재를 사용한 시공방법의 예를 간단히 설명한다.

(1) 시공방법

① 내화피복판

금속덕트, 버스덕트에 사용하는 경우는 **그림 1-14** (a)와 같이 덕트표면을 두께 25 mm 이상의 내화 피복판으로 둘러싸고 모서리 부분은 고온접착제를 3 kg/m² 의 비율로 도포하며 300 mm 이내의 못등으로 고정한다. 만약 볼트류 등이 관통하는 경우에는 내열 시스재 등을 충진시킨다. 금속관의 경우에는 **그림 1-14** (b)와 같이 모서리 부분에 내화 피복판을 지지하기 위한 금속물을 두르고 이에 내화 피복판을 300 mm 이하의 피치로 비스 고정한다. 고온접착제의 사용은 금속덕트의 경우와 같게 하며 볼트 등이 관통하는 부분은 내열 시스재 등을 충진시킨다.

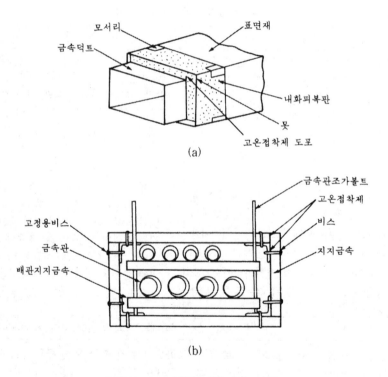

(a)

(b)

그림 1-14 내화 피복판의 시공

② 내화 피복재

금속덕트에 사용하는 경우는 **그림 1-15** (a)와 같이 내화 피복재를 20 mm 이상의 두께로 분사하여 도포한다. 이 때 바탕은 청결하게 하고 전용의 분사용 기계를 사용한다. 또한 분사 도포된 내화피복재의 자연 건조시 약 5일 정도 소요됨으로 이 기간에는 취급에 주의하여야 한다.

다조 포설된 금속관에 사용하는 경우에는 **그림 1-15** (b)와 같이 바탕을 망으로 하며 다른 것은 금속덕트에 사용하는 경우와 같다.

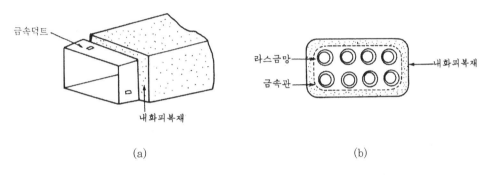

(a)   (b)

그림 1-15   내화피복재의 시공

③ 모르타르

모르타르를 이용하여 금속덕트 및 다조로 포설된 금속관을 일괄하여 내열처리하는 경우에는 바탕에 망을 20 mm 이상의 두께로 도포하되 골고루 도포될 수 있도록 밑바름과 윗바름의 2회로 나누어 행한다.

④ 보온통

그림 1-16 (a)와 같이 금속관에 규산 Calsium 보온통을 감고 $0.6\phi \sim 1.2\phi$의 철선으로 250 mm의 피치 이내로 고정시킨 후 석면포를 감고 철선 또는 망으로 고정한다.

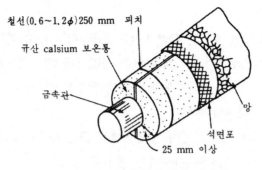

(a) 규산 칼슘 보온통

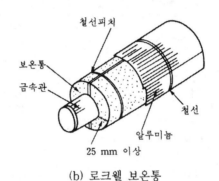

(b) 로크웰 보온통

그림 1-16 보온통

또한 **그림 1-16** (b)와 같이 금속관에 로크웰 보온통을 감고 $0.6\phi \sim 1.2\phi$의 철선으로 100 mm 이내로 고정시킨 후 알루미늄 유리 또는 알루미늄 호일 종이로 감고 철선으로 고정하여도 된다.

(2) 방화구획의 관통

전선관 등이 방화구획을 관통할 경우에는 화기, 연기 등이 다른 방화구획으로 넘어가지 아니하도록 확실하게 시공하여야 한다.

(3) 내열배선의 요점

① 금속관공사 등에 의할 경우 불연성능을 갖는 주요 구조부에 매설하지 아니하여야 한다.

② 매설공사에 의하지 아니할 경우에는 합성수지관은 연소할 우려가 있으므로 사용하여서는 아니된다.

③ 금속제 가요전선관은 1종과 2종을 모두 사용할 수 있다.

④ 기타 사항은 내화배선의 요령을 참조한다.

연 습 문 제

1. 그림은 자동화재탐지설비의 기기별 배선구성을 나타낸 것이다. 물음에 답하시오.

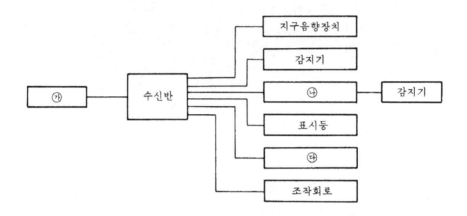

(1) ☐ 안에 들어갈 장치의 명칭과 수신반과의 배선종류는?

	장 치 명	배선의 종류
㉮		
㉯		
㉰		

(2) ㉮를 다른 소방용 설비들의 기동장치와 겸용할 경우 이것의 상부 표시등의 회로는 어디에 연결된 배선으로 하여야 하는가?

2. 소방용 전선이 요구하는 특성을 6가지 쓰시오.

3. 내화전선의 종류를 들고 설명하시오.

4. 내화전선 중 주무부장관이 고시한 전선을 4가지 이상 쓰시오.

5. 내열배선 중 내화 피복재를 사용한 시공법에 대해 종류별로 설명하시오.

6. 내열전선 중 주무부장관이 고시한 전선을 5가지 이상 쓰시오.

7. MI케이블의 금속제 외장, 금속제 부속품 및 케이블을 넣은 관 등의 접지 종류는?

8. MI케이블을 구부리는 경우 그 굴곡부분의 곡률 반지름은 케이블 바깥지름의 몇 배 이상으로 하여야 하는가?

9. 저압용 전력케이블의 하나로 도체와 도체 상호간을 고도로 압축한 산화마그네슘(MgO) 또는 기타의 절연성이 있는 무기물등으로 절연하고 그 위를 동관으로 피복한 케이블의 명칭은?

10. 3상 3선식 220 V로 수전하는 수용가의 부하전력이 95 kW, 부하역률이 85 %, 구내배선의 길이는 150 m이며 , 배선에서의 전압강하는 6 V까지 허용하는 경우 구내배선의 굵기는 얼마로 하여야 하는가?

11. 전선의 길이가 100 m, 흐르는 전류가 0.8 A, 단면적이 6.5 ㎟일 때 전압강하는 얼마인가?

12. 자동화재탐지설비 배선공사 방법을 4가지 들고 상세히 설명하시오.

13. 그림과 같이 콘크리트 슬리브면에 2개의 감지기를 노출로 설치하고 배관을 연결하고자할 때 장차 감지기 베이스 박스를 떼어내지 않고서도 전선관을 제거 또는 보수할 수 있도록 하는데에 꼭 필요한 전선관 부품의 명칭은?

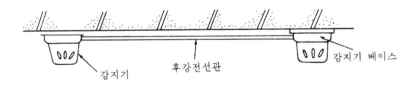

14. 자동화재탐지설비의 배선으로 내열보호를 행할 필요가 있는 범위를 설명하시오.

15. 그림과 같은 계통도상의 간선의 최대 가닥수를 명기하시오. 단, 감지기와 벨, 표시등

공통은 별도로 해 줄 것이며 직상층 우선경보방식으로 한다.

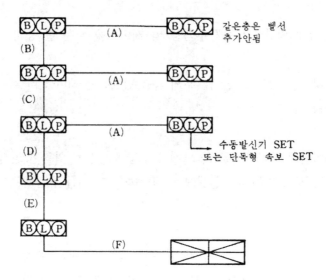

16. 감지기 회로의 선로 저항 측정시에는 종단저항을 제거하여야 한다. 이것을 편리하게 하기 위하여 수동발신기 종합반 안에 말단 감지기 "E"의 종단 저항을 설치하고 보내기 배선 본수를 표시한 것이 그림 (a)이다. 이것을 그림 (b)와 같이 배관을 절약하기 위하여 수동발신기 종합반과 감지기 "E" 사이의 배관을 제거했을 경우의 보내기 배선 본수((1), (2), (3), (4), (5))는 각각 얼마인가?

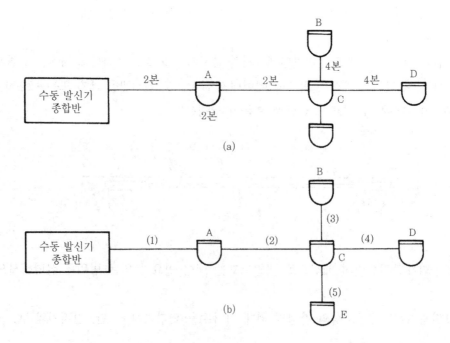

17. 그림의 도면은 자동화재 탐지설비의 수동발신기, 경종, 표시등과 수신기와의 간선연결을 나타낸 도면이다. (   )안에 최소 전선수를 각각 표시하시오. 단, 경종은 발화층 및 직상 직하 우선경보를 발하는 방식으로 수동 발신기와 경종 및 표시등의 공통선은 수동 발신기 1선, 표시등 경종에서 1선으로 한다.

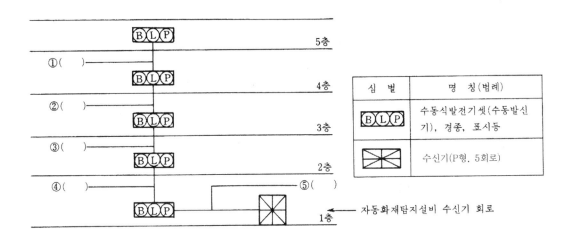

18. 다음 그림은 자동화재탐지설비의 평면도를 나타낸 것이다. 각 실은 이중천장이 없는 구조이며, 전선관은 후강스틸 전선관을 사용하고 콘크리트내에 매입시공할 때 다음을 답하시오.

  (1) 시공시 소요되는 16 mm 로크너트와 붓싱의 소요 수량은 각각 얼마인가?
  (2) (1)~(3)의 감지기 명칭을 쓰고 구조를 간략히 그리시오.
  (3) (가)~(다)의 전선수량을 쓰고 이 전선에 대하여 설명하시오.

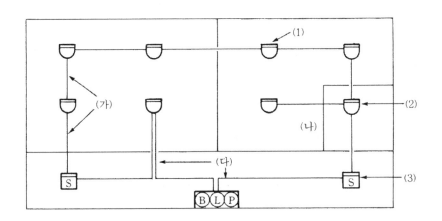

19. 자동화재 탐지설비에 교차회로(가위배선방식)방식이라는 것이 있다. 이 방식에 대하여 기술하고 그 실시예를 도시하시오. 단, 배선을 도시하되 약식 표시할 경우 조직반 1면을 설치할 것

20. 직상층 우선경보방식에 관한 회로를 그리시오(3층기준).

21. 그림은 합성수지관 공사의 한 예이다. Ⓐ, Ⓑ, Ⓒ, Ⓓ, Ⓔ에 들어갈 전선관 부품 및 숫자를 명기하시오.

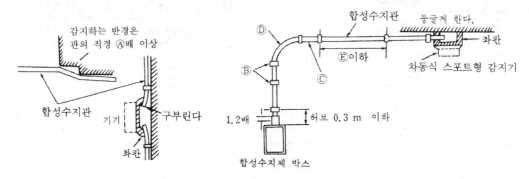

22. 경질비닐전선관의 장점에 대해 설명하시오. 또 1본의 길이는 얼마인가?

23. 금속전선관과 합성수지전선관의 1본의 기본 길이는 얼마인가?

24. 소선의 지름이 2.0 mm, 소선수 19가닥인 경동 연선의 바깥지름 mm은 얼마인가?

25. 지름 1 mm, 소선수 7가닥인 연선의 공칭 단면적 mm^2은 얼마인가?

26. 굵기 4 mm, 길이 1 km의 경동선의 전기저항은 대략 얼마인가?

27. 아웃틀렛 박스 등의 녹아웃의 지름이관의 지름보다 클 때에 관을 박스에 고정시키기 위해 사용하는 재료의 명칭은 무엇인가?

28. 강제전선관과 가요전선관을 접속하는 데에 사용하는 재료의 명칭은?

제 7 편

방재전원설비

　방재전원설비는 비상전원전용수전설비, 자가용 발전설비, 축전지설비, 전기저장장치 등이 있는 데, 이들은 필요에 따라 영업상 필요한 것과 보안상 필요한 것이 있다.

　보안상 필요한 설비에는 자위때문에 필요한 것과 법규에서 규제하고 있기 때문에 시설해야 하는 것이 있다.

　이 장에서는 이들의 설치대상과 기준, 종류 및 구성 등을 중심으로 설명한다.

7편

방재전원설비

산업의 고도성장에 따른 설비기기의 다양화와 고도화는 신뢰성 높고 안정된 전기의 공급을 요구하고 있으며 생산성의 향상, 최소한의 보안전력은 부하에 대한 전원공급의 신뢰도에 따라 좌우된다. 그러나 천재지변이나 기기의 교체 작업으로 인한 정전은 피할 수가 없으며 소방대상물에 화재가 발생하였을 때의 정전도 소화, 피난, 유도등에 지장을 일으키게 되어 매우 위험하게 됨으로 그 중요성은 실로 크다 하겠다. 따라서 방재전원으로 사용하고 있는 비상전원설비는 천재지변 또는 예측치 못한 사고에 대비하여 인명의 안전을 도모하는데 그 목적이 있으므로 안전하고 신속하게 전기를 공급할 수 있도록 설비되어야 한다. 또한 시설비가 적게 들고 일상의 보전이 용이해야 한다.

법규에 의한 방재전원설비는 비상전원 전용 수전설비, 자가용 발전설비, 축전지설비 등이 있다. 또는 그 필요성에 따라 영업상 필요한 것과 보안상 필요한 것이 있다. 보안상 필요한 설비에는 자위때문에 필요한 것과 법규에서 규제하고 있기 때문에 시설해야 하는 경우가 있다. 이 장에서는 이들에 대해 알아본다.

1-1 설치대상과 기준

1 설치대상

현행 소방법, 건축법 등에서는 설치대상을 **표 1-1**과 같이 규정하고 있다.

표 1-1 비상전원이 필요한 설비

관계법	설비의 종류	설치대상	NFSC기준[1]	용량	전원종류	비고
소방법	옥내소화전설비	7층이상으로 연면적 2,000 m² 이상, 지하층의 바닥면적 3,000 m² 이상	(102)제8조	20분	자가발전설비 축전지설비 전기저장장치	
	스프링클러설비 미분무소화설비	전　　　부	(103)제12조 (104A)제14조	″ [2]		
	간이 스프링클러설비	지하영업장, 바닥면적 150 m²이상, 연면적 100 m² 이상의 합숙소, 근린시설	(103A)제12조	10분 20분[3]		
	화재조기진압용 스프링클러설비	랙크식 창고	(103B)제13조	20분		
	물분무소화설비	전　　　부	(104)제12조	″		
	포 소 화 설 비	전　　　부	(105)제13조	″		
	이산화탄소소화설비	전　　　부	(106)제15조	″		
	할론소화설비	전　　　부	(107)제14조	″		
	할로겐화합물 및 불활성기체소화설비	전　　　부	(107A)제16조	″		
	분말소화설비	전　　　부	(108)제15조	″		
	자동화재탐지설비	전　　　부	(203)제10조	[4]	축전지 설비 전기저장장치	
	비상경보설비	전　　　부	(201)제4조1	[5]	축전지 설비 전기저장장치	
	비상방송설비	전　　　부	(202)제6조	[6]	축전지 설비 전기저장장치	
	유 도 등	전　　　부	(303)제9조	20분	축전지 설비 전기저장장치	
	비 상 조 명 등	전　　　부	(304)제4조	20분 60분[7]	자가발전설비 축전지설비 전기저장장치	
	제 연 설 비	전　　　부	(501)제11조	20분	자가발전설비 축전지설비 전기저장장치	
	연결송수관설비	높이 70 m 이상 건물	(502)제9조	″	자가발전설비 축전지설비 전기저장장치	
	비상콘센트설비	7층 이상으로 연면적 2,000 m² 이상 지하층 바닥면적 3,000 m²이상	(504)제4조	″	자가발전설비 비상전원수전설비 전기저장장치	
	무선통신보조설비	전　　　부	(505)제8조	30분[8]	축전지설비 전기저장장치	
건축법	방 화 셔 터	전　　　부	(영)제46조[9] (고시)제327조			
	비상용승강기	전　　　부	(기준)제10조	[10]		

(주) 1) 소방법에 해당하는 설비의 NFSC기준란의 ( )는 Code 번호를 의미함

2) 바닥면적 1,000 m² 미만인 경우 비상전원수전설비를 사용함

3) 간이스프링클러설비의 전원용량 20분은 근린생활시설일 경우임

4), 5), 6) - 감시상태를 60분간 지속한 후 10분 이상 경보할 수 있는 용량
   - 상용전원은 교류전압의 옥내간선을 사용할 수 있음

7) 60분 이상의 경우는 지하층을 제외한 층수가 11층 이상의 층과 지하층 또는 무창층으로서 용도가 도매시장·소매시장·여객자동차터미널·지하역사 또는 지하상가일 경우임. 전원의 종류에서 예비전원을 내장 한 것은 제외함

8) 증폭기 전원용량임

9) 건축법에 해당하는 설비의 근거 조문란에 (영)이라 표기한 것은 "건축법 시행령"을 뜻하고(고시)라고 표기된 것은 건설부고시 제 327호(1981.8.27) "자동방화 셔터의 기준"을 뜻함. 자동방화 셔터의 예비전원은 자동충전장치, 시한충전장치를 가진 축전지로서 충전을 하지 않고 30분간 계속하여 셔터를 개폐시킬 수 있어야 함

10) 비상용 승강기의 예비전원은 정전시에 60초 이내에 정격전력용량을 발생하는 자동전환방식으로 하되 수동기동이 가능하도록 하고 2시간 이상 작동이 가능하여야 함

2 설치기준

비상전원은 다음의 기준에 의하여 설치하여야 한다.

(1) 점검에 편리하고 화재 및 침수 등의 재해로 인한 피해를 받을 우려가 없는 곳에 설치하여야 한다.

(2) 상용전원으로부터 전력의 공급이 중단된 때에는 **그림 1-1**과 같이 자동으로 비상전원으로부터 전력을 공급받을 수 있도록 하여야 한다.

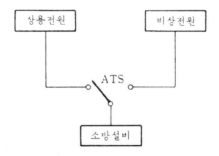

ATS : (Auto Transfer Switch)자동절환정치

그림 1-1 비상전원으로의 자동전환방법의 예

(3) 비상전원의 설치장소는 다른 장소와 방화구획하여야 하며, 그 장소에는 비상전원의 공급에 필요한 기구나 설비외의 것을 두어서는 아니된다. 다만, 열병합발전설비에 있어서 필요한 기구나 설비는 그러하지 아니하다.

(4) 비상전원을 실내에 설치하는 때에는 그 실내에 비상조명등을 설치하여야 한다.

1-2 종류 및 구성

비상전원설비의 종류는 **그림 1-2**와 같고 **그림 1-3**은 그 구성을 나타낸 것이다.

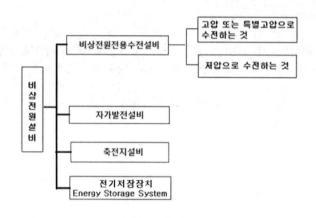

그림 1-2 비상전원설비의 종류

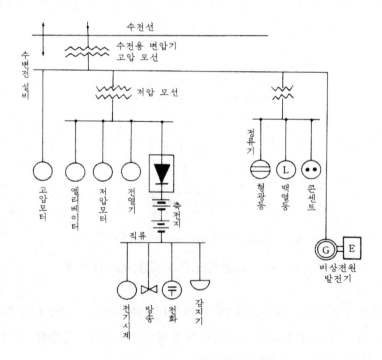

그림 1-3 비상전원설비의 구성

1 비상전원전용수전설비

비상전원전용수전설비는 전력회사가 공급하는 상용전원을 이용하는 것으로서 소방대상
물의 옥내화재에 의한 전기회로의 단락, 과부하에 견딜 수 있는 구조를 말하며 설치장소에
따라

- 옥내의 불연전용실에 설치하는 것
- 옥외, 옥상 또는 불연실의 기계실등에 설치하는 것
- 옥외형 기기를 사용하여 철책 등으로 구획한 장소내의 옥외 또는 옥상에 설치하는 것

등이 있다. **그림 1-4**는 그 종류를 나타낸 것이다.

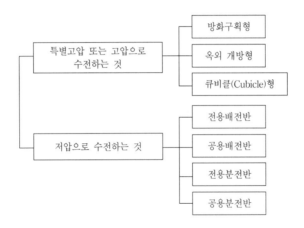

그림 1-4 비상전원전용수전설비의 종류

어느 것이나 전력회사의 배전선로로부터 당해 소방대상물의 수전설비까지의 전력인입선
은 화재가 발생할 경우에도 화재로 인한 손상을 받지 않도록 가급적 지중전선로로 인입한
다. 부득이 가공으로 인입할 경우에는 **그림 1-5**와 같이 소방대상물의 개구부에 직접 면하
지 않는 옥측부분으로 인입하여야 하며 인입구배선은 부록 1의 내화배선으로 하여야 한다.

(1) 특별고압 또는 고압으로 수전하는 경우의 설치

일반전기사업자로부터 특별고압 또는 고압으로 수전하는 비상전원전용수전설비는 방화
구획형, 옥외개방형 또는 큐비클형으로 하여야 한다.

① 방화구획형

㉠ 전용의 방화구획 내에 설치하여야 한다.

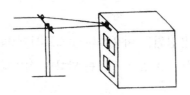

(a) 화재의 영향을 받음

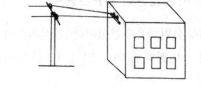

(b) 화재의 영향을 받지 않음

그림 1-5 인입구 배선

ⓛ 소방회로배선은 일반회로배선과 불연성 격벽으로 구획하여야 한다. 다만, 소방
   회로배선과 일반회로배선을 15 cm 이상 떨어져 설치한 경우는 그러하지 아니하
   다.
ⓒ 일반회로에서 과부하, 지락사고 또는 단락사고가 발생한 경우에도 이에 영향을
   받지 아니하고 계속하여 소방회로에 전원을 공급시켜 줄 수 있어야 한다.
ⓔ 소방회로용 개폐기 및 과전류차단기에는 "소방시설용"이라는 표시를 하여야 한
   다.
ⓜ 전기회로는 **그림 1-6**과 같이 결선하여야 한다.

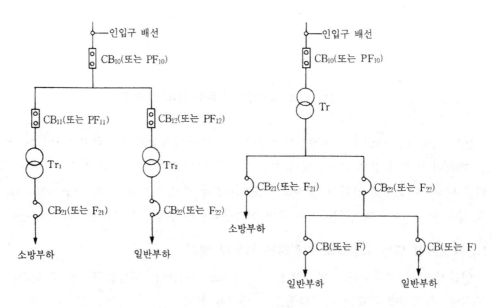

(a) 전용의 전력용 변압기에서
   소방부하에 전원을 공급하는 경우

(b) 공용의 전력용 변압기에서
   소방부하에 전원을 공급하는 경우

그림 1-6 고압 또는 특별고압 수전 경우의 보기

약호	명 칭
CB	전력 차단기
PF	전력 퓨즈(고압 또는 특별고압용)
F	퓨즈(저압용)
Tr	전력용 변압기
S	저압용 개폐기 및 과전류 차단기

그림 1-6 (a)는 전용의 전력용 변압기에서 소방부하에 전원을 공급하는 경우로 일반회로의 과부하 또는 단락사고시에 CB_{10}(또는 PF_{10})이 CB_{12}(또는 PF_{12}) 및 CB_{22}(또는 PF_{22})보다 먼저 차단되어서는 안되며 CB_{11}(또는 PF_{11})은 CB_{12} (또는 PF_{12})와 동등이상의 차단용량이어야 한다.

그림 1-6 (b)는 공용의 전력용 변압기에서 소방부하에 전원을 공급하는 경우로 일반회로의 과부하 또는 단락사고시에 CB_{10}(또는 PF_{10})이 CB_{22}(또는 F_{22})보다 먼저 차단되어서는 안되며 CB_{21}(또는 F_{21})은 CB_{22}(또는 F_{22})와 동등이상의 차단용량이어야 한다.

② 옥외개방형
  ㉠ 건축물의 옥상에 설치하는 경우에는 그 건축물에 화재가 발생할 경우에도 화재로 인한 손상을 받지 않도록 설치하여야 한다.
  ㉡ 공지(空地)에 설치하는 경우에는 인접 건축물에 화재가 발생할 경우에도 화재로 인한 손상을 받지 않도록 설치하여야 한다.
  ㉢ 그 밖의 옥외개방형 설치에 관하여는 방화구획형의 ㉡항과 ㉤항의 규정에 적합하여야 한다.

③ 큐비클형
  ㉠ 전용 큐비클식 또는 공용 큐비클식이어야 한다. 전용 큐비클식은 소방회로의 것으로 수전설비, 변전설비, 그 밖의 기기 및 배선을 금속제 외함에 수납한 것을 말하고 공용 큐비클식은 소방회로 및 일반회로 겸용의 것으로서 수전설비, 변전설비, 그 밖의 기기 및 배선을 금속제 외함에 수납한 것을 말한다.
  ㉡ 외함은 두께 2.3 mm 이상의 강판과 이와 동등이상의 강도와 내화성능이 있는 것으로 제작하여야 하며, 개구부(제㉢항에 게기하는 것은 제외한다)에는 갑종방화문 또는 을종방화문을 설치하여야 한다.
  ㉢ 다음 각 목(옥외에 설치하는 것에 있어서는 ㉮목 내지 ㉰목)에 해당하는 것은 외

함에 노출하여 설치할 수 있다.

 ㉮ 표시등(불연성 또는 난연성 재료로 덮개를 설치한 것에 한한다)

 ㉯ 전선의 인입구 및 인출구

 ㉰ 환기장치

 ㉱ 전압계(퓨즈 등으로 보호한 것에 한한다)

 ㉲ 전류계(변류기의 2차측에 접속된 것에 한한다)

 ㉳ 계기용 전환 스위치(불연성 또는 난연성재료로 제작된 것에 한한다)

 ㉣ 외함은 건축물의 바닥 등에 견고하게 고정하여야 한다.

 ㉤ 외함에 수납하는 수전설비, 변전설비, 그 밖의 기기 및 배선은 다음 각목에 적합하게 설치하여야 한다.

  ㉮ 외함 또는 프레임(Frame) 등에 견고하게 고정하여야 한다.

  ㉯ 외함의 바닥에서 10 cm(시험단자, 단자대등의 충전부는 15 cm) 이상의 높이에 설치하여야 한다.

 ㉥ 전선 인입구 및 인출구에는 금속관 또는 금속제 가요전선관을 쉽게 접속할 수 있도록 하여야 한다.

 ㉦ 환기장치는 다음 각목에 적합하게 설치하여야 한다.

  ㉮ 내부의 온도가 상승하지 않도록 환기장치를 하여야 한다.

  ㉯ 자연환기구의 개구부 면적의 합계는 외함의 한 면에 대하여 당해 면적의 3분의 1이하이어야 하며, 하나의 통기구의 크기는 직경 10 mm 이상의 둥근막대가 들어가서는 아니된다.

  ㉰ 자연 환기구에 의하여 충분히 환기할 수 없는 경우에는 환기설비를 설치하여야 한다.

  ㉱ 환기구에는 금속망, 방화 댐퍼 등으로 방화조치를 하고, 옥외에 설치하는 것은 빗물등이 들어가지 않도록 하여야 한다.

 ㉧ 공용큐비클식의 소방회로와 일반회로에 사용되는 배선 및 배선용기기는 불연재료로 구획할 것

 ㉨ 그 밖의 큐비클형의 설치에 관하여는 방화구획형에서 정한 ㉤항 내지 ㉤항의 규정 및 한국산업규격 KS C 4507(큐비클식 고압수전설비)의 규정에 적합하여야 한다.

(2) 저압으로 수전하는 경우의 설치

일반전기사업자로부터 저압으로 수전하는 비상전원 수전설비는 전용 배전(1·2종)·공

용 배전반(1·2종)·전용 분전반(1·2종) 또는 공용 분전반(1·2종)으로 하여야 한다.

전용 배전반이란 소방회로전용의 것으로서 개폐기, 과전류차단기, 계기, 그 밖의 배선용 기기 및 배선을 금속제 외함에 수납한 것을 말하고 공용 배전반이라 함은 소방회로 및 일반 회로 겸용의 것으로서 개폐기, 과전류차단기, 계기, 그 밖의 배선용 기기 및 배선을 금속제 외함에 수납한 것을 말한다.

전용 분전반이란 소방회로 전용의 것으로서 분기개폐기, 분기과전류차단기, 그 밖의 배 선용 기기 및 배선을 금속제 외함에 수납한 것을 말하며, 공용 분전반이라 함은 소방회로 및 일반회로 겸용의 것으로서 분기개폐기, 분기과전류차단기, 그 밖의 배선용기기 및 배선 을 금속제 외함에 수납한 것을 말한다.

① 제1종 배전반 및 제1종 분전반

    ㉠ 외함은 두께 1.6 mm(전면판 및 문은 2.3 mm) 이상의 강판과 이와 동등이상의 강도와 내화성능이 있는 것으로 제작하여야 한다.

    ㉡ 외함의 내부는 외부의 열에 의해 영향을 받지 않도록 내열성 및 단열성이 있는 재료를 사용하여 단열하여야 한다. 또한, 단열부분은 열 또는 진동에 의하여 쉽 게 변형되지 아니하여야 한다.

    ㉢ 다음 각 목에 해당하는 것은 외함에 노출하여 설치할 수 있다.

        ㉮ 표시등(불연성 또는 난연성 재료로 덮개를 설치한 것에 한한다)

        ㉯ 전선의 인입구 및 인출구

    ㉣ 외함은 금속관 또는 금속제 가요전선관을 쉽게 접속할 수 있도록 하고, 당해 접속 부분에는 단열조치를 하여야 한다.

    ㉤ 공용 배전반 및 공용 분전반의 경우 소방회로와 일반회로에 사용되는 배선 및 배 선용 기기는 불연재료로 구획하여야 한다.

② 제2종 배전반 및 제2종 분전반

    ㉠ 외함은 두께 1.0 mm(함 전면의 면적이 1,000 cm^2를 초과하고 2,000 cm^2 미만 인 경우에는 1.2 mm, 2,000 cm^2를 초과하는 경우에는 1.6 mm) 이상의 강판과 이와 동등 이상의 강도와 내화성능이 있는 것으로 제작하여야 한다.

    ㉡ 제1종 배전반 및 1종 분전반의 ㉢항 각목에 정한 것과 120 ℃의 온도를 가했을 때 이상이 없는 전압계 및 전류계는 외함에 노출하여 설치할 수 있다.

    ㉢ 단열을 위해 배선용 불연전용실 내에 설치하여야 한다.

    ㉣ 그 밖의 제2종 배전반 및 제2종 분전반의 설치에 관하여는 제1종 배전반 및 제1종 분전반의 ㉣항과 ㉤항의 규정에 적합하여야 한다.

③ 기타 배전반 및 분전반

　㉠ 일반회로에 과부하·지락사고 또는 단락사고가 발생한 경우에도 이에 영향을 받지 아니하고 계속하여 소방회로에 전원을 공급시켜 줄 수 있어야 한다.

　㉡ 소방회로용 개폐기 및 과전류차단기에는 "소방시설용"이라는 표시를 하여야 한다.

　㉢ 전기회로는 **그림 1-7**과 같이 결선하여야 한다.

　　그림 1-7에서는 일반회로의 과부하 또는 단락사고시 S_M이 S_N, S_{N1} 및 S_{N2}보다 먼저 차단되어서는 안되며 S_F는 S_N과 동등 이상의 차단용량이어야 한다.

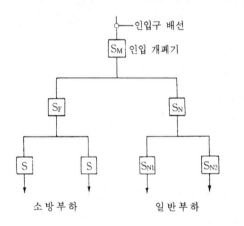

약 호	명　칭
CB	전력 차단기
PF	전력 퓨즈(고압 또는 특별고압용)
F	퓨즈(저압용)
Tr	전력용 변압기
S	저압용 개폐기 및 과전류 차단기

그림 1-7　저압수전 경우의 보기

2 자가용 발전설비

전원설비가 거의 디젤 기관 혹은 가솔린 기관인데 반해 자가용 발전설비는 연료를 직접 실린더 내에서 연소시켜 그 폭발압력을 전도부를 통하여 동력을 얻는 것이다. 자가용 발전설비는 소용량의 것을 제외하고는 디젤 기관에 의해 구동되는 3상 교류발전기를 가장 많이 사용하고 있으나 가스 터빈 기관의 사용도 증대되고 있다. 그러나 시설비가 많이 드는 단점이 있다.

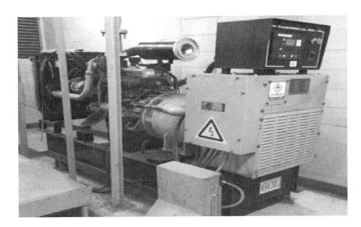

그림 1-8 자가용발전설비

(1) 구성

자가용발전설비는 다음과 같은 장치로 구성되어 있으며 **그림 1-9**는 계통개략도이다.

① 디젤 엔진 : 기관본체, 조속기, 계측장치(회전계, 유압계, 수온계, 유온계 등), 기동
장치 및 정지장치, 공통 베드(보통은 스프링 또는 고무 등으로 된 방진장치가 부착되
어 있다)

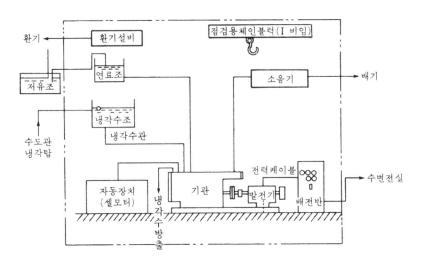

그림 1-9 자가용발전설비(디젤 발전기)의 계통개략도

② 교류발전기 : 교류발전기, 여자장치
③ 배전반 : 발전기반, 자동제어반, 여자장치반, 자동검정반, 보조 기기반
④ 엔진 기동 관계

　　　㉠ 공기식 : 공기압축기, 제어반, 공기조(air tank)

　　　㉡ 전기식 : 기동용 축전지, 충전지

　⑤ 부속장치 관계

　　　㉠ 연료관계 : 연료소출조, 연료 저유 탱크, 연료 이송 펌프, 동 제어반

　　　㉡ 윤활유 관계 : 윤활유 탱크

　　　㉢ 냉각수 관계 : 감압 수조

　　　㉣ 배기관계 : 소음기

　　　㉤ 전기관계 : 배관, 배선

　⑥ 기타

　　　㉠ 배관 피트 : 급수, 배수, 연료유, 윤활유, 공기 배관용 및 배선용

　　　㉡ 점검용 체인 블록 및 I 빔

　　　㉢ 환기설비

(2) 분류

자가용발전설비의 주가되는 발전기는 다음과 같이 분류하고 있다.

　① 사용 목적에 따라

　　　㉠ 비상용발전기

　　　　건축물의 상용전원이 정전되었을 때 비상용 전원을 필요로 하는 설비에 전원을
　　　　공급하기 위한 발전기이다. 건축법, 소방법에 규정되어 있다.

　　　㉡ Peak-Cut용 발전기

　　　　수변전설비용량이나 전기요금 절약을 위해 부하중 짧은 시간동안의 첨두부하를
　　　　대체하여 전기사용을 분담하기 위해 설치한다.

　　　㉢ 열병합용 발전기

　　　　열병합발전을 위한 폐열회수 발전장치를 갖추고 발전에서 발생한 폐열을 냉난방
　　　　온수공급 등에 이용할 수 있는 터빈발전기를 말한다.

　② 원동기(Engine)에 따라

　　　㉠ Diesel엔진 발전기 : 실린더, 기동장치, 냉각장치, 필터, 배기장치등으로 구성되
　　　　며 중용량 이상의 부하를 필요로 하는 건축물에 가장 많이 사용되고 있다. 연료
　　　　를 경유로 하는 4행정 내연기관으로 소음과 진동이 커서 대책이 필요하다.

　　　㉡ Gasoline엔진 발전기: 주요 구조와 동작행정은 디젤엔진과 동일하나 신속한 기
　　　　동을 위한 소용량의 부하에 많이 사용하고 있다. 연료를 휘발유로 하는 4행정 내
　　　　연기관이다.

   ⓒ Gas엔진 발전기 : 기름을 사용하는 발전기에 비해 환경오염이 적어 근래 많이 사용되고 있다. 연료로 액화천연가스나 액화석유가스를 사용하는 4행정 내연기관이다.

   ⓔ Gas Turbine 엔진 발전기 : 주요 구성품은 압축기, 연소기, 터빈등이다. A중유, 경유, 액화천연가스나 액화석유가스 등 연료를 광범위하게 사용할 수 있는 5단계 연속행정기관 발전기로. 가격이 비싸지만 공급신뢰성, 기동성, 부하적응성, 전압 주파수의 변동이 매우 적어 양질의 전기공급이 가능하다.

③ 기동방식에 따라

   ㉠ 전기 기동형 : 축전지 전원으로 엔진시동전동기를 구동시켜 기동하는 방법이다.

   ㉡ 공기 기동형 : 압축공기를 이용한 시동으로 별도의 설비와 공간이 필요하고 소음으로 근래에는 거의 사용되지 않는다.

④ 냉각방식에 따라

   ㉠ 수냉식 : 중용량 이상의 발전기에 많이 적용되며, 도심의 빌딩 지하에 설치하는 경우 등에 많이 적용한다.

   ㉡ 공랭식 : 라디에이터를 이용하여 냉각한다. 냉각수를 쉽게 얻을 수 있고 그대로 방류할 수 있는 상황이 아니면 권장할만한 방식이다.

⑤ 운전방식에 따라

   ㉠ 단독운전 : 비상발전기 수량에 관계없이 각각 다른 부하에 개별로 운전하는 방식이다.

   ㉡ 병렬운전 : 2대 이상의 발전기 또는 상용전원과 계통을 함께 사용하는 방식이다.

(3) 교류발전기

① 발전기 출력의 결정 : 발전기 출력은 부하의 종류와 용량을 상정하고 장래기획을 고려하여 여유를 두고 결정한다. 일반적으로 다음과 같은 방식에 의해 산출한 값 중 최대용량의 것으로 한다.

   ㉠ 단순한 부하인 경우 : 발전기의 용량 kVA > 부하입력의 합계×수용률

   이때에 적용되는 수용률은 일반적으로

     ㉮ 동력의 최대 입력이고 최초의 1대에 대해서는 100 %

     ㉯ 기타 동력의 입력은 80 %

     ㉰ 전등은 발전기 회로에 접속되는 전 부하에 대해서 100 %를 적용한다.

   ㉡ 기동용량이 큰 부하가 있는 경우 : 유도전동기의 기동전류는 계통전원인 때에는 전원용량이 크기 때문에 별로 문제될 것이 없다. 그러나 예비발전기인 경우에는

전동기를 기동할 때에 큰 부하가 갑자기 발전기에 걸리게 되므로 전원의 단자전압이 순간적으로 저하하여 접촉자가 개방되거나, 엔진이 정지하는 등의 사고를 유발하기도 한다. 이러한 사고를 예방할 수 있는 발전기의 정격은

$$발전기의\ 용량\ kVA > \left(\frac{1}{부하투입시의\ 허용전압강하} - 1\right) \times x_d' \times 기동\ kVA$$

여기서, x_d' : 발전기의 과도 리액턴스(25~30 %)

　　　　허용전압강하 : 20~25 %

　　　　기동 kVA : 2대 이상의 전동기가 동시에 기동할 때에는 2대의 기동 kVA를
　　　　　　　　　 합한 값과 1대의 기동 kVA를 비교하여 큰 쪽을 택한다.

또한 기동 kVA를 구하는 식은,

$$기동\ kVA = \sqrt{3} \times 정격전압 \times 기동전류 \times 1/1000$$

ⓒ 단순부하와 기동용량이 큰 부하가 혼합된 경우 : 대개의 경우에 전등부하가 먼저 발전기에 걸리고, 그 다음에 전동기 부하가 걸리게 되므로 위의 ㉠과 ㉡에 의해서 계산한 출력의 합계를 발전기의 출력으로 한다.

(4) 발전기실의 위치와 크기

발전기실의 위치는 변전실에 가깝고, 기기의 반출입이 편리해야 하며 급·배수 또는 연료의 보급이 용이해야 한다. 특히 운전에 따른 진동, 배기가스의 배출 조건도 충분히 고려하여 실내의 환기를 충분히 할 수 있도록 고려하여야 한다.

이러한 조건하에서 발전기실의 바닥면적은 실내에 설치되는 기기와 벽면과의 간격을 800~1,000 mm 정도로 유지할 수 있는 공간 확보가 필요하며 실의 가로, 세로의 관계는 보통 1 : 1.5~1 : 2가 되도록 하는 것이 바람직하다. 천장 높이는 주로 피스톤이 움직이는 높이, 체인 블록을 설치하는 데 필요한 높이, 체인 블록장치와 천장과의 거리 등을 감안해서 결정하며 보통 5 m 정도는 되어야 한다. 발전기실의 넓이는 일반적으로 다음 식이 이용되고 있다.

$$S > 1.7\sqrt{P}\ \ m^2$$

추정값은 $S \geq 3\sqrt{P}\ m^2$으로 되어 있으며, S : 발전기실의 소요면적 m^2, P : 기관의 마력이다. 그리고 발전기실의 높이는

$$H = (8~17)D + (4~8)D$$

여기서, D : 실린더의 지름 mm

$\quad (8\sim17)D$: 실린더 상부까지의 엔진의 높이(속도에 따라 결정)

$\quad (4\sim8)D$: 실린더를 떼어낼 때 필요한 높이(체인 블록의 유무에 따라 결정되며
체인 블록이 없으면 $4D$ 정도)

표 1-2는 발전기 출력과 발전기실의 크기를 나타낸 것이다.

표 1-2 발전기 출력과 발전기실의 크기

발전기 출력 kVA	회전 속도 rpm		실린더 수	발전기실의 크기 길이 m×폭 m×천장높이 m
20	1,500,	1,800	3~4	4×3×3
40	1,500,	1,800	4~4	4.5×3.5×3
100	1,500,	1,800	4~6	5.5×3.5×3.5
200	1,500,	1,800	6	6.5×5×4
300	1,000,	1,800	6	7.5×5×4
500	1,000,	1,200	6	9×6×4.5
1,000	900,	1,000	6~12	10×7×4.5
1,250	900,	1,000	6~12	10×7×5
1,500	900,	1,000	6~12	10×7×5
1,750	900,	1,000	6~12	10×7×5

③ 축전지 설비

축전지는 순수 직류전원의 독립된 전력원으로 다른 전원에 비해 즉시 전원공급이 가능하고 조용하며 안전할 뿐만 아니라 보수가 용이하다는 장점이 있다. 그러나 용량의 한계성 때문에 담당할 수 있는 부하의 종류가 적어 전등용, 제어용, 통신용에 사용하며 소방설비 중 경보설비에서는 축전지 설비만 인정하므로 방재전원으로서는 매우 중요하다. 상용전원이 정전되었을 때 자가용 발전설비가 가동되어 정격전압을 확보할 때까지의 중간 전원으로 사용되는 경우가 많다.

(1) 종류

물질의 화학적 변화에 의한 에너지를 전기 에너지로 변환하여 부하에 전기를 공급하는 장치를 전지라 하며 재충전 가능여부에 따라 1차 전지, 2차 전지로 분류된다.

① 1차 전지

한번 방전된 후 충전에 의하여 구성물질의 재생이 불가능한 전지를 말하는 것으로 양극, 감극제, 전해액, 음극으로 구성되어 있다.

표 1-3은 1차 전지의 주종인 망간전지, 공기전지, 수은전지의 특성이며 **그림 1-10**은 이들의 구조이다.

표 1-3 각종 1차 전지의 특성

	MnO₂ 전 지	공 기 전 지	HgO 전 지
양 극	MnO	O_2	HgO
음 극	Zn	Zn	Zn 분
전 해 액	$NH_4Cl + ZnCl_2$	NH_4Cl	KOH+ZnO
개 로 전 압	1.6	1.4	1.3
방 전 전 압 (평균)	1.0	0.9	1.0
전류밀도 mA/cm²	5	1	10.
방 전 종 지 전 압	0.8	0.7	0.9
방 전 전 압 곡 선	경 사	거 의 경 사	평 탄 함
내 루 액(耐漏液)	중성 전해액으로 간단	거 의 간 단	기술을 요함
외 형	원통형, 적층형	원 통 형	원판형, 원통형
생 산 고	최 고(보급)	소 량	보 급 시 작
용 도	(등화용)트랜지스터 라 디 오	통 신 용	보 청 기
능률이 좋은 방전시간	5~10	100~1,000	10~50
양극활동물질의 이용률	20~50 %	100 %	70~90 %
보 존 성	6~24개월	6~24개월	6~24개월
W/kg	1~10	0.1~1	5~20
Wh/kg	10~30	30~100	30~80
가 격	매 우 싸 다	싸 다	비 싸 다

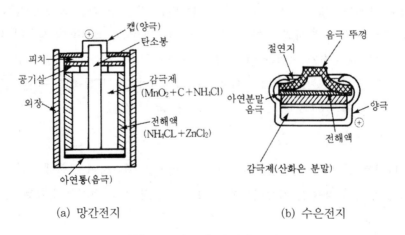

(a) 망간전지   (b) 수은전지

그림 1-10 1차 전지의 구조

② 2차 전지

이는 전기 에너지를 화학 에너지로 변환하여 저장하였다가 필요에 따라 다시 전기
에너지로 쓸 수 있는 것으로 1차 전지와 다르게 한번 방전해도 재충전하여 반복 사
용할 수 있다. 통상 축전지라고 하며 납축전지와 알칼리 축전지가 있다. 축전지설비
는 축전지, 충전장치, 보안장치, 제어방치 및 역변환장치로 구성된다. 2차 전지는
장기간 전지의 교환없이 사용할 수 있기 때문에 용량이 큰 축전지는 자동차나 통신
장치 등에, 소형인 알칼리 축전지나 Ni-Cd 전지는 라디오, 전기면도기, 카세트 등
휴대용의 소형 전기제품에 이용되며 방재설비로서는 매우 중요하다.

양극에 니켈을 사용하는 니켈카드뮴(Ni-Cd)전지나 니켈수소(Ni-MH)전지 등에
서 방전종지전압이 높게 설정되어 있는 기기나 매번 얕은 방전레벨에서 사이클을 반
복하는 경우 완전방전에서 방전도중 0.04~0.08 V의 전압강하가 발생하는 경우가
있다. 이와 같은 경우는 용량자체가 상실된 것이 아니기 때문에 깊은 방전(1셀당 1.0
V의 완전방전)을 함으로써 방전전압이 원래대로 복귀하는 현상인 기억효과
(Memory Effect)가 있다. **표 1-4**는 축전지의 특성과 성능을 나타낸다.

표 1-4 축전지의 특성 및 성능

종별		납 축 전 지		알 칼 리 축 전 지	
형 식 형		클래드식 (CS 형)	페이스트식 (HS형)	포케트식 (AL, AM, AMH, AH형)	소결식 (AH, AHH형)
작용물질	양극	PbO_2		$NiOH$	
	음극	Pb		Cd	
	전해액	H_2SO_4		KOH	
전해액 비중		1.215(20 ℃) 1.240(20 ℃)		1.20~1.30(20 ℃)	
반응식		양극　　　　음극 방전 양극　　　음극 $PbO_2 + 2H_2SO_4 + Pb \rightleftarrows PbSO_4 + 2H_2O + PbSO_4$ 충전		양극　　　음극 방전 양극　　　음극 $2NiOOH + 2H_2O + Cd \rightleftarrows 2Ni(OH)_2 + Cd(OH)_2$ 충전	

종 별		납 축 전 지		알 칼 리 축 전 지	
구조	양극판	납합금의 심금에 유리섬유를 가공한 미세한 구멍이 많은 튜브를 삽입하고 그 속에 양극작용물질을 충전한다.	납합금의 격자체에 양극작용물질을 충전한다.	구멍뚫은 니켈도금 강판의 포켓에 양극작용물질을 충전	니켈을 주성분으로 한 금속분말을 연결해서 만든 다공성기관의 가는 구멍 속에 양극물질을 채운 것
	음극판	납합금의 격자체에 음극작용물질을 충전		상기 포켓에 음극작용물질을 충전한다.	상기 기판에 음극작용물질을 충전한다.
	전조	합성수지		합성수지 또는 강제	
	세퍼레이터	경질미공고무		합 성 수 지	
전지 구성		양극극판을 각각 적당매수로 조합하고 또한 양극판 사이에 격리판을 끼워 극판군으로 하여 전해액과 함께 전해조에 수납			
허용최고온도		45 ℃		45 ℃	
기전력		2.05∼2.08 V		1.32 V	
공칭전압		2.0 V		1.2 V	
공칭용량		10시간율 Ah		5시간율 Ah	1시간율 Ah
셀수	100 V	50∼55셀		80∼86셀	
	60 V	30∼31셀		50∼52셀	
	48 V	24∼25셀		40∼42셀	
	24 V	12∼13셀		20∼21셀	
방전특성		보통	고율방전에 우수하다.	보통(고율방전특성이 좋은 것도 있다.)	고율 방전특성이 우수
수 명		길다	약간 짧은 편	길다	길다
자기방전		보통	보통	약간 적은 편임	약간 적은 편임
보수성과 경제성		• 수명이 길어 일반적이다. • 전해액비중의 측정으로 방전상태의 파악이 쉽다. • 포켓식 알칼리에 비해서 값이 싸고 설치면적도 적다. • 수명이 길다.	• 클래드식에 비해 효율이 좋다. • 전해액 비중의 측정으로 방전상태의 파악이 쉽다. • 클래드식에 비해 설치면적이 적다. • 다른 종류에 비해 가장 값이 싸다.	• 기계적으로 강하며 수명이 길다. • 방전상태의 파악이 곤란하다. • 클래드식에 비해 중량·효율은 좋지만 설치면적이 크다. • 방치나 과방전에 견딘다.	• 다른 종류에 비해 용적효율이 좋다.(소형이다) • 방전상태의 파악이 곤란하다. • 포켓식에 비해 용적효율은 좋고 설치면적이 적다. • 포켓식에 비해 고가로 되는 수가 있다.

(2) 축전지의 용량계산

축전지의 용량을 계산하기 위해서는 먼저 그 용량을 산출하는데 필요한 다음의 조건들을 정해 놓아야 한다.

① 방전기간

예상되는 최대 부하시간으로 한다.

② 방전전류

방전개시부터 종료시까지 부하전류의 크기와 그 경시변화를 명확하게 한다.

③ 예상되는 최저 전지온도

설치장소의 온도조건을 추정하고 전지온도의 최저값을 정한다. 실내에 설치하는 경우에는 +5 ℃, 특히 한냉지는 −5 ℃로 한다. 또 공기조화 등에 의하여 온종일 실내온도를 보장할 수 있는 경우에는 그 온도로 정한다.

④ 허용 최저전압

부하측의 각 기기에서 요구하는 최저전압 중에서 최고값에다 전지와 부하사이 접속선의 전압강하(배선강하)를 합산한 것이다. 즉,

$$1셀의\ 허용\ 최저전압[V/cell] = \frac{부하의\ 허용\ 최저전압 + 배선의\ 전압강하}{축전지\ 직렬접속\ 셀수}$$

⑤ 셀수의 선정

셀수는 부하의 제한전압과 최저 제한전압을 고려해서 결정하나 일정한 부하에 대하여 셀수를 적게하면 최고 제한전압에 대해서는 안전하지만 용량이 큰 축전지가 필요하다. 또 셀수를 많이하면 축전지의 용량은 작아도 되지만 충·방전시의 과대전압을 피하기 위하여 전압조정장치가 필요하다. 그러므로 셀수의 선정은 이들 관계를 종합적으로 검토해서 결정하는 것이 좋다.

⑥ 보수율

축전지의 사용연한을 경과 또는 보수조건을 변경하는 것 때문에 생기는 용량변화를 보상하는 보정값으로 0.8이 적당하다. 용량의 산출은 다음 식으로 하며 **그림 1-11** 을 참조한다.

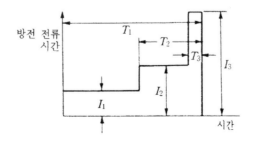

그림 1-11 방전시간에 따라 증가하는 방전전류

$$C = \frac{1}{L}\left[K_1 I_1 + K_2(I_2 - I_1) + K_3(I_3 - I_2) + \cdots\cdots\cdots + K_n(I_n - I_{n-1}) \right]$$

여기서, C : 25 ℃에서 정격방전율 환산용량 Ah

　　　　K : 방전시간 T, 전지의 최저온도와 허용 최저전압에 의하여 결정되는 환산계수(제조회사에 문의 하거나 축전지 공업협회의 규격을 참고)

　　　　I : 방전전류 A

　　　　L : 보수율(0.8)

　　　　1, 2, 3, ⋯⋯⋯⋯, n : 방전전류가 변화는 순서에 따라서 붙이는 T, K, I

(3) 축전지실과 보유거리

　근래 실드형이나 벤디드형의 납축전지는 밀폐화되어 있어 산무를 발생하지 않고 알칼리 축전지는 유해 가스를 발생하지 않기 때문에 축전지실을 별도로 하지않고 발전기실이나 기계실 등에 다른 기기와 함께 설치하고 있으나 규정용량 이상의 축전지 설비를 설치하는 경우에는 별도로 하도록 하는 곳도 있다. 축전지실에서의 축전지 배열은 점검하기 쉽고, 반출입할 때의 통로와 보수하는데 필요한 공간등을 고려하여 결정한다. **표 1-5**는 축전지실에서의 보유거리를 나타낸다.

표 1-5 축전지실의 보유거리

보유거리를 확보하지 않으면 안되는 부문			보 유 거 리
큐 비 클 식		조 작 면	1 m 이상의 공간을 확보할 것
		점 검 면	폭 0.6 m 이상의 점검 공간을 확보할 것. 다만, 큐비클식 이외의 변전설비, 발전설비, 축전지설비, 또는 건축물과 서로 마주 대하고 있는 경우에는 1.0 m 이상
큐비클식 이외의 것	축전지	벽면과의 사 이	벽에서 0.1 m 이상
		열상호간	동일한 실에 2대 이상 설치하는 경우에는 0.6 m이상. 다만, 가대(架臺)를 설치하여 높이가 1.6 m 이상이 되는 경우에는 1 m 이상
		점 검 면	0.6 m 이상
	충전지	조 작 면	1 m 이상
		점 검 면	0.6 m 이상

납축전지를 설치하는 축전지실에서는 충전 중에 산과 수소 가스가 발생하므로 배기구나 환기구를 설치하여 통풍이 잘 되도록 하여야 하나 실드형 축전지는 주위의 온도상승이 매우 크지 않다면 환기장치를 하지 않아도 된다. 알칼리 축전지도 수소와 산소 가스가 발생하므로 납축전지를 설치하는 축전지실과 마찬가지로 환기장치를 설치하여 실내환기를 하여야 한다. 그러나 실드형을 설치할 경우에는 큰 지장은 없다.

4 무정전 전원

이 전원은 정전없는 전원공급을 위해서 뿐만 아니라 일정전압, 일정주파수의 안정된 전력을 공급하는 양질의 전원 장치로서의 기능이 요구된다. 이에는 다음의 종류가 있다.

(1) 종류

이는 접속방법과 사용용도에 따라 다음의 종류가 있다.

① 접속방법에 따른 종류

㉠ 부동충전형 : 이 방식은 사이리스터 인버터의 입력 및 축전지의 부동전류를 충전기가 부담하게 되므로 충전기를 크게 하여야 하나 교류전원이 정전되어도 축전지에서 연속하여 인버터 운전이 가능하기 때문에 안전하게 무정전 운전을 할 수 있다. **그림** 1-12는 그 구성도이다.

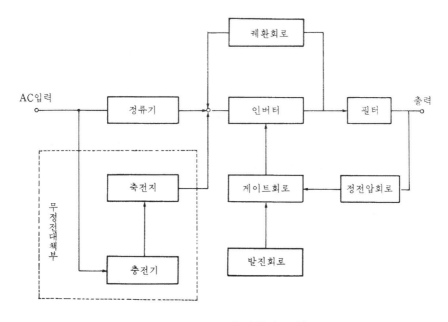

그림 1-12 **부동충전형의 구성도**

ⓛ 축전지 분리형 : 이 방식은 **그림 1-13**과 같이 축전지를 인버터에 접속한 것으로 충전지 용량이 작아도 될 뿐만 아니라 축전지전압을 사용 입력전압보다 약간 높게 해 놓음으로써 축전지 용량을 작게 할 수 있어 경제적이다.

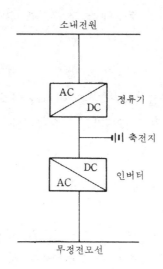

그림 1-13 축전지 분리형의 구성

② 용도에 따른 종류

사고에 의한 정전, 계통의 증·개설공사로 인한 정전, 건축물내의 증·개축이나 개수에 따른 정전시에 전원을 계속적으로 공급하기 위한 것으로 회전형과 정지형이 있다.

㉠ 회전형 : 이 형식에는 **그림 1-14**와 같이 직류전동기와 교류발전기를 직결한 형태로 구성된 MG방식, 유도전동기, 직류전동기, 교류발전기 및 플라이휠을 동축상에 직결한 회전 기본체로 구성되어 있는 MMG방식, 엔진, 유도전동기, 교류발전기로 구성된 EMG방식이 있다.

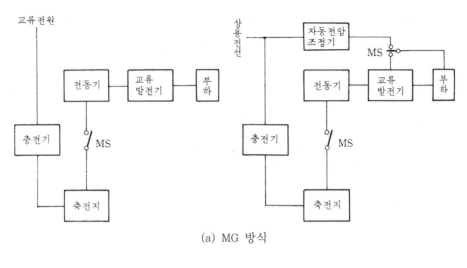

(a) MG 방식

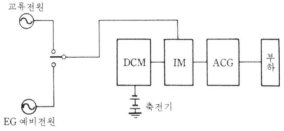

(b) MMG 방식

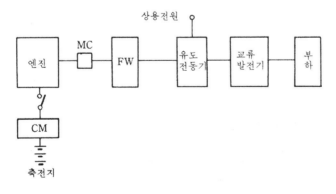

(c) EMG 방식

그림 1-14 회전형의 종류

ⓛ 정지형 : 이 형식은 회전형과 달리 기계적 장치가 없어 마모되는 부분이 없고 진동이나 소음이 적어 설치장소의 제약이 적을뿐만 아니라 부하변동에 대하여 안전하다. 또한 순시기동, 정지가 가능하며 취급이 용이한 장점이 있다.

전선로에서 상용전원의 각종 전원장애요인인 전압변동, 주파수변동, 순간정전, 과도전압, Noise등은 컴퓨터나 비상전원등 각종 전자기기나 장비들에 영향을 미쳐 기기의 수명단축 및 데이터의 손실등을 초래하여 막대한 피해를 줄 수 있다. 이를 방지하기 위해 UPS는 상용전원이나 예비전원등의 전원으로부터 전력을 입력받아 정전압, 정주파수의 정현파 전원을 공급하여 부하장비를 보호하고 항상 안정된 전원을 공급하여 주는 장치이다.

근래 반도체 산업이 발달에 따라 각종 특성의 장치를 용이하게 구성할 수 있어 많이 사용되고 있다. **그림 1-15**는 무정전전원장치인 UPS(Uninterruptible Power Supply)의 구성 일례이다.

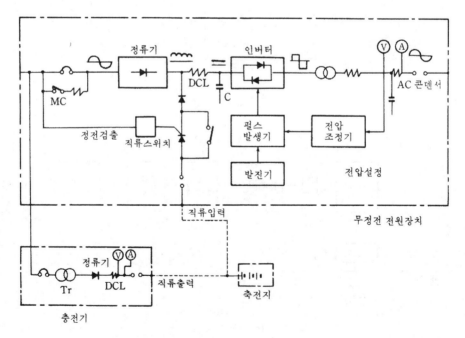

그림 1-15 UPS의 구성 예

무정전전원장치(UPS)는 다음과 같이 구성되어 있다.

㉮ 정류기/충전기 : 상용 AC전원을 정류하여 DC로 변환시킨 후 축전지와 인버터에 공급한다.

㉯ 인버터 : 정류기/충전기 또는 축전지에서 나오는 직류를 교류로 변환시켜 부하에 공급한다. 이 때 정전압, 정주파수의 양질의 정현파 AC전원을 만들어 준다.

㉰ 축전지 : 상용전원의 정전시 또는 정류기/충전기의 고장시 충전된 직류를 방전하여 부하에 전력을 공급하는 장치이다.

㉱ 절환스위치 : 인버터 고장시 부하전원을 UPS에서 상용전원으로 절환하여 주는 장치이다.

무정전전원장치(UPS)는 고조파 발생을 많이 발생시켜 간선의 굵기, 변압기 용량, 차단기 동작특성 등과 상호 밀접한 관계가 있으므로 이를 고려하지 않으면 심각한 발열현상을 초래하여 화재등 중대한 사고를 발생시킬 수 있다. 그러므로 설치시에는 제작사와 긴밀한 협의를 하도록 하고 설치 후에는 간선, 변압기, 차단기, 접속점등에 대한 점검을 잘 하도록 해야 한다. 아울러 비상발전기의 용량이 무정전전원장치 용량의 2.5~3배 미만이면 발전기가 국부적인 발열현상을 초래할 수 있으므로 주의하되 무정전전원장치의 부하가 발전기 전체부하의 50 %가 초과되는 것을 유의하여야 갑자기 큰 사고를 방지할 수 있다.

무정전전원장치(UPS)의 운전방식은 다음이 있으며 **그림 1-16**은 무정전전원장치(UPS)의 정상동작 및 절환운전시 블록도이다.

㉮ 정상시 운전 : 상용전력을 공급받아 정류기/충전기를 통해 AC를 DC로 변환한다. DC전원으로 정전압을 유지하면서 축전지를 충전시키고 인버터의 입력전압이 되며 안정된 AC전원으로 변환되어 부하에 공급된다.

㉯ 정전시 운전 : 정류기/충전기를 통해 충전되었던 축전지가 순간적으로 인버터에 연결되어 축전지의 허용시간만큼 인버터에 DC전원을 공급한다. 공급 받은 DC전원을 인버터는 AC로 출력하여 부하가 정상적으로 가동되도록 한다.

㉰ 동기절환 운전 : 인버터의 기능이 과부하, 과전압, 저 전압 등의 비정상이 되면 절환스위치에 의해 전원공급이 상용전원으로 자동절환 된다. 인버터의 기능이 회복되면 상용전원에서 UPS로 자동절환 된다.

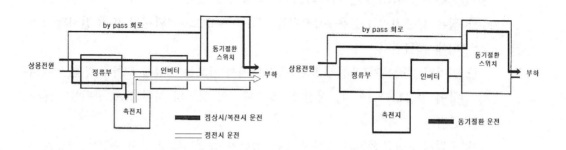

그림 1-16 무정전전원장치의 정상동작 및 절환운전 블럭도

(2) 충전장치

충전장치는 축전지를 항상 양호한 충전상태로 유지하기 위해 필요한 것으로 축전지의 자가방전을 보충하기 위해 소전류를 공급하여 축전지를 항상 완전충전상태로 유지하기 위한 것이다. 즉, 차단기 투입 코일의 여자전류와 같이 순간적으로 큰 전류를 공급하는 경우에는 축전지에서도 공급할 수 있도록 충전기에 적당한 전압변동률(부하특성)을 부여함으로써 충전기의 정류기 과부하를 방지한다. 동시에, 충전기 출력전압의 설정값과 축전지의 전압사이에 큰 차가 생겼을 경우 축전지의 내부저항이 작기 때문에 과전류가 흘러 정류기 및 축전지의 손상을 방지하도록 하여야 한다. 또한 축전지전압이 교류전원의 정전때문에 방전되어 크게 강하하였을 경우 교류의 정전회복에 따라 다시 이 축전지를 충전상태로 회복할 때에는 전지가 허락하는 한 충전전류를 흘려서 신속히 충전상태로 만들어 줄 필요가 있다. 이를 위해서는 충전기의 전압을 변화시켜 주는 것이 좋다.

① 충전의 종류

축전지의 충전에는 충전목적, 시기 등에 따라 사용하기 전의 충전과 사용 중의 충전이 있다. 사용하기전의 충전은 축전지에 전해액을 넣지 않은 미충전상태의 전지에 전해액을 주입하여 맨 처음 행하는 충전을 말하는 것이다. 즉, 공장에서 생산하여 출하할 때 축전지에 전해액을 넣어 충전을 완료한 것과 전해액은 넣지 않고 충전을 행한 후 현장에서 보충적인 충전만하여 사용할 수 있도록 한 것이 있다. 대체적으로 사용 중의 충전은 물의 보충과 함께 수명이나 방전의 가부를 결정하는 중요한 요소가 됨으로 유의하여야 하며 다음의 방식이 있다.

㉠ 보통충전 : 필요할 때마다 표준시간율로 소정의 충전을 하는 방법이다.

㉡ 급속충전 : 비교적 단시간에 보통충전전류의 2~3배의 전류로 충전하는 방법이다.

ⓒ 부동충전 : **그림 1-17**은 같이 충전장치를 축전지와 부하에 병렬로 접속하고 이 회로의 전압을 전지의 기전력보다 낮고, 높은 상태를 유지하여 사용한다. 그리고 전지의 자기방전을 보충함과 동시에 상용부하에 대한 전력공급은 충전기가 부담하도록 한다. 그러나 충전기가 부담하기 어려운 대전류 부하는 축전지로 하여금 부담하게 하는 방법으로 정전시에는 축전지에서 부하전류를 공급하며 현재 가장 많이 사용되고 있다.

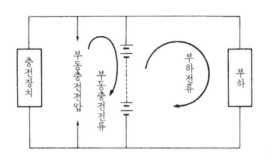

그림 1-17 **부동충전시의 충전회로**

ⓓ 균등충전 : 전지를 장시간 사용하는 경우 몇 개의 전지가 불균일한 상태로 되는 때가 있어 충전부족 또는 전해액 비중의 이상발생으로 고장의 원인이 된다. 이러한 것을 방지하기 위하여 전지의 충전완료후 계속해서 충전전압을 올려 각 전해조의 용량을 균일화 하기 위한 방법이다.

ⓔ 세류충전(트리클 충전) : 전지를 장기간 보존하게 되면 자기방전에 의해 용량이 감소하게 된다. 이때 자기방전량만을 항상 충전하는 부동충전방식의 일종이다.

② 충전방법

㉠ 정전류충전 : 일정한 전류로 충전하는 것으로 충전기나 온도등 외부적 영향을 받지않기 때문에 고장조사나 용량시험 이전의 충전에 이용되고 있다.

㉡ 정전압충전 : 종시 일정한 전압을 인가해서 충전하는 것으로 초기전류가 매우 커서 충전장치가 대용량으로 된다. 따라서 경제성이 떨어지며 충전종기로 되면 충전전류는 감소하게 된다.

㉢ 준 정전압충전 : 정격용량의 약 1/4의 전류로 충전하면 전지전압 상승에 따라 천천히 전류는 감소한다. 그 후 일정한 전압에 달하므로 타이머 구동시 일정시간후에 자동적으로 충전이 완료된다.

㉣ 정전류 정전압충전 : 전지전압이 일정값에 도달할 때까지는 정격용량의 약 1/4 전
류로 충전하고 계속해서 일정전압을 유지하여 충전을 완료한다. 1대의 충전기로
병렬충전이 가능하다.

㉤ 단별충전 : 정전류충전을 2~3번의 단계로 변화시켜서 충전하는 방법으로 충전시
간을 단축시킬 수 있다.

(3) 충전회로 예

① Ni-Cd 전지의 충전

그림 1-18은 Ni-Cd 전지의 충전회로로써 변압기 T의 중간에서 탭을 인출하여 정류
회로를 구성한 후 전원을 공급한다.

스위치 S_1을 누르면 Ni-Cd 전지 세트의 충전이 개시되고 충전표시용 LED가 점
등된다. 방전은 S_2를 절환하면 전동기를 운전시킬 수 있으며 정·역 절환스위치에
의해 전동기의 정·역운전이 가능하다. 콘덴서 C_1은 Thy가 ON상태를 유지할 수 있
게 해주는 것으로 리플을 작게 하기 위해서는 그 값을 크게 하여야 한다.

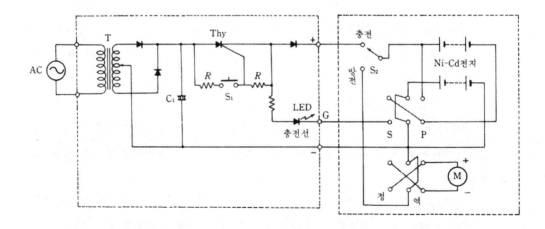

그림 1-18 Ni-Cd 전지의 충전회로

② 납축전지의 충전

축전지의 충전은 **그림 1-19**와 같이 상용전원을 변압기를 사용하여 전압을 강압시킨
후 정류회로를 구성한 다음 축전지에 접속한다. 이때 다이오드는 충전전류에 의해
상당히 발열하므로 방열판이 필요하고 내압은 축전지 전압이상이어야 한다. 그러나
이 방법은 충전시간에 주의하지 않으면 과충전이 되고 전지의 수명을 단축할 위험성

이 있다.

그러므로 축전지의 충전상황을 축전지 전압으로 검출하여 충전이 완료되면 충전 제어 소자 Thy를 OFF시키고 자동적으로 충전을 정지하는 기능을 부가시켜 사용하고 있다.

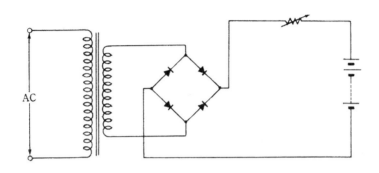

그림 1-19 정류의 기본회로

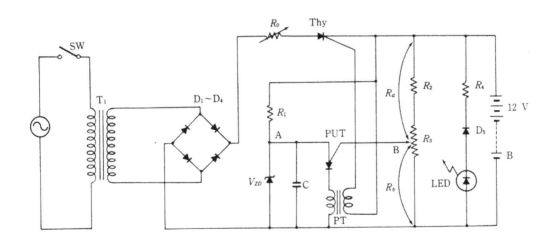

그림 1-20 ON-OFF 충전회로

그림 1-20은 ON-OFF 충전방식의 대표적인 회로로 **그림 1-19**의 기본회로에 PUT를 이용한 고주파 발진 트리거(Trigger)회로와 이 신호의 유·무에 따라 ON-OFF하는 사이리스터 Thy를 추가한 것이다. 축전지가 충분히 충전되려면 즉, 축전지 전압이 설정전압에 도달하기까지는 PUT 발진회로가 동작하고 Thy의 게이트를 트리거한다. 이 때문에 전원전압이 축전지전압보다 높게 되면 Thy가 ON하고

충전전류가 기본회로와 같게 흐른다.

그림 1-20의 B점의 분압전위가 제너전압 V_{ZD} 보다 높게 되면 PUT는 발진을 정지하고 Thy도 OFF한다. 즉 가변저항 R_3에서 설정값을 결정하면 감시하고 있지 않아도 회로가 자동적으로 충전을 정지하며 B점의 전압설정은 다음과 같이 한다.

$$V_{ZD} = V_G + V_{DS} = V_B\left(\frac{R_b}{R_a + R_b}\right) \cdot V_{DS}$$

여기서 V_{ZD} : 제너전압

　　　　V_G : 분압전압 B

　　　　V_{DS} : PUT 양극 게이트간 전압

　　　　V_B : 축전지 충전완료전압

또한 발진주기 T는 다음 식으로 구할 수 있다.

$$T = CR_1 \ln \frac{1}{1 - \left(\dfrac{R_b}{R_a + R_b}\right)} < 1 \;\; \text{ms}$$

지금까지의 축전지 충전은 초기에는 큰 전류로 충전하고, 충전됨에 따라 감소하는 것이다. 이렇게 단시간 충전하도록 하면 충전초기에 과충전으로 되고 정상의 화학반응 외에 다른 반응이 일어나 산소나 수소가스를 발생하여 밀폐형 축전지에서는 용기를 파괴하거나 수명을 감소시키는 결점이 있다.

따라서 그림 1-21과 같이 회로를 구성하면 항상일정전류로 충전이 가능하며 이들의 동작을 간단히 설명한다. 우선 변압기 T로 강압한 다음 정류브리지다이오드 $D_1 \sim D_4$에 의하여 전파정류된 전류는, 충전제어용 사이리스터 $Thy_2 \rightarrow$ 축전지 → 정전류 충전용 사이리스터 $Thy_1 \rightarrow$ 전류검출용 저항 R_4와 통전된다. 이때, 저항 R_4에는 충전전류에 의하여 전압강하를 발생하고 콘덴서 C_1에 전압 V_1을 발생한다. 또, 콘덴서 C_2에는 VR_1에서 설정한 전압 V_2와, 상기 전압 V_1의 차가 나타난다. 이 전압이 Thy_1의 게이트 음극간에 인가되고 Thy_1이 트리거된다.

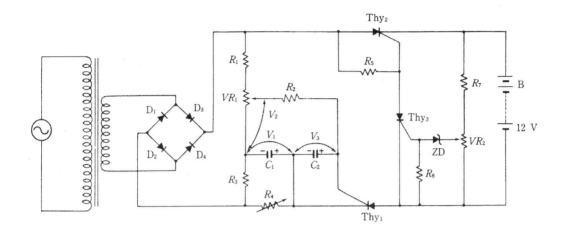

그림 1-21   정전류 충전회로

이와 같이 하여 충전이 되고 충전지가 설정전압까지 충전되면, Thy_3 게이트에 제너다이오드 ZD를 통하여 트리거 전류가 흘러 Thy_3 가 ON하고, Thy_2 트리거 전류를 바이패스한다. 이 때문에 축전지 충전제어용 사이리스터 Thy_1 은 OFF하고 충전을 자동적으로 정지한다. 이 회로는 Thy_1 게이트 감도에 의해 VR_1 의 설정값이 다소 영향을 미치므로 세트마다 VR_1 설정을 해 준다. 또 충전 완료시의 전압검출은 **그림 1-20**과 같이 하여도 되지만 여기에서는 제너다이오드를 이용한 예를 나타낸 것이다. 이 경우, Thy_3 트리거 전류에 의해 VR_2 설정이 변화하므로, 미리 2~3 V 높게 되게 VR_2 를 설정하는 것이 필요하다.

5 전기저장장치(ESS: Energy Storage System)

전기저장장치는 잉여전력을 저장하여 필요할 때 사용할 수 있도록 하는 장치로 전력 사용량이 적은 심야시간대의 발전소 생산전력의 일부를 저장후 사용하기 위한 장치이다. ESS는 신재생에너지 발전소의 불안정한 생산전력을 저장 한 후 안정되게 전력을 공급한다던가 지방 소도시 나 산악지역의 낙후된 전력 인프라 및 전기의 품질저하를 대비하여 안정된 전력을 공급할 수 있다.

(1) 종류

① Battery 방식

    ㉠ 리튬이온(LiB:Lithum-ion) 이용 : 양극/음극간 리튬이온 이동에 의해 저장한다. 고가이며 대용량셀이 곤란하나 고에너지밀도로 전기를 저장할 수 있다.

    ㉡ 나트륨황(NaS) 이용 : 용융상태의 Na과 S의 반응으로 전기를 저장한다. 저비용으로 대형셀 적용이 가능하며 고에너지밀도로 전기를 저장할 수 있으나 고온작동의 우려가 있다.

    ㉢ 레독스프롬(RFB) 이용 : 전해질 내 중심금속이온의 전자수수반응으로 전기를 저장한다. 저비용으로 대용량화가 용이하고 출력과 용량을 독립적으로 설계할 수 있으나 에너지밀도가 낮다.

    ㉣ Super-capacitor 이용 : 이온이 전극표면에 전기화학적 흡착으로 저장되며 안전성이 높으나 고비용이 소요되나 저에너지밀도로 고출력으로 할 수 있다.

    ㉤ 납축전지 이용

② 비Battery 방식

    ㉠ 압축공기저장장치(CAES) 이용 : 공기를 고압으로 압축하여 지하에 저장한다. 저에너지밀도이지만 저비용으로 대규모저장에 유리하다.

    ㉡ Fly-wheel 이용 : 회전운동에 의해 저장한다. 저에너지밀도로 고출력으로 할 수 있으나 대용량이 어렵다.

    ㉢ 양수발전 이용

(2) 구성

그림 1-22는 LiB를 사용한 전기저장장치의 구성 예로 각 부분의 역할은 다음과 같다.

    ㉠ EMS(Electric Management System) : 전력계통을 감시 및 연계하고 운영 제어한다.

    ㉡ PCS(Power Conversion System) : AC-DC변환하고 전력품질을 제어한다.

    ㉢ BMS(Battery Management System) : 축전지를 감시하고 전력을 충·방전 제어한다.

    ㉣ B(Battery) : 축전지이다. 주로 리튬이온형식을 사용한다.

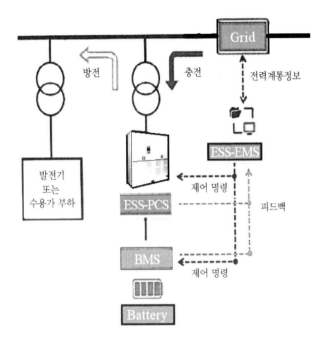

그림 1-22 전기저장장치의 구성

그림 1-23은 전기저장장치의 설치장소의 내부이다.

그림 1-23 전기저장소의 내부

(3) 전기저장장치의 용도

그림 1-24는 전기저장장치의 전기공급 부분에서의 용도를 참고로 보인 것이다.

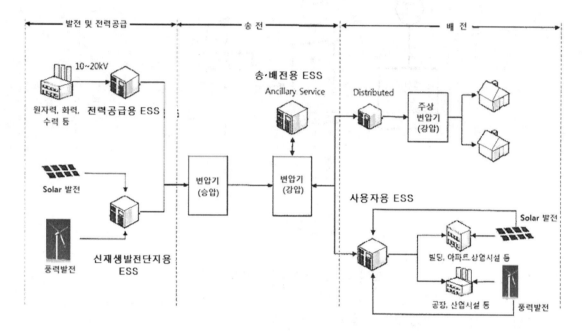

그림 1-24 전기저장장치의 용도

연 습 문 제

1. 납축전지의 공칭용량은 얼마인가?

2. 다음은 납축전지의 반응식이다. (   )안에 들어갈 것은?

$$PbO_2 + 2H_2SO_4 + (\quad) \rightleftarrows PbSO_4 + 2(\quad) + PbSO_4$$

3. 니켈을 주체로 한 금속 분말을 소결해서 만든 다공성 베이스의 가는 구멍 속에 양극작용 물질을 채운 양극판을 가진 알칼리 축전지 형식의 명칭은 무엇인가?

4. 알칼리 축전지에서 소결식인 경우의 최대 방전 전류 C/Cell는 얼마인가?

5. 축전지의 충전기에 가장 좋은 정류방식은?

6. 축전지 설비는 축전지 (   ), (   ), 제어장치 및 (   ) 로 구성되어 있다. (   )에 들어갈 용어는?

7. 예비전원용 축전지의 전해액이 충전에 의한 가스 발생과 증발에 의하여 양이 대단히 적어졌다. 무엇을 보충하여야 하는가?

8. 납축전지의 정격 용량 100 Ah, 상시부하 5 kW, 표준전압 100 V이다. 부동충전방식으로 할 때 충전기의 충전전류와 2차측 출력 kVA은 얼마인가?

9. 축전지 설비에 있어서 "전지셀(Cell)당 공칭 전압은 납축전지는 (   ) V 이상, 알칼리 축전지는 (   ) V 이상이어야 한다"에서 (   ) 속에 적당한 것은?

10. 화재경보설비용 축전지 전원의 전압은 일반적으로 몇 V인가?

11. 축전지 전원에 있어서, 전해액이 대단히 적어지고 있다. 무엇을 보충하여야 하는가?

12. 비상전원의 용량은 해당 설비를 얼마 동안 작동할 수 있어야 하는지를 소방설비별로 쓰시오. 또한 주로 사용하는 비상전원 전압은?

13. 축전지의 용량을 나타내는 단위는?

14. 축전지 전압을 사용하는 것으로서 전압계 눈금판 위에 23.4 V 위치에 붉은 표를 하였다고 하면, 정격전압을 24 V로 한 경우 정격전압의 몇 %가 되는가?

15. 축전지의 용량 산출에 필요한 조건을 들고 설명하시오.

16. 그림은 축전지 설비의 네트워크이다. Ⓐ는 무엇이며 최대부하전류의 몇 배의 정격전류로 작동하는가?

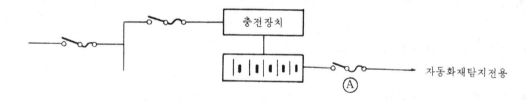

17. 그림의 전원 명칭을 쓰시오. ②는 정전시 10분간 작동하고, ③은 수신기 내부에 설치된다.

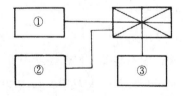

18. 비상전원함과 충전장치 사이의 절연저항은 얼마인가?

19. 2 V, 용량 150 Ah의 축전지 20개가 있다. 축전지의 전기 에너지는?

20. 자가용 발전기에서 정격출력, 정격전압, 시동전류, 과도 리액턴스와의 관계식을 쓰시오.

21. 전압강하에 대해서 간단히 설명하고, 분기회로에서의 전압강하는 공급전압의 몇 % 이내로 하는지를 쓰시오.

22. 그림은 정류회로를 구성하고자 부품을 나열한 것이다. 그림을 완전한 정류가 되도록 완성하시오.

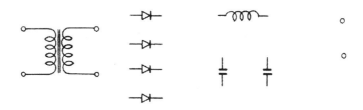

23. 방재반에서 200 m 떨어진 곳에 데류지밸브(Deluge valve)가 설치되어 있다. 데류지밸브에 부착되어 있는 솔레노이드밸브(solenoid valve)에 전류를 흘리어 밸브를 작동시킬 때 전로의 전압강하는 몇 V가 되겠는가? 단, 선로의 굵기는 5.5 mm^2, 솔레노이드 작동전류는 1 A이다.

24. 비상용 조명부하 40 W 120등, 60 W 50등이 있다. 방전시간은 30분이며 납축전지 HS형 54셀, 허용최저전압 90 V, 최저 축전지 온도 5 ℃일 때 축전지 용량을 구하시오. 단, 전압은 220 V이며 납축전지의 용량환산시간 K는 표와 같으며 보수율은 0.8로 한다.

형식	온도(℃)	10분			30분		
		1.6 V	1.7 V	1.8 V	1.6 V	1.7 V	1.8 V
CS	25	0.9	1.15	1.6	1.41	1.6	2.0
		0.8	1.06	1.42	1.34	1.55	1.88
	5	1.19	1.15	2.0	1.75	1.85	2.45
		1.1	1.25	1.8	1.75	1.8	2.35
	-5	1.35	1.6	2.65	2.05	2.2	3.1
		1.25	1.5	2.25	2.05	2.2	3.0
HS	25	0.58	0.7	0.93	1.03	1.14	1.38
	5	0.62	0.74	1.05	1.11	1.22	1.54
	-5	0.68	0.82	1.15	1.2	1.35	1.68

25. 비상전원의 종류를 3가지 들고 설명하시오.

26. 소방법상의 비상전원이란 무엇을 가리키는 것인가?

27. 폭 15 m 길이 20 m 사무실의 조도를 400 lx로 하기위해 전 광속 4,900 lx의 형광등 (40 W 2등용)을 시설할 경우 비상발전기에 연결되는 부하는 몇 VA이며 이 사무실의 회로는 몇 회로로 하여야 하는가? 단, 사용전압은 220 V이고, 40 W 형광등 1등당 전류는 0.15 A, 조명율은 50 %, 감광 보상률은 1.3으로 한다.

28. 그림에 대해 다음 동작 사항을 이해하고 물음에 답하시오.

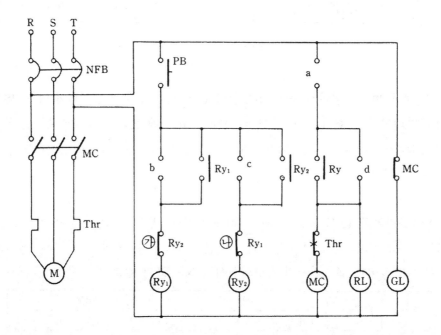

- 동작사항 -
① 버튼 스위치 PB를 누르면 릴레이 1(Ry_1)이 여자되어 MC를 여자시켜 전동기가 기동되면 PB를 누르는 것을 중지해도 전동기는 계속 운전된다.
② 다시 PB를 누르면 릴레이 2(Ry_2)가 여자되어 MC는 소호되며 전동기는 정지한다.
③ 다시 PB를 누르면 위의 동작을 반복한다.

(1) 동작 사항에 맞는 회로가 되도록 a, b, c, d에 접점을 표시하시오.
(2) ㉮, ㉯의 릴레이 b접점을 무슨 접점이라 하는가?

(3) PB를 처음 누른 상태에서 a, b, c, d, ㉮, ㉯의 접점의 상태는?

(4) PB를 처음 누르고 난 후에 점등되는 램프는?

29. 그림은 상용전원과 예비전원의 절환회로를 나타낸 것이다. 물음에 답하시오.

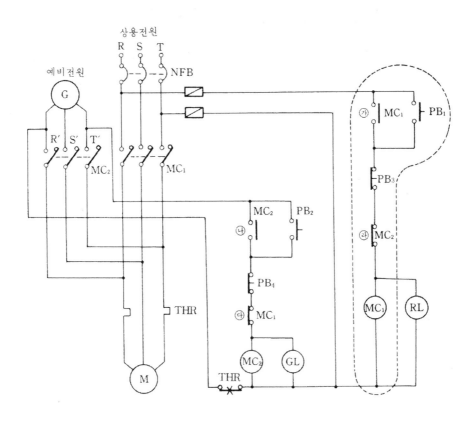

(1) PB₁를 누르면 ㉮의 접점은 어떤 상태가 되는가?

(2) ㉰의 접점은 왜 필요한가?

(3) 상용전원으로 전동기 운전중 PB₂를 누르면 MC₂는 어떤 상태가 되는가?

(4) 상용전원으로 전동기 운전중 상용전원이 정전일 때 어느 누름버튼스위치를 누르면 예비 전원으로 전동기 운전이 되는가?

(5) 회로에서 ㉰와 ㉱의 접점을 삽입하지 않고 직결되어 있다고 가정하고 PB₁을 눌러 상용전원으로 전동기를 운전중 PB₂를 누르면 어떤 상황이 발생하는가?

(6) 전동기 정지상태에서 PB₁과 PB₂를 동시에 누르면 전동기는 어떻게 되겠는가?

(7) 예비 전원으로 전동기 운전중일 때 ㉰와 ㉱의 접점은 어떤 상태에 있는가?

(8) 예비 전원으로 운전중에 상용전원으로 운전하려면 어떻게 조작하여야 하는가?

(9) 점선으로 표시한 부분을 논리식과 무접점 회로로 표시하시오.

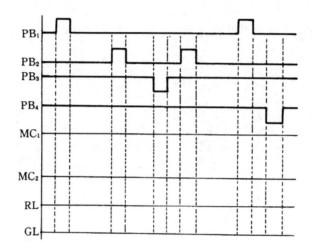

30. 예비전원으로 사용되는 축전지 설비의 용량 C는 다음과 같이 나타낼 수 있다.

$$C = \frac{1}{L}KI, \quad C = \frac{1}{L}[K_1I_1 + K_2(I_2 - I_1) + K_3(I_3 - I_2) = \cdots\cdots]$$

I A를 방전전류, K를 용량 환산시간이라 할 경우 각 물음에 답하시오.

(1) L을 무엇이라 하는가? 또 L은 대개의 경우 얼마로 설정하는가?

(2) 축전지의 자기방전을 보충하는 동시에 사용부하에 대한 전력공급을 충전기가 부담하도록 하되, 충전기가 부담하기 어려운 대전류 부하를 축전지가 부담하게 하는 충전방식을 무엇이라 하는가?

(3) 알카리 축전지 및 납 축전지의 전지 1개당 공칭전압은 각각 몇 V인가?

31. 퓨즈의 용도는?

32. 전원의 공급 지점에서 40 m의 지점에 60 A, 50 m의 지점에 40 A, 30 m의 지점에 50 A의 부하가 있을 때 전원에서 부하 중심까지의 평균거리 m는 얼마인가?

33. 비상전원 전용 수전설비에서 저압으로 수전하는 경우에 대하여 결선도를 그리고 소방부하와 일반 부하에 사용되는 개폐기의 차단 관계와 차단 용량에 대하여 설명하시오.

34. 방재전원설비의 비상전원 설치 기준을 쓰고 자동절환방법의 예를 들으시오.

35. 축전지의 충전 방식 5가지를 쓰고 설명하시오.

36. 예비전원설비가 구비해야 할 조건 4가지를 쓰시오.

37. 구내 부하 설비 용량이 500 kVA이고 수용률이 90 %인 경우 자가발전기의 용량은 얼마인가?

38. 보통형 소결식 알칼리 축전지의 부하 특성이 그림과 같을 때 축전지 최저온도 5 ℃, 허용 최저전압 1.06 V/cell, 용량 저하율(보수율)이 0.8이라면 축전지의 용량 Ah/5h은? 단 용량 환산 시간은 $K_1 = 1.45$, $K_2 = 0.69$, $K_3 = 0.25$로 한다.

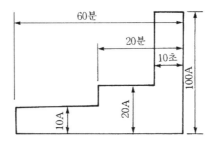

39. 전기저장장치의 종류와 구성에 대하여 설명하시오.

부　　록

부 록 1

1. 내화배선의 종류 및 시공법

사용전선의 종류	공 사 방 법
1. 450/750 V 저독성 난연 가교 폴리올레핀 절연전선 2. 0.6/1 KV 가교 폴리에틸렌 절연 저독성 난연 폴리올레핀 시스 전력 케이블 3. 6/10 kV 가교 폴리에틸렌 절연 저독성 난연 폴리올레핀 시스 전력용 케이블 4. 가교 폴리에틸렌 절연 비닐시스 트레이용 난연 전력 케이블 5. 0.6/1 kV EP 고무절연 클로로프렌 시스 케이블 6. 300/500 V 내열성 실리콘 고무 절연전선(180℃) 7. 내열성 에틸렌-비닐아세테이트 고무절연케이블 8. 버스덕트(Bus Duct) 9. 기타 전기용품안전관리법 및 전기설비기술기준에 따라 동등 이상의 내화성능이 있다고 주무부장관이 인정하는 것	금속관2종 금속제 가요전선관 또는 합성 수지관에 수납하여 내화구조로 된 벽 또는 바닥 등에 벽 또는 바닥의 표면으로부터 25 ㎜ 이상의 깊이로 매설하여야 한다. 다만 다음 각목의 기준에 적합하게 설치하는 경우에는 그러하지 아니하다. 가. 배선을 내화성능을 갖는 배선전용실 또는 배선용 샤프트·피트·덕트 등에 설치하는 경우 나. 배선전용실 또는 배선용 샤프트·피트·덕트 등에 다른 설비의 배선이 있는 경우에는 이로 부터 15㎝ 이상 떨어지게 하거나 소화설비의 배선과 이웃하는 다른 설비의 배선사이에 배선지름(배선의 지름이 다른 경우에는 가장 큰 것을 기준으로 한다)의 1.5배 이상의 높이의 불연성 격벽을 설치하는 경우
내화전선	케이블공사의 방법에 따라 설치하여야 한다.

비고 : 내화전선의 내화성능은 버어너의 노즐에서 75 ㎜의 거리에서 온도가 750±5 ℃인 불꽃으로 3시간동안 가열한 다음 12시간 경과 후 전선 간에 허용전류용량 3 A의 퓨우즈를 연결하여 내화시험 전압을 가한 경우 퓨우즈가 단선되지 아니하는 것. 또는 소방청장이 정하여 고시한「내화전선의 성능인증 및 제품검사의 기술기준」에 적합할 것

2. 내열배선의 종류 및 시공법

사용전선의 종류	공 사 방 법
1. 450/750 V 저독성 난연 가교폴리올레핀 절연전선 2. 0.6/1 KV 가교 폴리에틸렌 절연 저독성 난연 폴리올레핀 시스 전력 케이블 3. 6/10 kV 가교 폴리에틸렌 절연 저독성 난연 폴리올레핀 시스 전력용 케이블 4. 가교 폴리에틸렌 절연 비닐시스 트레이용 난연 전력 케이블 5. 0.6/1 kV EP 고무절연 클로로프렌 시스 케이블 6. 300/500 V 내열성 실리콘 고무 절연전선(180℃) 7. 내열성 에틸렌-비닐 아세테이트 고무 절연케이블 8. 버스덕트(Bus Duct) 9. 기타 전기용품안전관리법 및 전기설비기술기준에 따라 동등 이상의 내열성능이 있다고 주무부장관이 인정하는 것	금속관 · 금속제 가요전선관 · 금속덕트 또는 케이블(불연성덕트에 설치하는 경우에 한한다.) 공사방법에 따라야 한다. 다만, 다음 각목의 기준에 적합하게 설치하는 경우에는 그러하지 아니하다. 가. 배선을 내화성능을 갖는 배선전용실 또는 배선용 샤프트 · 피트 · 덕트 등에 설치하는 경우 나. 배선전용실 또는 배선용 샤프트 · 피트 · 덕트 등에 다른 설비의 배선이 있는 경우에는 이로부터 15 ㎝ 이상 떨어지게 하거나 소화설비의 배선과 이웃하는 다른 설비의 배선사이에 배선지름(배선의 지름이 다른 경우에는 지름이 가장 큰 것을 기준으로 한다)의 1.5배 이상의 높이의 불연성 격벽을 설치하는 경우
내화전선 · 내열전선	케이블공사의 방법에 따라 설치하여야 한다.

비고 : 내열전선의 내열성능은 온도가 816±10℃인 불꽃을 20분간 가한 후 불꽃을 제거하였을 때 10초 이내에 자연소화가 되고, 전선의 연소된 길이가 180 ㎜ 이하이거나 가열온도의 값을 한국산업표준 (KS F 2257-1)에서 정한 건축구조부분의 내화시험방법으로 15분 동안 380℃까지 가열한 후 전선의 연소된 길이가 가열로의 벽으로부터 150 ㎜ 이하일 것. 또는 소방청장이 정하여 고시한 「내열전선의 성능인증 및 제품검사의 기술기준」에 적합할 것.

부　　록 2

별표 1. 설치장소별 감지기 적응성(연기감지기를 설치할 수 없는 경우 적용)
(제7조 제7항 관련)

설치장소		적 응 열 감 지 기									비　　고
		차동식 스포트형		차동식 분포형		보상식 스포트형		정온식		열아날로그식	불꽃감지기	
환경상태	적응장소	1종	2종	1종	2종	1종	2종	특종	1종			
먼지 또는 미분 등이 다량으로 체류하는 장소	쓰레기장, 하역장, 도장실, 섬유·목재· 석재 등 가공 공장	○	○	○	○	○	○	○	○	○	○	1. 불꽃감지기에 따라 감시가 곤란한 장소는 적응성이 있는 열감지기를 설치할 것. 2. 차동식분포형감지기를 설치 하는 경우에는 검출부에 먼지, 미분 등이 침입하지 않도록 조치할 것. 3. 차동식스포트형감지기 또는 보상식스포트형감지기를 설치하는 경우에는 검출부에 먼지, 미분 등이 침입하지 않도록 조치할 것. 4. 정온식감지기를 설치하는 경우에는 특종으로 설치할 것. 5. 섬유, 목재가공 공장 등 화 재확대가 급속하게 진행될 우려가 있는 장소에 설치하는 경우 정온식감지기는 특종으로 설치할 것. 공칭작동 온도75[℃] 이하, 열아날로그식 스포트형 감지기는 화재표시 설정은 80[℃] 이하가 되도록 할 것.

설 치 장 소		적 응 열 감 지 기								불꽃감지기	비 고
환경상태	적응장소	차동식 스포트형		차동식 분포형		보상식 스포트형		정온식	열아날로그식		
		1종	2종	1종	2종	1종	2종	특종	1종			

환경상태	적응장소	차1	차2	분1	분2	보1	보2	특	1	열아	불꽃	비 고
수증기가 다량으로 머무는 장소	증기세정실, 탕비실, 소독실 등	×	×	×	○	×	○	○	○	○	○	1. 차동식분포형감지기 또는 보상식스포트형감지기는 급격한 온도변화가 없는 장소에 한하여 사용할 것. 2. 차동식분포형감지기를 설치 하는 경우에는 검출부에 수증기가 침입하지 않도록 조치할 것. 3. 보상식스포트형감지기, 정온식감지기 또는 열아날 로그식감지기를 설치하는 경우에는 방수형으로 설치할 것. 4. 불꽃감지기를 설치할 경우 방수형으로 할 것
부식성가스가 발생할 우려가 있는 장소	도금공장, 축전지실, 오수처리장 등	×	×	○	○	○	○	○	○	○	○	1. 차동식분포형감지기를 설치하는 경우에는 감지부가 피복되어 있고 검출부가 부식성가스에 영향을 받지 않는것 또는 검출부에 부식성가스가 침입하지 않도록 조치할 것. 2. 보상식스포트형감지기, 정온식감지기 또는 열아날로그식스포트형감지기를 설치하는 경우에는 부식성가스의 성상에 반응하지 않는 내산형 또는 내알칼리형으로 설치할 것 3. 정온식감지기를 설치하는 경우에는 특종으로 설치할 것
주방, 기타 평상시에 연기가 체류하는 장소	주방, 조리실, 용접작업장 등	×	×	×	×	×	×	○	○	○	○	1. 주방, 조리실 등 습도가 많은 장소에는 방수형 감지기를 설치할 것. 2. 불꽃감지기는 UV/IR형을 설치할 것
현저하게 고온으로 되는 장소	건조실, 살균실, 보일러실, 주조실, 영사실, 스튜디오	×	×	×	×	×	×	○	○	○	×	
배기가스가 다량으로 체류하는 장소	주차장, 차고, 화물취급소 차로, 자가발전실, 트럭터미널, 엔진시험실	○	○	○	○	○	○	×	×	○	○	1. 불꽃감지기에 따라 감시가 곤란한 장소는 적응성이 있는 열감지기를 설치할 것. 2. 열아날로그식 스포트형감지기는 화재표시 설정이 60[℃] 이하가 바람직하다.

설치장소		적응열감지기									불꽃감지기	비고
		차동식스포트형		차동식분포형		보상식스포트형		정온식		열아날로그식		
환경상태	적응장소	1종	2종	1종	2종	1종	2종	특종	1종			
연기가 다량으로 유입할 우려가 있는 장소	음식물배급실, 주방전실,주방내 식품저장실, 음식물운반용엘리베이터,주방주변의 복도 및 통로, 식당 등	○	○	○	○	○	○	○	○	○	×	1. 고체연료 등 가연물이 수납되어 있는 음식물배급실, 주방전실에 설치하는 정온식감지기는 특종으로 설치할 것 2. 주방주변의 복도 및 통로, 식당 등에는 정온식감지기를 설치하지 말 것 3. 제1호 및 제2호의 장소에 열아날로그식스포트형감지기를 설치하는 경우에는 화재표시 설정을 60[℃] 이하로 할 것.
물방울이 발생하는 장소	스레트 또는 철판으로 설치한 지붕 창고·공장, 패키지형냉각기전용수납실, 밀폐된 지하창고, 냉동실 주변 등	×	×	○	○	○	○	○	○	○	○	1. 보상식스포트형감지기, 정온식감지기 또는 열아날로그식 스포트형감지기를 설치하는 경우에는 방수형으로 설치할 것. 2. 보상식스포트형감지기는 급격한 온도변화가 없는 장소에 한하여 설치할 것. 3. 불꽃감지기를 설치하는 경우에는 방수형으로 설치할 것
불을 사용하는 설비로서 불꽃이 노출되는 장소	유리공장, 용선로가 있는장소, 용접실, 주방, 작업장, 주방, 주조실 등	×	×	×	×	×	×	○	○	○	×	

주) 1. "○"는 당해 설치장소에 적응하는 것을 표시, "×"는 당해 설치장소에 적응하지 않는 것을 표시
   2. 차동식스포트형, 차동식분포형 및 보상식스포트형 1종은 감도가 예민하기 때문에 비화재보 발생은 2종에 비해 불리한 조건이라는 것을 유의할 것
   3. 차동식분포형 3종 및 정온식 2종은 소화설비와 연동하는 경우에 한해서 사용 할 것.
   4. 다신호식감지기는 그 감지기가 가지고 있는 종별, 공칭작동온도별로 따르지 말고 상기 표에 따른 적응성이 있는 감지기로 할 것

별표 2. 설치장소별 감지기 적응성 (제7조제7항 관련)

설치장소		적응열감지기					적응연기감지기						불꽃감지기	비고
환경상태	적응장소	차동식스포트형	차동식분포형	보상식스포트형	정온식	열아날로그식	이온화식스포트형	광전식스포트형	이온아날로그식스포트형	광전아날로그식스포트형	광전식분리형	광전아날로그식분리형		
1. 흡연에 의해 연기가 체류하며 환기가 되지 않는 장소	회의실, 응접실, 휴게실, 노래연습실, 오락실, 다방, 음식점, 대합실, 카바레 등의 객실, 집회장, 연회장 등	○	○	○				◎		◎	○	○		
2. 취침시설로 사용하는 장소	호텔 객실, 여관, 수면실 등						◎	◎	◎	◎	○	○		
3. 연기이외의 미분이 떠다니는 장소	복도, 통로 등						◎	◎	◎	◎	○	○	○	
4. 바람에 영향을 받기 쉬운 장소	로비, 교회, 관람장, 옥탑에 있는 기계실		○					◎		◎	○	○	○	
5. 연기가 멀리 이동해서 감지기에 도달하는 장소	계단, 경사로							○		○		○		광전식스포트형감지기 또는 광전아날로그식 스포트형감지기를 설치하는 경우에는 당해 감지기회로에 축적기능을 갖지 않는 것으로 할 것
6. 훈소화재의 우려가 있는 장소	전화기기실, 통신기기실, 전산실, 기계제어실							○		○	○	○		
7. 넓은 공간으로 천장이 높아 열 및 연기가 확산하는 장소	체육관, 항공기 격납고, 높은 천장의 창고·공장, 관람석 상부 등 감지기 부착 높이가 8[m] 이상의 장소		○								○	○	○	

주) 1. "○"는 당해 설치장소에 적용하는 것을 표시

   2. "◎" 당해 설치장소에 연감지기를 설치하는 경우에는 당해 감지회로에 축적기능을 갖는 것을 표시

   3. 차동식스포트형, 차동식분포형, 보상식스포트형 및 연기식(당해 감지기회로에 축적 기능을 갖지않는 것)1종은 감도가 예민하기 때문에 비화재보 발생은 2종에 비해 불리한 조건이라는 것을 유의하여 따를 것

   4. 차동식분포형 3종 및 정온식 2종은 소화설비와 연동하는 경우에 한해서 사용 할 것

   5. 광전식분리형감지기는 평상시 연기가 발생하는 장소 또는 공간이 협소한 경우에는 적응성이 없음

   6. 넓은 공간으로 천장이 높아 열 및 연기가 확산하는 장소로서 차동식분포형 또는 광전식분리형 2종을 설치하는 경우에는 제조사의 사양에 따를 것

   7. 다신호식감지기는 그 감지기가 가지고 있는 종별, 공칭작동온도별로 따르고 표에 따른 적응성이 있는 감지기로 할 것

   8. 축적형감지기 또는 축적형중계기 혹은 축적형수신기를 설치하는 경우에는 제7조에 따를 것

부   록 3
연습문제풀이

1편 화재경보설비

제1장 자동화재탐지설비

1. p. 30 참조

2. p. 30, p. 31 참조

3. 5번 지구회로 단선, 전선접속부의 접속불량, 종단저항의 단선

4. ① 공통선 ② 경종선 ③ 표시등선 ④ 전화선 ⑤ 감지기 공통선

5. 회로도통시험 버튼을 누르고 회로선택 스위치를 차례로 회전하여 선택된 회로의 결선 상태(도통상태)를 계기의 지시부를 보면서 정상여부를 시험한다.

6. 상용전원 및 비상전원이 사고 및 단선 등으로 인하여 정전이 되는 경우 자동적으로 예비전원으로의 절환 또는 정전 복구시에 자동적으로 일반 상용전원으로의 절환 여부를 알기 위한 시험이다.

7. 예비전원 충전 불량, 예비전원 퓨즈 단선, 접속전선의 단선, 자동충전장치의 고장, 자동절환장치의 고장

8. 1. 외관점검시 : 주위의 상황, 외형, 경계구역 표시장치, 전압계, 스위치류, 표시, 예비품 등

   2. 작동 및 기능점검시 : 스위치류, 퓨즈류, 계전기, 표시등, 통화장치, 결선접속, 접지,

부속장치, 화재표시, 회로도통 등

9. ① 선로수가 적어 경제적이다.

② 증설 또는 이설이 비교적 쉽다.

③ 신호의 전달이 신속 정확하다.

④ 화재발생지구를 선명하게 숫자로 표시한다.

⑤ 선로의 길이를 길게 할 수 있다.

10. FUSE, 전구(Lamp), 종단저항

11. 어떤 수신기로부터도 작동(명동)되어야 한다.

12. 회로도통시험 : 도통시험 버튼을 누르고 (ON) 회로선택 스위치를 차례로 회전하여 선택된 회로의 도통 상태를 계기의 지시부를 보며 정상여부를 확인한다.

13. 전압강하 $\rho = IR$에서 $I = 48/24 = 2$ A

∴ $R = 8.75 \times 100/1,000 \times 1.75$ Ω

∴ $\rho = 2 \times 1.75 = 3.5$

∴ 24−3.5=20.5 V

14. $\rho = 35.6 LI/1,000$A

$\rho = 35.6 \times 200 \times 1/1,000 \times 6 = 1.187$ V

15. p. 26 참조

16. ① 소방설비 공사업면허증 사본

② 소방설비 공사업면허 수첩

③ 당해 소방설비공사를 시공관리하는 책임소방설비기술사 또는 소방설비기사의 국가기술자격수첩

17. p. 127 참조

18. ① 회로도통시험 ② 동작시험

19. 70 m^2

20. p. 217 참조, 10 kg

21. 감지기 회로의 도통시험을 용이하고 확실하게 할 수 있게 하기 위함이다.

22. 270÷70=3.875(개)

∴ 4개 설치

23. 슬리브(Sleeve)로 접속한 후 납땜

24. p. 134 참조

25. p. 222 참조

26. p. 80 참조

27. p. 76 참조

28. 1종 60초, 2종·3종 : 90초

29. p. 78 참조

30. DC 500 V , 절연저항계(Megger)

31. 50m÷60m=8.333이므로 최저 9개 설치

32. 4~20개 (p. 91 참조)

33. 2~15개 (p. 92 참조)

34. ① 계단 및 경사로(15 m 미만 제외)

② 복도 통로(30 m 미만 제외)

③ 승강기 권상기실, 린넨슈트, 파이프 덕트 등 이와 유사한 장소

④ 천장 또는 반자의 높이가 15 m 이상 20 m 미만인 장소

35. 완만한 온도 상승에 대해 팽창한 공기를 외부로 배출하는 기능을 하지 못하므로 비화재 원인

36. A : Diaphragm

B : 리크 구멍

C : 감열실

D : 접점

명칭 : 차동식 스포트형 열감지기

37. p. 87 참조

38. p. 89 참조

39. • 천장이 낮은 거실 : 2.3 m 미만

• 작은 거실 : 40 m^2

40. 굴곡부에서 5 m 이내, 곡률반경은 5 mm 이상

41. 정온식 스포트형 감지기

42. $I = V/R = 24/950 \cdot 1000 = 25.26$ mA 이므로 27 mA

43. ① 5 mm

② 슬리브 접속 후 납땜

③ 20 m 이상 100 m 이하

④ 5 cm 이내

⑤ 9 m 이하

44. (1) $R = V/I = 24/0.002 = 12000$ Ω,

저항 $R =$ 종단저항+릴레이 저항+배선회로저항이므로

$R = 12000 - 800 - 110 = 11090$ Ω

(2) 저항 $R =$ 종단저항+릴레이 저항+배선회로저항에서

감지기가 동작하면 종단저항은 관계가 없으므로

$R = 0 + 800 + 110 = 910$ Ω

∴ $I = 24/910 = 0.02637 = 26.37$ mA

45. p. 78 참조

46. ① 2선 ② 4선 ③ 2선 ④ 2선 ⑤ 4선

47. 공기관의 유통시험, 감지기의 발생압력측정시험, 분포형(공기관식)의 접점수고시험

48. 최대공기관의 길이, 사용 공기관의 외경 및 내경

49. p. 220 참조

50. mA

51. ① 4선 ② 2선 ③ 2선

52. p. 225 참조

53. 회로도통시험, 예비전원시험, 절연저항시험

54. ① 검출부 ② 접점, 열전대부 ③ 20개 이하 ④ 80 m^2

55. p. 223, p. 224 참조

56. p. 224 참조

57. p. 228 참조

58. p. 228 참조

59. p. 237 참조

60. p. 237 참조

61. p. 250 참조

62. p. 254 참조

63. A : 지구선, B : 공통선, C : 응답선, D : 전화선

64. p. 254 참조

65. 발신기의 누름 버튼 스위치를 누른 후 응답 램프가 점등하면 누름 버튼 스위치로 해놓
지 않았기 때문이다.

66.

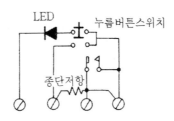

> A : 응답단자 – 수동발신기를 수동으로 기동시켰을 경우 이 신호를 수신기로 전달하며 수동발신기의 응답램프를 (LED)를 점등시킨다.
>
> B : 지구단자 – 수신기로 전달하며 수동발신기의 응답램프(LED)를 점등시킨다.
>
> C : 전화단자 – 수동발신기와 수신기 사이에 통화를 목적으로 전화잭을 수동발신기에 설치하며 통화가 필요할 때에는 전화잭에 전화 플러그에 삽입하여 수신기와 통화할 수 있다.
>
> D : 공통단자 – 응답, 지구, 전화의 공통선을 접속하는 단자로 수신기와 결선하는 단자이다.

67. p. 263 참조

68. 음향장치가 설치되어 있는 상태에서 음향장치의 중심으로부터 1[m] 떨어진 위치에서 음향계를 사용하여 측정한다.

69. 지하층 전체, 1층, 2층

70. 직상발화 우선경보방식 p. 261 참조

71. p. 262 참조

72. ● 수신기의 조작 스위치 또는 버튼은 정상위치에 있는가?

  ● 수신기 부근에 조작상 장애물은 없는가?

  ● 경계구역일관표, 회로도, 예비부품 등 비치해야 할 것들은 있는가?

  ● 예비전원의 공급은 정상적으로 이루어지고 있는가?

73. p. 16 이하에 있는

  ① 감지기, ② 수신기, ③ 발신기, ④ 중계기, ⑤ 음향장치, ⑥ 표시등,

  ⑦ 전원, ⑧ 배선 참조

74. ① 점검 및 관리가 쉬운 장소

  ② 동일층 발신기함 내부 또는 바닥으로부터 1.5 m 이내의 전용함

  ③ 감지기 회로의 끝부분

75. 주경종 정지스위치, 지구경종정지스위치, 도통시험스위치, 복구스위치 등이 정상상태로 유지되어 있지 않을 경우 스위치등이 깜빡거린다.

76. (1)

기호	결선수	전선의 용도
㉮	8	응답, 전화, 지구2, 지구공통, 지구경종1, 표시등, 경종 및 표시등 공통
㉯	11	응답, 전화, 지구4, 지구공통, 지구경종2, 표시등, 경종 및 표시등 공통
㉰	14	응답, 전화, 지구6, 지구공통, 지구경종3, 표시등, 경종 및 표시등 공통
㉱	19	응답, 전화, 지구9, 지구공통2, 지구경종4, 표시등, 경종 및 표시등 공통
㉲	25	응답, 전화, 지구13, 지구공통2, 지구경종6, 표시등, 경종 및 표시등 공통
㉳	8	응답, 전화, 지구2, 지구공통1, 지구경종1, 표시등, 경종 및 표시등 공통

(2) 2가닥(기동확인선, 표시등)

(3) 5가닥(ON, OFF, 공통선, 표시등(Lamp)선 2)

77. (1) ① 36C(17-2.5 mm²) ② 36C(13-2.5 mm²)

③ 28C(11-2.5 mm²) ④ 28C(9-2.5 mm²)

(2) ① 2본 ② 4본 ③ 4본

78.

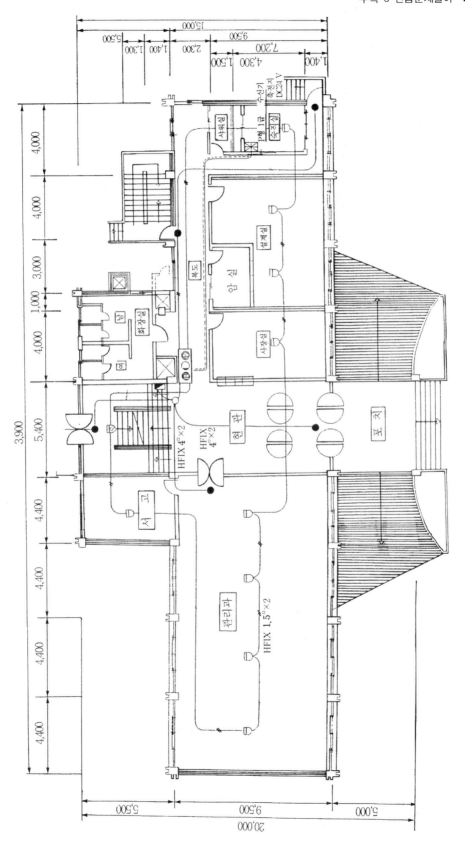

79.

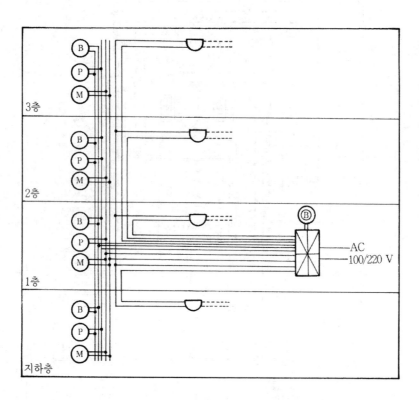

80. (1) 직상발화 우선경보방식

(2) a : 표시등선,   b : 주경종선,   c : 전화선,

d : 응답선,   e : 공통선(경종, 표시등)

(3) p. 265 참조

81. (1) 지구선 1.5mm²×2, HFIX

지구공통선 1.5mm²×1, HFIX

전화선 1.5mm²×1, HFIX

응답선 1.5mm²×1, HFIX

경종선 2.5mm²×1, HFIX

표시등선 2.5mm²×1, HFIX

경종, 표시등 공통선 2.5mm²×1, HFIX

(2) (1) + ⎡ 지구선 1.5mm²×2, HFIX
⎣ 경종선 2.5mm²×1, HFIX

(3) (2) + ⎡ 지구선 1.5mm²×2, HFIX
⎣ 경종선 2.5mm²×1, HFIX

(4)　지구선 1.5mm²×3, HFIX

(3)+　경종선 2.5mm²×1, HFIX

　지구공통선 1.5mm²×1, HFIX

(5) 지구선 1.5mm²×13, HFIX

지구공통선 1.5mm²×2, HFIX

전화선 1.5mm²×1, HFIX

응답선 1.5mm²×1, HFIX

경종선 2.5mm²×6, HFIX

표시등선 2.5mm²×1, HFIX

경종, 표시등, 공통 2.5mm²×1, HFIX

(6) 지구선 1.5mm²×1, HFIX

지구공통선 1.5mm²×1, HFIX

전화선 1.5mm²×1, HFIX

응답선 1.5mm²×1, HFIX

경종선 2.5mm²×1, HFIX

표시등선 2.5mm²×1, HFIX

경종, 표시등, 공통선 2.5mm²×1, HFIX

82. (가) 9 (나) 11 (다) 13 (다) 15 (라) 15 (마) 17 (바) 23 (사) 11 (아) 9 (자) 4

83. 20분 이상

84. ● 절연저항시험

① 수신기의 절연된 충전부와 외함 간의 절연저항은 직류 500 V의 절연저항계로 측정한 값이 5 MΩ(교류 입력측과 외함 간에는 20 MΩ 이상이어야 한다. 그러나 수신기에 접속되는 회선수가 10 이상인 것에서는 수신기의 교류 입력측과 외함 간을 제외하고 1회선당 50 MΩ 이상이어야 한다.

② 절연된 선로 간의 절연저항은 직류 500 V의 절연저항계로 측정한 값이 20 MΩ 이상이어야 한다.

● 절연내력시험 : 절연저항시험에서 정한 시험 부위의 절연내력은 60 Hz의 정현파에 가까운 실효전압 500 V(정격전압이 60 V를 초과하고 150 V 이하인 것은 1000 V, 정격전압이 150 V를 초과하는 것은 그 정격전압에 2를 곱하여 1000을 더한 값)의 교류전압을 가하는 시험에서 1분 동안 견디는 것이어야 한다.

85. 자동화재탐지설비 1회선이 유효하게 화재발생을 탐지할 수 있는 구역

86. 경계구역수 : 1개, 회로명과 회선수 : 지구선 10, 경종선 10, 응답선 1, 전화선 1, 표시등선 1, 지구공통선 2, 경종공통선 1, 총 26선

87. ● 설치대상이 아님

   ● (15+30)/2 = 22.5 m

88. ● 마노미터 : 접점수고시험, 공기관의 유통시험

   연소시험을 행할 경우의 감지기 발생압력 측정에 사용

   ● 공기주입시험기(test pump) : 수신기기를 개조한 것으로 화재작동시험, 유통시험 등을 할 경우에 사용

   ● 초시계(stop watch)

89. p. 171 참조

90. p. 179~참조

91. p. 192 참조

92. p. 203~참조

93. p. 60, p. 62 참조

94. p. 70~참조

95. p. 70, p. 71 참조

96. p. 70~참조

97. p. 84, p. 112 참조

98. p. 124 참조

99. p. 135 참조

100. p. 135 참조

101. p. 154 참조

102. p. 162 참조

103. p. 165 참조

104. p. 169 참조

105. p. 175 참조

106. p. 187 참조

107. p. 188 참조

108. p. 202 참조

109. p. 213~참조

110. p. 272 참조

111. p. 235 참조

112. p. 244 참조

113. p. 254 참조

114. p. 262 참조

115. p. 269 참조

116. p. 226 참조

117. p. 236 참조

118. p. 272 참조

119. p. 276 참조

120. p. 39, p. 55 참조

121. p. 224~참조

122. p. 272 참조

123. p. 270 참조

124. p. 269 참조

125. p. 271 참조

126.

지상 1층 자동화재탐지설비 평면도

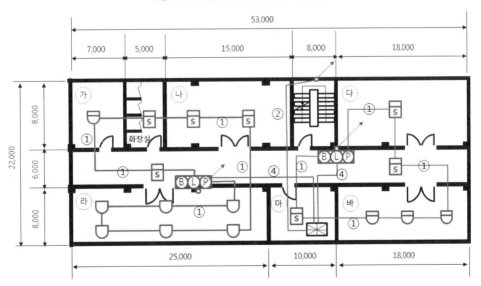

지상 2층 자동화재탐지설비 평면도

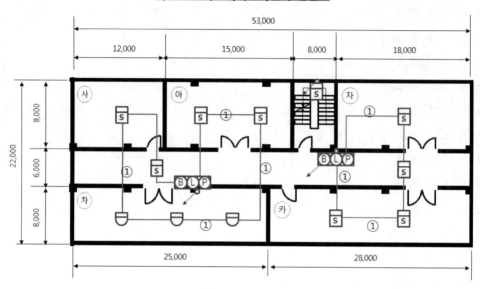

자동화재탐지설비 계통도

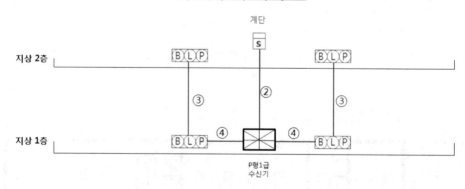

기기물량 산출표

품명	규격	1층	2층	소계
차동식 감지기	스포트형 2종	6	5	11
정온식 감지기	스포트형 특종	6		6
연기식 감지기	스포트형 1종	1	4	5
연기식 감지기	스포트형 2종	6	3	9
발신기	P형1급	2	2	4
경 종	DC 24V	2	2	4
표시등	DC 24V	2	2	4
수신기	P형1급	1		1

재료비(기기장치) 내역서

품명	규격	수량	단가	금액
차동식 감지기	스포트형 2종	11	5,000	55,000
정온식 감지기	스포트형 특종	6	5,000	30,000
연기식 감지기	스포트형 1종	5	20,000	100,000
연기식 감지기	스포트형 2종	9	20,000	180,000
발신기	P형1급	4	5,000	20,000
경 종	DC 24V	4	6,000	24,000
표시등	DC 24V	4	2,000	8,000
수신기	P형1급	1	300,000	300,000
			합계금액	717,000

제2장 자동화재속보설비

1. 1,500 m^2

2. p. 313 참조

3. AC 220 V

4. p. 306 참조

5. p. 307 참조

6. p. 309 참조

7. p. 310 참조

8. p. 310 참조

9. p. 311 참조

10. p. 317 참조

제3장 누전경보기

1. 60 A

2. 600 V

3. 변류기

4. 내화구조가 아닌 건축물로서 벽, 바닥 또는 반자의 전부나 일부를 불연재료 또는 준불연 재료가 아닌 재료에 철망을 넣어 만든 것

5. 60 A 1급. 60 A 1급, 1 A 2급.
경계전로에 설치하는 것은 100~400 mA이고, 제2종 접지선에 설치하는 것은 400~ 700 mA

6. 대전류 회로, 고주파 발생회로, 방송국 근처에 변류기 2차측 배선을 가까이 할 때

7. 검출 누설전류의 설정값이 적합하지 않을 때

8. p. 355 참조

9. p. 353 참조

10. 100~125 %

11. 원활하고 확실하게 작동하여야 하며 정지점이 명확하여야 한다.

수동으로 개폐되어야 하며 자동적으로 복귀하지 아니하여야 한다.

KS C 4613(누전차단기)에 적합하여야 한다.

12. (1) p. 330 참조

(2) p. 330 참조

(3) ① p. 330 참조

② 충격파로부터 수신기 보호

충격파 그외의 Surge 대책

(4) 1 A

(5) 보호부 또는 보호회로

13. ① 정격용량 ② 변류기 2차전류 ③ 변류기 1차전류

④ 명칭 ⑤ 수량

14.

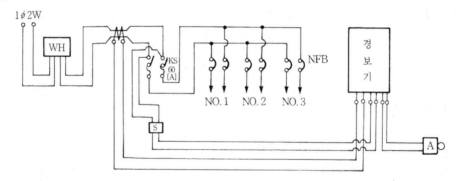

15. 변류비 100 : 5이고 정격용량 30 VA인 영상변류기(ZCT)로써 1차측 전류 100 A, 2차측 전류는 5 A이다.

16. p. 355 참조

17. (1) 검류계, (2) 절연저항계(Megger), (3) 음향계, (4) 회로시험계(Tester)

18. (1) 60 A (2) 개폐기 및 15 A 이하의 과전류 차단기 (3) CT : 변류기, 2차측은 단락

19. p. 325, p. 327 참조

20. p. 325 참조

21. p. 320 참조

22. 수신기, 변류기, 음향장치, 차단기구

23. p. 359 참조

24. • 설치상태   • 설치방법

     • 계약전류   • 수신기

     • 원력부저위치   • 전원

제4장   비상경보설비

1. 비상벨 설비, 자동식 사이렌 설비, 단독형 화재경보기

2. 적색   **3.** 60 V

4. 단독형 화재경보기   **5.** 2.5 mm²

6. 300 V   **7.** 120 cm

8. 예비전구(백열전구에 한함), 예비퓨즈, 종단저항(B형에 한함), 취급설명서, 경계구역 일람도

9. 300 V 이하

10. 병렬, 방전등, 발광다이오드, 130 %, 24, 300, 3 m

제5장   비상방송설비

1. 11층   **2.** 25 m 이하

3. 1.5 mm²   **4.** 실내 : 1 W 이상, 실외 : 3 W 이상

5. 25 m   **6.** 1 m, 90 dB

7. 10초   **8.** p. 401 참조

9. 3선식 배선

10.

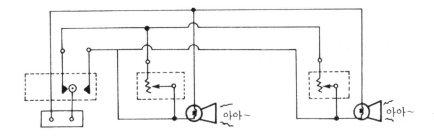

11. 20 MΩ

12. (1) 아웃트레만인 경우의 스피커   (2) 스피커

     (3) 방향을 표시한 스피커   (4) 폰형 스피커

13. 해당 장소의 면적, 부착높이, 소음의 정도

14. 발화층인 1층, 직상층인 2층, 지하전층

15. 60분, 10분 이상

16. p. 397 참조

17. p. 398 참조

18. 음성신호를 받아 진동을 콘지로 전달하는 확성기 부품

19. p. 388 참조

20. p. 401 참조

21. • 기동장치 : 누름버튼 등, 비상전화,

　　• 증폭기 : 스위치류, 퓨우즈류의 12개항,

　　• 스피커 : 음량, 경보방식, 음량조절기,

　　• 경종 등

제6장　가스누설경보설비

1. p. 411 참조　　　　**2.** p. 416 참조

3. p. 419 참조　　　　**4.** p. 420 참조

5. p. 423 참조　　　　**6.** p. 426 참조

7. p. 428 참조

8. (1) 90 dB, 영업용인 것은 70 dB, 고장표시용은 60 dB이상

　　(2) 황색

　　(3) 원통밀폐형 Ni-Cd 축전지

9. p. 433 참조　　　　**10.** p. 436 참조

2편　피난유도설비

제2장　비상조명등

1. 1.5 m　　　　**2.** p. 460 참조

3. p. 460 참조　　　　**4.** 50 cm 이하, 50 cm 이내

5. p. 455 참조　　　　**6.** 4, 1

7. p. 447~참조

8. p. 449 참조

9. p. 465 참조

10. 1 lx

11. 0.2 lx

12. $P = VI\cos\theta$ 에서 $I = P/V \cdot \cos\theta = 20 \times 10/100 \times 0.5 = 4$

$\therefore$ 4 A

13. 1.5 m 이상

14. $N =$ 직선거리 m $/4 = 20/4 = 5 - 1 = 4$

$\therefore$ 4 EA

15. 1 m

16. 20 분

17. 1 m 이하

18. ① 축전지 충전불량, ② 축전지 접속불량, ③ 충전부 회로불량,

④ 충전전원 배선의 단선 ⑤ 자동절환장치 불량

19. (1) 비상 조명등 (백열등)

(2) 유도등 (백열등)

(3) 객석유도등(백열등)

(4) 비상조명등 겸용 유도등

20. $P = V \cdot I \cdot \cos\theta$ 에서 $I = P/V \cdot \cos\theta = 20 \times 20/220 \times 0.7 = 2.597$

$\therefore$ 약 2.6 A

21.

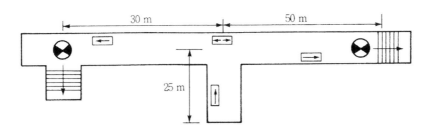

22. $N =$ 직선거리 m $/4 = 40 / 4 = 10 - 1 = 9$ $\therefore$ 9 EA

23. p. 451 참조

24. p. 457, p. 458 참조

25. p. 447 참조

26. p. 447 참조

27. $P = VI$에서 $I = P/V = 20 \times 20/100 = 40$ A

$S = 35.6 IL/1,000e = 35.6 \times 6 \times 30/1,000 \times 0.2 \times 100 = 2.14 \ \text{mm}^2$

$\therefore \ 4.0 \ \text{mm}^2$ 또는 $6.0 \ \text{mm}^2$

28. 보수율 $M = E/E_0$ (E_0 = 설계초기조도)

$\therefore \ E_0 = E/M = 10/0.7 = 14 \ \text{lx}$

29. 1 lx

30. p. 476, p. 477 참조

31. p. 476 참조

32. p. 462 참조

33. p. 456 참조

3편   소화활동설비

제1장   제연설비

1. (1)

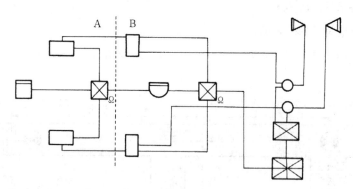

   (2) ① 5 ② 4 ③ 5 ④ 4 ⑤ 12 ⑥ 12

2. (1) A : 배기댐퍼   B : 급기댐퍼   C : 수동조작함

   (2) 1 : 4가닥, 2 : 4가닥, 3 : 4가닥, 4 : 5가닥, 5 : 6가닥

   (3) 0.8 m 이상 1.5 m 이하

3. p. 496 참조

4. p. 507 참조

5. p. 511 참조

6. p. 514 참조

7. p. 515 참조

8. p. 511 참조

9. p. 514 참조

10. p. 515 참조

제3장 비상콘센트설비

1. 0.8 m 이상 1.5 m 이하

2. p. 524 참조

3. 2회로

4. 적색

5. 6개 회로

6. p. 523 참조

7. 3개

8. 50 m

9. 20분

10. 제3종접지공사, 2.5 mm² 이상

11. 10개

12. (1)

(2) 0.8 m 이상 1.5 m 이하

(3) 제3종 접지공사, 2.5 mm², 100 Ω 이상

(4) ① 지하가 또는 지하층의 바닥면적의 합계 3000 m² 이상인 것은 25 m

② 1항에 해당하지 않는 것은 50 m

13. 16 mm 이상

14. p. 534 참조

15. p. 535 참조

16. p. 533 참조

17. p. 534 참조

제4장 무선통신보조설비

1. 50 Ω

2. 1.5 m

3. p. 541 참조

4. 30분

5. 4 m

6. 연면적 1000 m^2

7. p. 553, p. 554 참조

8. p. 539 참조

9. 1,000, 지하가, 접속단자, 1.5 m, 30분

10. 4 m 이내마다

11. p. 551 참조

4편 소화설비의 부대전기설비

제1장 옥내외 소화전 설비

1.

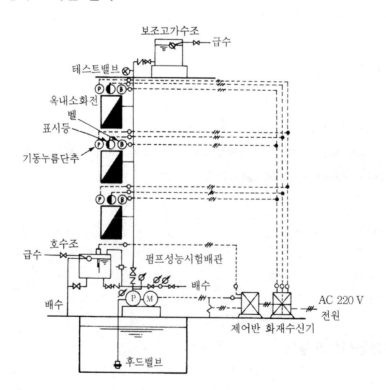

2.

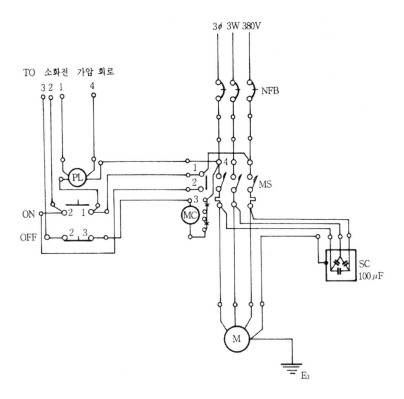

전자 개폐기를 원격 조작할 때 누름 버튼 스위치가 1개소, 2개소, 3개소 등에 따라 결선 방법은 다음과 같으므로 참고로 도시한다.

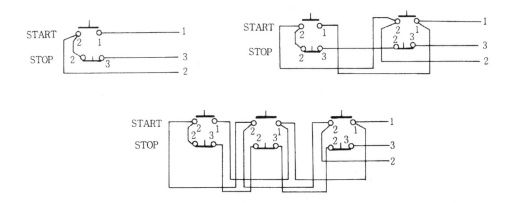

기호	명 칭	설 명
NFB	배선용차단기(NO FUSE BREAKER)	배전선로의 부하전류 및 고장전류 차단
MS	전자개폐기(MAGNETIC SWITCH)	과전류에 대해 보호
SC	전력용콘덴서(STATIC CONDENSER)	앞선 무효전력 공급으로 부하의 역률 개선
MC	전자접촉기(ELECTROMAGNETIC CONTACTOR)	과부하전류 차단
NFR	저독성난연케이블	600 V 이하의 전력용, 제어용전선

3.

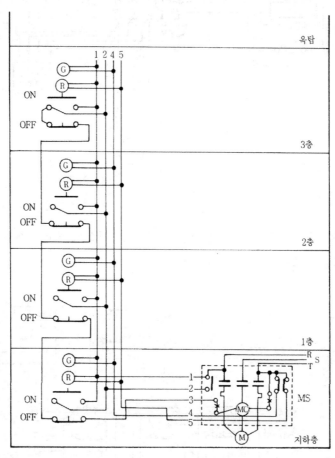

4. p. 577 참조

5. 간선의 허용전류 중 전동기에 있어서는 정격전류의 합계가 50 A 이하는 1.25배, 50 A를 넘는 경우에는 1.1배이므로 $(15 + 30 + 40) \times 1.1 = 93.5$ A

6. (1) a : 3가닥 b : 5가닥

   (2) 기동선, 정지선, 기동확인선, 공통선, 전원감시선

   (3) $P = \sqrt{3}\, VI\cos\theta\eta$ 에서 $I = 20 \times 746 / \sqrt{3} \times 380 \times 0.8 \times 0.9 = 31.49$ A

(4) 허용전류

$$I' = \frac{부하전류 \times (1.1 \ 또는 \ 1.25)}{온도감소계수} = 31.49 \times 1.25 = 39.4 \ A$$

(5) $Q_c = P(\tan\theta_1 - \tan\theta_2) = P(\sin\theta_1/\cos\theta_1 - \sin\theta_2/\cos\theta_2)$

$$= P\left(\frac{\sqrt{1-\cos\theta_1}}{\cos\theta_1} - \frac{\sqrt{1-\cos\theta_2}}{\cos\theta_2}\right)$$

$$= 16.8\left(\frac{\sqrt{1-0.8^2}}{0.8} - \frac{\sqrt{1-0.9^2}}{0.9}\right) = 4475 \ VA$$

(6) $8 \ mm^2$

(7) $22 \ mm$

제2장   스프링클러 설비

1. 경보 밸브(alarm valve), 리타딩 챔버(retarding chamber), 압력 스위치(pressure switch), 압력계(drain valve), 시험 밸브(test valve)

2.

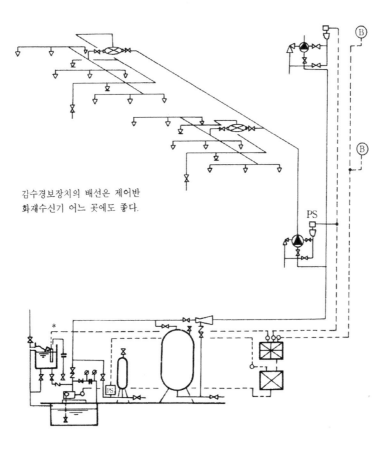

감수경보장치의 배선은 제어반
화재수신기 어느 곳에도 좋다.

3.

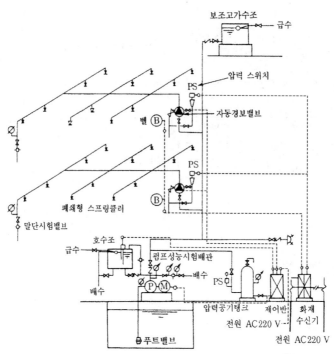

4.

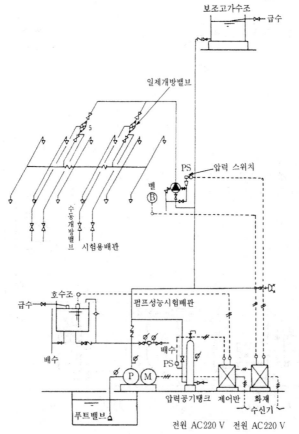

5.

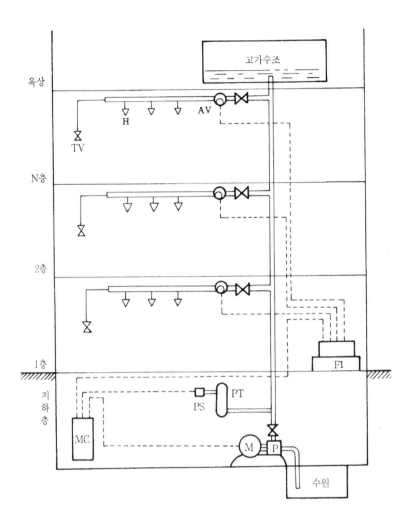

6. $N_s = 120f/P = 120 \times 60/2 = 3{,}600 \ \text{rpm}$

7. 폐쇄형 스프링클러 헤드의 개방과 동시에 alarm check 밸브의 클리프가 개방되고 압력 스위치가 작동하면 이 신호가 소화설비제어반으로 전달되어 소화설비제어반의 화재표 시등 및 alarm check 밸브 동작 표시등 점등, 이와 동시에 relay가 동작하여 사이렌에 전원이 투입되어 사이렌이 울리고 소화설비제어반의 사이렌 동작 표시등이 점등된다.

8.

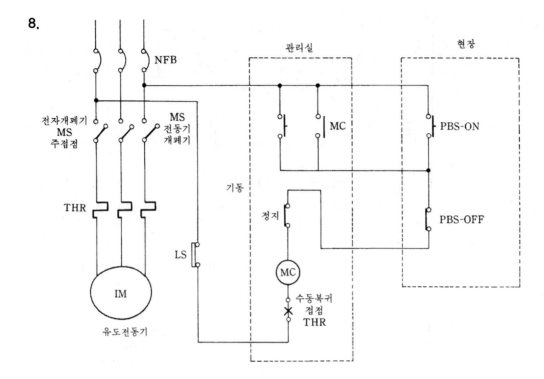

제3장 물분무 소화설비

제4장 포소화설비

제5장 이산화탄소 소화설비

3. p. 626 참조

4. p. 627 참조

5. ① 압력스위치 : 방사압력을 검지하여 제어반(콘트롤 판넬)에 신호를 보낸다.

② 방출표시등 : 가스가 방출되었음을 알려 입실을 금지한다.

제6장 할로겐화합물 및 불활성기체소화설비

1. p. 640 참조

2. p. 642 참조

3. p. 634 참조

(1) ㉮ 8 ㉯ 4 ㉰ 4 ㉱ 4 ㉲ 4

(2) ① 방출표시등 ② 수동조작함 ③ 사이렌

(3) 0.8 m 이상 1.5 m 이하

(4) ① 방출표시등 : 방호대상물 밖 출입문 상부에 설치하며 할로겐화합물 방출시 점등하여 인명의 유입을 막을 목적으로 설치한다.

② 수동조작함: 수동적으로 조작하여 화재를 초기에 소화

③ 사이렌 : 방호 대상지역 내에 설치하여 할로겐화합물 방출 전에 경음을 발해 인명을 대피시키기 위해 설치한다.

4. p. 635 참조

① 4선 ② 8선 ③ 8선 ④ 2선 ⑤ 4선 ⑥ 2선

가 : 방출표시등   나 : 사이렌

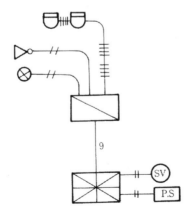

5. 컴퓨터실 $A = 18 \times 10 + 6 \times 3 = 198$

$$\therefore \frac{198}{25} = 8개(차동식 스포트형 2종)$$

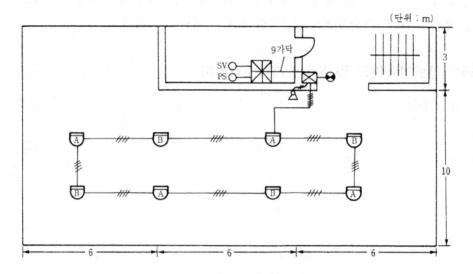

6.

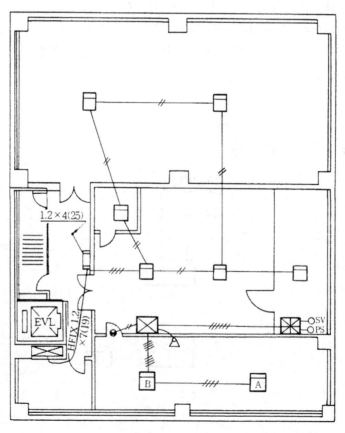

7. 각 실의 감지기 수량

- 컴퓨터실 $\dfrac{160}{70} = 2.3 ≒ 3$개

- 발전기실 $\dfrac{130}{70} ≒ 2$개

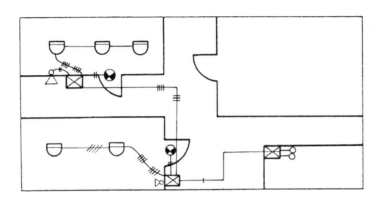

8. (가) 16C(HFIX $2.5^{\square}$-2)

(나) 16C(HFIX $2.5^{\square}$-2)

(다) 22C(HFIX $1.5^{\square}$-8)

(라) 16C(HFIX $1.5^{\square}$-4)

(마) 16C(HFIX $2.5^{\square}$-2)

(바) 16C(HFIX $2.5^{\square}$-2) 또는 16C(HFIX $2.5^{\square}$-3)

(사) 2

9. p. 640 참조

- 설치 위치

  방출등 : 실외, 사이렌 :실내

- 설치 목적

  방출등 : 가스가 방출되었음을 알려 출입을 금지

  사이렌 : 인명을 대피

10.

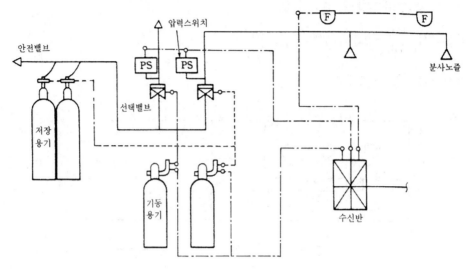

① 정온식 감지기 ② 할로겐화합물 및 불활성기체소화설비 수신반 ③ 기동용기 ④ 밸브 개방
⑤ 선택 밸브 ⑥ 가스 방출 ⑦ 방출표시등 작동 ⑧ 분사 노즐

제7장 분말소화설비

1. p. 653 참조

2. ① 8선   ② 4선   ③ 8선   ④ 4선   ⑤ 4   ⑥ 4선   ⑦ 4선
⑧ 8선   ⑨ 4선   ⑩ 4선   ⑪ 4선   ⑫ 4선   ⑬ 8선   ⑭ 4선

5편 종합방재센터

1. 구조 p. 666 참조, 동작상황 p. 676 참조

2. 감지제어대상 : p. 677 참조, 표시상황: p. 676 참조

3. p. 672 참조

4. p. 669 참조

5. p. 669 참조, CCTV 시스템, Alarm Monitoring 시스템, Access Control 시스템 등

6. p. 669, p. 387 참조

7. 냉동창고 온도감시, 냉동기 운전감시, 발전기 운전감시, 외등 제어, 시간관리 등

6편 방재배선

1. p. 692 참조

   (1) ㉮ 비상전원, 내화배선　㉯ 중계기, 내화배선　㉰ 발신반, 일반배선

   (2) p. 692 참조

2. p. 684 참조

   난연성, 절연성, 무독성, 내화성, 내열성, 내부식성

3. p. 686~ 참조

4. p. 694 참조

5. p. 700 참조

6. p. 699 참조

7. 제3종 접지공사

8. 6배

9. MI Cable

10. $P = \sqrt{VI}\cos\theta = 95,000/\sqrt{3} \times 220 \times 0.85 = 293.3$ A

   $A = 30.8LI/1,000e = 30.8 \times 150 \times 293.3/1,000 \times 6 = 225.8$ mm^2

   ∴ 250 mm^2

11. 단상 2선식인 경우

   $e = 35.6LI/1,000A = (35.6 \times 100 \times 0.8)/(1,000 \times 6.5) = 0.43$ V

12. (1) 금속관공사

   ① 전선은 절연전선으로 연선일 것. 다만, 짧고 가는 금속관에 넣은 것 또는 단면적 10 mm² 이하의 것은 단선을 사용할 수 있다.

   ② 관 안에서는 전선의 접속점이 없도록 할 것

   ③ 관의 두께는 콘크리트에 매설하는 것은 1.2 mm 이상, 기타의 것은 1 mm 이상. 다만, 길이 4 m 이하의 것을 건조하고 전개된 장소에 시설하는 경우에는 0.5 mm 이상으로 할 수 있다.

   ④ 사용전압이 400 V 미만인 관은 제3종 접지 공사를 할 것. 다만, 관의 길이 4 m 이하인 것을 건조한 장소에 시설하는 경우 또는 직류 300 V, 교류 대지전압 150 V인 경우로 관의 길이가 8 m 이하인 것을 건조한 장소에 시설하거나 사람이 접촉할 우려가 없도록 하는 경우에는 접지 공사를 생략할 수 있다.

⑤ 사용전압이 400 V 이상인 관은 특별 제3종 접지공사를 할 것. 다만, 사람이 접촉할 우려가 없도록 하는 경우 제3종 접지공사에 의할 수 있다.

(2) 금속덕트공사

① 전선은 절연전선(OW 제외)으로 금속 덕트에 넣는 전선의 단면적(절연피복 포함)은 덕트 내부 단면적의 20 % 이하일 것

② 덕트 안에는 전선의 접속점이 없어야 하나 전선을 분기하는 경우에 그 접속점을 쉽게 점검할 수 있는 경우에는 접속할 수 있다.

③ 덕트는 폭이 5 cm를 넘고 두께가 1.2 mm 이상인 철판일 것

④ 덕트의 지지점 간의 거리는 3 m 이하일 것

(3) 합성수지관 공사

① 전선은 절연전선으로 연선일 것

② 관 상호 및 관과 박스와는 관의 삽입하는 깊이를 관 외경의 1.2배(접착제를 사용하는 경우에는 0.8배) 이상으로 견고하게 접속할 것

③ 관의 지지점 간의 거리는 1.5 m 이하로 할 것

(4) 가요전선관공사

① 전선은 절연전선(OW 제외)으로 연선이어야 하며 단면적 10 mm² 이하의 것은 단선 사용 가능

② 관 안에 접속점이 없도록 시설하고 가요 전선관은 제2종 금속제 가요 전선관일 것

③ 1종 금속제 가요 전선관은 두께 0.8 mm 이상으로 4 m를 넘는 것은 단면적 2.5 mm² 이상의 나연동선을 전체 길이에 걸쳐 삽입 또는 첨가하여 양단에서 관과 전기적으로 완전하게 접속하여야 한다.

(5) 케이블 공사

① 전선은 케이블 및 캡타이어 케이블일 것

② 전선을 조영재의 옆면 또는 아래 면을 따라 붙이는 경우에 전선의 지지점 간의 거리를 케이블은 2 m 이하, 캡타이어 케이블은 1 m 이하일 것

③ 케이블 방호 장치 금속제 부분의 접지 공사는 금속관 공사와 같다.

13. 록너트, 부싱

14. p. 692 참조

수신반과 지구음향장치, 수신반과 소방용설비 등의 조작회로

15. p. 265 참조

(A) 7, (B) 8, (C) 11, (D) 14, (E) 16, (F) 19

16. p. 270 참조

(1) 4,　(2) 4,　(3) 4,　(4) 4,　(5) 4

17. p. 265 참조

① 7,　② 9,　③ 11,　④ 13,　⑤ 15

18. (1) 부싱 : 22×1 = 22개

　　　록너트 : 22×2 = 44개

(2) p. 80 그림 1-45, p. 99 그림 1-67, p. 121 그림 1-103, 123 참조

　　① 차동식 스포트형 감지기

　　② 정온식 스포트형 감지기

　　③ 연기감지기

(3) (가) 2　(나) 4　(다) 2

　　● 전선의 종류 : HFIX 전선(450/750 V 저독성 난연가교폴리올레핀 절연전선)

19. 교차회로방식 : 하나의 방호구역 내에 2개 이상의 감지회로를 설치하여 이 두 개의 회로가 동시에 동작하였을 때 설비가 작동하는 방식

20. p. 265 참조

21. Ⓐ : 6

Ⓑ : 새들

Ⓒ : 커플링

Ⓓ : 노멀밴드

Ⓔ : 1.5 m

22. ● 장점

① 누전이나 감전의 위험이 없다(∵ 관 자체가 절연물).

② 내식성이 강하다.

③ 비자성체이다.

④ 접지할 필요가 없다.

⑤ 시공이 편리하다.

⑥ 무게가 가벼워 운반이 용이하다

● 1본의 길이는 4 m이다.

23. ● 금속전선관 : 3.66 m

● 합성수지관 : 4 m

24. 동심연선의 수 N, 층수를 n이라 하면

$$N = 3n(n+1)+1$$

$$\therefore \ 19 = 3n(n+1)+1 \ \therefore \ n = 2$$

중심소선을 제외한 층수가 2이므로 그림에서 보는 바와 같이

5×2=10 mm

25. 5.5 mm^2 : 공칭단면적 : 연선의 도체 단면적에 가까운 단수가(端數)가 없는 값을 mm^2

계산식 : $A = \pi D^2 / 4 \times n$

A : 전선의 단면적 mm^2

D : 전선의 지름 mm

n : 소선수

$\therefore A = 3.14 \times 12/4 \times 7 = 5.49$ mm^2

이를 옥내배선용 절연전선표의 열선에서 찾으면 공칭단면적은 6.0 mm^{2}가 된다.

26. 1.45 Ω

전기저항 $R = \rho l / A$

ρ : 전선의 저항률

경동선 : 1/55 Ω·m/mm^2

연동선 : 1/58 Ω·m/mm^2

A : 전선의 단면적 mm^2

l : 전선의 길이 m

$\therefore R = 1/55 \times 1,000 / \pi \times 4^2 / 4 = 1.45$ Ω

27. 링리듀서

28. 컴비네이션 커플링

7편 방재전원설비

1. 10 Ah

2. Pb, H_2O

3. 소결식

4. 10 C/cell, 납축전지는 1.5 C/cell

5. 3상 전파정류방식

6. 충전장치, 보안장치, 역변환장치

7. 증류수

8. 충전전류(2차전류)= 축전지의 정격용량/10(5) + 상시부하/표준전압 A에서

• $I_c = 100/10 + 5,000/100 = 60$ A

• 2차출력 $P = VI = 100 \times 60 = 6,000\,VA = 6\,kVA$

9. p. 728 참조

• 납축전지 : 2.0

• 알칼리축전지 : 1.2

10. DC 24 V

11. 증류수

12. p. 712 참조, DC 24 V

13. Ah

14. 97.58 %

15. p. 729 참조

16. 밀폐형 퓨즈, 1.5~3배

17. ① 사용전원 ② 비상전원 ③ 예비전원

18. 5 MΩ

19. 150 Ah의 전기량 $Q = 150 \times 60$ min $\times 60$ sec $= 180,000$ C

$$V = W/Q \text{에서} \quad W = VQ = 2 \times 180,000 = 360,000 \text{ J}$$

20. p. 723 참조

21. 전압강하 : 전기를 공급할 경우 선로 임피던스에 의해 수전단의 전압은 송전단의 전압보다 낮게 된다 이때 송전단 전압과 수전단 전압의 차를 말한다.

22.

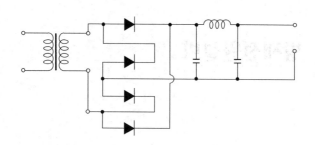

23. p. 54 참조

$$e = (35.6LI)/1{,}000A = (35.6 \times 200 \times 1)/(1{,}000 \times 5.5) = 1.294 \text{ V}$$

24. p. 730 참조

축전지의 셀당 공칭전압 = 허용최저전압/셀수 = 90/54 = 1.67 V/셀이고 표에서 $K = 1.22$

전류 $I = P/V = (40 \times 120 + 6 \times 50)/100 = 78$ A

$\therefore$ 축전지 용량 C Ah $= K \cdot I/L = (1/0.8) \times 1.22 \times 78 = 118.95$ Ah

25. p. 714~ 참조

26. 비상전원 전용 수전설비, 자가용 발전설비, 축전지 설비

27. 4,224 VA, 2회로

$FUN = AED$

여기서, F : 광속, U : 조명률, N : 등수, A : 단면적, E : 조도, D : 감광보상률

- 등수 $= AED/FU = \{(15 \times 20) \times 400 \times 1.3\}/(4{,}900 \times 0.5) = 63.67 = 64$개

  여기의 64개는 형광등기구 40W/2등용 가 64개란 의미이다.

- 64개에 대한 전류 $I_L = 64 \times 0.15 \times 2 = 19.2$ A

- 부하 $P_L = VI_L = 220 \times 19.2 = 4224 \text{ VA} = 4.2 \text{ KVA}$

- 회로수 $= 4{,}224 / (220 \times 12) = 1.6 = 2$회로

28. (1) a. Ry_{2-b}　　b. M_{c-b}　　c. M_{c-a}　　d. M_{c-a}

(2) 인터록 접점

(3) a. 폐로상태　　b. 개조상태

　　c. 폐로상태　　d. 폐로상태

　　㉮ 폐로상태　　㉯ 개조상태

(4) RL램프

29. (1) 폐로상태

(2) 상시전원과 예비전원의 동시 투입방지

(3) 무여자 상태(여자되지 않는다)

(4) PB₂

(5) 상시 전원과 예비 전원의 두 전원으로 전동기 운전

(6) 상시 전원과 예비 전원이 동시에 투입되지 않아 전동기는 운전되지 않는다.

(7) ㉲ 폐로 상태, ㉳ 개로 상태

(8) PB₄를 눌러 MC_2를 소자시킨 후 PB₁을 눌러 MC_1을 여자시켜 상용전원으로 전동기를 운전시킨다.

(9) 논리식 : $(MC_1 + PB_1) \cdot \overline{PB_3} \cdot \overline{MC_2} = MC_1$

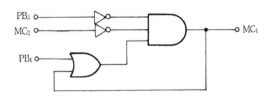

(10)

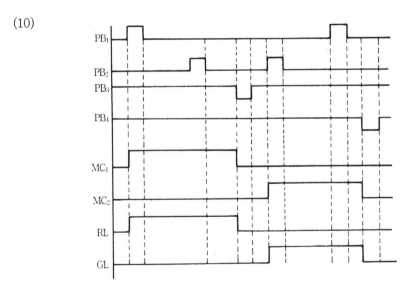

30. (1) p. 730 참조, 보수율 : 0.8

   (2) p. 736 참조, 부동충전

   (3) p. 727 참조

   • 알칼리축전지 : 1.2 V

   • 납축전지 : 2.0 V

31. • 단락 전류 및 과전류차단

   • 통전

32. $L_v = 40 \times 60 + 50 \times 40 + 30 \times 50 / 60 + 40 + 50 = 39.3$ m

33. p. 720 참조

34. p. 712~713 참조

35. p. 736 참조

36. • 신뢰도가 높을 것

　　• 경제적일 것

　　• 취급, 운전, 조작이 간편할 것

　　• 예상용 부하의 사용목적에 적합한 방식의 전원설비일 것

37. 자가발전기의 용량 = 부하용량 × 수용률

　　∴ 500 × 0.9 = 450 kVA

38. 51.2 Ah/5h

　　p. 596의 식에서 $L = 0.8$, $I_1 = 10$, $I_2 = 20$, $I_3 = 100$

　　$T_1 = 60$, $T_2 = 20$, $T_3 = 0.167(10초)$, $K_1 = 1.45$, $K_2 = 0.69$, $K_3 = 0.25$

　　이 K의 값은 T와 허용최저 전압, 최저 축전지 온도에 의해 적용 축전지의 표준 특성

　　도에서 얻는다.

　　∴ $C = 1/0.8\{1.45 \times 10 + 0.69(20 + 10) + 0.25(100 - 20)\} = 51.8$ Ah/5h

39. p. 741 참조

저자 소개

백동현 : 가천대학교 설비소방학과 교수(공학박사)

김시국 : 호서대학교 안전소방공학부 교수(공학박사)

소방전기시설론

발　　행 / 2022년 9월 20일

　　　　　•

저　　자 / 백동현, 김시국 공저

펴 낸 이 / 정 창 희

펴 낸 곳 / 동일출판사

주　　소 / 서울시 강서구 곰달래로31길7 (2층)

전　　화 / (02) 2608-8250

팩　　스 / (02) 2608-8265

등록번호 / 제109-90-92166호

　　　　　•

판 권
소 유

이 책의 어느 부분도 동일출판사 발행인의 승인문서 없이 사진 복사 및 정보
재생 시스템을 비롯한 다른 수단을 통해 복사 및 재생하여 이용할 수 없습니다.

ISBN 978-89-381-1264-4 93530

값 / 32,000원